高等学校专业教材
中国轻工业"十四五"规划教材
中华农业科教基金教材
普通高等教育"十一五"国家级规划教材《现代食品微生物学》配套教材

现代食品微生物学实验技术

（第三版）

刘慧　张红星　主编

中国轻工业出版社

图书在版编目（CIP）数据

现代食品微生物学实验技术 / 刘慧，张红星主编. 3版. -- 北京：中国轻工业出版社，2025.5. --（中国轻工业"十四五"规划教材）. -- ISBN 978-7-5184-5457-0

Ⅰ．TS201.3-33

中国国家版本馆CIP数据核字第2025JG2699号

责任编辑：邹婉羽
策划编辑：伊双双　　责任终审：劳国强　　封面设计：锋尚设计
版式设计：宋振全　　责任校对：吴大朋　　责任监印：张　可

出版发行：中国轻工业出版社（北京鲁谷东街5号，邮编：100040）
印　　刷：三河市万龙印装有限公司
经　　销：各地新华书店
版　　次：2025年5月第3版第1次印刷
开　　本：787×1092　1/16　印张：25.5
字　　数：637千字
书　　号：ISBN 978-7-5184-5457-0　定价：58.00元
邮购电话：010-85119873
发行电话：010-85119832　010-85119912
网　　址：http://www.chlip.com.cn
Email：club@chlip.com.cn
版权所有　侵权必究
如发现图书残缺请与我社邮购联系调换
240573J1X301ZBW

《现代食品微生物学实验技术(第三版)》编写人员

主　编　刘　慧　张红星
副主编　高秀芝
参　编(按姓氏笔画排序)
　　　　刘　慧　张红星　张　巍　金君华　易欣欣
　　　　庞晓娜　高秀芝　谢远红　熊利霞

《现代食品微生物学实验技术(第二版)》编写人员

主　编　刘　慧
副主编　张红星　高秀芝
参　编(按姓氏笔画排序)
　　　　刘　慧　张红星　易欣欣　金君华
　　　　高秀芝　谢远红　熊利霞

《现代食品微生物学实验技术(第一版)》编写人员

主　编　刘　慧
副主编　张红星
参　编(按姓氏笔画排序)
　　　　刘　慧　张红星　张海予　易欣欣
　　　　高秀芝　熊利霞

第三版前言

《现代食品微生物学实验技术(第一版)》是北京市高等教育精品教材《现代食品微生物学(第一版)》的配套实验教材,于2006年7月出版,《现代食品微生物学实验技术(第二版)》是普通高等教育"十一五"国家级规划教材《现代食品微生物学(第二版)》的配套实验教材,于2017年2月出版,2019年12月荣获中国轻工业优秀教材一等奖。该教材作为我国高等院校食品科学与工程、食品质量与安全、酿酒工程、食品营养与健康等食品科学与工程类专业基础课实验教材,已被我国120余所高校广泛使用,深受广大师生和学校领导的高度认可。为了适应教学、科研和生产实践发展的需要,更好地配合食品微生物学课程的教学改革、精品教材建设与优质课程建设,有必要再次修订与中国轻工业"十四五"规划教材《现代食品微生物学(第三版)》配套使用的《现代食品微生物学实验技术(第三版)》实验教材。

第三版教材编写的指导思想及创新特点与第二版相一致,即在编排形式上力求创新、在内容上有所更新、在文字表达上把好质量关,以"基本"和"新"为原则,力图使本书既有系统的食品微生物学基础实验内容,又融入近年来食品微生物研究的新进展,更多地介绍微生物分离纯化与鉴定新技术、生物量测定新技术、菌种保藏新技术、致病菌快检新技术、微胶囊化包埋新技术等,结合食品微生物学基本原理和应用技术,凭借编者30余年积累的丰富科研与生产实践经验,将有关食品微生物学的新理论、新技术,新科研成果融入教材中,增强教材的前沿性与原创性、创新性与先进性,便于学生了解和学习当今食品微生物学的前沿技术,为保障食品安全、促进健康中国建设、构建食品安全体系、保障人民健康福祉贡献个人专业技能和知识力量。

第三版教材的另一个创新点是思想性突出,价值观正确,深入融入党的二十大精神,为促进健康中国建设、构建食品安全体系、保障人民健康福祉贡献个人专业技能和知识力量。在一些微生物检验实验的"目的和要求"版块中增加了课程思政点内容,旨在培养学生的科学素养与家国情怀。特别是在食品安全与公共卫生领域的创新与发展方面将食品安全思政教育理念融入教材中,增加了现行有效的食品安全国家标准及食品卫生微生物学检验标准相关内容,强化食品专业学生坚守食品安全责任意识,培养学生德育为先、能力为重的良好职业道德,以及勇于探索与守正创新的精神;培养学生成为能够解决复杂食品安全问题,服务国家重大需求的复合型人才。

本书与同类教材相比,突出特色有以下几点。特色一:实验项目经优化设计,编排形式新颖,内容先进精练,文字简练准确。本书将"普通微生物学"和"食品微生物学"两门课程的教学内容有机结合,组成紧密关联的基础实验和应用实验两大部分,使前后内容融会贯通,编排形式紧凑,突出重点,删除陈旧重复的内容,增加新知识。第一篇基础实验注重掌握微生物的无菌操作技术,微生物的涂片、染色与观察技术,培养基的设计、制备与灭菌技术,无菌接种与培养技术,微生物分离、纯化与鉴定新技术,菌种保藏新技术,诱变育种技术,原生质体融合技术,荧光抗体鉴定技术,免疫酶技术,纳米免疫磁珠技术联合胶体金标记技术,纳米免疫磁珠技术联合免疫酶技术等基本实验技能和创新能力的训练;第二篇应用实验注重食品安全相关的微生物检测新技术(包括食品中细菌、酵母菌和霉菌的菌落总数测定,大肠菌群计数,食品中重要且常见的致病菌检验,PCR 快检致病菌技术等),发酵食品的制备技术(包括酒精发酵、甜酒酿和腐乳发酵、糖化曲制备、乳品发酵剂的制备等),乳酸菌的菌种复壮、活化与保藏技术,乳酸菌的检验、筛选与鉴定技术,以及乳酸菌的微胶囊化包埋新技术等食品微生物应用技术。特色二:本书实验教学内容全面、条理清楚、结构严谨、逻辑性强、简练清晰、语言流畅、通俗易懂、图文并茂、兼具深度和广度,在增加设计性实验、探究式思考题的基础上注重举一反三,体现理论与实践紧密结合,启发性与探索性、可教性与可学性有机结合,将价值塑造、知识传授和能力培养三者融为一体,培养学生发散性思维能力,加深学生对实验的理解和对实际问题的思考,激发学生的学习兴趣和创新潜能。特色三:每个实验的基本原理阐述明确而全面,实验流程清晰,实验注意事项详尽,辅以二维码形式的视频演示无菌操作技术,微生物的涂片、染色、镜检技术,微生物的分离与纯化技术,微生物的接种与培养和观察技术,菌种鉴定与保藏技术等视频教学示范内容,方便学生预习、练习和复习实验操作步骤,灵活运用和掌握实验操作手法,充分体现实验教材的可操作性与实用性、规范化与可视化。同时以二维码形式展示大量的微生物形态、平板菌落特征彩图,方便初学者识别、记忆和掌握。

本书由刘慧、张红星任主编,高秀芝任副主编。参编人员具体分工如下:实验 1 由张巍、刘慧编写;实验 2 由高秀芝、刘慧编写;实验 3 和实验 25 由高秀芝编写;实验 4、实验 5、实验 6、实验 8、实验 9、实验 12、实验 13、实验 14、实验 22、实验 23、实验 24、实验 26、实验 31、实验 32、实验 43、实验 44、实验 50、实验 51、实验 53、实验 54、实验 55、实验 56 和实验 58 由刘慧编写;实验 7 和实验 11 由刘慧、张巍编写;实验 10 和实验 21 由张红星、易欣欣编写;实验 15 和实验 16 由高秀芝、张红星编写;实验 17 和实验 18 由张红星编写;实验 19、实验 20 和实验 37 由张红星、刘慧编写;实验 27 由熊利霞、刘慧、张巍编写;实验 28、实验 29、实验 39 和实验 45 由熊利霞、刘慧编写;实验 30 和实验 38 由熊利霞编写;实验 33、实验 34、实验 40、实验 52 和实验 57 由刘慧、金君华编写;实验 35 和实验 36 由金君华、刘慧编写;实验 41 和实验 42 由谢远红编写;实验 46、实验 47、实验 48、实验 49 由庞晓娜、刘慧编写;附录Ⅰ、附录Ⅲ、附录Ⅳ、附录Ⅴ和附录Ⅵ由刘慧编写;附录Ⅱ由刘慧、张红星、高秀芝编写。全书由刘慧统稿。

本书修订工作历经一年多的时间,倾注了编者的心血和智慧,以达精益求精、突出教材创新及特色的目的。在这里对编者所在北京农学院食品科学与工程学院领导和中国轻工业出版社的大力支持深表感谢!此外,本书实验操作演示视频总策划为刘慧,实验操作演示为刘慧、张巍和王雅楠,视频编辑为刘慧、何逸凡、庞晓娜和高秀芝,视频美化为程思琦、高秀芝和刘慧,何逸凡为实验操作演示视频的录制和剪辑做了大量工作,在此表示诚挚谢意!

由于作者水平和能力有限,本书仍有许多不当或错漏之处,恳请广大读者和同行多加指正。

刘慧
2025 年 4 月

第二版前言

《现代食品微生物学实验技术》(第一版)自2006年7月问世以来,作为我国高等院校食品科学与工程类专业基础课实验教材被我国50余所高校广泛使用,深受广大师生和学校领导的一致好评。2008年该教材荣获北京农学院高等教育教学成果奖,2012年11月被遴选为中华农业科教基金教材建设研究项目(NKJ201203013),并于2015年11月顺利通过验收鉴定。为了满足新形势下教学、科研和生产实践发展的需要,更好地配合《食品微生物学》的教学改革和课程建设,有必要编写《现代食品微生物学实验技术》(第二版)。这部教材是编著者根据自己30年讲授《食品微生物学》课程的经验与科研实践,在2006年主编出版的《现代食品微生物学实验技术》(第一版)及2011年主编出版的《现代食品微生物学》(第二版)(普通高等教育"十一五"国家级规划教材)基础上,借鉴了近年来国内外同类实验教材的优点,参考大量较先进的微生物学实验技术,以及目前现行有效的GB 4789系列食品安全国家标准、GB/T 4789系列食品卫生微生物学检验标准编撰的配套教材。新版编写的指导思想及创新特点(即在编排形式上力求创新、在内容上有所更新、在文字表达上把好质量关)与第一版相一致,以"基本"和"新"为原则,将近几年有关食品微生物学方面的最新理论、新技术、新成果、发展新动态以及科研实践经验不断充实到教材的实验中,使本书第二版内容日臻完善。

该部教材将《普通微生物学》和《食品微生物学》两门课的教学内容有机结合起来,组成紧密关联的基础实验和应用实验两大部分,使前后内容融会贯通,编排形式紧凑、突出重点,删除陈旧重复的内容。同时将普通微生物的基本实验技术和食品微生物的应用实验技术有机结合,既重视基本实验技能的训练,又注重食品安全相关的微生物检测技术、发酵食品的制备技术、食品加工保鲜技术等食品微生物应用技术。第二版教材突出的特色是,对每个实验的写作都非常认真,理论与实践应用相结合更加紧密,基本原理阐述更明确,实验流程更清晰,实验注意事项更详尽,实验的可操作性、重现性和实用性较强,并配合大量的微生物形态图、平板菌落特征图,以便初学者容易识别、记忆和掌握。此外,在一些重要的实验中都设有相应的探究式思考题,让学生举一反三地学会设计实验方案,培养学生充分发挥发散性思维能力,加深学生对实验的理解和实际问题的思考,有利于激发学生的学习兴趣和培养多种能力。根据第二版编写的宗旨和指导思想,除上述的总体变化外,每个实验都进行了逐句校正、修订和增减,主要修改内容如下。

第一篇:现代食品微生物学基础实验,由第一版的24项实验增至26项实验,即增加了实验2荧光显微镜样品的制备及使用、实验3电子显微镜样品的制备及使用、实验18免疫胶体金标记技术、实验25霉菌原生质体融合技术4个实验项目,删减原版实验8酵母菌子囊孢子和霉菌接合孢子的培养与观察、实验12实验室环境中微生物的检测2个实验项目。根据编著者近几年的科研实践经验及科技成果,增加了"免疫胶体金标记技术、细菌素抑菌效价的测定、管碟法测定枯草菌素的抑菌效果、采用Biolog GEN Ⅲ鉴定板鉴定芽孢杆菌的方法、乳酸菌甘油保藏方法"等实验内容,并修改补充了"细菌的简单染色和革兰氏染色及其形态观察、培养基的制备与灭菌方法、霉菌的显微镜直接计数法、微生物鉴定用常规生化反应试验、酶联免疫吸附实验(ELISA)"等实验内容。

第二篇:现代食品微生物学应用实验,由第一版的30项实验增至32项实验,即增加了实验30 食品中粪大肠菌群计数、实验35 食品中大肠埃希氏菌O157:H7/NM 的检验、实验38 食品中产气荚膜梭菌的检验、实验39 食品中阪崎肠杆菌的检验、实验52 食品中乳酸菌的检验、实验58 乳酸菌的微胶囊化技术6个实验项目,删减了实验30 食品中致病性大肠埃希氏菌的检验、实验39 噬菌体的检测及其效价测定、实验41 饮用水的微生物学检验、实验42 空气中微生物的检验和数量测定4个实验项目。其中增加的5项检验实验均按照现行有效的2012年、2013年和2016年发布的GB 4789 系列食品安全国家标准进行编写,同时根据编著者近期取得的科研试验成果,增加了较为实用的"分散法包被乳酸菌的微胶囊化技术"内容。将第一版实验25 食品中微生物菌落总数的测定,拆分成新版的"实验27 食品中细菌的菌落总数测定和实验28 食品中酵母菌和霉菌的菌落总数测定"两个实验项目,并删减第一版实验43中"啤酒酵母细胞的固定化"内容。此外,根据现行有效的2012年、2013年和2016年发布的GB 4789 系列食品安全国家标准修改了"食品中细菌的菌落总数测定、酵母菌和霉菌的菌落总数测定、食品中大肠菌群计数、食品中沙门氏菌的检验、食品中志贺氏菌的检验、食品中金黄色葡萄球菌的检验与计数、食品中黄曲霉毒素B_1的检测、食品中副溶血性弧菌的PCR检测、食品中单核细胞增生李斯特氏菌的PCR检测、食品中乳酸菌的检验"等全部实验内容,又根据《食品卫生微生物学检验标准 鲜乳中抗生素残留检验》(GB/T 4789.27—2008),修改了"还原试验法对鲜乳中抗生素残留的检验"内容。同时还修订补充了"嗜冷菌数量的检测、Ames法对化学诱变剂与致癌剂的检测、双歧杆菌等厌氧菌的分离培养及其活菌计数,以及蛋白质、脂肪、纤维素分解菌和淀粉水解菌的检验"等部分实验内容。

本教材由刘慧任主编,张红星、高秀芝任副主编。参编人员具体分工如下:实验1、实验4、实验5、实验6、实验7、实验8、实验9、实验11、实验12、实验13、实验14、实验19、实验20、实验22、实验23、实验24、实验26、实验31、实验32、实验43、实验44、实验46、实验47、实验48、实验49、实验50、实验51、实验53、实验54、实验55、实验56和实验58由刘慧编写;实验10和实验21由易欣欣、刘慧编写;实验2、实验3和实验25由高秀芝编写;实验15、实验16和实验17由高秀芝、刘慧编写;实验18由张红星编写;实验27、实验28、实验29和实验45由熊利霞、刘慧编写;实验30、实验35、实验38和实验39由熊利霞编写;实验33、实验34、实验36和实验40由张红星、金君华编写;实验41和实验42由谢远红编写;实验37由张红星、刘慧编写;实验52和实验57由刘慧、金君华编写;附录Ⅰ、附录Ⅲ、附录Ⅳ、附录Ⅴ、附录Ⅵ和附录Ⅶ由刘慧编写;附录Ⅱ由刘慧、高秀芝编写。本书由刘慧统稿和校对。

本教材修订工作历经三年多的时间,倾注了编者的心血和智慧,以达精益求精、突出教材特色之目的。在这里对编者所在校院领导和中国轻工业出版社的大力支持深表感谢。本书引用了一些教材作者的插图,在此一并致谢。

由于作者水平和能力有限,本书仍有许多不当或错漏之处,恳请广大读者和同行多加指正。

刘慧

2016年10月

第一版前言

理论来源于实践,又应用到实践中去。为了加强理论在实践中的应用,验证、巩固和加深理解专业理论课的知识,熟悉和掌握实验和操作技能,培养学生理论联系实际,独立分析问题和解决问题的能力,进一步启发和提高学生的创新意识和创新能力,尤其为了满足教学、科研和生产实践的需要,更好地配合《食品微生物学》实验教学的改革和课程建设,我们编写了这本《现代食品微生物学实验技术》教材。这部教材是编著者根据自己20年讲授《食品微生物学》课程的经验与科研实践,在2000年编著的《食品微生物学实验指导》及2004年主编出版的《现代食品微生物学》(2004年12月被评为北京市高等教育精品教材)基础上,借鉴了近年来国内外同类实验教材的优点,参考大量较先进的微生物学实验技术,编撰的配套教材。本书可作为高等院校食品科学与工程专业的教科书,也可作为其他相关专业如食品质量与安全、制药工程、制剂专业的教科书和发酵工程、生物化工本科生的参考书,以及食品相关企业、食品卫生检验部门的参考书。同时也可作为从事食品微生物和发酵工作者的必备资料。本教材在编撰过程中突出以下特点:

1. 在编排形式上力求创新。本教材从总体上分为两篇。第一篇"现代食品微生物学基础实验"介绍《普通微生物学》课程的基本实验技术,第二篇"现代食品微生物学应用实验"介绍《食品微生物学》课程的应用实验技术。以上内容共编写54个实验,每个实验相对独立,可供全国各大院校相关专业酌情选做。该教材将两门课程的实验教学内容有机结合起来,使前后内容融会贯通,目的是使学生更清晰地掌握食品微生物的基础理论和基本实践技能。并使编排形式紧凑、简练,写作思路统一,书写格式一致,编写成系统、连贯、实践性强、教学效果较好的实验系列。同时在内容取舍和编排上突出重点,尽量删除陈旧的内容。

2. 在内容上有所更新。在整个编撰过程中,以"基本"和"新"为原则,力图使本书既具有较系统的食品微生物学基础实验内容,注重基本实验技能的训练,又具有较新的食品微生物学检测技术、食品微生物的分离纯化和鉴定技术、发酵食品的制备技术、食品加工与保鲜技术、现代分子微生物学实验方法等。并将有关食品微生物学方面的最新理论、新技术、新成果、发展新动态溶入教材的每一实验中,使学生便于了解本学科的前沿发展,并尽力做到理论与生产实践相结合,验证性实验与综合性、设计性实验相结合,体现课程改革的精神。目的是培养和造就一批"厚基础、强能力、高素质、广适应"的生产型创新人才。此外,该部教材有关微生物的学名不仅得到了前后统一,而且根据近年来采用了16S rRNA序列分析鉴定新技术成果,在教学常用微生物的学名附录中修正和引入了新的微生物学名,尽量避免目前微生物学名存在同物异名或同名异物的混乱现象。

3. 在文字表达上把好质量关。本教材编撰力求语言简练,内容精练,层次分明,表达严谨,图文并茂。避免概念表达不清,内容庞杂,不易被学生掌握记忆等缺点。并注意前后实验相关内容的衔接,尽量避免重复。

本教材由北京农学院刘慧任主编,张红星任副主编,参编人员还有易欣欣、熊利霞、张海予、高秀芝。具体撰写分工为:实验1、实验2、实验3、实验4、实验5、实验6、实验7、实验8、实验10、实验11、实验13、实验18、实验19、实验21、实验22、实验23、实验24、实验27、实验28、实验37、实验38、实验41、实验42、实验43、实验44、实验45、实验46、实验47、实验48、实验49、实验50、实验51、实验52、实验53和实验54由刘慧编写;实验实验9、实验12和实验20由易欣欣编写;实验15、实验16和实验17由高秀芝、刘慧编写;实验14、实验25和实验26由熊利霞、刘慧编写;实验29、实验30、实验31、实验32、实验33、实验34和实验35由张红星编写;实验36由张海予编写;实验39和实验40由熊利霞编写;附录Ⅰ和附录Ⅱ由刘慧、张红星编写与整理,附录Ⅲ、附录Ⅳ、附录Ⅴ和附录Ⅵ由刘慧编写。本书初稿完成后,由刘慧改写和重写了部分实验,并负责完成了对全书多次的校阅修改、仔细统稿、插图编排和文字排版工作。易欣欣参与了第一篇的大量具体的校阅修改工作。张红星对图26-1、图28-1进行了重新绘制。钟德寿、李树臣完成了对实验7和实验48的微生物平板菌落数码照相工作。对插图的收集、绘制工作主要由各实验编写者负责完成。

  本教材编写倾注了编者的智慧和精力,历经了两年时间终于出版了。在这里我要非常感谢所有参编者的家人给予编者在时间、精神、物质方面的大力支持和帮助,同时也要对北京农学院教务处董跃娴老师、编者所在校系领导和中国轻工业出版社的大力支持深表诚挚的谢意!本书引用了一些著作者的插图,在此一并致谢。

  由于编者水平有限,缺点和错误在所难免,恳请广大读者和同行专家提出宝贵意见。

刘慧

目　　录

食品微生物学实验室守则 ··· 1

第一篇　现代食品微生物学基础实验

实验 1　普通光学显微镜的构造与使用 ··· 5
实验 2　荧光显微镜和激光扫描共聚焦显微镜样品的制备与使用 ························· 10
实验 3　电子显微镜细菌样品的制备与使用 ·· 17
实验 4　细菌的简单染色和革兰染色及其形态观察 ··· 25
实验 5　细菌芽孢、荚膜和鞭毛的染色 ·· 31
实验 6　培养基的制备与灭菌方法 ·· 38
实验 7　微生物的分离与纯化技术 ·· 48
实验 8　细菌、酵母菌、霉菌和放线菌的接种与培养技术 ································ 54
实验 9　细菌、酵母菌、霉菌和放线菌的形态与菌落特征观察 ·························· 60
实验 10　微生物细胞大小的测定 ·· 74
实验 11　细菌、酵母菌和霉菌的显微镜直接计数法 ······································· 77
实验 12　比浊法测定细菌、酵母菌的数量及其生长曲线 ································· 84
实验 13　微生物鉴定用常规生化反应试验 ··· 89
实验 14　微生物鉴定用微量生化反应试验 ·· 100
实验 15　常规的抗原与抗体反应试验 ·· 109
实验 16　荧光抗体鉴定技术 ··· 119
实验 17　免疫胶体金标记技术 ·· 121
实验 18　酶联免疫吸附实验（ELISA） ·· 128
实验 19　环境因素对微生物生长的影响 ··· 134
实验 20　食品防腐剂抑菌效果的测定 ·· 148
实验 21　营养元素对微生物生长繁殖的影响 ··· 153
实验 22　微生物人工诱变育种技术 ··· 155
实验 23　营养缺陷型突变株的筛选与鉴定 ·· 160
实验 24　酵母菌原生质体融合技术 ··· 165
实验 25　霉菌原生质体融合技术 ··· 169
实验 26　微生物的菌种保藏技术 ··· 172

第二篇　现代食品微生物学应用实验

实验 27　食品中细菌的菌落总数测定 ·· 183
实验 28　食品中酵母菌和霉菌菌落总数的测定 ·· 189
实验 29　食品中大肠菌群计数 ·· 192

实验 30	食品中粪大肠菌群计数	198
实验 31	还原试验法对生牛乳中细菌总数的测定	201
实验 32	还原试验法对鲜乳中抗生素残留的检验	204
实验 33	食品中沙门氏菌的检验	207
实验 34	食品中志贺氏菌的检验	215
实验 35	食品中致泻大肠埃希氏菌的检验	220
实验 36	食品中金黄色葡萄球菌的检验与计数	230
实验 37	食品中肉毒梭菌及肉毒毒素的检验	235
实验 38	食品中产气荚膜梭菌的检验	238
实验 39	食品中克罗诺杆菌属(阪崎肠杆菌)的检验	242
实验 40	食品中黄曲霉毒素 B_1 的检测	245
实验 41	食品中副溶血性弧菌的 PCR 检测	248
实验 42	食品中单核细胞增生李斯特氏菌的 PCR 检测	252
实验 43	食品中耐热菌和嗜冷菌数量的检测	256
实验 44	蛋白质、脂肪、纤维素分解菌和淀粉水解菌的检验	261
实验 45	Ames 法对化学诱变剂与致癌剂的检测	266
实验 46	高产乙醇酿酒酵母的筛选与酒精发酵试验	272
实验 47	甜酒曲中根霉的分离与甜酒酿的制作	278
实验 48	毛霉的分离与豆腐乳的制作	282
实验 49	固体糖化曲的制备及其酶活力的测定	285
实验 50	酱油种曲中米曲霉孢子数及发芽率的测定	289
实验 51	发酵乳品中常用乳酸菌的培养与性状观察	293
实验 52	食品中乳酸菌的检验	297
实验 53	发酵乳制品生产菌种的复壮技术与菌种活力的测定	302
实验 54	乳酸菌的菌种保藏、活化及其乳品发酵剂的制作	308
实验 55	发酵乳制品及藏灵菇和泡菜中乳酸菌的分离与鉴定	313
实验 56	发酵风干香肠中葡萄球菌和微球菌的分离计数与鉴定	318
实验 57	食品中双歧杆菌的检验、分离与培养	321
实验 58	乳酸菌的微胶囊化技术	326
附录		330
附录Ⅰ	微生物常用玻璃器皿清洁方法	330
附录Ⅱ	常用培养基配方	333
附录Ⅲ	常用染色液的配制	356
附录Ⅳ	常用试剂和指示剂的配制	359
附录Ⅴ	常用消毒剂和杀菌剂的配制	367
附录Ⅵ	常用微生物的中文-拉丁文学名对照表	368
参考文献		395

食品微生物学实验室守则

食品微生物学实验的目的是加深与巩固食品微生物学的理论知识,掌握食品微生物学与食品卫生检验的基本操作技能,为今后分析、研究食品原料、加工过程和成品中产生的有关微生物问题奠定基础。培养实事求是、严肃认真的科学态度,以及勤俭节约、爱护公物的良好习惯。为了上好实验课,提高实验课堂效果,实验人员应特别注意遵守如下微生物学实验室守则:

(1)进入实验室必须按相关规定穿戴实验服,不准在实验室内进行与实验无关的活动。

(2)实验室内应保持清洁安静,勿高声谈话和随便走动,以免造成污染。

(3)使用显微镜及其他贵重仪器时,要按规范认真操作,特别爱护,并登记使用情况。

(4)严格按规程进行操作,慎防染菌。一旦出现吸菌液入口,划破皮肤,盛菌试管或三角瓶不慎打破污染实验台和衣物的情况,应立即报告指导教师,及时处理。

(5)酒精灯及其他明火应远离易燃物,用后立即熄灭,注意防火。如遇火险,应先关掉火源,再用湿布或沙土掩盖灭火,必要时用灭火器。

(6)接种工具(如接种环、接种针等)用前用后必须用火焰烧灼灭菌。

(7)进行高压蒸汽灭菌时,严格遵守操作规程。灭菌负责人在灭菌过程中不准离开灭菌室。

(8)实验所用废物、废液及废纸等不准乱丢,应放在指定地点。

(9)对实验仪器、设备、用品应倍加爱护,损坏时必须向指导教师报告,在损物簿上登记。对易损坏的玻璃器皿要小心使用和洗涤。对易耗材料和药品等力求节约,用后放回原处。

(10)实验室内的菌种和物品等未经指导教师许可,不得携带至室外。

(11)实验室内应保持整洁,实验完毕应将桌面整理清洁,用过的物品应放回原处,并按组轮流打扫卫生(包括整理和擦净桌面、洗涤玻璃器皿、拖地、擦黑板等)。

(12)离开实验室前将手洗净(先用消毒水清洗,再用肥皂清洗,最后清水冲洗),并注意关闭火、门、窗、水、电、灯等。

此外,为了配合实验教学改革,促进能力的全面提高,还要求实验人员完成以下实验环节。

(1)在教师指导下,认真准备实验用品,以增加动手操作的机会,加强基本技能训练。准备实验包括棉塞的制作,玻璃器皿(包括试管、吸管、平皿、三角瓶等)的清洗、包扎和灭菌,培养基的制备,微生物的接种操作,化学试剂的配制,以及仪器设备的安装使用。

(2)充分预习实验内容,明确实验的目的要求、原理、方法和注意事项,做到心中有数。

(3)实验操作要细心谨慎,认真进行观察并及时做好实验记录,以便在报告中分析讨论。

(4)每次实验应以实事求是的态度按格式要求填写实验结果与报告内容,并进行讨论和误差分析,观察微生物个体形态时要用铅笔按比例绘图,及时交予指导教师批阅。

第一篇　现代食品微生物学基础实验

实验1 普通光学显微镜的构造与使用

1 目的和要求

(1)了解普通光学显微镜的构造,各部分的功能和使用方法。
(2)学习并掌握油镜的原理和使用方法,熟悉几种常见微生物的基本形态。

2 基本原理

光学显微镜是利用光学原理,将人眼不能分辨的微小物体放大成像,以供人们提取微细结构信息的光学仪器。

2.1 基本结构　显微镜分为机械装置和光学系统两大部分。机械装置包括镜座、镜筒、镜臂、物镜转换器、载物台、推进器、粗调螺旋、微调螺旋、虹彩光圈等部件;光学系统由接目镜、接物镜、聚光器等组成(图1.1)。

2.1.1 镜座　镜座是显微镜底座,用于支撑全镜,呈长方形。其上装有电源开关、照明光源、保险丝、光源滑动变阻器等。

2.1.2 镜筒　镜筒上连接目镜、下连接转换器,光线从筒中通过。安装目镜的镜筒分为可调式的单筒和固定式的双筒两种。从镜筒上缘到物镜转换器螺旋口之间的距离称为筒长。国际上将显微镜的标准筒长定为160mm,此数字标在物镜的外壳上。

2.1.3 镜臂　连接镜筒和镜座。有的镜臂是固定的,有的可向后方倾斜,其作用是支撑镜筒、载物台、聚光器和调焦装置等。

2.1.4 物镜转换器　转换器上可安装3~5个物镜,一般是3个物镜(低倍镜、高倍镜、油镜)。转动转换器时,可以按需要调换各种物镜,将其推到使用位置上。旋转物镜转换器时,应用手指捏住旋转碟旋转,勿用手指推动物镜,否则时间长容易使光轴歪斜,使成像质量变差。

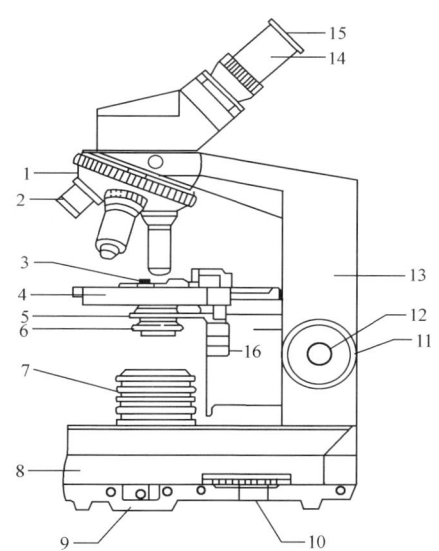

图1.1 光学显微镜结构示意图
1—物镜转换器;2—物镜;3—游标卡尺;4—载物台;
5—聚光器;6—虹彩光圈;7—光源;8—镜座;
9—电源开关;10—光源亮度调节钮;
11—粗调螺旋;12—微调螺旋;13—镜臂;
14—镜筒;15—目镜;16—推进器螺旋。

2.1.5 载物台　载物台有方形和圆形两种,中央有一孔,为光线通路。在台上装有弹簧标本夹和推进器。

2.1.6 推进器　推进器由一横一纵两个推进齿轴和齿条构成,转动其上螺旋,可使标本片向前、后、左、右移动。研究型显微镜的纵横架杆上刻有刻度标尺,构成精密的平面坐标系。如需要重复观察已检查标本的某一物像时,可在第一次检查时记下纵横标尺的数值,下次按数值移动推进器,就可以找到原来标本的位置。

2.1.7　粗调螺旋　粗调螺旋用于粗放调节物镜和标本的距离。老式单目镜显微镜的粗调螺旋向前扭动,镜头下降接近标本。新式双目镜显微镜(如 Motic 显微镜)镜检时,双手向后扭动使载物台上升,让标本接近物镜,反之则下降,标本远离物镜。使用显微镜观察标本时,主要使用粗调螺旋调节。

2.1.8　微调螺旋　用粗调螺旋只能粗放地调节焦距,难以观察到清晰的物像,因而需要用微调螺旋做进一步调节。其每转一周,镜筒移动 0.1mm。新式研究型显微镜粗、微螺旋为共轴式。原则上,微调螺旋每次旋转不超过一周。

2.1.9　虹彩光圈　虹彩光圈又称孔径光阑,在聚光器下方,由十几张金属薄片组成,中心部分形成圆孔。其作用是调节光强度和使聚光镜的数值孔径与物镜的数值孔径相适应。虹彩光圈开得越大,数值孔径越大。

2.1.10　接物镜　物镜是决定显微镜性能最重要的部件,安装在物镜转换器上,入射光线通过物镜时使被检物像形成第一次放大的实像。普通显微镜装有低倍镜(10×)、高倍镜(40×)和油镜(100×)三种消色差物镜,外壳上标有"Ach"字样,通常与惠更斯目镜配合使用。使用低倍镜和高倍镜时,物镜与标本间的介质是空气,称为干燥系物镜;而使用油镜时,物镜与标本间的介质是香柏油,称为油浸系物镜。油镜标有 HI 或 Oil 字样,镜头下缘刻有白环或红环。检查细菌标本要用油镜。研究型显微镜配有性能更好的物镜,如复消色差物镜(Apo)、平场物镜(Plan)、平场消色差物镜(Plan Ach)、平场复消色差物镜(Plan Apo)等。

2.1.11　接目镜　目镜的作用是将物镜放大了的实像进行第二次放大,形成虚像并映入眼帘。不同的目镜上刻有 5×、10×、15×等字样,以标示该目镜的放大倍数。普通光学显微镜常用的目镜主要是惠更斯目镜。研究型显微镜配有性能更好的目镜,如补偿目镜(K)、平场目镜(P)和广视场目镜(WF)等。照相时选用照相目镜(NFK)。

放大倍数是指眼睛看到像的大小与对应标本大小的比值。例如:放大倍数为 100×,指的是长度是 1μm 的标本,放大后像的长度是 100μm,若以面积计算,则放大了 10000 倍。显微镜的总放大倍数等于物镜和目镜放大倍数的乘积。

2.1.12　聚光器　聚光器由聚光透镜、升降螺旋和能调节开孔大小的虹彩光圈(孔径光阑)组成,装在载物台下面。其作用是将光线聚光于标本之上,增强照明度。普通光学显微镜配置的都是明视场聚光器,分为阿贝聚光器、齐明聚光器和摇出聚光器三种。研究型显微镜(如 Motic BA400 显微镜)配有性能更好的消色差摇出式聚光器,能将聚光器上的透镜从光路中摇出,满足低倍物镜(4×)大视场照明的需要。齐明聚光器虽然质量最好,但不适用于 4 倍以下的物镜。

2.2　油镜的工作原理　在显微镜的光学系统中,物镜的性能直接影响显微镜的分辨率。与其他物镜相比,油镜的放大倍数最大,使用也比较特殊,需在载玻片与镜头之间滴加香柏油,这主要有以下两方面的原因。

2.2.1　增加照明亮度　油镜的放大倍数虽然可达 100×,但因焦距很短,镜头直径很小,进入镜头中的光线也较少,故所需要的光照强度最大(图 1.2)。当油镜头和标本玻片之间的介质为空气时,因空气折射率($n=1.00$)与玻璃的折射率($n=1.55$)不同,会有一部分光线被折射而不能进入镜头内,使视野更暗,物像显现不清。若在镜头与标本玻片之间滴上与玻璃的折射率相仿的油类,如香柏油($n=1.52$)等,则光线不发生折射,从而增加了视野的照明亮度(图1.3)。

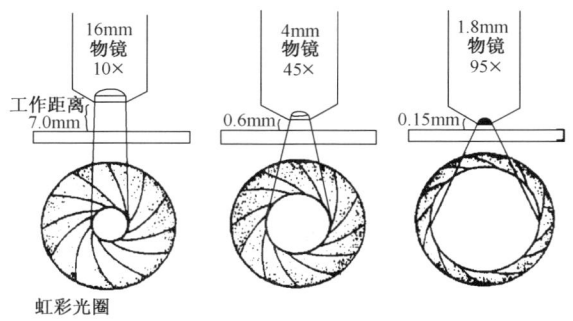

图1.2 物镜的焦距、工作距离和虹彩光圈的关系

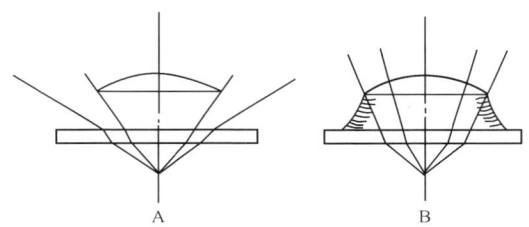

图1.3 干燥系物镜A与油浸系物镜B的光线通路

2.2.2 增加显微镜的分辨力 显微镜的分辨力或分辨率是指显微镜能够辨别两点之间最小距离的能力。它与物镜的数值口径成正比,与光波长度成反比。因此,当光波波长一定时,物镜的数值口径越大,则显微镜的分辨力越大,被检物体的细微结构也越清晰地被区别出来。分辨力可由式(1.1)表示:

$$分辨力(最大可分辨距离) = \lambda/2NA \tag{1.1}$$

式中 λ——光波波长($0.4\sim0.7\mu m$);

NA——物镜的数值口径值,NA是光线投射到物镜上的最大角度(称为镜口角)的半数正弦与介质折射率的乘积,即 $NA = n\cdot\sin\alpha$,式中 α 为光线最大入射角的半数,取决于物镜的直径和焦距。

在实际应用中,光线入射角最大只能达到120°,其半数正弦为 $\sin60°=0.87$。以空气为介质时,$NA=1\times0.87=0.87$;以香柏油为介质时,$NA=1.52\times0.87=1.32$,故以香柏油为介质的油镜要比以空气为介质的高倍镜分辨力高,因而细菌用油镜才可观察到。

然而,显微镜的放大倍数越高,并不等于其分辨力越高。假如采用放大率为40×的高倍镜($NA=0.65$)和放大率为24×的目镜,虽然总放大率为960×,但其分辨力只有 $0.42\mu m$;若采用放大率为90×的油镜($NA=1.25$)和放大率为9×的目镜,虽然总放大率为810×,但却能分辨出 $0.22\mu m$ 的距离,因而显微镜的总放大倍数越高并不意味着其分辨力越高。

3 实验材料

3.1 菌种　枯草芽孢杆菌(*Bacillus subtilis*)、藤黄微球菌(*Micrococcus luteus*)或金黄色葡萄球菌(*Staphylococcus aureus*)、大肠杆菌(*Escherichia coli*)等染色玻片标本。酿酒酵母(*Saccharomyces cerevisiae*)、链霉菌(*Streptomyces* sp.)及青霉(*Penicillium* sp.)等水封片标本。

3.2 试剂　香柏油、无水乙醇(替代二甲苯)。

3.3 仪器与其他用具　显微镜、擦镜纸等。

4 实验流程

安置 → 调光源 → 调目镜 → 调聚光器 → 低倍镜观察 → 高倍镜观察 → 油镜观察 → 擦物镜头 → 复原

5 操作步骤

5.1 观察前的准备

5.1.1 显微镜的安置　将显微镜置于平整的实验台上,镜座距实验台边缘约10cm。镜检时姿势要端正。

5.1.2 光源调节　通过调节位于镜座底部的光源调节钮获得适当的照明亮度。检查染色标本时,光线应强;检查未染色标本时,光线不宜太强,也可通过调节虹彩光圈调节光强度。

5.1.3 目镜调节　双筒显微镜的目镜间距可以适当调节,可根据使用者的个人情况进行瞳间距和目镜调节。当左右眼存在视力差时,可通过调节左目镜上的屈光度来补偿。

5.1.4 聚光器数值孔径值的调节　正确使用聚光器才能提高镜检效果。聚光器的主要参数是数值孔径,它有一定的可变范围,可通过位于聚光器下方的虹彩光圈调节。

5.2 观察

一般情况下,特别是初学者,进行显微镜观察时,应遵守从低倍镜到高倍镜,再到油镜的观察顺序。因为低倍数物镜视野相对较大,易发现目标和确定检查的位置。

5.2.1 低倍镜观察　将标本片置于载物台上,用标本夹固定,转动推进器上的上下两个螺旋,可以分别前后移动载物台和左右移动推进器,使观察对象处于物镜正下方。旋动粗调螺旋,使低倍镜与标本片之间的距离约0.5cm,调至物像出现后,再用微调螺旋调节至物像清晰。移动标本玻片,将观察目标移至视野中心后,仔细观察或换用油镜观察。

5.2.2 高倍镜观察　由低倍镜直接转换成高倍镜。转换时,需用眼睛于侧面观察,避免镜头与玻片相撞。观察时,需要通过光源调节钮或彩虹光圈调节视野亮度。一般情况下,低倍镜下看清物像后直接转成高倍镜即可看到模糊物像,可旋动微调螺旋调至物像清晰。移动标本玻片,将需要观察的部位移至视野中心,仔细观察并绘图。

5.2.3 油镜观察　先将虹彩光圈开至最大,聚光器升至最高位,调节好光源,使照明亮度最强。油镜观察方法有以下两种。

方法一:在低倍镜下找到要观察的样品区域,先转换油镜,再旋动粗调螺旋将载物台远离物镜,然后在标本上滴加香柏油(注意切勿过多,否则视野模糊),从侧面注视,提升载物台使香柏油刚刚接触油镜。旋动粗调螺旋缓慢提升(或下降)载物台至物像出现后,再以细调螺旋调至物像清晰。如果油镜已触碰(或离开)标本,可下降(或提升)载物台,重复以上操作至物像清晰为止。注意切不可将油镜镜头压到标本,否则不仅压碎玻片,还会损坏镜头。

方法二:在低倍镜下找到要观察的样品区域,先转动物镜转换器,在高倍镜和油镜之间转换成"八字形",在标本上滴加香柏油,再转换油镜,旋动粗调螺旋缓慢提升(或下降)载物台至出现物像后,用微调螺旋调至物像清晰。

5.3 显微镜用后的处理 观察完毕,立即用擦镜纸擦去镜头上的香柏油,再用擦镜纸蘸取少许无水乙醇轻轻擦去镜头上的残留油迹,最后用擦镜纸轻轻擦去残留的乙醇(注意要立即拭去镜头上的乙醇,以免乙醇溶解粘固镜片的胶质)。严禁用手或其他纸擦镜头,以免损坏镜头。将各部分还原,物镜转换至空位或最低倍数物镜,再将载物台下降至最低,并向镜臂方向移动至最里,彩虹光圈调至最大,灯光调至最暗,关闭电源。套上镜套,放回柜内或镜箱中。

6 实验结果与报告

(1)分别绘出用低倍镜、高倍镜观察到的酵母菌、霉菌水封标本片的形态图。

(2)分别绘出用油镜观察到的细菌、链霉菌的形态图。注意观察它们的个体形态、大小、排列方式。有芽孢的细菌,观察其菌体两端情况及芽孢的着生位置。

7 思考题

(1)观察细菌时为何使用油镜?它与干燥系物镜用法有何不同?使用时应注意哪些问题?

(2)普通光学显微镜的目镜与物镜的常用放大倍数有几种?显微镜的放大倍数越高,分辨力就越高吗?为什么?举例说明。

(3)试列表比较低倍镜、高倍镜及油镜各方面的差异。为什么在使用高倍镜及油镜时应特别注意避免粗调节螺旋的误操作?

(4)如何根据所观察微生物的大小选择不同的物镜进行有效观察?

操作视频:普通光学显微镜的使用操作演示

(1)低倍镜与高倍镜的使用方法。
(2)油镜的使用方法与油镜的处理。

实验 2　荧光显微镜和激光扫描共聚焦显微镜样品的制备与使用

一、荧光显微镜样品的制备与使用

1　目的和要求

(1) 熟悉荧光显微镜的构造、原理和使用方法。
(2) 掌握用荧光显微镜观察细菌形态的基本方法。

2　基本原理

2.1　基本结构　荧光显微镜由荧光光源、荧光镜组件、滤板系统和光学系统等主要部件组成。其基本结构如图 2.1 所示。

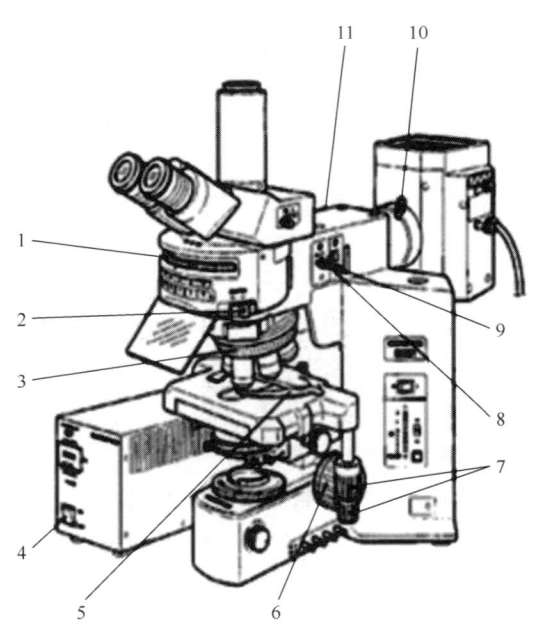

图 2.1　荧光显微镜结构示意图
1—荧光滤块转盘；2—荧光光路开关；3—物镜转换器；4—汞灯开关；
5—样品夹；6—粗调/微调旋钮；7—X 轴、Y 轴旋钮；8—孔径光阑开关拉杆；
9—视场光阑开关拉杆；10—集光透镜聚焦钮；11—中性密度(ND)滤光片。

2.1.1　荧光光源　现在多采用 200W 的超高压汞灯作为荧光光源。它由石英玻璃制作，中间呈球形，内充一定量的汞，工作时由两个电极间放电，引起水银蒸发，使球内气压迅速升高。超高压汞灯的发光是电极间放电使水银分子不断解离和还原过程中发射光量子的结果，能发射很强的紫外光和蓝紫光，足以激发各类荧光物质。

2.1.2　滤色系统　滤色系统是荧光显微镜的重要部位，主要由激发滤光片和阻断滤光片组成。激发滤光片位于光源和标本之间，仅允许能激发标本产生荧光的光通过，激发滤光片有四组：紫外光(U)、紫光(V)、蓝光(B)、绿光(G)，分别适用于激发在紫外光、紫光、蓝光和绿光波长范围内有吸收峰的荧光染料；阻断滤光片位于标本与目镜之间，可吸收和阻挡激发光进入目镜并把剩余的紫外光吸收掉，以免干扰荧光和损伤眼睛，还可选择并让特异的荧光透过，只让激发出的荧光通过，这样有利于增强反差。激发滤光片和阻断滤光片必须选择配合使用。

2.1.3　反射荧光装置　通过反射荧光装置将激发光经过物镜向下落射到标本表面。其反光镜的反光层一般是镀铝的，因为铝对紫外光和可见光的蓝紫区吸收少，反射达 90% 以上，而银的反射只有 70%，一般使用平面反光镜。

2.1.4　聚光镜　专为荧光显微镜设计制作的聚光镜由石英玻璃或其他透紫外光的玻璃制成，根据成像光路的特点，可分为透射荧光显微镜和落射荧光显微镜。透射荧光显微镜激发光源是通过聚光镜穿过标本材料激发荧光。落射荧光显微镜是激发光从物镜向下落射到标本表面，物镜起着照明聚光镜和收集荧光的作用。光路中双色束分离器与光轴呈 45°角，将激发光反射到物镜中，并聚集在样品上，样品所产生的荧光以及由物镜表面、盖玻片表面反射的激发光同时进入物镜，再返回到双色束分离器，使激发光和荧光分开，残余激发光被阻断滤片吸收。选择不同的激发滤光片、双色束分离器和阻断滤光片的组合插块，可满足不同荧光反应产物的需要。落射荧光显微镜的优点是视野照明均匀，成像清晰；放大倍数越大，荧光越强。

2.2　成像原理　荧光显微镜(fluorescence microscope)是利用一个高发光效率的点光源，经过滤色系统发出一定波长的光(如紫外光 365nm 或蓝紫光 420nm)作为激发光，激发检测标本内的荧光物质发射出各种不同颜色的荧光后，通过物镜和目镜系统放大，以观察标本的荧光图像的光学显微镜。

在制备荧光显微镜样品时，常用的荧光染料有金胺、中性红、品红(又称复红)、硫代黄素、樱草素等。有些荧光染料对特定的微生物具有选择性，如金胺可用来检查抗酸细菌；有些荧光染料对细胞的不同结构具有亲和力，如硫代黄素可将细菌的细胞质部分染成黄绿色，将液泡染成黄色，将异染颗粒染成暗红色。

结核分枝杆菌用革兰染色不易着色，用齐-尼(Ziehl-Neelsen)二氏抗酸染色法加以鉴别，结核分枝杆菌呈红色，而非抗酸性细菌呈蓝色。其原理是：结核分枝杆菌的细胞壁肽聚糖的外层含有大量分枝菌酸等蜡质，导致染料难以透入而使革兰染色不易着色，用亚甲蓝染料也难着色，经加热才能以着色。分枝菌酸与染料结合后，就很难被酸性脱色剂脱色，因此称为抗酸染色。

3　实验材料

3.1　菌种　结核分枝杆菌琼脂斜面培养物。

3.2 试剂与染色液　抗酸染色液[齐氏(Ziehl)石炭酸复红染色液、3%(体积分数)盐酸乙醇脱色液、吕氏碱性亚甲蓝染色液(附录Ⅲ)]、无菌水等。

3.3 仪器与其他用具　荧光正置显微镜、擦镜纸、吸水滤纸、载玻片、盖玻片等。

4 实验流程

涂片 → 干燥 → 固定 → 石炭酸复红染色液初染(微火加热至冒蒸汽 3~5min) → 水洗 → 3%(体积分数)盐酸乙醇脱色(2min) → 水洗 → 吕氏亚甲蓝复染(0.5~1min) → 水洗 → 滤纸吸干 → 镜检

5 操作步骤

5.1 样品制备

5.1.1 固定　取载玻片,滴一滴无菌水至载玻片上,然后用接种环挑取少量菌苔于水滴中,混匀并涂成薄膜,待涂片自然干燥后通过酒精灯外焰 3~4 次,略微加热固定菌体。

5.1.2 初染　在已固定的涂片上滴加齐氏石炭酸复红染色液,远火徐徐加热至冒出蒸汽,但勿沸腾,并随时添加染色液,染色 3~5min,冷却后水洗。

5.1.3 脱色　滴加 3%(体积分数)盐酸乙醇脱色至无红色流下为止,一般为 2min 左右。

5.1.4 复染　水洗后用吕氏碱性亚甲蓝染色液复染 0.5~1.0min,水洗,滤纸吸干后镜检。

注意事项:

(1)加热时火切勿过大,防止染液沸腾。

(2)每张载玻片只允许放一份标本,以免阴阳结果混淆。

(3)用过的载玻片要彻底洗净,防止抗酸菌残留在载玻片上。

(4)切勿使用染色缸,吸干用的滤纸只能一个载玻片一张,不得重复使用。

(5)脱色时间宁长勿短,以免错误判断。

(6)为防止实验室感染,标本要高压灭菌后再制片。

(7)载玻片、盖玻片及镜油应不含自发荧光杂质,载玻片的厚度应在 0.8~1.2mm,太厚会吸收较多的光,并且不能使激发光在标本平面上聚焦。载玻片必须光洁,厚度均匀,无油渍或划痕。盖玻片厚度应在 0.17mm 左右。

5.2 观察

5.2.1 开灯和预热　打开灯源,超高压汞灯要预热 30min 才能达到最亮点。

5.2.2 装激发滤光片和压制滤片　透射式荧光显微镜需在光源与暗视野聚光器之间装上所要求的激发滤片,在物镜的后面装上相应的压制滤片。落射式荧光显微镜需在光路的插槽中插入所要求的激发滤片、双色束分离器和压制滤片的插块。

5.2.3 调节光源　用低倍镜观察,根据不同型号荧光显微镜的调节装置调整光源中心,使其位于整个照明光斑的中央。

5.2.4 镜检　放置标本片,调焦后即可观察。抗酸菌被染成红色,非抗酸菌被染成蓝色。

注意事项:

(1)荧光显微镜观察应在暗室中进行。进入暗室后,接上电源,点燃超高压汞灯30min,

待光源发出强光稳定后,眼睛完全适应暗室,再开始观察标本。

(2)要注意避免紫外线对眼睛的损害,在调整光源时应戴上防护眼镜。

(3)观察时间每次以 1~2h 为宜,最长不宜超过 2~3h,因为随着时间的延长,超高压汞灯发光强度逐渐下降,荧光减弱,标本受紫外线照射 3~5min 后,荧光也明显减弱,故应尽可能缩短照射时间。暂时不观察时可用挡光板遮盖激发光。

(4)电源应安装稳压器,电压不稳会降低荧光灯的寿命。高压汞灯关闭后切忌立即重新打开,需待超高压汞灯完全冷却后(至少 30min)才能再启动,否则会不稳定,影响超高压汞灯寿命。1d 中应避免数次点燃光源。

(5)标本染色后应立即观察,因时间久了荧光会逐渐减弱。若将标本放在聚乙烯塑料袋中 4℃保存,可延缓荧光减弱时间,防止封裱剂蒸发。

(6)观察标本时应采用无荧光油,应避免眼睛直视紫外光源。

6 实验结果与报告

打印荧光显微镜样品图像,并对样品图像进行分析。

7 思考题

(1)荧光显微镜的光源有什么特点?

(2)使用荧光显微镜时应如何保护眼睛?

二、激光扫描共聚焦显微镜样品的制备与使用

1 目的和要求

(1)熟悉激光扫描共聚焦显微镜的构造、原理和使用方法。

(2)掌握用激光扫描共聚焦显微镜观察细胞结构的基本方法。

2 基本原理

2.1 基本结构 激光扫描共聚焦显微镜(laser scanning confocal microscopy,LSCM)除了包括普通光学显微镜的基本构造外,还包括激光光源、扫描装置、检测器、计算机系统(包括数据采集、处理、转换、应用软件)、图像输出设备、光学装置和共聚焦系统等部分(图 2.2)。

2.2 成像原理 激光扫描共聚焦显微镜是利用共焦光路和激光扫描来获取生物样品的显微断层形态。在荧光显微镜成像的基础上,激光扫描共聚焦显微镜加装了激光扫描装置,并利用计

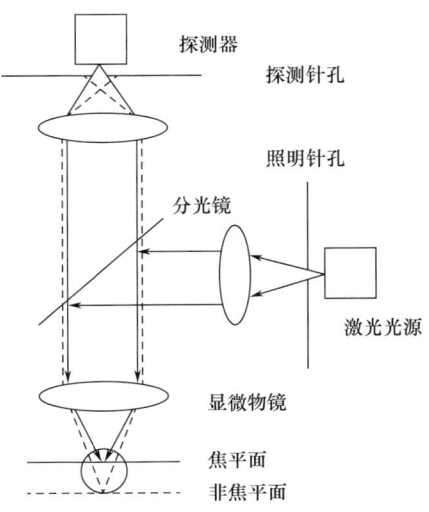

图 2.2 激光扫描共聚焦显微镜工作原理示意图

算机进行图像处理。通过紫外光或可见光激发荧光探针,可以得到细胞或组织内部微细结构的高分辨率、三维荧光图像。

激光扫描共聚焦显微镜的特点在于其高灵敏度和能够观察空间结构的能力。与传统的普通光学显微镜相比,激光扫描共聚焦显微镜具有更高的横向分辨率,并且具备纵向分辨能力。此外,它还可以用于研究样品的表面结构,探测低对比度或弱荧光样品,以及对运动标本进行实时观察。激光扫描共聚焦显微镜被广泛应用于分子细胞生物学的研究,并在菌体分布、细胞结构(如细胞核、细胞质、细胞膜、线粒体等)、细胞定位、细胞生理过程(细胞分裂、细胞凋亡、细胞内物质运输)及细胞间相互作用观察研究等方面发挥重要作用,相比于其他显微镜技术,激光扫描共聚焦显微镜极大提高了荧光图像的分辨率和准确率。

3 实验材料

3.1 菌种 植物乳植杆菌(*Lactiplantibacillus plantarum*)37℃培养12~16h的MRS培养液。

3.2 培养基 MRS液体培养基,制法见附录Ⅱ。

3.3 试剂与染色液 荧光染料(市售)、无菌生理盐水、无菌水等。

3.4 仪器与其他用具 1mL无菌吸管或微量移液器及无菌吸头、Lab-Tek Ⅱ 腔室载玻片、专用盖玻片(与腔室载玻片配套使用)、比色皿、擦镜纸、吸水滤纸、激光扫描共聚焦显微镜(正置)、低温冷冻离心机、分光光度计等。

4 实验流程

收集菌体 → 腔室载玻片培养 → 菌体洗涤 → 干燥 → 固定/不固定 → 染色 → 封片 → 观察

5 操作步骤

5.1 样品制备

激光扫描共聚焦显微镜样品的制作方法较为复杂且精细。在样品的采集、固定和保存方面,不同来源的样品可依据实验条件和目的采用不同方法。

细胞培养样品的制作注重细胞的培养和预处理,要注意细胞的种类、纯度、密度和形态符合实验目的。细胞需要在适宜环境培养,根据细胞类型和生长特性进行特定处理。为了保持细胞形态和内部结构在观察时的稳定,需要对细胞进行固定。常用多聚甲醛作为固定剂(观察贴壁附着细胞除外)。其可以通过与蛋白质中的氨基发生反应,从而固定细胞或组织中的蛋白质,达到稳定样品的目的。固定时间和浓度依细胞类型调整。在免疫荧光染色中,细胞需要进行特定荧光染料染色,以突出特定结构;或用透过细胞膜的特定荧光抗体(用Triton X-100即聚乙二醇辛基苯基醚处理细胞膜,以增加细胞膜对抗体的通透性)与细胞内特定蛋白质分子结合。细胞样品装载到显微镜载物台时,要保持细胞的完整性和适当位置,一般先用荧光显微镜检查细胞状态和成像效果,再做激光共聚焦成像。同时原代培养的细胞要注意纯化和鉴定。

对于动物组织,如小鼠、大鼠的组织,通常在取器官之前,以灌流操作清除血细胞,再用多聚甲醛固定,且固定时间依组织块大小和致密程度调整。例如,脑组织相对较软且结构复杂,固定时间可能相对较短;而肌肉组织较为致密,固定时间则需适当延长。

实验 2 荧光显微镜和激光扫描共聚焦显微镜样品的制备与使用

培养细胞所使用的容器有共聚焦专用培养皿、载玻片、盖玻片、多孔板(圆形孔)和腔室载玻片等。其中 Lab-Tek Ⅱ 腔室载玻片是一种新型细胞培养容器,它由载玻片、可拆卸腔室和腔室盖三部分组成。载玻片材料为钠钙玻璃,经过特殊处理,有助于细胞黏附;载玻片上有 1、2、4 或 8 个长方形的腔室,由透明的聚苯乙烯构成。此种载玻片适用于无菌操作,培养细胞可在一个载玻片上顺序完成接种、培养、固定和染色。

下面以植物乳植杆菌生物被膜为例,介绍用 Lab-Tek Ⅱ 腔室载玻片制备样品的过程。

5.1.1 收集菌体 将经 37℃ 培养 12~16h 的 10mL 植物乳植杆菌培养液于 4℃ 下 5000r/min 离心 10min,弃上清液,沉淀用 10mL 的无菌 MRS 液体培养基悬浮,调节菌体浓度至 10^8CFU/mL(用分光光度计和平板菌落计数法分别测定不同菌体浓度对应的 OD_{600nm} 值,绘制成标准曲线;通过调节和测定培养菌液的 OD_{600nm} 值,即可达到调节菌体浓度至 10^8CFU/mL 的目的,具体方法参见实验 12),备用。

5.1.2 腔室载玻片培养 吸取适量菌液加入 Lab-Tek Ⅱ 腔室载玻片中,37℃ 培养 24h。

5.1.3 菌体洗涤 用微量移液器及吸头吸净 Lab-Tek Ⅱ 腔室载玻片中的培养基,用无菌生理盐水洗去未附着的菌体,如需观察生物被膜,还需洗涤生物被膜 2 次。

5.1.4 干燥 将贴壁附着于 Lab-Tek Ⅱ 腔室载玻片的菌体室温干燥 45min。

5.1.5 固定 本实验观察上述贴壁菌体细胞时可不用固定,干燥后直接进行染色。

5.1.6 染色 暗室中用荧光染色液对样品进行染色 30min,用适量无菌水洗掉多余染液。染色完成后拆除腔室结构。

5.1.7 封片 将封片剂滴加一滴于带贴壁细胞的载玻片上,盖上专用盖玻片。封片剂常用 pH 8.5~9.0 的磷酸盐缓冲液配制一定浓度的甘油。如果直接做活细胞观察,可将细胞直接接种于专用盖玻片上进行培养,观察时用镊子将盖玻片取出,倒扣于带有封片剂的载玻片上即可。如需做免疫荧光染色,染色后将细胞悬浮起来,滴加一滴于载玻片上,盖上盖玻片观察。

注意事项:

(1)染料选择要根据激光扫描共聚焦显微镜配备的激光器波长,每个通道只能选择一种荧光染料,且其波长应在激光器波长范围内。其次,荧光染料的发射光谱必须在仪器滤光片能够接受的合适范围内,避免同一样品中多种荧光染料发射波长重叠导致串色。

(2)在进行多色实验时,若使用多种荧光染料,要尽量减少各通道间的光谱重叠。对于表达量较低的抗原,应选择信噪比较高的荧光染料,如藻红蛋白。检测自发荧光较高的细胞时,选择发射光波长较长的荧光染料,如 Cy 系列染料,以获得更好的信号值。

(3)样品承载物选择要考虑激光扫描共聚焦显微镜的高倍物镜通常为油镜,数值口径小,以及镜头与样品之间的工作距离不超过 0.17mm 等因素,并且要求专用盖玻片的厚度为 0.17mm,载玻片的厚度应在 0.8~1.2mm。

(4)封片剂的选择也要依据样品观察需求,若只需观察一次且荧光不易猝灭,可用一定浓度甘油混合物做封片剂。

(5)若样品需放置一段时间且多次使用,应使用抗荧光猝灭封片剂,以减少荧光信号损失。

5.2 观察

5.2.1 开启仪器 启动显微镜和激光器,再启动计算机,然后启动操作软件。设置荧光样品的激发光波长,选择相应的滤光镜组块,以便光电倍增管检测器能得到足够的信号结果。

5.2.2 调整扫描方式　将样品载玻片固定于载物台上,目视模式下,调整所用物镜放大倍数,找到需要检测的细胞。切换到扫描模式,调整双孔针和激光强度参数,以获得清晰的共聚焦图像。

注意事项:

(1)物镜使用遵循放大倍数从低至高的顺序,先用10×物镜在视野里找到物像,再选择合适放大倍数的物镜(20×、40×、63×和100×)。

(2)使用63×和100×油镜观察时,在载玻片上滴加一滴激光扫描共聚焦显微镜专用镜油(无自发荧光)。

(3)调整载物台上升时,速度一定要慢,避免损坏物镜镜头。

5.2.3 获取图像　选择合适的图像分辨率,完整扫描样品后,及时保存图像结果。

5.2.4 关机　在测定样品结束后,先关闭激光器部分,计算机仍可继续进行图像和数据处理。若退出整个系统,应在激光器关闭后,待其冷却至少10min后再关闭计算机及总开关。

注意事项:

(1)激光扫描共聚焦显微镜应放置在清洁、干燥、温度和湿度稳定的房间内,避免灰尘、震动和电磁干扰,确保仪器的稳定性和准确性。实验室建议保持温度20~25℃,湿度40%~60%。

(2)避免将其靠近强磁场设备,如大型电机、变压器等,以防干扰成像。操作台面要平稳坚固,以减少震动对成像质量的影响。

(3)调节光路和焦距时要小心谨慎,避免过度调节导致仪器损坏。在使用过程中,应避免频繁切换参数和模式,以免影响仪器的稳定性。

(4)及时保存采集的数据,并做好备份,防止数据丢失。

(5)给数据文件进行清晰准确的命名和标注,便于后续查找和分析。

6　实验结果与报告

打印激光扫描共聚焦显微镜样品图像,并对样品图像进行分析。

7　思考题

(1)简述激光扫描共聚焦显微镜的成像原理和成像特点。

(2)样品染色时对荧光染料的选择有什么注意事项?

实验 3　电子显微镜细菌样品的制备与使用

1931年德国科学家恩斯特·鲁斯卡(Ernst Ruska)制作出世界上第一台电子显微镜(electron microscope, EM),它是一台经过改进的阴极射线示波器,成功地得到了铜网的放大像。第一次由电子束形成的图像,加速电压为7kV,最初放大率仅为12倍。尽管放大率微不足道,但它却证实了使用电子束和电子透镜可以形成与光学成像类似的电子成像。经过不断改进,1933年卢斯卡制成了二级放大电子显微镜,获得了金属箔和纤维的1万倍放大像。1939年西门子公司制造出分辨率达到3nm的世界上最早的实用电子显微镜,并投入批量生产。

电子显微镜正是由于使用了波长比可见光短得多的电子束作为光源,使其所能达到的分辨率较光学显微镜极大提高。而光源的不同,也决定了电子显微镜与光学显微镜的一系列差异。根据电子束作用于样品方式的不同及成像原理的差异,现代电子显微镜已发展形成了许多种类型,目前最常用的是透射电子显微镜(transmission electron microscope, TEM)和扫描电子显微镜(scanning electron microscope, SEM)。本实验主要介绍这两种显微镜细菌样品的制备及其使用方法。

一、透射电子显微镜细菌样品的制备与使用

1　目的和要求

(1)了解透射电子显微镜的工作原理和使用方法。
(2)学习并掌握制备透射电子显微镜细菌样品的基本方法。

2　基本原理

2.1　基本结构　透射电子显微镜由电子光学系统、电源系统、真空系统、循环冷却系统和控制系统组成。电子光学系统是透射电子显微镜的主要组成部分,通常称为镜筒(图3.1),包括照明系统、成像系统和记录系统。物镜、中间镜、投影镜组成的三级放大是成像系统的常规模式,有高放大倍率、中放大倍率和低放大倍率三种工作状态。电源系统包括高压电源、透镜电源、真空系统电源和其他电器部件。目前大型的透射电镜一般采用80~300kV电子束加速电压,其分辨率与电子束加速电压相关,分辨率可达0.2~0.1nm,高端机型可实现原子级分辨。真空系统由机械泵和扩散泵组成。为保证机械稳定性,各部分以直立积木式结构搭建。电子显微镜镜筒内的电子束通道对真空度要求很高,高性能的电子显微镜对真空度的要求达10Pa以上。

2.2　成像原理　透射电子显微镜的电子束通过样品后由物镜成像于中间镜上,再通过中间镜和投影镜逐级放大,成像于荧光屏或照相底片上,可以分辨细微的物质结构,能在看到表面图像的同时也看到内层物质。如图3.2所示,透射电子显微镜镜筒的顶部是电子枪,

电子由钨丝热阴极发射出,通过第一、第二两个聚光镜使电子束聚焦。透射电子显微镜的分辨率为 0.1~0.2nm,放大倍数为几万~几十万倍。由于电子易散射或被物体吸收,故穿透力低,必须制备更薄的超薄切片(通常为 50~100nm)。其制备过程与石蜡切片相似,但要求极严格,要在机体死亡后的数分钟内制取材料,组织块要小(1mm³ 以内),常用戊二醛和锇酸进行双重固定和树脂包埋,用特制的超薄切片机切成超薄切片,再经醋酸铀和柠檬酸铅等进行电子染色。电子束投射到样品时,可随组织构成成分的密度不同而发生相应的电子发射,如电子束投射到质量大的结构时,电子被散射的多,因此投射到荧光屏上的电子少而呈暗像,电子照片上呈黑色,称为电子密度高;反之,则称为电子密度低。

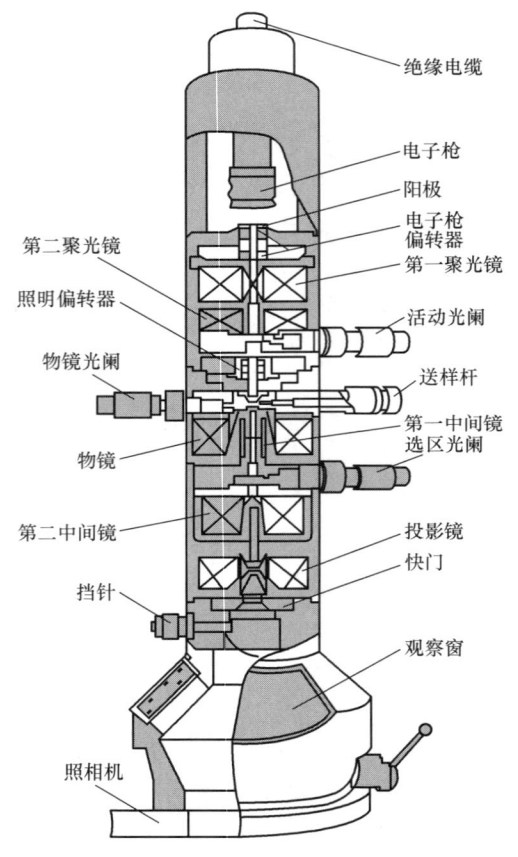

图 3.1　透射电子显微镜结构示意图

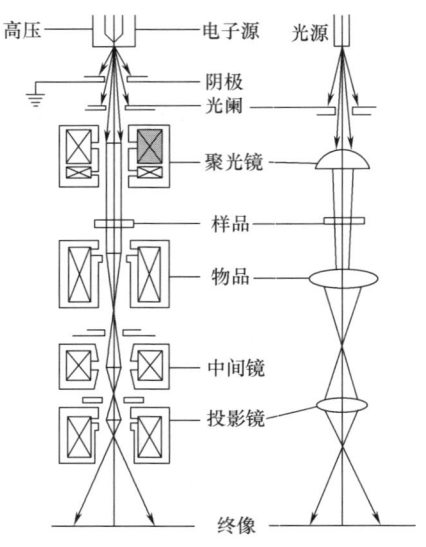

图 3.2　透射电子显微镜工作原理示意图

3　实验材料

3.1　菌种　大肠杆菌(*Escherichia coli*)琼脂斜面培养物或液体培养物。

3.2　溶液或试剂　醋酸戊酯、NaOH、浓硫酸、无水乙醇、火棉胶、3g/L 聚乙烯醇缩甲醛溶液、20g/L 火棉胶醋酸戊酯溶液、2.5%~4.0%(体积分数)戊二醛溶液(用 pH 7.4 的 0.2mol/L 磷酸盐缓冲液配制)、10g/L 锇酸溶液(用 pH 7.4 的 0.1mol/L 磷酸盐缓冲液配制)、0.1mol/L 及 0.2mol/L 磷酸盐缓冲液(pH 7.4)、无菌水、20g/L 磷钨酸钠溶液(附录Ⅳ)等。

3.3 仪器与其他用具　H-7650型透射电子显微镜(日本日立)、普通光学显微镜、微量移液器、铜网、烧杯、平皿、无菌滴管、无菌镊子、载玻片等。

4　实验流程

处理金属网 → 制备支持膜 → 转移支持膜到载网上 → 制片 → 观察

5　操作步骤

5.1　处理载网　在透射电镜中,由于电子不能穿透玻璃,只能采用网状材料载物,通常称为载网。载网按材料及形状的不同可分为多种不同的规格,其中最常用的是200~400目(孔数)的铜网。此外还有镍网、钼网和不锈钢网等。载网在使用前要进行处理,以除去其上的污物,否则会影响支持膜的质量及标本照片的清晰度。本实验选用400目的铜网,可用如下方法进行处理:首先用醋酸戊酯浸漂2h,再用蒸馏水冲洗数次,然后将铜网浸漂在无水乙醇中进行脱水,待用。如果是用过的旧网,铜网处理时先要用稀释的浓硫酸(1∶1)浸漂2min左右或用10g/L NaOH溶液煮沸5min,然后重复上面的处理步骤即可。

5.2　制备支持膜　载网准备好后,在载网上还应覆盖一层无结构、均匀的薄膜,否则细小的样品会从载网的孔中漏出去,这层薄膜称为支持膜或载膜。支持膜应对电子透明,其厚度一般低于20nm;同时该膜还应有一定的机械强度,在电子束的冲击下,载膜能保持结构的稳定,并拥有良好的导热性;此外,支持膜不应与承载的样品发生化学反应,不干扰对样品的观察。支持膜可用塑料膜(如聚乙烯醇缩甲醛膜、火棉胶膜等),也可用碳膜、金属膜或石英膜等。

5.2.1　聚乙烯醇缩甲醛(formvar)膜的制备

(1)将洗干净的载玻片浸入3g/L聚乙烯醇缩甲醛溶液中,静置片刻(时间根据所需膜的厚度而定),然后平稳取出,在空气中使其干燥,此时在玻片上会形成一层薄膜。

(2)用锋利的刀片或针头在膜的四周划一个矩形。

(3)将玻片轻轻斜插进盛满无菌水的容器中,待玻片上薄膜的前端漂浮在水面上时,轻轻将玻片下压,借助水的表面张力作用使膜与玻片分离,薄膜漂浮在水面上后取出玻片。所使用的玻片一定要干净,否则膜难以从上面脱落;漂浮膜时,动作要轻,否则膜将发皱;所用溶剂也必须有足够的纯度,否则影响薄膜的质量。

5.2.2　火棉胶膜的制备

(1)在一干净烧杯或平皿中放入一定量的无菌水,用无菌滴管吸20g/L火棉胶醋酸戊酯溶液,滴一滴于水面中央,静置,待醋酸戊酯蒸发后,火棉胶由于水的张力随即在水面上形成一层薄膜。

(2)用镊子将初始形成的膜除掉,再重复一次此操作,主要是为了清除水面上的杂质。

(3)适量滴一滴火棉胶液于水面,火棉胶液滴加量的多少与形成膜的厚薄有关,待膜形成后,从侧面对光检查所形成的膜是否平整及是否有杂质,如有皱褶或杂质,则去除膜后重新制膜,一直待膜制好。注意所用溶液中不能有水分及杂质,否则会影响形成的膜的质量。

5.3　转移支持膜到载网上　将铜网按一定的距离(如5mm)排列在聚乙烯醇缩甲醛膜或火棉胶膜的中央,用一张干净的滤纸覆盖在处理好的铜网上,再在上面放一张滤纸,浸透后用镊子夹住滤纸的边缘,连铜网一起翻转放入铺有干净滤纸的平皿,自然干燥或置于40℃烘箱干燥,备用。干燥后的膜,用大头针针尖在铜网周围划一下,用无菌镊子小心将铜网膜移到载玻片上,置光学显微镜下用低倍镜挑选完整无缺、厚薄均匀的铜网膜备用。

5.4 制片 透射电子显微镜样品的制备方法很多,如超薄切片法、复型法、冰冻蚀刻法、滴液法等。其中滴液法或在滴液法基础上发展出来的其他类似方法如直接贴印法、微量喷雾法等主要被用于观察病毒粒子、细菌的形态及生物大分子等。而由于生物样品主要由碳、氢、氧、氮等元素组成,散射电子的能力很低,在电镜下反差小,所以在进行电镜的生物样品制备时通常还须采用重金属盐染色或金属盐喷镀等方法来增加样品的反差,提高观察效果。本实验主要介绍采用滴液法结合负染色技术观察细菌的形态。

5.4.1 细菌取材 将适量无菌水加入生长良好的细菌斜面内,用微量移液器轻轻吹吸溶液,制成菌悬液。注意:细菌作为活体生物取材时要做到"快、准、小、轻"。"快"指取材后要在1~2min内放入固定液,"准"指取材部位要有代表性,"小"指取样为1mm×1mm×1mm左右大小,"轻"指动作要轻,器械要锋利。此外取材用到的器械、容器和固定液等均需预冷处理,因为低温条件可以降低酶的活性,防止细胞自溶。

5.4.2 固定 固定的作用是通过使蛋白质、脂质等生物大分子发生某种交联而尽可能保持细菌细胞的原有生活状态,不发生位移,减少组织结构变化。常用的固定液为2.5%~4.0%(体积分数)戊二醛、4%(体积分数)多聚甲醛或10~40g/L锇酸等。微生物最常用的固定方法是戊二醛、锇酸双重固定法。戊二醛、锇酸双重固定法: 2.5%~4.0%(体积分数)戊二醛溶液将菌悬液固定1~2h → 0.2mol/L磷酸盐缓冲液(pH 7.4)漂洗数次 → 10g/L锇酸固定1.5~2h → 蒸馏水漂洗5~10min 。上述操作均在4℃下完成。注意:锇酸为剧毒,极易挥发,必须在通风橱中操作,废液必须收集在密闭容器中。

5.4.3 染色 将固定菌悬液离心(8000r/min,3~5min),收集菌体 → 用无菌水调整菌液中的细胞浓度为10^8~10^9CFU/mL → 将菌悬液与等量的pH 7.4的20g/L磷钨酸钠溶液(负染色液)混合,制成混合菌悬液 → 用无菌毛细吸管吸取混合菌悬液滴在铜网膜上,静置3~5min → 用滤纸吸去余水,待样品干燥后备用 。注意:染色时机的把握十分重要,恰当的时机是用滤纸吸去悬液之后3~5min,当肉眼看不出残留的液体时滴加染色液。如果载网膜上尚有悬液残存时就进行染色,或者完全干后再染色,效果都不好。

5.4.4 样品检查 将制备得到的样品置于低倍光学显微镜下检查,挑选膜完整、菌体分布均匀的铜网。

5.5 观察

5.5.1 开机 先开循环水,然后开总电源,开真空系统电源。30min后开镜筒电源,等高真空与底片室的绿色指示灯均亮后,可以开始工作。

5.5.2 制备样品 按5.4所述方法制备样品。

5.5.3 安装样品 将要观察的样品铜网安装在样品托上,轻轻将样品托插入镜筒,同时打开样品室的预抽开关,边推边沿顺时针方向旋转托柄,直到全部推进。

5.5.4 观察样品 将工作电压缓慢地逐级加到所需数值,如75kV,然后将灯丝电流开到锁定位置。转动样品操纵杆寻找要观察的视域,调节亮度、对比度、放大倍数及聚焦、消像散等旋钮,观察样品并拍照记录。

5.5.5 取出样品 先关灯丝电流,然后轻轻拉出样品托,边拉边逆时针旋转,同时关闭样品室的预抽开关。

5.5.6 关机 先后依次关闭灯丝电流、工作电压、镜筒电源、真空系统电源及总电源,40min 后关循环水。

注意事项:

(1)电子显微镜要常开机,多使用,这样就能随时掌握仪器的工作情况;随时注意观察图、光、声、真空、气压、电源的变化情况,及时调节,作好记录。

(2)注意空气湿度、电压要稳定,气体要清洁干燥,防止小样品掉入,尤其防止细颗粒和粉末在气流中发生碰撞。

6 实验结果与报告

打印透射电镜样品图像,并对样品图像进行分析。

7 思考题

(1)简述透射电子显微镜的基本结构和成像原理。
(2)在样品制备过程中有哪些注意事项?

二、扫描电子显微镜细菌样品的制备与使用

1 目的和要求

(1)了解扫描电子显微镜的工作原理和使用方法。
(2)学习并掌握制备扫描电子显微镜细菌样品的基本方法。

2 基本原理

2.1 基本结构 扫描电子显微镜主要由电子光学系统和显示单元组成,包括电子枪、电磁透镜、扫描线圈(又称偏转线圈)和样品室等,如图 3.3 所示。其电子枪与透射电子显微镜的电子枪基本相同,只是加速电压较低,一般在 40kV 以下。电磁透镜有第一、第二聚光镜和物镜,其作用与透射电子显微镜的聚光镜相同,即缩小电子束的直径,将来自电子枪的直径约 30μm 的电子束经过第一、第二聚光镜和物镜的作用缩小成直径约几十埃(1Å = 0.1nm)的狭窄电子束。这是由于扫描电子显微镜的分辨率主要取决于电子束的直径,所以要尽可能缩小电子束直径。为此,物镜还装备有物镜可动光栏和消散器。一个带有扫描电路的偏转线圈通过锯齿波的电流,产生的磁场作用于电子束,使它在样品上扫描。

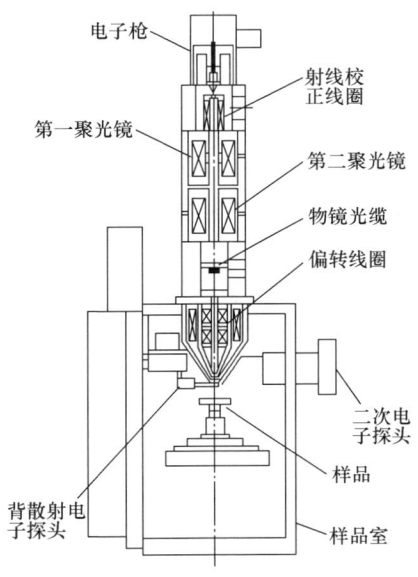

图 3.3 扫描电子显微镜结构示意图

扫描电子显微镜的真空系统也与透射电子显微镜的真空系统相似,由机械泵、扩散泵、检测系统、管道及阀门等组成。样品室位于镜筒底部。与透射电子显微镜一样,扫描电子显微镜的镜筒也有一套合轴调整装置,但相对比较简单。

2.2 成像原理 扫描电子显微镜的成像是像闭路电视系统那样,逐点逐行扫描成像。扫描电子显微镜工作原理如图 3.4 所示,由三极电子枪发射出来的电子束在加速电压作用下,经过 2~3 个电磁透镜聚焦后,在样品表面按顺序逐行进行扫描,激发样品产生各种物理信号,如二次电子、背散射电子、吸收电子、X 射线、俄歇电子(Auger electron)等。这些物理信号的强度随样品表面特征而变化。它们分别被相应的收集器接受,经放大器按顺序、成比例地放大后,送到显像管的栅极上,用来同步地调制显像管的电子束强度,即显像管荧光屏上的亮度。用于供给电子光学系统使电子束偏向的电源,即供给阴极射线显像管的扫描线圈的电源,其发出的锯齿波信号同时控制两束电子束做同步扫描。因此,样品上电子束的位置与显像管荧光屏上电子束的位置是一一对应的。如此在长余辉荧光屏上形成一幅与样品表面特征相对应的画面——某种信息图,如二次电子像、背散射电子像等。画面上亮度的疏密程度表示该信息的强弱分布。

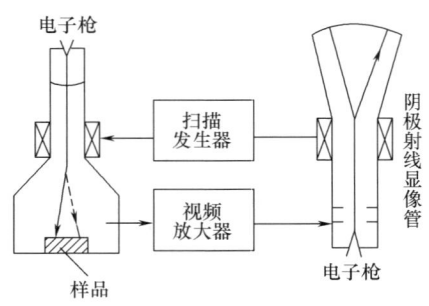

图 3.4 扫描电子显微镜工作原理示意图

扫描电子显微镜可用于观察样品表面的立体结构,如不同排列方式的细菌(四联球菌、八叠球菌和芽孢等),图像清晰,具有真实感。扫描电子显微镜的分辨率小于 6nm,放大倍数从 20 倍到 10 万倍连续可调。扫描电子显微镜以观察样品的表面形态为主,因此使用其观察的样品必须满足以下要求:①保持完好的组织和细胞形态;②充分暴露要观察的部位;③具有良好的导电性和较高的二次电子产额,可提高扫描电子图像的质量;④保持充分干燥的状态。

3 实验材料

3.1 菌种 大肠杆菌(*Escherichia coli*)琼脂斜面培养物或液体培养物。

3.2 溶液或试剂 2%(体积分数)戊二醛溶液(用 pH 7.2 的 0.2mol/L 磷酸盐缓冲液配制)、10g/L 锇酸溶液(用 pH 7.2 的 0.1mol/L 磷酸盐缓冲液配制)、0.1mol/L 及 0.2mol/L 磷酸盐缓冲液(pH 7.2)、无水乙醇、醋酸戊酯、无菌水等。

3.3 仪器与其他用具 扫描电子显微镜、普通光学显微镜、定性滤纸、平皿、无菌滴管、无菌镊子、载玻片、盖玻片、真空镀膜机、临界点干燥器等。

4 实验流程

收集菌体 → 固定 → 脱水 → 干燥 → 喷金 → 观察

5 操作步骤

5.1 收集菌体

5.1.1 固体培养基上的菌体 在菌落表面滴加 2%(体积分数)戊二醛溶液(固定液),

轻刮菌落(注意不要刮下培养基)。将菌液吸入小离心管,8000r/min 离心 3~5min,弃上清液。

5.1.2 液体培养基中的菌体 取适量菌体培养液,8000r/min 离心 3~5min,弃上清液。

5.2 固定及脱水

5.2.1 离心洗涤方法 将2%(体积分数)戊二醛溶液加入沉淀的菌泥中,4℃固定 2~4h → 0.2mol/L 磷酸盐缓冲液(pH 7.2)清洗 3 次 → 10g/L 锇酸处理 4~6h → 0.1mol/L 磷酸盐缓冲液(pH 7.2)清洗 3 次 → 乙醇梯度脱水,30%、50%、70%、85%、95%(体积分数)各 1 次,100%(体积分数)乙醇脱水 2 次,15min/次 → 醋酸戊酯置换乙醇 2 次,20min/次。注意:每次均需要离心,条件参见 5.1 收集菌体,每次加入下一个试剂时用滴管来回吸几下,以打散菌团。

此种固定脱水方法的优点是:①在固定及脱水过程中可完全避免菌体与空气接触,从而最大程度地减少因自然干燥引起的菌体变形情况出现;②可保证最后制成的样品中有足够浓度的菌体,因为用直接涂片法处理的菌体在固定及干燥过程中有时会从玻片上脱落。

5.2.2 直接涂片法 将处理好的干净的盖玻片切割成 4~6mm² 的小块,将待检的较浓的菌悬液或菌苔直接涂上,也可将盖玻片小块粘贴在菌落表面,自然干燥后置于光学显微镜下镜检,以菌体较密但又不堆在一起为宜;标记盖玻片小块有样品的一面;将上述样品置于 2%(体积分数)戊二醛溶液中,于 4℃固定过夜。次日以 0.2mol/L 的磷酸盐缓冲液(pH 7.2)冲洗,用 30%、50%、70%、85%、95%(体积分数)乙醇分别依次脱水各 1 次,100%(体积分数)乙醇脱水 2 次,15min/次。脱水后,用醋酸戊酯置换乙醇 2 次,20min/次。注意:涂片要适度,否则菌少,贴附不紧密或菌体形态变形;固定时轻晃几次盖玻片,以使细菌分布均匀;脱水时应避免脱水剂对盖玻片直接冲击,可从周围贴壁加入脱水剂。

5.3 干燥

5.3.1 离心洗涤方法 将普通定性滤纸裁成 35mm×18mm 纸条,将长边 35mm 均分 3 份,对折成小纸包,用订书钉将一端钉牢,制成小口袋状,提前标记好,将固定脱水后的菌液滴入纸包,立即将另一端钉牢,放其临界点干燥器样品室,进行 CO_2 临界点干燥,加热到临界点温度(31.40℃,72.8atm①)以上,使其汽化进行干燥。一般每次可处理 10~20 个菌样。

5.3.2 直接涂片法 将上述制备得到的样品置于临界点干燥器中,浸泡于液态 CO_2 中干燥。

临界点干燥原理:在装有溶液的密闭容器中,随着温度的升高,蒸发速率加快,气相密度增加,液相密度下降。当温度增加到某一定值时,气、液二相密度相等,界面消失,表面张力也会消失,这时的温度及压力即称为临界点。将生物样品用临界点较低的物质置换出内部的脱水剂进行干燥,可以完全消除表面张力对样品结构的破坏。目前用得最多的置换剂是 CO_2。

5.4 喷金

将纸包剪开,再将干燥后的粉末状纯菌体倒入平皿,轻摇分散菌体,用碳导电胶带(导电

---

① 1atm = $1.013×10^5$ Pa。

的双面碳胶带)一面粘在 1/4 盖玻片上,另一面倒扣轻压在菌体粉末上,翻正后用牙签或镊子轻刮铺平,然后将样品放入真空镀膜机内,将金喷镀到样品表面。如果采用离子溅射镀膜机喷镀金,可获得均匀的细颗粒薄金镀层,提高扫描电子图像的质量。直接涂片法可直接将样品放入真空镀膜机内,然后将金喷镀到样品表面。注意:样品喷金后最好当天观察,否则需要放在干燥器中密封真空保存,防止沾染灰尘和受潮。样品放置时间不宜超过 2 个月。

5.5 观察

5.5.1 开机　先开冷却水,然后开总电源,开真空系统电源。待系统达到所要求的真空度,高真空的绿色指示灯亮后,打开操作系统的电源就可以开始工作了。

5.5.2 放置样品　将系统放气,打开样品室,放置样品后,重新抽到要求的真空度。

5.5.3 观察样品　将工作电压加到所需的数值,如 30kV,然后将灯丝电流缓慢开到锁定的位置。转动样品台移动把手,调整放大倍数从最小缓慢增大,寻找要观察的视域,仔细调整焦距、消像散、亮度、对比度,直到获得最满意的图像,拍照记录。

5.5.4 关机　先后依次关闭灯丝电流、工作电压、操作系统电源和真空系统电源,关闭总电源。20min 后关闭冷却水。

注意事项:

(1)在使用扫描电子显微镜时,务必佩戴安全眼镜、防护手套等个人防护装备,避免意外事故带来伤害。

(2)样品需要保持干燥、无挥发性、有导电性、能与样品台牢固黏结、热稳性好,且不会被电子束分解。含水的生物样品需要经过化学或物理方法固定、脱水和干燥后再进行观察。

(3)测量之前一定要进行抽真空处理,否则会因为空气的存在使电子束变形(电子束的路径发生散射和偏移),影响扫描效果。

(4)在没有进入高真空之前,绝不能接通探测器高压、电子枪及灯丝加热电源。

(5)长时间不使用电子显微镜时,每周至少抽真空两次,保持机器内真空度良好。

6　实验结果与报告

打印扫描电子显微镜样品图像,并对样品图像进行分析。

7　思考题

(1)简述扫描电子显微镜的基本结构和成像原理,并比较透射电子显微镜与扫描电子显微镜的区别。

(2)在样品制备过程中有哪些注意事项?

实验 4　细菌的简单染色和革兰染色及其形态观察

一、细菌的简单染色法

1　目的和要求

(1) 学习细菌涂片、染色的基本技术及无菌操作技术。
(2) 掌握细菌的简单染色法,初步认识细菌的形态特征。
(3) 巩固光学显微镜油镜的使用方法。

2　基本原理

细菌形体微小,无色而透明,折光率低,在普通光学显微镜下不易识别,因此必须借助染色方法,将其折光率增大而与背景形成明显的色差,再经显微镜的放大作用,即能更清楚地观察到其形态和结构。

简单染色法是利用单一染料对细菌进行染色的一种方法。此法操作简便,适用于菌体一般形状和细菌排列的观察。常用碱性染料进行简单染色,这是因为在中性、碱性或弱酸性溶液中,细菌细胞通常带负电荷,而碱性染料在电离时,其分子的染色部分带正电荷,故碱性染料的染色部分很容易与细菌结合使细菌着色。经染色后的细菌细胞与背景形成鲜明的对比,在显微镜下更易于识别。简单染色的常用染料有亚甲蓝、结晶紫、碱性复红等。

当细菌分解糖类产酸使培养基 pH 下降时,细菌所带正电荷增加,此时可用伊红、酸性复红或刚果红等酸性染料染色。

3　实验材料

3.1　菌种　枯草芽孢杆菌(*Bacillus subtilis*)12~18h 营养琼脂斜面培养物、藤黄微球菌(*Micrococcus luteus*)、大肠杆菌(*Escherichia coli*)约 24h 营养琼脂斜面培养物。

3.2　试剂与染色液　草酸铵结晶紫、齐氏石炭酸复红和吕氏碱性亚甲蓝染色液(附录Ⅲ)以及香柏油、无水乙醇和生理盐水。

3.3　仪器与其他用具　显微镜、酒精灯、载玻片、接种环、擦镜头纸、吸水滤纸、纱布、打火机、记号笔、玻片夹或镊子等。

4　实验流程

涂片 → 干燥 → 固定 → 染色 → 水洗 → 干燥 → 镜检

5　操作步骤

5.1　玻片准备　从 95%(体积分数)酒精中取出载玻片,以火焰烧去残余酒精或用纱布擦去酒精;用记号笔在玻片上划分成2~3个涂片区,标明菌号或菌名。

5.2 涂片　所用材料不同,涂片方法各异。

5.2.1 固体材料　固体材料为平板菌落、斜面菌苔等培养物。

(1) 平板菌落涂片无菌操作　在平板上挑选适宜单菌落,用记号笔划圈并做好标记;用胶帽滴管滴一小半滴(或用灭菌接种环挑取1~2环)生理盐水于载玻片中央;用右手持接种环柄(如同拿毛笔一样),在酒精灯火焰的外焰上,先烧灼金属环,再垂直于火焰上烧红金属丝,而后水平于火焰上不断捻动接种柄,依次烧灼螺丝口和金属(图4.1);左手拿起倒置于桌面的平皿,翻转于掌心,使皿盖朝上,以大拇指和中指打开皿盖,接种环在空白培养基上冷却至少20s,挑取少量单菌落于水滴中,用接种环充分混匀,涂成圆的直径约1cm的薄菌膜,而后烧去接种环残留菌体。

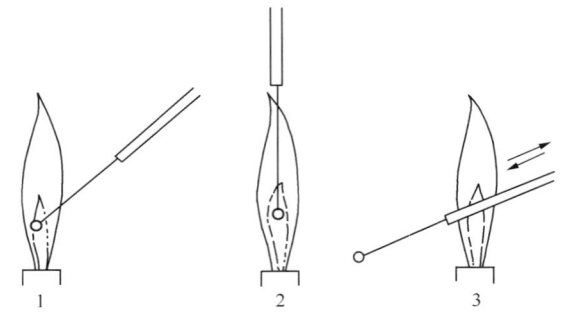

图4.1　接种环灭菌方法

(2) 斜面菌苔涂片无菌操作　先蘸取生理盐水一小半滴于玻片中央,而后用接种环以无菌操作,分别从枯草芽孢杆菌、藤黄微球菌和大肠杆菌斜面上挑取少量菌苔于水滴中,混匀并涂成薄菌膜[图4.2、图4.3(1)]。涂片无菌操作要点:①试管或三角瓶在开塞后及回塞前,其口部应在火焰上烘烤灭菌,除去可能附着于管口或瓶口的微生物。开塞后的管口或瓶口应靠近酒精灯火焰内侧10cm无菌区域,并尽量平置,以防直立时空气中尘埃落入,造成污染。②接种环在每次使用前后均应在火焰上烧灼灭菌;挑取菌苔前,接种环通过火焰后应在试管壁或空白培养基上冷却至少20s后进行。③再次烘烤试管口或瓶口后,应将硅胶塞迅速通过火焰塞好并旋紧。

注意:载玻片要洁净无油迹,否则菌液涂不开;滴生理盐水和取菌不宜过多;涂片要涂抹均匀,不宜过厚,

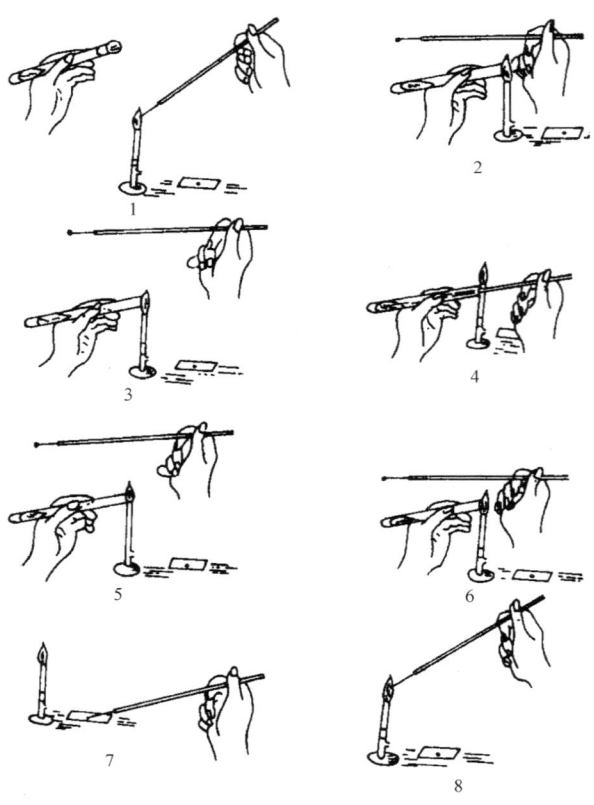

图4.2　斜面菌苔涂片无菌操作过程
1—灼烧接种环;2—拔去硅胶塞;3—烘烤试管口;
4—冷却接种环挑取少量菌体;5—再烘烤试管口;
6—将硅胶塞塞好;7—做涂片;8—烧去残留菌体。

以淡淡的乳白色为宜。

5.2.2 液体材料 对液体培养基培养物、菌悬液等材料,可直接用灭菌接种环取2~3环菌液于载玻片中央,均匀涂抹成适当大小的薄菌膜[图4.3(2)]。

5.2.3 组织材料 对肉类及其制品等材料,应先以镊子夹持局部,然后以灭菌剪刀切一小块,用新鲜切面于载玻片上压印或涂成薄膜。

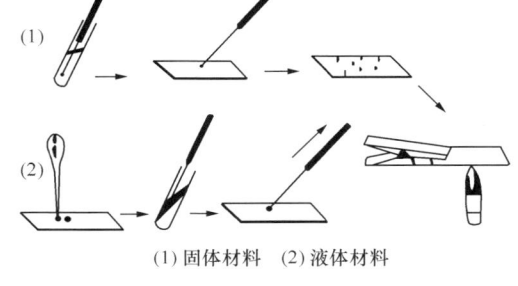

图4.3 液体材料的涂片、干燥和热固定操作过程

5.3 干燥 自然干燥,或在酒精灯外焰上方稍微加热干燥。

5.4 固定 所用材料不同,固定方法各异。其目的有二:一是杀死菌体细胞,使细胞质凝固,以固定细胞形态,并使菌体牢固附着于载玻片上,以免水洗时被冲掉;二是使菌体蛋白质变性,改变对染色剂的通透性,增加其对染料的亲和力,使其更易着色。

5.4.1 加热固定 对于斜面菌苔、平板菌落、液体培养物等涂片以火焰加热固定。将干燥好的涂片的涂面朝上,以钟摆速度通过火焰3次,加热固定。注意:加热固定温度不能过高,以玻片不烫手背为宜,否则会改变甚至破坏细胞形态。

5.4.2 化学固定 对于血液、组织脏器等涂片以甲醇固定。将已干燥的涂片浸入甲醇中,2~3min后取出,甲醇自然挥发。

5.5 染色 将玻片平放于玻片搁架上,滴加染色液于涂片上(以染色液刚好覆盖涂片菌膜为宜)。草酸铵结晶紫(或石炭酸复红)染色液染色1~2min;吕氏碱性亚甲蓝染色液染色2~3min。

5.6 水洗 倾去染色液,用自来水冲洗,直至涂片上流下的水为无色为止。注意:水洗时,切勿直接冲洗涂抹面,而应使水从载玻片的一端流下。水流不宜过急、过大,以免涂片菌膜脱落。

5.7 干燥 用滤纸吸干水分。注意:吸干时,切勿擦去菌体。

5.8 镜检 涂片干燥后镜检。注意:涂片必须完全干燥后才能用油镜观察。

6 实验结果与报告

根据观察结果,按比例大小绘图表示枯草芽孢杆菌、藤黄微球菌或大肠杆菌的形态。

7 思考题

为什么要求制片完全干燥后才能用油镜观察?

二、革兰染色法

1 目的和要求

(1)了解革兰染色法的原理及其在细菌分类鉴定中的重要性。

(2)学习掌握革兰染色法,进一步熟练光学显微镜油镜的使用方法。

2 基本原理

革兰染色法是细菌学中最重要的鉴别染色法。由于细菌细胞壁的结构和化学组成的不同,经革兰染色后,呈现不同的染色反应,据此可将所有细菌分为两大类,即革兰阳性(用 G^+ 表示)菌和革兰阴性(用 G^- 表示)菌。细菌用结晶紫初染后都会被染成蓝紫色。碘作为媒染剂,与结晶紫结合成结晶紫-碘的复合物,以增强染料与细菌的结合力。革兰染色的关键在于乙醇作为脱色剂的脱色作用。当用乙醇处理时,两类细菌的脱色效果不同。由于 G^+ 菌细胞壁肽聚糖层较厚,且肽聚糖含量高,交联度高,不含有类脂或类脂含量很低,脱色处理时,因乙醇的脱水作用引起细胞壁肽聚糖层网架结构中的孔径缩小,通透性降低,结晶紫与碘的复合物被保留在细胞内,细胞不被脱掉紫色,再用沙黄复染菌体仍保留最初的紫色;反之,G^- 菌肽聚糖层薄,且肽聚糖含量低,交联度低,而外膜层类脂含量高,脱色处理时,G^- 菌的外膜经乙醇的脱脂作用,溶解了外膜层中的类脂而变得疏松,此时薄而松散的肽聚糖网不能阻挡结晶紫与碘的复合物向外渗出,因此细胞被褪成无色,再用沙黄复染菌体呈红色。

3 实验材料

3.1 菌种 大肠杆菌(*Escherichia coli*)或沙门氏菌(*Salmonella* sp.)约 24h 营养琼脂斜面培养物、枯草芽孢杆菌(*Bacillus subtilis*)或蜡样芽孢杆菌(*Bacillus cereus*)18~20h 营养琼脂斜面培养物、金黄色葡萄球菌(*Staphylococcus aureus*)约 24h 营养琼脂斜面培养物。

3.2 试剂与染色液 草酸铵结晶紫染色液、鲁格尔氏碘液、95%(体积分数)乙醇、沙黄(番红)复染液(附录Ⅲ)以及香柏油、无水乙醇和生理盐水。

3.3 仪器与其他用具 同实验 4 细菌的简单染色。

4 实验流程

涂片 → 干燥 → 固定 → 草酸铵结晶紫初染(1min) → 水洗 → 碘液媒染(1min) → 水洗 → 95%(体积分数)乙醇脱色(15~30s) → 水洗 → 沙黄复染(1min) → 水洗 → 滤纸吸干 → 镜检

5 操作步骤

5.1 制片 取菌种培养物按简单染色法常规的涂片、干燥、固定程序进行制片。注意:要用活跃对数生长期的幼龄培养物做革兰染色。

5.2 初染 滴加草酸铵结晶紫染色液,刚好覆盖涂片上的菌膜,初染 1min,倾去染色液,在涂菌上方细水流冲洗至无色。

5.3 媒染 滴加碘液,作用 1min,水洗。

5.4 脱色 滴加 95%(体积分数)乙醇,脱色 15~30s(如为牛乳培养物脱色需 60s),轻轻摆动玻片至无紫色后立即水洗。

5.5 复染 滴加沙黄复染液,复染 1min,水洗。

5.6 干燥 用滤纸吸干水分。注意:吸干时,勿擦去菌体。

5.7 镜检 吸干水分后用油镜观察。G^+ 菌呈蓝紫色,G^- 菌呈红色。

注意事项：

(1) 涂片不宜过厚，勿使细菌密集重叠，影响脱色效果，否则脱色不完全造成假阳性。镜检时应以视野内分散细胞的染色反应为标准。

(2) 火焰固定不宜过热，以玻片不烫手为宜，否则菌体细胞变形。

(3) 滴加染色液与酒精时一定要覆盖整个菌膜，否则部分菌膜未被处理，也可造成假象。

(4) 乙醇脱色是革兰染色操作的关键环节。如脱色过度，则 G^+ 菌被误染成 G^- 菌；而脱色不足，G^- 菌被误染成 G^+ 菌。在革兰染色方法正确无误的前提下，菌龄（培养时间）过长、菌体死亡或细胞壁受损伤的 G^+ 菌也会呈阴性反应，故革兰染色要用活跃对数生长期的幼龄培养物。

在革兰染色操作有误的情况下可用以下方法鉴别或验证：在载玻片上滴一滴 30~40g/L 的氢氧化钾溶液，用接种环以无菌操作挑取斜面或平板上少量菌苔或单菌落于碱液中，一边用接种环搅匀，一边用接种环挑起菌液，如涂抹的菌液能拉出丝状，则为革兰阴性菌；反之，则为革兰阳性菌。鉴别原理：G^- 菌细胞壁外膜层中含有的脂多糖等主要成分与碱液发生反应呈黏液拉丝状，而 G^+ 菌无外膜结构则无拉丝现象。一般情况下此法鉴定的准确率达 90% 以上。鉴定不准确的情况为有些产荚膜 G^+ 菌分泌的胞外多糖会干扰鉴别结果。

6 示范

在光学显微镜下观察大肠杆菌、枯草芽孢杆菌、金黄色葡萄球菌、藤黄微球菌、钩端螺旋菌、副溶血性弧菌的形态及排列方式（图 4.4）。

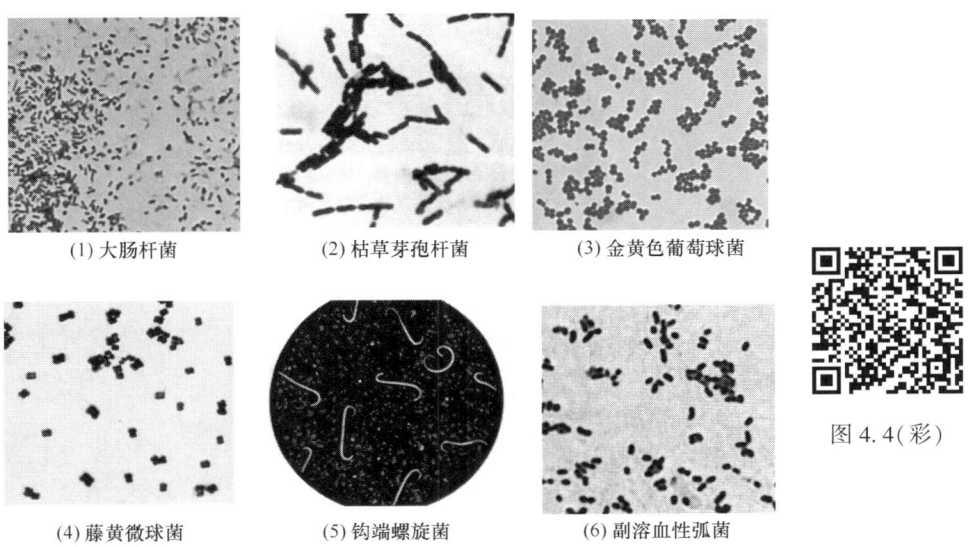

(1) 大肠杆菌　　(2) 枯草芽孢杆菌　　(3) 金黄色葡萄球菌

(4) 藤黄微球菌　　(5) 钩端螺旋菌　　(6) 副溶血性弧菌

图 4.4（彩）

图 4.4　部分细菌在光学显微镜下的形态（1000×）

7 实验结果与报告

根据观察结果，按比例大小绘图表示革兰染色制片中细菌的形态，并说明各种细菌的形状、颜色和革兰染色反应。

8　思考题

(1)详述革兰染色的原理及操作方法。染色时应注意哪些问题？
(2)哪些环节会影响革兰染色结果的正确性？其中最关键的环节是什么？
(3)不经过复染这一步,能否区别 G^+ 菌和 G^- 菌？
(4)在对未知菌进行革兰染色时,怎样保证操作正确、结果可靠？

操作视频:革兰染色实验操作演示

革兰染色法:包括玻片准备、涂片(平板菌落涂片无菌操作、斜面菌苔涂片无菌操作)、干燥、固定、初染、媒染、脱色、复染和干燥等操作过程。

实验 5　细菌芽孢、荚膜和鞭毛的染色

一、细菌芽孢的染色

1　目的和要求

（1）学习并掌握细菌芽孢的染色方法及其原理。
（2）观察芽孢杆菌的形态特征，了解细菌的芽孢在细菌形态学鉴定上的重要性。

2　基本原理

芽孢是某些细菌生长到后期，细胞质脱水浓缩在细胞内形成的一个圆形或椭圆形，对不良环境条件具有较强抗性的休眠体。细菌能否形成芽孢以及芽孢的形状、芽孢在孢子囊（带有芽孢的菌体）内的着生位置、孢子囊是否膨大等特征是鉴定细菌的重要依据之一。

由于芽孢壁厚、透性低，比营养细胞不易着色与脱色，当用石炭酸复红、结晶紫等进行单染色时，菌体的孢子囊着色，而孢子囊内的芽孢不着色或仅显很淡的颜色，游离出来的芽孢呈淡红或淡蓝紫色的圆形或椭圆形的圈。为了使芽孢着色便于观察，可对芽孢进行染色。其基本原理是：先采用着色力强的染色剂孔雀绿或石炭酸复红，在加热条件下染色，使菌体和芽孢均着色，再用水冲洗，则菌体脱色，而芽孢一经着色则难以被水洗脱。当用另一种与初染液对比度大的复染剂沙黄或亚甲蓝染色后，芽孢仍保留初染剂的颜色，而菌体和孢子囊被染成复染剂的颜色，使芽孢和菌体更易区分。

对芽孢的染色有常规的谢-弗二氏（Schaeffer-Fulton）染色法和改良法。后者在节约染料、简化操作及提高标本质量等方面都较常规方法优越，可优先选用。

3　实验材料

3.1　菌种　枯草芽孢杆菌（*Bacillus subtilis*）约 2d 营养琼脂斜面培养物或蜡样芽孢杆菌（*Bacillus cereus*）约 2d 营养琼脂斜面培养物。

3.2　试剂与染色液　50g/L 孔雀绿水溶液、5g/L 沙黄（番红）染色液（附录Ⅲ）以及香柏油、无水乙醇和生理盐水。

3.3　仪器与其他用具　小试管、滴管、烧杯、试管架、木夹子，其他用具同实验 4 细菌的简单染色。

4　实验流程

常规谢-弗二氏染色法：涂片 → 干燥 → 固定 → 孔雀绿初染（微火加热至冒蒸汽 5min）→ 脱色 → 沙黄复染（1~2min）→ 水洗 → 滤纸吸干 → 镜检

改良谢-弗二氏染色法：制备菌悬液 → 孔雀绿初染（沸水浴加热 15~20min）→ 涂片 → 干燥 →

固定 → 脱色 → 沙黄复染(2~3min) → 滤纸吸干 → 镜检

5 操作步骤

5.1 常规谢-弗二氏染色法

5.1.1 制片 取菌种培养物按细菌的简单染色法(实验4)常规的涂片、干燥、固定程序进行制片。

5.1.2 初染 加孔雀绿水溶液3~5滴于涂片上,用木夹挟住载玻片一端,在酒精灯上微火加热至染料冒蒸汽并开始计时,维持5min。注意:加热过程中要及时补充染液,切勿沸腾或蒸干,防止加热过度。染液被蒸干时不能立即补加染液,否则载玻片炸裂。

5.1.3 脱色 待玻片冷却后,用缓流自来水冲洗,直至流出的水无色为止[如水洗脱色不净,可用95%(体积分数)乙醇脱去孢子囊及营养体的绿色]。注意:切勿用较大的水流对着菌膜冲洗,以免细菌被水冲掉。

5.1.4 复染 用沙黄染色液复染1~2min。

5.1.5 水洗 用缓流水洗后,用滤纸吸干。

5.1.6 镜检 用油镜观察。芽孢呈绿色,孢子囊及营养体呈红色。

5.2 改良谢-弗二氏染色法

5.2.1 制备菌悬液 加1~2滴生理盐水于小试管中,用接种环从斜面上挑取2~3环菌苔于试管中,搅拌均匀,制成浓稠的菌悬液。注意:所用菌种应掌握菌龄,以大部分细菌已形成孢子囊为宜;取菌不宜太少。

5.2.2 初染 加孔雀绿水溶液2~3滴于小试管中,并使其与菌液混合均匀,然后将试管置于沸水浴的烧杯中,加热染色15~20min。

5.2.3 涂片、干燥与固定 用接种环挑取试管底部菌液数环于洁净载玻片上,涂成薄膜,晾干,然后将涂片通过火焰3次温热固定。

5.2.4 脱色 水洗,直至流出的水无绿色为止。

5.2.5 复染 用沙黄染色液染色2~3min,倾去染液并用滤纸吸干残液(不用水洗)。

5.2.6 镜检 用油镜观察。芽孢呈绿色,孢子囊及营养体呈红色。

6 示范

在光学显微镜下观察枯草芽孢杆菌、肉毒梭菌、破伤风梭菌的芽孢(图5.1),注意芽孢的形状、着生位置及孢子囊的形状特征。

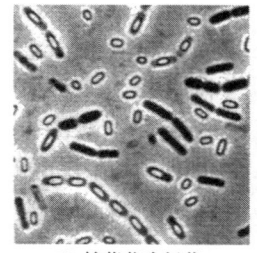
(1) 枯草芽孢杆菌
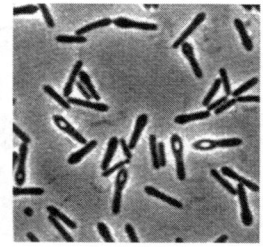
(2) 肉毒梭菌
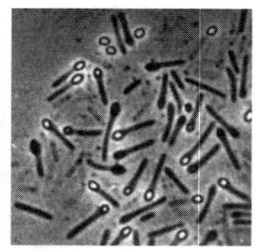
(3) 破伤风梭菌

图5.1 细菌芽孢在光学显微镜下的形态(1000×)

7 实验结果与报告

根据观察结果,按比例大小绘图表示枯草芽孢杆菌或蜡样芽孢杆菌的形态,并标明芽孢、孢子囊和营养体。

8 思考题

(1)简述细菌芽孢的染色原理。用简单染色法能否观察到细菌的芽孢?
(2)若涂片中观察到的只是大量游离芽孢,少见孢子囊及营养细胞,其原因是什么?
(3)细菌芽孢的染色为什么要进行加热?

二、细菌荚膜的染色

1 目的和要求

学习并掌握细菌荚膜的染色方法及其原理。

2 基本原理

荚膜是包围在细菌细胞壁外的一层黏液性胶状物质,其成分为多糖、多肽或糖蛋白。由于荚膜与染料的亲和力低、不易着色,而且溶于水,易被水洗除去,故一般采用衬托染色法(又称负染色法、背景染色法),使菌体和背景着色,而荚膜不着色,在菌体周围形成一个透明圈。由于荚膜含水量高,不宜用热固定,因此采用甲醇进行化学固定,以免荚膜变形。

下面介绍3种荚膜染色的方法,即湿墨水法、干墨水法和Anthony氏法,其中湿墨水法较简便,并适用于各种有荚膜的细菌。

3 实验材料

3.1 菌种 褐色球形固氮菌(*Azotobacter chroococcus*)或胶质芽孢杆菌(*Bacillus mucilaginosus*)约2d无氮培养基琼脂斜面培养物。

3.2 试剂与染色液 墨汁染色液(或黑色素水溶液)、10g/L甲基紫水溶液、10g/L结晶紫水溶液、60g/L葡萄糖水溶液、200g/L硫酸铜水溶液(附录Ⅲ)、甲醇、香柏油和无水乙醇。

3.3 仪器与其他用具 载玻片、盖玻片、吸水滤纸、显微镜等。

4 实验流程

湿墨水法:墨汁→ 滴加于载玻片 → 挑菌混匀 → 覆盖玻片 → 镜检

干墨水法:60g/L葡萄糖液→ 滴加于载玻片 → 挑菌混匀 → 墨汁染色 → 涂片 → 自然干燥 → 甲醇固定(1min) → 文火干燥 → 甲基紫染色(1~2min) → 水洗 → 自然干燥 → 镜检

Anthony氏法: 涂片 → 干燥 → 甲醇固定 → 10g/L结晶紫溶液染色 → 200g/L硫酸铜脱色 → 滤纸吸干 → 镜检

5 操作步骤

5.1 湿墨水法

5.1.1 制菌液　加1滴墨汁染色液于洁净的载玻片上,然后挑取少量菌体与其混合均匀。

5.1.2 加盖玻片　将一洁净盖玻片盖于混合液上,然后在盖玻片上放一张滤纸,向下轻压以吸去多余的混合液。

注意:加盖玻片时切勿留有气泡,否则影响观察效果。

5.1.3 镜检　用低倍镜和高倍镜观察,若用相差显微镜观察,效果更好。背景灰色,菌体较暗,菌体周围明亮的透明圈即为荚膜。

5.2 干墨水法

5.2.1 制菌液　加1滴60g/L葡萄糖水溶液于洁净载玻片的一端,挑取少量菌体与其混合,再加1环墨汁染色液,充分混匀。注意:载玻片必须洁净无油迹,否则涂片时菌液不能均匀散开。

5.2.2 涂片　另取一端边缘光滑的载玻片作推片,将推片的一边与菌液接触,然后稍向后拉[图5.2(1)],轻轻左右移动,使菌液沿载玻片接触处散开[图5.2(2)],而后以30°迅速将菌液推向载玻片另一端[图5.2(3)],将菌液铺成薄层[图5.2(4)]。

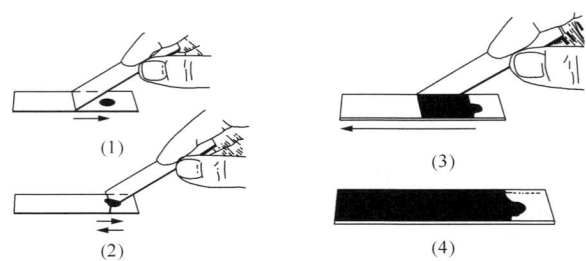

图5.2　细菌荚膜干墨水法染色的涂片方法

5.2.3 干燥、固定　空气中自然干燥后,用甲醇浸没涂片固定1min,倾去甲醇。

5.2.4 干燥、染色　在酒精灯上方火焰较高处用文火干燥,勿使玻片发热,而后用10g/L的甲基紫水溶液染色1~2min。

5.2.5 水洗　用自来水轻轻冲洗,自然干燥。

5.2.6 镜检　用低倍镜和高倍镜观察。背景灰色,菌体紫色,菌体周围清晰的透明圈即为荚膜。

5.3 Anthony氏法

5.3.1 制片　按常规方法涂片(多挑些菌体与水混合)、自然干燥,并用甲醇固定(勿加热干燥固定)。

5.3.2 染色　用10g/L的结晶紫水溶液染色2min。

5.3.3 脱色　以200g/L的硫酸铜水溶液洗去结晶紫(不可用水冲洗),脱色要适度(冲洗2遍)。用吸水滤纸吸干残液,并立即加1~2滴香柏油于涂片处,以防硫酸铜形成结晶。

5.3.4 镜检 用油镜观察。背景蓝紫,菌体呈深紫色,荚膜呈淡紫色。

6 示范

在相差显微镜下观察肺炎链球菌、不动杆菌的荚膜(图5.3)。

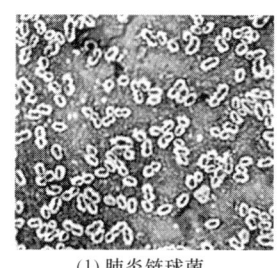 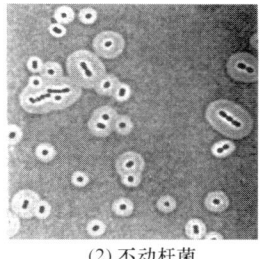

(1)肺炎链球菌　　　　　(2)不动杆菌

图5.3　细菌荚膜在相差显微镜下的形态

7 实验结果与报告

根据观察结果,按比例大小绘图表示褐色球形固氮菌或胶质芽孢杆菌的菌体和荚膜形态。

8 思考题

简述荚膜染色的原理。对荚膜染色后,为什么被包在荚膜里面的菌体着色而荚膜不着色?

三、细菌鞭毛的染色

1 目的和要求

(1)学习并掌握细菌鞭毛的染色方法及其原理。
(2)观察细菌鞭毛的形态特征。了解细菌鞭毛在细菌形态学鉴定上的重要性。

2 基本原理

鞭毛是细菌的运动"器官",细菌是否具有鞭毛,以及鞭毛的着生位置和数目是鉴定细菌的重要依据之一。细菌的鞭毛很纤细,其直径通常为 $0.01\sim0.02\mu m$,在普通光学显微镜下难以见到,只能用电子显微镜观察。如用光学显微镜观察细菌的鞭毛,必须对鞭毛染色。其基本原理是:在染色前先采用不稳定的胶体溶液作为媒染剂处理,使其沉积于鞭毛上,加粗鞭毛的直径,然后再进行染色。对鞭毛染色的方法有很多,本实验介绍硝酸银染色法和改良的利夫森(Leifson)氏染色法。硝酸银染色法较易掌握,但染色剂保存期较短。

良好的培养物是鞭毛染色成功的基本条件,不宜用已形成芽孢或衰亡期的培养物作为鞭毛染色的菌种材料,因为老龄细菌鞭毛容易脱落。

3 实验材料

3.1 菌种

(1)枯草芽孢杆菌(*Bacillus subtilis*)或普通变形杆菌(*Proteus vulgaris*)营养琼脂斜面培养物(斜面较湿润,下部要有少量的冷凝水,28~32℃连续移种2~3次,每次培养12~18h),取斜面和冷凝水交接处培养物作为染色观察材料。

(2)枯草芽孢杆菌或普通变形杆菌营养琼脂平板培养物(将新鲜斜面菌种点种于含8~10g/L琼脂的营养琼脂平板中央,28~32℃培养18~30h,使菌种扩散生长),取菌落边缘的菌苔作为染色观察材料。

3.2 试剂与染色液
硝酸银鞭毛染色液(A液、B液)、利夫森(Leifson)氏鞭毛染色液(附录Ⅲ)以及香柏油、无水乙醇和无菌生理盐水(1~2mL/试管)。

3.3 仪器与其他用具
同实验4细菌的简单染色。

4 实验流程

硝酸银染色法:清洗载玻片→制备菌液→制片→硝酸银鞭毛染色液染色→冲洗→自然干燥→镜检

改良Leifson氏染色法:清洗载玻片→制备菌液→制片→Leifson氏鞭毛染色液染色→冲洗→干燥→镜检

5 操作步骤

5.1 硝酸银染色法

5.1.1 载玻片的清洗 为了使菌液流过载玻片时能迅速展开,保持细菌的自然形态,应选用洁净、光滑、无划痕、无油迹的载玻片(水滴在玻片上能均匀散开)。清洗方法为:将载玻片置于洗涤灵水溶液中煮沸10min,用自来水冲洗,再用蒸馏水洗净,沥干水后置于95%(体积分数)乙醇中脱水脱油备用。使用时在火焰上烧去酒精。

5.1.2 菌液的制备 取斜面或平板菌种培养物数环于盛有1~2mL无菌生理盐水的试管中,制成轻度浑浊的菌悬液用于制片。也可用培养物直接制片,但效果往往不如先制备菌液。注意:挑菌时尽可能不带培养基。

5.1.3 制片 取一滴菌液于载玻片的一端,将玻片倾斜,使菌液缓慢地流向另一端,用吸水滤纸吸去玻片下端多余菌液,而后放平,自然干燥。干后应尽快染色,不宜放置时间过长。

5.1.4 染色 滴加硝酸银染色A液,染色3~5min,用蒸馏水充分洗去A液。用B液冲去残水后,再滴加B液覆盖涂片,用微火加热至出现水蒸气,当涂面出现明显褐色时,立即用蒸馏水冲洗,自然干燥。配制合格的染色剂(尤其是B液),待充分洗去A液后再加B液,以及掌握好B液的染色时间,均是鞭毛染色成败的重要环节。

5.1.5 镜检 用油镜观察。菌体呈深褐色,鞭毛显褐色,通常呈波浪形。

5.2 改良 Leifson 氏染色法

5.2.1 载玻片的清洗、菌液的制备　同硝酸银染色法。

5.2.2 制片　用记号笔在载玻片反面将玻片分成 3~4 个等分区,在每一小区的一端放一小滴菌液。将玻片倾斜,让菌液流到小区的另一端,用滤纸吸去多余的菌液,自然干燥。

5.2.3 染色　加 Leifson 氏鞭毛染色液覆盖第一区的涂面,隔数分钟后,加染液于第二区涂面,如此继续染第三、第四区。间隔时间自行议定,其目的是确定最佳染色时间。在染色过程中仔细观察,当整个玻片都出现铁锈色沉淀、染料表面出现金属光泽膜时,即直接用水轻轻冲洗(不要先倾去染料再冲洗,否则背景不清)。染色时间大约 10min,自然干燥。

5.2.4 镜检　按顺序用油镜观察。常有部分涂片区的菌体染出鞭毛,菌体和鞭毛均呈红色。

6 示范

在光学显微镜下观察普通变形杆菌、霍乱弧菌的鞭毛(图 5.4),注意鞭毛的着生位置和数目。

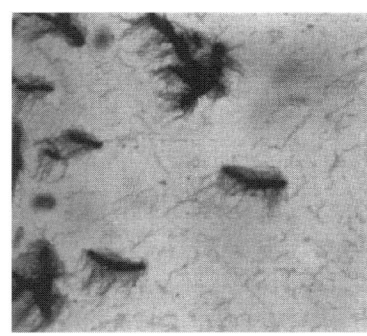
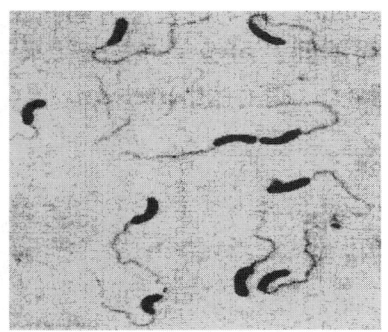

(1)普通变形杆菌　　　　(2)霍乱弧菌

图 5.4　细菌鞭毛在光学显微镜下的形态(1000×)

7 实验结果与报告

根据观察结果,按比例大小绘图表示枯草芽孢杆菌或普通变形杆菌的菌体形态及其鞭毛着生位置。

8 思考题

通过对鞭毛染色准确鉴定一株细菌是否具有鞭毛时,要注意哪些环节?

实验6 培养基的制备与灭菌方法

一、培养基的常规配制

1 目的和要求

(1)了解一般培养基的配制原理,掌握培养基常规配制方法。

(2)了解培养基配制过程中各环节的要求和注意事项,掌握各种实验室灭菌技术及玻璃器皿的包装方法。

2 基本原理

培养基是人工配制的适合不同微生物生长繁殖或积累代谢产物的营养基质。由于微生物具有不同的营养类型,对营养物质的要求也各不相同,加之实验和研究的目的不同,所以培养基的种类很多,使用的原料也各有差异。但一般培养基的配制程序大致相同,例如器皿的准备、培养基的配制与分装、培养基的灭菌、斜面与平板的制作,以及培养基的无菌检查等基本环节大致相同。从营养角度分析,培养基中应不仅含有微生物生长繁殖所必需的碳源、氮源、无机盐、生长因子和水分,而且要根据各类微生物的要求,调节适宜的pH,并使其具有一定的缓冲能力、一定的氧化还原电位与合适的渗透压。

琼脂是从石花菜等海藻中提取的胶体物质。其熔点为96℃,凝固点为40℃。固体培养基是在液体培养基中加入15~20g/L(常用17g/L)的琼脂作为凝固剂。半固体培养基是在液体培养基中加入2~5g/L的琼脂。培养基制成后应及时采用高压蒸汽灭菌,以备培养微生物使用。

3 实验材料

3.1 药品和试剂 待配各种培养基的组成成分、琼脂粉(或琼脂条)、1mol/L NaOH溶液、1mol/L HCl溶液。

3.2 仪器与其他用具 电子天平(感量为0.01g)、高压蒸汽灭菌锅、电热鼓风干燥箱、电磁炉、pH计(或精密pH试纸)、不锈钢杯(或刻度搪瓷缸)、药匙、称量纸、记号笔、耐高温硅胶塞、橡皮筋(或线绳)、封口膜、报纸、吸管或微量移液器及吸头、试管、烧杯、量筒、三角瓶、一次性无菌培养皿、玻璃棒、玻璃漏斗等。

4 实验流程

药品称量 → 溶解 → 调节pH → 液体培养基 → 加琼脂溶化 → 固体培养基 → 分装 → 加塞 → 包扎标记 → 灭菌 → 无菌检查

5 操作步骤

5.1 称量药品、溶解 根据培养基配方依次准确称取各种药品,放入适当容器(不锈钢杯、搪瓷缸)中,加入少量去离子水或蒸馏水(约占总量的1/2),用电磁炉加热,并用玻璃棒搅拌,待药品完全溶解后,停止加热,补足需要的全部水分。加入一般培养基的配方用1000mL培养基中所含各种成分的质量(g)来表示。配制时应先估计实际需要培养基的用量,而后按比例计算各种药品的用量。

5.2 调节pH 一般用精密pH试纸或pH计测定培养基的pH。用剪刀剪下一小片pH试纸,以玻璃棒蘸取待测培养基,同时与比色板对照颜色,测定所配培养基的pH。如培养基偏酸或偏碱,可用1mol/L NaOH或1mol/L HCl溶液逐滴缓慢加入,边加边搅拌,并随时用pH试纸测试,直至达到所需pH为止。

注意事项:
(1)培养基必须冷却至室温才可调节pH。
(2)加酸或碱溶液时,要缓慢少量加入,并多加搅拌,防止局部过酸或过碱而破坏培养基中的营养成分。
(3)pH勿调过头,最好一次调成功,否则回调影响培养基的渗透压。
(4)配制低pH的琼脂培养基时,若预先调好pH并在高压蒸汽下灭菌,则琼脂因水解不能凝固。因此,应将培养基的成分和琼脂分开灭菌后再混合,或在中性pH条件下灭菌,再调整pH。
(5)有些微生物对pH的要求较精确,可用pH计调节培养基的pH。
(6)高压蒸汽灭菌后一般使培养基pH降低0.2~0.3,应在配制培养基时适当调节。

5.3 固体培养基的配制 如需制成固体培养基,应在已配好的液体培养基呈沸腾状态下加入17g/L琼脂粉,并用玻璃棒不断搅拌,以免糊底烧焦或溢出。以小功率电磁炉继续加热至琼脂全部溶化,最后补足因蒸发而失去的水分。

5.4 分装 按实验要求,可将配制的培养基分装入试管或三角瓶内,分装装置如图6.1所示。

分装时,用左手拿住空试管(一般3~4个)中部,并将漏斗下的玻璃管嘴插入试管内,以右手拇指及食指开放弹簧夹,中指及无名指夹住玻璃管嘴,使培养基直接流入试管内。切勿使培养基沾在管(瓶)口上,以免沾污硅胶塞而引起污染。

5.4.1 试管的分装 装入试管培养基的量视试管大小及需要而定。若所用试管大小为15mm×150mm,液体培养基以分装至试管高度1/4左右为宜;如分装固体或半固体培养基,在琼脂完全溶化后,应趁热分装于试管中。用于制作斜面的固体培养基的分装量为管高的1/5,半固体培养基分装量为管高的1/3为宜。

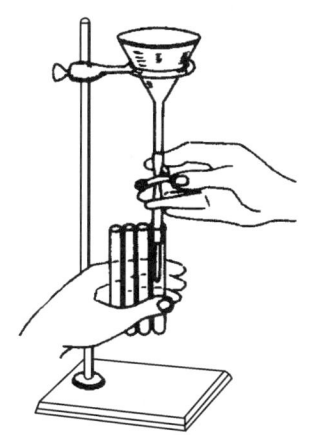

图6.1 培养基的分装装置

5.4.2 三角瓶的分装 用于振荡培养微生物时,可根据通气量的要求酌情减少培养基的用量。例如,在250mL三角瓶中加入50mL液体培养基。若用于制作平板培养基,一般分装量以三角瓶容积的1/2~2/3为宜。

5.5 加塞　分装完毕,将试管口或三角瓶口塞上硅胶塞,以滤除进入试管或三角瓶内空气中的杂菌,并保证有良好的通气性能,减缓培养基水分蒸发,有利于培养好氧微生物。

5.6 包扎　包扎试管时,可10~15支(中试管)或7~9支(大试管)用橡皮筋或线绳捆扎,再于硅胶塞外包封口膜和报纸,其外再用橡皮筋或线绳扎紧,并用记号笔注明培养基名称、组别和配制日期。三角瓶加塞后,每只单独用封口膜和报纸包好,用橡皮筋扎紧或用线绳以活结形式扎紧,使用时容易解开,并用记号笔注明培养基名称、组别和配制日期。

5.7 培养基的灭菌　培养基的灭菌时间和温度应按各种培养基的规定要求进行,以保证灭菌效果和不破坏培养基的营养成分。通常对普通营养培养基用0.10MPa(121℃)高压蒸汽灭菌15~20min;牛乳培养基用0.07MPa(115℃)灭菌15~20min;含糖培养基常用0.05MPa(110℃)灭菌20~30min。注意:培养基中含有尿素、氨基酸、酶、维生素、抗生素、血清等成分时,因它们在高温下易分解、变性,故应单独使用一次性滤菌器过滤除菌,再按规定的温度和用量加入已灭菌的培养基中。

5.8 斜面和平板培养基的制作

5.8.1 摆斜面　将灭菌或溶化琼脂培养基的试管趁热斜置于试管上,使之凝固成斜面,即为斜面培养基(图6.2)。斜面长度一般以不超过试管长度的1/2为宜。如制作半固体或固体高层培养基时,灭菌后应垂直放置至冷凝。注意:培养基的温度冷却至不烫手时再摆斜面,否则斜面上冷凝水过多,影响菌体生长和菌种保藏。

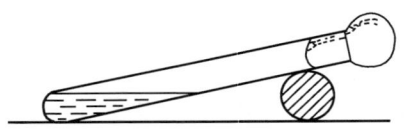

图6.2　摆斜面示意图

5.8.2 倒平板　倒平板方法如图6.3所示。

(1)拔出三角瓶硅胶塞　左手持三角瓶,右手用小指和手掌拔出硅胶塞(也可反转手掌用中指和无名指拔出硅胶塞),再将三角瓶转换至右手。

(2)打开平皿盖　左手拿起倒置于桌面的平皿,翻转于掌心,使皿盖朝上,以大拇指和中指打开皿盖,使瓶口刚好伸入。

(3)倾注培养基　三角瓶口通过火焰烘烤后,倾入灭菌或溶化、冷却至50℃左右(以不烫手为宜)的培养基约15mL至液流刚刚合拢(切勿使瓶口靠在平皿壁上,以免沾染皿壁),迅速盖好皿盖,置于桌面上冷凝后即为平板培养基。最后将三角瓶转换至左手,硅胶塞通过火焰后塞紧瓶口。

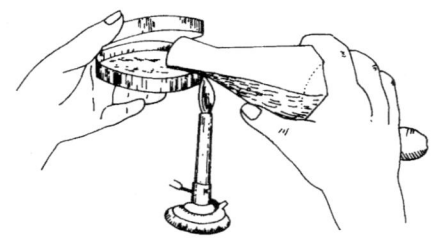

图6.3　倒平板示意图

5.9 无菌检验　为了检查培养基灭菌是否彻底,抽取制备好的培养基1~2管(瓶),置于37℃温箱中培养24~48h,无菌生长即可使用。

6 玻璃器皿的洗涤和包装

为保证微生物实验顺利进行,要求将实验所用玻璃器皿(包括试管、三角瓶、平皿、吸管等)洗净、干燥、妥善包扎,以保持灭菌后处于无菌状态。

6.1 玻璃器皿的洗涤

将消毒处理过的玻璃器皿浸泡于含有洗涤剂的热水中,用毛刷刷去油脂和污垢,然后用自来水及蒸馏水冲净。将洗刷干净的玻璃器皿置于50℃烘箱中烘干后备用。

新购玻璃器皿常附有游离碱质,不可直接使用。应先在2%(体积分数)的盐酸中浸泡数小时,以中和其碱质,再用清水刷洗冲干净。带有致病培养物的器皿一般要经高压灭菌或煮沸才能清洗。带有非致病琼脂培养物的器皿,可先用玻璃棒或小刀将琼脂培养基刮去,而后用洗涤剂刷洗、自来水冲净。载玻片、盖玻片等可浸于50g/L石炭酸、2%~3%(体积分数)来苏儿或1g/L升汞中消毒24~48h后,再于洗涤剂热水中用毛刷清洗。载玻片用自来水冲洗后,浸于95%(体积分数)酒精中保存备用。

注意:清洗带固体培养基的玻璃器皿时,琼脂不能直接倒在洗涤池内,而必须倒在废桶中,否则阻塞下水道。

6.2 灭菌前玻璃器皿的包装

6.2.1 培养皿的包装 将几套培养皿顺式叠在一起,用旧报纸将其卷成一包,或者将几套培养皿直接置于特制的不锈钢带盖圆筒内,置于电热鼓风干燥箱中进行干热灭菌。包装平皿时,双手同时折报纸往前卷,边卷边收边,使纸贴于平皿边缘,最后的纸边折叠结实即可。目前有条件的实验室常采用一次性无菌塑料平皿替代玻璃平皿。

6.2.2 吸管的包装 先用一外圈伸直的曲别针塞入长度1.0~1.5cm的棉花(勿用脱脂棉,因易吸水)于吸管上端,以避免外界杂菌吹入管内。注意:塞入的棉花应松紧适宜,吹时以能通气而又不使棉花下滑为标准。此小段棉花应距离吸管口约0.5cm,若棉花露于管外,吸液时因手指堵不严密,容易造成漏液。吸管的包装方法如图6.4所示。先将报纸裁成宽约5cm的长纸条,然后将吸管尖端以30°~45°放于纸条的一端,折叠纸条包住尖端[图6.4(1)~(4)],左手握住管身,右手将吸管在桌面上向前搓转压紧,以螺旋

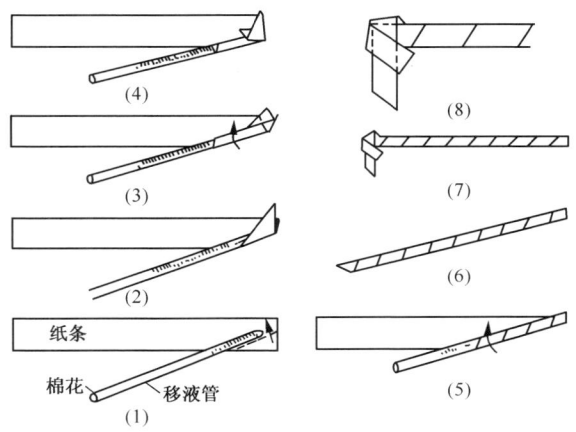

图6.4 单支吸管包装示意图

式包扎起来,上端剩余纸条折叠打结[图6.4(5)~(8)],并用记号笔在打结纸上标明毫升数,再用线绳分批捆扎好,以备干热灭菌。目前有条件的实验室常采用一次性塑料吸头经装盒灭菌后替代无菌玻璃吸管。

7 实验室常用灭菌设备的使用方法

7.1 高压蒸汽灭菌锅

高压蒸汽灭菌锅是根据水的沸点与蒸汽压力成正比的原理设计而成。灭菌锅工作时,其底部的水受热产生蒸汽,充满内部空间,由于灭菌锅密闭,蒸汽不能逸出,增加了锅内压力,因此水的沸点随蒸汽压力的增加而上升,可获得比100℃更高的蒸汽温度,如此可在短时

间内杀死全部微生物和它们的芽孢或孢子。高压蒸汽灭菌时常用的灭菌压力、温度与时间见表6.1。

表6.1　高压蒸汽灭菌时常用的灭菌压力、温度与时间

灭菌压力/MPa	灭菌温度/℃	灭菌时间/min	适用范围
0.050	110.0	20~30	用于含糖培养基及不耐热物品的灭菌
0.070	115.0	15~20	用于脱脂乳、全脂牛乳培养基的灭菌
0.100	121.0	15~20	用于普通培养基、缓冲液、生理盐水、玻璃器皿、金属器械、工作服及传染性、致病性标本等的灭菌

虽然不同类型的灭菌锅外形、大小各异,但其主要结构基本相同,均由锅体、锅盖、压力表、放气阀、安全阀、灭菌桶(或筐)、紧固螺栓等几部分构成(图6.5)。高压蒸汽灭菌锅的使用方法如下。

(1)手提式高压蒸汽灭菌锅　打开灭菌锅,向锅内加去离子水至标定水位线;然后放入待灭菌的物品于灭菌桶内,盖上锅盖,接通电源加热,同时打开盖上的放气阀;待放气阀冒出大量蒸汽后,维持5min关闭阀门,使锅内冷空气完全排净(若锅内滞留冷空气,压力表虽指向0.10MPa,但实际温度未达到121℃,会造成灭菌不彻底);随即压力表开始指示升压,当压力升至0.10MPa(121℃)或其他规定的压力时,开始计灭菌时间;不断调节热源,使蒸汽压力保持稳定,直至所需灭菌时间,停止加热;待压力降至零位时,才可打开放气阀,排净锅内蒸汽,开盖取出灭菌物品。

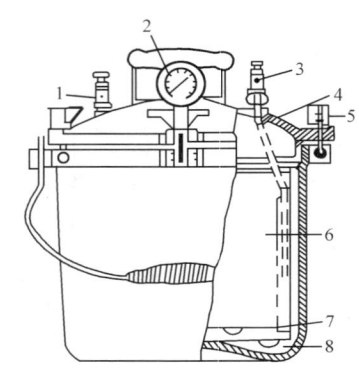

图6.5　手提式高压蒸汽灭菌锅结构示意图
1—安全阀;2—压力表;3—放气阀;
4—排气软管;5—紧固螺栓;6—灭菌桶;
7—筛架;8—去离子水。

(2)立式自动高压蒸汽灭菌锅　灭菌锅使用前,向锅内加入去离子水至规定水位线;将所需灭菌物品放入锅内的不锈钢灭菌筐中,关闭并旋紧锅盖,检查放气阀和安全阀状态;打开电源开关,根据需要设置灭菌参数(压力/温度、时间);按下工作键,灭菌锅开始工作,升温至100℃时自动排出冷气,到105℃时,底部放气阀门自动关闭,此时开始升压,当压力升至0.1MPa(121℃)时开始计时,其间通过自动放气保持锅内压力稳定;达到规定的灭菌时间后,关闭电源;当压力降至零位,放气阀无蒸汽排出时,方可开启锅盖。

注意事项:

(1)每次使用灭菌锅之前,要向锅内补足去离子水,以防烧干而引起加热管烧坏或炸裂事故。

(2)锅内物品不要摆放太密或太满,以免妨碍蒸汽流通,影响灭菌效果。

(3)蒸汽尚未放尽(压力尚在零位以上)时切勿完全打开放气阀或开启锅盖。

(4)压力降至0.05MPa(110℃)以下时打开放气阀,切勿放气过快;压力在0.05MPa以

上时切勿打开放气阀,否则液体滚沸而冲出容器口。

(5)要及时打开锅盖取出灭菌物品,否则降温后的高压锅处于真空状态而难以开启锅盖。

7.2 干热灭菌箱　干热灭菌箱是利用加热的高温空气可以杀死微生物的原理而设计。由于空气的传热性能和穿透力比饱和蒸汽差,而且菌体在干热脱水时,细胞内的蛋白质凝固变性缓慢,不易被热空气杀死,因此,干热灭菌所需温度较湿热灭菌高,时间较长,一般需要140℃保持3h或150~160℃保持1~2h,才能达到彻底灭菌的目的。干热灭菌箱主要用于空玻璃器皿(如吸管、培养皿等)、金属用具及其他耐干燥、耐热物品的灭菌。凡是带有橡胶的物品、塑料制品、培养基等都不能采用干热灭菌。干热灭菌箱的结构如图6.6所示。干热灭菌箱的使用方法如下。

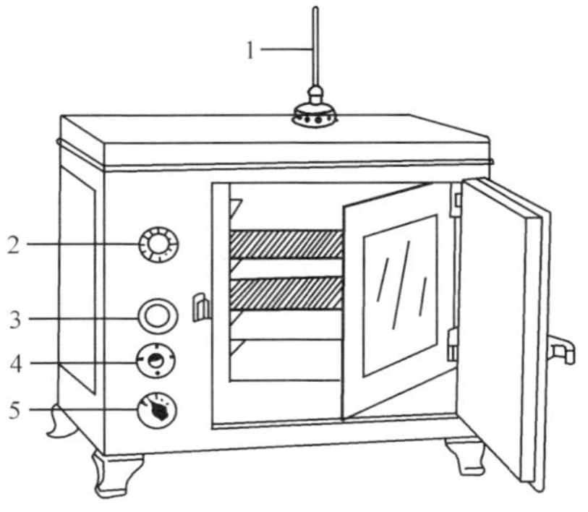

图6.6　干热灭菌箱结构示意图
1—温度计与排气孔;2—温度调节螺旋钮;
3—指示灯;4—温度调节器;5—鼓风钮。

将待灭菌的玻璃器皿洗净、干燥,并用报纸(或锡箔纸)包装好或置于带盖不锈钢圆筒内,放入灭菌箱中,关好箱门,接通电源加热,打开干热灭菌箱排气孔,待箱内温度升至100℃时,关闭排气孔,继续加热;待箱内温度达到140℃或160℃时,开始计时,控制温度调节器,恒温维持3h或1~3h;灭菌结束后,断开电源停止加热,自然降温至60℃以下,打开箱门,取出灭菌物品。

注意事项:

(1)灭菌物品不能摆放太满、太紧,以免影响温度均匀上升。

(2)灭菌物品不能直接放在电烘箱底板上,以防止包装纸或棉花被烤焦。

(3)灭菌箱内温度不能超过180℃,否则包装纸或棉塞会烤焦,甚至燃烧。

(4)取出物品时,需待温度自然降至60℃以下才能打开箱门,60℃以上切勿随意打开箱门,以免玻璃器皿会因骤冷而炸裂。

(5)干热灭菌过程中,严防恒温调节的自动控制失灵而造成不安全事故。

(6)灭菌后的器皿在使用前切勿打开包装纸,以免被空气中的杂菌污染。

(7)灭菌后的器皿必须在一周内用完,过期应重新灭菌。

7.3 紫外线无菌室与无菌超净工作台

无菌室与无菌超净工作台是利用紫外线灯管放出的波长为200~300nm的紫外线杀死微生物的原理而设计。紫外线的杀菌作用主要是能诱导胸腺嘧啶二聚体的形成,从而导致微生物的DNA复制和转录错误,轻则发生细胞突变,重则造成死亡。此外,紫外线照射空气产生的臭氧(O_3)也有杀菌作用。紫外线穿透力很差,只适用于空气及物体表面的杀菌。无菌室的构造如图6.7所示,其面积为$4m^2$左右($2m×2m$),高2.2~2.3m,四壁用铝合金或木质的框架镶嵌玻

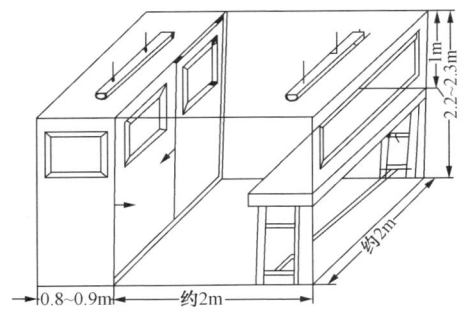

图6.7　无菌室构造示意图
→表示门窗的拉开方向。

璃板而制成,木框和屋顶需刷白漆,便于擦洗和杀菌。无菌室需设缓冲间[2.0m×(0.8~0.9m)],其门与无菌室门应错开,并安拉门,以免空气对流。操作台顶部和缓冲间内均需设30W的紫外线灯,其高度距离台面照射物以不超过1.2m为宜,距地高度为2.0~2.2m。室内应有照明、电热和动力用的电源,有条件的无菌室最好安装空气过滤器,并设置无菌超净工作台,以提高无菌效率。缓冲间内应设工作台供放置工作服、鞋、帽、口罩、消毒药物、手持式喷雾器等,并备有废物桶等。无菌室内应备有接种用的常用器具,如酒精灯、接种环、接种针、三角形玻璃涂棒、不锈钢刀、剪刀、镊子、75%(体积分数)酒精喷壶、记号笔、打火机、试管架、微量移液器及吸头、废物缸等。

7.3.1 无菌室的使用方法 一般常用的无菌室最好每隔2~3周用2%~3%(体积分数)来苏儿擦洗桌面、椅(凳)子一次,并用50g/L石炭酸溶液喷雾消毒室内台面和地面,再以紫外线照射2h,最好闷一夜,次日开门除石炭酸气,使用前再以紫外线杀菌即可。对于不常用的无菌室,使用前应采用甲醛熏蒸灭菌。甲醛用量按2~6mL/m³的标准计算,再加入半量的高锰酸钾,利用氧化作用加热,使甲醛蒸发。熏蒸后应保持密闭12h以上。使用无菌室前1~2h,在一搪瓷盘内加入与所用甲醛溶液等量的氨水放入无菌室,使其挥发中和甲醛,以减轻刺激作用。除甲醛外,也可用乳酸、硫黄等进行熏蒸灭菌。

使用无菌室时,先将所用实验物品一次性全部放入无菌室的操作台上(菌种培养物需用牛皮纸遮盖或将试管斜置于操作台上),打开紫外线灯,杀菌30min,关闭紫外灯后再开始工作。操作者在入室前先将鞋脱于室外,换上缓冲间内的拖鞋、衣帽,戴上口罩,将手用消毒液清洁后,再进入工作间。操作时,严格按无菌操作法进行操作,尽量减少说话。操作完毕,将放入的物品取出,擦净桌面,废物丢入废物桶内。因紫外线对眼结膜和视神经有损伤作用,对皮肤有刺激作用,故不能直视紫外线灯光,更不能在紫外线灯光下操作。

7.3.2 无菌超净工作台的使用方法 杀菌前,先将操作台用75%(体积分数)的酒精棉擦拭消毒,再将所用物品放于操作台上,打开电源开关,同时拨动紫外线灯和鼓风机开关,在无菌空气流动下用紫外线杀菌至少30min。杀菌完毕,关闭紫外线灯开关,打开日光灯开关,在无菌空气流动下进行实验操作,必要时开最小风量在酒精灯火焰旁边进行无菌操作。操作完毕,将放入的物品取出,擦净台面,依次关闭日光灯、鼓风机和电源开关。

7.3.3 无菌程度检验 为检查紫外线对空气的灭菌效果,可在灭菌后的无菌室内地面、桌面各置3套牛肉膏蛋白胨琼脂和马铃薯-葡萄糖(蔗糖)琼脂两种培养基的平板,将平皿盖打开15min后(另有1套不打开作为对照),盖上平皿盖,将牛肉膏蛋白胨琼脂平板置于37℃培养24h,其余平板于30℃培养48h。检查每个平板上生长的菌落数,如果不超过4个,说明灭菌效果良好,否则需延长照射时间或同时加强其他措施。根据检验结果确定应采取的措施。如果长出的杂菌多为霉菌,表明室内湿度过大,应先通风干燥,再重新进行灭菌;如杂菌以细菌为主,可采用乳酸熏蒸,效果较好。对于无菌超净工作台,最好由生产厂家每半年检测一次滤过空气的无菌情况,以便及时更换过滤介质。

8 实验结果与报告

(1)简述配制液体培养基的简单步骤。

(2)简述斜面和平板培养基的制作过程。

9 思考题

(1) 在配制培养基的操作过程中应注意哪些问题？为什么？

(2) 如何调节培养基的 pH？调节时应注意哪些问题？

(3) 配制固体和半固体培养基时，需在液体培养基中添加多少量的琼脂？

(4) 制作斜面培养基时，其斜面长度应相当于试管长度几分之几为宜？制作平板培养基的注意事项是什么？

(5) 培养基配好后，为什么必须立即灭菌？如何检查灭菌后的培养基是无菌的？

(6) 高压蒸汽灭菌锅在升压之前，为什么要排尽锅内冷空气？灭菌时应注意哪些问题？

(7) 为什么干热灭菌比湿热灭菌所需温度高、时间长？在干热灭菌时应注意哪些问题？

操作视频：倒平板无菌操作演示

倒平板方法：包括拔出三角瓶硅胶塞、打开平皿盖和倾注培养基等操作过程。

二、几种常用培养基的配制

1 目的和要求

(1) 学习和掌握牛肉膏蛋白胨培养基、高氏 1 号培养基、马铃薯葡萄糖（蔗糖）培养基和孟加拉红培养基的配制方法。

(2) 以筛选产酸能力较强的乳酸菌为例，学会一种选择培养基的设计与配制方法。

2 基本原理

牛肉膏蛋白胨培养基又称普通营养培养基，是一种广泛用于培养细菌的半合成培养基。其主要成分是牛肉膏、蛋白胨和 NaCl。它们分别提供微生物生长繁殖所需要的碳源、氮源、能源、生长因子和无机盐等。高氏 1 号培养基是一种用于培养和观察放线菌形态特征的合成培养基。如果加入适量的抗菌药物（如各种抗生素、酚等），可用来分离各种放线菌。该培养基中的可溶性淀粉作为碳源和能源，KNO_3 作为氮源，K_2HPO_4、$MgSO_4$ 和 $FeSO_4$ 作为无机盐等。由于磷酸盐和镁盐相互混合时易产生沉淀，因此，在混合培养基成分时，一般按配方的顺序依次溶解各成分。马铃薯-葡萄糖（蔗糖）培养基简称 PDA 培养基，是被广泛用于培养酵母菌和霉菌的半合成培养基。如果在此种培养基中加入乳酸（或酒石酸）即成为选择性真菌培养基。孟加拉红培养基又称马丁氏培养基，是一种用来分离真菌的选择性培养基。

由于在此种培养基中加入了孟加拉红和氯霉素,能有效抑制细菌和放线菌的生长,从而达到分离真菌的目的。

培养乳酸菌一般用 MRS 培养基。在 MRS 培养基中添加山梨酸钾,能有效抑制酵母菌和霉菌的生长。在此种培养基中再加入溴甲酚紫指示剂,可根据乳酸菌发酵葡萄糖产生乳酸的特性,通过菌落周围有由紫色变为土黄色的产酸圈初步分离出乳酸菌。在溴甲酚紫 MRS 选择培养基上挑选土黄色圈较大的单菌落,即可初筛产酸能力较强的乳酸菌。

蒸馏水不含杂质,制备合成培养基时必须用蒸馏水。配制天然培养基与半合成培养基时可用去离子水。培养基配方中出现的自然 pH 系指培养基不经酸、碱调节而自然呈现的 pH。

3 实验材料

3.1 药品和试剂 牛肉浸粉、蛋白胨、NaCl、可溶性淀粉、KNO_3、$K_2HPO_4 \cdot 3H_2O$、$MgSO_4 \cdot 7H_2O$、$FeSO_4 \cdot 7H_2O$、葡萄糖、$KH_2PO_4 \cdot 3H_2O$、孟加拉红、氯霉素、酵母浸粉、柠檬酸三铵、$K_2HPO_4 \cdot 7H_2O$、$MnSO_4 \cdot 4H_2O$、$MgSO_4 \cdot 7H_2O$、三水乙酸钠、吐温-80、山梨酸钾、16g/L 溴甲酚紫乙醇溶液、1mol/L NaOH 溶液、琼脂粉等。

3.2 仪器与其他用具 同实验 6 培养基的常规配制。

4 实验流程

同实验 6 培养基的常规配制。

5 操作步骤

5.1 牛肉膏蛋白胨培养基的配制

5.1.1 培养基成分 牛肉浸粉 3g、蛋白胨 10g、NaCl 5g、琼脂粉 17g、去离子水或蒸馏水 1000mL,pH 7.4。

5.1.2 配制方法 分别称取所需用量的 NaCl、蛋白胨和牛肉浸粉,放入搪瓷缸中,加入所需水量 1/2 的去离子水或蒸馏水。注意:在称量纸上先称量 NaCl,再于 NaCl 上称量蛋白胨和牛肉浸粉,防止蛋白胨因吸潮粘于纸上。将搪瓷缸置于电磁炉上加热,用玻璃棒搅拌,使药品全部溶解,补充水量至所需体积。待溶液冷至室温时,用 1mol/L NaOH 溶液调 pH 至 7.4。加入所需量的琼脂粉,煮沸溶化,补充失水。分装、加塞、包扎后,0.1MPa 高压蒸汽灭菌 15~20min。

5.2 高氏 1 号培养基的配制

5.2.1 培养基成分 可溶性淀粉 20g、KNO_3 1g、NaCl 0.5g、$K_2HPO_4 \cdot 3H_2O$ 0.5g、$MgSO_4 \cdot 7H_2O$ 0.5g、$FeSO_4 \cdot 7H_2O$ 0.01g、琼脂粉 17g、蒸馏水 1000mL,pH 7.2~7.4。

5.2.2 配制方法 量取所需水量 1/2 左右的蒸馏水加入搪瓷缸中,置于电磁炉上加热至沸。称量可溶性淀粉置于另一小烧杯中,加入少量冷水,将淀粉调成糊状,倒入上述装沸水的搪瓷缸中,继续加热,使淀粉完全溶解。而后按配方顺序依次加入其他各成分于水中搅拌溶解,并每 100mL 培养基中加入 1mL 1g/L $FeSO_4$ 贮备溶液。用 1mol/L NaOH 溶液调 pH 至 7.2~7.4。加入所需量的琼脂粉,加热溶化,补充失水。分装、加塞、包扎后,0.1MPa 高压蒸汽灭菌 20min。

5.3 马铃薯-葡萄糖(蔗糖)培养基的配制

5.3.1 培养基成分 马铃薯200g、葡萄糖(蔗糖)20g、氯霉素0.1g、琼脂粉17g、去离子水或蒸馏水1000mL,自然pH。

5.3.2 配制方法 取去皮马铃薯200g,切成小块,加去离子水或蒸馏水1000mL,煮沸10~20min后用双层纱布过滤,然后补足失水至所需体积。按每100mL马铃薯汁加入2g葡萄糖或蔗糖,再加入所需量的琼脂粉,继续加热溶化并补足失水。分装、加塞、包扎后,0.07MPa高压蒸汽灭菌20min。若用于分离和计数酵母菌与霉菌,则在倒平板前用少量乙醇溶解0.1g氯霉素,加入1000mL培养基中。

5.4 孟加拉红培养基的配制

5.4.1 培养基成分 蛋白胨5g、葡萄糖10g、$KH_2PO_4 \cdot 3H_2O$ 1g、$MgSO_4 \cdot 7H_2O$ 0.5g、孟加拉红0.033g、氯霉素0.1g、琼脂粉17g、云离子水或蒸馏水1000mL,自然pH。

5.4.2 配制方法 按培养基配方,准确称取各成分,并将各成分依次溶解于少于所需要的水量中,加入所需量的琼脂粉,加热溶化,补足去离子水或蒸馏水至1000mL,再加入孟加拉红,分装、加塞、包扎,0.07MPa灭菌20min。倒平板前,用少量乙醇溶解氯霉素,加入培养基中。

5.5 溴甲酚紫MRS选择培养基的配制

5.5.1 培养基成分 葡萄糖20g、蛋白胨10g、牛肉浸粉10g、酵母浸粉5g、柠檬酸三铵2g、$K_2HPO_4 \cdot 7H_2O$ 2g、乙酸钠$\cdot 3H_2O$ 5g、$MgSO_4 \cdot 7H_2O$ 0.1g、$MnSO_4 \cdot 4H_2O$ 0.05g、吐温-80 1mL、山梨酸钾5g、16g/L溴甲酚紫乙醇溶液1mL、琼脂粉17g、去离子水或蒸馏水1000mL,pH 6.2~6.5。

5.5.2 配制方法 将$MgSO_4$、$MnSO_4$、葡萄糖、吐温-80以外的各成分溶解,冷却至室温,以醋酸或1mol/L HCl溶液调节pH 6.2~6.5,而后加入$MgSO_4$与$MnSO_4$,再加入葡萄糖、吐温-80,最后加入所需量的琼脂粉,煮沸溶化,补足去离子水或蒸馏水至1000mL,再加入溴甲酚紫乙醇溶液,分装、加塞、包扎,0.07MPa灭菌20min。

6 实验结果与报告

(1)配制牛肉膏蛋白胨斜面和平板培养基。

(2)配制马铃薯-葡萄糖(蔗糖)斜面和平板培养基。

7 思考题

(1)培养细菌常用什么培养基?培养放线菌常用什么培养基?

(2)细菌能在高氏1号培养基上生长吗?分离放线菌应采取什么措施?

(3)马铃薯-葡萄糖(蔗糖)培养基常用于培养哪类微生物?什么是培养基的自然pH?

(4)为什么孟加拉红培养基中要加入孟加拉红和氯霉素?

(5)为什么溴甲酚紫MRS选择培养基中要加入山梨酸钾?

实验 7　微生物的分离与纯化技术

1　目的和要求

（1）了解微生物分离与纯化的原理。
（2）掌握微生物的各种平板分离与纯化方法。
（3）重点掌握常用的平板划线分离技术和斜面接种技术。

2　基本原理

纯种分离技术是食品微生物学中重要的基本技术之一。为了生产和科研的需要，人们往往需从自然界混杂的微生物群体中分离出具有特殊功能的纯种微生物；或重新分离被其他微生物污染或因自发突变而丧失原有优良性状的菌株；或通过诱变及遗传改造后选出优良性状的突变株及重组菌株。

从混杂微生物群体中获得只含有某一种或某一株微生物的过程称为微生物的分离与纯化。平板分离法普遍用于微生物的分离与纯化。其基本原理是：选择适合待分离微生物的最适培养基和培养条件，如培养基的营养成分、酸碱度、温度和氧等，或加入某种抑制剂创造一个只利于目的菌生长而抑制其他微生物生长的环境，从而选择性地分离目的微生物。

细菌或放线菌都喜中性或微碱性环境，但细菌比放线菌生长快。分离放线菌时，一般在样品稀释液或高氏 1 号培养基中添加数滴 100g/L 的酚液。酵母菌和霉菌都喜酸性环境，在分离酵母菌和霉菌时，一般在培养基临用前添加灭菌的乳酸（或酒石酸），以降低培养基的 pH 至 3.5，或添加氯霉素抑制细菌的生长。有时分离霉菌时，为了抑制菌丝蔓延生长，在孟加拉红培养基中还加入去氧胆酸钠。微生物四大菌类的分离和培养见表 7.1。

表 7.1　微生物四大菌类的分离和培养

样品来源	分离对象	分离方法	选择稀释度	培养基	培养温度/℃	培养时间/d
土样	细菌	倾注、涂布、划线	$10^{-5},10^{-6},10^{-7}$	牛肉膏蛋白胨	37	1~2
土样	放线菌	倾注、涂布、划线	$10^{-3},10^{-4},10^{-5}$	高氏 1 号	28	5~7
土样	霉菌	倾注、涂布、划线	$10^{-2},10^{-3},10^{-4}$	孟加拉红 马铃薯-葡萄糖（蔗糖）	28~30	3~5
果园土样或面肥	酵母菌	倾注、涂布、划线	$10^{-4},10^{-5},10^{-6}$	马铃薯-葡萄糖（蔗糖）孟加拉红	28~30	2~3

微生物在固体培养基上生长形成的单个菌落通常是由一个细胞繁殖而成的集合体。因此可通过挑取单个菌落而获得一种纯培养物。纯培养物(纯种)是指一个菌株或培养物中所有的细胞或孢子都是由一个细胞分裂、繁殖而产生的后代。单个菌落的获取可通过稀释倾注平板、稀释涂布平板或平板划线等技术完成。值得指出的是,从微生物群体中经分离生长在平板上的单个菌落并不一定保证是纯培养物。因此,纯培养物的确定除观察其菌落特征外,还要结合显微镜检测个体形态特征,有些微生物的纯培养物要经过一系列分离与纯化过程和多种特征鉴定才能得到。

土壤是微生物生活的大本营,其所含微生物无论是数量还是种类都极其丰富。因此,土壤是微生物多样性的重要场所,是发掘微生物资源的重要基地,可以从中分离、纯化得到许多有价值的菌株。本实验采用不同培养基从土壤中分离不同类型的微生物。

3 实验材料

3.1 菌源 选定采土地点后,铲去表层土 2~5cm,取 5~10cm 处的土样,放入灭菌的牛皮纸袋中备用。土样采集后应及时分离,否则应放在 4℃冰箱中暂存。

3.2 培养基 牛肉膏蛋白胨、高氏 1 号、马铃薯-葡萄糖(蔗糖)或孟加拉红培养基,制备平板和斜面试管,配制方法参见实验 6 "二、几种常用培养基的配制"。

3.3 溶液或试剂 无菌生理盐水(9mL/试管,带适量玻璃珠的 90mL/250mL 三角瓶)、100g/L 酚液、80%(体积分数)乳酸(或 100g/L 酒石酸)、氯霉素、75%(体积分数)酒精棉球。

3.4 仪器与其他用品 微量移液器及 1mL 无菌吸头(或无菌吸管)、一次性无菌培养皿、无菌三角形玻璃涂棒、接种环、显微镜、天平、漩涡混合器、无菌称量纸、药勺、记号笔等。

4 实验流程

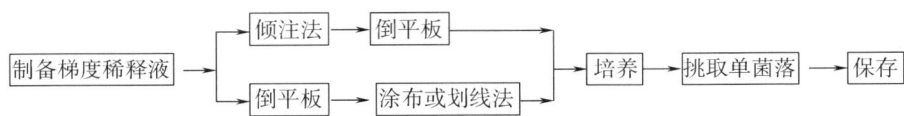

5 操作步骤

5.1 制备土壤稀释液

(1)称取土样 10g,放入盛有 90mL 无菌生理盐水并带有玻璃珠的三角瓶中,塞上硅胶塞,以漩涡混合器充分混匀 0.5~1.0min,将细胞分散,即成为 10^{-1} 稀释度的土壤悬液。

(2)用一支 1mL 无菌吸头从三角瓶中吸取土壤悬液 1mL,加入盛有 9mL 无菌生理盐水的试管中,塞上试管塞,用漩涡混合器充分混匀 0.5~1.0min,即成为 10^{-2} 稀释度的土壤稀释液。

(3)另用一支 1mL 无菌吸头从试管中吸取 10^{-2} 稀释液 1mL,加入另一盛有 9mL 无菌生理盐水的试管中,塞上试管塞,用漩涡混合器充分混匀 0.5~1.0min,即成为 10^{-3} 稀释度的土壤稀释液。如此重复,连续稀释可依次制成 10^{-7}~10^{-2} 不同稀释度的土壤稀释液。注意:每吸取一个梯度的稀释液更换一支吸头。

5.2 平板接种分离培养

平板接种分离培养的方法有稀释倾注平板法、稀释涂布平板法和平板划线分离法三种。

5.2.1 稀释倾注平板法

(1)倾注平板 取无菌平皿12套,分别用记号笔标明$10^{-7} \sim 10^{-2}$稀释度各2套。用1mL无菌吸头分别吸取$10^{-7} \sim 10^{-2}$的土壤稀释液各1mL,倾注相应标号的无菌平皿中,每个稀释度接种两个平皿。注意:每吸取一个梯度的稀释液更换一支吸头。

(2)倒平板 取溶化后冷却至46~50℃的培养基倒入无菌平皿约15mL,至液流刚刚合拢,置水平位置,先迅速前后3次、左右3次运动平皿,再按顺时针和/或逆时针方向轻轻旋动平皿数圈,使培养基与稀释菌液充分混匀,每个稀释度倒两个平皿。

分离细菌采用牛肉膏蛋白胨培养基,倒入10^{-6}和10^{-7}稀释度的平皿各2个;分离放线菌采用高氏1号培养基(加入100g/L酚液数滴),倒入10^{-4}和10^{-5}稀释度的平皿各2个;分离酵母菌和霉菌采用马铃薯-葡萄糖(蔗糖)培养基(每100mL加入灭菌乳酸1mL或加入用少量乙醇溶解的氯霉素0.01g),倒入10^{-2}和10^{-3}稀释度的平皿各2个。

(3)培养 待培养基凝固后,将牛肉膏蛋白胨平皿倒置于温箱中,37℃培养1~2d,高氏1号和马铃薯-葡萄糖(蔗糖)平皿倒置于28℃温箱中培养3~5d。注意:平皿应倒置培养,以免培养过程中平皿盖冷凝水滴下,冲散已分离的菌落。

5.2.2 稀释涂布平板法

(1)倒平板 取无菌平皿12套,分别用记号笔标明$10^{-7} \sim 10^{-2}$稀释度各2套。将5.2.1(2)所述三种培养基加热溶化后冷却至50℃左右,分别倒平板,平放桌上待凝固后备用。每种培养基倒4个平皿。

(2)涂布平板 用1mL无菌吸头分别吸取$10^{-7} \sim 10^{-2}$的土壤稀释液各0.1mL,依次滴加于相应标号平板培养基表面中央位置。如图7.1所示,在火焰旁左手拿培养皿,并用大拇指将平皿盖打开一条缝,右手持无菌三角形玻璃涂棒于平板培养基表面上先前后涂布3次、左右涂布3次,再自平板中央以同心圆按顺时针和/或逆时针方向轻轻涂布扩散,使菌体细胞分布均匀。室温下静置5~10min,使菌液浸入培养基。注意:每个稀释度用一个灭菌三角形玻璃涂棒,在由低向高浓度涂布时,也可不用更换玻璃涂棒;勿将烧热的玻璃涂棒直接放在台面上,易断裂。

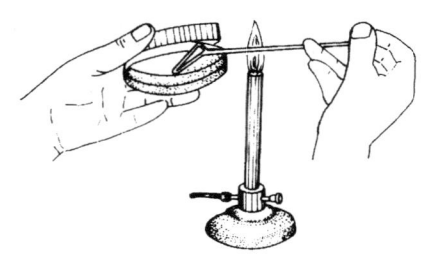

图7.1 平板涂布操作

(3)培养 培养条件和方法同5.2.1(3)。

5.2.3 平板划线分离法

(1)倒平板 将5.2.1(2)所述三种培养基加热溶化后冷却至50℃左右,分别倒平板,并用记号笔标明培养基名称、土样编号和日期。

(2)平板划线 平板划线的目的是将样品在平板上做适当稀释,使之形成单个菌落(即由一个菌体细胞繁殖而形成的孤立群落)。如图7.2所示,常用的平板划线操作有连续划线法和分区划线法两种。

①连续划线法:用接种环以无菌操作挑取10^{-2}土壤悬液一环,打开平皿盖,先在平板培养基的上端边缘反复划线涂布,然后用手腕力量在平板表面自左向右轻快地做"之"字形滑动[图7.3(1)],当划至平皿的一半时,旋转平皿180°,再于平皿另一半培养基的边缘反复划

线涂布,继续做"之"字形划线至中部。划线完毕,盖上平皿盖,倒置于温箱培养。注意:划线时接种环面与培养基表面成30°~40°,勿破或嵌入培养基,前后两条划线不宜重叠,要疏密适中,以免长成菌苔,并能充分利用平板表面积。

②分区划线法:用接种环以无菌操作挑取 10^{-2} 土壤悬液一环,打开平皿盖,先在平板培养基的一边做第一次平行划线(3或4条),再转动培养皿约70°,通过第一次划线部分做第二次平行划线,将接种环上剩余菌烧掉,待冷却后,转动平皿,通过第二次划线部分做第三次划线,如此再通过第三次平行划线部分做第四次平行划线[图 7.3(4)]。划线完毕,盖上平皿盖,倒置于温箱培养。

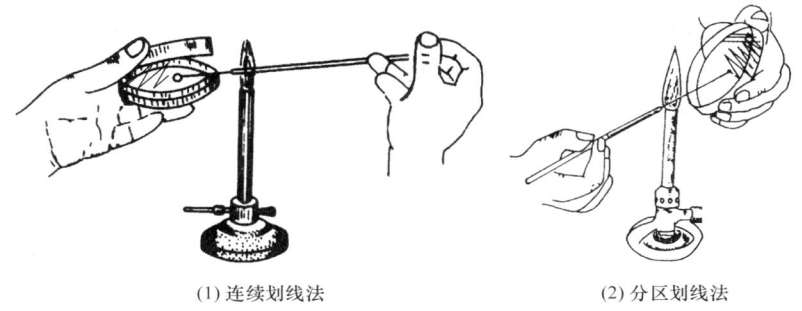

(1) 连续划线法　　　　　　　　(2) 分区划线法

图 7.2　两种平板划线操作方法

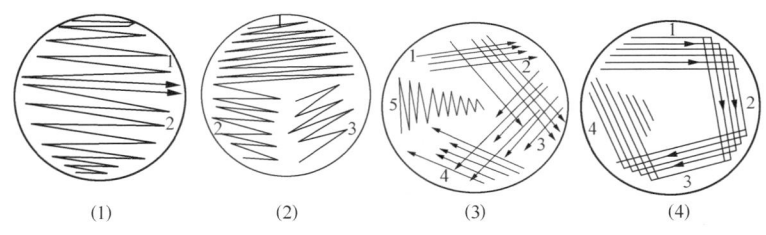

图 7.3　平行划线方式示意图

(1)和(2)用于稀释液,可连续划线;(3)和(4)用于较浓的菌样,分数次划线。

(3)培养　培养条件和方法同 5.2.1(3)。培养后在划线平板上观察沿划线处长出的菌落的形态特征,经涂片、染色和镜检为纯种后再接种斜面。

5.3　纯化培养(挑取单个菌落)

5.3.1　菌落特征的观察与选择　采用平板接种分离培养方法长出的肉眼可见菌落,不同菌株的菌落形态特征各异,据此可在一定程度上鉴别微生物。从分离平板中选择目的菌株的菌落进行纯化培养。需要观察的菌落特征主要有:大小、菌落形状、边缘状况、表面状态、凸起情况、表面光泽、菌落质地、颜色、透明程度等,有时还要结合气味观察。观察菌落特征具体内容参见实验9。

5.3.2　斜面(液体)接种纯化培养　该操作是将平板分离培养得到的单个菌落在无菌操作下分别接种到各支斜面(或液体)培养基上,以便作进一步扩大培养或鉴定、保存用。

接种前,可根据目的微生物的菌落特征,选择好平板上的单个菌落,并做好标记(用记号笔圈上并编号)。对所选单个菌落用接种环挑取一半进行革兰染色,如果镜检发现没有杂菌(纯一),则挑取另一半菌落接种于5.2.1(2)所述3种相应培养基斜面上(或液体培养基中),分别置于28℃和37℃温箱中培养1~5d。对斜面菌苔(或液体培养物)进行革兰染色镜检,若发现有杂菌(不纯),则应重新选择纯粹的目的菌落,重新纯化培养,或由检样开始再一次进行分离、纯化,直到获得纯培养物。纯化培养无菌操作接种方法有以下两种。

(1)从平板菌落接种至斜面培养基的纯化培养　具体无菌接种方法有以下三种。

方法一:左手拿起倒置于桌面的平皿,翻转于掌心,使平皿盖朝上,右手拿接种环。在火焰旁用大拇指、食指和中指将平皿盖揭开一条缝,将烧过的接种环先在空白培养基上冷却,然后挑取菌落,将带菌的接种环在火焰无菌区(10cm之内)稍等片刻;左手放下平皿,拿起一支斜面培养基试管,用右手小拇指和手掌拔出试管塞,再用火焰烘烤试管口,迅速将接种环伸入试管,于斜面上自下而上地曲折划线接种,然后烘烤试管口,迅速通过火焰回塞后再旋紧。

方法二:左手拿起倒置于桌面的平皿,翻转于掌心,使平皿盖朝上,同时将斜面培养基试管挟在食指和平皿盖之间,使斜面朝上;右手拿接种环,通过火焰灭菌后,用左手大拇指和中指打开平皿盖,在空白培养基上冷却,然后挑取菌落,合上平皿盖;用右手小拇指和手掌拔出试管塞,火焰烘烤试管口,迅速将接种环伸入试管,于斜面上自下而上地曲折划线接种,然后烘烤试管口,迅速通过火焰回塞后再旋紧。

方法三:左手拿起倒置于桌面的平皿,垂直于脸面放在火焰左侧无菌区内,右手拿接种环,通过火焰灭菌后,在空白培养基上冷却,然后挑取菌落;左手放下平皿,拿起一支斜面培养基试管,用右手小拇指和手掌拔出试管塞,再用火焰烘烤试管口,迅速将接种环伸入试管,于斜面上自下而上地曲折划线接种。注意:接种过程要迅速,否则易污染空气中的杂菌,接种时勿将菌烫死或用力划破培养基。

(2)从平板菌落接种至液体培养基的纯化培养　左手拿起倒置于桌面的平皿,垂直于脸面放在火焰左侧无菌区内,右手拿接种环,通过火焰灭菌后,在空白培养基上冷却,然后挑取菌落;左手放下平皿,拿起一支液体培养基试管,用右手小拇指和手掌拔出试管塞,再用火焰烘烤试管口,迅速将接种环伸入试管,在有液体的试管壁上轻轻研磨几次,使菌体分散到液体中,然后烘烤试管口,迅速通过火焰回塞后再旋紧,振荡摇匀后进行培养。

6　实验结果与报告

(1)所做稀释倾注平板法、稀释涂布平板法和平板划线分离法是否较好地得到了单个菌落?如果不是,请分析其原因并重做。

(2)在3种不同的平板上分离得到了哪些种类的微生物?描述它们的菌落特征。

(3)将所分离样品中单个菌落的特征描述出来,并绘出镜检形态图。

7　思考题

(1)如何确定平板上某单个菌落是否为纯培养物?请写出主要的实验步骤。

(2)为什么高氏1号培养基和马铃薯-葡萄糖(蔗糖)培养基中要分别加入酚和乳酸?如果用牛肉膏蛋白胨培养基分离一种对青霉素具有抗性的细菌,你认为应该如何做?

(3)详述平板连续划线和斜面接种纯化的无菌操作方法。如果接种后经培养未长出菌落或菌苔,是什么原因?

(4)试设计一个从面肥或酒曲中分离酵母菌的实验方案,并进行计数。

(5)试设计一个从被酵母菌污染的酸乳发酵剂中分离纯化出德氏乳杆菌保加利亚亚种(曾称为保加利亚乳杆菌)或唾液链球菌嗜热亚种(曾称为嗜热链球菌)的实验方案(所用选择培养基参见实验6"二、几种常用培养基的配制")。

(6)试设计一个从益生菌酸乳(含有德氏乳杆菌保加利亚亚种、唾液链球菌嗜热亚种、副干酪乳酪杆菌)中分离筛选出耐受 3g/L 浓度胆盐的副干酪乳酪杆菌的实验方案。

(7)试设计一个从泡菜或藏灵菇中分离乳酸菌的实验方案,并进行计数。

操作视频:微生物的分离与纯化接种技术演示

(1)制备土壤稀释液的无菌操作过程。

(2)平板接种分离培养:包括稀释倾注平板法、稀释涂布平板法和平板划线法(连续划线法和分区划线法)无菌操作过程。

(3)斜面(液体)纯化培养:包括从平板菌落接种至斜面培养基的纯化培养和从平板菌落接种至液体培养基的纯化培养无菌操作过程。

实验 8　细菌、酵母菌、霉菌和放线菌的接种与培养技术

1　目的和要求

（1）学习并掌握微生物的几种接种技术。
（2）建立无菌操作的概念，掌握无菌操作的基本环节。
（3）掌握细菌、酵母菌、霉菌和放线菌的液体培养、斜面培养与平板培养方法。

2　基本原理

接种是微生物实验及科学研究中一项最基本的操作技术。无论是微生物的分离、培养、纯化或鉴定，还是有关微生物的形态观察和生理研究都必须进行接种。接种的关键是严格进行无菌操作，如操作不慎引起污染，则实验结果不可靠，会影响下一步实验的进行。

将微生物的培养物或含有微生物的样品在无菌条件下移植到培养基上的操作称为接种。为了获得微生物纯培养物，首先应创造无菌操作条件，一般接种操作在无菌室、超净工作台和酒精灯火焰旁进行。其次操作时须注意以下要点：所有使用的器皿均须严格灭菌；接种用的培养基均须事先做无菌培养试验；双手用75%（体积分数）酒精棉或新洁尔灭擦拭消毒；操作过程不离开酒精灯火焰10cm区域；操作要正确、迅速；接种工具使用之前和之后须经火焰烧灼灭菌才能接种或放在桌上；硅胶塞不能乱放，操作时始终夹持于手指间，硅胶塞回塞时应迅速通过火焰烘烤。

根据不同实验目的和培养方式，接种工具和接种方法各异。常用的接种工具有接种环（环直径为2~3mm，环前端要求圆而闭合，否则液体不会在环内形成菌膜）、接种针（针要直）、接种钩及吸管、滴管等。常用接种方法有斜面接种、液体接种、穿刺接种、平板接种和固体接种等。

在培养四大类微生物时要注意适宜培养条件的选择和确定。多数细菌为专性好氧与兼性厌氧菌，少数为专性厌氧菌。多数食品腐败菌和工业用菌种以及人和动物病原菌的最适生长温度约为37℃，并且在近中性（pH 6.5~7.5）环境中生长良好。酵母菌为兼性厌氧菌，生长适宜温度为25~28℃，并且在偏酸性（pH 5.0~5.5）环境中生长良好。霉菌为好氧菌，其适宜生长温度为28~30℃，并且在偏酸性（pH 5.0~6.0）和空气相对湿度为98%~100%的环境中生长良好。多数放线菌为好氧菌，只有少数为厌氧菌，生长最适温度为28~30℃，多数适宜在中性偏碱性（pH 7.5~8.5）环境中生长。

3　实验材料

3.1　菌种

（1）大肠杆菌（*Escherichia coli*）、枯草芽孢杆菌（*Bacillus subtilis*）、藤黄微球菌（*Micrococcus luteus*）或金黄色葡萄球菌（*Staphylococcus aureus*）的牛肉膏蛋白胨斜面培养物。

（2）酿酒酵母（*Saccharomyces cerevisiae*）或葡萄汁酵母（*Saccharomyces uvarum*）、产朊假丝

酵母(*Candida utilis*)或热带假丝酵母(*Candida tropicalis*)、黏红酵母(*Rhodotorula glutinis*)、黑根霉(*Rhizopus nigricans*)、产黄青霉(*Penicillium chrysogenum*)、黑曲霉(*Aspergillus niger*)、总状毛霉(*Mucor racemosus*)的PDA或麦芽汁斜面培养物。

(3)细黄链霉菌(又称5406菌,*Streptomyces microflavus*)、灰色链霉菌(*Streptomyces griseus*)、天蓝色链霉菌(*Streptomyces coelicolor*)的高氏1号斜面培养物。

3.2 培养基 牛肉膏蛋白胨斜面和平板培养基、PDA或10~12°Bx的麦芽汁斜面和平板培养基、高氏1号斜面和平板培养基、牛肉膏蛋白胨液体和半固体高层培养基(直立柱),制法均见附录Ⅱ。

3.3 试剂 5mL无菌生理盐水试管。

3.4 仪器与其他用具 酒精灯、记号笔、打火机、试管架、接种环、接种针、接种钩、吸管、滴管、无菌三角形玻璃涂棒、一次性无菌平皿、微量移液器及无菌吸头、无菌超净工作台、恒温培养箱、装有75%(体积分数)酒精的喷壶等。

4 实验流程

斜面接种法:准备工作 → 接种环灭菌 → 拔管塞和烧烤试管口 → 接种环冷却和取菌 → 接种(细菌和放线菌采用划线接种;酵母菌采用涂布接种;局限性和扩散性生长霉菌分别采用涂布接种和点植接种) → 塞试管塞和接种环灭菌 → 培养 → 观察 → 冷藏保种

液体接种法:斜面培养物 → 接种环蘸取少许菌苔(或用生理盐水洗下菌苔制成菌悬液) → 接种环接种至液体培养基试管(或用吸管将菌悬液移入盛液体培养基的三角瓶) → 振荡混匀 → 培养 → 观察

液体培养物 → 接种环蘸取少量培养液(或用吸管定量吸取培养液) → 接种环接种至液体培养基试管(或用吸管将培养液移入盛液体培养基的试管或三角瓶) → 振荡混匀 → 培养 → 观察

穿刺接种法:斜面或液体培养物 → 接种针蘸取少量菌苔或培养液 → 穿刺接种至半固体培养基试管 → 培养

平板接种法:制备平板 → 制备菌悬液或孢子悬液 → 平板接种(细菌、酵母菌和放线菌采用划线接种或倾注接种、涂布接种;霉菌采用点植接种) → 培养 → 观察

5 操作步骤

5.1 斜面接种法 斜面接种法是从已长好的菌种培养物中挑取少量菌种移植至另一支新鲜斜面培养基上的一种接种方法。通常先从平板培养基上挑取分离的单个菌落,或将液体培养基中的纯培养物接种到斜面培养基上,而后再由斜面培养物接种到新鲜斜面培养基上。此法主要用于传代活化、纯化培养和菌种保存或鉴定。其具体操作如下。

5.1.1 准备工作 在空白斜面试管上用记号笔标记菌名、代号和日期。点燃酒精灯,用75%(体积分数)酒精消毒双手。将菌种管放在左手的大拇指和其他四指的外侧,空白斜面试管置于内侧,掌心和试管斜面向上,管口对齐,朝向酒精灯火焰的内侧,近于水平位置(0~45°)。用右手旋松两个试管塞,以便接种时容易拔出。

5.1.2 接种环灭菌 用右手持接种环柄,在酒精灯火焰的外焰上,先烧灼金属环,再垂

直于火焰上烧红金属丝,而后水平于火焰上不断捻动接种柄,依次烧灼螺丝口和金属柄[图8.1(1)]。

5.1.3　拔试管塞和烘烤试管口　用右手小指与手掌同时拔出试管塞[图8.1(2)],再用火焰烘烤试管口灭菌[图8.1(3)]。

5.1.4　接种环冷却和取菌　将烧灼的接种环伸入菌种管内,先接触管壁冷却至少20s,再从斜面上轻轻刮取少量菌苔,将接种环小心抽出[图8.1(4)]。

5.1.5　接种　在火焰旁迅速将带菌接种环伸入另一空白斜面试管进行接种[图8.1(5)]。不同种类微生物的接种方式各异,分别如下。

(1)斜面划线法　将带菌接种环伸入空白斜面试管,由斜面培养基的底部自下而上来回轻轻做"Z"形密集划线,一直划到斜面顶部[图8.2(1)]。此法适用于细菌与放线菌的接种,能充分利用斜面获得大量菌体细胞。

(2)斜面涂布法　将带菌接种环伸入空白斜面试管,由斜面培养基的底部自下而上划一直线[图8.2(2)]。此法适用于酵母菌及菌落为局限性生长的曲霉、青霉等其他霉菌的接种,常用于观察菌体形态与培养特征。

(3)斜面点植法　将带菌接种环伸入空白斜面试管,在斜面培养基的近底部中央处点一下接种[图8.2(3)]。此法适用于菌落为扩散性生长的根霉和毛霉等其他霉菌的接种。为了防止霉菌的孢子飞扬,应先用灭菌的接种环蘸一环无菌生理盐水,再挑取霉菌的菌丝或孢子进行接种。

5.1.6　塞试管塞和接种环灭菌　接种完毕,抽出接种环,烘烤管口[图8.1(6)],迅速通过火焰回塞后再旋紧[图8.1(7)],最后仔细烧死接种环上的余菌[图8.1(8)],放回原处。将试管放入试管架置于温箱培养。

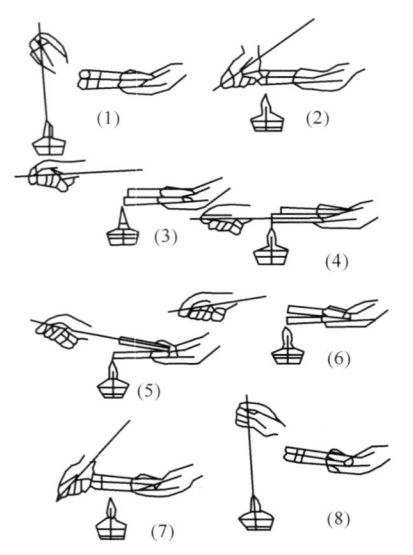

图8.1　斜面试管接种操作

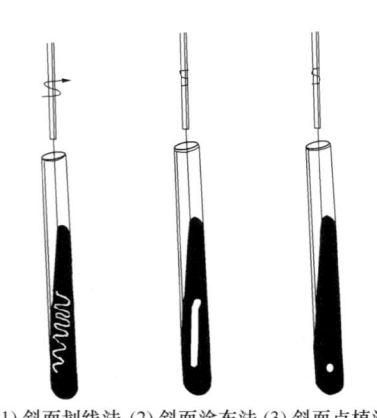

(1)斜面划线法 (2)斜面涂布法 (3)斜面点植法

图8.2　斜面试管接种方式

细菌、放线菌、酵母菌和霉菌斜面菌苔的制备中具体斜面接种与培养操作。

(1)制备斜面　将已灭菌或溶化的无菌高层琼脂培养基试管趁热斜置于玻璃试管上,使之凝固成斜面。分别制备 PDA 或麦芽汁斜面试管 7 支,牛肉膏蛋白胨和高氏 1 号斜面试管各 3 支。

(2) 制备菌苔　分别取已培养好的细菌和放线菌斜面培养物 1 环,采用划线法分别接种于牛肉膏蛋白胨和高氏 1 号斜面培养基上;取酵母菌斜面培养物 1 环采用涂布法接种于麦芽汁斜面培养基上;另用蘸有无菌生理盐水的接种环挑取斜面少量霉菌孢子和菌丝,采用点植法接种于 PDA 斜面培养基上。如用霉菌孢子悬液接种则用划线法。细菌于 37℃ 恒温培养 1~2d,酵母菌于 28℃ 培养 2~3d,霉菌和放线菌于 28℃ 培养 3~5d,待长成菌苔后,观察其生长的菌苔情况,并置于 4℃ 冰箱中保存备用。

5.2　液体接种法　液体接种法是将斜面或液体培养物接种到液体培养基(如试管或三角瓶)中的方法。此法多用于以增菌液进行增菌培养,也可用纯培养物接种液体培养基进行生化试验。其操作方法和注意事项与斜面接种法基本相同,仅将不同点介绍如下。

5.2.1　由斜面培养物接种至液体培养基　如接种量较小,可用接种环以无菌操作从斜面上蘸取少量菌苔,伸入液体培养基试管,在有液体的试管壁上轻轻研磨几次,使菌体分散到液体中,然后烘烤试管口,迅速通过火焰回塞后再旋紧,振荡摇匀后进行培养。注意:试管略向上倾斜,以免培养基流出。如接种量较大,可先在斜面菌种试管中注入定量无菌生理盐水,用接种环将菌苔刮下研开,再将菌悬液用无菌吸管移入盛有液体培养基的三角瓶中。接种后塞上硅胶塞,轻轻摇匀带菌体的培养基。

5.2.2　由液体培养物接种至液体培养基　用接种环蘸取少许液体培养物移至新液体培养基即可。也可根据接种量的多少用无菌吸头吸取培养液移至新液体培养基。

操作方法:左手掌心向上将菌种试管放在大拇指和其他四指的外侧,将液体培养基试管置于内侧,试管口对齐,朝向酒精灯火焰的内侧,近于水平位置。先用右手旋松两个试管塞,再用右手握持移液器,扣上吸头,掌心向上用小拇指和中指夹住同时拔出两个试管塞,用火焰烘烤试管口,将吸头伸入菌种试管内,吸取定量菌液,再伸入液体培养基试管,注入菌液,再次烘烤试管口,迅速通过火焰回塞后再旋紧,振荡摇匀后进行培养。

5.2.3　液体深层培养法　适用于大规模发酵工业生产,采用十几吨至上百吨的发酵罐进行培养。当好氧培养时,必须连续通入净化的无菌空气,同时不断搅拌,以确保培养液中有足够的溶解氧。目前我国生产的液体曲即采用此培养法。

具体接种与培养操作:分别取已培养好的细菌、放线菌斜面培养物 1~2 环,采用上述液体接种法分别接种于牛肉膏蛋白胨和高氏 1 号培养基试管中,细菌于 37℃ 培养 1~2d,放线菌于 28℃ 培养 2~3d。取酵母菌斜面菌苔 1~2 环接种于麦芽汁试管中,28℃ 培养 1d。若扩大培养可将酵母菌以 2%(体积分数)接种量用无菌吸头接种于麦芽汁三角瓶中,28℃ 摇瓶振荡培养 1d 即可。另用蘸有无菌生理盐水的接种环挑取斜面少量霉菌孢子和菌丝接种于麦芽汁试管或三角瓶中(液层深 1~3cm),于 28~30℃ 静置培养 1~2d。待试管底部长出菌泥后,观察液体的浑浊情况,并置于 4℃ 冰箱中保存备用。

5.3　穿刺接种法　穿刺接种法是将菌种接种到半固体高层培养基中的方法。此法以半固体培养基培养厌氧菌,用于菌种保藏;或用醋酸铅、三糖铁琼脂和明胶培养基接种,用于观察细菌的生化特性。具有运动能力的细菌经穿刺培养后,能沿穿刺线向外扩散生长,菌苔边缘不整齐,而不具有运动功能的细菌仅沿穿刺线生长。

其操作方法和注意事项与"5.1 斜面接种法"基本相同。不同之处在于:接种工具使用的是笔直的接种针,而不是接种环。用带菌接种针伸入高层或半高层斜面培养管时,应向培养基中心穿刺,一直插到接近试管底部,勿穿透培养基,再沿原路抽出接种针(图8.3),然后烘烤试管口,迅速通过火焰回塞后再旋紧。

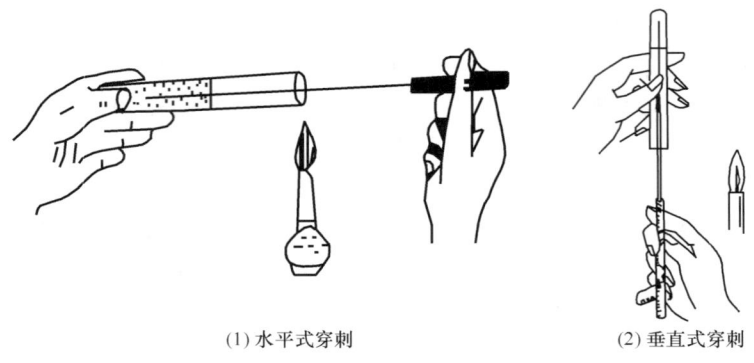

(1) 水平式穿刺　　　　　　(2) 垂直式穿刺

图8.3　穿刺接种操作

具体接种与培养操作:用接种针下端挑取细菌斜面培养物,采用上述穿刺法接种于牛肉膏蛋白胨半固体高层培养基试管中,于37℃培养1~2d后,观察穿刺线上的菌苔生长情况。

5.4　平板接种法　平板接种法是用接种环将菌种接种至平板培养基上,或用无菌吸头(或吸管)将定量菌液接种至平板培养基上的方法。此法主要用于观察菌落特征,分离纯化菌种和平板活菌计数。其接种方式有倾注接种、涂布接种、划线接种和点植接种,可根据实验目的和需要具体选用。前三种平板接种方式已在"实验7 微生物的分离与纯化"中详述。点植接种适用于观察霉菌的菌落特征。

平板点植接种方法:先将灭菌的接种环蘸少许无菌生理盐水,以免接种时霉菌孢子飞逸,再以无菌操作挑取斜面上少量霉菌的菌丝或孢子,左手拿起倒置于桌面的平皿,倒扣于火焰左侧斜上方10cm区域内,以三个角三点的形式轻轻点种于平板培养基上(图8.4),再回扣于平皿盖上。也可以将平皿垂直于脸面进行点植接种操作。

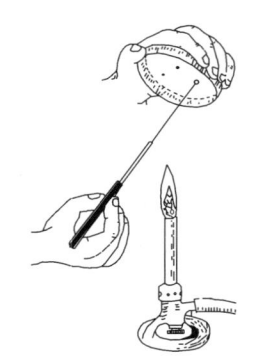

图8.4　平板点植接种操作

细菌、酵母菌、霉菌和放线菌单个菌落的制备中具体平板接种与培养操作。

5.4.1　制备平板　将已溶化的无菌培养基冷却至50℃左右,倒入无菌平皿中,分别制备PDA或麦芽汁培养基平板7套,牛肉膏蛋白胨和高氏1号培养基平板各3套。

5.4.2　制备菌悬液或孢子悬液　在培养好的斜面菌种管内加入5mL无菌生理盐水,或取3~5环斜面菌种接入5mL无菌生理盐水试管中,振荡摇匀,制成菌悬液后备用。

5.4.3　制备单个菌落　分别取上述已制备好的细菌、酵母菌的菌悬液和放线菌孢子悬液1环,采用平板划线法[按实验7图7.3(1)操作]分别接种于牛肉膏蛋白胨、PDA和高氏1号培养基平板上。另用蘸有无菌生理盐水的接种环直接取斜面上少量霉菌孢子和菌丝,或者取霉菌孢子悬液1环,采用平板点植法接种于PDA培养基平板上。细菌倒置于37℃恒温培养1~2d,酵母菌倒置于28℃培养2~3d,霉菌和放线菌倒置于28℃培养3~5d,待长成菌落后,以备进行下次实验时观察四大类微生物的菌落特征。

5.5 固体接种法　前面介绍的斜面和平板接种法均属于固体接种。固体接种的另一种形式是接种固体料,进行固体发酵。目前我国生产固体曲即采用此法。按所用菌种或种子菌来源不同可分为以下接种操作。

5.5.1 用菌液接种固体料　包括使用刮洗菌苔制成的菌悬液和直接培养的种子发酵液。接种时按无菌操作将菌液直接倒入固体料中,搅拌均匀。但要注意接种所用菌液量要计算在固体料总加水量之内,否则会使接种后曲料含水量升高,影响培养效果。

5.5.2 用固体种子接种固体料　包括使用孢子粉、菌丝孢子混合种子菌或其他固体培养的种子菌。将种子菌于无菌条件下直接倒入无菌的固体料中即可,但必须充分搅拌混合均匀。一般先将种子菌和少部分固体料混匀后再拌大堆料。

6　实验结果与报告

(1)采用试管斜面和平板培养法分别培养大肠杆菌、枯草芽孢杆菌、藤黄微球菌、酿酒酵母或葡萄汁酵母、产朊假丝酵母或热带假丝酵母、黏红酵母、黑根霉、产黄青霉、黑曲霉、毛霉。

(2)分别记录并描绘平板划线、斜面、半固体和液体接种的微生物的生长情况和培养特征。

7　思考题

(1)微生物的接种方法一般有几种?每种接种方法的用途是什么?
(2)试述如何在接种中贯彻无菌操作的原则。
(3)以将斜面上的菌种接种到新的斜面培养基为例,说明其操作方法和注意事项。

操作视频:微生物的各种无菌操作接种技术演示

(1)从斜面培养物接种于斜面培养基的操作过程:包括斜面划线接种、斜面涂布接种和斜面点植接种。
(2)从斜面培养物进行穿刺接种的操作过程。
(3)从斜面培养物进行平板点植接种的操作过程。
(4)从斜面培养物接种至液体培养基的操作过程。
(5)从液体培养物接种至液体培养基的操作过程。

实验 9　细菌、酵母菌、霉菌和放线菌的形态与菌落特征观察

一、细菌的形态和菌落特征观察

1　目的和要求

观察食品中常见细菌的平板菌落特征,了解细菌的菌落在其形态学鉴定上的重要性。

2　基本原理

将单个微生物细胞或多个同种细胞接种于固体培养基表面(有时为内部),经适宜条件培养,以母细胞为中心在有限空间中大量繁殖,扩展成一堆肉眼可见的、有一定形态构造的子细胞群落,称为菌落(colony)。如果将某一纯种细胞大量密集接种于固体培养基表面,菌体生长形成的各菌落连接成片,则称为菌苔(bacterial lawn)。各种细菌在平板上形成的菌落均具有一定的特征,对细菌的分类、鉴定有重要意义。菌落主要用于微生物的分离、纯化、鉴定、计数等研究和选种、育种等实际工作中。

3　实验材料

3.1　菌种　大肠杆菌(*Escherichia coli*)、枯草芽孢杆菌(*Bacillus subtilis*)、金黄色葡萄球菌(*Staphylococcus aureus*)或藤黄微球菌(*Micrococcus luteus*)37℃培养 1~2d 的牛肉膏蛋白胨平板培养物(划线接种)。

3.2　培养基　牛肉膏蛋白胨(NA)琼脂培养基(附录Ⅱ)。

3.3　仪器与其他用具　体视显微镜、放大镜、接种环、酒精灯、格尺等。

4　实验流程

菌落特征观察:细菌平板培养物→ 观察菌落特征 → 列表描述菌落特征 → 区分识别不同菌种的菌落特征

5　操作步骤

食品中常见细菌种类很多,在此观察具有代表性的细菌"种"的特征。按以下 9 个方面的菌落特征内容,观察并描述平板上不同细菌的菌落特征。

5.1　菌落大小　用格尺测量菌落的直径。分为大菌落(5mm 以上)、中等菌落(3~5mm)、小菌落(1~2mm)和露滴状菌落(1mm 以下)。

5.2　菌落形状　分为圆形、放射状、假根状、规则或不规则状等[图 9.1(1)]。

5.3　边缘状况　分为整齐和不整齐,如波浪状、裂叶状、缺刻状、锯齿形等[图 9.1(1)]。

5.4　表面状态　分为光滑和粗糙,如皱褶、颗粒状、龟裂状、同心环状、卷发样等[图 9.1(1)]。

5.5 凸起情况 分为扩展、扁平、低凸起、凸起、高凸起、台状、草帽状、脐状、乳头状等[图9.1(2)]。

5.6 表面光泽 分为闪光、金属光泽、无光泽等。

5.7 菌落质地 分为油脂状、膜状、松软(黏稠湿润)、脆硬(干燥)等。于酒精灯旁以无菌操作打开平皿盖,用接种环挑动菌落,判别菌落质地是否为松软或脆硬等。

5.8 菌落颜色 分为乳白色、灰白色、柠檬色、橘黄色、金黄色、玫瑰红色、粉红色等。注意观察平皿正反面或菌落边缘与中央部位的颜色不同。

5.9 透明程度 分为透明、半透明、不透明等。

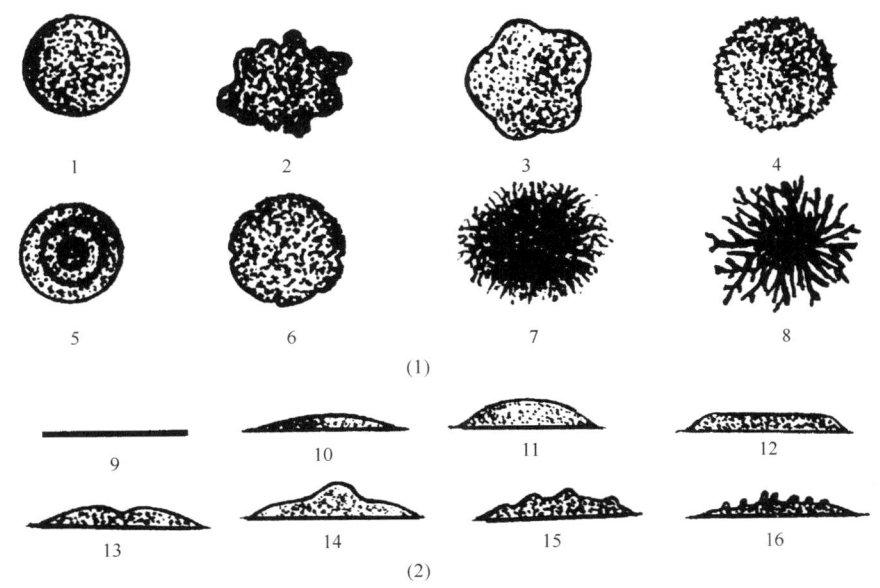

图9.1 细菌的菌落特征示意图

(1)菌落的形状、边缘状况及表面状态

1—圆形、边缘整齐、表面光滑;2—不规则、边缘波浪状、表面卷发样;3—不规则、边缘裂叶状、表面颗粒状;
4—不规则、边缘锯齿状、表面颗粒状;5—规则、边缘整齐、表面同心圆状;6—不规则、边缘缺刻状、表面呈颗粒状;
7—不规则、边缘丝状、表面皱褶;8—放射状、边缘假根状、表面龟裂状

(2)菌落的凸起情况

9—扁平、扩展;10—低凸起;11—高凸起;12—台状;13—脐状;
14—草帽状;15—乳头状;16—褶皱凸起

6 示范

肉眼观察大肠杆菌、藤黄微球菌和枯草芽孢杆菌在牛肉膏蛋白胨(NA)琼脂平板上的菌落特征,菌落较小时可采用体视显微镜或放大镜观察。注意观察菌落的大小、形状、边缘状况、表面状态、凸起情况、颜色、透明程度,是否光滑而湿润,是否粗糙而干燥,有无光泽等(图9.2)。

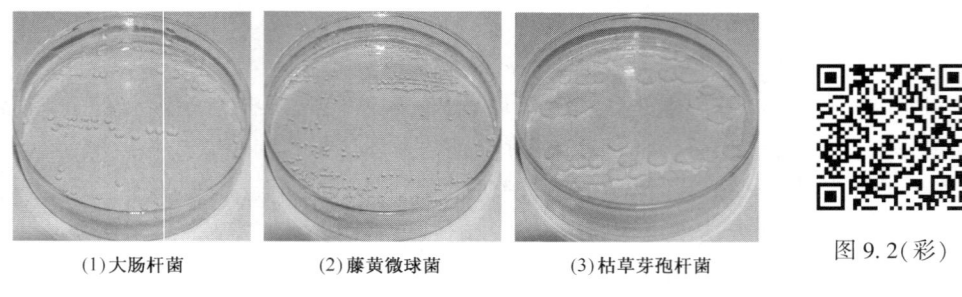

图 9.2 细菌的平板菌落特征

图 9.2(彩)

7 实验结果与报告

按照细菌的菌落特征内容列表描述所观察到的大肠杆菌、金黄色葡萄球菌或藤黄微球菌、枯草芽孢杆菌的菌落特征,并识别和区别它们之间的不同之处。

8 思考题

什么是菌落与菌苔？如何观察和描述细菌的菌落特征？

二、酵母菌的形态和菌落特征观察

1 目的和要求

(1)学习并掌握观察酵母菌的形态及其出芽繁殖方式的基本方法。
(2)学习区分酵母菌死活细胞的实验方法。
(3)观察酵母菌的平板菌落特征,了解酵母菌的菌落在真菌形态学鉴定上的重要性。

2 基本原理

酵母菌是以出芽繁殖为主要特征、不运动的单细胞真核微生物。其细胞核与细胞质有明显分化,个体大小比常见细菌大几倍甚至十几倍。酵母菌的形态通常有球状、卵圆状、椭圆状、柱状或香肠状等多种。酵母菌的无性繁殖主要有芽殖,其次是裂殖与产生掷孢子和厚垣孢子;有性繁殖是通过接合产生子囊孢子。酵母菌的母细胞在一系列的芽殖后,如果长大的子细胞与母细胞并不分离,就会形成藕节状的假菌丝,称为假丝酵母。

本实验用生理盐水(或革兰染色用碘液)制作水浸片来观察酵母菌的形态和出芽繁殖方式,并用亚甲蓝水浸片鉴别酵母细胞的死活。亚甲蓝是一种无毒的弱氧化剂染料,其氧化型呈蓝色,还原型呈无色。用亚甲蓝对酵母的活细胞进行染色时,由于细胞的新陈代谢作用,细胞内具有较强的还原能力,能使亚甲蓝由蓝色的氧化型变为无色的还原型。因此,具有还原能力的酵母活细胞为无色,而死细胞或代谢作用微弱的衰老细胞则呈蓝色或淡蓝色,故可用亚甲蓝鉴别细胞的死活。但应注意亚甲蓝的浓度不宜过高(一般以 0.5g/L 为宜),染色时间不宜过长,否则对细胞活性有影响。

酵母菌在固体培养基上的菌落与细菌菌落相比较大且厚(凸起)。其表面光滑而湿润(有的酵母菌老龄时呈干燥的皱缩状),质地柔软而黏稠,容易用接种环挑起,不透明,颜色多为乳白色或奶油色,少数为红色,如黏红酵母(Rhodotorula glutinis)等。多数酵母菌的菌落还会散发诱人的酒香味。此外,凡不产生假菌丝的酵母菌,其菌落更为凸起,边缘十分圆整;而能产大量假菌丝的酵母,则菌落较平坦,表面和边缘较粗糙。菌落的颜色、光泽、质地、表面和边缘形状等特征都是酵母菌分类、鉴定的依据。

3 实验材料

3.1 菌种 酿酒酵母(Saccharomyces cerevisiae)或葡萄汁酵母(Saccharomyces uvarum)、产朊假丝酵母(Candida utilis)或热带假丝酵母(Candida tropicalis)、红酵母(Rhodotorula sp.) 28℃培养2~3d的麦芽汁(或PDA培养基)斜面和平板培养物(划线接种)。

3.2 培养基 麦芽汁斜面试管、PDA或玉米粉蔗糖琼脂培养基(附录Ⅱ)。

3.3 试剂与染色液 生理盐水、革兰染色用碘液、0.5g/L和1g/L亚甲蓝染色液(用生理盐水配制)、0.4g/L或1g/L中性红染色液(水溶)(附录Ⅲ)。

3.4 仪器与其他用具 接种环、接种针、酒精灯、载玻片、盖玻片、镊子、格尺、普通光学显微镜、体视显微镜、放大镜、恒温培养箱。

4 实验流程

形态观察[生理盐水浸(封)片法]:酵母菌斜面或平板培养物→接种环蘸取少量菌落或菌苔→与载玻片上生理盐水混匀→覆盖玻片→低倍镜观察→高倍镜观察

菌落特征观察:酵母菌平板培养物→观察菌落特征→列表描述菌落特征→区分识别不同菌种的菌落特征

5 操作步骤

5.1 酵母菌的形态观察

5.1.1 酿酒酵母(或葡萄汁酵母)和红酵母的形态观察

(1)生理盐水浸(封)片法 在载玻片中央加1滴无菌生理盐水,然后按无菌操作以接种环取少量酿酒酵母菌苔与生理盐水混匀,使其分散成云雾状薄层;另取一清洁盖玻片,将其一边与菌液接触,以45°缓慢覆盖菌液。先用低倍镜,再用高倍镜观察酵母菌的形态、大小及出芽情况。注意:不宜用无菌水制作水浸片,否则细胞易破裂;加盖玻片时避免留有气泡而影响观察。

(2)水-碘液浸片法 在载玻片中央加1小滴革兰染色用碘液,然后在其上加3小滴水,取少量酵母菌菌苔于水-碘液中混匀,盖上盖玻片后镜检。

5.1.2 假丝酵母的形态观察 用划线法将假丝酵母接种在PDA或玉米粉蔗糖平板上,在划线部位加无菌盖玻片,于25~28℃培养3d,用无菌镊子取下盖玻片放于洁净载玻片上。先用低倍镜观察,再用高倍镜观察呈树枝状分枝的假菌丝的形态,或打开平皿盖,在显微镜下直接观察,可见到假丝酵母形成的藕节状假菌丝。

此外,也可采用小室载玻片培养法观察假菌丝。取一无菌载玻片浸于溶化的PDA培养基中,取出放在湿室(有一定湿度的平皿)培养的 U 形支架上,待培养基凝固后,进行酵母菌划线接种,然后将无菌盖玻片盖在接种划线上,25~28℃培养3d后,取出载玻片,擦去载玻片背面的培养基,在显微镜下直接观察。该法的优点是可以逐日观察到假丝酵母的假丝生长过程。

5.1.3 酵母菌死活细胞的鉴别

(1)制片 在载玻片中央加1滴1g/L亚甲蓝染色液,然后按无菌操作以接种环挑取少量酿酒酵母菌苔与染色液混匀,染色2~3min。另取一清洁盖玻片,将一边与菌液接触,以45°缓慢覆盖菌液。用0.5g/L亚甲蓝染液重复上述操作。注意:染色液不宜过多或过少,否则在加盖玻片时菌液溢出或有气泡。

(2)镜检 将制片先用低倍镜,再用高倍镜观察酵母菌的形态和出芽情况,区分其母细胞与芽体,区分死细胞(蓝色)、活细胞(不着色)和老龄细胞(淡蓝色)。染色约30min后再次进行观察,死细胞(蓝色细胞)数量是否随染色时间的延长而增多。

(3)计算死亡率 在一个视野里计数死细胞和活细胞,共计数5~6个视野。酵母菌死亡率一般用百分数表示,按式(9.1)计算。

$$死亡率/\% = 死细胞总数/死活细胞总数 \times 100\% \tag{9.1}$$

5.1.4 酵母菌液泡的活体观察 于洁净载玻片中央加1滴中性红染色液,取少量酿酒酵母斜面菌苔与染色液混匀,染色5min,加盖玻片,在高倍镜下观察,细胞无色,液泡呈红色。中性红是液泡的活体染色剂,在细胞处于活体状态时,液泡被染成红色,细胞质及细胞核不着色。若细胞死亡,液泡染色消失,细胞质及细胞核呈现弥散性红色。

5.2 酵母菌的菌落特征观察 参照细菌的菌落特征内容,观察并描述麦芽汁或PDA琼脂平板上不同酵母菌的菌落特征。

5.2.1 菌落大小 用格尺测量菌落的直径。分为大菌落(5mm以上)、中等菌落(3~5mm)、小菌落(1~2mm)和露滴状菌落(1mm以下)。

5.2.2 表面状态 分为光滑而湿润、皱缩而干燥等。

5.2.3 凸起情况 分为平坦、低凸起、凸起、高凸起等。

5.2.4 边缘状况 分为整齐、边缘较粗糙呈波浪状、锯齿形等。

5.2.5 菌落形状 分为圆形、不规则状等。

5.2.6 表面光泽 分为闪光、金属光泽、无光泽等。

5.2.7 菌落质地 分为松软(黏稠、湿润)、脆硬(干燥)等。于酒精灯旁以无菌操作打开平皿盖,用接种针挑动菌落,判别菌落质地是否为黏稠、脆硬等。

5.2.8 菌落颜色 分为乳白色或奶油色、红色或粉红色等。

5.2.9 透明程度 分为透明、半透明、不透明等。

5.2.10 气味 有无酿酒香味或面包发酵香味。

6 示范

(1)在光学显微镜下观察酿酒酵母菌在PDA培养基上25℃培养3d的细胞形态[图9.3(1)]、白假丝酵母菌在玉米粉琼脂培养基上25℃培养3d的藕节状假菌丝和厚壁(垣)孢子形态[图9.3(2)],以及酵母菌死活细胞的鉴别情况[图9.3(3)]。

(2)肉眼观察酿酒酵母、深红酵母和白假丝酵母在麦芽汁琼脂平板上的菌落特征,菌落较小时可采用体视显微镜或放大镜观察。注意观察菌落的颜色、光泽、质地、表面状态和边缘形状等(图 9.4)。

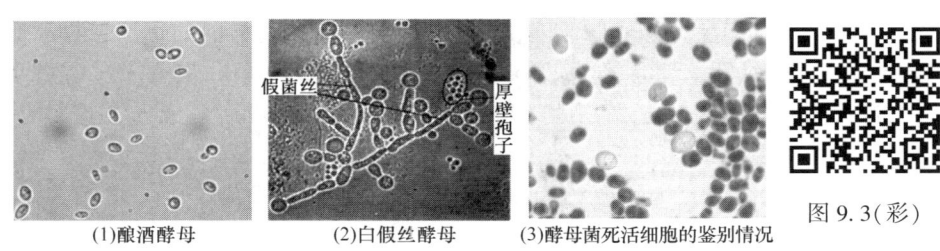

(1)酿酒酵母　　(2)白假丝酵母　　(3)酵母菌死活细胞的鉴别情况

图 9.3　酵母菌在光学显微镜下的形态(400×)

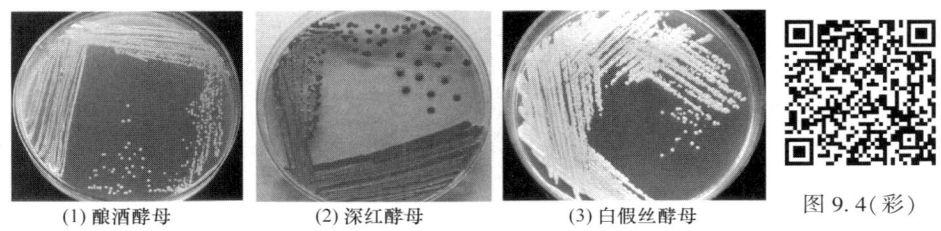

(1)酿酒酵母　　(2)深红酵母　　(3)白假丝酵母

图 9.4　酵母菌的平板菌落特征

7　实验结果与报告

(1)按比例大小绘图说明所观察到的酵母菌的形态特征。
(2)记录并计数酵母菌的死亡率(原始记录与计算结果)。
(3)观察采用小室载玻片培养法培养假丝酵母的形态特征。
(4)按照酵母菌的菌落特征内容列表描述所观察到的酿酒酵母或葡萄汁酵母、产朊假丝酵母或热带假丝酵母、红酵母的菌落特征,并识别和区别它们之间的不同之处。

8　思考题

(1)在显微镜下,酵母菌有哪些突出的形态特征区别于一般细菌?
(2)试分析不同的亚甲蓝染色液浓度和作用时间对酵母菌死活的鉴别有何影响?
(3)酵母菌的假菌丝是怎样形成的?与霉菌的真菌丝有何区别?

三、霉菌的形态和菌落特征观察

1　目的和要求

(1)学习并掌握观察四类常见霉菌形态特征的基本方法。
(2)掌握青霉、曲霉的小室载片培养法,以便更好地观察其个体形态。
(3)观察霉菌的平板菌落特征,了解霉菌的菌落特征在丝状真菌形态学鉴定上的重要性。

2　基本原理

霉菌是由复杂的菌丝体组成,分为基内菌丝或营养菌丝、气生菌丝或繁殖菌丝,由繁殖菌丝产生孢子。繁殖菌丝及孢子的形态特征是识别不同种类霉菌的重要依据。观察霉菌的形态常用以下三种方法。一是乳酸石炭酸棉蓝浸片法,即将培养物置于乳酸石炭酸棉蓝染色液中,制成霉菌制片。由于霉菌菌丝较粗大(直径 3~10μm),置于水中观察时,菌丝容易收缩变形,故常用乳酸石炭酸棉蓝染色液制片使细胞不会变形,染液的蓝色能增强反差,并具有防腐、防干燥、防止孢子飞散的作用,能保持较长时间,必要时还可用光学树胶封固,制成永久标本长期保存。但用接种针(或小镊子)挑取菌丝体或用透明胶带粘取菌丝体时,由菌丝体分化的各部分结构在制片时易被破坏,不利于观察其完整形态。二是小室载玻片培养法,即以无菌操作将培养基琼脂薄层置于载玻片上,接种后盖上盖玻片培养,霉菌即在载玻片和盖玻片之间的有限空间内沿盖玻片横向生长。培养一定时间后,将载玻片上的培养物置于显微镜下观察。这种方法可以保持霉菌自然生长状态,便于观察到霉菌完整的营养和气生菌丝的特化形态,例如曲霉的足细胞、顶囊,青霉的分生孢子梗,根霉的匍匐枝、假根等。此外,也便于观察不同生长时期的培养物。三是玻璃纸培养法,其操作方法与放线菌的玻璃纸培养观察方法相似(见本实验"四、放线菌的形态与菌落特征观察"中"5.1.3 玻璃纸法")。此种方法用于观察不同生长阶段霉菌的形态,也可获得良好效果。

霉菌在固体培养基上生长呈棉絮状(毛霉)、蜘蛛网状(根霉)、绒毛状(曲霉)和地毯状(青霉)菌落。其繁殖方式多数为无性繁殖,少数为有性繁殖。霉菌的菌丝体形态及其菌落特征是其分类、鉴定的重要依据。

3　实验材料

3.1　菌种　根霉(*Rhizopus* sp.)、青霉(*Penicillium* sp.)、曲霉(*Aspergillus* sp.)和毛霉(*Mucor* sp.)28~30℃培养 2~5d 的 PDA 培养基(或麦芽汁)斜面和平板培养物(点植接种),培养根霉假根的 PDA 平板培养物,培养霉菌的小室载玻片培养物。

3.2　培养基　马铃薯-葡萄糖琼脂(PDA)培养基、麦芽汁琼脂培养基(附录Ⅱ)。

3.3　试剂与染色液　乳酸石炭酸棉蓝染色液(附录Ⅲ)、50%(体积分数)乙醇、20%(体积分数)甘油保湿剂、无菌生理盐水。

3.4　仪器与其他用具　接种环、接种钩、解剖针、解剖刀、镊子、酒精灯、载玻片、盖玻片、透明胶带、圆形滤纸片、U 形玻璃棒、无菌平皿、无菌细口滴管、格尺、普通光学显微镜、放大镜、恒温培养箱等。

4　实验流程

形态观察(乳酸石炭酸棉蓝浸片法):霉菌平板培养物→ 解剖针(或小镊子)挑取少量产孢子菌丝 → 50%(体积分数)乙醇洗去脱落的孢子 → 分散于载玻片上的乳酸石炭酸棉蓝染色液中 → 覆盖玻片 → 低倍镜观察 → 高倍镜观察

菌落特征观察:霉菌平板培养物→ 观察菌落特征 → 列表描述菌落特征 → 区分识别不同菌种的菌落特征

5 操作步骤

5.1 霉菌的形态观察

5.1.1 乳酸石炭酸棉蓝浸片法 在载玻片上滴1滴乳酸石炭酸棉蓝染色液,用解剖针(或小镊子)从霉菌菌落边缘挑取少量已产孢子的霉菌菌丝,先置于50%(体积分数)乙醇中浸一下以洗去脱落的孢子,再置于载玻片上的染液中,用解剖针小心将菌丝分散开。盖上盖玻片(注意:勿压入气泡和移动盖玻片,以免影响观察),置于低倍镜和高倍镜下观察四类霉菌。

(1)根霉 用低倍镜观察孢子囊梗、囊轴等,用高倍镜观察孢子囊孢子的形状、大小。将根霉斜面培养物置于显微镜载物台上,用低倍镜观察根霉的孢子囊、孢子囊柄、假根和匍匐枝。

(2)毛霉 用低倍镜观察孢子囊梗、囊轴等,用高倍镜观察孢子囊孢子的形状、大小。将毛霉斜面培养物置于显微镜载物台上,用低倍镜观察毛霉孢子囊梗的粗细及孢子囊的大小、形状、色泽等。

(3)曲霉 在高倍镜下观察菌丝有无隔膜,分生孢子着生位置,辨认分生孢子梗、顶囊、小梗和分生孢子。

(4)青霉 在高倍镜下观察菌丝有无隔膜,分生孢子梗、副枝、小梗和分生孢子的形状等。

5.1.2 粘片法 取1滴乳酸石炭酸棉蓝染色液置于载玻片中央,取一段透明胶带,打开霉菌平板培养物,粘取菌体,粘面朝下,放在染液上,镜检。

5.1.3 小室载玻片培养法

(1)培养小室的灭菌 将略小于平皿底部的圆形滤纸片1张、U形玻璃棒、载玻片和两块盖玻片等按图9.5所示放入平皿内,盖上平皿盖,包扎后于0.1MPa高压蒸汽灭菌30min,置于60℃烘箱中烘干备用。

(2)琼脂块的制作 取已灭菌的PDA培养基6~7mL注入另一灭菌平皿中,使之凝固成薄层。用解剖刀切成0.5~1.0cm^{2}的琼脂块,并将其移至上述培养室中的载玻片上(每片放两块,图9.5)。注意:制作过程应注意无菌操作。

(3)接种和培养 用接种环或接种钩挑取很少量的青霉(或曲霉、根霉、毛霉)的孢子接种于培养基四周,用无菌镊子将盖玻片覆盖在琼脂块上,并轻压使之与载玻片间留有极小缝隙,但不能紧贴载玻片,否则不透气。注意:

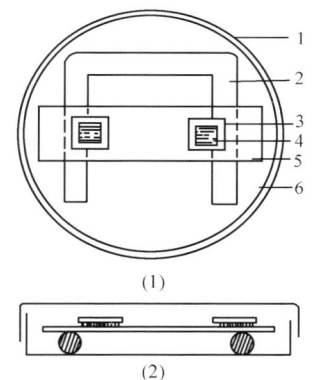

图9.5 小室载玻片培养法示意图
1—平皿;2—U形玻璃棒;3—盖玻片;
4—培养物;5—载玻片;6—保湿用滤纸。

接种量要少,尽可能将孢子分散接种在琼脂块边缘上,否则培养后菌丝过于稠密,影响观察。先在平皿的滤纸上加3~5mL灭菌的20%(体积分数)甘油(用于保持平皿内的湿度),再盖上平皿盖,注明菌名、组别和日期,置于28~30℃培养3~5d。

(4)镜检 培养1~2d后,可以逐日连续观察到孢子的萌发、菌丝体的生长分化和子实体的形成过程。将小室内的载玻片取出,直接用低倍镜和高倍镜观察上述四类霉菌的形态,重点观察曲霉分生孢子头和青霉的帚状枝形态、根霉和毛霉的孢子囊和孢子囊孢子、菌丝有无隔膜等情况。

5.1.4 根霉假根的观察　将溶化并冷却至50℃的PDA培养基倒入无菌平皿,其量约为平皿高度的1/2。冷凝后,用接种环蘸取根霉孢子划线接种于平板表面。倒置平皿,在平皿盖内放一无菌载玻片,于28℃培养2~3d后,取出平皿盖内的载玻片标本,在附着菌丝体的一面盖上盖玻片,置于低倍显微镜下观察假根及从根节上分化出的孢子囊梗、孢子囊、孢子囊孢子和两个假根间的匍匐菌丝等结构(图9.6)。

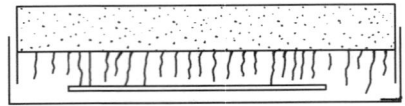

图 9.6　根霉假根的培养

5.2　霉菌的菌落特征观察　在一定培养条件下(包括培养基的性状、培养温度和时间等),不同种属的霉菌在菌落形态上显示出一定的特征,用肉眼或放大镜(低倍镜)即可观察。霉菌的菌落特征内容不同于细菌和酵母菌,可根据下列要求对各种霉菌的菌落特征进行观察,并予以记录。

5.2.1　菌落大小　分为局限生长和蔓延生长,用格尺测量菌落的直径和高度。

5.2.2　菌落的颜色　包括表面和反面的颜色、基质的颜色变化(有无分泌水溶性色素)。

5.2.3　菌落的组织形状　分为棉絮状、蜘蛛网状、绒毛状、地毯状等。

5.2.4　菌落的表面形状　分为同心轮纹、放射状、疏松或紧密的菌丝、有无水滴等。

6　示范

(1)在光学显微镜下观察黑曲霉、黄曲霉、杂色曲霉、橘青霉、少根根霉、蓝色犁头霉在PDA培养基上纯培养的形态特征(图9.7)。注意观察霉菌的菌丝内有无隔膜,营养菌丝有无假根,无性孢子的种类(孢子囊孢子或分生孢子),孢子的着生位置、形状和颜色。

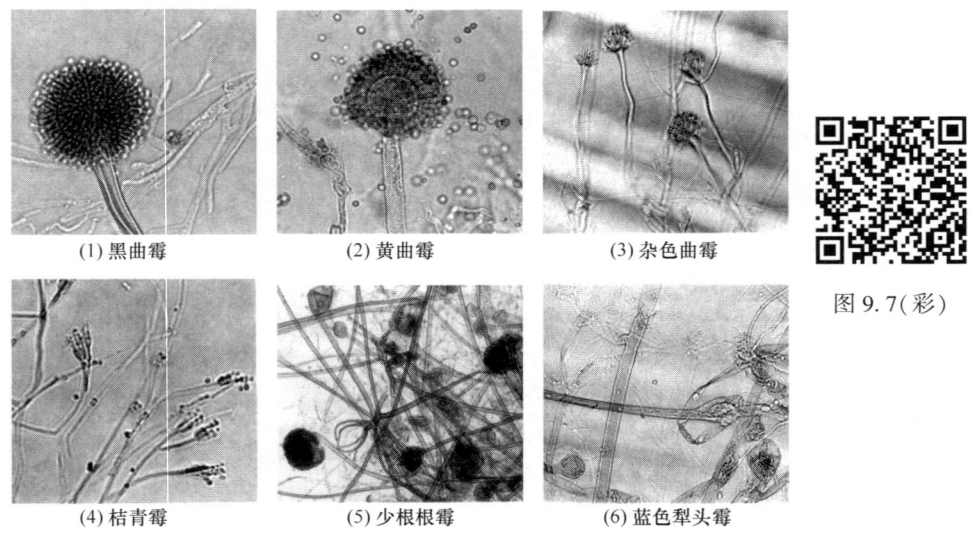

图 9.7(彩)

图 9.7　霉菌在光学显微镜下的形态(400×)

(2)肉眼显微镜下观察黑曲霉、黄曲霉、杂色曲霉、桔青霉、黑根霉、总状毛霉在PDA平板上的菌落特征(图9.8)。注意观察菌落的大小、颜色、组织形状、表面形状等。

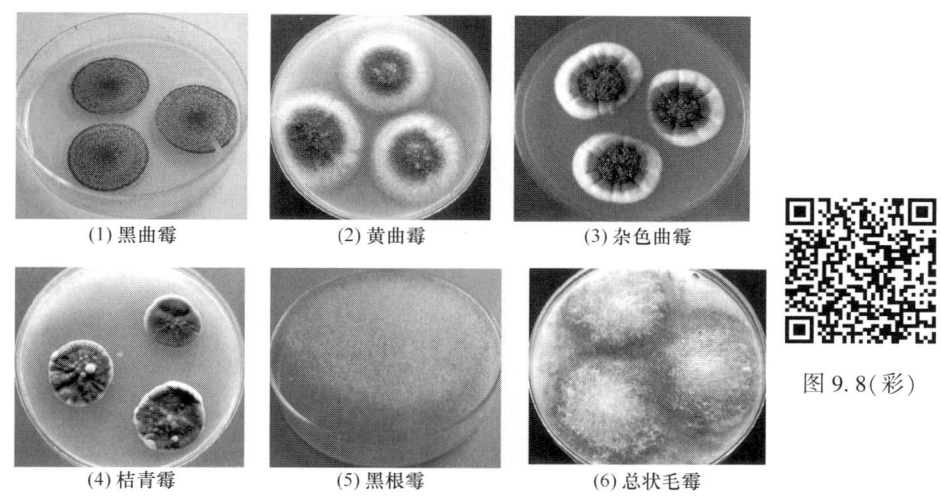

图 9.8　霉菌的平板菌落特征

7　实验结果与报告

(1)根据观察结果,按比例大小绘图说明根霉、曲霉、毛霉(低倍镜下)和青霉(高倍镜下)的形态特征,并标明结构名称。

(2)按照霉菌的菌落特征内容列表描述所观察到的根霉、青霉、曲霉和毛霉的菌落特征,并识别和区分它们之间的不同之处。

(3)观察采用小室载玻片培养法培养的青霉和黑曲霉的形态特征。

8　思考题

(1)根据哪些形态特征区分根霉和毛霉以及青霉和曲霉?列表比较它们在形态结构上的异同。

(2)根据小室载玻片培养方法的基本原理,上述操作过程中的哪些步骤可以根据具体情况做一些改进或用其他方法替代?

(3)在显微镜下,细菌、放线菌、酵母菌和霉菌的主要区别是什么?

(4)采用小室载玻片培养法培养青霉和曲霉,并详述其操作过程。

四、放线菌的形态与菌落特征观察

1　目的和要求

(1)学习并掌握观察放线菌形态特征的基本方法。

(2)观察放线菌的平板菌落特征,了解放线菌的菌落在其形态学鉴定上的重要性。

2　基本原理

放线菌是一类由分枝状菌丝组成的、以孢子繁殖的 G^+ 菌。其菌丝可分为基内菌丝(营养菌丝)、气生菌丝和孢子丝3种。在显微镜下直接观察时，气生菌丝在上层，色暗；基内菌丝在下层，颜色较透明。放线菌生长到一定阶段，大部分气生菌丝分化成孢子丝，孢子丝通过横隔分裂方式产生成串的分生孢子。孢子丝依放线菌种属的不同而形态多样，有直形、波曲、钩状、螺旋状，着生方式有互生、轮生或丛生等。在油镜下观察，孢子也有球形、椭圆形、杆形、瓜子形、梭形和半月形等。其形态构造都是放线菌分类鉴定的重要依据。

为了观察放线菌的形态特征，人们设计了各种培养和观察方法，这些方法的主要目的是尽可能保持放线菌自然生长状态下的形态特征。常用的有插片法、水浸片法、玻璃纸法、搭片法和印片(压片)染色法，现多采用玻璃纸法观察。玻璃纸具有半透膜特性，其透光性与载玻片基本相同。利用玻璃纸在琼脂平板表面上的透析特性，能使接种于玻璃纸上的放线菌生长并形成菌苔，然后将长菌的玻璃纸贴在载玻片上直接镜检。此法既能保持放线菌的自然生长状态，又便于观察不同生长期的形态特征。

放线菌的菌落由菌丝体构成。菌落局限生长，较小而薄，多为圆形，边缘呈辐射状，质地致密干燥，不透明，表面呈紧密的丝绒状或有多皱褶，其上有一层色彩鲜艳的干粉(粉状孢子)，着生牢固，用接种针不易挑起。早期的菌落较光滑，与细菌菌落相似；后期产生孢子，使菌落表面呈干燥粉末状、絮状，有各种颜色，呈同心圆放射状。菌丝和孢子常含有色素，使菌落正面和背面的颜色不同。正面是气生菌丝和孢子的颜色，背面是基内菌丝或其分泌的水溶性色素的颜色。孢子的颜色有白、灰、黄、橙、红、蓝、绿等。各种放线菌在平板上形成的菌落均具有一定特征，对放线菌的分类、鉴定有重要意义。

3　实验材料

3.1　菌种　细黄链霉菌(*Streptomyces microflavus*，又称5406菌)、灰色链霉菌(*Streptomyces griseus*)、天蓝色链霉菌(*Streptomyces coelicolor*)高氏1号斜面和平板培养物(划线接种)。

3.2　培养基　高氏1号琼脂培养基(附录Ⅱ)。

3.3　染色液　1g/L亚甲蓝染色液、石炭酸复红染色液(附录Ⅲ)。

3.4　仪器与其他用具　无菌平皿、载玻片、盖玻片、玻璃纸、微量移液器及1mL无菌吸头(或吸管)、接种环、接种针、玻璃涂棒、酒精灯、格尺、镊子、剪刀、小刀(或刀片)、普通光学显微镜、放大镜、超净工作台、恒温培养箱等。

4　实验流程

形态观察(插片-水浸片法)：倒平板 → 接种环挑取少量斜面培养物 → 划线接种 → 插无菌盖玻片 → 培养 → 长菌盖玻片浸于载玻片上1g/L亚甲蓝染色液中 → 低倍镜观察 → 高倍镜观察

菌落特征观察：放线菌平板培养物 → 观察菌落特征 → 列表描述菌落特征 → 区分识别不同菌种的菌落特征

5 操作步骤

5.1 放线菌的形态观察

5.1.1 插片法

(1) 倒平板与接种 将高氏1号琼脂培养基溶化并冷却至约50℃后,倒约20mL于无菌平皿内,待凝固后,可用两种方法接种。一种是先接种后插片。用接种环挑取少量斜面培养物(孢子)在琼脂平板的一半面积划线接种(接种量可适当加大)。另一种是先插片后接种。用平板培养基的另一半面积进行。具体操作方法如下。

(2) 插片与培养 用无菌镊子将无菌盖玻片以45°插入琼脂内(插在接种线上),插入深度约为盖玻片的1/2或1/3长度[图9.9(1)]。同时,在另一半未经接种的部位以同样方式插入数块盖玻片,然后将少量放线菌的孢子接种于盖玻片与琼脂相接的沿线。将插片平板倒置于28℃温箱,培养3~5d。

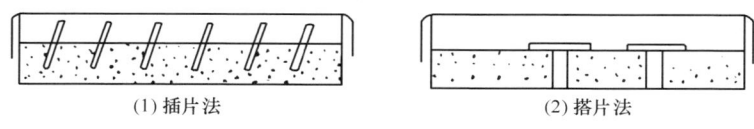

(1) 插片法　　　　　(2) 搭片法

图9.9 放线菌的插片法与搭片法培养示意图

(3) 镜检 用镊子小心抽出盖玻片,轻轻擦去背面培养物,将长有菌的一面向上置于载玻片上,先用低倍镜找到适当视野,再换高倍镜观察。观察时,宜略暗光线,找出3类菌丝及其分生孢子,并绘图。注意观察放线菌的基内菌丝、气生菌丝的粗细和色泽。如果用1g/L亚甲蓝染色液对培养后的盖玻片进行染色后再观察,效果会更好。

5.1.2 水浸片法
取1滴1g/L亚甲蓝染色液置于载玻片中央,将用插片法培养的放线菌培养皿中的盖玻片取出,并将有菌一面向下以45°浸于载玻片的染色液中(避免有气泡),用高倍镜观察其单个分生孢子及其基内菌丝,并绘图。

5.1.3 玻璃纸法

(1) 倒平板 同5.1.1插片法。

(2) 铺玻璃纸 用无菌操作用镊子将已灭菌(用报纸隔层叠好后,于155~160℃干热灭菌2h;或用滤纸与玻璃纸交互重叠置于培养皿中进行湿热灭菌)的玻璃纸片(似盖玻片大小)铺于琼脂平板表面,用无菌玻璃涂棒将玻璃纸压平,使其紧贴于琼脂表面,玻璃纸和琼脂之间不留气泡。每个平板可铺5~10块玻璃纸。也可用略小于平皿的大张玻璃纸代替小纸片,但观察时需要再剪成小块。

(3) 接种与培养 用接种环挑取菌种斜面培养物(孢子)在玻璃纸上划线接种。若用大张玻璃纸代替小张纸片,则取0.1~0.2mL的孢子悬液涂布接种于铺有玻璃纸的琼脂表面。将接种平板倒置于28℃温箱,培养3~5d。

(4) 镜检 在洁净载玻片上加1小滴水,用无菌镊子小心取下玻璃纸片,菌面向上置于载玻片的水滴上,使玻璃纸平贴在载玻片上(中间勿留气泡),先用低倍镜观察找到适当视野后,再换高倍镜观察。注意:操作时勿碰动玻璃纸表面上的培养物。

5.1.4 搭片法

（1）倒平板　同5.1.1插片法。

（2）开槽与接种　在已凝固的琼脂平板上用灭菌小刀切开两条小槽，宽度小于1.5cm。将放线菌斜面培养物接种于小槽边上。

（3）搭片与培养　在接种后的小槽上放置1或2个无菌盖玻片[图9.9（2）]，将平板倒置于28℃温箱，培养3~7d。

（4）镜检　取出培养皿，打开平皿盖，将培养皿直接置于显微镜下观察；也可以取下盖玻片，将其放在洁净载玻片上，于显微镜下观察。

5.1.5 印片（压片）染色法

（1）接种培养　用高氏1号琼脂平板常规划线接种或点接种，28℃培养4~7d。也可用插片法和玻璃纸法所使用的琼脂平板培养物作为制片材料。

（2）印片（压片）　用灭菌的小刀（或刀片）挑取带菌苔的培养基一小块，菌面朝上放在载玻片上。另取一载玻片置火焰上微热后，盖在菌苔上，轻轻按压，使培养物（气生菌丝、孢子丝或孢子）黏附（"印"）在后一块载玻片的中央，有印迹的一面朝上，通过火焰2~3次加热固定。注意：印片时切勿用力过大压碎琼脂，也不要错动，以免改变放线菌的自然形态。

（3）染色　用石炭酸复红覆盖印迹，染色约1min后水洗，晾干（注意：切勿用吸水滤纸吸干）。

（4）镜检　依次用低倍镜、高倍镜和油镜观察孢子丝、孢子的形态及孢子排列情况。

5.2 放线菌的菌落特征观察

按放线菌的菌落特征内容，观察并描述平板上不同放线菌的菌落特征。

5.2.1 菌落大小
分为局限生长或蔓延生长，用格尺测量菌落在培养基上的直径和高度。

5.2.2 表面状态
分为干燥粉末状、絮状（丝绒状）、皱褶状、颗粒状、同心圆放射状等。

5.2.3 菌落形状
分为圆形、边缘放射状、不规则状等。

5.2.4 菌落质地
分为松软（黏稠）、致密干燥、脆硬等。于酒精灯旁无菌操作打开平皿盖，用接种针挑动菌落，判别质地是否为致密干燥、着生牢固、用接种针不易挑起等。

5.2.5 菌落颜色
分为白色、灰色、黄色、橙色、红色、蓝色、天蓝色、绿色、灰绿色等。注意观察平皿正反面或菌落边缘与中央部位的颜色不同。

5.2.6 透明程度
分为透明、半透明、不透明等。

6 示范

在光学显微镜下观察诺卡氏菌[*Nocardia* sp.，图9.10（1）]、衣氏放线菌[*Actinomyces israelii*，图9.10（2）]的菌丝体以及放线菌孢子丝的形态（图9.11）。

7 实验结果与报告

（1）按比例大小，绘图说明所观察到的放线菌的孢子丝和孢子形态，并比较不同放线菌主要形态特征的异同。

（2）按照放线菌的菌落特征内容列表描述所观察到的细黄链霉菌、灰色链霉菌和天蓝色链霉菌的菌落特征，并识别和区别它们之间的不同之处。

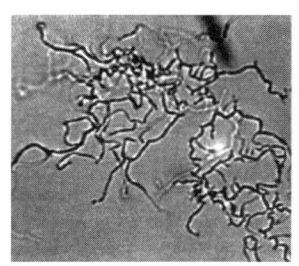 

(1) 诺卡氏菌幼龄菌丝体　　　(2) 衣氏放线菌的菌丝体(呈菊花型)

图 9.10　放线菌在光学显微镜下的菌丝体(100×)

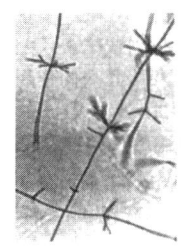 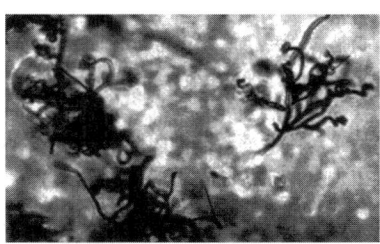

(1) 单轮生　　　　　　(2) 螺旋状

图 9.11　放线菌在光学显微镜下的孢子丝(400×)

8　思考题

(1) 在高倍镜或油镜下如何区分放线菌的基内菌丝和气生菌丝？
(2) 比较实验中采用的几种培养和观察方法的优缺点。
(3) 玻璃纸培养和观察法是否还可用于其他种类微生物的培养和观察？为什么？

操作视频：酵母菌形态观察的生理盐水浸片制作演示

实验 10　微生物细胞大小的测定

1　目的和要求

（1）学习目镜测微尺的校正方法。
（2）学习并掌握使用显微镜测微尺测定微生物的细胞大小。

2　基本原理

微生物细胞的大小是微生物分类鉴定的重要依据之一。若要测量微生物细胞的大小，必须借助镜台测微尺和目镜测微尺在显微镜下进行测量。镜台测微尺并不直接用来测量细胞的大小，而是用于校正目镜测微尺每格的相对长度。它是中央部分刻有精确等分线的载玻片（图 10.1），一般是将 1mm 等分为 100 格，每格长 0.01mm（即 10μm）。

目镜测微尺可直接用于测量细胞大小。它是一块圆形玻片（图 10.2），其中央有精确等分为 50 或 100 小格的刻度尺，测量时将其放在接目镜中的隔板上。由于目镜测微尺所测量的是微生物细胞经过显微镜放大之后所成像的大小，其刻度实际代表的长度随使用的目镜和物镜放大倍数及镜筒的长度而改变，故使用前须先用镜台测微尺进行校正，以求出一定放大倍数下目镜测微尺每一小格所代表的相对长度，然后用目镜测微尺直接测量细胞的实际大小。

球菌用直径表示大小；杆菌用宽和长的范围表示大小；酵母菌用宽和长表示大小。

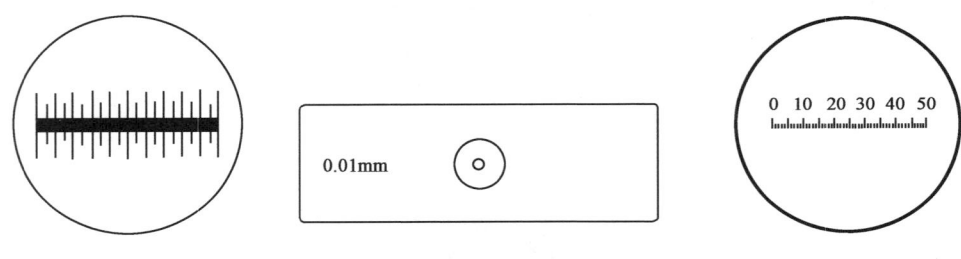

图 10.1　镜台测微尺　　　　　　　图 10.2　目镜测微尺

3　实验材料

3.1　菌种　藤黄微球菌（*Micrococcus luteus*）或金黄色葡萄球菌（*Staphylococcus aureus*）、大肠杆菌（*Escherichia coli*）、枯草芽孢杆菌（*Bacillus subtilis*）的染色标本片、酿酒酵母（*Saccharomyces cerevisiae*）培养 24h 的 PDA 斜面培养物。

3.2　仪器与其他用具　目镜测微尺、镜台测微尺、载玻片、盖玻片、滴管、显微镜等。

4　实验流程

装目镜测微尺 → 将镜台测微尺置于载物台上 → 校正目镜测微尺 → 取下镜台测微尺 → 油镜下

测定细菌染色制片的菌体大小或高倍镜下测定酵母菌水浸片的菌体大小 → 计算实际菌体大小

5 操作步骤

5.1 目镜测微尺的校正

5.1.1 装目镜测微尺 取出目镜,将目镜上的透镜旋下,将目镜测微尺刻度朝下放入目镜镜筒内的隔板上,然后旋上目镜透镜,再将目镜插入镜筒内。

5.1.2 校正目镜测微尺 将镜台测微尺刻度面朝上平置在载物台上。先用低倍镜观察镜台测微尺的刻度,再换用高倍镜测量。移动镜台测微尺和转动目镜,使两者的刻度平行,并使两尺的第一条线重合,向右仔细寻找第二条完全重合的刻度,分别记录两重合线之间镜台微尺和目镜微尺所占的格数(图10.3)。用同样的方法校正油镜下(镜台测微尺上需加1滴香柏油)目镜测微尺每小格的实际长度。注意:用高倍镜观察时光线不宜过强,否则难以找到镜台测微尺的刻度。使用高倍镜和油镜时应防止镜头压坏镜台测微尺。

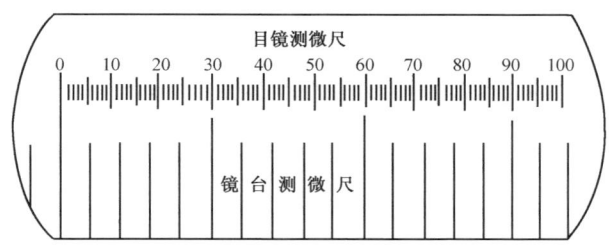

图10.3 校正时镜台测微尺与目镜微尺的重合情况

已知镜台测微尺每格长为$10\mu m$,由式(10.1)即可计算出在不同放大倍数下目镜测微尺每格所代表的实际长度。

目镜测微尺每格长度(μm) = 两重合线间镜台测微尺的格数×$10\mu m$/两重合线间目镜测微尺的格数

(10.1)

例如,目镜测微尺的5小格正好与镜台测微尺的2小格重合,则目镜测微尺的每小格长度为:$2×10\mu m/5 = 4\mu m$

5.2 菌体大小的测定 取下镜台测微尺,换上细菌染色制片,在油镜下分别测定藤黄微球菌的直径和大肠杆菌、枯草芽孢杆菌的宽度和长度。测定时通过转动目镜测微尺和移动载玻片,测出细菌直径或宽和长所占目镜测微尺的格数。最后将所测得的格数乘以目镜测微尺(用油镜时)每格所代表的长度,即为该菌的实际大小。

测定酵母菌时,先将酵母菌培养物制成水浸片,再用高倍镜测出宽和长各占目镜测微尺的格数,最后将测出的格数乘以目镜测微尺(用高倍镜时)每格所代表的长度,即为酵母菌的长和宽。

5.3 测定后处理 测定完毕,取出目镜测微尺,将目镜放回镜筒,再将目镜测微尺和镜台测微尺分别用镜头纸擦拭干净,放回盒内保存。如用油镜测量,先用镜头纸擦去镜头和镜台测微尺上的香柏油,再用一片镜头纸蘸少量无水乙醇擦一遍,另用一片镜头纸擦去残余的无水乙醇。

注意事项:

(1)为了提高测量准确率,通常在同一个涂片上任意测定10~20个对数生长期的菌体,求出平均值,才能代表该菌的大小,以减少误差。

(2)镜台测微尺的玻片很薄,在标定油镜头时要小心,以免压碎镜台测微尺或损坏镜头。

6 示范

在显微镜下示范目镜测微尺和镜台测微尺的使用方法及其校正和测量方法。

7 实验结果与报告

将各菌细胞大小的测定结果填入下表。

微生物名称	目镜测微尺每格长度/μm	宽		长		菌体大小范围/μm
		目镜测微尺格数	宽度/μm	目镜测微尺格数	长度/μm	
藤黄微球菌(或金黄色葡萄球菌)						
大肠杆菌						
枯草芽孢杆菌						
酿酒酵母						

8 思考题

(1)为什么更换不同放大倍数的目镜或物镜时,必须重新对目镜测微尺进行校正?

(2)若目镜和目镜测微尺不改变,只改变不同放大倍数的物镜,那么测定同一细菌的大小时,其测定结果是否相同?为什么?

实验 11　细菌、酵母菌和霉菌的显微镜直接计数法

一、细菌的直接涂片计数法

1　目的和要求

学习直接涂片计数法的原理和方法。此法主要适用于鲜乳、稀奶油和发酵剂等的细菌计数。

2　基本原理

直接涂片计数法是将一定数量的样品在载玻片上制成一定面积的涂片,然后在显微镜下直接计数,从而可以推算出定量样品内的含菌量。本法操作简便,在短时间内即可得到结果。但不能区分活菌与死菌,计数结果偏高,只适用于菌数较高的样品。若样品菌数低则误差较大。

3　实验材料

3.1　检样　9号菌——唾液链球菌嗜热亚种(*Streptococcus salivarius* subsp. *thermophilus*)或3号菌——德氏乳杆菌保加利亚亚种(*Lactobacillus delbrueckii* subsp. *bulgaricus*)发酵剂或市售酸牛乳。

3.2　试剂与染色液　革兰染色液、10g/L甲苯胺蓝染色液(附录Ⅲ)、20g/L冰醋酸、9mL无菌生理盐水。

3.3　仪器与其他用具　物镜测微尺、划有1cm^{2}方格的载玻片、5μL微量移液器及无菌吸头、接种环、香柏油、无水乙醇、1mL无菌吸头(或吸管)、无菌试管、显微镜、漩涡混合器等。

4　实验流程

稀释样品 → 涂片 → 革兰染色 → 油镜观察 → 计数

5　操作步骤

5.1　测定显微镜视野圆的直径　将镜台测微尺置于显微镜的载物台上,先用低倍镜找到镜台测微尺并调至视野中部,滴加香柏油后更换油镜。移动推进器,先使镜台测微尺的一条刻度线与左侧视野圆弧相切,再向右计数油镜视野圆的直径占有测微尺刻度的格数,用格数乘以镜台测微尺每格长度 0.01mm,即为油镜视野圆的直径。

5.2　制备样品稀释液　乳酸菌发酵剂或酸牛乳中的菌数较高,如果不进行适当稀释,由于视野菌体过密,且涂片不均匀,会造成较大误差。用 1mL 移液吸头取样品 1mL 移至 9mL 无菌生理盐水中,漩涡振荡混匀 30s,即为 1:10 稀释菌液。如果菌体仍较密集,可如此

重复,制备1∶100稀释液。

5.3 涂片 用微量移液器及吸头取上述稀释菌液0.005mL(5μL)滴加于载玻片的方格内,用接种环均匀涂布于1cm²方格内,注意液体不可外流出方格,涂面要薄而均匀。自然干燥后,火焰固定。

5.4 染色 乳酸菌以牛乳或含乳培养基培养时,其染色可用以下两种方法。

(1)革兰染色法 将涂片用草酸铵结晶紫初染、碘液媒染后,用乙醇脱色时间应为1min。乙醇脱色时间适宜时,乳酸菌的菌体呈蓝紫色,牛乳基质呈红色背景;若脱色不适宜或涂片过厚,可造成菌体与牛乳基质均呈蓝紫色,从而影响对菌体的观察。

(2)甲苯胺蓝染色法 将涂片用10g/L甲苯胺蓝染色液染色1min,水洗后用20g/L冰醋酸脱色1~2s(脱色时间不宜过长,否则菌体颜色变浅),水洗后滤纸吸干水分,油镜观察计数。由于牛乳基质对甲苯胺蓝染色液着色浅,且又经冰醋酸脱色,所以呈透明无色,乳酸菌或其他菌体则被染成蓝色。

5.5 镜检与计数 将染色载玻片置于油镜下观察,计数任意10个视野中的菌数,求出每个视野菌数的平均值 X,代入式(11.1)计算每毫升或每克样品中的菌数。

$$样品中的菌数/[个/g(mL)] = [X/(3.14 \times r^2)] \times 200 \times 100 \times B \qquad (11.1)$$

式中 r——显微镜油镜视野圆的半径,mm;

B——稀释倍数;

100——将1cm²的涂抹面积换算成100mm²;

200——将0.005mL的样品量换算成1mL。

6 实验结果与报告

记录并计算发酵剂或市售酸牛乳中的细菌数量,并对结果进行误差分析。

视野	1	2	3	4	5	6	7	8	9	10	平均值 X/个	样品总菌数/[个/g(mL)]
9号菌												
3号菌												

7 思考题

如何用显微镜直接涂片计数法测定乳品发酵剂中的乳酸菌数量?

二、酵母菌的血球计数板计数法

1 目的和要求

学习血球计数板计数法的原理和方法。此法主要适用于酵母菌和霉菌孢子数量的测定。

2 基本原理

血球计数板计数法是将菌悬液(或孢子悬液)加入血球计数板与盖玻片之间的计数室

内,由于该室的容积一定,先测定计数室内若干个方格中的微生物数量,再换算成每克(或每毫升)样品中微生物细胞的数量。如图 11.1(1)所示,血球计数板由 4 条平行槽构成 3 个平台,中间的平台较宽,其中间又被一短槽隔成两半,每个半边平台面上各有一个含 9 个大格的方格网,中间大格为计数室[图 11.1(3)]。计数室的长和宽各为 1mm,中间平台下陷 0.1mm,使盖玻片和载玻片之间的高度为 0.1mm[图 11.1(2)],故计数室的容积为 0.1mm³。

血球计数板有两种规格(图 11.2),一种是 16×25 型,共有 16 个中方格,每个中方格分为 25 个小格。另一种是 25×16 型,共有 25 个中方格,每个中方格又分为 16 个小格。此两种血球计数板的计数室均由 400 个小方格组成。

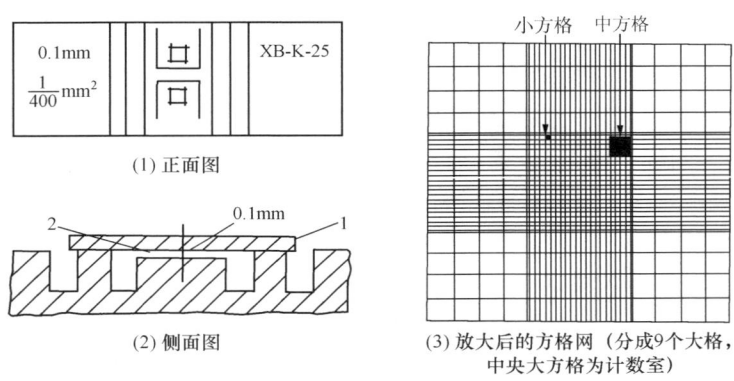

图 11.1 血球计数板的构造
1—盖玻片;2—计数室。

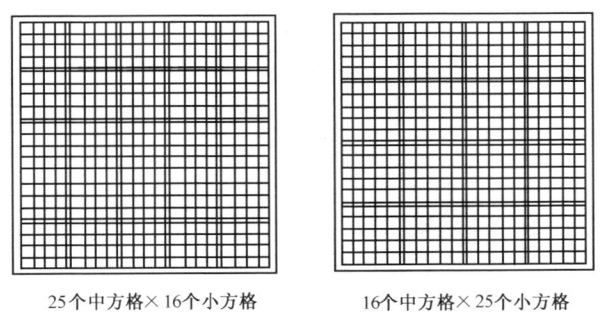

图 11.2 两种不同规格的血球计数板

菌体较大的酵母菌或霉菌孢子可采用血球计数板,一般细菌则采用彼得罗夫·霍泽(Petrof Hausser)细菌计数板。两种计数板的原理和构造相同,只是细菌计数板较薄,可用油镜观察;而血球计数板较厚,不能使用油镜测定细菌数量,因计数板下部的细菌难以区分,误差较大。

3 实验材料

3.1 菌种 酿酒酵母(*Saccharomyces cerevisiae*)培养 48h 的麦芽汁或 PDA 斜面菌种。

将酿酒酵母在液体培养基中适温培养 24~48h,即得酿酒酵母培养液(或发酵液、酒母)。

3.2 试剂 9mL 无菌生理盐水。

3.3 仪器与其他用具 血球计数板、盖玻片(22mm×22mm)、吸水滤纸、手动计数器、无菌毛细滴管、微量移液器及 1mL 无菌吸头(或吸管)、漩涡混合器、显微镜。

4 实验流程

稀释样品 → 加样品 → 静置 5min → 用低倍镜找计数室 → 用高倍镜找中方格 → 计数 → 清洗

5 操作步骤

5.1 制备样品稀释液 将酿酒酵母培养液振荡摇匀,用 1mL 无菌吸头取样品 1mL 移至 9mL 无菌生理盐水中,漩涡振荡混匀 30s,即为 1:10 稀释菌液。稀释度的选择以计数板内每小格中有 3~5 个酵母菌细胞为宜。

5.2 加样品 在洁净干燥的血球计数板计数室上盖上盖玻片,用无菌滴管(或吸管)以无菌操作吸取混匀的稀释菌液,沿盖玻片的下边缘分别滴入 1 小滴于中间平台两侧的沟槽内(不宜过多),使菌液自行渗入平台的计数室,并用吸水滤纸吸去沟槽中流出的多余菌液。注意:取样时先摇匀菌液,加样时计数室内不可有气泡产生。

5.3 显微镜计数 加样后,静置约 5min。将计数板置于载物台的中央,在低倍镜下,调暗视野亮度,并转动粗调螺旋,清晰找到方格网的中央大方格(计数室)。转换高倍镜后,调节光亮度,转动细调螺旋至菌体和计数室线条清晰为止,再将计数室左上角的中方格移至视野中进行观察和计数。依次对左上角、右上角、右下角、左下角和中央 1 个中方格计数。对不同规格的计数板的计数方法略有差异。若是 16×25 型的计数板,需要按对角线方位,数左上角、左下角、右上角和右下角 4 个中方格(即 100 小格)的菌数。若是 25×16 型的计数板,除数上述 4 个中方格外,还需数中央 1 个中方格(即 80 小格)的菌数。注意:显微镜内的视野亮度一定调暗,否则看不清计数室内的网格线。

将计数的细胞数填入结果表中,对每个样品重复计数 2~3 次(每次数值不应相差过大,否则应重新操作),取其平均值,代入式(11.2)和式(11.3)计算每克或每毫升样品中的菌数。

16×25 型血球计数板的计算如式(11.2)。

$$样品中的菌数/[个/g(mL)] = (100 小格内细胞数/100) \times 400 \times 10^4 \times 稀释倍数 \quad (11.2)$$

25×16 型血球计数板的计算如式(11.3)。

$$样品中的菌数/[个/g(mL)] = (80 小格内细胞数/80) \times 400 \times 10^4 \times 稀释倍数 \quad (11.3)$$

注意事项:

(1)凡是位于中方格双线上的酵母菌细胞,计数时数上线和左线上的细胞(或只数下线和右线的细胞),以减少误差。酵母菌的芽体达到母体细胞大小的一半者,可作为两个菌体计数。

(2)由于活细胞的折光率和水的折光率相近,为了清晰可见,观察时可通过适当关小虹彩光圈、降低聚光器和调节光源亮度来减弱光照强度,否则视野中计数室的方格线不清晰,或只见竖线或只见横线。

(3)不能出现盖玻片被菌液顶浮情况,否则会改变计数室容积,影响计数的准确性。

(4)计数时要不断调节细微螺旋,以便能看到悬浮在计数室内不同深度的细胞。

(5)加样后应静置数分钟,待菌体细胞不再流动,全部沉降到计数室底部,才可计数。

(6)在计数前若发现菌液太浓或太稀,需重新调节稀释度后再计数。

5.4 清洗 测数完毕,将血球计数板用水冲净,切勿用硬物洗刷或抹擦,以免损坏网格刻度。镜检观察每小格内是否有残留菌体或其他沉淀物。若不干净,必须重复洗涤至洁净为止。洗净后自行晾干或用吹风机吹干,放入盒内保存。

6 实验结果与报告

将结果记录于下表中,计算每毫升样品中的酵母菌细胞数,并对结果进行误差分析。

计算次数	5个中方格的细胞数/个					5个中方格的总细胞数/个	稀释倍数	样品总菌数/[个/g(mL)]
	左上角	右上角	右下角	左下角	中间			
第一次								
第二次								
第三次								
平均值								

7 思考题

(1)根据你的体会,说明血球计数板计数的主要误差来自哪些方面。应如何减少误差?

(2)能否用血球计数板在油镜下计数细菌的数量?此法是否适用于计数细菌?

(3)如何用血球计数板测定酒母中酿酒酵母的数量?

(4)某发酵厂要求知道某品牌活性干酵母中的菌体存活率,请设计1~2种可行的检测方案。

三、霉菌的直接镜检计数法

1 目的和要求

学习用郝氏计测玻璃片对霉菌进行显微镜直接计数的方法及其原理。

2 基本原理

食品中霉菌的直接镜检计数方法主要依据现行的 GB 4789.15—2016《食品安全国家标准 食品微生物学检验 霉菌和酵母计数》中的第二法。该法是将经适当稀释的检样加入郝氏计测玻璃片与盖玻片之间的计数室内,在显微镜标准视野(直径为1.382mm)内,如发现有一根霉菌菌丝的长度或三根菌丝的总长度超过标准视野的1/6(即测微器的一格)时即为阳性视野(+),否则为阴性视野(−)。按100个视野计算,其中发现有霉菌菌丝的视野数(阳性视野数)即为霉菌的视野百分数。此法适用于番茄酱罐头、番茄汁中的霉菌计数。

3 实验材料

3.1 检样 番茄酱罐头。

3.2 用品 烧杯、玻璃棒、折光仪、显微镜、盖玻片、测微器(具标准刻度的玻璃片)、郝氏计测玻片(具有标准计测室的特制玻璃片)。

4 实验流程

取样→稀释→校正标准视野→涂布加样品→观察→记录→计算

5 操作步骤

5.1 标准检样的制备 取定量检样,用蒸馏水稀释至折光指数为 1.3447~1.3460(即浓度为 79~88g/L),备用。注意:用折光仪测定折光指数,如果折光指数过大或过小,须加水或加样品,直至配成标准样液才能进行检验。

5.2 显微镜标准视野的校正 将显微镜按放大率为 90~125 倍调节标准视野,使其直径为 1.382mm。检查标准视野时将载玻片置于载物台上,测微器置于目镜的光栏孔上,然后观察。标准视野要具备两个条件:载玻片上相距 1.382mm 的两条平行线与视野相切;测微器的大方格四边也与视野相切。如果发现上述两个条件其中有一条不符合,须经校正后再使用。

5.3 涂片和观测 用擦镜纸或绸布蘸酒精将郝氏计测玻片和盖玻片擦净。将制好的混合均匀的标准检样用玻璃棒取一大滴均匀涂布于计数室内,盖上盖玻片,置于显微镜标准视野下观测 50 个视野。同一个检样由两人分别观察。

注意事项:

(1)如果发现样液涂布不均匀,有气泡,或样液流入沟内,从盖玻片与突肩处流出,盖玻片与载玻片的突肩处不产生牛顿环等,应重新制片。

(2)所检查的 50 个视野要均匀分布在计测室内,可用显微镜载物台上带有标尺的推进器来控制,从上到下,或从左到右一行一行有规律地观察。

(3)如果一个样品做两个涂片,观察结果误差较大(超过 6%),则另取样涂片,观察测定至误差<6%时为止。

5.4 结果与计算 在显微镜规定的标准视野(直径为 1.382mm)内,如发现有一根霉菌菌丝的长度或三根菌丝的总长度超过标准视野的 1/6(即测微器的一格)时即记录为阳性视野(+),否则为阴性视野(-)。有时在标准视野中出现极细的菌丝丛或小菌落,则以其直径来计算,超过视野直径的 1/6 为阳性视野,否则为阴性视野。按 100 个视野计算,其中发现有霉菌菌丝体的视野数(阳性视野数),即为霉菌的视野百分数。例如,分别记录 2 个涂片 50 个视野的阳性视野数,涂片 1 为 15,涂片 2 为 16,则样品的霉菌数为 31%。

5.5 报告 报告每 100 个视野中全部阳性视野数即为霉菌的视野百分数。

6 实验结果与报告

计算番茄酱检样中发现霉菌的视野百分数,并对结果进行误差分析。

7 思考题

为什么采用郝氏显微镜直接计数法计数霉菌而不采用血球计数板计数法?

操作视频:酵母菌血球计数板计数法的操作演示

(1)血球计数板的加样方法。
(2)血球计数板的显微镜观察与计数。

实验 12 比浊法测定细菌、酵母菌的数量及其生长曲线

一、光电比浊计数法测定酵母菌标准曲线

1 目的和要求

（1）学习光电比浊计数法的原理，掌握用比浊法测定酵母菌数量的方法。

（2）学会通过测定酵母菌不同浓度菌悬液的 OD 值及细胞数量，建立细胞数量的对数值-OD 值的标准曲线。

2 基本原理

当光线通过微生物菌悬液时，由于菌体的散射和吸收作用使光线的透过量降低。在一定浓度范围内，悬液中的菌体数量与光密度（optical density，OD 值）成正比，与透光度成反比，而 OD 值可由分光光度计精确测定。因此，可用一系列已知菌数的菌悬液测定 OD 值，作出菌数-OD 值的标准曲线，而后根据样品液所测得的 OD 值从标准曲线中查出对应的菌数。制作标准曲线时，活菌计数可采用血球计数板计数法（适用于酵母菌）或平板菌落计数法（适用于细菌）。本法的优点是简便、快速，可以连续测定，适合于样品数量较多的批量检测。但不适用于多细胞微生物的生长测定，以及颜色太深的样品或样品中含有颗粒性杂质的悬液的测定。

光电比浊计数法已在发酵工业广泛采用。直接用比浊法测得的 OD 值查标准曲线，常用于跟踪观察各个培养时期细菌或酵母菌的菌数增长情况，如生长曲线的测定和发酵罐中细菌或酵母菌的生长情况等。由于 OD 值受菌体浓度（仅在一定范围内与 OD 值成直线线性关系）、细胞大小、形态、培养液成分以及所采用的光波长等因素的影响，因此，首先要调节好待测菌液的细胞浓度，选择好光波长［通常在 400～700nm（酵母菌用 560nm，细菌用 600nm）］；其次应采用相同的菌株和培养条件制作标准曲线。还要注意培养基的成分和代谢产物不能在所选波长范围有吸收。

3 实验材料

3.1 菌种 酿酒酵母（*Saccharomyces cerevisiae*）于 28℃培养 24h 的 PDA 培养液。

3.2 培养基 PDA 液体培养基（10mL/管，附录Ⅱ）。

3.3 试剂 无菌生理盐水（9mL/管）。

3.4 仪器与其他用具 可见分光光度计、血球计数板、显微镜、无菌试管、滤纸、无菌吸管或微量移液器及洗头、一次性无菌塑料滴管、记号笔等。

4 实验流程

调整菌液浓度 → 血球计数板测细胞数量和分光光度计测 OD 值 → 建立细胞数量的对数值-OD 值的标准曲线 → 测定样品 OD 值 → 通过标准曲线查得样品中的含菌数量

5 操作步骤

5.1 制作酵母菌标准曲线

5.1.1 调整菌液浓度　取无菌试管 7 支,分别用记号笔将试管编号为 1、2、3、4、5、6、7。按照实验 11 的操作方法,用血球计数板计数培养 24h 的酿酒酵母菌悬液的细胞数量(个/mL),而后用 9mL 无菌生理盐水分别稀释调整为 $1×10^6$、$2×10^6$、$4×10^6$、$6×10^6$、$8×10^6$、$10×10^6$、$12×10^6$ 个/mL 含菌数的细胞悬液,再分别装入已编好号的 1~7 号无菌试管中。

5.1.2 测 OD 值　将 1~7 号不同浓度的菌悬液摇匀后于 560nm 波长、1cm 比色皿中测定 OD 值。注意:每管菌悬液在测定 OD 值时均必须先摇匀后再倒入比色皿中测定。比色测定时,以无菌生理盐水作为空白对照,并调零点,将 OD 值填入下表。

项目	管号						
	1	2	3	4	5	6	7
细胞数量/(×10^6 个/mL)							
OD 值							

5.1.3 绘制标准曲线　以 OD 值为横坐标,每毫升细胞数量的对数值为纵坐标,绘制标准曲线,建立回归方程。

5.2 样品测定　将待测样品用无菌生理盐水适当稀释,摇均匀后,用波长 560nm、1cm 比色皿测定 OD 值。测定时用无菌生理盐水作为空白对照,并调零点。各种操作条件必须与制作标准曲线时的相同,否则根据测得的样品 OD 值所换算的含菌数量不准确。根据所测得的 OD 值,从标准曲线的回归方程中计算得到每毫升样品中的含菌数量。

6 实验结果与报告

如式(12.1),计算每毫升样品原液含菌细胞数,并对结果进行误差分析。比较这种计数方法有何优缺点。

$$\text{每毫升样品原液含菌细胞数/个} = \text{从标准曲线查得的每毫升含菌细胞数} × \text{稀释倍数} \quad (12.1)$$

7 思考题

(1)采用光电比浊计数法测定酵母菌数量的影响因素有哪些?操作时应注意哪些事项?

(2)如何通过测定酵母菌不同浓度菌悬液的 OD 值及采用平板菌落计数法测得的活菌数量(CFU/mL),建立活菌数量的对数值-OD 值的标准曲线?

二、比浊法测定细菌的生长曲线

1 目的和要求

（1）了解细菌生长曲线的特点，学习用比浊法测定细菌生长曲线的原理和方法。
（2）复习光电比浊法测定细菌数量的方法，绘制细菌生长曲线和标准曲线。

2 基本原理

将少量单细胞纯培养物接种于恒定容积新鲜液体培养基中，在适宜条件下培养，定时取样测定细菌数量，以细菌数量的对数值或 OD 值为纵坐标，以培养时间为横坐标绘制的曲线称为生长曲线。通过测定细菌的生长曲线，可以研究细菌群体的四个生长阶段（延缓期、对数期、稳定期和衰亡期）的特点，明确在不同培养（发酵）条件下细菌的生长（发酵）性能，筛选生长速率快（发酵速率快）及产生物量高的菌株；可以通过生长曲线找到对数期的末期，即生长曲线的拐点，以此确定菌株适宜的培养时间或移种时间。

比浊法是根据细菌悬液细胞数与浑浊度成正比，与透光度成反比关系，利用分光光度计在 600nm 处测定细菌悬液的 OD 值，用于表示该菌在一定条件下生长的生物量。不同种细菌在相同培养条件下其生长曲线各异，同一种细菌在不同培养条件下所绘制的生长曲线也不相同。本实验以乳杆菌为例介绍在 MRS 和改良 MRS 不同培养基条件下，用常规方法和实时微生物生长分析系统测定生长曲线的操作。

3 实验材料

3.1 菌种　德氏乳杆菌保加利亚亚种（*Lactobacillus delbrueckii* subsp. *bulgaricus*）或副干酪乳酪杆菌（*Lacticaseibacillus paracasei*）、植物乳植杆菌（*Lactiplantibacillus plantarum*）等乳杆菌于 37℃ 培养 12~16h 的 MRS 培养液。

3.2 培养基　MRS 液体培养基（10mL/管、40 支，100mL/250mL 三角瓶）、改良 MRS 液体培养基（10mL/管、40 支，100mL/250mL 三角瓶，附录Ⅱ）。

3.3 试剂　75%（体积分数）酒精、生理盐水。

3.4 仪器与其他用具　1mL 无菌吸管或微量移液器及吸头、试管、三角瓶、比色杯、记号笔、酒精灯、恒温水浴摇床、冰箱、可见分光光度计、48 孔板（每孔 3mL）、实时微生物生长分析系统等。

4 实验流程

某乳杆菌培养液 → 吸管接种至液体培养基试管 → 培养 → 不同时间定时取样 → 测 OD 值 → 绘制生长曲线

5 操作步骤

5.1 常规方法测定生长曲线

5.1.1 接种 取40支装有10mL MRS液体培养基的试管,分成13组,每组设3个重复,用记号笔标记0、2、4、6、8、10、12、14、16、18、20、22、24h的试管各3支,余下1支作培养基不接种的空白对照。另取40支装有10mL改良MRS液体培养基的试管,按上述方法做好标记。无菌操作下用1mL无菌吸管(或无菌吸头)准确吸取0.2mL[2%(体积分数)接种量]的乳杆菌培养液,分别向39支MRS液体培养基试管接种,轻轻振荡,使菌体混匀。同时向改良MRS液体培养基试管接种,方法同上。

5.1.2 培养 将接种后的培养试管置于摇床上,于37℃振荡培养24h(振荡频率180r/min)。从0h开始每隔2h取出3支培养试管,立即用可见分光光度计测定OD值。

5.1.3 比浊 将可见分光光度计开机预热30min,选用600nm波长的滤光片,波长调至600nm,先以未接种的培养基作为参比溶液(空白对照)调节零点(以后每次测定都要重新校正零点),再用可见分光光度计依次每隔2h测定培养液的OD_{600nm}值,直至培养24h后结束测定,记录数据结果。以培养时间为横坐标,培养菌悬液的光密度(OD_{600nm})值为纵坐标,绘制乳杆菌在两种培养基条件下的生长曲线。

注意事项:

(1)不能每隔2h取出的培养试管应立即检测,不能放冰箱贮存一段时间一起测定,否则菌体在4℃下缓慢生长,会导致结果不准。

(2)测定OD值前,应将待测定的培养液充分振荡,使细胞均匀分布。

(3)测定OD值后,将比色杯中的菌液倾入容器中,用去离子水冲洗比色杯,冲洗水也收集于容器中进行灭菌,最后用75%(体积分数)酒精冲洗比色杯。

5.2 实时微生物生长分析系统在线测定生长曲线

5.2.1 菌种活化 将甘油保种的乳杆菌从-80℃超低温冰箱中取出,于室温(或手心)急速融化,用无菌吸头吸取0.1~0.5mL转至装有5~10mL MRS液体培养基的试管中,37℃培养至液体浑浊。如此操作继续活化2~3代,直至培养12~16h培养液浑浊,说明菌种活力已经恢复。

5.2.2 接种 以无菌操作用1mL无菌吸头吸取活化好的培养液2mL分别接种于装有100mL MRS液体培养基和改良MRS液体培养基的试管中,摇匀后用微量移液器及无菌吸头吸取1mL菌悬液分别注入48孔板中的第一行和第二行,每种培养基至少做5个重复(注入菌悬液5个孔),孔板中的第1行和第2行左数第1孔分别注入不接种的两种培养基作为空白对照(调节零点)。接种后,将48孔板放入实时微生物生长分析系统,在线测定各孔菌悬液的OD_{600nm}值。

5.2.3 自动测定 将实时微生物生长分析系统开机,设定连续培养程序的参数,如培养温度、培养时间、测定浊度的间隔时间(可设定从5min到2h)、每次测定浊度之前培养摇床振荡频率(最大可调至800r/min,一般用500r/min以下)等,于37℃培养24h的过程中,实时微生物生长分析系统能够连续培养并定时监测其浊度。将检测数据导入电子表格(Excel),并用数据处理软件以培养时间为横坐标,以在线测得的OD_{600nm}值为纵坐标,自动绘出生长曲线。

6 实验结果与报告

(1)将常规方法测定的 OD 值的平均数填入下表中。

	培养时间/h												
	0	2	4	6	8	10	12	14	16	18	20	22	24
MRS 液体培养基													
改良 MRS 液体培养基													

(2)绘制生长曲线　以细菌悬液的 OD 值为纵坐标,培养时间为横坐标,绘出乳杆菌在 MRS 液体培养基和改良 MRS 液体培养基条件下的生长曲线。

(3)绘制标准曲线　将上述培养至对数期末期(如时间为 16h)的细菌悬液按照实验 27 的操作方法,用平板菌落计数法测定每毫升活菌数量(如 2×10^9 CFU/mL),再将培养 16h 的菌悬液用 9mL 生理盐水 10 倍递增稀释至稀释度为 $10^{-8}\sim10^{-1}$。用分光光度计分别测定 2×10^{-1}、2×10^{-2}、2×10^{-3}、2×10^{-4}、2×10^{-5}、2×10^{-6}、2×10^{-7}、2×10^{-8} 稀释度菌悬液的 OD_{600nm} 值,每个稀释度设 3 次重复。以 OD_{600nm} 值为横坐标,每毫升活菌数的对数值为纵坐标,绘制标准曲线,建立回归方程,如此可通过测定样品菌悬液任一培养时间的 OD 值,从标准曲线的回归方程中计算得到每毫升样品中的活菌数量的对数值[lg 菌数(CFU/mL)]。

(4)根据生长曲线的拐点,确定两种培养基条件下乳杆菌的适宜培养时间。

7 思考题

(1)比较两条生长曲线到达稳定期的生物量及到达对数期末期的时间有何差异。为什么?

(2)如果用平板菌落计数法制作生长曲线,与光电比浊法相比,两者有无差异? 它们各有什么优缺点?

(3)还有哪些实验可以通过测定 OD 值便可知道样品中的活菌数?

(4)比较常规离线测定和实时微生物生长分析系统在线测定 OD 值所绘制的生长曲线有何不同。哪种方法更准确?

(5)如何用比浊法和平板菌落计数法测定细菌的标准曲线?

实验 13 微生物鉴定用常规生化反应试验

微生物的鉴定不仅是微生物分类学中一个重要的组成部分,也是在具体工作中经常遇到的问题。一般来说,对一株从自然界或其他样品中分离纯化的未知菌种进行经典分类鉴定,需要做以下几方面工作。

(1)个体形态观察 对未知菌种进行革兰染色,辨别是 G^+ 菌还是 G^- 菌,并观察其形状、大小、有无芽孢及其着生位置等。

(2)菌落形态观察 对未知菌种的形态、大小、边缘情况、表面情况、隆起度、透明程度、色泽、质地、气味等菌落特征进行观察。

(3)动力试验 观察未知菌种能否运动及其鞭毛类型(端生、周生)。

(4)生理生化反应试验 细菌的代谢与呼吸作用主要依赖酶的活动,各种细菌具有不同的酶类而表现出对某些碳水化合物、含氮化合物的分解代谢途径不同,以及代谢类型等方面均有差异,故可利用这些差异作为细菌分类鉴定的重要依据之一。

(5)血清学反应试验 该试验具有特异性强、灵敏度高、简便快速等优点,在微生物分类鉴定中,常用已知菌种制成抗血清,根据它是否与未知菌种发生特异性结合反应来鉴定,判断它们之间的亲缘关系。

(6)查阅菌种鉴定手册 根据以上试验项目的结果,查阅权威的菌种鉴定手册中微生物分类检索表,给未知菌种对号入座进行鉴定和分类。

生理生化反应试验项目很多,本实验针对肠杆菌科各属细菌的分类鉴定,选择其中重要的几项进行实验。

一、糖(醇)类发酵试验

1 目的和要求

了解糖(醇)类发酵的原理及其在肠杆菌科各属细菌鉴定中的重要作用。掌握通过糖(醇)类发酵试验鉴别不同微生物的方法。

2 基本原理

糖(醇)类发酵试验是最常用的鉴别微生物的生化反应,在肠道细菌的鉴定上尤为重要。多数细菌都能利用糖类作为碳源和能源,但是它们分解糖类物质的能力有很大差异。有些细菌能分解某种单糖或醇产生有机酸(如乳酸、甲酸、乙酸、丙酸、琥珀酸等)和气体(如氢气、甲烷、二氧化碳等),有些细菌只产酸不产气。例如,大肠杆菌分解乳糖和葡萄糖产酸并产气;伤寒沙门氏菌分解葡萄糖产酸不产气,不能分解乳糖;普通变形杆菌分解葡萄糖产酸产气,不能分解乳糖。发酵培养基中含有不同的糖(醇)类、蛋白胨和溴甲酚紫(B.C.P)指示剂,以及倒置的杜氏小管。当发酵产酸时,溴甲酚紫指示剂由紫色(pH 6.8 以上)变为黄色(pH 5.2 以下)。气体的产生可由倒置的杜氏小管中有无气泡来证明[图 13.1(1)~(3)],或用半固体培养基穿刺接种法也能判别产气现象[图 13.1(4)、(5)]。

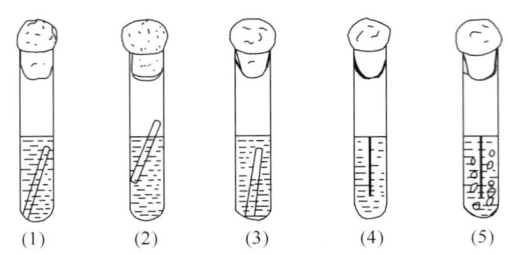

图 13.1　糖(醇)类发酵试验产气情况
液体培养情况:(1)培养前的情况,(2)、(3)培养后产酸产气;
半固体培养情况:(4)培养前的情况,(5)培养后产酸产气。

3　实验材料

3.1　菌种　大肠杆菌(*Escherichia coli*)、沙门氏菌(*Salmonella* sp.)、产气肠杆菌(*Enterobacter aerogenes*)和普通变形杆菌(*Proteus vulgaris*)牛肉膏蛋白胨(NA)斜面培养物各 1 支。

3.2　培养基　葡萄糖、乳糖、麦芽糖、蔗糖、甘露醇液体培养基(内装倒置的杜氏小管)或半固体发酵培养基试管各 6 支、NA 斜面琼脂培养基,制法均见附录Ⅱ。

3.3　仪器与其他用具　酒精灯、接种环、接种针、记号笔、试管架、培养箱等。

4　实验流程

斜面培养物→ 接种环蘸取少许菌苔 → 接种至糖(醇)类发酵液体培养基试管 → 摇匀 → 培养 → 观察

斜面培养物→ 接种针蘸取少许菌苔 → 穿刺接种至糖(醇)类发酵半固体培养基试管 → 培养 → 观察

5　操作步骤

5.1　液体接种　取 5 种糖(醇)类发酵液体培养基试管各 5 支,用接种环分别接入大肠杆菌、沙门氏菌、产气肠杆菌和普通变形杆菌 NA 斜面培养物。第 5 支不接种,作为空白对照。接种后,轻缓摇动试管(防止倒置的杜氏小管进入气泡),使其均匀,在各试管外壁上分别注明菌名和培养基名称,置于 37℃ 培养 1~2d,观察各试管颜色变化及杜氏小管中有无气泡。

5.2　半固体穿刺接种　取 5 种糖(醇)类发酵半固体培养基试管各 5 支,分别用接种针穿刺接入大肠杆菌、沙门氏菌、产气肠杆菌和普通变形杆菌 NA 斜面培养物。第 5 支不接种,作为空白对照。在各试管外壁上分别注明菌名和培养基名称,置于 37℃ 培养 1d 后观察结果。

6　示范

(1)演示杜氏小管倒置装入液体培养基中不残留气泡的操作过程,以及液体接种和半固体穿刺接种的无菌操作过程(参见实验 8 中微生物的各种无菌操作接种技术演示视频)。

(2)展示糖(醇)类发酵试验培养液阳性和阴性反应结果的颜色变化情况。

7 实验结果与报告

观察糖(醇)类发酵试验结果用注解符号填入下表。

糖(醇)类发酵	鉴定细菌				
	大肠杆菌	沙门氏菌	产气肠杆菌	普通变形杆菌	对照
葡萄糖发酵试验					
乳糖发酵试验					
麦芽糖发酵试验					
蔗糖发酵试验					
甘露醇发酵试验					

注:注解符号"-"表示不产酸或不产气,培养基仍为紫色;"+"表示只产酸而不产气,培养基变黄色;"⊕"表示产酸又产气,培养基变为黄色,并有气泡产生。

8 思考题

(1)假如某种微生物可以有氧代谢葡萄糖,其发酵试验应该出现什么结果?

(2)在糖(醇)类发酵试验中,为什么大肠杆菌发酵葡萄糖能产酸产气?而产气肠杆菌发酵葡萄糖则主要产生中性乙酰甲基甲醇?

二、IMViC 与硫化氢试验

1 目的和要求

了解 IMViC 与硫化氢试验反应的原理及其在肠杆菌科各属细菌鉴定中的意义和试验方法。

2 基本原理

IMViC 是吲哚试验(indol test)、甲基红试验(methyl red test,MR 试验)、伏-普试验(Voges Prokauer test,VP 试验)和柠檬酸盐试验(citrate test)四个试验的缩写(i 是在英文中为了发音方便而加上去的)。这四个试验主要用来快速鉴别大肠杆菌和产气肠杆菌等肠道杆菌科的细菌,多用于食品和饮用水的细菌学检验。大肠杆菌作为食品和饮用水的粪便污染指示菌,若超过一定数量,则表示食品或饮用水受到粪便污染。产气肠杆菌存在于水、植物、谷物表面以食品中,也可作为食品和饮用水的粪便污染指示菌。但在检验时要将两者的鉴别予以区别。

2.1 靛基质/吲哚试验 用于检测细菌能否分解色氨酸产生吲哚(靛基质)。有些细菌,如大肠杆菌能产生色氨酸水解酶,分解蛋白胨中的色氨酸产生吲哚和丙酮酸。吲哚与对二甲基氨基苯甲醛结合,生成红色的玫瑰吲哚,为阳性反应,而产气肠杆菌为阴性反应。

色氨酸水解反应:

$$\text{色氨酸} + H_2O \longrightarrow \text{吲哚} + NH_3 + CH_3COCOOH$$

吲哚与对二甲基氨基苯甲醛反应:

$$2\,\text{吲哚} + \text{对二甲基氨基苯甲醛} \longrightarrow \text{玫瑰吲哚} + H_2O$$

2.2 甲基红试验 用于检测细菌能否分解葡萄糖产生有机酸。当细菌代谢糖产生有机酸时,使加入培养基中的甲基红指示剂由橘黄色(pH 6.3)变为红色(pH 4.2),即甲基红反应。例如,大肠杆菌先发酵葡萄糖产生丙酮酸,丙酮酸再被分解为有机酸(甲酸、乙酸、乳酸、琥珀酸等),由于产酸量较多,使培养基的 pH<4.2,加入甲基红指示剂呈红色,为阳性反应;而产气肠杆菌分解葡萄糖产生有机酸量少,或产生的有机酸转化为非酸性产物(如醇、醛、酮、气体和水等),使培养基的 pH>6.0,此时加入甲基红指示剂呈黄色,为阴性反应。

2.3 VP 试验 用于检测细菌能否利用葡萄糖产生非酸性或中性末端产物。某些细菌,如产气肠杆菌分解葡萄糖产生的丙酮酸又进行缩合、脱羧生成乙酰甲基甲醇(3-羟基丁酮),此化合物在碱性条件下被氧化成双乙酰(2,3-丁二酮),双乙酰与培养基蛋白胨中精氨酸的胍基作用,生成红色化合物,即 VP 试验阳性;而大肠杆菌无此反应,VP 试验阴性。若在培养基中加入 α-萘酚或少量肌酸(3g/L)、肌酐等含胍基的化合物,可加速此反应。其化学反应过程如下。

$$\text{葡萄糖} \longrightarrow 2\,\text{丙酮酸} \xrightarrow{-CO_2} \text{乙酰乳酸} \xrightarrow{-CO_2} \text{乙酰甲基甲醇} \xrightarrow{+2H} 2,3\text{-丁二醇}$$

$$\xrightarrow{+OH^-,\, -2H} \text{双乙酰}$$

$$CH_3CO-CO-CH_3 + HN=C(NH_2)_2 \longrightarrow HN=C(N=C-CH_3)(N=C-CH_3) + 2H_2O$$

双乙酰　　　　胍基　　　　　红色化合物

2.4 柠檬酸盐试验　用于检测肠杆菌科各属细菌能否利用柠檬酸。有的细菌,如产气肠杆菌等能够利用柠檬酸钠作为碳源。由于细菌不断利用柠檬酸产生 CO_2,CO_2 与培养基中的 Na^+、H_2O 结合形成碳酸钠,导致培养基碱性增加,使培养基中的溴麝香草酚蓝指示剂由绿色(pH 6.0~7.0)变为蓝色(pH>7.6),即为阳性反应;而大肠杆菌不能利用柠檬酸盐,溴麝香草酚蓝指示剂不变色,即为阴性反应。

2.5 硫化氢试验　用于检测肠杆菌科各属细菌是否具有分解含硫氨基酸释放硫化氢的能力。有些细菌,如沙门氏菌、变形杆菌等细菌能将含硫氨基酸(胱氨酸、半胱氨酸、甲硫氨酸等)经脱硫基作用分解产生硫化氢,后者遇到培养基中的醋酸铅或硫酸铁等生成黑色的硫化铅或硫化铁沉淀物。以半胱氨酸为例,其化学反应过程如下。

$$CH_2SHCHNH_2COOH + H_2O \longrightarrow CH_3COCOOH + H_2S\uparrow + NH_3\uparrow$$

$$H_2S + Pb(CH_3COO)_2 \longrightarrow PbS\downarrow + 2CH_3COOH$$

(黑色)

3 实验材料

3.1 菌种　大肠杆菌(*Escherichia coli*)、沙门氏菌(*Salmonella* sp.)、产气肠杆菌(*Enterobacter aerogenes*)和普通变形杆菌(*Proteus vulgaris*) NA 斜面培养物各 1 支。

3.2 培养基　蛋白胨水培养基、葡萄糖蛋白胨水培养基、西蒙氏柠檬酸盐培养基(斜面)、醋酸铅或硫酸亚铁半固体培养基、NA 斜面琼脂培养基,制法均见附录Ⅱ。

3.3 试剂与指示剂　甲基红指示剂、400g/L KOH、50g/L α-萘酚无水乙醇溶液(或肌酸)、乙醚、靛基质/吲哚试剂(柯凡克试剂或欧-波试剂)等(附录Ⅳ)。

3.4 仪器与其他用具　酒精灯、接种环、接种针、记号笔、试管架、培养箱等。

4 实验流程

靛基质/吲哚试验:斜面培养物→接种环蘸取少许菌苔→接种至蛋白胨水培养基试管→摇匀→培养→滴加乙醚试剂→充分振荡→静置(1~3min)→沿管壁滴加柯凡克试剂→轻摇→观察

VP 试验:斜面培养物→接种环蘸取少许菌苔→接种至葡萄糖蛋白胨水培养基试管→摇匀→培养→振荡(2min)→取培养液(3~5mL)+加入 400g/L KOH+肌酸(或等量 50g/L α-萘酚无水乙醇溶液)→充分振荡→保温→观察

甲基红试验:取 VP 试验剩余培养液→沿管壁滴加甲基红试剂→观察

柠檬酸盐试验:斜面培养物→接种环蘸取少许菌苔→划线接种至西蒙氏柠檬酸盐斜面试管→培养→观察

硫化氢试验:斜面培养物→接种针蘸取少许菌苔→穿刺接种至醋酸铅半固体培养基试管→培养→观察

5 操作步骤

5.1 靛基质/吲哚试验 将上述四种细菌的 NA 斜面培养物分别接入 5 支蛋白胨水培养基试管中,第 5 支不接种,作为空白对照,置于 37℃培养 1~2d,必要时可培养 4~5d,加入 3~4 滴乙醚,经充分振荡使吲哚萃取于乙醚中,静置 1~3min,待乙醚浮于培养基液面后,沿试管壁缓慢加入数滴(约 0.5mL)柯凡克试剂,轻摇试管,试剂层呈深红色者为阳性反应;或加入欧-波试剂约 0.5mL,沿管壁流下,覆盖于培养液表面,静置勿摇动,液面接触处呈玫瑰红色者为阳性反应。

5.2 VP 试验 将上述四种细菌的 NA 斜面培养物分别接入 5 支葡萄糖蛋白胨水培养基,第 5 支不接种,作为空白对照,置于 37℃培养 2d 后,取出试管,振荡 2min。另取 5 支空试管相应标记菌名,分别加入 3~5mL 以上对应管中的培养液,加入 5~10 滴 400g/L KOH,并用牙签挑入 0.5~1.0mg 肌酸;或加入等量 50g/L 的 α-萘酚无水乙醇溶液,用力振荡试管,使空气中的氧溶入,置于 37℃温箱中保温 15~30min 后,培养液呈红色者为阳性反应,呈黄色者为阴性反应。注意:VP 试验原试管中留下的培养液用于甲基红试验。

5.3 甲基红试验 于 VP 试验留下的培养液中,沿试管壁各加入甲基红试剂 2~3 滴,VP 试验培养液的上层变成红色者为阳性反应,仍呈黄色者为阴性反应。注意:甲基红试剂切勿加入过多,以免出现假阳性反应。

5.4 柠檬酸盐试验 将上述四种细菌的 NA 斜面培养物分别接入 5 支西蒙氏柠檬酸盐培养基斜面,第 5 支不接种,作为空白对照,置于 37℃培养 2~4d,每天观察结果。斜面上有菌苔生长,培养基由绿色转为蓝色者为阳性反应;培养基仍呈绿色者为阴性反应。

5.5 硫化氢试验 将上述四种细菌的 NA 斜面培养物分别用接种针沿试管壁穿刺接入 5 支醋酸铅或硫酸亚铁半固体培养基中,第 5 支不接种,作为空白对照,置于 37℃培养 1~2d,观察结果。培养基变黑者为阳性反应。

6 实验结果与报告

将 IMViC 与硫化氢实验结果用注解符号填入下表中。

试验项目	大肠杆菌	沙门氏菌	产气肠杆菌	普通变形杆菌	对照
靛基质/吲哚试验					
VP 试验					
甲基红试验					
柠檬酸盐试验					
硫化氢试验					

注:注解符号"+"表示阳性反应,"-"表示阴性反应。

7 思考题

(1)讨论 IMViC 试验在微生物学检验中的意义。

(2)解释吲哚试验的反应原理,做吲哚试验时可以用什么样的合成培养基代替蛋白胨水?为什么用吲哚作为色氨酸酶活性的指示剂而不用丙酮酸?

(3)为什么大肠杆菌甲基红反应为阳性,而产气肠杆菌为阴性?该试验与 VP 试验的最初底物和最终产物有何异同?为什么?

(4)说明在硫化氢试验中醋酸铅的作用。还可以用哪种化合物代替醋酸铅?

(5)细菌生理生化反应试验中为什么没有空白对照?

(6)现分离到一株肠道细菌纯培养菌株,试结合本试验设计一个方案对其进行鉴定。

三、其他生理生化试验

1 目的和要求

了解硝酸盐还原试验、尿素分解试验、苯丙氨酸脱氨酶试验、赖氨酸脱羧酶试验、石蕊牛乳试验、H_2O_2 酶试验、氧化酶试验和氧化-发酵试验(O/F 试验)反应的原理及其在肠杆菌科各属细菌鉴定中的意义和试验方法。

2 基本原理

2.1 **硝酸盐还原试验** 用于检测细菌是否具有硝酸盐还原酶的活性。该酶能将培养基中的硝酸盐还原为亚硝酸盐或氨和氮气等。细菌将硝酸盐还原为亚硝酸盐时,当培养基中加入硝酸盐还原试剂(又称格里斯试剂),亚硝酸盐与乙酸作用生成亚硝酸,亚硝酸与对氨基苯磺酸作用生成对重氮苯磺酸,后者再与 α-萘胺结合生成红色的 N-α-萘胺偶氮苯磺酸,此为阳性反应。其化学反应过程如下。

如果在培养基中加入格里斯试剂后培养液不呈红色,则有两种可能:一是细菌不能还原硝酸盐,培养液中仍有硝酸盐存在,此为阴性反应;二是细菌还原硝酸盐生成的亚硝酸盐又继续分解生成氨和氮,此为阳性反应。

判断培养液中是否存在硝酸盐可用以下两种方法:第一种方法是在培养液中加入 1~2 滴二苯胺试剂,如果培养液呈蓝色,表示有硝酸盐存在,此为阴性反应;若不变蓝,表示硝酸盐不存在,此为阳性反应;第二种方法是在培养液中加入少量锌粉,经加热后,锌粉使硝酸盐还原为亚硝酸盐,再加入格里斯试剂,若培养液呈现红色,说明原来的硝酸盐未被还原,此为阴性反应;如果培养液不呈现红色,则说明培养液中已不存在硝酸盐,此为阳性反应。

2.2 尿素分解试验 用于检测细菌是否具有尿素酶的活性。具有尿素酶的细菌,如变形杆菌等可以分解培养基中的尿素产生氨,使培养基中的酚红指示剂由黄色(pH 6.3~6.8)变成红色(pH 8.0~8.4)。

2.3 苯丙氨酸脱氨酶试验 用于检测细菌分解苯丙氨酸的脱氨作用。具有苯丙氨酸脱氨酶的细菌,可使苯丙氨酸脱氨生成苯丙酮酸,后者与 $FeCl_3$ 反应生成绿色化合物。

2.4 赖氨酸脱羧酶试验 用于检测细菌分解氨基酸的脱羧作用。具有氨基酸脱羧酶的细菌可使培养基中的 L-赖氨酸脱羧产生 CO_2,CO_2 再与培养基中的水和氢氧化钠反应生成碳酸盐,使培养基中的溴麝香草酚蓝指示剂由绿色(pH 6.0~7.0)变为蓝色(pH>7.6);或由于产生碱性化合物使培养基中的溴甲酚紫指示剂仍呈紫色。

2.5 石蕊牛乳试验 用于检测细菌对牛乳的分解和利用情况。牛乳中含有大量乳糖、酪蛋白等成分。细菌对牛乳的利用主要是指对乳糖和酪蛋白的分解和利用。牛乳中常加入石蕊作为酸碱指示剂和氧化还原指示剂。石蕊中性时呈淡紫色,酸性时呈粉红色,碱性时呈蓝色,还原时则部分或全部褪色变白。细菌对牛乳的分解和利用可分为以下三种情况。

2.5.1 酸凝固作用 分泌乳糖酶的细菌能发酵乳糖产生乳酸,使石蕊牛乳变红,当酸度较高时,可使牛乳凝固,称为酸凝固。若发酵乳糖产酸的同时又产生气体,可冲开覆盖于培养基上的凡士林。

2.5.2 凝乳酶凝固作用 某些细菌能分泌凝乳酶,使牛乳中的酪蛋白凝固,这种凝固在中性环境中发生。通常这种菌还具有酪蛋白水解酶活性,能分解酪蛋白产生氨和胺类等碱性物质,使石蕊牛乳变蓝色或紫蓝色,同时使牛乳变得清亮。

2.5.3 胨化作用 分泌蛋白酶的细菌水解酪蛋白,使牛乳变成清亮透明的液体。胨化作用可以在酸性或碱性条件下进行。有时石蕊色素呈红色或蓝色,有时因细菌旺盛生长,使培养基氧化还原电位降低,使石蕊被还原而褪色。

当发酵剧烈,产酸、产气、凝固、胨化同时产生的现象称为汹涌发酵。此现象为产气荚膜梭菌所特有。细菌能否在牛乳中产酸凝固或分解酪蛋白胨化取决于其本身的特性(主要指酶系统)。因此,细菌利用和分解牛乳的不同反应现象即可作为鉴定细菌的依据。

2.6 H_2O_2 酶试验 用于检测细菌是否具有 H_2O_2 酶(又称接触酶)活性。许多好氧菌和兼性厌氧菌,如葡萄球菌、肠道杆菌科的细菌等具有 H_2O_2 酶活性,能催化 H_2O_2 释放出大量氧气,形成气泡。厌氧菌不具有 H_2O_2 酶活性。

2.7 氧化酶试验 用于检测细菌是否具有氧化酶活性。具有氧化酶活性的细菌,如假单胞菌、莫拉氏菌等能将盐酸二甲基对苯二胺或四甲基对苯二胺试剂氧化成红色的醌类化合物,继而颜色逐渐加深,此为氧化酶试验阳性反应。由于细菌的氧化酶试验阳性属于发酵型试验阳性反应,氧化酶试验阴性属于发酵型试验阴性反应,因此 O/F 试验可以用氧化酶试验替代。

2.8 O/F 试验 O/F 试验即氧化-发酵试验,通过检测细菌对糖类代谢方式的差异,以此鉴别是氧化型细菌或发酵型细菌。如果将一种 G^- 菌接种于两支含一种糖类的 OF 基础培养基试管中,其中一管上面覆盖矿物油以隔离氧气另一管不覆盖,可以观察到具有鉴别意义的反应。发酵型细菌在两管培养基中均产生酸性产物,培养基中的溴麝香草酚蓝指示剂由绿色(pH 6.0~7.0)变为黄色(pH<6.0);氧化型细菌则在未覆盖矿物油的试管中产生酸性产物,而在覆盖矿物油的培养基中只有轻度生长,甚至没有生长,也无反应变化;对于非发酵型和非氧化型的细菌则覆盖矿物油试管不发生变化,而未覆盖矿物油试管产生碱性产物,培养基中的溴麝香草酚蓝指示剂由绿色(pH 6.0~7.0)变为蓝色(pH>7.6)。

3 实验材料

3.1 菌种 大肠杆菌(*Escherichia coli*)、沙门氏菌(*Salmonella* sp.)、产气肠杆菌(*Enterobacter aerogenes*)和普通变形杆菌(*Proteus vulgaris*)NA 斜面培养物各 1 支。

3.2 培养基 好氧菌/厌氧菌硝酸盐培养基、尿素培养基(pH 7.2,液体或斜面)、苯丙氨酸脱氨酶试验培养基、赖氨酸脱羧酶试验培养基、石蕊牛乳(淡紫色)培养基、NA 斜面琼脂培养基、OF 基础培养基等,制法均见附录Ⅱ。

3.3 试剂与指示剂 溴麝香草酚蓝指示剂、溴甲酚紫指示剂、格里斯试剂 A 液和 B 液、二苯胺试剂(或锌粉)、100g/L $FeCl_3$ 溶液、3%(体积分数)H_2O_2、氧化酶试剂(10g/L 盐酸二甲基对苯二胺或盐酸四甲基对苯二胺试剂、10g/L α-萘酚-乙醇溶液)、无菌液体石蜡(附录Ⅳ)。

3.4 仪器与其他用具 酒精灯、接种环、一次性接种环、接种针、无菌吸管、滤纸、记号笔、培养箱等。

4 实验流程

好氧菌硝酸盐还原试验:好氧菌斜面培养物→接种环蘸取少许菌苔→接种至好氧菌的硝酸盐液体培养基试管→摇匀→培养→滴加格里斯试剂 A 液和 B 液→观察

厌氧菌硝酸盐还原试验:厌氧菌斜面培养物→接种环蘸取少许菌苔→接种至厌氧菌的硝酸盐液体培养基试管→厌氧培养→加格里斯试剂 A 液和 B 液→观察

尿素分解试验:斜面培养物→接种环蘸取少许菌苔→接种至尿素液体培养基试管→培养→观察

苯丙氨酸脱氨酶试验:斜面培养物→接种环蘸取少许菌苔→划线接种至苯丙氨酸斜面培养基试管→培养→滴加 100g/L 的 $FeCl_3$ 溶液→观察

赖氨酸脱羧酶试验:斜面培养物→接种环蘸取少许菌苔→接种至赖氨酸脱羧酶液体培养基试管→滴加无菌液体石蜡→培养→观察

石蕊牛乳试验:斜面培养物→接种环蘸取少许菌苔→接种至石蕊牛乳培养基试管→培养→观察

H_2O_2 酶试验:斜面或平板培养物→1 次性塑料接种环蘸取 1 环菌苔→与载玻片上 3%(体积分数)H_2O_2 混匀→观察

氧化酶试验:斜面或平板培养物→1 次性塑料接种环蘸取 1 环菌苔→涂于润湿滤纸条→滴加氧化酶试剂(10g/L 盐酸二甲基对苯二胺或四甲基对苯二胺试剂)→观察→滴加 10g/L α-萘酚-乙醇溶液→观察

O/F 试验:斜面培养物→接种针蘸取少许菌苔→穿刺接种至 OF 基础培养基试管→滴加无菌液

体石蜡→培养→观察

5 操作步骤

5.1 硝酸盐还原试验

5.1.1 好氧菌硝酸盐还原试验　接种大肠杆菌或产气肠杆菌 NA 斜面培养物于好氧菌硝酸盐培养基中,并以1管不接种作为空白对照,37℃培养2~4d 后,用干净的空试管将培养液分成两管,其中一管滴入格里斯试剂 A 液和 B 液各1滴,对照管也同样分成两管,其中一管加入 A 液和 B 液各1滴,观察颜色变化。如立刻或数分钟内显红色、玫瑰红色、橙色、棕色等表示有亚硝酸盐存在,此为阳性反应。如果不出现红色,则在另一管中加入1~2滴二苯胺试剂,若呈现蓝色为阴性反应,若不呈现蓝色为阳性反应。注意:此试验要避免接触含铁物质,若遇铁即出现假阳性反应。

5.1.2 厌氧菌硝酸盐还原试验　接种厌氧细菌(例如脆弱拟杆菌等)于厌氧菌硝酸盐培养基中,进行厌氧培养后加入格里斯试剂。其实验方法和观察结果与5.1.1相同,但培养时间为1~2d即可。

5.2 尿素分解试验
将沙门氏菌和普通变形杆菌 NA 斜面培养物以无菌操作接种于尿素培养基(pH 7.2,液体或斜面)内,置于37℃温箱培养1d 后观察结果。尿素酶阳性者由于产碱而使培养基变为红色。若在4d 内培养基仍为黄色,判为阴性反应。

5.3 苯丙氨酸脱氨酶试验
接种多量大肠杆菌和普通变形杆菌 NA 斜面培养物于苯丙氨酸脱氨酶试验培养基斜面上,37℃培养18~24h 后,滴入4~5滴 100g/L $FeCl_3$ 溶液于长菌斜面上,变绿色者为阳性反应。

5.4 赖氨酸脱羧酶试验
挑取待检细菌 NA 斜面培养物,接种于装有赖氨酸脱羧酶试验培养基的小试管内,上面覆盖一层无菌液体石蜡(2滴),以防产生的 CO_2 逸出,同时在厌氧条件下产生赖氨酸脱羧酶。于37℃培养18~24h,观察结果。如用溴甲酚紫指示剂,氨基酸脱羧酶阳性者由于产碱,培养基应呈紫色;阴性者无碱性产物,但因葡萄糖产酸而使培养基变为黄色;对照管应为黄色。如用溴麝香草酚蓝指示剂,培养液变蓝色者为阳性。

5.5 石蕊牛乳试验
将大肠杆菌、普通变形杆菌等的 NA 斜面培养物接种于石蕊牛乳培养基试管中,连同空白对照于37℃培养2~3d 后观察结果。如果石蕊牛乳褪去淡紫色,恢复牛乳颜色,表明产酸;牛乳变得黏稠不易流动者,为凝固;石蕊牛乳变蓝色者,表明产碱;牛乳变澄清者,为胨化。若在7d 后培养基仍无变化,则为阴性反应。

注意事项:

(1)石蕊在牛乳中随时间延长而下沉,使用前要摇匀。而在观察时,勿摇动试管。

(2)接入菌种培养产酸时,一般不呈现红色,而是石蕊牛乳的淡紫色消褪,但是若长时间培养,表面会出现浅红色。

(3)由于牛乳的产酸、凝固和胨化现象为连续相继变化,因此必须连续观察结果。当观察到某种现象(如胨化)出现的同时,另一种现象已经消失。

5.6 H_2O_2 酶试验
①玻片法:用无菌一次性塑料接种环挑取大肠杆菌、产气肠杆菌等 NA 平板上的菌落或斜面菌苔一环,涂抹于已滴有3%(体积分数)H_2O_2 的干净载玻片上,0.5min 内如有气泡产生即为阳性反应,不产生气泡为阴性反应。②试管法:用无菌一次性塑

料接种环挑取平板菌落或斜面菌苔少许,在盛有3%(体积分数)H_2O_2的干净试管壁上反复研磨,有气泡产生者为阳性反应。注意:H_2O_2遇铁会产生假阳性反应,勿用铁金属接种环操作。

5.7　氧化酶试验　用无菌一次性接种环挑取待检细菌平板菌落或斜面菌苔,涂布于事先用1滴无菌水或生理盐水润湿的滤纸条上,加10g/L盐酸二甲基对苯二胺或四甲基对苯二胺试剂1滴,观察颜色变化。如果10s内呈现粉红或紫红色,即氧化酶试验阳性,而后颜色逐渐加深呈紫色或深蓝色;不变色者为氧化酶试验阴性。继续加10g/L α-萘酚-乙醇溶液1滴,阳性者于0.5min内呈现鲜蓝色,阴性者于2min内不变色。也可将上述试剂直接滴加到可疑菌落上,菌落不久变为红色,经淡紫黑色最后变为紫黑色者为氧化酶阳性反应。若要分离该菌,应在菌落变紫黑前立即移植,否则细菌容易死亡。注意:该实验中切勿使用铁、镍或铬材料。

5.8　O/F试验　将待鉴别细菌NA斜面培养物以无菌操作穿刺接种于OF基础培养基试管2支,其中一支覆盖矿物油(灭菌液体石蜡)以隔绝氧气,另一支不加石蜡,置于37℃温箱培养1~2d后,观察反应现象。如果两管培养物均由绿色变为黄色,则为发酵型细菌;若其中一管未加石蜡的培养物由绿色变为黄色,而另一管加石蜡的培养物颜色无变化,轻微生长或不生长,则为氧化型细菌;如果其中一管未加石蜡的培养物由绿色变为蓝色,而在加石蜡管中不发生变化,则为非发酵型和非氧化型细菌。

6　实验结果与报告

将实验结果用注解符号填入下表中。

试验项目	大肠杆菌	沙门氏菌	产气肠杆菌	普通变形杆菌	对照
硝酸盐还原试验					
尿素分解试验					
苯丙氨酸脱氨酶试验					
赖氨酸脱羧酶试验					
石蕊牛乳试验					
产酸及酸凝固					
产碱及凝乳酶凝固					
陈化					
H_2O_2酶试验					
氧化酶试验					
O/F试验					

注:注解符号"+"表示阳性反应,"-"表示阴性反应。

7　思考题

(1)说明硝酸盐还原试验对细菌鉴别的意义。能进行硝酸盐还原反应的细菌是属于化能自养菌还是化能异养菌?它们是进行有氧呼吸还是无氧呼吸或发酵?

(2)利用石蕊牛乳试验可以观察到试验菌的哪些特性?

(3)H_2O_2酶对好氧菌的生长有何意义?

实验14 微生物鉴定用微量生化反应试验

1 目的和要求

(1)学习微量生化反应试验的原理,了解微生物学鉴定菌种新技术。
(2)学习使用Biolog自动微生物鉴定分析系统。

2 基本原理

美国Biolog公司生产的自动微生物鉴定分析系统可以鉴定细菌、酵母菌和霉菌。其鉴定原理是:微生物利用不同碳源进行代谢产生的酶类还原四唑类物质[如四唑紫(TV)、碘硝基四唑紫(INT)]而发生颜色变化(其中酵母菌和细菌的显色物质是TV,其氧化态为无色,还原态为紫色;霉菌的显色物质是INT,其氧化态为无色,还原态为紫红色)和浊度差异为基础,在大量试验和数学模型的基础上,建立碳源代谢指纹图谱与微生物种类相对应的数据库。检测时通过智能软件将待鉴定微生物的图谱与数据库参比,即可得出鉴定结果。Biolog微生物鉴定板(图14.1)是由8行(即A、B、C、D、E、F、G、H)和12列组成的96个塑料微孔。老式Biolog鉴定板的A1孔作为阴性对照,其余孔分别含有95种碳源、胶质和四唑类物质;改进的新式Biolog鉴定板

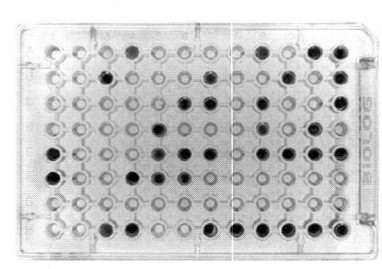

图14.1 Biolog微生物鉴定板

(GENⅢ鉴定板)的A1孔为阴性对照(不含碳源,培养后保持无色),A10孔为阳性对照(培养后呈紫色),其余孔分别含有碳源、营养物质、生化试剂、胶质和四唑类物质,能够进行91种碳源生化反应和23种化学灵敏性测试。鉴定板培养4~6h和/或16~24h(也可根据需要延长培养时间),使微生物充分利用碳源,形成稳定的碳源代谢指纹,软件自动将鉴定板的数据与数据库比对,即得出与数据库中最相似的菌种名称。

自动微生物鉴定分析系统与常规的生化反应鉴定方法相比具有快速、准确、微量化、重复性好、操作简易及节省人力、物力、时间等优点,它是微生物学快速和自动化诊断与鉴定的重要手段。

3 实验材料

3.1 菌种 待测G^+芽孢杆菌(或G^-肠道或非肠道杆菌、G^+球菌、G^+乳杆菌和乳球菌、G^+双歧杆菌、酵母菌等)斜面培养物。

3.2 培养基 标准BUG或TSA、BUG+M、BUG+B、BUA+B、BUY琼脂培养基(BUG、BUA、BUY均为Biolog公司专用鉴定培养基),制法均见附录Ⅱ;自制的营养琼脂(分离一般细菌)、PDA琼脂(分离酵母菌)、改良MRS琼脂培养基(分离乳酸菌)及三糖铁(TSI)琼脂斜

面,制法均见附录Ⅱ。

3.3 试剂与染色剂

3.3.1 无菌接种液 G⁺菌/G⁻菌接种液(GN/GP-IF)19mL/管、厌氧菌接种液(AN-IF)14mL/管、酵母菌接种液(超纯净水)18mL/管,制法均见附录Ⅳ;GN/GP 接种液(包括 IF-A、IF-B、IF-C 三种接种液,与 GENⅢ鉴定板专用,置于 2~8℃冰箱保存,临用时恢复至 25℃)14mL/管,由 Biolog 公司提供。

3.3.2 Biolog 标准浊度液 有 20%T、28%T、47%T、52%T、61%T、65%T、75%T 几种浊度管,各管规格为 20mm×150mm,与浊度计的检测孔相匹配,用于校正浊度计的浊度。

3.3.3 其他试剂 76.6g/L 硫基乙酸钠(T 液,Biolog 专用)、无菌 0.1mol/L 水杨酸钠(Biolog 专用)、无菌生理盐水(9mL/试管)、无菌水、氧化酶试剂、革兰染色液。

3.4 仪器与其他用具
无菌长棉签(长 178mm,专用于挑取菌落和制备菌悬液)、木制无菌接种棒(长 152mm,顶端为锥形,专用于挑取菌落及干管分散技术)、接种环、微孔鉴定板(GN2、GP2、YT、AN 鉴定板,GENⅢ鉴定板,置于 2~8℃冰箱保存,临用时恢复至 25℃)、无菌干燥试管(20mm×150mm)、无菌平皿、三角瓶、酒精灯、V 型加样槽、8 道电动连续微量移液器、移液器的吸头、4 层湿纱布、带盖搪瓷盘或带盖塑料盒、Biolog Micro Station 读数仪(酶标仪)、浊度计(临用前充电)、电脑及软件、打印机、无菌超净工作台、培养箱、显微镜等。

4 实验流程

4.1 一般鉴定步骤

未知斜面菌种 → 生理盐水试管稀释 → 划线接种自制培养基平板 → 培养箱适温培养 → 挑单个菌落 → 划线接种标准培养基平板 → 制备菌悬液 → 浊度计调整适宜浊度(细胞浓度) → 移液器接种微孔鉴定板 → 适温培养(鉴定板置于湿盒中) → 读数仪读取鉴定结果 → 打印报告

4.2 不同种类微生物鉴定步骤总览 见表 14.1。

表 14.1 不同种类微生物鉴定步骤总览

项目	好氧 G⁻菌		好氧 G⁺菌			厌氧菌 AN	酵母菌 YT	G⁻菌/G⁺菌
	非肠道菌 GN-NENT	肠道菌 GN-ENT	球菌 GP-COCCUS	非芽孢杆菌 GP-ROD	芽孢杆菌 GP-ROD SB			肠道、非肠道菌 GN/GP
培养基	BUG+B 或 TSA+B	BUG+B 或 TSA+B	BUG+B	BUG+B	BUG+M+T	BUA+B	BUY	BUG+B
接种	连续划线	连续划线	连续划线	连续划线	"十"字划线	连续划线	连续划线	连续划线
气体条件	空气	空气	空气或 6.5%CO_2	空气或 6.5%CO_2	空气	厌氧	空气	空气
培养温度	30℃	35~37℃	35~37℃	35~37℃	30℃	35~37℃	26℃	33℃
接种液	GN/GP-IF	GN/GP-IF+T	GN/GP-IF+T	GN/GP-IF+T	GN/GP-IF	AN-IF	Water	IF-A

续表

项目	好氧 G⁻ 菌		好氧 G⁺ 菌			厌氧菌 AN	酵母菌 YT	G⁻菌/G⁺菌
	非肠道菌 GN-NENT	肠道菌 GN-ENT	球菌 GP-COCCUS	非芽孢杆菌 GP-ROD	芽孢杆菌 GP-ROD SB			肠道、非肠道菌 GN/GP
浊度	52%T	61%T	20%T	20%T	28%T	65%T	47%T	90~98%T
鉴定板	GN2	GN2	GP2	GP2	GP2	AN	YT	GEN Ⅲ
接种量	150μL	150μL	150μL	150μL	150μL	100μL	100μL	100μL
培养时间	4~6h 16~24h	4~6h 16~24h	4~6h 16~24h	4~6h 16~24h	4~6h 16~24h	20~24h	24h、48h、72h	4~6h 16~24h
氧化酶 TSI	氧化酶 +；氧化酶 - 兼有 K/K 或 K/Aʷ	氧化酶 - 兼有 A/A 或 K/A	—	—	—	—	—	—

注：①在氧化酶试验中"+"表示阳性，"-"表示阴性。②在三糖铁试验(TSI)中，K/K 为整支试管斜面红色；K/Aʷ 为斜面表面红色，底部浅黄色；A/A 为整支试管黄色；K/A 为斜面表面浅红色，中部和底部黄色。

5 实验步骤（以鉴定芽孢杆菌为例）

5.1 采用 GP2 鉴定板鉴定芽孢杆菌

5.1.1 BUG+M+T 琼脂平板的制备　BUG+M+T 平板中的麦芽糖（M）和巯基乙酸钠（T）可刺激微生物细胞进入活力旺盛的生长期，避免进入稳定期，以减少胞外代谢产物的分泌，防止制备菌悬液时结块。具体操作为：无菌条件下将装有 T 液的安瓿瓶挤破，加 8 滴 T 液于盛有 3mL 无菌水的试管中，用长棉签浸入 T 稀释液中，取出后先在 BUG+M 平板直径方向划一条线，再于线条垂直方向来回划线，均匀涂布；将平板转动 90°后，均匀涂布，直至 T 液均匀涂布于平板上，即为 BUG+M+T 平板（图 14.2）。如果菌落生长较缓慢，应同时接种 2~3 个平板，保证足够制备适当浓度的菌悬液。晾干 2min 后接种。未晾干易使细菌扩散。

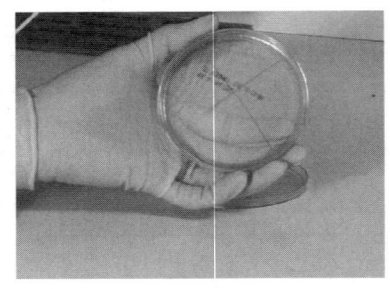

图 14.2　平板涂布 T 液方法

5.1.2 接种标准 BUG+M+T 平板　用木质无菌接种棒挑取自制琼脂平板上分离良好的单菌落，在 BUG+M+T 琼脂平板的中部划"十"字交叉的窄线，于 30℃培养 16~24h（注意：若微生物生长快速，仅需培养 16h，即平板上刚长出菌苔。因芽孢在稳定期形成，故培养时间不能太长，否则影响鉴定结果）。若待接微生物容易扩展生长，仅需划单条"十"字线（图 14.3）。芽孢

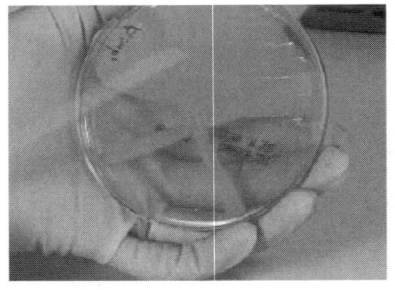

图 14.3　平板"十"字接种方法

杆菌在营养缺乏时易形成芽孢,划"十"字窄线的目的是保证充足的营养,避免形成芽孢。若芽孢菌不易扩展生长,可在同一个方向上以"之"字形来回划三条线,且线之间的距离尽可能短。

若待鉴定菌种为非芽孢菌,则用接种环挑取单菌落在标准平板上做连续划线接种,于相应温度条件下(表14.1)培养4~24h,个别菌株延长至48h。

5.1.3 制备菌悬液 制备芽孢杆菌的菌悬液采用干管分散技术。即用无菌接种棒在"十"字线四条边的中点处划一标记线,仅挑取每条边外半部分的菌落或菌苔(图14.4),小心插入一支干燥的无菌试管(干管,20mm×150mm)中,沿试管内壁旋转几圈,将菌落转至试管内壁,然后用接种棒上下划动,并转动试管,将菌落均匀分散。再挑取另三条边的菌落或菌苔,用同样方法分散。用无菌吸管吸取3~5mL GN/GP-IF 接种液,移入分散良好的干管中,用一支无菌棉签将试管内壁的菌落上下研磨洗下,与GN/GP-IF均匀混合,使之呈乳浊液。将剩余的GN/GP-IF接种液移入试管中,混合均匀,使之呈乳白色(图14.5)。静置5min后,测定浊度。注意:由于"十"字中间部分的菌落有产芽孢趋势,呈休眠状态,故不能挑取这样的菌落,否则反应微弱,易产生假阴性结果;勿挑起平板上的培养基,否则会带入其他碳源,鉴定芽孢菌时这一步骤非常关键,否则影响正确的鉴定结果。

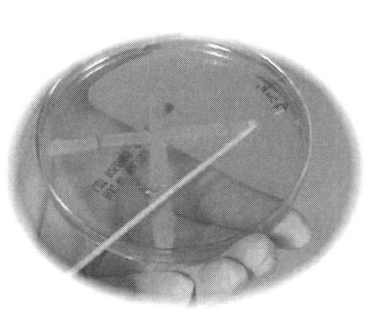 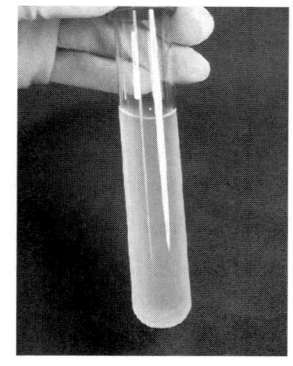

图14.4 平板挑取菌落方法　　图14.5 调整浊度情况

若待鉴定菌种为非芽孢菌(如乳杆菌等),则按以下操作制备菌悬液。左手持接种液试管,右手取一支无菌棉签,将棉签以无菌操作伸入接种液中蘸湿,并拧紧试管盖;拿起倒置于桌面的平皿,垂直于脸面放在火焰左侧无菌区内,将湿棉签以滚动方式轻轻蘸取标准平板边缘健壮的菌落(注意勿挑起平板上的培养基;取菌量的多少应视菌悬液的适宜浊度而定)移入接种液中,用棉签沿试管内壁上下研磨,洗下菌落,使菌体充分分散,制成均一、无菌团的菌悬液。振摇混匀后,静置5min测定浊度。如用此种方法难以制成均一、无菌团的菌悬液,则采用干管分散技术制备。

5.1.4 调整浊度 开启充电后的浊度计电源,指针应指在0%T,如果没有,用螺丝刀调整。先用 GN/GP-IF 空白液试管置于浊度计中,调整指针读数为100%T(透光率),再用GP-ROD SB 标准浊度液试管校正读数为28%T。用吸水纸擦净GN/GP-IF接种液的试管外壁,将之插入浊度计中,测定菌悬液浊度应为(28±3)%T。

若菌悬液的浊度在要求的浊度范围内,无需再调整浊度。

若菌悬液的浊度低于目标浊度(透光率比标准浊度液高),则要增加浊度。具体方法为:挑取菌落到另一支干管中,采用干管分散技术散开菌落,加入接种液制备高浊度的菌悬液,再兑入低浊度的菌悬液中,静置5min后重新测定浊度,如此反复调整,直至菌悬液浊度达到范围内。

若菌悬液的浊度高于目标浊度(透光率比标准浊度液低),则要降低浊度。具体操作为:继续加接种液,静置5min后重新测定浊度,如此反复调整,直至菌悬液的浊度达到范围内。

5.1.5　接种微孔鉴定板　浊度调整好后,将菌悬液倾入V型加样槽中,并保留最后1mL菌悬液于试管中,勿将试管底部未分散的菌团倾入加样槽中。将8道移液器充电后调整至P1状态,使移液器的8支吸头1次吸入菌悬液的总量为(950×8)μL;将吸头伸入V型加样槽中,手指按键吸取菌悬液,于每个GP2鉴定板的孔中挨排加入150μL菌悬液,加到一半微孔时,按键弃去吸头内剩余菌悬液,再按键吸取菌悬液,继续挨排加满所有微孔。注意:应将吸头轻轻斜搭在微孔边缘,勿深入微孔中,否则易将每孔培养基中的唯一鉴定碳源互相混杂,影响鉴定结果;同时注意每孔应加满,并无气泡产生。

若待鉴定菌种为厌氧菌、乳酸菌或酵母菌、霉菌时,则将8道移液器调整至P3状态,使移液器的8支吸头1次吸入菌悬液的总量为(1250×8)μL;将吸头伸入V型加样槽中,手指按键吸取菌悬液;将吸头轻轻斜搭在微孔边缘,从左侧微孔中挨排加入100μL菌悬液,加满所有微孔后,盖上鉴定板的盖子进行培养。

5.1.6　培养　为防止微孔鉴定板水分蒸发,应将其置于带盖搪瓷盘或带盖塑料盒中,底部垫4层湿纱布或湿毛巾保湿,再置于30℃温箱中培养4~6h或16~24h后,于读数仪中读取结果。

5.1.7　读取结果　打开计算机和读数仪的电源开关,启动计算机和读数仪。双击计算机桌面图标即可打开MicroLog应用程序;点击"SETUP",进行初始化设置(由"No"变为"Yes");如果人工读数,直接按"Data"进入;选择培养时间,输入样品编号,选择鉴定板类型;在"Strain type"下拉菜单中选择"GP-ROD SB";将培养后的鉴定板放入读数仪的托架上,并使A1孔在左上角的位置,取下鉴定板盖子,盖上读数仪盖子,按"Read Next"键开始读数;读数仪扫描鉴定板后,自动弹出,结果显示在电脑屏幕上,并打印报告。

5.2　采用GENⅢ鉴定板鉴定芽孢杆菌

5.2.1　BUG+B琼脂平板的制备　制法见附录Ⅱ。

5.2.2　接种标准BUG+B平板　操作步骤同5.1.2。但应将单菌落"十"字划线于BUG+B平板。

5.2.3　制备菌悬液　操作步骤同5.1.3。但应将GN/GP-IF接种液换成IF-B接种液(如临用时没有IF-B接种液,也可用IF-A替代,但有时结果不准确)。

5.2.4　调整浊度　操作步骤同5.1.4。但应将菌悬液的浊度调整至90~98%T。

5.2.5　接种微孔鉴定板　操作步骤同5.1.5。但应将GP2鉴定板换成GENⅢ鉴定板。具体方法:将8道移液器调整至P3状态,使8支移液器的吸头1次吸入菌悬液的总量为(1250×8)μL,于每个GENⅢ鉴定板的孔中挨排加入100μL菌悬液,吸取一次菌悬液,加入所有的微孔中。

5.2.6　培养　操作步骤同5.1.6。但应将鉴定板于33℃培养4~6h或16~24h。

5.2.7　读取结果　取培养4~6h的鉴定板读数一次,并于16~24h读取结果。采用

Omnilog 软件读取 GEN Ⅲ 鉴定板的数据。读数时,将与 A1 孔颜色相似的孔均划为阴性反应(-),将与 A1 孔相比有明显紫色的孔均划为阳性反应(+),将具有微弱颜色或紫色斑点结块的孔均划为边界值(\)。大多数细菌都会出现明显的深紫色阳性反应,然而某些细菌的阳性反应为浅紫色也属于正常结果。

5.2.8　Biolog GEN Ⅲ(GN/GP)鉴定板使用方法说明

(1)方法一　鉴定一般肠道、非肠道好氧的 G^+ 菌和 G^- 菌,均可采用 BUG+B 平板于 33℃分离培养 4~24h,个别菌株可延长至 48h。以 IF-A 接种液制备菌悬液(将菌悬液的浊度调整至 90~98%T),使用 GEN Ⅲ 鉴定板于 33℃培养 4~6h 或 16~24h。

(2)方法二　鉴定芽孢杆菌属、短杆菌属、弧菌属、气单胞菌属等细菌,以及在方法一中鉴定板的 A1 孔出现假阳性的细菌,应将接种液改成 IF-B,其他同方法一。

(3)方法三　鉴定乳杆菌属、乳球菌属、明串珠菌属、片球菌属、链球菌属、棒状杆菌属、四链球菌属、气球菌属等细菌,以及一些微好氧菌和苛生菌在方法一中有很少的阳性孔的细菌,采用 BUG+B 平板于 33~37℃ 及 6.5% CO_2 条件下分离培养,以 IF-C 接种液制备菌悬液,菌悬液的浊度调整至 90~98%T(乳杆菌、乳球菌、明串珠菌、片球菌、链球菌、棒状杆菌、气球菌)或 62~68%T(乳杆菌、明串珠菌、片球菌、棒状杆菌、四链球菌),使用 GEN Ⅲ 鉴定板于 33℃厌氧培养 4~6h 或 16~24h。

5.3　结果识别

(1)白色圆点代表阴性结果,紫色圆点代表阳性结果,圆点的白色和绿色各半代表边界值。

(2)如果鉴定结果的圆点中标记有"+"号,例如 C5 孔和 C9 孔出现"+"号,则表示鉴定结果与数据库不匹配。数据库中该孔应该为阳性结果,而不是阴性结果。

(3)如果鉴定结果与数据库匹配良好,则将鉴定结果显示在绿色结果栏上,10 个结果按可能性从大到小列于滚动栏中。如果鉴定结果不可靠,结果栏为黄色,显示"No ID"字样,但仍列出最可能的 10 个结果。

(4)每个结果均显示三种重要的参数:①可能性,PROB 值(probability),以百分比表示;②相似性,SIM 值(similarity);③位距,DIS 值(distance),表示测试结果与数据库相应的数据条的匹配程度。其中 DIS 值和 SIM 值是重要的两个值。

(5)DIS 值表示测试结果与数据库相应的数据条的匹配程度。例如,第一个结果的 DIS 值为 0.4(<5),表示好的匹配结果。第二和第三个结果的 DIS 值分别为 6.32 和 7.55(>5),这两个值与第一个结果相比有较大差距,因此,第二和第三个结果不太可能为正确的结果。

(6)鉴定细菌获得良好结果时,SIM 值在培养 4~6h 时应≥0.75,培养 16~24h 时应≥0.90。SIM 值越接近 1.00,鉴定结果的可靠性越高。例如,SIM 值达到 0.973,表示此鉴定结果为一个非常好的结果。当 SIM 值<0.5,但鉴定结果中属名相同的结果的 SIM 值之和>0.5 时,数据库自动给出的鉴定结果为属名。鉴定不同种类微生物 SIM 值的最小值如表 14.2 所示。

表 14.2　微生物鉴定分析结果鉴定不同种类微生物 SIM 值的最小值

数据库	SIM 值	培养时间/h
G^- 好氧菌	≥0.5	16~24

续表

数据库	SIM 值	培养时间/h
G⁺好氧菌	≥0.75	4~6
	≥0.90	4~6
厌氧菌	≥0.5	20~24
酵母菌	≥0.75	24
	≥0.5	48 或 72
丝状真菌	≥0.90	24
（含部分酵母菌）	≥0.70	48
	≥0.65	72
	≥0.60	96

注意事项：

（1）保证纯种是微生物鉴定的首要条件，可以采用国产培养基或筛选的培养基进行分离纯化。为了纯化效果，最好进行两次以上的划线分离，取单菌落纯化。鉴定前，试管菌种需活化 1 代，冻干菌种至少需活化 2~3 代后，用高活力的纯粹菌种鉴定。纯化好的菌株最好用 Biolog 推荐的标准培养基和培养条件传代 2 次，使菌株恢复最佳代谢活力，并达到对数生长期（一些稳定期的菌株代谢活性较差），从而准确与数据库中的碳源代谢模式匹配。

（2）必须使用无菌器材和进行无菌操作，否则杂菌污染会干扰鉴定结果。大多数无菌器材为一次性消耗品，试管或移液器枪头如重复使用，需用清洁剂洗净，并将残留的清洁剂冲净。

（3）操作人员应做好读数仪的防尘工作，不使用时盖上防尘罩。

（4）读数仪光源为易耗品，工作寿命约 2000h，不使用时尽可能将读数仪电源关闭。

（5）计算机必须专用，避免上网和玩游戏，以免造成感染病毒或不可恢复性死机，重装软件和数据库会带来较大损失（因授权问题，软盘仅能安装 10 次）。

6 实验说明

（1）氧化酶试验和三糖铁试验鉴定细菌之前，首先要进行革兰染色，确定是 G⁺菌还是 G⁻菌。若是 G⁻菌须先做氧化酶试验。如果结果为氧化酶阳性，则表示为 G⁻非肠道菌（GN-NENT）；若结果为氧化酶阴性，则再做三糖铁试验。如果 TSI 反应呈 K/K 或 K/A^W，则仍判断为 G⁻非肠道菌（GN-NENT）；若 TSI 反应呈 A/A 或 A/K，则判断为 G⁻肠道菌（GN-ENT）。

①氧化酶试验：该试验用于判断 G⁻菌是否产生细胞色素氧化酶。氧化酶试剂（盐酸二甲基对苯二胺）在该酶作用下被氧化，生成醌类化合物，颜色变化为：粉红→紫色→蓝色→黑色。

②三糖铁试验：该试验用于观察 G⁻菌对糖的利用和硫化氢（变黑）的产生。所用培养基含有乳糖、蔗糖和葡萄糖的比例为 10∶10∶1。只能利用葡萄糖的细菌使葡萄糖分解产酸，可使斜面先变黄，但因产生少量的酸接触空气被氧化，加之细菌利用培养基中的含氮物质，

生成碱性产物,故使斜面后来又变红,底部由于处在厌氧状态下,酸类不被氧化,所以仍保持黄色。而发酵乳糖的细菌(如 E.coli),则产生大量的酸,使整个培养基呈现黄色。如果培养基接种后产生黑色沉淀,则是因为某些细菌能分解含硫氨基酸,生成硫化氢,硫化氢和培养基中的铁盐反应,生成黑色的硫化亚铁沉淀。

(2)适宜的菌悬液浓度和培养温度、消除菌块与使用抗凝聚剂是获得准确结果的关键因素。对于生长较弱的细菌(如个别乳杆菌或乳球菌),可以试验将菌悬液的浓度调高些(如20~30%T),否则因接种的菌悬液浓度不高,会出现鉴定板所有的孔均呈阴性反应。

①除嗜热菌外,其他菌的培养温度均在 26℃、30℃ 或 35~37℃(老式 Biolog 鉴定板)。

②鉴定好氧 G^+ 球菌、G^+ 杆菌及 G^- 肠道菌时,在接种液中加入 3 滴巯基乙酸钠(T 液),有利于菌体细胞在接种液中形成均匀的悬浊液。

③鉴定好氧 G^- 非肠道菌时,如果 A1 孔为阳性,则需在接种液中加入 3 滴 T 液。

④鉴定好氧 G^+ 球菌和 G^+ 杆菌时,若 A1 孔为阳性,接种液中除加 3 滴 T 液外,还需加入 0.1~0.5mL 0.1mol/L 的水杨酸钠。

⑤为了抑制细菌在标准平板上产生芽孢和形成荚膜,可在 3mL 无菌水中加入 8 滴 T 液,用无菌棉签蘸取 T 稀释液均匀涂布于 BUG+M 或 BUG+B 平板表面(可涂布 6 个平板),干燥 2min 后划线接种。同时在接种液中加入 0.1~0.5mL 0.1mol/L 的水杨酸钠,否则细菌利用自身荚膜多糖或芽孢中的碳源,使鉴定板有 90% 以上为阳性孔,影响鉴定结果。麦芽糖和巯基乙酸钠可刺激微生物细胞进入活力旺盛的对数生长期,减少胞外代谢产物的分泌,防止制备菌悬液时结块。

⑥对于产荚膜的细菌,在标准平板上用棉签小心挑出菌落于无菌生理盐水中,离心洗涤 1 次,再用菌泥和接种液制备菌悬液,以去除荚膜。

(3)需要在巧克力培养基上或需 6.5% CO_2 生长的微生物,以及在 BUG+B 平板上形成的菌落小于 1mm 的微生物,均为苛生菌(FAS)。

(4)除了农业微生物外,鉴定其他细菌(包括食品微生物)必须在 BUG 培养基中加入 B(绵羊血)。

(5)鉴定厌氧菌时,如果发现厌氧菌是 G^- 杆菌,必须做卡那霉素药敏试验。如果抑菌圈≥10mm,则说明此菌对卡那霉素敏感,为假设梭菌;如果无抑菌圈或抑菌圈<10mm,则说明此菌对卡那霉素不敏感,为假设拟杆菌和普雷沃菌。对于拟杆菌和普雷沃菌,接种鉴定板时,将鉴定板从铝箔袋中取出后应暴露 20min 后再接种;接种完毕,等 10min 后再放入厌氧罐。对于其他厌氧菌,将鉴定板从铝箔袋中取出后应立即接种,其他操作要求同拟杆菌。

(6)厌氧菌培养环境不能含 H_2,因为含强氢化酶的微生物在有 H_2 时会降解四唑类显色物质。

(7)厌氧菌培养 20~24h 后,阳性孔应该有明显的紫色。一旦暴露在空气中,阴性孔也会慢慢变成微弱的蓝绿色。如果从厌氧罐中取出前发现存在蓝绿色,则说明厌氧环境有问题。

7 实验结果与报告

根据以上微量生化反应试验结果做出鉴定报告。

8 思考题

(1)根据试验结果,你认为自动微生物鉴定分析系统有何优点与不足?

(2)如何采取有效措施抑制细菌荚膜的产生或/和芽孢的形成?

(3)分析讨论有哪些因素和不正确的操作会影响微生物微量生化反应鉴定结果的准确性?

(4)如果鉴定板所有的孔均呈阳性反应或阴性反应,请分析是什么原因。

操作视频:微量生化反应试验鉴定乳杆菌的实验操作演示

(1)制备菌悬液的无菌操作与浊度计调整适宜浊度的方法。

(2)8 道电动连续微量移液器接种微孔鉴定板的操作过程。

实验 15　常规的抗原与抗体反应试验

一、细菌的玻片凝集反应试验

1　目的和要求

学习玻片凝集反应试验的原理、操作与观察结果的方法。

2　基本原理

血清学反应的基本组成除抗原与相对应的抗体外,还需要加入电解质(如生理盐水)。其主要作用是消除抗原抗体结合物表面的电荷,使它们失去同电相斥的作用而转变为互相吸引,这样才能观察到肉眼可见的凝集块。

颗粒性抗原(完整的细菌细胞或血细胞等)与相应的抗体直接在有电解质的合适条件下反应,并出现肉眼可见的凝集现象,称为直接凝集反应。用于此反应的抗原又称凝集原,抗体则称凝集素。直接凝集反应按操作方法可分为玻片凝集试验和试管凝集试验。

玻片凝集试验通常为定性试验,用已知抗体检测未知抗原,其优点是简便、快速,适用于从患者标本(或食品)中分离的数量较多的未知菌种的诊断(鉴定)或血清学分型,如鉴定肠道传染病患者标本或被污染的肉灌肠制品中的肠道细菌等;玻片凝集试验还用于红细胞 A、B、O 血型的鉴定。

鉴定分离菌种时,可取已知抗体滴加在玻片上,直接从培养基上刮取活菌混匀于抗血清中,如细菌与抗血清是相对应的,数分钟后,即可出现细菌凝集成块现象。

3　实验材料

3.1　菌种(抗原)　大肠杆菌(*Escherichia coli*)琼脂斜面培养物。

3.2　抗体　大肠杆菌免疫血清(抗体或称凝集素)。

3.3　试剂　生理盐水。

3.4　仪器与其他用具　载玻片、接种环、水浴锅、小滴瓶等。

4　实验流程

稀释抗体 → 将抗体和生理盐水分别滴于载玻片一端 → 加抗原混匀 → 静置 → 观察凝集现象

5　操作步骤

5.1　稀释抗体　用生理盐水稀释大肠杆菌免疫血清,稀释度为 1∶10,装于小滴瓶中备用。

5.2　加稀释的抗体和生理盐水　在洁净载玻片的一端用滴瓶中的小滴管加 1 滴 1∶10

大肠杆菌免疫血清,另一端加 1 滴生理盐水,两端分别做好标记。

5.3 加抗原 用接种环以无菌操作自大肠杆菌琼脂斜面上挑取少许细菌混入生理盐水内,搅匀;相同方法挑取少许细菌混入血清内,搅匀。

5.4 观察凝集现象 将载玻片略微摆动后静置室温中 1~3min,观察一端有凝集反应出现,即有凝集块或颗粒,液体变得透明,为阳性反应。另一端为生理盐水阴性对照,仍为均匀浑浊。操作时,注意勿使液滴干燥,妨碍观察,更应注意液滴不可过大,避免转动时带菌液体碰到手上,导致实验室感染。

6 实验结果与报告

将玻片凝集反应试验结果记录于下表中。

	大肠杆菌抗血清+大肠杆菌	生理盐水+大肠杆菌
画图表示凝集现象		
阴性(-)或阳性(+)		

7 思考题

(1)血清学反应为什么要有电解质存在?所做的玻片凝集试验的阳性反应端有无电解质?

(2)简述玻片凝集反应试验的原理、特点和用途。

(3)试验用沙门氏菌或变形杆菌代替大肠杆菌,而抗血清不变,玻片凝集反应结果如何?

二、细菌的微量滴定板凝集反应试验

1 目的和要求

学习微量滴定板凝集试验的原理、操作与观察结果的方法。

2 基本原理

试管法通常为定量试验。用已知抗原测定待检血清中有无某种抗体及其相对含量(抗体效价或凝集素效价),现已发展为微量滴定板凝集法。操作时,将待检血清用生理盐水做连续的两倍稀释,然后于各孔中加入等量抗原悬液,在 37℃ 中放置一定时间后观察凝集现象。视不同凝集程度记录为 4+(100%凝集)、3+(100%凝集)、2+(50%凝集)、+(25%凝集)、-(不凝集),以此判定血清中抗体的效价。试验时发生明显凝集现象(2+)的最高血清稀释倍数(稀释度的倒数)即为该血清中凝集素(抗体)的效价(也称滴度),以表示血清中抗体的相对含量。

此法常用来测定患传染病的人或家畜血清中的抗体效价,也是诊断肠道传染病的重要方法,例如诊断伤寒、副伤寒病。人或家畜感染了病原菌,病原菌作为抗原会刺激机体产生抗体。检查血清中有无相应抗体,即可判定机体是否患了某种传染病。

3 实验材料

3.1 菌种(抗原)　大肠杆菌(*Escherichia coli*)琼脂斜面培养物。
3.2 抗体　大肠杆菌免疫血清。
3.3 试剂　生理盐水。
3.4 仪器与其他用具　微量滴定板、微量移液器(20~80μL)、微量移液器吸头、体视显微镜等。

4 实验流程

制备大肠杆菌悬液 → 稀释大肠杆菌免疫血清 → 加入大肠杆菌悬液 → 静置 → 观察凝集现象

5 操作步骤

5.1 制备大肠杆菌悬液　用生理盐水洗下大肠杆菌斜面培养物,使得大肠杆菌悬液浓度为 $9×10^8$ CFU/mL,水浴 60℃,0.5h。

5.2 稀释大肠杆菌免疫血清(凝集素)　首先在微量滴定板上标记 1~10 个孔(图 15.1),再用微量移液器套上吸头于第 1 孔中加 80μL 生理盐水,其余各孔加 50μL。然后加 20μL 大肠杆菌抗血清于第 1 孔中。换一新的吸头,在第 1 孔中吸吹三次以充分混匀,再吸 50μL 至第 2 孔,以同样方法混匀,以此逐级稀释至第 9 孔,混匀后,弃去 50μL。稀释后的血清稀释度见表 15.1。

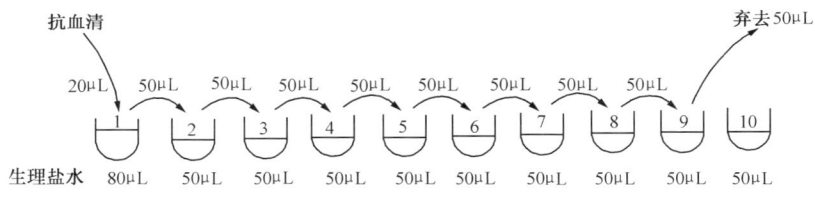

图 15.1　抗血清稀释图

表 15.1　抗血清稀释表

孔号	1	2	3	4	5	6	7	8	9	10
生理盐水/μL	80	50	50	50	50	50	50	50	50	50
抗血清/μL	20	50	50	50	50	50	50	50	50	—
稀释度	1/5	1/10	1/20	1/40	1/80	1/160	1/320	1/640	1/1280	对照
抗原量/μL	50	50	50	50	50	50	50	50	50	50
最终稀释度	1/10	1/20	1/40	1/80	1/160	1/320	1/640	1/1280	1/2560	对照

5.3 加入大肠杆菌悬液　每孔加入大肠杆菌悬液 50μL,从第 10 孔(对照孔)加起,逐个向前加至第 1 孔。而后将滴定板按水平方向摇动,以混合孔中内容物。

5.4 观察凝集现象　将微量滴定板置于 37℃下 60min,再置于 20℃下 18~24h 或 4℃

冰箱过夜,观察孔底有无凝集现象。通常阴性和对照孔的细菌沉于孔底,形成边缘整齐光滑的小圆块,而阳性孔的孔底为边缘不整齐的凝集块。也可借助体视显微镜观察。当轻轻振荡滴定板后,阴性孔的圆块分散成均匀浑浊的悬液,阳性孔则是细小凝集块悬浮在透明的液体中。

凝集反应的强弱及反应结果依次可表示为:"++++"表示最强凝集,管内液体澄清,凝集块或颗粒完全沉于管底;"+++"表示强凝集,管内液体基本透明,凝集块或颗粒大部分沉于管底;"++"表示中度凝集,管内液体半透明,有凝集块或颗粒明显沉于管底;"+"表示弱凝集,管内液体较浑浊,少量凝集块沉于管底;"-"表示不凝集,管内液体与对照管一样浑浊,管底无凝集块。

6 实验结果与报告

(1)将微量滴定板孔底凝集现象的程度用注解符号填入下表中。

孔号	1	2	3	4	5	6	7	8	9	10
抗血清最终稀释度	1/10	1/20	1/40	1/80	1/160	1/320	1/640	1/1280	1/2560	对照
结果										

注:"+"表示阳性,"-"表示阴性。

(2)确定大肠杆菌免疫血清的效价(凝集素的效价或滴度)。

7 思考题

(1)加抗原时,为什么要从最后 1 孔加起?
(2)稀释血清时应注意哪些问题?

三、定量环状沉淀反应试验

1 目的和要求

学习定量环状沉淀反应试验的原理、操作与观察结果的方法。

2 基本原理

沉淀反应是指可溶性抗原(如血清蛋白、细菌培养滤液、细菌浸出液、组织浸出液等)与相应抗体结合,在有电解质的条件下,形成肉眼可见的沉淀物。参加反应的可溶性抗原称为沉淀原,参加反应的抗体称为沉淀素。

沉淀反应的原理与凝集反应类似。区别是沉淀反应使用的抗原是可溶性的,其单个抗原分子体积小,在单位体积溶液内所需的抗体量多,故做定量试验时常将抗原稀释,而不是抗体。

沉淀反应按操作方法可分为环状沉淀试验(分定量和定性)、絮状沉淀试验和琼脂扩散试验。

环状沉淀试验是使抗原和抗体在沉淀管内形成交界面,室温放置一段时间,在两液交界处呈现白色环状沉淀者即为阳性反应。该试验主要用已知的抗体鉴定未知的微量抗原,如鉴定炭疽杆菌的耐热多糖类抗原用于炭疽病的诊断,尤其常用于检查皮革和肉类食品中的炭疽病原菌,法医学中鉴定血迹,肉的种类鉴定(究竟是何种动物的肉类),以及沉淀素的效价测定等。试验时以出现明显白色沉淀环的最高抗原稀释倍数(稀释度的倒数)为该血清中沉淀素(抗体)的效价。本技术的敏感度为 3~20μg/mL 抗原量。环状试验中抗原、抗体溶液须澄清。

3 实验材料

3.1 抗原 马血清、正常兔血清。
3.2 抗体 兔抗马免疫血清(抗体或称沉淀素)。
3.3 试剂 生理盐水。
3.4 仪器与其他用具 沉淀小管(内径 2.5~3.0mm,长 30mm)、小试管、毛细吸管、微量移液器、移液器的吸头等。

4 实验流程

倍比稀释抗原 → 稀释的抗体与不同稀释度的抗原相反应 → 静置 → 观察环状沉淀现象

5 操作步骤

5.1 稀释抗原(马血清) 取 1∶25 的马血清(抗原)1mL,用倍比稀释法在小试管中按表 15.2 稀释成各种浓度。

表 15.2　　　　　　　　　　　抗原稀释表

试管号	1	2	3	4	5	6	7
生理盐水/mL	1	1	1	1	1	1	1
1∶25 马血清/mL	1	$1^{\#}1^{*}$	$1^{\#}2^{*}$	$1^{\#}3^{*}$	$1^{\#}4^{*}$	$1^{\#}5^{*}$	$1^{\#}6^{*}$
血清稀释度	1/50	1/100	1/200	1/400	1/800	1/1600	1/3200

注:$1^{\#}1^{*}$、$1^{\#}2^{*}$……表示从第 1 管、第 2 管……中吸取 1mL,以此类推。

5.2 稀释的抗体与不同稀释度的抗原相反应

(1)将 9 个干燥而清洁的沉淀小管插在试管架的小孔上,使其直立。
(2)用毛细吸管分别吸取 1∶2 的兔抗马血清(抗体)稀释液加入沉淀管底部,每管 2 滴。
(3)用另一毛细吸管吸取上述已经稀释好的马血清,按表 15.3 加入各管中。第 8 管加入生理盐水,第 9 管加入稀释兔血清作为对照。

表 15.3　　　　　　　稀释的抗体与不同稀释度的抗原反应操作表

试管号	1	2	3	4	5	6	7	8	9
兔抗马免疫血清(1:2)	2滴	2滴	2滴	2滴	2滴	2滴	2滴	2滴	2滴
马血清稀释度	1/50	1/100	1/200	1/400	1/800	1/1600	1/3200	生理盐水	兔血清1:50
马血清加量	2滴	2滴	2滴	2滴	2滴	2滴	2滴	2滴	2滴

5.3　观察沉淀现象　于37℃或室温静置10~20min,观察两液交界面有无乳白色沉淀环,有白色沉淀环者为阳性反应,记"+",没有沉淀者为阴性反应,记"-"。找出产生白色沉淀的各管中稀释度最大的一管,其稀释度的倒数即为沉淀素的效价。

注意事项：

(1)加入经适当稀释的马血清(抗原)时,应从最高稀释度加起。被检抗原必须是可溶性抗原,抗原的加入方法为叠加;加入时,注意使抗原沿管壁缓慢流下,轻轻浮于兔抗马血清(抗体)表面上,使之与兔抗马血清成明显界面,切勿摇动相混。

(2)必须设置标准抗原和生理盐水的对照观察,以免出现假阳性结果。

6　实验结果与报告

(1)将沉淀小管中沉淀现象的程度用注解符号填入下表中。

试管号	1	2	3	4	5	6	7	8	9
抗原稀释度	1/50	1/100	1/200	1/400	1/800	1/1600	1/3200	生理盐水	兔血清
结果									

注:"+"表示阳性,"-"表示阴性。

(2)确定兔抗马免疫血清的效价(凝集素的效价或滴度)。

7　思考题

(1)比较凝集反应与沉淀反应的异同。

(2)定量环状沉淀反应试验的操作要注意哪些问题？

四、定性环状沉淀反应试验

1　目的和要求

学习定性环状沉淀反应试验的原理、操作与观察结果的方法。

2　基本原理

同定量环状沉淀反应试验的基本原理。

3 实验材料

3.1 抗原 被检抗原、炭疽芽孢杆菌(*Bacillus anthracis*)标准抗原。
3.2 抗体 炭疽沉淀素血清。
3.3 试剂 生理盐水。
3.4 仪器与其他用具 沉淀小管(内径2.5~3.0mm,长30mm)、毛细吸管、滴管等。

4 实验流程

取沉淀小管 → 滴加抗体 → 沿管壁滴加抗原 → 静置 → 观察乳白色沉淀环现象

5 操作步骤

5.1 加抗体 取3支沉淀小管,用滴管分别加入炭疽沉淀素血清约0.1mL(至沉淀管的1/3处)。注意:勿产生气泡或沾染上部管壁。

5.2 加抗原 用毛细滴管将被检抗原、炭疽杆菌标准抗原和生理盐水分别加入上述沉淀管中,沿管壁缓慢加至沉淀素血清上,达沉淀管的2/3处,使两液接触处形成整齐的界面。注意:勿产生气泡和摇动,轻轻直立放置。

5.3 结果判断 抗原加入后5~10min判断结果。沉淀管两液界面出现清晰致密的乳白色沉淀环者为阳性反应。用炭疽杆菌标准抗原及生理盐水分别作阳性对照和阴性对照。

6 实验结果与报告

判断定性环状沉淀反应的被检抗原是否为炭疽芽孢杆菌病原菌。

7 思考题

定性环状沉淀反应试验的操作要注意哪些问题?

五、双向琼脂免疫扩散试验

1 目的和要求

(1)学习双向琼脂免疫扩散试验的原理及操作方法。
(2)观察抗原和抗体形成沉淀线的过程。

2 基本原理

抗原和抗体在凝胶中扩散,并进行沉淀反应,称为免疫扩散反应。将抗原与其相应抗体放在半固体琼脂凝胶平板中的邻近孔内,使它们沿浓度梯度相互扩散,当扩散至两者相遇并且浓度比例合适时,即出现乳白色的沉淀线,称为双向琼脂免疫扩散试验。用10g/L离子浓度的琼脂制成凝胶后,其内部形成多孔的网状结构,可允许分子质量小于200ku的抗原和抗体自由扩散。若抗原与抗体相对应,且二者比例合适,则形成较大的抗原抗体复合物的沉淀颗粒,即不能扩散而出现白色沉淀线。

双向免疫扩散试验不仅用于定性鉴定抗原或抗体和定量测定抗体的效价,还可用于抗原或抗体的纯度分析及分析比较两种不同来源的抗原或抗体所含成分的异同。每对抗原抗体可形成一条沉淀线。有几对抗原抗体,就可分别形成几条沉淀线[图15.2(1)、(2)],可根据沉淀线的数目分析与鉴定抗原或抗体的成分和纯度。例如,肉的成分分析及肉的种类鉴定等。

抗原抗体复合物所生成的沉淀物对于形成它的抗原和抗体是不可透过的,而对于其他抗原和抗体则是可透过的。因此,对于分别放于邻近孔的抗原和抗体能反应,有一条沉淀线生成,如图15.2①所示;对于同样的抗原放在邻近的两个孔中,对应抗体放于中央孔中,则彼此将以一定角度形成融合的沉淀线,如图15.2②所示;若是不同的抗原,则沉淀线相互交叉,如图15.2③所示;若是部分相同,则沉淀线是部分交叉,部分融合,如图15.2④所示。

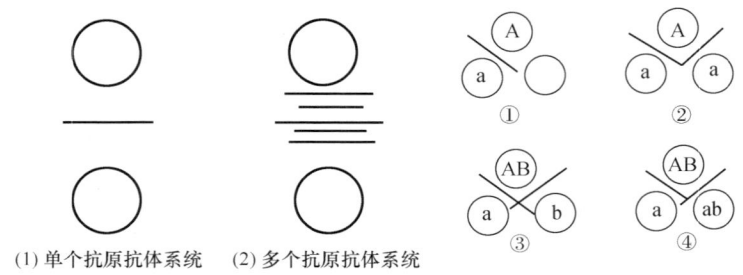

(1) 单个抗原抗体系统　　(2) 多个抗原抗体系统

图15.2　双向琼脂扩散试验的沉淀线数量和类型

沉淀线形成的位置与抗原、抗体浓度有关。抗原浓度越大,形成的沉淀线距抗原孔越远;抗体浓度越大,形成的沉淀线距抗体孔越远(图15.3)。因此当固定抗体的浓度时,稀释抗原,可根据该浓度抗原沉淀线的位置,测定未知抗原的浓度;反之,固定抗原的浓度,也可测定抗体的效价。

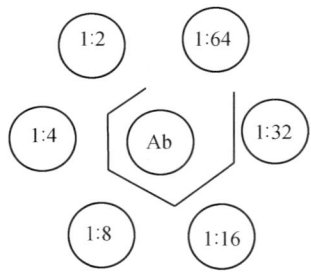

图15.3　双向琼脂扩散试验的沉淀线与各抗原孔的不同距离

Ab 为抗体,周围孔为不同稀释度的抗原。

3　实验材料

3.1　抗原　马血清或牛、羊、猪、鸡血清。

3.2　抗体　兔抗马免疫血清,或兔抗牛、羊、猪、鸡免疫血清。

3.3　试剂　生理盐水或 pH 8.6 硼酸缓冲液(四硼酸钠 8.8g、硼酸 4.65g,蒸馏水

1000mL)、琼脂粉、10g/L硫柳汞。

3.4 仪器与其他用具 载玻片或平皿、打孔器、打孔图、有盖搪瓷盘、毛细滴管、小镊子（牙签或注射器针头）、记号笔、纱布等。

4 实验流程

制板→打孔→封底→稀释抗体或抗原→加样→扩散→观察沉淀线

5 操作步骤

5.1 制板

5.1.1 制备10g/L离子琼脂 称取一定量琼脂粉，按10g/L（冬季）或11g/L（夏季）的量加入生理盐水或pH 8.6硼酸缓冲液中，水浴煮沸溶化20min，再滴加1滴10g/L硫柳汞溶液防腐，分装三角瓶，置于冰箱中备用。

5.1.2 制备凝胶平板或凝胶玻片 将溶化并冷却至60℃左右的10g/L离子琼脂倾注于平皿内，置于水平位置使其均匀分布，凝固后制成厚度为5mm的凝胶平板。或吸取3.5~4.0mL的10g/L离子琼脂加于载玻片上，使其均匀分布而又不流失，凝固后制成厚度为2~3mm的凝胶玻片。

5.2 打孔 将凝胶平板置于梅花形打孔模板图（图15.4）上打孔或将凝胶玻片放在方阵形打孔模板图（图15.5）上打孔，并用小镊子或注射器针头挑出孔内琼脂（勿挑破孔缘）。

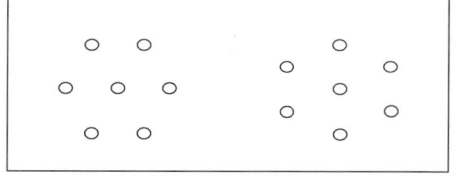

图15.4 梅花形打孔模板图
中央孔径4mm,外周孔径6mm,外周孔与中央孔的距离为3mm。

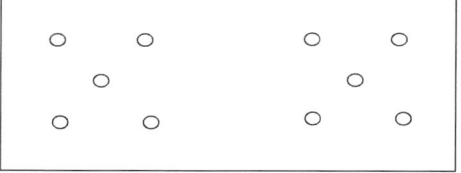

图15.5 方阵形打孔模板图
孔径3~4mm,外周孔与中央孔的距离5~6mm。

5.3 封底 为了防止加样后液体从孔底渗漏，使抗原和抗体直接混合，打孔后应封底。方法是：向孔内添加少量溶化的琼脂，或在酒精灯火焰上缓慢加热，使孔底边缘的琼脂少许溶化，以封底（勿将琼脂溶化过多，将小孔填死）。用记号笔在琼脂板的底面编号各孔。

5.4 稀释抗体或抗原 将兔抗马免疫血清原液按倍比稀释法用生理盐水稀释为1:2、1:4、1:8、1:16、1:32 5个稀释度；或将马血清用生理盐水按上述倍比稀释法稀释。

5.5 加样 以毛细滴管吸取马血清（抗原）加入中央孔内，周围6孔或4孔依次加入对照生理盐水和5个稀释度兔抗马免疫血清（从高稀释度到低稀释度）。也可中央孔加入抗体，周围孔加入对照生理盐水和5个稀释度的抗原。注意：各孔加样量以加满为标准（液体与琼脂面相平），加样量少会影响反应程度，加样量多则易溢出，也影响反应结果。加样时注意缓慢加入勿产生气泡。

5.6 扩散 盖上平皿盖，将平皿或玻片正置于有盖搪瓷盘（内置3~4层湿纱布）中，于37℃温箱中自由扩散约24h后观察结果。注意：扩散时间要适当，时间过短则不出现沉淀带;时间过长则沉淀带容易扩散,影响结果观察。

6　实验结果与报告

以生理盐水对照孔为参照,观察其余各孔周围有无沉淀线及其出现的位置和条数。

7　思考题

(1) 双向琼脂免疫扩散试验主要有哪些用途?
(2) 双向琼脂免疫扩散试验常用于复杂抗原的分析,阐述其基本原理。
(3) 双向琼脂免疫扩散试验中应注意哪些操作?

实验 16　荧光抗体鉴定技术

1　目的和要求

（1）了解荧光抗体鉴定技术的原理及用途。
（2）学习直接法鉴定沙门氏菌的操作方法。
（3）学习荧光显微镜的使用方法。

2　基本原理

荧光抗体鉴定技术是一种将结合荧光素的荧光抗体与抗原反应，借以提高免疫反应灵敏度及适合显微镜观察的免疫标记技术。根据抗原抗体反应原理，先将已知抗体标记上荧光素制成荧光标记物，再用这种荧光抗体作为分子探针检查细胞或组织内的相应抗原。在细胞或组织中形成的抗原抗体复合物上含有荧光素，利用荧光显微镜观察标本，荧光素受激发光的照射而发出明亮的荧光（黄绿色或橘红色），通过可见荧光所在的细胞或组织来确定抗原（如多肽和蛋白质）的定位，以及实现抗原的定性和定量检测。据此，荧光抗体技术可用于免疫组化定位。目前常用的荧光物质有异硫氰酸荧光素（FITC）和罗丹明（RB200）。

荧光抗体法基本可分为直接法、间接法和标记法。本试验介绍较为常用的直接法。直接法是将特异荧光抗体直接加于标本上，使其与相应抗原发生特异性结合。洗涤后，在荧光显微镜下观察，若标本中有相应抗原，则荧光显微镜下可见明亮的荧光。本法操作简便，特异性高，非特异荧光染色因素少；缺点是敏感度偏低，每检查一种抗原需制备相应的特异荧光抗体。适用于细菌、真菌、螺旋体、寄生虫及浓度较高的蛋白质抗原，如用于肾、皮肤的检查和研究。

3　实验材料

3.1　抗原　沙门氏菌（*Salmonella* sp.）37℃培养16～18h肉汤培养物（试管）。

3.2　荧光抗体　沙门氏菌免疫血清荧光抗体（实用工作稀释度，即染色效价为1∶8或1∶16）。

3.3　试剂　克氏固定液（乙醇∶三氯甲烷∶甲醛＝6∶3∶1）、95%（体积分数）乙醇、pH 7.5 的 0.01mol/L 磷酸盐缓冲液（PBS）、pH 9.0 的 0.5mol/L 碳酸盐缓冲液、无荧光缓冲甘油（9份甘油加1份 pH 9.0 的 0.5mol/L 碳酸盐缓冲液）。

3.4　仪器与其他用具　带圆格（直径5mm）的载玻片、接种环、荧光显微镜、有盖搪瓷盘、纱布、温箱。

4　实验流程

制片 → 固定 → 洗片 → 荧光抗体染色 → 洗片 → 封片 → 荧光显微镜观察

5 操作步骤

5.1 制片　以接种环挑取沙门氏菌肉汤培养物均匀涂布于带圆格(直径 5mm)的载玻片的圆圈内,晾干。

5.2 固定　将涂片浸入克氏固定液中固定 3min 后,用 95%(体积分数)乙醇漂洗,晾干。

5.3 荧光抗体染色　在涂片上滴加经稀释至染色效价 1∶8 或 1∶16 的沙门氏菌免疫血清荧光抗体,置入能保持潮湿的有盖搪瓷盘(内置 3~4 层湿纱布)中,于 37℃染色 15~30min。

5.4 洗片　倾去存留的荧光抗体,将涂片浸入 pH 7.5 的 PBS 中洗两次,摇荡,每次 5min,再用蒸馏水洗 1min,除去盐结晶。

5.5 封片　涂片自然晾干,加无荧光缓冲甘油,盖上盖玻片备检。

5.6 镜检观察　将染色后的标本置于荧光显微镜下观察,先用低倍镜选择适当的标本区,然后换高倍镜观察。以油镜观察时,可用无荧光缓冲甘油代替香柏油。

注意事项:

(1)制备标本载玻片越薄越好,应无色透明,涂片也要薄些,太厚不易观察,影响荧光亮度。

(2)观察标本时如需用油镜,可用无荧光的镜油、液体石蜡或缓冲甘油代替香柏油。

(3)放载玻片时,需先在聚光器镜面上加一滴无荧光缓冲甘油,以防光束发生散射。

6 实验报告与结果

记录实验结果和主要现象。实验结果按五级荧光强度(-~4+)判定,标准如下。

(1)4+　最强荧光,表现为明亮黄绿色,菌体细胞轮廓清晰,菌体中央明显发暗,衬出闪耀的荧光环。

(2)3+　强荧光,黄绿色,菌轮廓清晰,中央暗,有明显荧光环。

(3)2+　灰绿荧光,菌轮廓不太清晰。

(4)1+　微弱荧光,菌轮廓与中心分不清。

(5)-　有模糊的灰暗荧光或完全无荧光。

阳性结果的标准为:在 100×物镜下每视野可看到 1 个以上菌,且形态典型,亮度为 3+~4+;或菌量较多,形态典型,亮度为 2+。

7 思考题

(1)简述荧光抗体鉴定技术的原理和主要用途。

(2)荧光抗体鉴定技术还可用于病理组织免疫组化定位方面的研究,假设有一件疑似单核细胞增生李斯特菌病的组织切片,如何应用荧光抗体鉴定技术进行检查?

实验 17 免疫胶体金标记技术

一、免疫胶体金标记技术检测沙门氏菌

1 目的和要求

(1)了解免疫胶体金标记技术的原理。
(2)学习免疫胶体金标记技术检测沙门氏菌的方法。
(3)学习单克隆抗体及免疫胶体金试纸条的制备方法。

2 基本原理

胶体金标记技术是以胶体金作为示踪标志物,应用于抗原-抗体反应的一种新型的免疫标记技术。胶体金是由氯金酸在还原剂(柠檬酸三钠)作用下,聚合成的各种不同粒径和颜色(如2~5nm呈橙黄色、10~20nm呈酒红色、30~80nm呈紫红色)的胶体金颗粒。其表面带有大量负电荷,因静电相斥作用,其在水中形成稳定悬浮的胶体溶液,故称为胶体金。在弱碱性条件下,带负电荷的胶体金可与带正电荷基团的蛋白质(如抗体蛋白质、病原体及其他多种生物大分子)产生静电吸引而牢固结合。又因其具有高电子高密度的特性,当其大量聚集时,可形成肉眼可见的红色或粉红色斑点。由于这种结合是静电结合,故不影响蛋白质的生物活性,从而可以作为示踪标记物,用于定量、定性快速免疫检测。

基于胶体金的一些物理特性(如颗粒大小、高电子密度及颜色反应),以及结合物所具有的免疫-生物学特性,其在免疫学、病理学及细胞生物学标记研究中得到广泛应用。目前该技术已广泛用于检测特定蛋白质、病原体、真菌毒素及其快速诊断试剂盒的制备。免疫胶体金标记技术操作简单、检测时间短、便于现场操作,可以为现场检测提供科学依据。

3 实验材料

3.1 抗原(检测目标物) 鼠伤寒沙门氏菌(*Salmonella typhimurium*)ATCC13311 于 37℃培养 16~18h 的肉汤培养物。

3.2 免疫动物 6 周雌性 BALB/C 小鼠。

3.3 试剂 小鼠 SP2/0 骨髓瘤细胞、免疫脾细胞、聚乙二醇-4000(PEG-4000)、HRP 标记山羊抗小鼠免疫球蛋白 G(IgG)、0.1g/L 氯金酸水溶液、10g/L 柠檬酸三钠水溶液、0.1mol/L K_2CO_3 溶液、牛血清白蛋白(BSA)、抗体亚型检测试剂盒(Sigma 公司)、弗氏完全佐剂与不完全佐剂等。

0.05mol/L TBS 缓冲液:NaCl 8g、KCl 0.2g、Tris 碱 6g,用蒸馏水定容至 1000mL,以 HCl 调 pH 7.4,0.1MPa 灭菌 20min,于室温保存。

0.01mol/L PBS 缓冲液:NaCl 8.0g、KCl 0.2g、KH_2PO_4 0.24g、$Na_2HPO_4 \cdot 2H_2O$ 1.8g,用

800mL 蒸馏水溶解,以 1mol/L 的 NaOH 或 HCl 调 pH 7.4,再用蒸馏水定容至 1000mL,于室温保存。

100g/L BSA 溶液:称取 BSA 10g,用 0.01mol/L PBS 缓冲液溶解并定容至 100mL,4℃ 保存。

10g/L BSA 的 0.01mol/L PBS 封闭液:称取 BSA 1g,用 0.01mol/L PBS 缓冲液溶解并定容至 100mL,于 4℃ 保存。

0.01mol/L PBST 洗涤液:在 pH 7.4 的 0.01mol/L PBS 中加入 0.05%(体积分数)吐温-20(Tween-20),于室温保存。

3.4 培养基　HAT(次黄嘌呤-氨基蝶呤-胸腺嘧啶核苷)培养基、HT 培养基、DMEM 培养基,均为购于美国 Sigma 公司的干粉复合培养基,配制方法见说明书。

3.5 仪器与其他用具　微量移液器、移液器的吸头、二氧化碳培养箱、倒置显微镜、酶标仪、电磁炉、超净工作台、XYZ-3050 型三维喷点仪、酶标板、细胞培养板、硝酸纤维素膜(NC 膜)及玻璃纤维等。

4 实验流程

抗原合成与免疫 → 单克隆抗体制备 → 抗体分析与筛选
胶体金制备 → 胶体金标记 → 标记胶体金制备工艺研究
→ 试纸条组装工艺研究
批量样品检测
→ 试纸条验证试验

5 操作步骤

5.1 动物免疫　选取 8 只 6 周雌性 BALB/C 小鼠,初次基础免疫采用背部注射 30μg 鼠伤寒沙门氏菌免疫原(鼠伤寒沙门氏菌抗原)与等量弗氏完全佐剂;二次基础免疫采用背部 30μg 自制免疫原与等量弗氏不完全佐剂。免疫间隔为 2 周,免疫数次。内眦取血并分离血清,以间接 ELISA 法检测小鼠血清抗体效价。选取最佳免疫小鼠,于细胞融合前 3d 腹部注射免疫原 20μg 加强免疫。

5.2 杂交瘤细胞株的建立　取对数生长期的小鼠 SP2/0 骨髓瘤细胞与免疫脾细胞,按常规方法以 500g/L PEG-4000 进行细胞融合,用含有 HAT 的 DMEM 选择性培养基进行培养。检测培养上清液抗体效价,选择强阳性的细胞,用含有 HT 的 DMEM 杂交瘤细胞培养基进行数次有限稀释亚克隆筛选培养,直至 100% 阳性,制备出稳定的能分泌高特异性、高效价、高亲和力单克隆抗体的杂交瘤细胞株,置于液氮中保存。

5.3 单克隆抗体的制备及特性分析　将上述抗鼠伤寒沙门氏菌杂交瘤细胞株经扩大培养后接种于以石蜡油致敏的雌性 BALB/C 小鼠腹腔,诱生腹水产生抗鼠伤寒沙门氏菌单克隆抗体,7~10d 后收集 3~9mL 腹水以蛋白质 G(Protein G)亲和层析柱进行抗体纯化,采用十二烷基硫酸钠-聚丙烯酰胺凝胶电泳(SDS-PAGE)检测抗体纯度,并用凝胶成像系统进行分析;采用紫外吸收法测定抗体浓度,并用酶联免疫吸附实验(ELISA)间接法测定抗体效价,用抗体亚型检测试剂盒鉴定抗体亚型,以及用非竞争酶免疫试验测定单克隆抗体的亲和力常数,最后通过 ELISA 相加试验筛出 1 株最佳配对的抗鼠伤寒沙门氏菌单克隆抗体。

5.4 胶体金溶液的制备　采用柠檬酸三钠还原法制备 20nm 胶体金颗粒。取 0.1g/L 氯金酸水溶液 100mL,加热至沸腾,加入 10g/L 柠檬酸三钠水溶液 2.5mL。氯金酸水溶液在沸腾后 2min 内变为灰色再变为红色,继续搅拌加热 20min,至溶液呈酒红色,室温冷却后用蒸馏水定容至 100mL,4℃保存备用。

5.5 胶体金标记抗体的制备及纯化 胶体金标记抗体简称金标抗体。用 0.1mol/L K_2CO_3 溶液将胶体金溶液调至 pH 8.3,电磁搅拌下,将浓度为 1mg/mL 的抗鼠伤寒沙门氏菌单克隆抗体溶液逐滴加入胶体金溶液中,搅拌反应 30min;电磁搅拌下再加入 100g/L BSA 溶液至终浓度为 10g/L,以封闭金标抗体颗粒的残留表位,继续搅拌 30min 后 4℃静置 2h。

将标记好的金标抗体复合物以 12000r/min,4℃离心 30min,弃去上清液,用 0.05mol/L TBS 缓冲液溶解沉淀至原体积,重复离心操作 2~3 次,将沉淀溶于原体积 1/10 的胶体金保护液中,4℃保存备用。

5.6 金标抗体结合垫及硝酸纤维素膜印膜的制备 取 20mm×3mm 规格的玻璃纤维膜,将金标抗体溶液用 XYZ-3050 型三维喷点仪的气动定量喷头(Airjet 喷头)均匀喷洒于玻璃纤维膜上,然后置于真空干燥箱中干燥,即为金标抗体结合垫,加入干燥剂密封保存于 4℃备用。

将硝酸纤维素膜(NC 膜)放于 XYZ-3050 喷点仪平台上,用微定量喷头(Biojet 喷头)将浓度为 1mg/mL 的一株配对抗鼠伤寒沙门氏菌单克隆抗体和浓度为 1mg/mL 的羊抗鼠 IgG 分别按 1μL/cm 喷涂到 NC 膜上,形成两条线分别为检测线(T 线)和质控线(C 线)。室温干燥后以含 10g/L BSA 的 0.01mol/L PBS 缓冲液封闭 2h,再以 0.01mol/L PBST 洗涤液洗涤 3 次,室温下风干,加入干燥剂密封 4℃保存备用。

5.7 免疫胶体金试纸条的组装 依次将样品垫 4、金标抗体结合垫 5、硝酸纤维素膜 3、吸水垫 6 粘贴在 PVC 塑料底板 2 支持物上(图 17.1),以上各组分首尾互相衔接,重叠部分大约在 1mm 左右,切成 0.3cm×9cm 的试纸条装入塑料卡盒 1 中,即为沙门氏菌免疫胶体金快速检测试纸条,将其与干燥剂一起装入铝箔袋中密封保存。

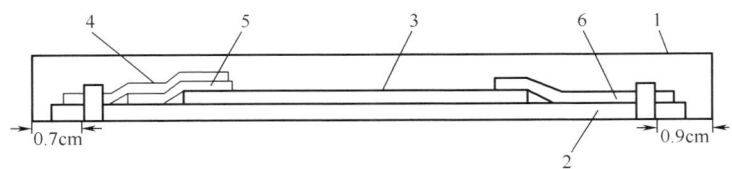

图 17.1 免疫胶体金试纸条组装示意图
1—塑料卡盒;2—聚氯乙烯(PVC)塑料底板;3—硝酸纤维素膜;4—样品垫;
5—金标抗体结合垫;6—吸水垫。

注意事项:

1. 单克隆抗体的制备

(1)免疫抗原尽量提高其纯度,若含有较多的杂质,会影响抗体的产生,获得所需的分泌特异性抗体的杂交瘤细胞的概率降低。

(2)免疫小鼠时务必同时免疫几只小鼠,以免小鼠中途死亡。

(3)融合剂 PEG 对细胞有毒性。浓度越高,对细胞的毒性越大,以 400~500g/L 为宜,pH 以 8.0~8.2 融合率最高。不同批次的 PEG 其毒性及融合率不一样,应进行预实验。

(4)操作中的污染是杂交瘤技术中最常遇到的问题,应对所用试剂、器材、环境进行彻底的消毒灭菌。要严格无菌操作，发现污染应及时处理，避免污染扩大。

(5) 当融合后的克隆株生长缓慢或停止，应考虑其原因，如培养液偏碱，影响细胞发育；HAT 培养基中的 A 过多，对细胞毒性大；HT 含量不足，不能为融合细胞提供足够的营养；培养箱内 CO_2 不足，湿度不够等；此外，瘤细胞株的好坏也是影响融合成败的关键因素，所以一定要选用生长良好的瘤细胞供融合使用。

2. 胶体金的制备

(1) 玻璃器皿必须彻底清洗，最好是经过硅化处理的玻璃器皿，否则影响生物大分子与金颗粒结合以及活化后金颗粒的稳定性，导致不能获得预期大小的金颗粒。

(2) 试剂配制必须保持严格纯净，所有试剂都必须使用双蒸馏水并去离子后配制。实验用水一般用双蒸馏水。实验室中的尘粒要尽量减少，否则实验结果将缺乏重复性。

(3) 氯金酸的质量要求严格，需杂质少。氯金酸对金属有强烈的腐蚀性，避免接触天平秤盘；并且其极易吸潮，在配制时最好将整个小包装一次性溶解，配成 10g/L 水溶液，在 4℃ 可保持数月稳定。

(4) 胶体金颗粒容易吸附于电极上使其堵塞，故不能用 pH 电极测定胶体金溶液的 pH。为了使溶液的 pH 不发生改变，应选用缓冲容量足够大的缓冲系统，一般采用柠檬酸磷酸盐 (pH 3.0～5.8)、Tris-HCl (pH 5.8～8.3) 和硼酸氢氧化钠 (pH 8.5～10.3) 等缓冲系统。但注意不应使缓冲液浓度过高而使胶体金溶液自凝。

6　实验结果与报告

本实验试纸条采用双抗体夹心法免疫层析原理检测样品中的沙门氏菌。将试纸条水平放置，取处理后的待测样品 80～120μL 滴入加样孔中，样品液沿着试纸条爬动并溶解金标抗体结合垫上的金标抗体。

如果样品中含有的沙门氏菌量低于检测限，则金标抗体、包被在硝酸纤维素膜上的配对抗体不能与样品中的物质进行免疫反应（即 T 线不显色），而未结合的金标抗体继续向前层析并与 NC 膜包被的羊抗鼠 IgG 反应，形成一条红色条带（C 线），这样就会在硝酸纤维素膜上形成一条红色条带，表示样品检测结果为阴性。

反之，当样品中沙门氏菌含量高于检测限时，溶解后的金标抗体与样品中的沙门氏菌及硝酸纤维素膜上包被的配对抗体形成双抗体夹心反应，形成肉眼可见的红色沉淀线（即 T 线显色），以及样品中沙门氏菌反应后的金标抗体复合物继续层析并与硝酸纤维素膜上包被的羊抗鼠 IgG 再次结合，形成一条红色条带（C 线），即硝酸纤维素膜上显示两条红色条带，表示样品检测结果为阳性。

无论样品中有无沙门氏菌，测试结果 C 线位置都应出现红色条带，如果无红色条带出现，则表明测试无效（图 17.2）。

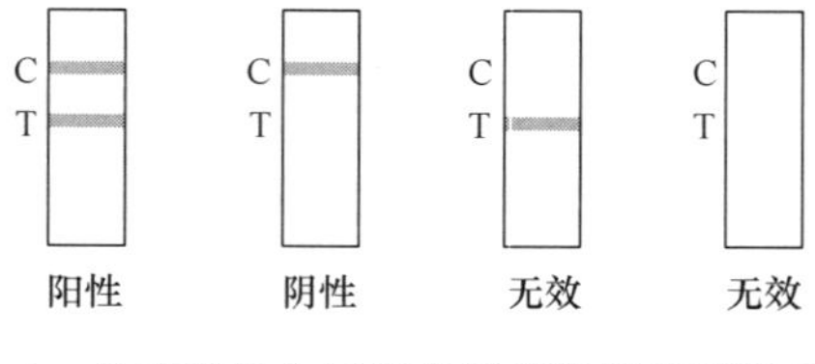

图 17.2　免疫胶体金试纸条反应结果及判定示意图

7　思考题

(1) 简述免疫胶体金技术的原理及单克隆抗体的制备过程。

(2) 当免疫胶体金技术用于其他致病菌(如志贺氏菌)检测时,该如何设计试验方案?

二、纳米免疫磁珠技术联合胶体金技术快检单核细胞增生李斯特氏菌

1 目的和要求

(1) 了解纳米免疫磁珠技术及其应用。
(2) 掌握纳米免疫磁珠技术在胶体金技术中的应用原理。
(3) 学习纳米免疫磁珠技术联合胶体金技术快检单核细胞增生李斯特氏菌的方法。

2 基本原理

纳米免疫磁珠技术凭借其特异性、高灵敏度和快速分离的特性,在食品安全检测领域内,特别是针对复杂基质样品的前处理过程中展现出广泛的应用价值。其核心由高性能的超顺磁性铁氧化物(如Fe_3O_4)构成,这些材料使得磁珠能在外部磁场作用下迅速响应并分离,极大提升了处理效率。围绕这一核心的是一层高分子保护层(包括聚苯乙烯、聚氯乙烯等),以便与各类生物分子(如抗体、抗原等)实现稳固结合。此外,磁珠表面还特意引入了多种功能基团(如—NH_2、—COOH、—OH、—CHO等),这些基团如同桥梁,促进了抗体等生物分子与磁珠之间的高效、稳定偶联,最终形成了功能强大的纳米免疫磁珠。

在检测过程中,抗体修饰的免疫磁珠能够在样品溶液中特异性地捕获目标抗原。这种机制依托于抗原-抗体间的特异性相互作用,确保了目标抗原被高效且选择地捕获。随后,在外加磁场作用下,携带着目标抗原的免疫磁珠迅速富集,实现了与未被捕获的其他成分的分离。这一过程不仅简化了样品处理的复杂性,还提高了目标分子检测的准确性和效率。分离后的免疫磁珠-目标分子复合物可作为进一步分析、纯化,以及利用免疫胶体金技术快速检测致病菌的基础,为食品安全检测提供强有力的技术支持。本实验以单核细胞增生李斯特氏菌为例,介绍纳米免疫磁珠技术联合胶体金技术快速检测致病菌的方法。

3 实验材料

3.1 抗原(检测目标物) 单核细胞增生李斯特氏菌(*Listeria monocytogenes*) ATCC54003 于37℃培养16~18h肉汤培养物。

3.2 免疫动物 参考实验17免疫胶体金标记技术检测沙门氏菌的方法3.2内容。

3.3 试剂 粒径180nm羧基化磁珠、粒径30nm胶体金、抗单核细胞增生李斯特氏菌单克隆抗体、N-羟基硫代琥珀酰亚胺、二氯乙烷、链霉亲和素与生物素等。

单克隆抗体制备试剂和试纸条制备试剂:参考实验17免疫胶体金标记技术检测沙门氏菌的方法3.3内容。

0.05mol/L MES缓冲液:将0.98g吗啉乙磺酸溶于80mL蒸馏水中,用1mol/L的NaOH调pH至6.0,再用蒸馏水定容至100mL,于4℃保存。

3.4 培养基 参考实验17免疫胶体金标记技术检测沙门氏菌3.4内容。

3.5 仪器与其他用具 微量移液器、移液器的吸头、超净工作台、XYZ-3050型三维喷点仪、混匀仪、磁力架、旋转混合仪、细胞培养板、硝酸纤维素膜(NC膜)及玻璃纤维等。

4 实验流程

本实验流程如图 17.3 所示。

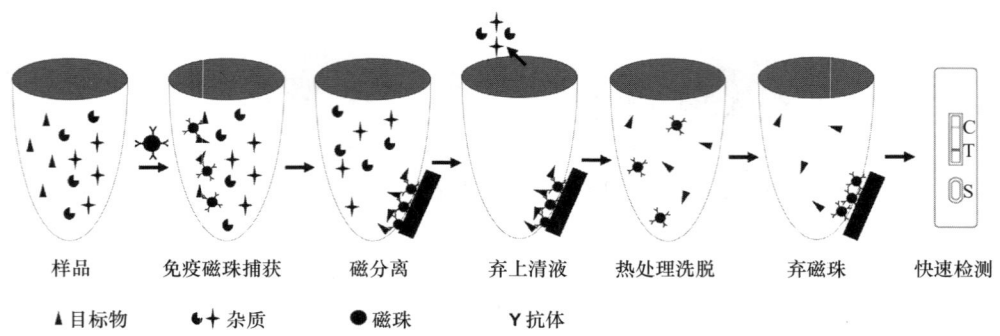

图 17.3 纳米免疫磁珠技术联合胶体金技术快速检测单核细胞增生李斯特氏菌实验流程

5 操作步骤

5.1 抗单核细胞增生李斯特氏菌单克隆抗体的制备　参考实验 17 免疫胶体金技术检测沙氏门菌 5.1~5.3 内容。

5.2 胶体金试纸条的制备　参考实验 17 免疫胶体金技术检测沙门氏菌的方法 5.4~5.7 内容。

5.3 纳米免疫磁珠的制备　链霉亲和素与 180nm 活化磁珠偶联获得链霉亲和素磁珠,采用生物素化抗体与链霉亲和素磁珠连接制得纳米免疫磁珠。具体步骤为:取 10~20mg 磁珠依次用无水乙醇、1mol/L NaOH 和 1mol/L HCl 各洗涤 1 次,用 0.02mol/L、pH 4.0 的 PBS 洗涤 5 次,重悬于 0.05mol/L、pH 6.0 的 MES 中,依次加入 N-羟基硫代琥珀酰亚胺 0.4mg 和二氯乙烷 0.35mg,置于混匀仪上保持磁珠悬浮状态,37℃ 活化 2.5h。将每毫克活化磁珠与 200~250μg 链霉亲和素偶联。获得的链霉亲和素磁珠按每毫克链霉亲和素磁珠加入 80~100mg 生物素化单核细胞增生李斯特菌单克隆抗体,置于混匀仪上 37℃ 偶联 30~35min。磁力架回收磁珠,以 0.02mol/L、pH 4.0 的 PBS 洗涤 5 次,用 10mL 0.01mol/L、pH 7.4 的 PBS(含 0.5g/L 叠氮化钠、5g/L 牛血清白蛋白)重悬磁珠,即得纳米免疫磁珠,于 4℃ 冰箱保存备用。

5.4 纳米免疫磁珠捕获富集单核细胞增生李斯特氏菌　取 1mL 不同浓度的单核细胞增生李斯特氏菌培养液于 2mL 的离心管中,再将制备的纳米免疫磁珠 0.15mg 加入上述离心管中。室温下在旋转混合仪上 37℃ 反应 30min(10r/min)后取下,将离心管插入磁力架分离 2min,弃去上清液。用 1mL 0.01mol/L、pH 7.4 的 PBS 浓缩重悬磁珠,85~90℃ 水浴 10~15min,磁分离后弃去磁珠,得到待测样品。

5.5 胶体金试纸条快速检测　取上述待测样品,滴加 200μL 于上样区,等待 5~10min,根据图 17.2 判断结果。

注意事项:

(1)将免疫磁珠重悬时,要确保磁珠分散均匀。

(2)使用移液器的吸头吸取液体时要缓慢,避免产生气泡。用移液器的吸头在吸取上清液时,应避免吸出磁珠。

(3)在将磁珠置于磁场中时,要确保磁吸附时间,不要随意晃动,以提高吸附效率。

6 实验结果与报告

如果样本内含有目标抗原,捕获抗体会首先与之结合,随后检测抗体会与这种抗原-捕获抗体复合物相结合,共同构成夹心结构。检测线上颜色的深浅程度往往与目标抗原的浓度直接相关,抗原浓度升高,显色反应会更为显著,颜色也随之加深。

当 C 区(质控区)和 T 区(检测区)均出现清晰的红线时,说明检测结果为阳性,这通常表明样本中存在目标抗原,例如单核细胞增生李斯特氏菌。由于此法最低检测浓度为 50CFU/mL,故可根据试纸条的灵敏度进行半定量分析,以估测致病菌的浓度。但需注意,若 T 区颜色较浅,可能表示弱阳性,建议通过富集样本后重新检测或结合其他检测手段进行确认。

若仅 C 区出现一条红线,而 T 区无反应,则判定为阴性结果,表示样本中未检测到目标抗原。若 C 区未出现红线,无论 T 区情况如何,均视为检测结果无效,可能由操作失误、试纸损坏或过期等因素造成,需重新进行检测。

7 思考题

(1)纳米免疫磁珠技术与胶体金技术结合有什么优势?
(2)胶体金检测单核细胞增生李斯特氏菌如何实现定量检测?

实验 18　酶联免疫吸附实验(ELISA)

一、ELISA 双抗体夹心法和间接法

1　目的和要求

(1) 了解 ELISA 的原理、类型及特点。
(2) 掌握 ELISA 双抗体夹心法和间接法实验操作方法。
(3) 学习用 ELISA 双抗体夹心法和标准曲线方法定量测定样品中可溶性抗原浓度。

2　基本原理

酶联免疫吸附法(enzyme linked immunosorbent assay, ELISA, 简称酶标法)是以免疫反应为基础, 将抗原、抗体的特异性反应与酶对底物的高效催化作用结合起来的一种灵敏度高、特异性强的实验技术。

ELISA 的基础是抗原或抗体的固相化及抗原或抗体的酶标记。结合在固相载体表面的抗原或抗体仍保持其免疫学活性, 酶标记的抗原或抗体既保留其免疫学活性, 又保留酶的活性。在测定时, 受检标本(测定其中的抗体或抗原)与固相载体表面的抗原或抗体发生特异性反应, 用洗涤的方法去除未结合的物质, 使固相载体上仅存留抗原抗体复合物, 再加入酶标记物, 此时固相载体上的酶量与标本中受检物质的浓度呈一定的比例关系。加入酶的反应底物后, 底物被酶催化成为有色产物, 产物的量与标本中受检物质的浓度成正比, 故可根据呈色的深浅, 通过酶标仪测定的 OD 值进行定性或定量分析[如以邻苯二胺(OPD)为底物时, 酶标仪测定波长一般选 490nm; 以 ELISA 常用四甲基联苯胺(TMB)为底物时, 测定波长一般选 450nm]。由于酶的催化效率很高, 间接地放大了免疫反应的结果, 使测定方法达到高敏感度。目前常用辣根过氧化物酶(horseradish peroxidase, HRP), 也有用碱性磷酸酶标记抗体。

根据试剂来源、标本的性状和检测条件, 有几种不同类型的检测方法, 比较常用的 ELISA 实验选用双抗体夹心法和间接法。

3　实验材料

3.1　抗原和抗体　被检或已知兔血清(抗原)、兔免疫球蛋白标准品(抗原)、被检或已知羊抗兔 IgG(抗体)、正常人血清和阳性对照血清(已知能与羊抗兔 IgG 特异性结合的兔血清)。

3.2　酶标记抗体　市售的辣根过氧化物酶(HRP)标记的羊抗兔 IgG。

3.3　试剂

(1) 包被缓冲液(0.05mol/L pH 9.6 碳酸盐缓冲液)　Na_2CO_3 1.59g、$NaHCO_3$ 2.93g, 加

蒸馏水定容至1000mL,也可用pH 9.6的磷酸盐缓冲液替代。

(2)洗涤缓冲液及稀释液(0.15mol/L pH 7.4的PBS缓冲液)　KH_2PO_4 0.2g、$Na_2HPO_4 \cdot 12H_2O$ 2.9g、NaCl 8.0g、KCl 0.2g、Tween-20 0.5mL,用800mL蒸馏水溶解,以1mol/L的NaOH或HCl调pH至7.4,再用蒸馏水定容至1000mL。

(3)封闭液　取牛血清白蛋白(BSA)1~2g,加洗涤缓冲液至100mL,或以羊血清、兔血清等血清与洗涤缓冲液配成5%~10%(体积分数)使用。

(4)终止液(2mol/L H_2SO_4)　蒸馏水178.3mL,逐滴加入浓硫酸(98%)21.7mL。

(5)底物缓冲液(pH 5.0磷酸盐-柠檬酸缓冲液)　0.2mol/L $Na_2HPO_4 \cdot 12H_2O$(71.6g/L)25.7mL、0.1mol/L柠檬酸(21.01g/L)24.3mL,加蒸馏水50mL。

(6)底物溶液[邻苯二胺(OPD)/H_2O_2溶液]　称取OPD 40mg,用(5)配制的pH 5.0磷酸盐-柠檬酸缓冲液定容至100mL;临用前加入30%(体积分数)H_2O_2 0.15mL,配后立即使用。

3.4　仪器与其他用具　聚苯乙烯微孔板(简称酶标板,8×12孔)、酶标仪或微量分光光度计、50μL及200μL微量移液器、微量移液器吸头、小毛巾、洗涤瓶、小烧杯、玻璃棒、试管、吸管和量筒、4℃冰箱、37℃培养箱。

4　实验流程

ELISA双抗体夹心法: 已知抗体吸附于载体表面(包被抗体)→ 洗涤 → 封闭 → 洗涤 → 加待检抗原 → 洗涤 → 加酶标记的特异抗体(与包被抗体相同) → 洗涤 → 加酶的底物液显色 → 底物水解的量等于抗原存在的量

ELISA间接法: 已知抗原吸附于载体表面(包被抗原)→ 洗涤 → 封闭 → 洗涤 → 加待检抗体 → 洗涤 → 加酶标第二抗体(抗球蛋白抗体) → 洗涤 → 加酶的底物液显色 → 底物水解的量等于抗体存在的量

5　操作步骤

5.1　双抗体夹心法(检测未知抗原)

5.1.1　包被抗体　用包被缓冲液将已知抗体(如羊抗兔IgG)按倍比稀释法(1:2、1:4、1:8、1:16、1:32、1:64……)稀释至蛋白质含量为1~10μg/mL,在酶标板的每个反应孔中加入200μL,加盖,置于4℃过夜或37℃保温2h;弃去孔内溶液,每个反应孔中加300μL洗涤缓冲液,洗3次,每次浸泡1~2min后,在吸水纸上拍打去除残留洗涤缓冲液。

5.1.2　封闭　每个孔中加入200μL封闭液,加盖,37℃保温1h后,同5.1.1洗涤。

5.1.3　加样　加入用PBS缓冲液稀释成各种稀释度的待检抗原(如兔血清)200μL于上述已包被的反应孔中,置于37℃孵育30min,然后同5.1.1洗涤。同时设置空白对照孔(PBS缓冲液)、阴性对照孔(正常人血清)及阳性对照孔(阳性对照血清)。

5.1.4　加酶标抗体　将HRP标记的羊抗兔IgG用PBS缓冲液稀释至1μg/mL,每孔加200μL,加盖,置于37℃孵育30min,同5.1.1洗涤3次。

5.1.5　加底物液显色　于各孔中加入OPD底物溶液200μL,室温下暗处放置20~

30min。

5.1.6　终止反应　于各反应孔中加入 2mol/L 硫酸 50μL,混合,稳定 3~5min。

5.1.7　检测　用 ELISA 酶标仪于波长 490nm 处,以空白对照孔调零后测定各孔 OD 值。

5.1.8　结果判定　结果可以定性判定和定量检测抗原。

(1)定性判定抗原阳性或阴性　通常定性判定方法是:计算待检测孔与阴性对照孔的 OD_{490nm} 之比(Positive/Negative,P/N),结果报告按如下方法:①当 $P/N \geqslant 2.1$ 时,为阳性(表示待测孔的 OD_{490nm} 值大于阴性对照孔 OD_{490nm} 值的 2.1 倍);②当 $P/N < 2.1$,且 $P/N \geqslant 1.5$ 时,为可疑阳性,应予复查;③当 $P/N < 1.5$ 时,为阴性。

(2)定量测定可溶性抗原浓度　将已知浓度的抗原(如兔免疫球蛋白标准品)和待测样品(如兔血清)分别做 2 倍递增不同倍数稀释,然后按照上述 ELISA 双抗体夹心法步骤操作,以兔免疫球蛋白标准品的浓度为横坐标,以酶标仪测定其对应的 OD_{490nm} 值为纵坐标,绘制标准曲线。根据待测样品的 OD_{490nm} 值从标准曲线中查得对应的抗原浓度,再乘以稀释倍数,即样品中抗原的实际浓度(μg/mL)。此法适用于复杂样品中抗原含量的检测。注意:实验过程中要操作规范,避免交叉污染,以保证实验结果的准确性。

有关定量测定颗粒性抗原(如菌体细胞)浓度的操作方法,参考实验 18 纳米免疫磁珠技术联合 ELISA 快检鼠伤寒沙门氏菌 5.5 内容。

此外,也可用目测法判断结果。将酶标板置于白色背景上,阳性对照孔应明显黄色,阴性对照孔应无色或微黄色,凡是待测孔比阴性对照孔颜色深者为阳性结果。待测反应孔内颜色越深,阳性程度越强,阴性反应为无色或极浅,依据所呈颜色的深浅,用"+""-"号记录。

5.2　间接法(检测未知抗体)

用包被缓冲液将已知抗原(如兔血清)稀释至 1~10μg/mL,每个孔加入 200μL,4℃过夜。次日用洗涤缓冲液洗涤 3 次,每次 5min。每个孔加入 200μL 封闭液,置于 37℃恒温箱中保持 1h 后,同上洗涤。加入一定稀释的待检抗体(如羊抗兔 IgG)200μL 于上述已包被抗原的反应孔中,置于 37℃孵育 1h,同上洗涤。同时做空白、阴性及阳性孔对照。于各反应孔中,加入新鲜稀释的酶标第二抗体(抗球蛋白抗体,即抗抗体)200μL,37℃孵育 30~60min,同上洗涤,最后用蒸馏水洗 2 次。其余步骤同"双抗体夹心法"的 5.1.5~5.1.8 操作。

注意事项:

(1)将移液器倾斜成 45°进行加样,加样时体积要准确。管底加样时,不能加在管壁上,加样时不能产生气泡。

(2)在 ELISA 实验过程中,洗涤操作不是反应步骤,但却是决定实验成败的关键,目的是洗去反应液中没有与固相抗原或抗体结合的物质,以及在反应过程中非特异性吸附于固相载体的干扰物质。

(3)正式试验时,应分别以阳性对照与阴性对照控制试验条件,待检样品应作一式两份,以保证实验结果的准确性。有时本底较高,说明有非特异性反应,可采用牛血清白蛋白或羊血清、兔血清等封闭。

(4)加标本后与加结合物后,应立即放入 37℃培养箱孵育,且各酶标板不应叠在一起。为避免蒸发,板上应加盖,或将酶标板平置于底部垫有湿纱布的搪瓷盒中。加入底物后,对反应的时间和温度通常不做严格要求。如室温高于 20℃,酶标板可避光置于实验台上,以方便连续观察,待对照管显色适当时,即可终止酶反应。

(5)聚苯乙烯微孔板吸附蛋白质的性质是 ELISA 的基础。蛋白质依靠非特异性的疏水力与塑料表面结合。其等电点、电荷及分子质量大小与结合无关。一般饱和吸附量为 $1.5ng/mm^2$。选择聚苯乙烯微孔板时,由于塑料制品受各方面因素的影响,吸附性能差异很大,有的甚至完全丧失吸附性能,故在使用前必须进行反应板吸附性能的测定。在反应板的每个小孔中加入同一份抗原,使之吸附于小孔表面,然后按照测定方法操作,加底物显色后用酶标仪测定每个孔中溶液的 OD 值,一般认为每个孔的 OD 值误差保持在±10%以内,否则不可用。

6 实验报告与结果

图示说明 ELISA 双抗体夹心法和间接法实验的原理,并报告实验结果。

7 思考题

(1)ELISA 实验操作要注意哪些问题?

(2)金黄色葡萄球菌在食物中繁殖常产生 A 型、B 型、C 型等肠毒素。某种原料乳或其制品已污染金黄色葡萄球菌并产生肠毒素,请设计 ELISA 实验方案一次鉴定毒素的类型。

二、纳米免疫磁珠技术联合 ELISA 快检鼠伤寒沙门氏菌

1 目的和要求

(1)学习纳米免疫磁珠技术在 ELISA 中的应用原理。
(3)学习纳米免疫磁珠技术联合 ELISA 快检鼠伤寒沙门氏菌的方法。
(3)掌握 ELISA 双抗体夹心法和标准曲线方法定量检测样品中颗粒性抗原(菌体)的浓度。

2 基本原理

纳米免疫磁珠是一种大小均匀且具有超顺磁性及保护性壳的球形小粒子,其表面可以偶联特异性抗体。在外加磁场的作用下,这些包被了抗体的磁珠能够快速、特异性地捕获目标抗原。然后,通过 ELISA 的方法,利用酶标记的抗体与捕获的目标抗原形成复合物,进一步放大反应信号,实现对抗原的快速检测。纳米免疫磁珠能富集样品中的目标抗原,减小杂质的背景值,以提高 ELISA 的灵敏度。由于 ELISA 本身还具有高通量的优势,故纳米免疫磁珠与 ELISA 结合的方法不仅灵敏度高、检测时间短,而且还有检测费用低、操作简单、实用性强等优点,在食品安全检测领域具有广泛的应用前景。

3 实验材料

3.1 抗原(检测目标物)　鼠伤寒沙门氏菌(*Salmonella typhimurium*) ATCC13311 于 37℃培养 16~18h 肉汤培养物。

3.2 试剂　粒径 180nm 羧基化磁珠、抗鼠伤寒沙门氏菌单克隆抗体、N-羟基硫代琥珀

酰亚胺、二氯乙烷、链霉亲和素与生物素、酶标抗体(辣根过氧化物酶与市售的单克隆抗体偶联)、正常小鼠血清(阴性对照血清)和灭活鼠伤寒沙门氏菌(阳性对照)等。

(1) 制备单克隆抗体所用免疫动物、试剂和培养基 参考实验17 免疫胶体金标记技术检测沙门氏菌3.2~3.4内容。

(2) 0.05mol/L MES 缓冲液 参见实验17 纳米免疫磁珠技术联合胶体金技术快检单核细胞增生李斯特氏菌3.3内容。

(3) 包被缓冲液、洗涤缓冲液及稀释液、终止液 参考实验18 ELISA 双抗体夹心法和间接法3.3内容。

(4) 封闭液 10mL 洗涤缓冲液中加入100mg 牛血清白蛋白(BAS)及10μL Tween-20。

(5) 显色液 底物显色A液与B液等量混合,避光保存,现用现配。

底物显色A液:乙酸钠13.6g、柠檬酸1.6g、30%H_2O_2 0.3mL、蒸馏水加至500mL。

底物显色B液:乙二胺四乙酸二钠0.2g、柠檬酸0.95g、丙三醇50mL、四甲基联苯胺二盐酸(TMB·2HCl)0.15g、蒸馏水加至500mL。

3.3 仪器与其他用具 微量移液器、移液器的吸头、超净工作台、酶标仪、酶标板、混匀仪、磁力架、旋转混合仪、细胞培养板等。

4 实验流程

本实验流程如图18.1所示。

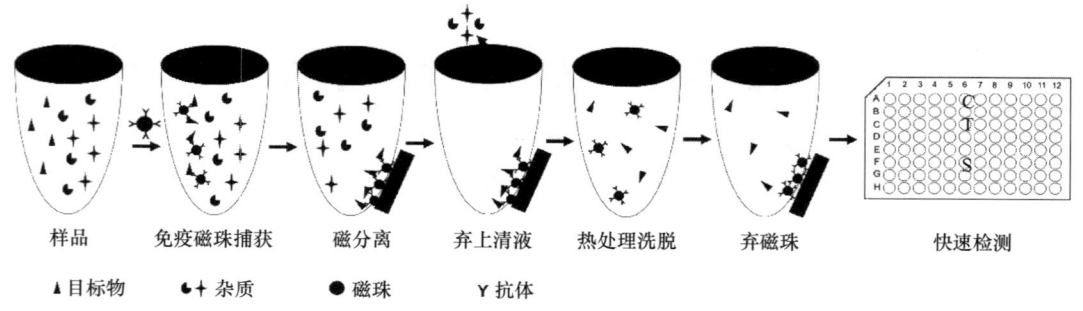

图18.1 纳米免疫磁珠技术联合 ELISA 快检鼠伤寒沙门氏菌实验流程

5 操作步骤

5.1 抗鼠伤寒沙门氏菌单克隆抗体的制备 参考实验17 免疫胶体金标记技术检测沙门氏菌5.1~5.3的内容。

5.2 纳米免疫磁珠的制备 参考实验17 纳米免疫磁珠技术联合胶体金技术快检单核细胞增生李斯特氏菌5.3的内容。

5.3 纳米免疫磁珠捕获富集鼠伤寒沙门氏菌 取1mL 不同浓度的鼠伤寒沙门氏菌培养液于2mL 离心管中,再将制备的纳米免疫磁珠0.15mg 加入上述离心管中。室温下在旋转混合仪上37℃反应30min(10r/min)后取下,将离心管插入磁力架分离2min,弃去上清液。用1mL 0.01mol/L、pH 7.4的 PBS 浓缩重悬磁珠,85~90℃水浴10~15min,磁分离后弃去磁珠,得到待测样品。

5.4　ELISA 实验操作　参考实验 18 ELISA 双抗体夹心法和间接法 5.1 中 5.1.1～5.1.6 的内容。

5.5　ELISA 快速检测　定量测定颗粒性抗原(菌体细胞)浓度。将已知颗粒性抗原(如鼠伤寒沙门氏菌)培养至对数期末期的培养液做 10 倍递增稀释,然后按照实验 27 食品中细菌的菌落总数测定方法对菌体生长至对数期末期的培养液进行平板菌落计数。利用数据处理软件以菌体浓度为横坐标,以酶标仪测定靶抗原对应的 OD_{450nm} 值为纵坐标,自动生成标准曲线和对应的线性方程。可根据待测样品靶抗原(如鼠伤寒沙门氏菌)的 OD_{450nm} 值从标准曲线的线性方程中计算得到相应的菌体浓度(CFU/mL)。

注意事项:(1)参考实验 17 纳米免疫磁珠技术联合胶体金技术快检单核细胞增生李斯特氏菌所述的注意事项。

(2)参考实验 18 ELISA 双抗体夹心法和间接法所述的注意事项。

6　实验报告与结果

报告纳米免疫磁珠技术联合 ELISA 双抗体夹心法快速检测样品中鼠伤寒沙门氏菌的浓度。

7　思考题

(1)纳米免疫磁珠技术与 ELISA 结合有什么优势?

(2)基于 ELISA 高通量检测的特点设计可同时检验多种致病菌的快速富集检测方案。

实验 19　环境因素对微生物生长的影响

一、温度对微生物生长的影响

1　目的和要求

(1) 了解温度对微生物生长的影响,学习微生物最适生长温度的测定及对高温的抗性试验。

(2) 了解微生物耐热性大小的几种表示方法,学习 D 值与 Z 值的测定方法。

2　基本原理

微生物群体生长繁殖最快的温度为其最适生长温度,但它并不等于其发酵最适温度,也不等于积累某一代谢产物的最适温度。不同微生物生长繁殖所要求的最适温度不同,微生物根据生长的最适温度范围,可分为高温菌、中温菌和低温菌,自然界中大部分微生物属于中温菌。

不同微生物对高温的抵抗力不同,芽孢杆菌的芽孢对高温有较强的抵抗能力。

不同微生物因细胞结构的特点和细胞组成性质的差异,其致死温度各不相同,即耐热性不同。食品工业中,微生物耐热性的大小常用以下数值表示:热致死温度(TDP)、热力致死时间(TDT)、D 值和 Z 值等。

D 值与 Z 值可分别通过绘制热致死速度曲线和热致死时间曲线求得。D 值是指在一定温度下(如在 100℃ 和 63℃ 条件下,分别用 D_{100} 与 D_{63} 表示),加热杀死活菌,活菌数减少 90%(或减少一个对数周期)所需要的时间。Z 值是指在热致死时间曲线中,缩短 90%(或减少一个对数周期)热致死时间所需要升高的温度数(℃)。热力致死时间(TDT)是指在特定条件和特定温度下,杀死样品中 99.99% 微生物所需要的最短时间。

3　实验材料

3.1　菌种　大肠杆菌(*Escherichia coli*)、枯草芽孢杆菌(*Bacillus subtilis*)、金黄色葡萄球菌(*Staphylococcus aureus*) 牛肉膏蛋白胨斜面培养物,酿酒酵母(*Saccharomyces cerevisiae*)、青霉(*Penicillium* sp.) PDA 斜面培养物。

3.2　培养基　牛肉膏蛋白胨液体培养基(5mL/管)、斜面培养基(5mL/管)和琼脂平板培养基;PDA 液体培养基(5mL/管)、斜面培养基(5mL/管)和平板培养基,制法均见附录Ⅱ。

3.3　试剂　9mL 无菌生理盐水、9mL 无菌 pH 7.0 的磷酸盐缓冲液。

3.4　仪器与其他用具　灭菌平皿、1mL 灭菌吸管或吸头、灭菌空试管、镊子、无菌圆滤纸片(Φ5mm)、毛细管(Φ1.0mm×150mm)、微量移液器、干燥箱、电热恒温水浴槽等。

4 实验流程

微生物生长最适温度的测定：制备霉菌孢子悬液、细菌和酵母菌种培养液 → 标记平板和试管 → 接种（霉菌接种平板，细菌和酵母菌接种液体试管） → 分别置于 20℃、28℃、37℃、45℃ 培养 → 观察

微生物对湿热的抗性试验：取液体培养基试管 → 编号 → 接种斜面培养物 → 湿热处理 → 培养 → 观察

微生物对干热的抗性试验：制备菌悬液 → 滤纸片蘸取菌悬液 → 置空试管 → 干热处理 → 培养 → 观察

D 值的测定：制备菌悬液 → 水浴或油浴热处理（100℃ 或 63℃ 处理，每隔 5min 取样）→ 倾注平板培养 → 菌落计数 → 计算残存活菌数 → 确定热致死时间 → 绘制热致死速度曲线 → 求 D 值

Z 值的测定：制备菌悬液 → 水浴或油浴热处理（间隔 5℃ 不同温度处理） → 倾注平板培养 → 菌落计数 → 计算残存活菌数 → 确定热致死时间 → 绘制热致死时间曲线 → 求 Z 值

5 操作步骤

5.1 微生物生长最适温度的测定

5.1.1 青霉生长最适温度的测定

（1）制备孢子悬液　取青霉斜面原菌种划线接种于 PDA 试管斜面上，28℃ 培养 3~5d，用 5~10mL 灭菌生理盐水洗下菌苔，制成浓度为 10^8 个/mL 的孢子悬液。

（2）标记　取 PDA 平板 8 个，分别在底部标注 20℃、28℃、37℃、45℃ 4 种温度，每种温度 2 个平板。

（3）接种与培养　用灭菌镊子将无菌圆滤纸片浸入青霉孢子悬液中，取出放于上述平板中央。按平板所标注温度培养 2d 后，测量菌落直径，取平均值，直径最大的对应的温度即该菌最适生长温度，以此判定青霉的最适生长温度。

5.1.2 大肠杆菌生长最适温度的测定

（1）制备菌种培养液　取大肠杆菌斜面原菌种 1~2 环接种于牛肉膏蛋白胨液体培养基试管中，37℃ 培养 18~20h。

（2）标记　取牛肉膏蛋白胨培养液试管 8 支，分别标明 20℃、28℃、37℃、45℃ 4 种温度，每种温度 2 管。

（3）接种与培养　向每管中接入培养好的大肠杆菌液体培养物 0.1mL，混匀。按试管标注温度振荡培养 24h 后，根据菌液的浑浊度判断大肠杆菌生长的最适温度。

5.1.3 酿酒酵母生长最适温度的测定

（1）制备菌种培养液　取酿酒酵母斜面原菌种 1~2 环接种于 PDA 液体培养基试管中，28℃ 培养 18~20h。

（2）标记　取 PDA 液体培养基试管 8 支，分别标明 20℃、28℃、37℃、45℃ 4 种温度，每种温度 2 管。

（3）接种与培养　向每管接入上述培养好的酿酒酵母液体培养物 0.1mL，混匀。按试管标注温度振荡培养 24h 后，根据菌液的浑浊度判断酿酒酵母生长的最适温度。

5.2 微生物对高温的抗性试验

5.2.1 微生物对湿热的抗性试验

(1)编号　取牛肉膏蛋白胨液体培养基试管 16 支,从 1~16 编号。
(2)接种　在 1、3、5、7 等单号管中接种 1 环培养 48h 的大肠杆菌斜面培养物,在 2、4、6、8 等双号管中接种 1 环培养 48h 的枯草芽孢杆菌斜面培养物。
(3)湿热处理　将 1~8 号管放入 50℃恒温水浴中,10min 后取出 1~4 号管,再隔 10min 取出另外 4 管;同样将 9~16 号管放入 100℃水浴中,10min 后取出 9~12 号管,再隔 10min 取出另外 4 管。
(4)培养　将经上述温度处理过的试管置于 37℃温箱中培养 24h 后,观察培养基浑浊长菌情况,记录实验结果。

5.2.2　微生物对干热的抗性试验
(1)制备菌悬液　取大肠杆菌、枯草芽孢杆菌斜面原菌种划线接种于牛肉膏蛋白胨试管斜面上,37℃培养 1~2d,用 5~10mL 灭菌生理盐水洗下菌苔,制成浓度为 10^8 CFU/mL 的菌悬液。
(2)编号　取 16 支灭菌空试管,分别标注 1~16 号。
(3)接种　用灭菌镊子将无菌圆滤纸片分别浸入大肠杆菌和枯草芽孢杆菌悬液内,将大肠杆菌悬液中取出的滤纸片分别放入 1、3、5、7 等单号试管中;将枯草芽孢杆菌悬液中取出的滤纸片分别放入 2、4、6、8 等双号试管中。
(4)干热处理　将 1~8 号管放入 50℃干燥箱中,10min 后取出 1~4 号管,再隔 10min 取出 5~8 号管;同样将 9~16 号管放入 100℃干燥箱中,10min 后取出 9~12 号管,再隔 10min 取出 13~16 号管。
(5)培养　以无菌操作将牛肉膏蛋白胨液体培养基分别注入上述试管各 3~5mL,将带菌的滤纸片冲下,另取 1 支不带菌的液体培养基试管作为对照,置于 37℃温箱中培养 2d 后,观察培养基浑浊长菌情况,记录实验结果。

5.3　微生物耐热性 D 值与 Z 值的测定方法
5.3.1　D 值的测定方法
(1)制备菌悬液　取枯草芽孢杆菌斜面原菌种划线接种于牛肉膏蛋白胨试管斜面上,37℃培养 7d,革兰染色镜检芽孢数为 85%以上,用 5~10mL 无菌 pH 7.0 的磷酸盐缓冲液洗下斜面菌苔,制成浓度为 10^8 个/mL 的芽孢悬浮液。同法用无菌 pH 7.0 的磷酸盐缓冲液制得大肠杆菌、金黄色葡萄球菌悬液。
(2)水浴或油浴热处理　将枯草芽孢杆菌芽孢悬浮液置于盛有 pH 7.0 的磷酸盐缓冲液试管中,取 12 支毛细管置于上述悬液试管中,待吸入菌液后(注意每支毛细管所吸菌液应定量一致),用火焰封口,置于 100℃恒温水浴槽内加热(大肠杆菌和金黄色葡萄球菌采用 63℃恒温水浴加热)。如果超过 100℃,则采用油浴加热。每隔 5min 取出 2 支毛细管,迅速于冷水中冷却。
(3)倾注平板培养　分别将上述原芽孢悬浮液及不同时间加热的芽孢悬浮液以 9mL 无菌生理盐水按 10 倍稀释法进行适当稀释,用无菌吸管(或吸头)各吸取其中 2~3 个稀释度的稀释液 1mL 注入灭菌平皿内,每个稀释度做 2 个重复,倒入溶化后冷却至 46~50℃的牛肉膏蛋白胨琼脂培养基约 15mL,摇匀,待凝固,置于 37℃温箱中培养 1~2d,观察是否长出菌落。
(4)菌落计数　对长出菌落的同一稀释度的平皿进行计数,取平均值,按式(19.1)计算每毫升处理液的残存活菌数。

$$残存活菌数/(CFU/mL) = 平均菌落数 \times 稀释倍数 \qquad (19.1)$$

（5）绘制热致死速度曲线求 D 值和热力致死时间 以加热时间为横坐标（单位 min），残存活菌数的对数为纵坐标[单位 lg 菌数/(CFU/mL)]，在半对数坐标纸上绘制 100℃温度条件下，枯草芽孢杆菌的芽孢热致死速度曲线，并找出在此温度下，活菌数减少一个对数周期所需要的时间即为 D_{100} 值。同理，绘制在 63℃条件下大肠杆菌和金黄色葡萄球菌的热致死速度曲线，并从中获得 D_{63} 值。对未长出菌落的平皿可确定热致死时间，即加热处理菌液所需的时间，为该菌在一定温度下的热致死时间。

5.3.2 Z 值的测定方法 用上述方法测定不同温度下（可间隔 5℃）的热致死时间，而后以温度为横坐标（单位℃），热致死时间的对数为纵坐标（单位 lg 时间/min），在半对数坐标纸上绘制热致死时间曲线，求出减少一个对数周期热致死时间所需升高的温度（单位℃）即为 Z 值。

6 实验结果与报告

（1）比较三种微生物在不同温度下的生长状况，结果填入下表中，并找出其最适生长温度。

项目	生长温度/℃			
	20	28	37	45
青霉平均菌落直径/mm				
大肠杆菌长菌状况				
酿酒酵母长菌状况				

注：长菌（浑浊）以"+"表示，不生长（澄清）以"-"表示；并以"+""++""+++"表示不同生长量。

（2）将大肠杆菌和枯草芽孢杆菌对高温的抗性试验结果用注解符号填入下表中。

菌名	50℃湿热处理		100℃湿热处理		50℃干热处理		100℃干热处理	
	10min	20min	10min	20min	10min	20min	10min	20min
大肠杆菌								
枯草芽孢杆菌								

注：生长以"+"表示；不生长以"-"表示；并以"+""++""+++"表示不同生长量。

（3）将实验测得的大肠杆菌、枯草芽孢杆菌、金黄色葡萄球菌的 D 值与 Z 值填入下表中。

枯草芽孢杆菌		大肠杆菌		金黄色葡萄球菌	
D_{100} 值/min	Z 值/℃	D_{63} 值/min	Z 值/℃	D_{63} 值/min	Z 值/℃

7 思考题

(1) 为什么微生物的最适生长温度并不等于发酵最适温度?

(2) 微生物耐热性大小的表示方法有几种?如何测定 D 值与 Z 值?

二、紫外线对微生物生长的影响

1 目的和要求

了解紫外线的杀菌作用原理,学习紫外线杀菌的实验方法。

2 基本原理

紫外线主要作用于细胞内的 DNA,使同一条 DNA 链相邻嘧啶间形成胸腺嘧啶二聚体,引起双链结构扭曲变形,阻碍碱基正常配对,从而抑制 DNA 的复制,轻则使微生物发生突变,重则造成微生物死亡。紫外线照射的剂量与所用紫外光灯的功率(单位 W)、照射距离和照射时间有关。当紫外光灯和照射距离固定,照射的时间越长则照射剂量越高。紫外线透过物质的能力较弱,一层黑纸足以挡住紫外线的通过。本实验验证紫外线的杀菌作用及不同微生物对紫外线的抵抗能力。

3 实验材料

3.1 菌种 大肠杆菌(*Escherichia coli*)、枯草芽孢杆菌(*Bacillus subtilis*)、金黄色葡萄球菌(*Staphylococcus aureus*)牛肉膏蛋白胨斜面培养物。

3.2 培养基 牛肉膏蛋白胨琼脂培养基、牛肉膏蛋白胨液体培养基(5mL/管),制法见附录Ⅱ。

3.3 试剂 无菌生理盐水。

3.4 仪器与其他用具 灭菌吸管或吸头(1mL)、玻璃涂布棒、三角形黑纸、紫外光灯(15W,距离 30cm)、微量移液器等。

4 实验流程

制备菌种培养液 → 涂布平板接种 → 紫外线照射 → 避光培养 → 观察

5 操作步骤

5.1 制备菌种培养液 取大肠杆菌、枯草芽孢杆菌、金黄色葡萄球菌斜面原菌种 1~2 环接种于牛肉膏蛋白胨液体培养基试管中,37℃ 培养 18~20h。

5.2 涂布平板接种 用灭菌吸管(或吸头)分别吸取已培养好的三种菌培养液 0.2mL 注入相应的牛肉膏蛋白胨琼脂平板上,用灭菌涂布棒将菌液涂布均匀,再以无菌三角形黑纸遮盖培养基的中央部分。

5.3 紫外线照射 紫外灯预热 10~15min 后,将有黑纸的平皿置于紫外灯下,打开平皿盖,照射 20~30min(照射剂量以平板没有被黑纸遮盖的部位有少量菌落出现为宜)。照射完毕,取去黑纸,盖上平皿盖。

5.4 培养 用黑纸包裹平皿,倒置于37℃温箱中培养24h后,观察实验结果,比较三种菌对紫外线的抵抗力(图19.1)。

6 实验结果与报告

(1)比较紫外线照射平板加黑纸处与未加黑纸处的长菌情况。

(2)记录并比较大肠杆菌、枯草芽孢杆菌和金黄色葡萄球菌对紫外线的抵抗能力。

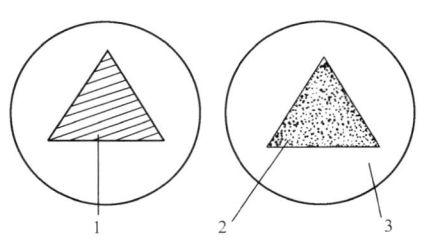

图 19.1 紫外线对微生物生长的影响
1—黑纸;2—贴黑纸处有细菌生长;
3—紫外线照射处有少量菌生长。

7 思考题

微生物经紫外线照射后,为什么要用黑纸包裹平皿避光培养?

三、渗透压对微生物生长的影响

1 目的和要求

了解不同盐浓度对微生物生长的影响。

2 基本原理

在等渗溶液中,微生物正常生长繁殖;在高渗溶液(如高盐、高糖溶液)中,细胞脱水收缩而发生质壁分离现象,造成细胞代谢活动呈抑制状态甚至死亡;在低渗溶液中,细胞吸水膨胀,但有细胞壁的保护,很少发生细胞破裂。不同类型微生物对渗透压变化的适应能力不尽相同,多数微生物在5~30g/L的盐浓度中可正常生长,100~150g/L的盐浓度能抑制多数微生物的生长,但对嗜盐细菌而言,在低于150g/L盐浓度的环境中不能生长,而某些极端嗜盐菌,如盐杆菌属、盐球菌属和微球菌属中的一些种可在盐浓度高达200~300g/L的食品中良好生长,常引起腌制鱼、肉、菜变质。

3 实验材料

3.1 菌种 金黄色葡萄球菌(*Staphylococcus aureus*)、大肠杆菌(*Escherichia coli*)、盐沼盐杆菌(*Halobacterium salinarium*)牛肉膏蛋白胨斜面培养物。

3.2 培养基 分别含8.5、50、100、150及250g/L NaCl的牛肉膏蛋白胨琼脂和液体培养基。

3.3 试剂 无菌生理盐水。

3.4 仪器与其他用具 无菌平皿、无菌吸管或吸头、接种环、培养箱、振荡培养箱、分光光度计、微量移液器等。

4 实验流程

平板培养法：不同浓度 NaCl 的牛肉膏蛋白胨琼脂 → 倒平板 → 标记 → 平板划线接种 → 培养 → 观察

试管培养法：不同浓度 NaCl 的牛肉膏蛋白胨液体试管 → 标记 → 接种菌悬液 → 振荡培养 → 观察

5 操作步骤

5.1 平板培养法

5.1.1 倒平板 将含不同浓度 NaCl 的牛肉膏蛋白胨琼脂培养基溶化、倒平板，每一浓度倒两个平板。

5.1.2 标记 将培养基已凝固的平皿底部用记号笔划成三部分，分别标记上述三种菌名。

5.1.3 平板划线接种 在平板相应区域分别划线接种金黄色葡萄球菌、大肠杆菌及盐沼盐杆菌，注意避免污染杂菌或相互污染。

5.1.4 培养 将上述平板置于 28、37℃温箱中培养 2~4d 后，观察并记录含不同浓度 NaCl 的平板上三种菌的生长状况。

5.2 试管培养法

5.2.1 标记 取含 8.5、50、100、150 及 250g/L NaCl 的牛肉膏蛋白胨液体试管，5mL/管，做好标记，同时以无 NaCl 的牛肉膏蛋白胨液体试管作为对照。

5.2.2 接种 将金黄色葡萄球菌、大肠杆菌、盐沼盐杆菌牛肉膏蛋白胨斜面菌种用生理盐水制成菌悬液，以无菌吸管（或吸头）吸取 0.1mL 分别接种于 5.2.1 中已标记的液体培养基中，每一个浓度做两个重复。

5.2.3 培养 接种完毕，将试管分别置于 28、37℃振荡培养箱（转速 180r/min）中培养 24h 后，观察试管长菌情况，并测定培养物的 OD_{600nm} 值，确定每种菌的最高耐盐能力。

6 实验结果与报告

将实验结果用注解符号填入下表中。

菌名	NaCl 浓度/(g/L)				
	8.5	50	100	150	250
金黄色葡萄球菌					
大肠杆菌					
盐沼盐杆菌					

注："-"表示不生长，"+"表示生长，"++"表示生长良好。

7 思考题

(1) 盐沼盐杆菌在哪种 NaCl 浓度条件下生长最好，其他浓度条件下是否生长？说明原因。

（2）金黄色葡萄球菌和大肠杆菌在不同 NaCl 浓度条件下生长状况有何区别？解释原因。

四、氧气对微生物生长的影响

1 目的和要求

了解氧气对微生物生长的影响及其实验方法，判断各类微生物对氧的需求及耐受能力。

2 基本原理

根据微生物对氧的需求及耐受能力的不同，可将微生物分为五种类型。

（1）好氧菌　必须在有氧条件下生长，在葡萄糖的氧化降解过程中需要氧作为氢受体。

（2）微好氧菌　生长需要少量的氧，过量的氧常导致这类微生物死亡。

（3）兼性厌氧菌　在有氧和无氧条件下均能生长，倾向于以氧作为氢受体，在无氧条件下可利用 NO_3^- 或 SO_4^{2-} 作为最终氢受体。

（4）专性厌氧菌　必须在完全无氧条件下生长繁殖，由于细胞内缺少超氧化物歧化酶和过氧化氢酶，氧的存在导致有毒害作用的超氧化物及氧自由基产生，对这类微生物有致死作用。

（5）耐氧菌　有氧和无氧条件下均能生长，与兼性厌氧菌的不同之处在于耐氧菌虽然不以氧作为最终氢受体，但由于细胞具有超氧化物歧化酶和过氧化物酶，故在有氧条件下也能生存。

本实验对氧需求不同的细菌采用深层固体培养基混菌法及深层半固体培养基穿刺法进行接种，适温培养后，观察生长状况。根据微生物在试管中的生长部位，判断各类微生物对氧的需求及耐受能力。好氧菌生长在培养基的表面，厌氧菌生长在培养基的基部，兼性厌氧菌按其兼性厌氧的程度，生长在培养基的不同深度。

3 实验材料

3.1　菌种　枯草芽孢杆菌（*Bacillus subtilis*）、大肠杆菌（*Escherichia coli*）和丙酮-丁醇梭菌（*Clostridium acetobutylicum*）斜面培养物。

3.2　培养基　牛肉膏蛋白胨半固体培养基、牛肉膏蛋白胨固体培养基（附录Ⅱ）。

3.3　试剂　无菌生理盐水。

3.4　仪器与其他用具　无菌吸管或吸头、接种环、培养箱、恒温水浴槽、微量移液器等。

4 实验流程

深层半固体培养基穿刺法：斜面培养物→ 接种针蘸取少许菌苔 → 穿刺接种至半固体琼脂试管 → 培养 → 观察

深层固体培养基混菌法：斜面培养物→ 制备菌悬液 → 菌悬液与琼脂培养基迅速混匀 → 培养 → 观察

5 操作步骤

5.1 深层半固体培养基穿刺法

5.1.1 接种 取牛肉膏蛋白胨半固体培养基试管 6 支,用穿刺接种法分别接种枯草芽孢杆菌、大肠杆菌和丙酮-丁醇梭菌,每种菌接种 2 支培养基试管。

5.1.2 培养 置于37℃培养48h后观察结果,注意各菌在培养基中生长的部位。

5.2 深层固体培养基混菌法

5.2.1 制备菌悬液 在三种供试菌种斜面培养物中加入 2mL 无菌生理盐水,制成菌悬液。

5.2.2 接种 取已溶化并冷却至46~50℃的牛肉膏蛋白胨固体培养基试管 6 支,用无菌吸管(或吸头)分别吸取 0.1mL 菌悬液接种到相应试管中,每种菌接种 2 支培养基试管。接种后,立即用双手快速搓动试管混匀菌种,待凝固。注意:接种后,勿用手或振荡器振荡试管,以避免过多空气混入培养基。

5.2.3 培养 将上述试管置于37℃培养48h后开始连续观察,记录氧气对几种细菌生长的影响。

6 实验结果与报告

将实验结果填入下表中。用文字描述其生长部位(表面生长、底部生长、接近表面生长、均匀生长、接近表面生长旺盛等),并确定该微生物的类型。

菌名	生长部位	类型
枯草芽孢杆菌		
大肠杆菌		
丙酮-丁醇梭菌		

7 思考题

某细菌(如嗜酸乳杆菌)细胞内不含过氧化氢酶,但仍能在有氧条件下生长,请解释原因。

五、pH 对微生物生长的影响

1 目的和要求

了解 pH 对微生物生长的影响及其实验方法,确定微生物生长所需的最适 pH。

2 基本原理

pH 对微生物生长的影响主要通过以下几方面实现:①引起细胞膜电荷的变化,导致微生物细胞吸收营养物质能力改变。②使蛋白质、酶、核酸等生物大分子所带电荷发生变化，从而影响其生物活性，尤其影响各种酶的活性，从而影响微生物的正常代谢活动。③改变微生物对环境中营养物质的吸收能力，以及有害物质对微生物的毒性。

不同微生物对pH要求各不相同，它们只能在一定的pH范围内生长。多数细菌生长最适pH为6.5~7.5，多数真菌生长最适pH为5~6，多数放线菌生长最适pH为7.5~8.5。因此，在实验室条件下，可根据不同类型微生物对pH要求的差异来选择性地分离某种微生物，例如在pH 10~12的高盐培养基上可分离到嗜盐嗜碱细菌，分离真菌则一般用酸性培养基等。

在实验室条件下，人们常将培养基pH调至接近中性，而微生物在生长过程中常由于糖降解产酸及蛋白质降解产碱而使环境pH发生变化，从而影响微生物生长。因此，人们常在培养基中加入缓冲系统，如K_2HPO_4/KH_2PO_4系统，大多数培养基富含氨基酸、肽类、蛋白质，这些物质可成为天然pH缓冲系统。

3 实验材料

3.1 菌种 大肠杆菌(*Escherichia coli*)牛肉膏蛋白胨斜面培养物、酿酒酵母(*Saccharomyces cerevisiae*)马铃薯葡萄糖琼脂(PDA)斜面培养物。

3.2 培养基 牛肉膏蛋白胨液体培养基和豆芽汁葡萄糖液体培养基(附录Ⅱ)，用1mol/L NaOH和1mol/L HCl配合pH计将其pH分别调至3.0、5.0、7.0、9.0和11.0，每种2管，每管10mL。

3.3 试剂 无菌生理盐水。

3.4 仪器与其他用具 无菌吸管或吸头、大试管、1cm比色杯、分光光度计、pH计等。

4 实验流程

制备菌悬液 → 摇匀 → 接种至不同pH液体培养基试管 → 培养 → 观察 → 测OD值 → 确定生长最适pH

5 操作步骤

5.1 制备菌悬液 取培养18~20h的大肠杆菌和酿酒酵母斜面各1支，加入无菌生理盐水5mL，制成菌悬液。

5.2 接种 无菌操作分别吸取0.2mL上述两种菌悬液，分别接种于5种不同pH的牛肉膏蛋白胨液体培养基和豆芽汁葡萄糖液体培养基试管中。注意吸取菌液时要将菌液摇匀，保证各管中接入的菌液浓度一致。

5.3 培养 接种完毕，将大肠杆菌试管置于37℃培养24~48h，将酿酒酵母试管置于28℃培养48~72h。观察试管长菌情况，根据菌液的浑浊程度判定微生物在不同pH下的生长情况，并测定大肠杆菌培养物的OD_{600nm}和酿酒酵母培养物的OD_{520nm}，确定每种菌的生长最适pH。

6 实验结果与报告

将测定结果填入下表，说明两种微生物各自的生长pH范围及生长最适pH。

菌名	OD$_{600nm}$(大肠杆菌)/OD$_{520nm}$(酿酒酵母)				
	pH 3.0	pH 5.0	pH 7.0	pH 9.0	pH 11.0
大肠杆菌					
酿酒酵母					

7 思考题

环境 pH 如何影响微生物的生长？怎样测定微生物的生长最适 pH？

六、化学消毒剂对微生物生长的影响

1 目的和要求

了解常用化学消毒剂对微生物的杀菌作用，学习测定石炭酸系数的方法。

2 基本原理

常用的化学消毒剂主要有重金属及其盐类、有机溶剂(酚类、醇类、醛类等)、氧化剂(碘酒、氯气、过氧化氢、高锰酸钾等)、染料和表面活性剂等。它们对微生物的形态、化学组成、生长、代谢都有影响，但作用机制不同。重金属离子可与菌体蛋白质结合而使其变性或与某些酶蛋白的巯基结合而使酶失活；重金属盐则是蛋白质沉淀剂，或与代谢产物发生螯合作用而使其变为无效化合物；有机溶剂可使蛋白质与核酸变性，也可破坏细胞膜透性使内含物外溢；碘可与蛋白质酪氨酸残基发生不可逆结合而使蛋白质失活；氯气与水发生反应产生的强氧化剂也具有杀菌作用；染料在低浓度条件下可抑制细菌生长，G^+菌普遍比G^-菌对染料更加敏感；表面活性剂能降低溶液表面张力，改变微生物细胞膜的通透性，同时也能使蛋白质发生变性。一种化学消毒剂在一定浓度下有杀菌作用，浓度降低时只表现抑菌作用，或反而能刺激微生物的生长。

比较各种化学消毒剂的杀菌能力常以石炭酸为标准，以石炭酸系数(酚系数)来表示。将某一消毒剂作不同程度稀释，在一定条件及时间内杀死全部供试微生物的最高稀释倍数，与达到同样效果的石炭酸溶液的最高稀释倍数的比，即为该种消毒剂对该种微生物的石炭酸系数。石炭酸系数越大，说明该消毒剂杀菌能力越强。

3 实验材料

3.1 菌种 大肠杆菌(*Escherichia coli*)和金黄色葡萄球菌(*Staphylococcus aureus*)或藤黄微球菌(*Micrococcus luteus*)牛肉膏蛋白胨液体培养物。

3.2 培养基 牛肉膏蛋白胨琼脂培养基和液体培养基(5mL/管)，制法见附录Ⅱ。

3.3 消毒剂和试剂 25g/L碘酒、1g/L升汞($HgCl_2$)、50g/L石炭酸溶液、75%(体积分数)乙醇、100%(体积分数)乙醇、1%(体积分数)来苏儿溶液、0.2%(体积分数)甲醛、0.05g/L与0.5g/L的龙胆紫(附录Ⅴ)、灭菌生理盐水。

3.4　仪器与其他用具　无菌平皿、灭菌圆滤纸片(Φ5mm)、试管、玻璃涂布棒、无菌吸管或吸头、微量移液器、漩涡混合器等。

4　实验流程

化学消毒剂的杀(抑)菌测定：制平板→涂布平板接种→标记→加无菌圆滤纸药片→培养→观察

石炭酸系数的测定：稀释石炭酸溶液→稀释待测来苏儿溶液→接种液体培养物至不同浓度的石炭酸和来苏儿溶液试管中→作用一定时间→取1环菌液接种至液体培养基试管→观察长菌情况→计算石炭酸系数

5　操作步骤

5.1　滤纸片法测定化学消毒剂的杀(抑)菌作用

5.1.1　制平板　将已灭菌并冷至50℃左右的牛肉膏蛋白胨琼脂培养基倒入无菌平皿中，待凝固。

5.1.2　涂布平板接种　用无菌吸管(或吸头)吸取0.2mL培养18h的金黄色葡萄球菌液体培养物加到上述平板中，用无菌三角玻璃涂棒涂布均匀。

5.1.3　标记　将平皿底部用记号笔划分成4~6等份，每一等份内标明一种消毒剂的名称和浓度。

5.1.4　加无菌圆滤纸药片　用无菌镊子将灭菌圆滤纸片分别浸入盛有各种消毒剂溶液的平皿中，蘸取药液后，将滤纸药片贴在平板已标注的各自区域，平板中间贴上浸有无菌生理盐水的滤纸片作为对照。注意：要保证滤纸片所含药剂量基本一致，并在平皿内壁沥去多余药液。

5.1.5　培养　将上述平皿倒置于37℃温箱中培养24h后，测定抑菌圈直径的大小。根据其直径的大小，可初步确定测试消毒剂的杀(抑)菌作用(图19.2)。

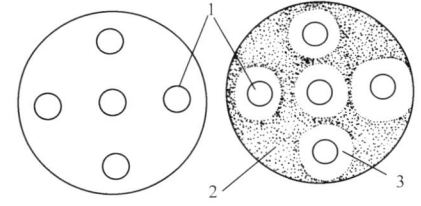

图19.2　滤纸片法测定化学消毒剂杀(抑)菌作用
1—滤纸片；2—细菌生长区；3—抑菌区。

5.2　石炭酸系数的测定

5.2.1　稀释石炭酸溶液　将50g/L(1∶20原液)的石炭酸溶液按表19.1所示稀释成不同浓度，每管5mL。

表19.1　石炭酸溶液稀释配比

浓度	1∶20原液量/mL	加蒸馏水量/mL	总量/mL	摇匀后取出量/mL	剩余量/mL
1∶50	2	3	5	0	5
1∶60	2	4	6	1	5
1∶70	2	5	7	2	5
1∶80	2	6	8	3	5
1∶90	2	7	9	4	5

5.2.2 稀释待测消毒剂溶液 将来苏儿配成5%(体积分数)1:20的原液,再按表19.2所示稀释成不同浓度,每管5mL。

表19.2　　　　　　　　　　　　来苏儿溶液稀释配比

浓度	1:20原液量/mL	加蒸馏水量/mL	总量/mL	摇均匀后取出量/mL	剩余量/mL
1:150	1	6.5	7.5	2.5	5
1:200	0.5	4.5	5.0	0	5
1:250	0.5	5.725	6.225	1.225	5
1:300	0.5	7.0	7.5	2.5	5
1:500	0.25	6.25	6.5	1.5	5

5.2.3 标记 取牛肉膏蛋白胨液体培养基30管,1~15管标明石炭酸的5种浓度,每种浓度3管,每3管分5、10、15min处理;16~30管标明来苏儿溶液的5种浓度,每种浓度3管,每3管分5、10、15min处理。

5.2.4 接种 在上述盛有不同浓度的石炭酸和来苏儿溶液的试管中,各接入大肠杆菌液体培养物0.5mL,摇匀。每管自接种时间开始计时,分别于5、10、15min用接种环(环部直径5mm)从各管内取一环菌液接入5.2.3步骤已标记的液体培养基试管中。注意:用1mL吸管(或吸头)吸取菌液时要将菌液摇匀或用漩涡混合器混匀,保证每个试管中接入的菌量一致。

5.2.5 培养 置于37℃培养48h,观察并记录细菌的生长状况。

5.2.6 计算石炭酸系数值 找出大肠杆菌在药液中处理5min仍能生长,而处理10min和15min均不生长的石炭酸及来苏儿溶液的最大稀释倍数,计算二者比值。例如,若来苏儿和石炭酸溶液在10min内杀死大肠杆菌的最大稀释倍数分别是250和70,则来苏儿溶液的石炭酸系数为250/70=3.6。

6 实验结果与报告

(1)将测定几种化学消毒剂对金黄色葡萄球菌的杀(抑)菌作用结果填入下表中。

金黄色葡萄球菌	25g/L 碘酒	1g/L 升汞	50g/L 石炭酸	75% 乙醇	100% 乙醇	1% 来苏儿	0.2% 甲醛	0.05g/L 龙胆紫	0.5g/L 龙胆紫
抑(杀)菌圈直径/mm									

(2)将石炭酸系数测定结果用注解符号填入下表中,计算来苏儿溶液对大肠杆菌的石炭酸系数。

实验 19　环境因素对微生物生长的影响

杀菌剂	稀释倍数	长菌状况			石炭酸系数
		5min	10min	15min	
石炭酸溶液	1∶50				
	1∶60				
	1∶70				
	1∶80				
	1∶90				
来苏儿溶液	1∶150				
	1∶200				
	1∶250				
	1∶300				
	1∶500				

注：试管内细菌生长者（培养液浑浊）以"+"表示，不生长者（培养液澄清）以"-"表示。

7　思考题

（1）本实验中75%（体积分数）和100%（体积分数）的乙醇对金黄色葡萄球菌的作用效果有何不同？常用作消毒剂的乙醇浓度是多少？

（2）某食品公司推出一种100%纯天然新型饮料，不含防腐剂，试设计一个简单实验初步判断此饮料是否含防腐剂。

实验 20　食品防腐剂抑菌效果的测定

1　目的和要求

（1）学会利用滤纸片法比较不同食品防腐剂对某些微生物的抑菌效果。
（2）学会利用管碟法（牛津杯法）比较不同食品防腐剂对某些微生物的抑菌效果。
（3）学习细菌素效价的测定方法。
（4）了解不同 pH 和热处理温度对防腐剂抑菌活性的影响。

2　基本原理

在食品中使用防腐剂的种类颇多，主要有化学合成防腐剂与天然防腐剂。其抑菌效果随着防腐剂的使用浓度、基质的 pH、不同热处理温度、与其他物质的复合作用，尤其是微生物种类和数量的不同而有较大差异。为此，要求我们在不同条件下测试各种防腐剂的最佳抑菌效果，并以此作为确定食品防腐剂添加量的依据，使其用量限制在国家规定的安全范围内，同时又具有显著的抑菌作用。本实验分别采用滤纸片法和管碟法分析比较脱氢醋酸钠、乳酸链球菌素（Nisin）、纳他霉素等食品防腐剂对哪类微生物有显著的抑菌活性，并确定其最小抑菌浓度。

抑菌剂的效价常采用微生物学方法测定。它是利用抑菌剂对特定的微生物具有抗菌活性的原理来测定抑菌剂效价的方法。效价越高，反映的抑菌活性越强。

管碟法是目前抑菌剂或防腐剂效价测定的国际通用方法，我国药典也采用此法。管碟法是根据抑菌剂在琼脂平板培养基中的扩散渗透作用，通过比较待检品和标准品对试验菌的抑菌圈大小测得效价。管碟法的原理是在含有高度敏感性试验菌的琼脂平板上放置小钢管（牛津杯），管内分别放入标准品和待检品的溶液，经 16~18h 恒温培养，当抑菌剂在菌层培养基中扩散时，会形成抑菌剂浓度由高到低的自然梯度，即扩散中心浓度高而边缘浓度低。因此，当抑菌剂浓度达到或高于最低抑制浓度（MIC）时，试验菌即被抑制而不能繁殖，从而呈现透明的无菌生长的区域，常呈圆形，称为抑菌圈。

抑菌圈的直径大小与下列因素有关：①抑菌液的浓度和抑菌效价；②产抗菌物质的菌种活力、活菌数量及抗菌物质的产量，受活化代数、培养基条件、发酵温度和时间等因素影响；③试验敏感菌株的活力和制备菌悬液的浓度（影响因素有活化次数、培养基条件、培养温度和时间等）；④制备平板时倒入培养基的体积、厚度、平整性；⑤管碟法试验加入牛津杯中抗菌液的量及其加量的准确性；⑥培养之前抗菌液是否在 4℃冰箱中扩散及扩散时间的长短；⑦抑菌试验的培养温度和培养时间的控制。

细菌素抑菌效价的测定常采用二倍稀释法，即将细菌素溶液依次进行二倍稀释，以管碟法做抑菌试验，指示菌显示抑菌圈的最高稀释浓度表示细菌素活性，定义为一个活力单位，即 1AU（活性单位），最高稀释浓度的倒数即为细菌素溶液的效价值，表示为 AU/mL，计算如式（20.1）。

$$抑菌效价/(AU/mL) = 2^n \times (1/x) \tag{20.1}$$

式中　n——对指示菌显示最高抑菌圈的梯度系数；

　　　x——每孔中细菌素溶液的加样体积，mL。

3　实验材料

3.1　菌种　大肠杆菌（*Escherichia coli*）、沙门氏菌（*Salmonella* sp.）、微球菌（*Micrococcus* sp.）、葡萄球菌（*Staphylococcus* sp.）、单核细胞增生李斯特氏菌（*Listeria monocytogenes*，简称单增李斯特氏菌）、枯草芽孢杆菌（*Bacillus subtilis*）、蜡样芽孢杆菌（*Bacillus cereus*）、德氏乳杆菌保加利亚亚种（*Lactobacillus delbrueckii* subsp. *bulgaricus*）、唾液链球菌嗜热亚种（*Streptococcus salivarius* subsp. *thermophilus*）、酿酒酵母（*Saccharomyces cerevisiae*）、黑曲霉（*Aspergillus niger*）等。

3.2　培养基　葡萄糖蛋白胨液体和琼脂培养基、胰化大豆肉汤培养基、脱脂乳试管培养基、PDA琼脂培养基[在PDA培养基中加入0.1%（体积分数）吐温-80，调pH 5.5~6.0，分装试管与三角瓶，灭菌备用]、MRS琼脂培养基[于MRS培养基中加入0.1%（体积分数）吐温-80，调pH 6.5，灭菌备用]、产枯草芽孢杆菌细菌素（简称枯草菌素）发酵培养基、单核细胞增生李斯特氏菌增菌培养基，制法均见附录Ⅱ。

3.3　试剂与染色液

（1）脱氢醋酸钠溶液：用蒸馏水分别配成浓度为0.25、0.50、1.00、1.50g/L的药液。

（2）乳酸链球菌素溶液：先用少量0.02mol/L的HCl溶液溶解后，再分别配成浓度为0.1、0.2、0.3、0.4g/L的药液。

（3）纳他霉素溶液：先用0.1mol/L的NaOH 2mL溶液溶解后，再分别配成浓度为0.5、1.0、1.5、2.0g/L的药液。

（4）枯草菌素粗提物溶液：枯草芽孢杆菌活化后接种于产枯草菌素的发酵培养基中，37℃摇床（150r/min）培养48h，于10000r/min离心15min（4℃）以去除菌体，上清液再以0.22μm滤膜2次过滤除菌、除芽孢，滤液以600g/L硫酸铵沉淀12h，离心后，沉淀物以无菌蒸馏水复溶（复溶后体积约为发酵液体积的1/10），于去离子水中透析48h除盐（每2h换一次水），经冷冻干燥后得枯草菌素粗提取物，临用时用蒸馏水配成浓度为1g/L的溶液。

（5）取盛有10mL 1.5g/L脱氢醋酸钠溶液、0.4g/L乳酸链球菌素溶液、2.0g/L纳他霉素溶液试管各4支，分别以120℃×10min、100℃×10min、63℃×10min热处理备用，其中1支作为对照，不进行热处理。

（6）5mL、9mL、10mL装量的无菌生理盐水试管、革兰染色液。

3.4　仪器与其他用具　透析袋[直径36mm，截留分子质量（M_w）：8000~14000u]、圆滤纸片（Φ10mm，干热灭菌）、灭菌牛津杯（内径6mm，外径8mm，高10mm）、一次性微孔过滤器（滤膜孔径0.22μm）、管碟法专用灭菌玻璃平皿、一次性无菌平皿、试管、三角瓶、1mL无菌吸管、1mL和100μL移液器吸头、铂耳接种环、酒精灯、镊子、游标卡尺、无菌超净工作台、微量移液器、高速冷冻离心机、恒温培养箱等。

4　实验流程

防腐剂抑菌效果试验（滤纸片法）：制备菌悬液→加菌悬液至平板→倒平板→混匀→加滤纸药片→

培养 → 观察

防腐剂抑菌效果试验(管碟法)：菌悬液与培养基混匀 → 倒平板 → 加牛津杯和抗菌液 → 培养 → 测抑菌圈直径

细菌素溶液抑菌效价的测定(管碟法)：指示菌的菌悬液与培养基混匀 → 倒平板 → 加牛津杯 → 加细菌素粗提原液和细菌素二倍稀释液 → 培养 → 测抑菌圈直径 → 计算细菌素溶液的效价

5 操作步骤

5.1 食品防腐剂抑菌效果试验

5.1.1 制备菌悬液 将微球菌、葡萄球菌、沙门氏菌和大肠杆菌原菌种分别接种于葡萄糖蛋白胨液体培养基或胰化大豆肉汤培养基中，单核细胞增生李斯特氏菌接种于单核细胞增生李斯特氏菌增菌培养基中，37℃培养8~10h，培养液含菌量约为 10^9 CFU/mL；枯草芽孢杆菌和蜡样芽孢杆菌分别划线接种于葡萄糖蛋白胨琼脂斜面上，37℃培养7d，革兰染色镜检芽孢率为85%以上，用5~10mL灭菌生理盐水洗下斜面菌苔，并于65℃加热30min即得菌悬液；德氏乳杆菌保加利亚亚种和唾液链球菌嗜热亚种分别接种于5mL脱脂牛乳中，37℃培养8~12h至牛乳凝固，以5mL生理盐水稀释即得菌悬液；酵母菌和霉菌分别划线接种于PDA琼脂斜面上，25~28℃培养1~3d，以5mL灭菌生理盐水洗下菌苔，制成浓度为 10^9 CFU/mL 的菌悬液。

5.1.2 滤纸片法

(1)加菌悬液 用1mL无菌吸管取0.2mL菌悬液于相应的灭菌平皿中。

(2)倒平板 将溶化并冷却至50℃左右的不同琼脂培养基倒入上述平板内约20mL，迅速与菌液混匀，待凝固，制成含菌平板(细菌用葡萄糖蛋白胨琼脂培养基、乳酸菌用MRS琼脂培养基、酵母菌和霉菌用PDA琼脂培养基)。

(3)加无菌圆滤纸药片 用无菌镊子将蘸有不同浓度药液的圆滤纸片以无菌操作放入含菌平板的不同区域培养基表面，并标记药液浓度。注意：事先将圆滤纸片4层叠为一组蘸取药液，沥去多余药液，并置于无菌超净工作台内，在自然干燥的同时紫外线杀菌20~30min。

5.1.3 管碟法

(1)倒平板 倒平板有以下两种方法。

方法一：将溶化并冷却至50℃的不同琼脂培养基倒入平板(管碟法专用灭菌玻璃平皿)内约15mL，置水平位置凝固后即为底层培养基；再取0.1~0.2mL含菌量 10^9 CFU/mL的菌悬液，迅速与10mL相同琼脂培养基(46℃)混匀，注入底层培养基上均匀分布，置水平位置凝固。注意：控制菌悬液浓度为 10^9 CFU/mL，以免其影响抑菌圈的大小。一般情况下，100mL培养基中加入菌悬液1mL较好。制备平板时，放置培养皿的超净台台面必须水平。

方法二：将 10^9 CFU/mL菌悬液用9mL生理盐水稀释100倍，以2%~3%(体积分数)转入溶化并冷却至46℃的相应培养基中，迅速摇匀后立即倒平板(一次性无菌平皿)，注入培养基的量约13mL(倒入的培养基占平皿底的2/3面积时，轻轻晃动平皿，使液流合拢)，置水平位置凝固。

(2)加牛津杯和抗菌液 在上述倒好培养基的平皿中以无菌镊子等距离均匀放置6个

牛津杯,并标记抗菌液浓度,加入不同浓度的抗菌液 100μL,每一浓度做 3 个平行样。注意:每加一次稀释抗菌液应更换 1 支吸管或吸头,以微量移液器定量取样或加样量与杯口水平,勿外溢。

5.1.4　培养　细菌用葡萄糖蛋白胨琼脂平板,正置于 37℃温箱中培养 16~18h;乳酸菌用 MRS 琼脂平板于 37℃ 培养 48h;真菌用 PDA 琼脂平板于 25~28℃ 培养 24~48h。

注意事项:

(1)培养之前,将带杯平皿置于 4℃冰箱中至少 2h,使牛津杯内的抗菌液先向外扩散,以免敏感菌株生长起来而抗菌液尚未扩散,导致抑菌圈不明显。

(2)将带杯平皿置于温箱时,要与箱壁保持一定距离,否则因温度不均匀(过于接近热源)造成细菌生长速率不等,使抑菌圈变小或者不圆。

(3)放入平皿中的牛津杯要与平皿盖之间留有缝隙。如果两者完全贴合,有时平皿盖上的冷凝水使牛津杯内发生自吸现象,导致抗菌液不能向外扩散。

(4)培养时间要适当,时间太短会造成抑菌圈模糊,时间太长使菌株对抑菌剂的敏感性下降,在抑菌圈边缘的菌苔继续生长,使得抑菌圈变小。

5.1.5　测量抑菌圈　培养后,以游标卡尺精密测量抑菌圈直径(单位 mm),列表记录结果,并求出每种浓度的药液(抗菌液)抑菌圈的平均值。根据其直径的大小,可初步测试防腐剂的抑菌效果。注意:测量前,应检查各抑菌圈是否圆整,如发现破圈或不圆整应舍弃。不宜取掉牛津杯再测量,因为牛津杯中残余的抗菌液会流出扩散,使抑菌圈变得模糊。测量之后,要将牛津杯高压灭菌处理,用超声波清洗器洗净,临用时再灭菌使用。

5.2　食品防腐剂耐高温试验

5.2.1　菌悬液的制备与倒平板　操作方法同 5.1.1、5.1.2(1)、5.1.2(2)、5.1.3(1)。

5.2.2　抑菌效果测定　选用一定浓度经热处理的药液测试,同时以未加热处理的药液作对照。操作方法同 5.1.2(3)、5.1.3(2)。

5.3　pH 对防腐剂抑菌效果的影响

5.3.1　制备敏感菌株菌悬液　制备微球菌悬液的操作方法同 5.1.1。

5.3.2　接种　取盛有 9mL pH 分别为 4、5、6、7 的胰化大豆肉汤培养基试管各 1 支,分别加入 10^9 CFU/mL 微球菌的菌悬液 1mL,另取上述不同 pH 培养基,于试管中分别加入 1mL 菌悬液和 1mL 一定浓度的药液;再取上述一组培养基试管作为空白对照。

5.3.3　培养　将上述三组试管于 37℃ 培养,并在第 0、3、6、9d 做平板活菌计数,记录结果。

5.4　细菌素溶液抑菌效价的测定

(1)将浓度为 1g/L 的枯草菌素粗提物溶液以蒸馏水二倍稀释至 2^{-9},每次稀释取样量不小于 2mL。

(2)以单核细胞增生李斯特氏菌为指示菌倒平板,操作方法同 5.1.3(1)。

(3)在双层平皿中以无菌镊子等距离均匀放置 10 个牛津杯,并标记药液浓度,依次加入从粗提物原液到 2^{-1},2^{-2},…2^{-9} 的不同浓度的药液 0.1mL,做 2 个平行样。

(4)将平板正置于 37℃温箱中培养 10h,培养后观测抑菌圈大小,以对指示菌显示抑菌圈的最高稀释倍数代入式(20.1)计算细菌素溶液的效价。

6　实验结果与报告

（1）列出不同浓度的一种食品防腐剂对不同菌株的抑菌结果表，根据试验结果分析不同防腐剂对各种微生物最佳抑菌的浓度范围，并对抑菌效果进行讨论。

（2）列出不同热处理后的一定浓度防腐剂对敏感菌株抑制结果表，并分析不同防腐剂对热是否稳定。

（3）列出不同 pH 条件下的一定浓度防腐剂对敏感菌株抑制结果表，并分析确定各种防腐剂抑菌较适宜的 pH 范围。

（4）计算枯草菌素粗提物溶液对单核细胞增生李斯特氏菌的抑菌效价值。

7　思考题

（1）在做管碟法抑菌试验时，为了获得重复性好的抑菌圈，应采取哪些措施减少误差？

（2）请分析比较滤纸片法和管碟法操作的不同之处。操作时应分别注意哪些问题？

（3）如何定量判定防腐剂或抑菌物质的抑菌活性？它对食品保鲜有何指导意义？

实验 21 营养元素对微生物生长繁殖的影响

1 目的和要求

了解营养元素对微生物生长繁殖的影响。

2 基本原理

微生物生长繁殖要求一定的营养物质,影响微生物生长繁殖的营养元素主要有碳、氮、磷、钾、硫、镁、铁及微量元素。有的微生物还需从环境中获得维生素等生长因子。本实验通过几种含有不同成分的合成培养基,测试碳、氮、磷、钾和锌等营养元素对微生物生长繁殖的影响。

3 实验材料

3.1 菌种 黑曲霉(*Aspergillus niger*)PDA 斜面菌种。

3.2 试剂 生理盐水(5mL/试管)。

3.3 培养基 完全培养基、缺碳培养基、缺氮培养基、缺磷培养基、缺钾培养基、缺锌培养基(制法均见附录Ⅱ中"营养试验培养基")。

3.4 仪器与其他用具 接种环、酒精灯、恒温培养箱、1mL 和 5mL 吸管或吸头、移液器。

4 实验流程

制备培养基 → 制备孢子悬液 → 接种至液体培养基试管 → 培养 → 观察

5 操作步骤

5.1 制备培养基 将配制好的培养基分装于试管中,每管装量 4~5mL,0.10MPa 灭菌 20min 后备用。

5.2 制备孢子悬液 取无菌生理盐水试管 1 支,用接种环从黑曲霉斜面菌种管中挑取菌体 2~3 环,放入水中,充分混匀,备用。注意:挑取霉菌之前,先将接种环蘸一下生理盐水,以免孢子飞扬。

5.3 接种与观察 取完全、缺碳、缺氮、缺磷、缺钾和缺锌培养液试管各一支,用 1mL 无菌吸管(或吸头)接种黑曲霉孢子悬液 0.5mL(学生实验时按每 4~5 人取一套培养基不接种作为对照)。接种后,将培养管置于 28℃培养 5~7d 后观察结果。

6 实验结果与报告

观察各培养管中黑曲霉菌丝及孢子生长状况,并将实验结果用注解符号填入下表中。

	完全	缺碳	缺氮	缺磷	缺钾	缺锌
菌丝生长						
孢子生长						

注:"++++"表示生长良好,"+++"表示生长较好,"++"表示生长一般,"+"表示生长较差,"-"表示没有生长。

7　思考题

培养基中的碳源、氮源和无机盐对微生物的生长有何影响?

实验 22　微生物人工诱变育种技术

一、紫外线诱变筛选淀粉酶活力高的菌株

1　目的和要求

（1）学习并掌握紫外线物理诱变育种的原理与方法。
（2）观察紫外线对枯草芽孢杆菌产生淀粉酶的诱变效应。

2　基本原理

诱变育种是指利用物理、化学等各种诱变剂处理均匀而分散的微生物细胞,显著提高基因的随机突变频率,而后采用简便、快速、高效的筛选方法,从中挑选出少数符合育种目的的优良突变株,以供科学实验或生产实践使用。诱变育种的主要环节:一是选择合适的出发菌株,制备单孢子(或单细胞)悬浮液;二是选择简便有效的诱变剂,确定最适诱变剂量;三是设计高效率的筛选方案和筛选方法。即利用和创造形态变异、生理变异与产量间的相关指标进行初筛,再通过初筛的比较进行复筛,精确测定少量潜力大的菌株的代谢产物量,从中选出最好的菌株。常采用摇瓶或台式发酵罐放大试验,以进一步接近生产条件的生产性能测定。

本实验采用最常用而简便有效的紫外线(UV)物理诱变剂筛选淀粉酶活力高的菌株。紫外线诱变最有效的波长为 250~270nm,260nm 左右的紫外线被核酸强烈吸收,引起 DNA 结构变化。一般紫外线杀菌灯所发射的紫外线大约有 80% 波长是 254nm。紫外线引起 DNA 结构变化的形式很多,如引起 DNA 链或氢键的断裂、DNA 分子内或分子间的交联、核酸与蛋白质的交联、胞嘧啶的水合物作用。但其最主要的作用是形成胸腺嘧啶二聚体。若在同链 DNA 的相邻嘧啶间形成胸腺嘧啶二聚体,将阻碍碱基间的正常配对;若在两条 DNA 链之间形成胸腺嘧啶二聚体,将阻碍 DNA 的复制,或引起碱基序列的变化,最终导致复制突然停止或错误复制。轻者引起基因突变,重者造成死亡。

经紫外线损伤的 DNA,能被可见光复活。因此,经紫外线照射后的菌液必须在暗室或红灯下进行操作或处理,培养时需用黑纸或黑布包裹,避免可见光的照射。此外,照射处理后的菌液不要贮放太久,以免突变在黑暗中修复。

3　实验材料

3.1　菌种　枯草芽孢杆菌(*Bacillus subtilis*) BF7658 牛肉膏蛋白胨斜面培养物。

3.2　培养基　牛肉膏蛋白胨斜面培养基、牛肉膏蛋白胨液体培养基(装入 20mL/250mL 三角瓶中,用 8 层纱布包扎瓶口)、淀粉琼脂培养基,制法均见附录Ⅱ。

3.3　试剂　革兰碘液、无菌生理盐水(9mL/管,装入 20mL/100mL 三角瓶中带适量玻

璃珠)。

3.4 仪器与其他用具　无菌平皿(Φ6cm2套、Φ9cm40套)、无菌离心管(10mL)、无菌吸管(1mL、5mL)、三角瓶、试管、量筒、烧杯、紫外灯箱(紫外灯功率15W,距离30cm)、磁力搅拌器、无菌磁力搅拌棒、台式离心机、培养箱、振荡培养箱、接种环、玻璃涂布棒、酒精灯、打火机、记号笔、黑布或黑纸、红灯等。

4 实验流程

制备菌悬液 → 活菌计数 → UV处理 → 稀释涂平板 → 计算存活率和致死率 → 观察诱变效应

5 操作步骤

5.1 菌悬液的制备　挑取枯草芽孢杆菌BF7658斜面原菌转接于新鲜牛肉膏蛋白胨斜面上,经30℃活化培养24h后,取一环接种于盛有20mL牛肉膏蛋白胨液体培养基的三角瓶中,30℃摇瓶培养14~16h(为该菌的对数期)后,倒入无菌离心管,以3000r/min离心15min,弃上清液,将菌体用无菌生理盐水离心洗涤2次后,转入盛有20mL生理盐水带玻璃珠的三角瓶中,强烈振荡20min或在漩涡混合器上振荡30s,以打散菌团,用显微镜直接涂片计数法计数,调整菌悬液的细胞浓度为10^8个/mL。

5.2 菌悬液的活菌计数　取菌悬液1mL按10倍稀释法逐级稀释至10^{-7},取10^{-5}、10^{-6}、10^{-7}三个稀释度各0.1mL移入淀粉琼脂培养基平板上(作为对照平板),用无菌玻璃涂布棒涂布均匀,每个稀释度涂2个平板,置于30℃培养48h后进行菌落计数。根据平均菌落数计算诱变处理前每毫升菌液的活菌数(CFU),据此数再计算诱变处理后的存活率和致死率。

5.3 紫外线诱变处理　打开紫外灯预热约20min。在红灯下分别吸取菌悬液5mL移入2套6cm的无菌培养皿中,放入无菌磁力搅拌棒,置于磁力搅拌器上,距15W紫外灯下30cm处。打开磁力搅拌器,再打开平皿盖,开始计时,边搅拌边照射,照射剂量分别为3min、5min。盖上平皿盖,关闭紫外灯。

5.4 稀释涂平板　在红灯下分别取3min和5min诱变处理菌悬液1mL于装有9mL无菌生理盐水的试管中,按10倍稀释法逐级稀释至10^{-4},取10^{-2}、10^{-3}、10^{-4}三个稀释度(3min和5min处理)各0.1mL移入淀粉琼脂培养基平板上,用无菌玻璃涂布棒涂布均匀,每个稀释度涂2个平板。用黑布或黑纸包好平板,于30℃避光培养48h后进行菌落计数。根据平均菌落数计算诱变处理后每毫升菌液的活菌数(CFU)。每个平板背后要标明处理时间、稀释度、组别。

5.5 计算存活率和致死率　将培养好的平板取出进行菌落计数。根据对照平板上菌落数,计算出每毫升菌液中的活菌数(CFU)。同样计算出紫外线处理3min和5min后每毫升菌液中的活菌数(CFU)。根据式(21.1)和式(21.2)计算存活率和致死率。

$$存活率/\% = (处理后每毫升活菌数/处理前每毫升活菌数) \times 100\% \quad (21.1)$$

$$致死率/\% = [(处理前每毫升活菌数 - 处理后每毫升活菌数)/处理前每毫升活菌数] \times 100\% \quad (21.2)$$

5.6 观察诱变效应(初筛)　枯草芽孢杆菌能分泌淀粉酶,分解周围基质中的淀粉产生透明圈。分别向菌落数在5~6个左右的平板内加数滴碘液,在菌落周围将出现透明圈,分别测量平板上透明圈直径与菌落直径,并计算两者之比(HC值),与对照平板进行比较。一般透明圈越大,淀粉酶活性越高;透明圈越小,淀粉酶活性越低。将HC值作为鉴定高产淀粉酶菌株的指标。挑取 HC 值大且菌落直径也大的单菌落 40~50 个移接到新鲜牛肉膏蛋白胨斜面上,30℃培养 24h 后,留待进一步复筛用。

注意事项:
(1)紫外线照射时注意保护眼睛和皮肤。应戴防护眼镜,以防紫外线灼伤眼睛。
(2)紫外线诱变过程及诱变后的稀释操作必须在红灯下进行,并在黑暗中培养。

6 实验结果与报告

(1)将实验结果按下表要求如实填入,并分别计算出存活率和致死率。

项目	UV 处理前的菌液			UV 处理 3min 的菌液			UV 处理 5min 的菌液		
	10^{-5}	10^{-6}	10^{-7}	10^{-2}	10^{-3}	10^{-4}	10^{-2}	10^{-3}	10^{-4}
平板 1 菌落数/CFU									
平板 2 菌落数/CFU									
平均菌落数/CFU									
活菌数/(CFU/mL)									
存活率/%									
致死率/%									

(2)测量经 UV 处理后的枯草芽孢杆菌菌落周围的透明圈直径与菌落直径,计算 HC 值,并与对照菌株进行比较。

7 思考题

(1)紫外线诱变处理过程为什么要在红灯下进行?
(2)紫外线照射时,为什么要打开平皿盖?照射处理后的平板为什么要置于黑暗中培养?

二、硫酸二乙酯诱变筛选蛋白酶活力高的菌株

1 目的和要求

(1)学习并掌握硫酸二乙酯化学诱变育种的原理与方法。
(2)观察硫酸二乙酯对枯草芽孢杆菌产生蛋白酶的诱变效应。

2 基本原理

许多化学因素如硫酸二乙酯、亚硝酸、亚硝基胍等对微生物都有诱变作用。其中硫酸二乙酯(DES)是一种烷化剂,操作简便,诱变效果好。硫酸二乙酯能直接与 DNA 中的碱基发生化学反应,从而引起 DNA 复制时碱基配对的转换或颠换,进一步使微生物发生变异,引起遗传性状的改变。由于多数化学诱变剂具有致癌作用,故操作时应避免试剂直接接触皮肤,用吸管吸取试剂时切忌用口吸取。解毒时可以加入硫代硫酸钠中止硫酸二乙酯的反应。

本实验以产生蛋白酶的枯草芽孢杆菌 As1.398 为出发菌株,以硫酸二乙酯为诱变剂,根据枯草芽孢杆菌诱变后在酪蛋白培养基上出现的透明圈直径的大小来指示诱变效应。

3 实验材料

3.1 菌种　枯草芽孢杆菌(*Bacillus subtilis*) As1.398 牛肉膏蛋白胨斜面培养物。

3.2 培养基　牛肉膏蛋白胨斜面培养基、牛肉膏蛋白胨液体培养基(装入 20mL/250mL 三角瓶中,用 8 层纱布包扎瓶口)、酪蛋白琼脂培养基、酪素胰蛋白酶水解液,制法见附录Ⅱ。

3.3 试剂　硫酸二乙酯[$(C_2H_5)_2SO_4$]、250g/L 硫代硫酸钠溶液、无菌 0.1mol/L pH 7.0 磷酸盐缓冲液(9mL/管,装 20mL/100mL 三角瓶,带适量玻璃珠),制法见附录Ⅳ。

3.4 仪器与其他用具　灭菌平皿、无菌试管、无菌吸管(1mL、5mL)、三角瓶、离心管、玻璃涂布棒、量筒、烧杯、培养箱、振荡培养箱等。

4 实验流程

制备菌悬液 → 活菌计数 → DES 处理 → 中止反应 → 稀释涂平板 → 计算存活率和致死率 → 观察诱变效应(初筛) → 复筛

5 操作步骤

5.1 菌悬液的制备　挑取枯草芽孢杆菌 As1.398 斜面原菌转接于新鲜牛肉膏蛋白胨斜面,经 30℃ 活化培养 24h 后,取一环接种于盛有 20mL 牛肉膏蛋白胨液体培养基的三角瓶中(每组实验人员 2 瓶),30℃ 摇瓶培养 14~16h(为该菌的对数期)后,倒入无菌离心管,以 3000r/min 离心 15min,弃上清液,将菌体用无菌 0.1mol/L pH 7.0 磷酸盐缓冲液离心洗涤 2 次后,转入盛有 20mL 0.1mol/L pH 7.0 磷酸盐缓冲液带玻璃珠的三角瓶中(每组 2 瓶),强烈振荡 20min 或在漩涡混合器上振荡 30s,以打散菌团,用显微镜直接涂片计数法计数,调整菌悬液的细胞浓度为 10^8 个/mL。

5.2 菌悬液的活菌计数　取菌悬液 1mL 按 10 倍稀释法逐级稀释至 10^{-7},取 10^{-5}、10^{-6}、10^{-7} 三个稀释度各 0.1mL 移入酪蛋白琼脂培养基平板上(作为对照平板),用无菌玻璃涂布棒涂布均匀,每个稀释度涂 2 个平板,置于 30℃ 培养 48h 后进行菌落计数。根据平均菌落数计算诱变处理前每毫升菌液的活菌数(CFU),据此数再计算诱变处理后的存活率和致死率。

5.3 硫酸二乙酯诱变处理　在上述 2 瓶 20mL 菌悬液带玻珠三角瓶中,分别加入硫酸二乙酯原液 0.2mL,使硫酸二乙酯在菌悬液中的浓度为 1%(体积分数),置于 30℃ 分别摇床振荡处理 30min 和 60min。

5.4 中止反应　振荡处理到时间后,立即分别取 5mL 处理液(吸耳球吸)于无菌试管中,加入 1mL 250g/L 硫代硫酸钠溶液中止反应。

5.5 稀释涂平板　中止反应后,分别取 30min 和 60min 诱变处理菌悬液 1mL 于装有 9mL 无菌生理盐水的试管中,按 10 倍稀释法逐级稀释至 10^{-4}(具体可按估计的存活率进行稀释)。取 10^{-2}、10^{-3}、10^{-4} 三个稀释度(30min 和 60min 处理)各 0.1mL 移入酪蛋白琼脂培养基平板上,用无菌玻璃涂布棒涂布均匀,每个稀释度涂 2 个平板,于 30℃ 培养 48h 后进行菌落计数。根据平均菌落数计算诱变处理后每毫升菌液的活菌数(CFU)。注意:在每个平板背后标明处理时间、稀释度、组别。

5.6 计算存活率及致死率 将培养好的平板取出进行菌落计数。根据对照平板上的菌落数,计算出每毫升菌液中的活菌数(CFU)。同样计算出 DES 处理 30min 和 60min 后的每毫升菌液中的活菌数(CFU)。

计算公式与实验 22 紫外线诱变筛选淀粉酶活力高的菌株相同。

5.7 观察诱变效应(初筛) 枯草芽孢杆菌能分泌蛋白酶,分解周围基质中的酪蛋白产生透明圈。分别测量平板上透明圈直径与菌落直径,并计算两者的比值(HC 值),与对照平板进行比较。一般透明圈越大,蛋白酶活力越高;透明圈越小,蛋白酶活力越低。将 HC 值作为鉴定高产蛋白酶菌株的指标。挑取 HC 值大且菌落直径也大的单菌落 40~50 个移接到新鲜牛肉膏蛋白胨斜面上,30℃培养 24h 后,留待进一步复筛使用。

5.8 摇瓶复筛 将初筛得到的各菌株和原菌株分别接种于酪素胰蛋白酶水解液中,30℃摇瓶培养 44h,测定蛋白酶活力。将产蛋白酶高的菌株转接新鲜牛肉膏蛋白胨斜面培养纯化,进一步做产酶试验比较,选择酶活力高的纯培养菌株,再做各种发酵条件试验比较,进行复筛。

6 实验结果与报告

(1)将实验结果如实填入下表,并分别计算出存活率和致死率。

项目	DES 处理前的菌液			DES 处理 30min 的菌液			DES 处理 60min 的菌液		
	10^{-5}	10^{-6}	10^{-7}	10^{-2}	10^{-3}	10^{-4}	10^{-2}	10^{-3}	10^{-4}
平板 1 菌落数/CFU									
平板 2 菌落数/CFU									
平均菌落数/CFU									
活菌数/(CFU/mL)									
存活率/%									
致死率/%									

(2)测量经 DES 处理后的枯草芽孢杆菌菌落周围的透明圈直径与菌落直径,计算 HC 值,并与对照菌株进行比较。

7 思考题

用化学诱变剂处理细菌时,其菌悬液为什么要用缓冲液而不用生理盐水制备?

实验 23　营养缺陷型突变株的筛选与鉴定

1　目的和要求

（1）了解选育营养缺陷型突变株的原理。

（2）掌握诱变、淘汰野生型、营养缺陷型菌株的检出（逐个检出法、影印培养法）与鉴定方法。

2　基本原理

营养缺陷型是指野生型菌株用某些物理或化学诱变剂处理，使编码合成代谢途径中某些酶的基因突变，随之丧失了合成某种（或某些）生长因子（如氨基酸、维生素或碱基）的能力，因而它们是在基本培养基上不能生长，必须在基本培养基中补充相应的营养成分才能正常生长的一类突变株。营养缺陷型筛选一般分四个环节，即诱变剂处理、营养缺陷型浓缩（淘汰野生型）、检出和鉴定营养缺陷型。

诱变处理突变频率较低，只有淘汰野生型，才能浓缩营养缺陷型而选出少数突变株。浓缩营养缺陷型有青霉素法、菌丝过滤法、差别杀菌法和饥饿法四种。采用紫外线或 DES 为诱变剂处理野生型细菌，利用青霉素能抑制细菌细胞壁的生物合成，以杀死正常生长繁殖的野生型细菌，但不能杀死正处于停止生长状态的营养缺陷型细菌，从而达到"浓缩"缺陷型菌株的目的。如果选用亚硝基胍（NTG）为超诱变剂，因其诱变频率较高，可使百分之几十的细菌发生营养缺陷型突变，故筛选营养缺陷型时可省去浓缩缺陷型这一环节。

检出营养缺陷型有逐个检出法、影印培养法、夹层培养法和限量补充培养法四种。鉴定营养缺陷型一般采用生长谱法。该法是在混有营养缺陷型突变株的平板表面点加微量营养物，根据某营养物的周围是否长菌来确定该菌株的营养要求。

本实验以紫外线作为诱变剂，照射剂量 3min，用青霉素法浓缩缺陷型，再根据营养缺陷型在基本培养基上不能生长，只能在完全培养基或基本培养基中补加它所缺陷的营养物质才能生长的原理，采用逐个检出法和影印法将营养缺陷型检出，然后用生长谱法鉴定营养缺陷型。

3　实验材料

3.1　菌种　野生型枯草芽孢杆菌（*Bacillus subtilis*）牛肉膏蛋白胨斜面培养物。

3.2　培养基　牛肉膏蛋白胨斜面培养基、牛肉膏蛋白胨液体培养基（装入 20mL/250mL 三角瓶中，用 8 层纱布包扎塞口）、细菌完全培养基（固体，CM）、细菌基本培养基（固体，MM）、细菌补充（限制）培养基（固体，SM）、无氮基本培养基（装入 10mL/100mL 三角瓶中）、氮源加富培养基（装入 10mL/100mL 三角瓶中），制法均见附录Ⅱ。

3.3　溶液与试剂　无菌生理盐水（9mL/管，装入 20mL/100mL 三角瓶中，带玻璃珠）、青霉素钠盐（配成 2000U/mL 的母液，过滤除菌）、氨基酸混合液、维生素混合液、核酸碱基混合液等。

（1）氨基酸混合液的配制　称取 15 种氨基酸，每种 10mg，按表 23.1 组合成 5 组氨基酸，混合研磨后，装入小管，于干燥器中避光保存。用时配成溶液，过滤除菌，做生长谱测定用。

表 23.1　　　　　　　　　　　　　　　　5 组混合氨基酸

组别	氨基酸种类				
A	组氨酸	苏氨酸	谷氨酸	天冬氨酸	亮氨酸
B	精氨酸	苏氨酸	赖氨酸	甲硫氨酸	苯丙氨酸
C	酪氨酸	谷氨酸	赖氨酸	色氨酸	丙氨酸
D	甘氨酸	天冬氨酸	甲硫氨酸	色氨酸	丝氨酸
E	胱氨酸	亮氨酸	苯丙氨酸	丙氨酸	丝氨酸

（2）维生素混合液的配制　按表 23.2 称取各种维生素，混合装入小管，于干燥器中避光保存。用时配成溶液，过滤除菌，做生长谱测定用。

表 23.2　　　　　　　　　　　　　　　　混合维生素组成

维生素	称量/mg	维生素	称量/mg
维生素 B_1（硫胺素）	0.001	对氨基苯甲酸	0.1
维生素 B_2（核黄素）	0.5	肌醇	1.0
维生素 B_6（吡多醇）	0.1	烟酰胺	0.1
泛酸	0.1	胆碱	2.0
生物素	0.001		

（3）核酸碱基混合液的配制　称取腺嘌呤、次黄嘌呤、鸟嘌呤、胸腺嘧啶、尿嘧啶、胞嘧啶各 10mg，混合研磨，装入小管，于干燥器中避光保存。用时配成溶液，过滤除菌，做生长谱测定用。

3.4　仪器与其他用具　无菌平皿（Φ6cm2 套、Φ9cm40 套）、无菌离心管（10mL）、无菌吸管及吸头（1mL、5mL、10mL）、三角瓶、无菌试管、量筒、烧杯、紫外灯箱（紫外灯 15W，距离 30cm）、磁力搅拌器、无菌磁力搅拌棒、台式离心机、培养箱、振荡培养箱、接种环、玻璃涂布棒、无菌牙签（1 包）、无菌圆形滤纸片（Φ10mm）、酒精灯、打火机、记号笔、黑布或黑纸、红灯、影印台（有机玻璃材质，圆台 Φ8cm×5cm，圆台底座 Φ16cm×8cm）、无菌影印布（黑色平绒布 20 张，18cm×18cm）、固定圈 3 套（有机玻璃材质，内径分别为 8.4cm、8.6cm、8.8cm）等。

4　实验流程

制备菌悬液 → UV 处理 → 中间培养 → 无氮饥饿培养 → 氮源加富+青霉素培养 → 稀释涂布

平板(补充培养基) → 挑取小菌落 → 逐个点种平板及影印平板(基本培养基和完全培养基平板) → 挑取完全培养基生长而基本培养基不生长的菌落 → 接种斜面 → 疑似营养缺陷型的突变株 → 鉴定营养缺陷型

5 操作步骤

5.1 菌悬液的制备 同实验 22 紫外线诱变筛选 5.1 内容。

5.2 菌悬液的活菌计数 同实验 22 紫外线诱变筛选 5.2 内容,所用平板改为完全培养基。计算出每毫升处理前的菌悬液中的活菌数(CFU)。

5.3 紫外线诱变处理 同实验 22 紫外线诱变筛选 5.3 内容,照射剂量为 3min。

5.4 中间培养 取紫外线诱变处理 3min 的菌液 1mL 移入盛 20mL 牛肉膏蛋白胨培养基的 250mL 三角瓶中,30℃ 避光振荡培养 6~8h。中间培养的目的是使突变株的变异性状充分表达,但培养时间不宜过长,否则同一种突变株增殖过多。

5.5 青霉素法淘汰野生型

5.5.1 无氮饥饿培养 取中间培养液 10mL 于无菌离心管中,3000r/min 离心 15min,弃上清液,打匀沉淀,加入无菌生理盐水,离心洗涤 3 次,最后悬浮于 1mL 无菌生理盐水中,全部转入盛 10mL 无氮基本培养基的三角瓶中,30℃ 摇床振荡培养 4~6h。无氮饥饿培养的目的是使缺陷型细胞中的氮源消耗殆尽,以避免加青霉素时被杀死。

5.5.2 氮源加富+青霉素培养 将上述 10mL 无氮基本培养液全部转入装 10mL 氮源加富培养基的三角瓶中,再加入 1mL 2000U/mL 青霉素钠盐,使青霉素在菌液中的最终浓度为 100U/mL(若是 G^- 菌加入青霉素的最终浓度为 500U/mL),于 30℃ 培养 12~16h,达到淘汰野生型、浓缩缺陷型的目的。

5.5.3 稀释涂平板 取上述氮源加富培养液 1mL 于 9mL 无菌生理盐水试管中,按 10 倍稀释法逐级稀释至 10^{-4},取 10^{-2}、10^{-3}、10^{-4} 三个稀释度各 0.1mL 移入补充培养基平板上,用无菌玻璃涂布棒涂布均匀,每个稀释度涂 2 个平板,于 30℃ 培养 36~48h 后对大小菌落进行计数,计算出每毫升处理后的菌悬液中的活菌数(CFU),并计算存活率和致死率。

5.6 营养缺陷型的检出

5.6.1 倒平板 将完全培养基和基本培养基溶化并冷却至 50℃ 左右,各倒 6 个平板,备用。

5.6.2 接种平板(逐个检出法、影印培养法)

(1)逐个点种平板 在完全培养基和基本培养基上划 36 个小方格做好方位标记(图 23.1)。在 5.5.3 步骤中补充培养基上生长的大菌落为野生型,小菌落可能为缺陷型。用无菌牙签挑取在补充培养基上长出的小菌落 100 个,分别对应点种于基本培养基和完全培养基平板上(注意:先点种基本平板,后点种完全平板,接种量应少些),倒置于 30℃ 温箱中培养 48h。

(2)影印平板 用固定圈将无菌黑绒布固定于直径为 8cm 的圆台上,将 5.5.3 中补充培养基平板垂直倒扣于圆台

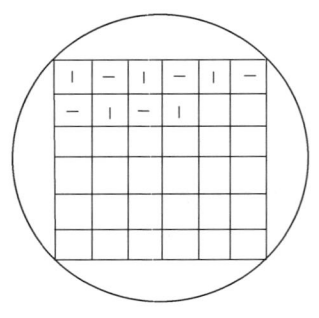

图 23.1 逐个点种平板示意图

绒布上,不要错位或移位,用食指和中指在平板中央附近轻轻转圈敲击30~60次,以菌落全部粘到绒布上为宜。而后轻轻取下补充培养基平板,用同样方法将绒布上的全部菌落依次影印接种到基本培养基和完全培养基平板上,倒置于30℃温箱中培养48h。

注意事项：

(1)影印法检出缺陷型时,完全或补充培养基平板上的菌落最好控制在30~60个/皿,数量不宜过多,也不宜长得较大(小菌落容易干缩、凹陷)。

(2)敲击补充或完全培养基平板时力度要轻些,否则会将粘到绒布上的培养基营养成分带入基本培养基平板上,不易出现营养缺陷型。但力度太轻,个别菌落会粘不到绒布上。敲击基本培养基平板时力度要稍重些,使绒布上的菌落完全被影印。

(3)勿敲击平板边缘,否则会使边缘菌落模糊、移位或容易敲碎培养基。

(4)检出营养缺陷型菌株　凡是在完全培养基平板上生长,而在基本培养基平板的对应部位不生长的菌落(菌落干缩、凹陷),可能是营养缺陷型突变株。将其用接种环小心接种于10~15支完全培养基斜面试管中,30℃培养24h,作为营养缺陷型鉴定菌株。

5.7　营养缺陷型生长谱鉴定法

5.7.1　制备菌悬液　将可能是营养缺陷型的突变株接种于盛有5mL完全培养基的离心管中,30℃振荡培养14~16h,3000r/min离心15min,弃上清液,打匀沉淀,用无菌生理盐水离心洗涤3次后,加入5mL生理盐水制成菌悬液。

5.7.2　鉴定　吸取1mL菌悬液于无菌培养皿中,倒入约15mL已溶化并冷却至46~50℃的基本培养基,摇匀待凝固。在平板底部划分三个区域,标记各营养物的位置(贴标签法)。用消毒镊子夹取灭菌的浸有混合氨基酸、混合核酸碱基和混合维生素溶液的圆形滤纸片,分别贴放于平皿的三个区域,注意勿使营养液流动,置于30℃培养24h后观察生长情况。如某一类营养物质滤纸片的周围长出整齐的菌圈,即为该类营养物质的营养缺陷型突变株(图23.2)。有的菌株是双重缺陷型,在两类营养物质扩散圈交叉处可见生长区。

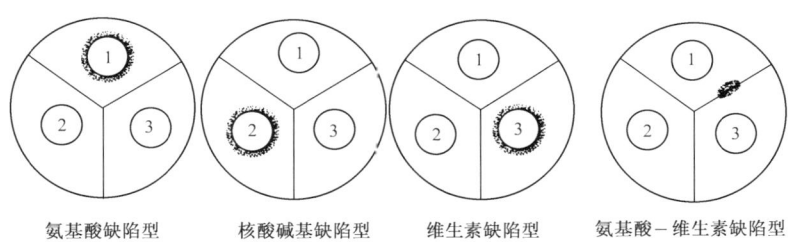

图23.2　营养缺陷型突变株生长谱测定
1—氨基酸混合液；2—核酸碱基混合液；3—维生素混合液。

6　实验结果与报告

将营养缺陷型突变株的鉴定结果填入下表中,并计算氨基酸营养缺陷型的突变率。

突变株号	缺陷型类型	生长区

缺陷型突变率的计算如式(23.1)所示。

$$\text{缺陷型突变率}/\% = [\text{缺陷型菌株数}/\text{被检测的菌落总数}(\text{点种总数})] \times 100\% \qquad (23.1)$$

7　思考题

(1) 试述青霉素淘汰野生型、浓缩缺陷型的机制。为何 G^+ 菌和 G^- 菌采用不同浓度的青霉素进行淘汰？

(2) 采用逐个检出法和影印法挑选营养缺陷型时应注意哪些问题？

实验 24　酵母菌原生质体融合技术

1　目的和要求

学习并掌握酵母菌原生质体的制备、再生及融合技术。

2　基本原理

原生质体是指脱去细胞壁后由细胞质膜包围着的球状细胞。原生质体融合是将遗传性状不同的两个细胞的原生质体通过人工方法进行融合,借以获得兼有双亲遗传性状的稳定重组子的技术。通过此项技术能使来自不同菌株的多种优良性状通过高频率的基因重组组合到一个重组融合子中,以获得兼有双亲优良性状的菌株。在进行酵母菌原生质体融合时,通常将双亲细胞分别用蜗牛酶除去细胞壁,它是细胞之间进行遗传物质交换的主要障碍。然后用助融剂聚乙二醇(简称 PEG)诱导原生质体相互融合,经过细胞膜融合→细胞质融合→细胞核的染色体 DNA 重组→细胞壁再生等一系列过程,即可达到基因重组、获得重组融合子的目的。原生质体融合技术应注意以下重要环节。

(1) 脱壁　要根据细胞壁化学组成不同选择合适的酶类和酶解条件,并考虑合适的菌龄和高渗稳定剂。

(2) 促融　要选择合适的融合剂与促融方式。

(3) 再生　要根据不同菌株再生率的差异选择最佳再生条件。

(4) 融合后的细胞有两种可能　一种是形成异核体,即染色体 DNA 不发生重组,两种细胞的染色体共存于一个细胞内,形成异核体,这是不稳定的融合。另一种是形成重组融合子。通过连续传代、分离、纯化,可以区别这两类融合。应该指出,即使是真正的重组融合子,在传代中也有可能发生分离,产生回复或新的遗传重组体。因此,必须经过多次分离、纯化才能获得稳定的融合子。

本实验选用两种不同基因型的酿酒酵母单倍体作为供试菌株,一株为组氨酸缺陷型(His^-),另一株为腺嘌呤缺陷型(Ade^-)。通过两者在基本培养基(MM)上不能生长,但只有这两种缺陷型的遗传物质融合才能在 MM 培养基上生长,并能在 MM+ 组氨酸(His)和 MM+ 腺嘌呤(Ade)的补充培养基上生长,从而检出融合子。实验中采用蜗牛酶分解菌株细胞壁以得到原生质体,以 1mol/L 山梨醇或 0.8mol/L 甘露醇作为高渗稳定剂,聚乙二醇-6000(PEG-6000)作为助融剂。

3　实验材料

3.1　菌种　单倍体酿酒酵母(*Saccharomyces cerevisiae*)K_1 His^-、1308 Ade^-(浓醪发酵)。

3.2　培养基　YEPD 完全培养基(液体和固体,CM)、YNB 基本培养基(固体,MM)、YEPD 高渗再生完全培养基(固体 YEPD 培养基中加入 1mol/L 山梨醇)、YNB 高渗再生基本培养基(固体 YNB 培养基中加入 1mol/L 山梨醇)、MM+His 补充培养基和 MM+Ade 补充培养基(附录Ⅱ)。

3.3 试剂

(1) 0.1mol/L pH 6.0 柠檬酸-磷酸盐缓冲液 0.1mol/L $Na_2HPO_4 \cdot 12H_2O$ (35.82g/L) 200mL、0.1mol/L 柠檬酸(21.01g/L) 60mL。

(2) 巯基乙醇液 0.05mol/L EDTA(pH 6.0) 100mL 灭菌冷却后加入无菌 0.5mol/L 巯基乙醇 4mL(巯基乙醇用无菌水配制)。

(3) 高渗脱壁酶液 用 0.1mol/L pH 6.0 柠檬酸-磷酸盐缓冲液配制成 1mol/L 山梨醇溶液,将其与 0.05mol/L EDTA 按 50∶1 比例混合,再用此混合液配制成 30g/L 蜗牛酶液,临用时过滤除菌。

(4) 高渗缓冲液(ST) 用 0.01mol/L pH 7.4 Tris-HCl 缓冲液配制成 1mol/L 山梨醇溶液。

(5) 高渗稳定液(STC) 用 ST 溶液配制成 0.01mol/L $CaCl_2$ 溶液。

(6) PEG 助融剂 先用 0.01mol/L pH 7.4 Tris-HCl 缓冲液配制 0.01mol/L $CaCl_2$ 溶液,再用其配制成 350g/L PEG-6000 溶液。

(7) 无菌水(9.9mL/管)。

3.4 仪器与其他用具

无菌培养皿、无菌吸管或微量移液器及吸头、试管、容量瓶、三角瓶、离心管、三角形玻璃涂棒、接种环、影印台、无菌影印布(黑色平绒布)、影印布固定圈、酒精灯、血球计数板、显微镜、恒温水浴摇床、培养箱、离心机等。

4 实验流程

活化菌种 → 收集菌体 → 菌体的预处理 → 酶解脱壁 → 原生质体的再生 → 原生质体的融合 → 融合子的再生 → 融合子的检验

5 操作步骤

5.1 活化菌种 将单倍体酿酒酵母菌 K_1 和 1308 原菌接种于新鲜 YEPD 斜面,30℃培养 24h 后,各取一环酵母菌分别接种于 5mL 含有 YEPD 液体培养基的试管中,30℃静置培养 24h 后,取 1mL 转接至装有 50mL 新鲜 YEPD 液体培养基的 250mL 三角瓶中(瓶口为纱布塞),30℃摇床培养至对数生长期(10~12h),细胞数达 $10^7 \sim 10^8$ CFU/mL。

5.2 收集菌体 将上述 50mL 培养液以 3500r/min 离心 10min,用 pH 6.0 柠檬酸-磷酸盐缓冲液离心洗涤 2 次。

5.3 菌体的预处理 将离心后的菌体于 10mL 巯基乙醇液中 30℃摇床振荡预处理 10min 后,再以 3500r/min 离心 10min,用 pH 6.0 柠檬酸-磷酸盐缓冲液离心洗涤 2 次。巯基乙醇的作用是使细胞壁的蛋白质二硫键打开,细胞壁结构松弛,以利于酶的脱壁作用。

5.4 酶解脱壁 于上述离心管中加入 5mL 新鲜配制的高渗脱壁酶液(酶液浓度一般为 10~30g/L),轻轻摇动,悬浮细胞,然后于 30℃摇床轻轻振荡(100r/min)酶解约 4h。每隔 1h 取样 0.1mL 用 9.9mL ST 液稀释 100 倍,以血球计数板镜检计数细胞总数(原生质体数+完整细胞数);同法操作,用 9.9mL 无菌水稀释 100 倍计数完整细胞数,并按式(24.1)计算原生质体的形成率。

原生质体的形成率/% = [原生质体数/(原生质体数+完整细胞数)]×100% (24.1)

待 96%~98%（原生质体的形成率）的细胞形成原生质体后，于低温（0~10℃）条件下以 2 000r/min 离心 20min，去除酶液，并用 ST 液离心洗涤 2 次（条件同上）。分别用 5mL STC 液制成 STC 原生质体悬液，并调整二者浓度一致（10^7~10^8 个/mL），备用。

5.5 原生质体的再生 将原生质体包埋于双层再生培养基中培养，可以极大提高原生质体的再生率。首先将含 20g/L 琼脂的 YEPD 高渗再生完全培养基倒入平板约 15mL，待凝固；各取 0.1mL STC 原生质体悬液用 STC 液按 10 倍稀释法稀释至 10^{-4}，吸取 10^{-3} 和 10^{-4} 两个稀释度各 0.1mL 于底层平板上，用玻璃涂棒涂布均匀，每个稀释度涂 2 个平板，然后倒入含有 10g/L 琼脂的 YEPD 高渗再生完全培养基约 10mL，制成双层平板。同法操作，对照用无菌水稀释 STC 原生质体悬液，均匀涂布于 YEPD 完全培养基表面，每个稀释度涂 2 个平板，30℃培养 48h，分别计数长出的菌落数，并按式（24.2）计算原生质体的再生率，应控制原生质体的再生率为 20%~30%。

原生质体的再生率/% = [(高渗 YEPD 长出的菌落数−对照 YEPD 长出的菌落数)/原生质体数]×100%

(23.3)

5.6 原生质体的融合 将双亲 STC 原生质体悬液各 2mL 混合于试管中，30℃摇床振荡培养 15min 后，于低温条件下以 2000r/min 离心 20min，弃上清液，菌体悬浮于 1mL PEG-6000 助融剂中，于 30℃水浴振荡 20min，使助融剂与原生质体充分接触，立即离心（条件同上），弃上清液，并用 STC 液离心洗涤 2 次（条件同上），除去助融剂，加入 0.5mL STC 液制成 STC 原生质体融合液。

5.7 融合子的再生 将含 20g/L 琼脂的 YNB 高渗再生基本培养基倒入平板约 15mL，待凝固；各取 0.1mL STC 原生质体融合液用 STC 液按 10 倍稀释法稀释至 10^{-3}，再吸取 10^{-2} 和 10^{-3} 两个稀释度各 0.1mL 于底层平板上，用玻璃涂棒涂布均匀，每个稀释度涂 2 个平板，然后倒入含有 10g/L 琼脂的 YNB 高渗再生基本培养基约 10mL，制成双层平板，于 30℃培养 5~7d 后，从长出的菌落中选出融合子。两个缺陷型亲株原生质体融合后，因缺陷的基因互补所恢复的生理功能一般达到野生型水平，在 YNB 高渗再生基本培养基上生长者即为重组融合子。另取等量稀释液用相同方法于 YEPD 高渗再生完全培养基中培养后，分别计数高渗 YNB 平板上融合子数与高渗 YEPD 平板上的总菌落数，并按式（24.3）计算融合频率。

融合频率/% = [高渗 YNB 长出的菌落数(融合子数)/高渗 YEPD 长出的总菌落数]×100% (24.3)

5.8 融合子的检验 将上述 YNB 高渗再生基本培养基上生长的菌落，按照实验 23 所述的影印方法分别依次转印到 MM 基本培养基、MM+His 和 MM+Ade 补充培养基平板上，30℃培养 48h，生长者均为融合子，即野生型。而两个亲本缺陷型菌株在基本培养基上不生长。将融合子菌株传代稳定后转接于 YEPD 完全培养基斜面上，培养后于 4℃冰箱中保藏备用。

注意事项：

（1）由于实验周期较长，步骤较多，因此一定要注意无菌操作，防止杂菌污染。原生质体镜检计数时，血球计数板内不能有水，否则原生质体会胀破。操作的动作要轻柔，避免人为造成原生质体破裂。

（2）由于原生质体对外界因素（如温度、紫外线、离心转速、渗透压等）非常敏感，因此离心转速不得超过 2000r/min，最好在 0℃条件下离心。制备原生质体以后的操作，包括所有洗涤、稀释、培养基和试剂均要含有高渗稳定剂。

(3) 融合步骤中双亲原生质体的量(每毫升所含原生质体的量)要基本一致。

(4) 不同菌种、同一菌种的不同株系以及一个菌株培养的不同时期,对酶液的敏感性不同,故要通过预备实验才能对采用哪个时期的菌体制备原生质体以及对所用脱壁酶的种类和用量得出较正确的选择。

6 实验结果与报告

(1) 绘图说明菌体、原生质体及加入助融剂后原生质体的形态。

(2) 计算酿酒酵母两个亲本原生质体的形成率、再生率及融合频率。

7 思考题

(1) 哪些因素影响原生质体再生? 如何提高再生率?

(2) 酵母菌脱壁时为何不加青霉素,而加蜗牛酶?

(3) 如何挑选出融合子?

(4) PEG 促融剂有何作用?

(5) 融合子筛选中如何区分是形成异核体还是形成重组融合子?

实验 25　霉菌原生质体融合技术

1　目的和要求

学习并掌握霉菌原生质体的制备、再生及融合技术。

2　基本原理

原生质体融合技术是一种常见的微生物育种方法,是将遗传性状不同的两株菌的原生质体通过人工方法融合为一个新重组菌株的技术。融合子兼具双亲的优良遗传性状。原生质体融合技术广泛应用于发酵行业来培育优良菌种。

米曲霉的蛋白酶活性和菌体生长速度直接影响酱油、豆酱等发酵制品的风味和产量。在生产实践中,米曲霉的生产能力常常欠佳,表现为生长较快的菌种蛋白酶活力较低,而蛋白酶活力较高的菌种生长较慢。本实验选取两种不同基因型的米曲霉作为供试菌株,一株为生长速度快但蛋白酶活力低的米曲霉 GIM3.13,另一株为蛋白酶活力高但生长速度慢的米曲霉 As3.951,通过原生质体融合技术将来自两株菌的优良性状组合到一个重组融合子中,以获得生长速度快、蛋白酶活力高的优良菌株。

影响霉菌原生质体形成率的因素很多,主要有菌龄、酶液浓度、酶解时间、酶解温度、渗透压稳定剂等。原生质体再生过程也受到培养基成分、渗透压稳定剂和酶解时间等诸多因素的影响。此外,原生质体再生过程中会发生延缓现象,将原生质体涂布于再生平板后,其生成菌落的速度一般要慢于孢子发芽形成菌落的速度。

本实验采用灭活原生质体融合技术进行融合子筛选,即融合前对原生质体用抗生素、紫外线等物理或化学因子进行单亲株灭活或双亲株灭活,然后再进行原生质体的融合。灭活原生质体融合技术的依据是用热或紫外线等物理化学因素对融合菌的一个菌株或两个菌株的原生质体进行处理,使其中一个或两个菌的某一生理结构被破坏而失去活性,丧失再生能力,而非彻底将其杀死。经原生质体融合后,由于两个菌的致死破坏部位不同,从而能够得到互补,形成能够在再生培养基上生长的融合子。

3　实验材料

3.1　菌种　米曲霉(*Aspergillus oryzae*)GIM3.13 和 As 3.951

3.2　培养基　PDA 固体培养基、基本培养基(MM)、MM+Met 补充培养基、豆芽汁液体和固体培养基、豆芽汁高渗固体培养基(CM)、酪素培养基(附录Ⅱ)。

3.3　试剂

(1) 磷酸盐缓冲液　含 0.6mol/L NaCl 的 0.2mol/L 磷酸盐缓冲液,pH 6.0,0.1MPa 灭菌 20min。

(2) 高渗稳定液　0.8mol/L NaCl 溶液,pH 6.8,0.1MPa 灭菌 20min。

(3) 混合酶液　纤维素酶、溶壁酶、蜗牛酶三种酶按 5∶3∶1 比例混合,以上述磷酸盐缓冲液配制,过滤除菌,4℃冰箱保存。

(4) PEG 助融剂　先用 0.01mol/L pH 7.4 的 Tris-HCl 缓冲液配制 0.01mol/L $CaCl_2$ 溶液,再配制成 300g/L PEG-6000 溶液。

3.4　仪器与其他用具　无菌培养皿、无菌吸管或微量移液器及吸头、试管、容量瓶、三角瓶、离心管、接种环、酒精灯、血球计数板、显微镜、培养箱、恒温水浴锅、紫外灯、过滤器、离心机、灭菌锅等。

4　实验流程

活化菌种 → 收集菌体 → 酶解破壁 → 原生质体灭活 → 原生质体融合 → 融合子筛选与鉴定

5　操作步骤

5.1　活化菌种　将米曲霉 GIM3.13 和 As3.951 接种于新鲜 PDA 斜面,28℃培养 24h 后,各取一环菌体分别接种于 50mL 含有豆芽汁液体培养基的 250mL 三角瓶中,28℃静置培养 24h 后,取 1mL 转接至装有 50mL 新鲜 MM+Met 补充培养基的 250mL 三角瓶中(瓶口为纱布塞),28℃摇床培养至对数生长期(12~14h),细胞数达 10^7~10^8 CFU/mL。

5.2　收集菌体　将上述 50mL 培养液过滤收集菌丝,用高渗稳定液离心(2000r/min)洗涤 2 次。

5.3　酶解破壁　将离心洗涤后的菌体置于离心管中,加入混合酶液,在 30℃恒温水浴中振荡酶解 2h 后用 4 层高级擦镜纸过滤,将滤液离心分离(3000r/min,15min),沉淀用高渗稳定液离心洗涤 3 次,收集原生质体重悬于高渗稳定液中,以血球计数板镜检计数。

5.4　原生质体的灭活　取米曲霉 GIM3.13 原生质体悬液(10^6 CFU/mL)适量于无菌离心管中,置于 60℃ 恒温水浴锅中热灭活 15min 取出。取米曲霉 As3.951 原生质体悬液(10^6 CFU/mL)适量于无菌平皿内,于 15W 紫外灯 30cm 处照射灭活 5min 后取出。

5.5　原生质体融合　取等量米曲霉 GIM3.13 和米曲霉 As3.951 灭活后的原生质体悬液(10^6 CFU/mL)于无菌离心管中,加入 PEG-6000 助融剂,轻轻充分振荡混合 5min 后,以渗透压稳定剂高度稀释并离心洗涤。而后经稀释至适当倍数后接种于若干个高渗 CM 平板,28℃培养 2~6d 后挑取平板上的菌落接入无菌斜面进行纯培养。观察菌落生长情况,并计算融合率。

融合率的计算:将离心洗涤后的原生质体悬液分别稀释至适当浓度后,平行接种于高渗 CM 平板上(平板 A),另取未灭活米曲霉 GIM3.13 原生质体悬液和米曲霉 As3.951 原生质体悬液等量混合,稀释到适当浓度后平行接种于 10 个高渗 CM 平板上(平板 B),于 28℃培养 2~6d 后对各高渗 CM 平板上的再生菌落计数,并根据式(25.1)求得平均数。

融合率/% = [(平板 A 上的菌落平均数×稀释倍数)/(平板 B 上的菌落平均数×稀释倍数)]×100%

(25.1)

5.6　融合子的筛选与鉴定

(1) 对菌种生长速度的筛选　培养 2~6d 后剔除长势较差的菌种,然后对剩下的菌种编号和标注,并分别制备孢子悬液,稀释到适当浓度后,接种于无菌高渗 CM 平板。同时制备米曲霉 GIM3.13 和米曲霉 As3.951 孢子悬液,稀释到适当浓度后,接种于无菌高渗 CM 平板,于 28℃培养 2~4d 后。分别测量各平板上菌落的直径并求平均值。

（2）对菌种产蛋白酶能力的筛选　挑选菌落直径大于米曲霉As3.951菌株的菌落，分别制备孢子悬液，稀释到适当浓度后，接种于无菌酪素平板。另同时制备米曲霉GIM3.13和米曲霉As3.951孢子悬液，稀释到适当浓度后，接种于无菌酪素平板。于28℃培养2d后，分别测量各平板上透明圈直径并求平均值，最后计算出菌落透明圈直径与菌落直径的比值。

6　实验结果与报告

（1）绘图说明菌体、原生质体及加入助融剂后原生质体的形态。

（2）计算米曲霉融合子的融合率。

7　思考题

（1）为何要采用热灭活？它和紫外线灭活的主要区别在哪里？

（2）如何挑选出融合子？

实验 26 微生物的菌种保藏技术

一、常用简易微生物菌种保藏方法

1 目的和要求

(1) 了解微生物菌种保藏的基本原理。
(2) 掌握几种常用的微生物菌种保藏方法。

2 基本原理

微生物菌种保藏的原理是人工创造一个低温、干燥、缺氧、缺乏营养素及添加保护剂等的环境条件,使微生物的新陈代谢作用被限制在最低范围内,生命活动基本处于休眠状态,而又使菌种达到不变异和不死亡。此外,若要达到长期保藏菌种的目的还必须选用典型优良纯培养物,并尽量采用其休眠体(如细菌的芽孢、真菌的孢子等)且尽量减少传代次数。菌种保藏的方法有很多,如简易的斜面划线或半固体穿刺低温保藏法、液体石蜡保藏法、甘油保藏法、沙土管保藏法,以及复杂的冷冻真空干燥保藏法、液氮超低温保藏法等。

(1) 斜面划线或半固体穿刺低温保藏法　将在斜面或半固体培养基上生长健壮的培养物置于4℃冰箱保藏,定期移植。此法是利用低温抑制微生物的生长。优点是不需要特殊设备,操作简便易行,被实验室和工厂菌种室广泛采用。缺点是保藏时间短,菌种传代次数较多,遗传性状易发生变异和衰退。此外,棉塞长霉易引起菌种污染。保藏时间依菌种不同而异。霉菌、放线菌和有芽孢细菌可保藏3~6个月,酵母菌可保藏2~3个月,无芽孢细菌可保藏1~3个月。半固体穿刺保藏法一般可保藏菌种半年至一年。

(2) 液体石蜡保藏法　在新鲜斜面培养物上覆盖一层灭菌液体石蜡,置于4℃冰箱保藏。液体石蜡有隔绝空气的作用,又防止培养基的水分蒸发,故此法是利用缺氧和低温双重抑制微生物生长。优点是操作简单易行,保存期较长;缺点是必须直立保存,不便于携带。保藏时间依菌种不同而异。霉菌、放线菌和有芽孢细菌可保藏2年以上,酵母菌可保藏1~2年,无芽孢细菌可保藏1年左右。

(3) 沙土管保藏法　将待保藏菌种接种于斜面培养基上,经培养后制成孢子悬液,将孢子悬液滴入灭菌沙土管中,孢子即吸附在沙子上,将沙土管置于真空干燥器中,吸干沙土管中水分,经密封后置于4℃冰箱中保藏。此法是利用干燥、缺氧、缺乏营养素、低温等因素综合抑制微生物生长繁殖,从而延长保藏时间,可保藏产孢子微生物的菌种1~10年。

(4) 甘油保藏法　在液体新鲜培养物中加入等量40%~50%(体积分数)的灭菌甘油,或将微生物细胞离心浓缩后悬浮于20%~25%(体积分数)的灭菌甘油(用量为液体培养基的1/20~1/10体积)中,分装菌种管,置于-70℃或-80℃超低温冰柜中保藏。此法是利用甘油作为保护剂,甘油的羟基与胞内蛋白质形成氢键,以取代由水分子形成的氢键,从而保持蛋白质原有结构的稳定性。甘油还可与菌体表面自由基联结,避免菌体暴露于介质中。此外,在低温冷冻条件下,可极大降低细胞代谢水平,从而达到延长保藏时间的目的。此法可保藏细菌、酵母菌的菌种10年。

(5)液氮超低温保藏法 将微生物细胞悬浮于含20%~25%(体积分数)甘油保护剂的液体培养基中,或将带菌琼脂块直接浸没于含保护剂的液体培养基中,分装菌种管,置于-80℃超低温冰柜预冻,再转移至液氮罐内,于液相(-196℃)或气相(-156℃)保藏。此法适合保藏各类微生物,保藏期15年以上。

每种保藏方法都有其适用范围,要根据被保藏菌种的特性选择适宜的保藏方法。如有的微生物不耐冷,可采用真空干燥保藏法而不选择冷冻真空干燥保藏法;有的微生物不耐干燥,则最好不选择沙土管保藏法。

3 实验材料

3.1 菌种 待保藏的细菌、放线菌、酵母菌和霉菌。

3.2 培养基 牛肉膏蛋白胨斜面和半固体深层培养基(培养细菌)、麦芽汁斜面和半固体培养基(培养酵母菌)、高氏1号琼脂斜面(培养放线菌)、马铃薯蔗糖斜面培养基(培养霉菌)、LB液体培养基(培养细菌)、MRS液体培养基(培养乳酸菌),制法均见附录Ⅱ。

3.3 试剂与药品 无菌水、无菌液体石蜡、10%(体积分数)HCl溶液、河沙、黄土、无菌甘油(丙三醇,AR)、五氧化二磷或无水氯化钙。

3.4 仪器与其他用具 接种环、接种针、无菌滴管、无菌吸管(1mL、5mL)、10mm×100mm小试管、灭菌带螺口盖和密封圈的进口菌种管(1.5mL或2mL,要求耐-80℃低温和灭菌高温)、吉尔森微量移液器(可整支灭菌)及1mL无菌吸头、100mL三角瓶、250mL离心瓶、40目与100目筛子、高压灭菌锅、冰箱、-80℃超低温冰箱、大容量立式冷冻离心机、火焰封口器(液化气火焰喷枪)等。

4 实验流程

斜面低温保藏法:待保藏菌种斜面培养物→ 划线接种至新鲜培养基斜面试管 → 培养 → 冷藏保种

半固体穿刺保藏法:待保藏菌种斜面培养物→ 穿刺接种至半固体培养基试管 → 培养 → 冷藏保种

液体石蜡保藏法:待保藏菌种→ 划线接种至新鲜培养基斜面试管 → 培养 → 加入无菌液体石蜡 → 冷藏保种

沙土管保藏法: 制备无菌沙土管 → 制备菌悬液 → 菌悬液加于无菌沙土管 → 干燥 → 火焰封口 → 保藏

一般细菌甘油保藏法:待保藏菌种斜面或液体培养物→ 接种至液体培养基试管 → 振荡培养 → 取0.5mL培养液移至菌种管 → 加入等量50%(体积分数)甘油 → 螺盖封口 → 振荡混匀 → -80℃冰箱保藏

乳酸菌甘油保藏法:待保藏乳酸菌原菌液→ 接种至100mL液体培养基三角瓶 → 培养 → 离心 → 收集菌体 → 悬于10mL 25%(体积分数)甘油溶液中 → 充分混匀 → 分装菌种管1mL → 封口 → -80℃冰箱保藏

5 操作步骤

5.1 斜面划线低温保藏法（适用于细菌、放线菌、酵母菌和霉菌的保藏）

5.1.1 贴标签　将注有菌株名称和日期的标签贴于试管斜面的正下方。

5.1.2 接种　将待保藏的不同菌种以划线接种法移接至适宜的斜面培养基上。

5.1.3 培养　细菌置于37℃培养1~2d，酵母菌置于25~28℃培养2~3d，放线菌和霉菌于28℃分别培养5~7d和3~5d。须用健壮的细胞或孢子作为保藏菌种。例如，细菌和酵母菌应采用对数生长期后期的细胞，不宜用稳定期后期的细胞（因该期细胞已趋向衰老），对有芽孢的细菌、放线菌和霉菌则宜采用芽孢和成熟的孢子保藏。

5.1.4 保藏　将培养好的菌种置于4℃冰箱中保藏。保藏温度不宜太低，否则斜面培养基因结冰脱水而加速菌种的死亡。必要时用进口封口膜将试管口外的硅胶塞密封，以防止培养基水分蒸发，延长保藏时间。

5.2 半固体穿刺低温保藏法（适用于兼性厌氧细菌和酵母菌的保藏）

5.2.1 贴标签　将标注菌株名称和接种日期的标签贴于半固体深层培养基试管上。

5.2.2 接种　将待保藏的不同菌种以穿刺接种法移接至适宜半固体深层培养基中央部分，注意勿穿透底部。

5.2.3 培养　与斜面传代保藏法相同。

5.2.4 保藏　与斜面传代保藏法相同。

5.3 液体石蜡保藏法（适用于酵母菌、霉菌和放线菌的保藏）

5.3.1 无菌液体石蜡制备　选用优质中性液体石蜡（相对密度0.865~0.890）装入100mL三角瓶内，每瓶装10mL，塞上硅胶塞，外包报纸，0.1MPa灭菌30min，每天一次，连续灭菌3d，以彻底杀死石蜡中的细菌芽孢，经无菌检查后备用。

5.3.2 接种、培养与保藏　将菌种划线接种于适宜斜面培养基上，在适宜温度下培养，使其充分生长。用无菌吸管吸取无菌液体石蜡注入已长好菌的斜面上，液体石蜡的用量以高出斜面顶端1cm左右为准，使菌种与空气隔绝，直立于4℃冰箱中保藏。传代移种时，将菌种管倾斜使液体石蜡流至一边，将菌种转接至新鲜斜面培养基上，培养后加入适量灭菌液体石蜡，再进行保藏。在移种时应尽可能去掉液体石蜡，以免影响菌种生长。

5.4 沙土管保藏法（适用于产芽孢的芽孢杆菌、梭菌与产孢子的放线菌和霉菌的保藏）

5.4.1 无菌沙土管制备　取河沙若干，用40目筛子（孔径为0.42mm）过筛，除去大的颗粒，再用10%（体积分数）HCl溶液浸泡（用量以浸没沙面为度）除去有机杂质。浸泡2~4h（或煮沸30min）后，倒出盐酸，用自来水冲洗至中性，烘干。另取非耕作层的贫瘠（不含腐殖质）黄土若干，磨细，用100目筛子（孔径为0.149mm）过筛。将土和沙按1∶4或1∶3比例混合均匀，装入小试管（10mm×100mm）中，装量约1cm高即可，塞上硅胶塞，0.1MPa灭菌1h，每天一次，连灭3d。将灭菌沙土管按1/10进行抽样检查。用接种环取少许沙土接入牛肉膏蛋白胨培养液中，37℃培养24h，观察有无杂菌生长。如果培养液长菌，则应全部重新灭菌。

5.4.2 制备菌悬液　将菌种划线接种于适宜斜面培养基上，在适宜温度下培养，得到健壮的菌体细胞或丰满的孢子。用无菌吸管吸取3~5mL无菌水加至1支菌种斜面试管中，用接种环轻轻搅动培养物，使其成菌悬液。

5.4.3 加样与干燥 用无菌吸管吸取菌悬液,在每支沙土管中滴加5滴左右菌悬液,以管内的沙土全部湿润为宜,塞上棉塞,振荡混匀后,置于预先放有五氧化二磷或无水氯化钙的干燥器内。当五氧化二磷或无水氯化钙因吸水变成糊状时,应及时更换。如此数次,沙土管即可干燥。也可将干燥器连接真空泵连续抽气3~6h,抽干时间越短越好,以沙土呈分散状态为准。

5.4.4 抽样检查 将抽干的沙土管按1/10进行抽样检查。用接种环取少许沙土接种到适合所保藏菌种生长的斜面上,进行培养,观察所保藏菌种的生长及有无杂菌生长情况。

5.4.5 保藏 检查合格后用以下方法保藏。

(1)沙土管继续放入干燥器中,置于室温或冰箱中。

(2)将沙土管带塞一端浸入溶化的石蜡中,密封管口。

(3)用火焰封口器将沙土管的棉塞下端的玻璃烧熔,熔封管口,置于4℃冰箱中保藏。

5.5 甘油保藏法(适用于细菌保藏)

5.5.1 无菌甘油制备 将20%~25%(体积分数)和40%~50%(体积分数)甘油溶液10mL分别置于100mL三角瓶内,塞上硅胶塞,外包牛皮纸,0.1MPa灭菌20min,每天一次,连灭3d,经无菌检查后备用。

5.5.2 接种、培养与保藏

(1)一般细菌甘油保藏法 挑取一环菌种接入LB液体培养基试管中,37℃振荡培养至充分生长。用无菌吸管或移液器吸取0.5mL培养液移入带有螺口盖的菌种管(勿用1.5mL Eppendorf管,因其管盖不紧,易引起污染)中,再加入0.5mL无菌40%~50%(体积分数)甘油,封口,振荡混匀,置于-80℃超低温冰箱中保藏。

(2)乳酸菌甘油保藏法 将乳酸菌原菌液按1%~2%(体积分数)接种量移入100mL MRS液体培养基中,37℃培养10~12h至对数生长期的末期,转移至250mL离心瓶中,以4000~6000r/min离心20min(4℃下),收集菌体,细胞悬浮于10mL无菌20%~25%(体积分数)甘油溶液中,充分混匀后,分装菌种管,每管1mL,封口后置于-80℃超低温冰箱中保藏。此操作也可以不用离心机收集菌体,而是在100mL MRS培养物中直接加入100mL无菌40%~50%(体积分数)甘油,充分混匀后分装菌种管1~2mL。封口后置于超低温冰箱中即可。

6 实验结果与报告

(1)列表说明5种常用简易微生物菌种保藏方法的保藏原理、适合保藏微生物的类型、保藏温度、保藏时间,比较优缺点。

(2)菌种保藏到期后,将菌种活化,检查保藏效果。

7 思考题

(1)简述微生物菌种保藏的一般原理。

(2)实验室中最常用哪一种简易方法保藏乳酸菌?

二、应用冷冻真空干燥技术保藏乳品发酵剂菌种

1 目的和要求

(1)了解冷冻真空干燥技术的原理。
(2)掌握应用冷冻真空干燥技术保藏乳品发酵剂菌种的方法。

2 基本原理

冷冻真空干燥技术是将加入一定保护剂(如120~200g/L脱脂牛乳)的菌悬液注入安瓿管中,在极低温度下(-70℃左右)快速冷冻,然后在细胞冻结状态下真空干燥,使微生物细胞处于休眠状态(暂时停止微生物的生长和一切酶的作用),细胞的结构与成分保持不变。在冷冻干燥过程中,为防止因冷冻和水分不断升华对细胞的损害,采用保护剂来制备细胞悬液,使其在冻结和脱水过程中,保护性溶质通过氢键和离子键对水和细胞所产生的亲和力来稳定细胞成分和结构。此法综合利用了各种有利于菌种保藏的条件(低温、干燥、缺氧和添加保护剂等),是目前最有效的菌种保藏方法之一,广泛适用于细菌(有芽孢或无芽孢)、放线菌、酵母菌、产孢子霉菌以及病毒。其保藏期可达一年至十几年,且存活率高、变异率低;缺点是所需设备昂贵,操作复杂。本实验以冻干乳品发酵剂菌种为例介绍其保藏方法。

发酵剂菌种的保藏对生产至关重要,乳品生产上常用最有效的冷冻真空干燥技术保藏发酵剂菌种。其原理是水的三种相态(固态、液态、气态)达到平衡时必须有一定的条件,这种条件称为相平衡关系。水的相平衡关系是分析含水细胞冷冻干燥原理的基础,根据热力学中相平衡理论,水的三相点温度为0.0098℃,三相点的压力为609.3Pa,在发生相变过程中,当压力低于三相点的压力时,固态水直接转化为气态的水蒸气。因此,冷冻真空干燥是将含水量大的物质预先冷冻为固态,然后在真空条件下使物质中的冰晶直接升华为气态,待冰晶升华后再除去物质中的部分吸附水,最后得到含水分很少的干制品。

3 实验材料

3.1 菌种 德氏乳杆菌保加利亚亚种(*Lactobacillus delbrueckii* subsp. *bulgaricus*)、唾液链球菌嗜热亚种(*Streptococcus salivarius* subsp. *thermophilus*)、乳酸乳球菌(*Lactococcus lactis*)、嗜酸乳杆菌(*Lactobacillus acidophilus*)、乳酸乳球菌乳脂亚种(*Lactococcus lactis* subsp. *cremoris*)37℃,培养8~12h的脱脂乳试管培养物。分别以代号为3号菌、9号菌、1号菌、2号菌、5号菌简称。

3.2 培养基 MRS液体和斜面培养基、番茄汁斜面培养基、120g/L脱脂乳和150g/L脱脂乳(见附录Ⅱ)。

3.3 试剂 2%(体积分数)HCl溶液。

3.4 仪器与其他用具 试管、吸管、安瓿管、三角瓶(100mL、250mL)、250mL离心瓶、无菌长注射器针头或长颈毛细滴管、-40℃低温冰箱或-80℃超低温冰箱、6L冷冻真空干燥机(美国LABCONCO公司)、冻干机48支多歧管、大容量立式冷冻离心机、火焰封口器(液化气火焰喷枪)、空气泵等。

4 实验流程

准备安瓿管 → 菌悬液的制备 → 分装安瓿管 → 预冻 → 冷冻真空干燥 → 真空封口 → 保藏

5 操作步骤

5.1 准备安瓿管 选用中性硬质玻璃制成的安瓿管,大小为(6~8)mm×100mm,也可选用其他各种安瓿管。先用2%(体积分数)HCl溶液浸泡过夜,再用自来水冲洗至中性,最后用蒸馏水冲3次,烘干后,将管口塞上棉塞并包上报纸,160~170℃干热灭菌1~2h,或0.1MPa高压蒸汽灭菌30min备用。使用前,将菌名和接种日期标签纸用透明胶贴于安瓿管壁上。

5.2 菌悬液的制备

5.2.1 固体培养物制备菌悬液 将脱脂乳试管培养物分别划线接种于MRS斜面培养基(2号菌和3号菌)与番茄汁斜面培养基(1号菌、5号菌和9号菌),于37℃培养36~48h至斜面长出健壮的菌苔。将培养好的菌种斜面培养物分别加入120g/L脱脂乳保护剂(2号菌和3号菌)与150g/L脱脂乳保护剂2~3mL(1号菌、5号菌和9号菌),用接种环轻轻刮下培养物,制成10^8~10^{10}CFU/mL菌悬液。

5.2.2 液体培养物制备菌悬液 将上述乳酸菌原菌液按1%~2%(体积分数)接种量移入200mL MRS液体培养基中,37℃培养10~12h至对数生长期的末期,转移至250mL离心瓶中,以4000~6000r/min离心20min(4℃条件),收集菌体,细胞悬浮于相应脱脂乳保护剂(用量为液体培养基的1/20~1/10体积)中,制成10^{10}CFU/mL菌悬液。

5.3 分装安瓿管 左手持盛有菌悬液的三角瓶,右手持带有针头的无菌注射器,以无菌操作将注射器针头伸入三角瓶内,吸取一定量的菌悬液,再以无菌操作塞好硅胶塞,放回原处。左手持安瓿管,以无菌操作将注射器针头伸入安瓿管内,注入菌悬液至安瓿管底部球体的一半,每管0.2mL左右,用棉花塞好安瓿管末端后进行预冻。注意:菌悬液的加量不宜超过安瓿管底部球体的一半,否则因安瓿管的截面积缩小而影响冻干速度。

5.4 预冻 其目的是使菌悬液在低温条件下冻结成冰,使水分在冻结状态下升华,以免在真空干燥时菌悬液沸腾,出现气泡而外溢。将装有菌悬液的安瓿管直立放于-40~-35℃低温冰箱中,预冻1~2h。于-80~-70℃超低温冰箱中预冻效果也良好,也可在附有冻结舱的冻干机中进行预冻。注意:预冻温度不要超过-25℃,否则因含有脱脂牛乳的菌悬液冰点下降,冻结不结实,影响升华干燥而导致失败。

5.5 冷冻真空干燥

5.5.1 冻干机开机前的准备 冻干机开机前,先检查并解除影响设备真空度的隐患。将连接冷阱的排水管中的水分用吸耳球吸出,塞好排水管的胶塞;用干毛巾擦干冷阱中的水分,并用蘸有75%(体积分数)酒精的纱布擦拭冷阱盖的橡胶圈后,扣紧冷阱盖;随后用蘸有75%酒精的纱布擦拭多歧管连接冻干机上的底座与垫片,除去毛纤维和杂物等。将多歧管安装在冻干机上之后,检查多歧管上所有的塑料帽是否塞紧,以防止微小漏气。

5.5.2 冻干机使用方法一

(1)自动运行 在LABCONCO冷冻真空干燥机上按下"AUTO"键开启制冷压缩机,自动运行程序开始启动,"AUTO"键上面的压缩机指示灯点亮,冷阱温度开始下降;当达到

-40℃后,冷阱温度指示灯由黄色变为绿色,此时真空泵开始自动启动,真空度开始下降,屏幕显示实际真空度;当实际真空度达到预设的真空度时,冷阱温度和真空度的指示灯全部为绿色,此时可以上样。此步骤也可手动操作,先后按"MAN"键和"VACUUM"键,启动制冷压缩机和真空泵。

(2)上样 用左手的大拇指和食指用力卡住冻干机多歧管上的橡胶连接管,右手拔掉多歧管上的塑料帽,将预冻后的1支菌种安瓿管迅速连接到冷冻真空干燥机多歧管上。在安瓿管连接多歧管的过程中,系统的真空度有可能回升,待真空度重新恢复到预设真空度时,指示灯全部为绿色,此时再上第2支菌种安瓿管。重复以上操作,将安瓿管一个个全部连接于48支多歧管上。

注意事项:

(1)加样过程要保证足够低的冷阱温度和真空度,防止预冻样品融化。

(2)冻干 过程中若采用0.133mbar(0.0133MPa)真空度,冻干后的脱脂乳干燥物收缩严重,实践上宜采用0.18~0.16mbar(0.018~0.016MPa)真空度进行冷冻真空干燥。

(3)将预冻样品接到多歧管上时,因真空度回升,易使样品融化,容易将液体抽到真空泵的油中,因泵油带水,使真空泵不能正常工作,真空度很难下降。因此,上样品时一定时刻注意样品是否融化,对融化的样品应立即卸下,重新预冻,防止内容物吸入真空泵的油中。此外,冻干机运行过程中不能断电,否则造成样品融化,内容物吸入真空泵的油中。

5.5.3 冻干机使用方法二 将装有已冻结菌悬液的安瓿管放入冻干机真空干燥箱内,真空干燥箱温度控制在-20℃以下开动真空泵,15min内应使真空度达到0.0667MPa。在此条件下,菌悬液才能保持冻结状态,冻结的样品开始升华,继续抽气,当真空度达到0.0267~0.0133MPa后,一般维持6~8h样品即被真空升华干燥。当真空度达到0.0267MPa时或样品中大部分水分升华后也可以逐渐升高真空箱温度至25~30℃,加速样品中残留水分的升华。当冻干菌中的含水量达到1.5%~3.0%时,干燥结束(若高于3%需继续干燥)。一般少量样品干燥时间为6~8h,大量样品干燥时间为10~12h。

5.6 真空熔封

5.6.1 直接真空熔封 冻干结束,在保持0.18~0.16mbar(0.018~0.016MPa)真空度条件下,直接在冻干机的多歧管架上用连接空气泵的液化气火焰(蓝色细火焰)在安瓿管的细颈处熔封。其具体操作如下。

(1)熔封前的准备 将火焰封口器(液化气火焰喷枪)上连接的两条软管一端连接液化气罐,另一端连接空气泵,微旋打开液化气罐的阀门,同时打开空气泵开关,转动空气泵上的旋钮,调整适度的空气量。

(2)调节蓝色细火焰 同时用左手和右手调整火焰封口器上的绿色和红色旋钮,调整较小的进气量,用打火机点燃气体,继续调整液化气和空气的进气量,当进气量较大时,液化气火焰为黄色大火焰,此时火焰温度较低;当进气量适度较小时,液化气火焰为蓝色细火焰,此时火焰温度较高,能烧软玻璃。

(3)真空熔封 手持火焰封口器,置于冻干机的多歧管架上,用蓝色细火焰在安瓿管的细颈处均匀接触,待玻璃烧软后,将安瓿管缓慢拉长、拉断,在真空状态下熔封。最后,再使熔封部分接触弱火焰回火,将安瓿管的尖端烧成圆头。注意:刚刚熔封过的安瓿管,熔封处温度较高,不宜放在较低温的地方,否则容易出现裂缝,影响保藏效果。

熔封完毕,拔掉多歧管上熔断安瓿管剩余的玻璃管,或拔掉冷阱排液管的胶塞,卸掉真空,先按"VACUUM"键关闭真空泵,再按"AUTO"键关闭制冷压缩机,最后关闭电源开关。注意:关机前,若没有卸真空而直接将真空泵关闭,或总电源突然出现断电,将出现真空泵油逆抽的现象,造成泵油将样品、管路、真空探头等污染,也会造成真空泵的损坏。

5.6.2　间接真空熔封　样品干燥后,先将安瓿管内的棉塞向下推移,然后在棉塞下端用火焰烧熔并拉成细颈,再将安瓿管安装在封口用的抽气装置的多歧管上。开启真空泵,室温抽气,当真空度达到 0.0267MPa 时,继续抽气约 10min 后,用火焰在细颈处烧熔、封口。

5.7　保藏　将安瓿管密封后,用高频电火花检查安瓿管的真空情况,如管内发出灰蓝色光,说明保持着真空,将合格的安瓿管置于 4℃冰箱中低温避光保存。

6　实验结果与报告

用标准平板活菌计数法检验发酵剂菌种低温冷冻干燥后的存活率。

7　思考题

(1) 简述冷冻真空干燥技术的原理及其突出优点。
(2) 制备菌悬液过程中为什么要加入保护剂?
(3) 应用冷冻真空干燥技术保藏菌种的过程中为什么必须先将菌悬液预冻后才能进行真空干燥?

操作视频:乳品发酵剂菌种冷冻真空干燥保藏方法操作演示

(1) 保护剂菌悬液分装安瓿管的无菌操作过程。
(2) 冻干机开机前的准备及其使用方法。
(3) 菌种安瓿管的上样及其直接真空熔封方法。

第二篇 现代食品微生物学应用实验

实验 27　食品中细菌的菌落总数测定

1　目的和要求

（1）学习并掌握食品中细菌菌落总数测定的基本原理和方法。

（2）搜索细菌菌落总数超标的相关案例,明确测定食品中细菌菌落总数的卫生学意义。

（3）了解细菌菌落总数在不同场景的应用,包括食品生产过程中的卫生质量控制、分析食品的腐败变质、推测食品的货架寿命、微生物相关的危害分析与关键控制点确定等。

（4）请关注相关部门公布的细菌菌落总数超标的食品通告。由于该检测项目的食品不合格事件频发,为此要求未来食品安全的守护者能够解决复杂的食品安全问题,恪守科学、公正、客观的职业道德精神,培养和建立维护食品安全的社会责任感。

2　基本原理

食品必须具有可靠的安全性和规定的货架寿命。在我国食品安全国家标准中,食品微生物学检验指标包括:①菌落总数[CFU/g(mL)];②大肠菌群[MPN/g(mL)];③致病菌。通过上述指标的检验可以基本判断食品中微生物的污染情况及其安全性。

食品中菌落总数是指食品检样经过处理,在一定条件下(如培养基成分、培养温度和时间、pH、需氧性质等)培养后,所得每 g(mL)检样中形成的微生物菌落总数。菌落计数以菌落形成单位(colony forming unit,CFU)表示。CFU 是指单位质量(或体积)样品在培养基上形成的菌落数。

食品中细菌菌落总数的测定方法主要依据现行的 GB 4789.2—2022《食品安全国家标准　食品微生物学检验　菌落总数测定》。平板菌落计数法又称标准平板活菌计数法(standard plate count,SPC 法)。其原理是假定食品中的微生物经充分稀释后,在适宜的稀释度(平均菌落数在 30~300CFU)下于一定条件的固体培养基上所形成的单个菌落是由样品中的一个单细胞繁殖而成,然后根据其稀释倍数和取样接种量即可换算出样品中的活菌数。

食品中细菌的种类很多,其生理特性和所需要的培养条件不尽相同,只有采用不同的培养基和培养条件,进行大量工作才有可能检出易培养、嗜中温、好氧或兼性厌氧的多数细菌。因此,在上述限定条件下所得活菌数,能基本反映食品的污染状况和腐败变质情况。通常越卫生的食品,单位样品菌落总数越低;反之,菌落总数越高。因此,菌落总数指标能真实反映食品生产过程中的卫生质量控制是否符合国家标准规定的卫生要求,也可为分析食品的腐败变质和推测其货架寿命提供理论依据。

3　实验材料

3.1　食品检样　以乳粉为例。

3.2　培养基　平板计数琼脂(PCA)培养基(附录Ⅱ)。

3.3 试剂 无菌生理盐水(9mL/管,225mL/250mL三角瓶,内含适量玻璃珠)、无菌磷酸盐缓冲液(附录Ⅳ)、75%(体积分数)酒精棉球(或喷壶)。

3.4 仪器与其他用具 高压灭菌锅、培养箱、冰箱、水浴箱、天平(感量为0.1g)、电磁炉、拍击式均质器、无菌均质杯、漩涡混合器(或振荡器)、pH计或精密pH试纸、放大镜或/和菌落计数器、无菌不锈钢药匙、无菌剪刀、无菌均质袋、1mL和10mL无菌移液管或微量移液器(100~1000μL,最好采用吸液杆较长的吉尔森移液器)及无菌吸头、试管、250mL和500mL无菌三角瓶(预置适当数量无菌玻璃珠)、无菌培养皿、1000mL量筒、搪瓷缸等。

4 实验流程

检样 → 25g(或25mL)样品+225mL稀释液,均质 → 10倍系列稀释 → 选择1~3个适宜稀释度的样品匀液,各取1mL分别加入无菌培养皿内 → 每皿中加入15~20mL平板计数琼脂培养基,混匀 → 培养[(36±1)℃培养(48±2)h,水产品(30±1)℃培养(72±3)h] → 计数各平板菌落数 → 计算菌落总数 → 报告

实验流程如图27.1所示。

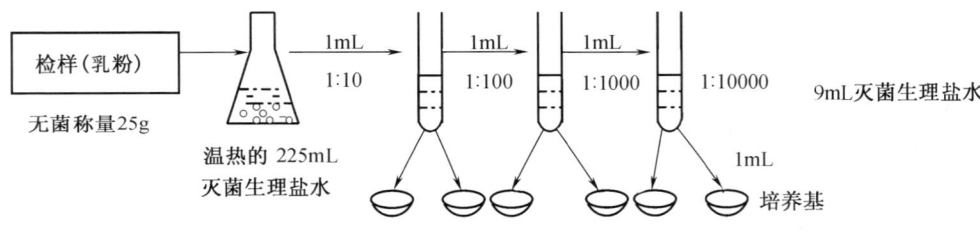

图27.1 检样稀释操作流程

5 操作步骤

5.1 样品的处理

5.1.1 固体和半固体样品 称取25g样品,置于盛有225mL无菌生理盐水或无菌磷酸盐缓冲液的无菌均质杯内,8000~10000r/min均质1~2min,或放入盛有225mL稀释液的无菌均质袋中,用拍击式均质器拍打1~2min,制成1:10的样品匀液。

5.1.2 液体样品 以无菌吸管吸取25mL样品置于盛有225mL无菌生理盐水或无菌磷酸盐缓冲液的三角瓶(瓶内可预置适当数量无菌玻璃珠)中,充分振摇混匀(或以漩涡混合器充分混匀,时间0.5~1.0min),或放入盛有225mL稀释液的无菌均质袋中,用拍击式均质器拍打1~2min,制成1:10的样品匀液。当结果要求报告每克样品中菌落总数时,按5.1.1操作。

5.2 编号 取无菌平皿数套,分别用记号笔标明不同稀释度各2套,空白对照2套。另取数支盛有9mL无菌生理盐水或磷酸盐缓冲液的试管,依次标明其稀释度。

5.3 样品的稀释与加样 用1mL无菌吸管或微量移液器吸取1:10样品匀液1mL,沿管壁缓慢注入盛有9mL无菌生理盐水或磷酸盐缓冲液的试管中(勿将吸管或吸头尖端触及

稀释液),以漩涡混合器充分混匀(时间0.5~1.0min),制成1:100的样品匀液。按照5.3操作,制备10倍系列稀释样品匀液。注意:每递增稀释一次,换用1支1mL无菌吸管或吸头。

根据对样品污染状况的估计,选择1~3个适宜稀释度的样品匀液(液体样品可包括原液),在进行10倍递增稀释的同时,吸取1mL样品匀液注入无菌平皿内,每个稀释度做两个平皿。同时分别吸取1mL空白稀释液注入两个无菌平皿内作空白对照。

5.4 倾注平板 将溶化后冷却至46~50℃的PCA培养基[置于(48±2)℃恒温箱保温]倾注平皿15~20mL,至流液刚刚合拢,置水平位置摇匀,先迅速前后3次、左右3次运动平皿,再按顺时针方向轻轻旋动平皿数圈,使其混合均匀。

5.5 培养 待琼脂凝固后,将平皿倒置于温箱中,于(36±1)℃培养(48±2)h,水产品(30±1)℃培养(72±3)h。如果样品中可能含有在琼脂培养基表面弥漫生长的菌落,可在凝固后的琼脂表面覆盖一薄层琼脂培养基(约4mL),凝固后翻转平板,进行培养。

5.6 菌落计数 可用肉眼观察,必要时用放大镜或菌落计数器,记录稀释倍数与相应的菌落数量,菌落计数以菌落形成单位(CFU)表示。

5.6.1 选取菌落数为30~300CFU、无蔓延菌落生长的平板计数菌落总数。低于30CFU的平板记录具体菌落数,多于300CFU平板的可记录为"多不可计"。每个稀释度的菌落数应采用两个平板的平均数(本实验5.7.6情况例外)。

5.6.2 其中一个平板有较大片状菌落生长时,则不宜采用该平板计数,而应以无片状菌落生长的平板作为该稀释度的菌落数;若片状菌落不到平板的一半,而其余一半中菌落分布又很均匀,可计算半个平板后乘以2,即代表一个平板菌落数。

5.6.3 当平板上出现菌落间无明显界线的链状生长时,将每条单链作为一个菌落计数。

5.7 菌落总数的计算方法

5.7.1 若只有一个稀释度平板上的菌落数在30~300CFU,计算两个平板菌落数的平均值,再将平均值乘以相应稀释倍数,作为每克(毫升)样品中菌落总数结果(表27.1中的例1)。

5.7.2 若所有稀释度的平板菌落数均大于300CFU,对稀释度最高的平板进行计数,其他平板可记录为多不可计,结果按平均菌落数乘以最高稀释倍数计算(表27.1中的例2)。

5.7.3 若所有稀释度的平板菌落数均小于30CFU,按稀释度最低的平均菌落数乘以稀释倍数计算(表27.1中的例3)。

5.7.4 若所有稀释度的平板菌落数均不在30~300CFU,其中一部分小于30CFU或大于300CFU,以最接近30CFU或300CFU的平均菌落数乘以稀释倍数计算(表27.1中的例4)。

5.7.5 若所有稀释度(包括液体样品原液)平板均无菌落生长,以小于1乘以最低稀释倍数计算(表27.1中的例5)。

表27.1　　　　　　　　　　菌落总数的报告方式

例次	1:10稀释度菌落数	1:100稀释度菌落数	1:1000稀释度菌落数	菌落总数的计算描述	计算结果	报告方式/CFU/g(mL)
1	多不可计 多不可计	124 138	11 14	只有一个稀释度的菌落总数在30~300CFU,取平均值乘以稀释倍数	13100	13000 或 $1.3×10^4$

续表

例次	1:10 稀释度菌落数	1:100 稀释度菌落数	1:1000 稀释度菌落数	菌落总数的计算描述	计算结果	报告方式/CFU/g(mL)
2	多不可计 多不可计	多不可计 多不可计	442 420	菌落数均>300CFU，取稀释度最高者报告，余计为多不可计	431000	430000 或 $4.3×10^5$
3	14 15	1 0	0 0	菌落数均<30CFU，取稀释度最低者报告	145	150 或 $1.5×10^2$
4	312 306	14 19	2 4	所有平板菌落数均不在 30~300CFU，且一部分<30CFU 或>300CFU 者，以最接近 30CFU 或 300CFU 者报告	3090	3100 或 $3.1×10^3$
5	0 0	0 0	0 0	所有平板均无菌落，以小于 1 乘以最低稀释倍数计算	<10	<10

5.7.6 若有两个连续稀释度的平板菌落数在 30~300CFU（表 27.2），按式（27.1）计算。

$$N = \Sigma C/(n_1 + 0.1 n_2)d \qquad (27.1)$$

式中　N——样品中菌落数，CFU/g(mL)；

ΣC——平板（含适宜范围菌落数的平板）菌落数之和，CFU；

n_1——第一稀释度（低稀释倍数）平板个数；

n_2——第二稀释度（高稀释倍数）平板个数；

d——稀释因子（第一稀释度）。

计算示例：$N = \Sigma C/(n_1 + 0.1 n_2)d = (232 + 244 + 33 + 35)/[2 + (0.1 × 2)] × 10^{-2} = 54/0.022 = 24727$

上述数据按本实验 5.8.2 原则对"24727"数字修约后，表示为 25000 或 $2.5×10^4$（表 27.2）。

表 27.2　两个连续稀释度的平板菌落数结果与菌落总数报告方式

稀释度	1:100（第一稀释度）	1:1000（第二稀释度）	报告方式/[CFU/g(mL)]
菌落数/CFU	232、244	33、35	25000 或 $2.5×10^4$

5.8　菌落总数的报告

5.8.1　菌落数小于 100CFU 时，按"四舍五入"原则修约，以整数报告。

5.8.2　菌落数大于或等于 100CFU 时，第 3 位数字采用"四舍五入"原则修约后，采用两位有效数字，后面用 0 代替位数；也可用 10 的指数形式来表示，按"四舍五入"原则修约后，采用两位有效数字。例如，205043 报告为 210000 或 $2.1×10^5$。

5.8.3　若空白对照平板上有菌落生长，此次检测结果无效。

5.8.4　称重取样以 CFU/g 为单位报告，体积取样以 CFU/mL 为单位报告。

注意事项：

（1）整个实验程序中要求严格无菌操作，避免杂菌污染，以免影响实验结果的判定。用作样品稀释的无菌磷酸盐缓冲液或生理盐水要倒PCA平板作为空白对照,以排除污染。

(2) 不溶性的固体颗粒性样品如果可能干扰菌落计数,可用含侧过滤的均质袋均质样品,均质后吸取过滤后的样品稀释液进行后序操作。也可将同一稀释度的检样稀释液与平皿混合,放入4℃冰箱中,在检样菌落计数时做对照。

(3) 在做10倍递增稀释液时,吸管(或吸头)插入检样稀释液内不能低于液面2.5cm;吸入液体时,应先高于吸管刻度,然后提起吸管(或吸头)尖端离开液面,将尖端贴于试管内壁,释放液体至所需刻度,如此取样准确;在将样品稀释液注入下一个稀释试管时,吸管(或吸头)尖端应贴于试管内壁,小心沿管壁加入,勿触及液面。即每一支吸管只能接触一个稀释度的菌悬液,以免将吸管外壁的浓菌液带入下一稀释度,造成稀释误差。

(4) 在试管内混合样品稀释液时,应将试管在漩涡混合器上充分振摇,既保证液体呈漩涡状态,又不能外溢,且要求每个试管振摇时间一致,一般为0.5~1min,以避免稀释误差。

(5) 用倾注平板培养法时,溶化后的培养基要冷却至46~50℃才能倒入盛有菌液的平板,防止烫伤菌体;为防止细菌产生片状菌落,应在检样稀释液加入平皿20min内倾倒琼脂,并立即混合。检样与琼脂培养基混合时要将平皿先前后摇动3次,左右摇动3次,再按顺时针方向和/或逆时针方向旋转,尽量使菌体细胞分散,同时要防止混合物溅到平皿内壁的上方,待琼脂培养基凝固后15min,将平皿倒置于培养箱中进行培养。

(6) 对于可能出现的蔓延情况可以在培养24h时观察一次结果,做标记,在培养至48h时再次观察。

(7) 前一稀释度的平均菌落数应大致为后一稀释度平均菌落数的10倍左右,若差别太大应重做。若菌落稠密或长成菌苔严重的平板,不能用于计数。

(8) 对于微生物发酵类食品(如酸乳、乳酒),在平板计数时应该排除相关微生物。乳酸菌在PCA培养基中于有氧条件下培养48h,通常不能生长。酵母菌细胞通常呈卵圆形,比细菌的菌落大而厚,一般呈乳白色(细菌一般呈灰白色),计数时以此区别细菌和酵母菌的菌落。一般校正检样pH至7.6后,再进行稀释和培养,但嗜酸微生物不易在此种情况下生长,可用革兰染色法鉴别。鉴别时,要用不校正pH的检样做成相同倍数的稀释液进行培养,将培养后的菌落涂片染色作对照,以此加以鉴别。

(9) 关于制备培养基的注意事项

①如采用专售干粉复合PCA培养基,要在灭菌前先将所有成分煮沸。其目的是让琼脂充分溶解,并避免琼脂粒挂在瓶壁上,出现培养基不凝固现象;灭菌后待冷却至70~80℃后应及时从灭菌锅内拿出,否则培养基可能会焦糖化而变褐。

②为使培养基的温度保持在46~50℃,一般将溶化PCA培养基置于(48±2)℃恒温箱中保温,保温时间不要超过4h,以溶化一次为宜。

③灭菌后的PCA培养基在4℃冰箱中最长可放置2~4周。

6 实验结果与报告

(1) 将测出的样品中的细菌菌落总数以表格的形式报告结果,并对结果进行误差分析。

(2) 根据检测结果,判断所测样品的细菌菌落总数是否符合食品卫生要求。

7 思考题

(1) 为什么溶化后的培养基要冷却至 46~50℃ 才能倒入有菌液的平板?

(2) 做空白对照实验的目的是什么?

(3) 在平板菌落计数法中,计数准确的要点是什么?

(4) 平板上的菌落出现稠密或长成片状(菌苔)现象的原因是什么? 怎样改进?

(5) 同一种菌液用血球计数板和平板菌落计数法同时计数,所得结果是否一致?

(6) 平板计数时为什么一般选用菌落数在 30~300CFU 的平板?

(7) 假设你在测某一食品的菌落总数时,出现了高稀释度样品的菌落数大于低稀释度样品的菌落数的情况,请分析原因。

操作视频:食品中细菌的菌落总数测定实验操作演示

(1) 样品的处理　固体样品与稀释液用拍击式均质器处理混匀方法。

(2) 编号　标明平皿和试管的稀释度,标记空白对照平皿。

(3) 样品的稀释与加样　样品稀释过程中的吸液与移液操作手法,漩涡振摇混合操作手法,以及样品匀液边稀释边加样操作手法。

(4) 倾注平板　向平皿倒培养基的手法,培养基与稀释菌液充分混匀的手法。

实验 28　食品中酵母菌和霉菌菌落总数的测定

1　目的和要求

（1）熟悉并掌握各类食品中酵母菌和霉菌的平板活菌计数法。

（2）查阅食品中酵母菌和霉菌菌落总数超标的相关事件，明确测定食品中酵母菌和霉菌菌落总数的卫生学意义。从食品微生物学实践中不断提升专业检测技能，培养德育为先、能力为重的良好职业道德，强化坚守食品安全责任意识。

2　基本原理

霉菌和酵母菌广泛分布于自然界，能抵抗热、冷冻、干燥和辐照等保藏因素，引起低pH、低温、高盐和高糖、食品腐败变质，使食品失去色、香、味及营养价值。有些霉菌能够合成有毒次生代谢产物——霉菌毒素。因此，霉菌和酵母菌也是评价食品卫生质量的指示菌，以霉菌和酵母菌的菌落总数作为判定食品被霉菌和酵母菌污染程度的标志，以便对检样进行卫生学评价时提供依据。

霉菌和酵母菌菌落总数测定是指食品检样经过处理，在一定条件下培养后，所得每克（毫升）检样中所形成的霉菌和/或酵母菌的菌落总数。

食品中酵母菌和霉菌菌落总数的测定方法主要依据现行的 GB 4789.15—2016《食品安全国家标准　食品微生物学检验　霉菌和酵母计数》（第一法）——霉菌和酵母平板计数法。其计数方法与细菌标准平板活菌计数（SPC）法相似。不同之处在于：①所用培养基必须采用抑制细菌生长的选择性培养基。该国家标准中采用的是马铃薯-葡萄糖培养基和孟加拉红培养基，这两种培养基均含有氯霉素，可抑制细菌的生长，而有利于酵母菌和霉菌计数。在孟加拉红培养基中，孟加拉红具有限制霉菌菌落蔓延生长的作用，并使生长的菌落呈现红色。②霉菌和酵母菌的培养温度一般为 25~28℃，培养时间为 3~5d。③菌落总数的计算通常选择菌落数在 10~150CFU 的平皿进行计数，以同一稀释度的2个平皿的菌落平均数乘以稀释倍数，即为每克（毫升）检样中所含霉菌和酵母菌的数量。

3　实验材料

3.1　检样　各类食品。

3.2　培养基　马铃薯-葡萄糖琼脂培养基、孟加拉红培养基，制法均见附录Ⅱ。

3.3　试剂　无菌稀释液（生理盐水或磷酸盐缓冲液，9mL/管，225mL/250mL 三角瓶，内含适量玻璃珠）、75%（体积分数）酒精棉球。

3.4　仪器与其他用具　高压灭菌锅、培养箱、冰箱、水浴箱、天平、电炉、拍击式均质器、漩涡混合器、10~100 倍显微镜、pH 计或精密 pH 试纸、无菌不锈钢药匙、无菌剪刀、无菌均质袋、1mL 和 10mL 无菌移液管或微量移液器（100~1000μL）及无菌吸头、试管、250mL 和 500mL 无菌三角瓶（预置适当无菌玻璃珠）、500mL 无菌广口瓶、无菌培养皿、1000mL 量筒、搪瓷缸、无菌牛皮纸袋、塑料袋等。

4 实验流程

霉菌和酵母菌平板计数法的检验程序如图 28.1 所示。

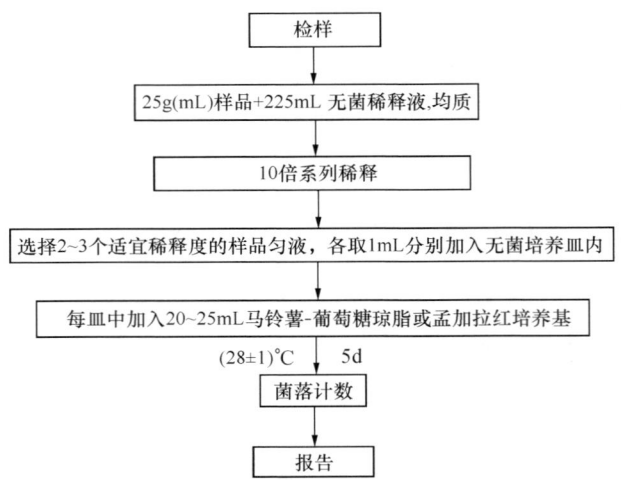

图 28.1 霉菌和酵母菌平板计数法的检验程序

5 操作步骤

5.1 样品的处理

5.1.1 固体和半固体样品 按实验 27 菌落总数测定方法用无菌稀释液(生理盐水或磷酸盐缓冲液)制备 1∶10 的样品匀液。

5.1.2 液体样品 按实验 27 菌落总数测定方法用无菌稀释液(生理盐水或磷酸盐缓冲液)制备 1∶10 的样品匀液。

5.2 编号 取无菌平皿数套,分别用记号笔标明不同稀释度各 2 套,空白对照 2 套。另取数支 9mL 无菌稀释液试管,依次标明其稀释度。

5.3 样品的稀释与加样 按实验 27 菌落总数测定方法用无菌稀释液制备 1∶100 的样品匀液。按照上述操作,制备 10 倍系列稀释样品匀液。注意:每递增稀释一次,换用 1 支 1mL 无菌吸头或吸管。

根据对样品污染状况的估计,选择 2~3 个适宜稀释度的样品匀液(液体样品可包括原液),在进行 10 倍递增稀释的同时,每个稀释度分别吸取 1mL 样品匀液于 2 个无菌平皿内。同时分别取 1mL 样品稀释液加入 2 个无菌平皿作空白对照。

5.4 倾注平板 将冷却至 46~50℃的马铃薯-葡萄糖琼脂或孟加拉红培养基[置于 (48±2)℃恒温箱保温]倾注平皿 20~25mL,并转动平皿使其混合均匀。

5.5 培养 待琼脂凝固后,将平板正置于温箱中,于(28±1)℃培养 5d,观察并记录。

5.6 菌落计数 用肉眼观察,必要时用放大镜或低倍镜,记录稀释度和相应的菌落数量,以菌落形成单位(CFU)表示。选取菌落数在 10~150CFU 的平板,根据菌落形态分别计数霉菌和酵母数量(CFU)。霉菌蔓延生长覆盖整个平板的,可记录为菌落蔓延。

5.7 菌落总数的计算方法

5.7.1 若只有一个稀释度平板上的菌落数在10~150CFU,计算两个平板菌落数的平均值,再将平均值乘以相应稀释倍数,作为每g(mL)样品中菌落总数的结果。

5.7.2 若有两个稀释度平板上菌落数均在10~150CFU,则按照实验27中菌落总数的计算方法中5.7.6步骤相应规定进行计算。

5.7.3 若所有稀释度的平板上菌落数均大于150CFU,则对稀释度最高的平板进行计数,其他平板可记录为多不可计,结果按平均菌落数乘以最高稀释倍数计算。

5.7.4 若所有稀释度的平板上菌落数均小于10CFU,则应按稀释度最低的平均菌落数乘以稀释倍数计算。

5.7.5 若所有稀释度(包括液体样品原液)平板均无菌落生长,则以小于1乘以最低稀释倍数计算。

5.7.6 若所有稀释度的平板菌落数均不在10~150CFU,其中一部分小于10CFU或大于150CFU,则以最接近10CFU或150CFU的平均菌落数乘以稀释倍数计算。

5.8 菌落总数的报告

5.8.1 菌落数按"四舍五入"修约。菌落数在10以内时,采用一位有效数字报告;菌落数在10~100时,采用两位有效数字报告。

5.8.2 菌落数大于或等于100时,则按照实验27中5.8.2步骤相应规定进行报告。

5.8.3 若空白对照平板上有菌落出现,则此次检测结果无效。

5.8.4 称重取样以CFU/g为单位报告,体积取样以CFU/mL为单位报告,报告或分别报告霉菌和/或酵母菌的数量(CFU)。

注意事项:

(1)孟加拉红溶液对光敏感,容易分解成有细胞毒作用的黄色物质,该溶液配好后要避光贮存于冰箱中,已变黄的溶液和孟加拉红琼脂培养基应弃去。

(2)在实验过程中要防止霉菌孢子污染实验室,故在实验过程中尽量减少空气流动,动作要轻,观察平板时要防止霉菌孢子在培养基扩散。

(3)在样品稀释时要充分打散稀释液使霉菌孢子充分散开。

6 实验结果与报告

(1)将测出样品中霉菌和酵母菌的菌落总数以表格方式报告结果。

(2)根据检测结果,判断所测样品的菌落总数是否符合食品卫生要求。

7 思考题

(1)影响霉菌和酵母菌菌落计数准确性的因素有哪些?哪些步骤容易造成结果误差?

(2)孟加拉红培养基配方中检测酵母菌和霉菌的原理是什么?

实验 29　食品中大肠菌群计数

1　目的和要求

（1）掌握食品中大肠菌群的计数方法，以判别食品的卫生质量。

（2）搜索食品中大肠菌群数超标的相关案例，明确大肠菌群在食品卫生检验中的意义。

（3）关注市场监督管理局公布的大肠菌群数超标的食品通告，食品大肠菌群项目不合格事件屡见不鲜。这说明食品已经被粪便污染及食品中可能含有肠道致病菌，预示食品已不安全，由此显示对食品中大肠菌群计数的重要性。

2　基本原理

大肠菌群是指在一定培养条件下能发酵乳糖、产酸产气的需氧和兼性厌氧的 G^- 无芽孢杆菌。食品中大肠菌群的检测方法主要依据 GB 4789.3—2025《食品安全国家标准　食品微生物学检验　大肠菌群计数》，包括大肠菌群 MPN 法（第一法，适用于大肠菌群含量较低的食品中大肠菌群的计数）和大肠菌群平板计数法（第二法，适用于大肠菌群含量较高的食品中大肠菌群的计数）。

MPN 法检测原理：食品中大肠菌群数以每克（毫升）检样中发现大肠菌群的最可能数（most probable number，MPN）来表示，简称大肠菌群的 MPN 值。第一法中大肠菌群的检测分为月桂基硫酸盐胰蛋白胨（LST）初发酵和煌绿乳糖胆盐（BGLG）复发酵。在月桂基硫酸盐胰蛋白胨（LST）肉汤初发酵试验中，月桂基硫酸盐可抑制大部分非大肠菌群类细菌（包括 G^+ 菌和 G^- 菌）的生长，但有些产芽孢细菌、肠球菌仍能生长，故初发酵的产气管不能确定就是大肠菌群，因此要进一步进行复发酵试验。在 BGLB 肉汤复发酵培养基中，煌绿能抑制产芽孢细菌生长，胆盐也有抑制 G^+ 菌的作用，故经 BGLB 复发酵验证试验才能确认是大肠菌群。

平板计数法检测原理：由于大肠菌群不被结晶紫和胆盐所抑制，而 G^+ 菌情况相反，使 G^- 的大肠菌群能在结晶紫中性红胆盐琼脂（VRBA）选择性培养基上生长，典型大肠菌群菌落呈红色至紫红色，菌落周围有红色的胆盐沉淀环或晕圈，菌落直径为 0.5mm 或更大，可疑大肠菌群菌落直径较典型菌落小。在 VRBA 平板上挑取 5 个典型和 5 个可疑大肠菌群的菌落，分别接种于 BGLB 肉汤管中，产气者即大肠菌群阳性管。

大肠菌群主要来源于人和动物的粪便。粪便中多以典型的大肠埃希氏菌（简称大肠杆菌）为主，而环境中则以大肠菌群其他型别较多。大肠菌群与动物肠道病原菌（如沙门氏菌、志贺氏菌等）同时存在，只是数量不同。因此，大肠菌群既可作为食品被粪便污染的指示菌，其数量高低表明了食品被粪便污染的程度，又可作为食品被肠道致病菌污染的指示菌，其数量高低表明了肠道致病菌对人体健康危害性的大小，因而可以根据大肠菌群数推测食品是否被粪便污染，以及被肠道致病菌污染的可能性，具有广泛的卫生学意义。

3 实验材料

3.1 检样 各类食品。

3.2 培养基 月桂基硫酸盐胰蛋白胨（LST）肉汤、煌绿乳糖胆盐（BGLB）肉汤、结晶紫中性红胆盐琼脂（VRBA）（附录Ⅱ）。

3.3 试剂 无菌生理盐水（9mL/管，225mL/250mL 三角瓶，内含适量玻璃珠）、无菌磷酸盐缓冲液、无菌 1mol/L NaOH、无菌 1mol/L HCl（附录Ⅳ）。

3.4 仪器与其他用具 恒温水浴箱，其他同实验 27 食品中细菌的菌落总数测定。

4 实验流程

大肠菌群 MPN 计数法实验流程如图 29.1 所示。

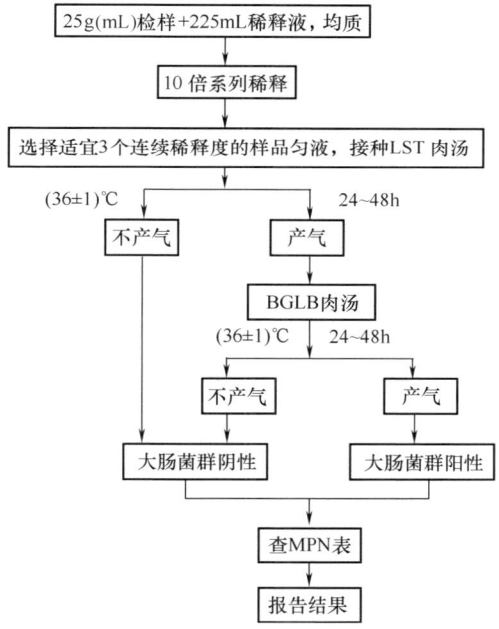

图 29.1 大肠菌群 MPN 计数法实验流程

5 操作步骤

5.1 样品的处理

5.1.1 固体和半固体样品 按实验 27 食品中细菌菌落总数的测定方法制备 1∶10 的样品匀液。

5.1.2 液体样品 按实验 27 食品中细菌菌落总数的测定方法制备 1∶10 的样品匀液。

5.1.3 样品匀液（1∶10）或液体样品原液的 pH 应在 6.5~7.5，必要时用 1mol/L NaOH 或 1mol/L HCl 调节。

5.2 编号 弃用小倒管内有气泡的肉汤管,用记号笔分别标明3个连续稀释度肉汤管(每个稀释度为3个平行),另取数支9mL无菌生理盐水试管,依次标明其稀释度。

5.3 样品的稀释 按实验27食品中细菌菌落总数的测定方法制备1∶100的样品匀液。根据对样品污染状况的估计,按上述操作,依次制成10倍递增系列稀释样品匀液。注意:每递增稀释一次,换用1支1mL无菌吸管或吸头。从制备样品匀液至样品接种完毕,全过程不得超过15min。

5.4 初发酵试验 每个样品,选择3个适宜的连续稀释度的样品匀液(液体样品可以选择原液),每个稀释度接种3管LST肉汤,每管LST肉汤接种1mL样品匀液(如接种量超过1mL,则加到等体积的双料LST肉汤中),于(36±1)℃培养(24±2)h,观察产气情况。如(24±2)h产气者进行复发酵试验(确认试验),如未产气则继续培养至(48±2)h,产气者进行复发酵试验,仍未产气者判断为大肠菌群阴性。若培养至(48±2)h所有LST肉汤管均未产气,按照表29.1中的MPN检索表,报告每克(毫升)样品中大肠菌群的MPN值,以MPN/g(mL)表示。

5.5 复发酵试验(确认试验) 轻轻振摇各产气的LST肉汤管,分别用接种环取培养物1环,移种于BGLB肉汤管中,于(36±1)℃培养(24±2)h,观察产气情况,产气者判断为大肠菌群阳性;如未产气则继续培养至(48±2)h,产气者判断为大肠菌群阳性,仍未产气者判断为大肠菌群阴性。

5.6 大肠菌群最可能数(MPN)的报告 根据复发酵试验中3个适宜连续稀释度中大肠菌群阳性的管数,按照表29.1中的MPN检索表,报告每克(毫升)样品中大肠菌群的MPN值,以MPN/g(mL)表示。

表29.1 大肠菌群最可能数(MPN)检索表

阳性管数			MPN/	95%可信限		阳性管数			MPN/	95%可信限	
0.1	0.01	0.001	g(mL)	下限	上限	0.1	0.01	0.001	g(mL)	下限	上限
0	0	0	<3.0	—	9.5	2	2	0	21	4.5	42
0	0	1	3.0	0.15	9.6	2	2	1	28	8.7	94
0	1	0	3.0	0.15	11	2	2	2	35	8.7	94
0	1	1	6.1	1.2	18	2	3	0	29	8.7	94
0	2	0	6.2	1.2	18	2	3	1	36	8.7	94
0	3	0	9.4	3.6	38	3	0	0	23	4.6	94
1	0	0	3.6	0.17	18	3	0	1	38	8.7	110
1	0	1	7.2	1.3	18	3	0	2	64	17	180
1	0	2	11	3.6	38	3	1	0	43	9	180
1	1	0	7.4	1.3	20	3	1	1	75	17	200
1	1	1	11	3.6	38	3	1	2	120	37	420
1	2	0	11	3.6	42	3	1	3	160	40	420
1	2	1	15	4.5	42	3	2	0	93	18	420
1	3	0	16	4.5	42	3	2	1	150	37	420
2	0	0	9.2	1.4	38	3	2	2	210	40	430

续表

阳性管数			MPN/	95%可信限		阳性管数			MPN/	95%可信限	
0.1	0.01	0.001	g(mL)	下限	上限	0.1	0.01	0.001	g(mL)	下限	上限
2	0	1	14	3.6	42	3	2	3	290	90	1000
2	0	2	20	4.5	42	3	3	0	240	42	1000
2	1	0	15	3.7	42	3	3	1	460	90	2000
2	1	1	20	4.5	42	3	3	2	1100	180	4100
2	1	2	27	8.7	94	3	3	3	>1100	—	—

注：本表采用 3 个稀释度，每个稀释度接种 3 管，3 个稀释度中每管接种的样品量分别为 0.1g(mL)、0.01g(mL)、0.001g(mL)。

3 个稀释度中接种的样品量若改为 1g(mL)、0.1g(mL) 和 0.01g(mL)，表内数值要相应缩小至 1/10；若改为 0.01g(mL)、0.001g(mL) 和 0.0001g(mL)，表内数值要相应扩大 10 倍，以此类推。

必要时，本表的数值可乘以 100，报告每 100g(mL) 检样中大肠菌群最可能数(MPN)，以 MPN/100g(mL) 表示。

注意事项：

(1) LST 和 BGLG 培养基经高压灭菌后，有时杜氏小倒管中会有气泡而无法进行后续试验。可在高压灭菌后待压力降到 0Pa 时，立即取出试管，在凉水中迅速冷却，以便排出气泡。

(2) 初发酵试验中，小倒管或产气收集装置内有气泡产生，或轻轻振摇 LST 肉汤管可见试管内有细密气泡不断上升者，判断为产气，产气者进行复发酵试验(确认试验)。

(3) 如果连续的稀释度超过 3 个，以 $10^{-5} \sim 10^{-15}$ 个连续稀释度的 MPN 计数法为例，按 GB 4789.3—2025《食品安全国家标准　食品微生物学检验　大肠菌群计数》附录 C 的方法，确定其中最适的 3 个连续稀释度。

6 大肠菌群平板计数法

6.1 实验流程

大肠菌群平板计数法实验流程如图 29.2 所示。

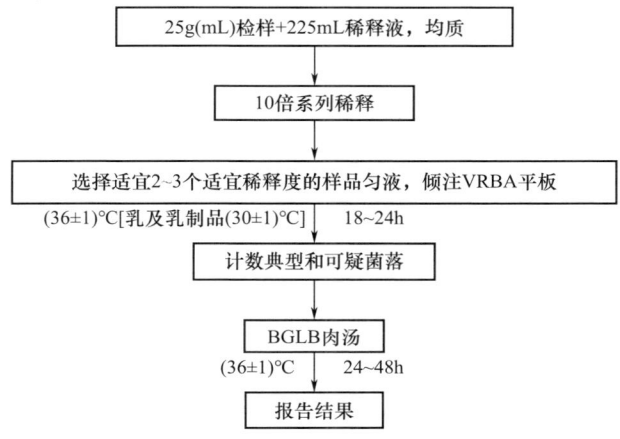

图 29.2　大肠菌群平板计数法实验流程

6.2 操作步骤

6.2.1 样品的处理和稀释 按本实验 5.1、5.3 进行。

6.2.2 平板计数 根据对样品污染状况的估计,选取 2~3 个适宜的连续稀释度的样品匀液(液体样品可以选择原液),每个稀释度接种 2 个无菌平皿,每皿 1mL。同时分别取 1mL 生理盐水或磷酸盐缓冲液加入 2 个无菌平皿作空白对照。尽快将溶化并冷却至 $(48±2)$ ℃ 的 VRBA 培养基倾注平皿 15~20mL,小心旋转平皿,将培养基与接种的样品匀液充分混匀,待琼脂凝固后,再加 3~4mLVRBA 均匀覆盖整个平板表面。待琼脂凝固后翻转平板,置于 $(36±1)$ ℃ 培养 18~24h。对于乳及乳制品,应置于 $(30±1)$ ℃ 培养 18~24h。从制备样品匀液开始至倾注 VRBA 完毕,全过程不得超过 15min。

6.2.3 平板菌落数的选择 选取所有菌落数在 15~150CFU 的平板,分别计数平板上出现的典型和可疑大肠菌群菌落(如菌落直径较典型菌落小)。典型菌落为红色至紫红色,菌落周围有红色沉淀环,菌落直径一般大于 0.5mm(图 29.3),最低稀释度平板低于 15CFU 的记录具体菌落数。可疑菌落为红色至紫红色,菌落直径一般小于 0.5mm。

若有 2 个稀释度的平板菌落数在 15~150CFU 以及其他情形的菌落数选择,则按 GB 4789.3—2025《食品安全国家标准 食品微生物学检验 大肠菌群计数》附录 D 的规定执行。

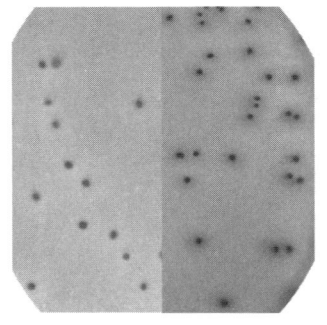

图 29.3(彩)

图 29.3 大肠菌群在 VRBA 平板上的典型菌落特征

6.2.4 确认试验 从同一稀释度的 VRBA 平板上挑取典型和可疑菌落各 5 个,典型或可疑菌落少于 5 个者,则挑取其全部菌落。每个菌落接种 1 支 BGLB 肉汤管,于 $(36±1)$ ℃ 培养 $(24±2)$ h,观察产气情况,产气者为大肠菌群阳性;如未产气则继续培养至 $(48±2)$ h,产气者为大肠菌群阳性,仍未产气者为大肠菌群阴性。

6.2.5 大肠菌群菌落数的计算方法与报告

(1)大肠菌群菌落数的计算方法 所选稀释度的典型菌落数及可疑菌落数与各自大肠菌群阳性比的乘积之和的平均值,乘以稀释倍数,即为大肠菌群的菌落数。若只有 1 个稀释度的平板菌落数在计数范围内,则计数结果处理方法为:选择菌落数在 15~150CFU 同一稀释度的两个平板,对其典型菌落和可疑菌落分别进行计数,随机选取两个平板上的典型菌落和可疑菌落各 5 个进行确认试验。用典型菌落数与其阳性比的乘积,加上可疑菌落数与其阳性比的乘积后,取平均值再乘以稀释倍数,即为每 g(mL)样品中大肠菌群的菌落数。

例如,1∶10 和 1∶100 稀释度的样品匀液,只有 1∶10 稀释度的平板菌落数在 15~150CFU,若计数 1∶10 稀释度的两个平板上的典型菌落合计为 115 个,可疑菌落合计为 28

个,随机挑取 5 个典型菌落确认有 4 个阳性管数,挑取 5 个可疑菌落确认有 3 个阳性管数,则该样品的大肠菌群菌落数为:[(115×4/5+28×3/5)÷2]×10 = 544。结果报告为:540CFU/g(mL)或 $5.4×10^2$ CFU/g(mL)。

若有 2 个稀释度的平板菌落数在 15~150CFU 以及其他情形的大肠菌群平板计数结果,则按 GB 4789.3—2025《食品安全国家标准 食品微生物学检验 大肠菌群计数》附录 D 的规定执行。

(2)大肠菌群菌落数的报告 同实验 27 食品中细菌菌落总数的测定 5.8 内容。

7 实验结果与报告

(1)将检测出样品中的数据以表格的形式报告结果。
(2)根据检测结果,判断所测样品中大肠菌群的 MPN 值是否符合食品卫生要求。

8 思考题

(1)为什么先用 LST 发酵管进行初发酵?
(2)为什么大肠菌群的检验要经过复发酵才能证实?
(3)复发酵时为什么用 BGLB 发酵管?
(4)大肠菌群检验程序中哪些是最关键的步骤?如果出现结果误差,请分析原因。
(5)为什么用 VRBA 作为大肠菌群平板计数的培养基?

实验 30 食品中粪大肠菌群计数

1 目的和要求

(1)学习并掌握食品中粪大肠菌群计数的基本原理和方法。
(2)明确食品中粪大肠菌群计数的卫生学意义。

2 基本原理

粪大肠菌群(耐热大肠菌群)是一群在 44.5℃ 培养 24~48h 能发酵乳糖、产酸产气的需氧和兼性厌氧 G^- 无芽孢杆菌。它主要包括埃希氏菌属,其次是肠杆菌属和克雷伯氏菌属的少数细菌。

食品中粪大肠菌群的检测方法主要依据现行的 GB 4789.39—2013《食品安全国家标准 食品微生物学检验 粪大肠菌群计数》。粪大肠菌群比较耐热,在 44.5℃ 下仍可生长繁殖,而生活在自然环境中的大肠菌群在 44.5℃ 条件下不生长,据此与大肠菌群区分。通过月桂基硫酸盐胰蛋白胨(LST)初发酵试验,有利于检样中总大肠菌群选择性生长,再对初发酵产气管进行 EC 肉汤复发酵试验,在 44.5℃ 条件下培养,产气管为粪大肠菌群阳性。

粪大肠菌群与大肠菌群相比,在人和动物粪便中所占比例较大,且在自然界容易死亡。食品中检出粪大肠菌群可认为食品近期受到粪便污染,食品加工更不清洁,含有肠道致病菌和食物中毒菌的可能性更大。故粪大肠菌群与大肠菌群相比,更能准确反映食品受人和动物粪便污染的程度,更好地推断食品中存在肠道致病菌污染的可能性。

3 实验材料

3.1 食品检样 各类食品。
3.2 培养基 月桂基硫酸盐胰蛋白胨(LST)肉汤、EC 肉汤(附录Ⅱ)。
3.3 试剂 同实验 29 食品中大肠菌群计数。
3.4 仪器与其他用具 同实验 29 食品中大肠菌群计数。

4 实验流程

粪大肠菌群 MPN 计数法实验流程如图 30.1 所示。

5 操作步骤

5.1 样品的处理 同实验 29 食品中大肠菌群计数。
5.2 编号 弃用小倒管中有气泡的肉汤管,用记号笔分别标明 5 个连续稀释度肉汤管(每个稀释度 3 个平行),另取数支 9mL 无菌生理盐水试管,依次标明其稀释度。
5.3 样品的稀释 同实验 29 食品中大肠菌群计数,连续做 5 个稀释度。
5.4 初发酵试验 选择 3 个适宜的连续稀释度的样品匀液(液体样品可以选择原液),

实验 30　食品中粪大肠菌群计数

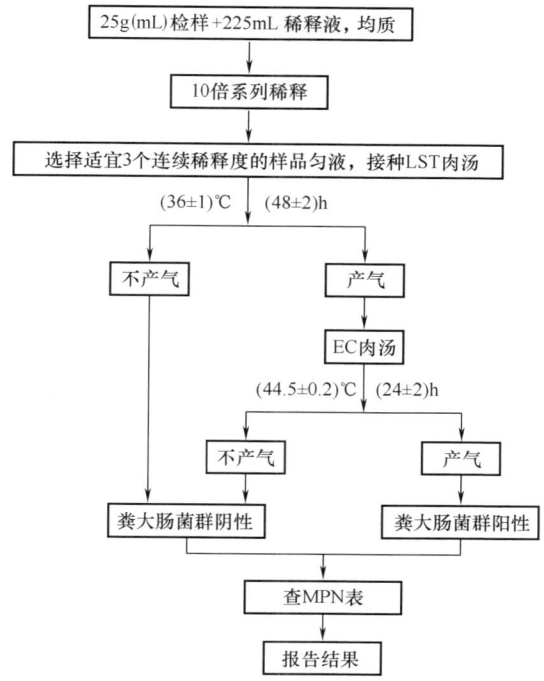

图 30.1　粪大肠菌群 MPN 计数法实验流程

每个稀释度接种 3 管 LST 肉汤,每管接种 1mL(如接种量超过 1mL,则用双料 LST 肉汤),于(36±1)℃培养(24±2)h,观察小倒管内是否有气泡产生,或轻摇试管时是否有密集连续的小气泡从管底逸出。如(24±2)h 产气进行复发酵试验,如未产气则继续培养至(48±2)h,记录在 24h 和 48h 内产气的 LST 肉汤管数。未产气者为粪大肠菌群阴性,产气者进行复发酵试验。

5.5　复发酵试验　用接种环从产气的 LST 肉汤管中分别取培养物 1 环,移种于预先升温至 44.5℃的 EC 肉汤管中。将所有接种的 EC 肉汤管放入带盖的(44.5±0.2)℃恒温水浴箱内,培养(24±2)h,水浴箱的水面应高于肉汤培养基液面,记录 EC 肉汤管的产气情况。产气者为粪大肠菌群阳性,不产气者为粪大肠菌群阴性。

定期以已知为 44.5℃产气阳性的大肠杆菌和 44.5℃不产气的产气肠杆菌或其他大肠菌群细菌作阳性和阴性对照。

5.6　粪大肠菌群 MPN 计数的报告　根据证实为粪大肠菌群的阳性管数,查粪大肠菌群最可能数(MPN)检索表(表 29.1,粪大肠菌群与大肠菌群 MPN 检索表内容相同),MPN 计算阳性结果的选择示例见表 30.1,报告每克(毫升)粪大肠菌群的 MPN 值。

表 30.1　粪大肠菌群 MPN 计算阳性结果的选择示例

示例编号	接种样品量/g(mL)					选择的三个连续稀释度阳性管数	MPN/g(mL)
	0.1	0.01	0.001	0.0001	0.00001		
a	3	3	1	0	0	3-1-0	430

续表

示例编号	接种样品量/g(mL)					选择的三个连续稀释度阳性管数	MPN/g(mL)
	0.1	0.01	0.001	0.0001	0.00001		
b	2	<u>3</u>	<u>1</u>	<u>0</u>	0	3-1-0	430
c	3	<u>2</u>	<u>2</u>	<u>1</u>	0	2-2-1	280
d	3	<u>2</u>	<u>2</u>	<u>0</u>	1	2-2-1	280
e	3	3	<u>3</u>	<u>3</u>	<u>2</u>	3-3-2	110000
f	<u>0</u>	<u>0</u>	<u>1</u>	0	0	0-0-1	3
g	2	<u>2</u>	<u>1</u>	1	0	2-2-2	35

注：①下划线表示应选择的连续稀释度。②表中带下划线的数字对应的接种样品量为最终选取的最适稀释度。

注意事项：

(1)参考实验29食品中大肠菌群计数的(1)~(4)注意事项。

(2)注意将恒温水浴箱的培养温度严格控制在$(44.5±0.2)℃$。

在10^{-1}~10^{-5}五个连续稀释度中确定最适的三个连续稀释度方法如下。

(1)有一个以上的稀释度3管均为阳性。选择3管都是阳性结果的最高稀释度及其相连的2个更高稀释度(见表30.1示例a、b)；在未选择的较高稀释度中还有阳性结果时，则顺次下移到下一个更高三个连续稀释度(见表30.1示例c)；如果中间有某个稀释度没有阳性结果，但更高稀释度有阳性结果，则将此阳性结果加到前一稀释度，进而确定三个连续稀释度(见表30.1示例d)；如果不能按照这个原则找到三个合适的稀释度，则选择前一个较低的稀释度(见表30.1示例e)。

(2)没有任何一个稀释度3管均为阳性。如果没有一个稀释度的3管均为阳性，则选择三个最低稀释度(见表30.1示例f，表中带下划线的数字对应的接种样品量为最终选取的最适稀释度)；如果在更高的没有被选择的稀释度还有阳性结果，将此阳性结果加到选择的最高稀释度，进而确定三个连续稀释度(见表30.1示例g，表中带下划线的数字对应的接种样品量为最终选取的最适稀释度)。

6 实验结果与报告

(1)将测出样品的数据以表格的方式报告结果。

(2)根据检测结果，判断所测样品中粪大肠菌群的MPN值是否符合食品卫生要求。

7 思考题

(1)该实验中的培养温度为什么是44.5℃而不是37℃？

(2)比较粪大肠菌群和大肠菌群检测方法的异同点。

实验 31　还原试验法对生牛乳中细菌总数的测定

一、亚甲蓝还原计数法

1　目的和要求

学习用亚甲蓝还原计数法测定生牛乳中的细菌总数,并以此衡量生牛乳的卫生质量。

2　基本原理

亚甲蓝在氧化态时呈蓝色,在还原态时呈无色。存在于生牛乳中的微生物,在它们的生命活动中能分泌还原酶,使亚甲蓝还原而褪色。还原反应的速度和样品中含有的细菌数量成正比,因此,可用亚甲蓝褪色速度的快慢估计样品中的含菌数量。亚甲蓝还原计数法的缺点是:所测结果不准确,只是估算样品中的活菌数量。其原因为:①各种微生物代谢速率并不一样,引起氧化还原电位的变化也有差异,同样数量的不同细菌对染料的还原能力也不相同;②亚甲蓝对某些微生物细胞的新陈代谢有抑制作用,可引起氧化还原电位的降低;③某些食品自身存在还原酶类,也能使亚甲蓝改变颜色。因此该法不适用于含有还原酶的食品,除非经过特殊处理。尽管亚甲蓝还原试验存在上述问题,但它仍是检测食品中细菌数量的有用方法,尤其适用于乳品工业中检测生牛乳中的微生物数量。亚甲蓝还原计数法的优点是:快速、简便、费用低。

3　实验材料

3.1　检验样品　生牛乳(原料乳)。

3.2　试剂　亚甲蓝标准溶液(用硫氰酸亚甲蓝以无菌蒸馏水配成 1∶30000 溶液,于棕色瓶内避光保存)。

3.3　仪器与其他用具　带橡皮塞的无菌大试管、温度计、恒温水浴槽、无菌吸管(1mL、10mL)或微量移液器及吸头。

4　实验流程

原料牛乳 10mL → 加入 1mL 亚甲蓝标准溶液 → 混匀 → 37℃水浴 → 观察褪色时间 → 终点判定

5　操作步骤

吸取 10mL 样品于无菌大试管内,再加入 1mL 亚甲蓝标准溶液,用灭菌橡皮胶塞塞好,上下倒转几次,使亚甲蓝与样品混合均匀,置于 37℃恒温水浴槽内,每 30min 观察和倒转一次,并注意亚甲蓝褪色时间。以时间为单位,记录亚甲蓝由蓝色还原成无色所需要的时间。根据亚甲蓝褪色时间与生乳的细菌总数对应表(表 31.1),即可得到每毫升生乳中细菌的菌落总数。终点判定应以亚甲蓝与样品混合物中的80%蓝色消褪为标准。

表 31.1 亚甲蓝褪色时间与生牛乳的细菌总数对应表

亚甲蓝褪色时间	细菌的菌落总数/(CFU/mL)	生牛乳的卫生质量
≥4h	≤5×10^5	很好
≥2.5h	≤1×10^6	较好
≥1.5h	≤2×10^6	好
≥40min	≤4×10^6	差

6 实验结果与报告

用亚甲蓝还原计数法估计所测生牛乳样品中的细菌总数,评定其卫生质量,并对结果进行误差分析。

7 思考题

简述亚甲蓝还原计数法测定样品中细菌总数的原理。为什么用此法检测误差较大?

二、刃天青还原计数法

1 目的和要求

学习用刃天青还原计数法测定生牛乳中的细菌总数,并以此衡量生牛乳的卫生质量。

2 基本原理

刃天青加入正常生牛乳中呈青蓝色。如果生牛乳被细菌污染,可将刃天青还原,颜色变化为:深蓝色(或蓝紫色)→紫红色(或粉红色)→无色,还原时间与样品中的微生物浓度成反比。因此,可根据其变色情况和变到一定颜色所需的时间推测样品中的细菌数,以此判定生牛乳被细菌污染的等级。刃天青还原试验除用于生牛乳与乳制品的菌数测定外,还可用于乳酸菌发酵剂活力的测定(参见实验53)。

3 实验材料

3.1 检验样品 生牛乳(原料乳)。

3.2 试剂 刃天青标准溶液(称取 5mg 刃天青以无菌蒸馏水 100mL 配成 0.05g/L 溶液,于棕色磨口瓶内避光保存)。

3.3 仪器与其他用具 带橡皮塞的无菌大试管、恒温水浴槽、温度计、吸管(1mL、10mL)。

4 实验流程

生牛乳 10mL → 加入 1mL 刃天青标准溶液 → 混匀 → 37℃水浴 → 观察褪色程度 → 推测菌数

5 操作步骤

向无菌大试管中加入生牛乳 10mL,再加入刃天青溶液 1mL,混匀,用灭菌橡皮胶塞塞好,但不要塞严,于 38~40℃水浴中放置 5min。当试管被加热到 37℃时,将胶塞塞严,缓慢转动试管(不要振荡),使其受热均匀。用温度计测被检样的温度(可将温度计放在对照组试管中测得),检样液体在 37℃下维持 60min,经 20min 观察后,记录结果。去除白色乳试管,其他试管再进行转动,继续放入水浴中保温 60min,记录结果。根据褪色时间查刃天青还原试验表(表 31.2),估计每毫升样品中的细菌总数。注意:试验时检样试管应避光。

表 31.2　　　　　　　　　　刃天青还原试验表

级别	生牛乳的卫生质量	乳的颜色		相当于每毫升生牛乳中的细菌总数
		经 20min	经 60min	
1	良好	青蓝色	青蓝色	<50 万
2	合格	青蓝色	蓝紫色	50 万~400 万
3	不好	青蓝色或粉蓝色	粉红色	400 万~2000 万
4	很坏	白色	粉红色	>2000 万

6 实验结果与报告

用刃天青还原计数法估计所测生牛乳样品中的细菌总数,评定其卫生质量,并对结果进行误差分析。

7 思考题

简述刃天青还原计数法测定样品中细菌总数的原理。为什么用此法检测误差较大?

实验 32 还原试验法对鲜乳中抗生素残留的检验

1 目的和要求

学会用红四氮唑还原试验法对生牛乳中抗生素残留的检验方法。

2 基本原理

牧场常用大量抗生素预防和治疗奶牛乳房炎等疾病,使生牛乳在一定时间内残留半衰期较长的抗生素。此外,为了延长生牛乳保存期,人为掺入抗生素,可引起部分人群的过敏反应,也可抑制生产菌种的生长而严重影响发酵乳制品的正常生产。因此,检验生牛乳中抗生素的残留具有实际应用意义。

生牛乳中抗生素残留的检验方法主要依据现行的 GB/T 4789.27—2008《食品卫生微生物学检验 鲜乳中抗生素残留检验》。该标准的第一法适用于生牛乳中能抑制唾液链球菌嗜热亚种(*Streptococcus salivarius* subsp. *thermophilus*)的抗生素的检验,第二法适用于生牛乳、复原乳、消毒灭菌乳、乳粉中能抑制嗜热脂肪芽孢杆菌卡利德变种(*Bacillus stearothermophilus* var. *calidolactis*)的抗生素的检验。本实验主要介绍第一法——唾液链球菌嗜热亚种抑制法,又称 2,3,5-氯化三苯基四氮唑(TTC,简称红四氮唑)法。指示剂 TTC 在氧化态时为无色,在还原态时为粉色或红色。试验时先在杀菌的生牛乳中加入敏感菌株——唾液链球菌嗜热亚种培养液,水浴培养一定时间。该菌在生长繁殖过程中产生还原酶及其他还原型物质,能使 TTC 由氧化型(无色)还原为还原型物质(红色)。若样品中不含抗生素或其浓度低于检测限,则唾液链球菌嗜热亚种将继续生长繁殖,氧化型 TTC 被还原而显红色;若样品中含有高于检测限的抗生素,则唾液链球菌嗜热亚种的生长被抑制,氧化型 TTC 不被还原为无色,样品保持原色。

3 实验材料

3.1 样品 生牛乳(原料乳)。

3.2 敏感菌株 唾液链球菌嗜热亚种(*Streptococcus salivarius* subsp. *thermophilus*)37℃,12~15h 脱脂乳试管纯培养物。

3.3 培养基 脱脂乳培养基(用大试管装量 9mL,0.07MPa 灭菌 15min,附录Ⅱ)。

3.4 试剂 40g/L 浓度的 TTC 水溶液(称取 1g TTC 溶于 5mL 灭菌蒸馏水中,装褐色瓶内于 4℃冰箱保存,临用时用灭菌蒸馏水稀释至 5 倍。如果溶液变为半透明的白色或淡褐色,则不能再用);青霉素 G 参照溶液(精确称取青霉素 G 钾盐标准品 30mg 溶于无菌磷酸盐缓冲液中,使其浓度为 100~1000IU/mL,再将该溶液用灭菌的无抗生素的脱脂乳稀释至 0.006IU/mL,分装于大试管中,9mL/管,密封备用,于-20℃保存不超过 6 个月);无菌磷酸盐缓冲液(称取磷酸二氢钠 2.83g、磷酸二氢钾 1.36g,溶于 1000mL 蒸馏水中,调节 pH 7.3,0.1MPa 灭菌 20min)。

3.5　仪器与其他用具　带盖恒温水浴锅、培养箱、冰箱、电子天平（感量为0.1g、0.001g）、漩涡混合器、温度计、记号笔、试管架、灭菌吸管（1mL、10mL）、灭菌试管（18mm×180mm）。

4　实验流程

TTC法抗生素残留检验实验流程如图32.1所示。

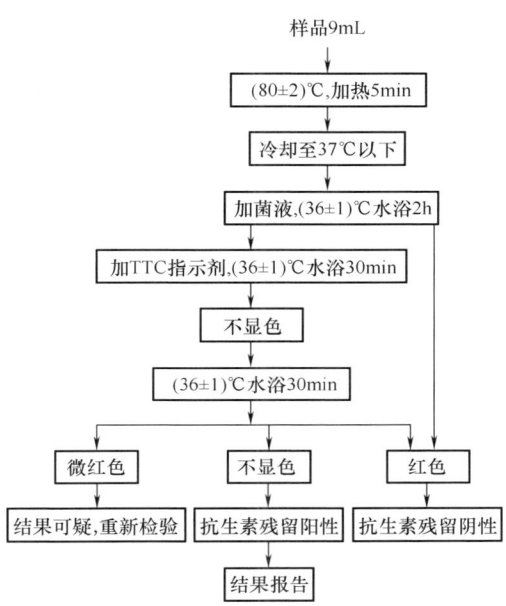

图32.1　TTC法抗生素残留检验实验流程

5　操作步骤

5.1　测试菌液的制备　将敏感菌株（唾液链球菌嗜热亚种）取一环接种于9mL灭菌脱脂乳中，于（36±1）℃培养12～15h至乳凝固后，以灭菌脱脂乳按1∶1比例混匀稀释成为测试菌液。

5.2　生牛乳杀菌与加菌液培养　取检样9mL，置于18mm×180mm试管内，每份样品另做一份平行样。同时以9mL青霉素G参照溶液作为阳性对照管，9mL灭菌脱脂乳作为阴性对照管。所有试管置于80℃水浴加热5min后冷却至37℃以下，加入测试菌液1mL，轻轻旋转试管混匀，于（36±1）℃水浴培养2h。

5.3　加TTC　向上述培养液中加入40g/L TTC溶液0.3mL，于漩涡混合器上混合15s或振动试管混匀，（36±1）℃水浴避光培养30min，观察颜色变化。如果颜色无变化，于水浴中继续避光培养30min作最终观察。注意观察时要迅速，避免光照过久出现干扰。

5.4　判断方法与报告　在白色背景前观察，试管中样品的颜色呈乳的原色时，说明生牛乳中有抗生素存在，报告为抗生素残留阳性；试管中样品的颜色呈红色，报告为抗生素残留阴性。如最终观察现象仍为可疑，建议重新检测。显色状态判断标准与几种常见抗生素的最低检出量见表 32.1 和表 32.2。

表 32.1　　　　　　　　　　显色状态判断标准

显色状态	判断
未显色者	阳性
桃红色-红色	阴性
微红色者	可疑

表 32.2　　　　　　　　　检测四种抗生素的最低检出量

抗生素名称	最低检出量/IU	抗生素名称	最低检出量/IU
青霉素	0.004	链霉素	0.5
庆大霉素	0.4	卡那霉素	5.0

6　实验结果与报告

报告本实验所检测的生牛乳中有无抗生素残留。

7　思考题

（1）简述用 TTC 法检测生牛乳中抗生素的原理与方法。

（2）除 TTC 法外，还有哪些较先进的方法用于检测食品中抗生素的残留量？

实验 33 食品中沙门氏菌的检验

1 目的和要求

（1）掌握沙门氏菌的检验方法。
（2）了解检验沙门氏菌各步骤的依据及原理。
（3）从 GB 29921—2021《食品安全国家标准 预包装食品中致病菌限量》中查阅沙门氏菌的限量标准，从检验致病菌实验中认识提高检测效率与准确性，减少食品安全风险的重要性。

2 基本原理

沙门氏菌（*Salmonella*）是一类革兰阴性、无荚膜和无芽孢的短小杆菌，具有周身鞭毛（鸡白痢沙门氏菌、鸡伤寒沙门氏菌除外），能运动，大多数具有菌毛，能吸附于宿主细胞表面或凝集豚鼠红细胞，主要寄居于人和其他温血动物的肠道中。

沙门氏菌属的细菌有 2600 多个血清型菌株，多数对动物致病，对人类致病的仅占少数，如引起伤寒病的伤寒沙门氏菌和甲、乙、丙型副伤寒沙门氏菌。引起人类食物中毒的常见菌株有：鼠伤寒沙门氏菌、猪霍乱沙门氏菌、肠炎沙门氏菌等十余种。沙门氏菌在被污染的食物中可大量繁殖，于 20~37℃ 温度下繁殖尤为迅速，食入这类未经充分加热的食物后即能引起沙门氏菌食物中毒。沙门氏菌致病的主要因素有侵袭力、内毒素和肠毒素。菌体裂解时，释放毒性很强的内毒素，引起人体发热、中毒性休克等。

本实验中沙门氏菌的检验方法主要依据现行的 GB 4789.4—2024《食品安全国家标准 食品微生物学检验 沙门氏菌检验》。分离沙门氏菌采用国家标准规定的选择性培养基，有亚硫酸铋（BS）琼脂、HE 琼脂和木糖赖氨酸脱氧胆酸盐（XLD）琼脂。BS 平板选择性较强，其成分中含有亚硫酸钠、柠檬酸铋铵和煌绿，能抑制 G^+ 菌和包括大肠菌群、变形杆菌在内的多数 G^- 菌的生长，但不影响沙门氏菌的生长；同时该培养基中含有的硫酸亚铁能与沙门氏菌分解含硫氨基酸产生的硫化氢反应，生成硫化亚铁沉淀，使典型沙门氏菌产生具有金属光泽的棕色至黑色菌落，据此可与其他 G^- 菌区别而得以分离检出。HE 和 XLD 平板选择性较弱，如此在 BS 平板不长的沙门氏菌能在 HE 和 XLD 平板上生长，故国家标准规定要同时采用两种选择性培养基分离沙门氏菌。HE 和 XLD 培养基中的脱氧胆酸钠能抑制 G^+ 菌生长，其成分中的硫代硫酸钠被沙门氏菌还原产生硫化氢，后者可与柠檬酸铁铵中的铁离子反应生成黑色硫化亚铁，使沙门氏菌显示为带黑色中心或全部黑色的菌落。三糖铁（TSI）琼脂属于鉴别培养基，含有葡萄糖、乳糖和蔗糖的比例为 1∶10∶10，酚酞为其酸碱指示剂（酸性变黄，碱性变红），常用于观察沙门氏菌、志贺氏菌和大肠杆菌等肠道致病菌是否利用糖及产硫化氢情况。沙门氏菌能分解葡萄糖，多数产酸又产气，产酸使斜面先变黄，但因其多数不发酵乳糖，而发酵 1g/L 葡萄糖产生少量的酸（多为丙酮酸）又易被氧气所氧化，加之利用培养基中含氮物质生成碱性产物，故使斜面由黄色变成红色；由于高层底部产生的酸不被空气所氧化,故底层仍保持黄色。由于大肠杆菌不仅能分解葡萄糖产酸又产气,而且多数能发酵 10g/L 乳糖产生大量的酸,故使整个培养基呈现黄色。由于志贺氏菌只能分解葡萄糖产酸不产气(福氏志贺菌 6 型产少量气体),不发酵乳糖/蔗糖,故使培养基底层变黄,斜面产碱变红。此外,多数沙门氏菌能利用 TSI 琼脂中的硫代硫酸钠产生硫化氢,后者与硫酸亚铁铵中的铁离子生成黑色的硫化亚铁沉淀,而大肠杆菌和志贺氏菌不能代谢产生硫化氢。

选择性平板分离检出沙门氏菌之后,主要以生化反应试验(包括生化试验、生化鉴定试剂盒、微生物生化鉴定系统)、血清学鉴定和血清学分型试验(选做)加以鉴定到属种和血清型别。

3 实验材料

3.1 检样 乳、肉、蛋及其制品及其他加工食品等。

3.2 培养基 缓冲蛋白胨水(BPW)、四硫磺酸钠煌绿(TTB)增菌液、氯化镁孔雀绿大豆胨(RVS)增菌液、亚硫酸铋(BS)琼脂、HE 琼脂、XLD 琼脂、沙门氏菌显色培养基(专售干粉复合培养基)、三糖铁(TSI)琼脂、蛋白胨水、尿素琼脂(pH 7.2)、氰化钾(KCN)培养基、赖氨酸脱羧酶试验培养基、糖发酵培养基、邻硝基酚 β-D-半乳糖苷(ONPG)培养基、营养琼脂(NA)、营养半固体琼脂(NSA),制法均见附录Ⅱ。

3.3 其他试剂 沙门氏菌 O、沙门氏菌 H 和沙门氏菌 Vi 诊断血清、无菌生理盐水、蛋白胨水(附录Ⅱ)、靛基质试剂(附录Ⅳ)、无菌 1mol/L NaOH 和 1mol/L HCl、生化鉴定试剂盒。

3.4 仪器与其他用具 无菌吸管(10mL、1mL)或微量移液器及吸头、无菌培养皿、无菌试管、无菌三角瓶(500mL、250mL)、无菌量筒、无菌广口瓶(500mL)、接种环、接种针、载玻片、拍击式均质器及无菌均质袋、漩涡混合器、振荡器、天平(感量 0.1g)、全自动微生物生化鉴定系统、pH 计或精密 pH 试纸、培养箱、冰箱、生物安全柜等。

4 实验流程

沙门氏菌的检测实验流程如图 33.1 所示。

5 操作步骤

5.1 预增菌 无菌操作称取 25g(mL)样品,置于盛有 225mL BPW 的无菌均质袋中,用拍击式均质器拍打 1~2min。对于液态样品,置于盛有 225mL BPW 的三角瓶中振荡混匀。如需调节 pH,用无菌 1mol/L NaOH 或 1mol/L HCl 调 pH 至 6.8±0.2。无菌操作将样品转移至 500mL 三角瓶(如均质杯本身具有无孔盖或使用均质袋时,可不转移样品),置于(36±1)℃培养 8~18h。

对于乳粉样品,无菌操作称取 25g,缓缓倾倒在广口瓶或均质袋内 BPW 的液体表面,勿调节 pH,也暂且不混匀,室温静置(60±5)min 后再混匀,置于(36±1)℃培养 16~18h。

如为冷冻样品,取样前应在 40~45℃水浴中不超过 15min,或 2~8℃不超过 18h 解冻。

5.2 选择性增菌 轻轻摇动预增菌的培养液,移取 0.1mL 转种于 RVS 增菌液中,混匀后于(42±1)℃培养 18~24h。同时,另取 1mL 转种于 10mL TTB 增菌液中混匀。对于低背景的样品(如深加工的预包装食品等),置于(36±1)℃培养 18~24h;对于高背景的样品(如生

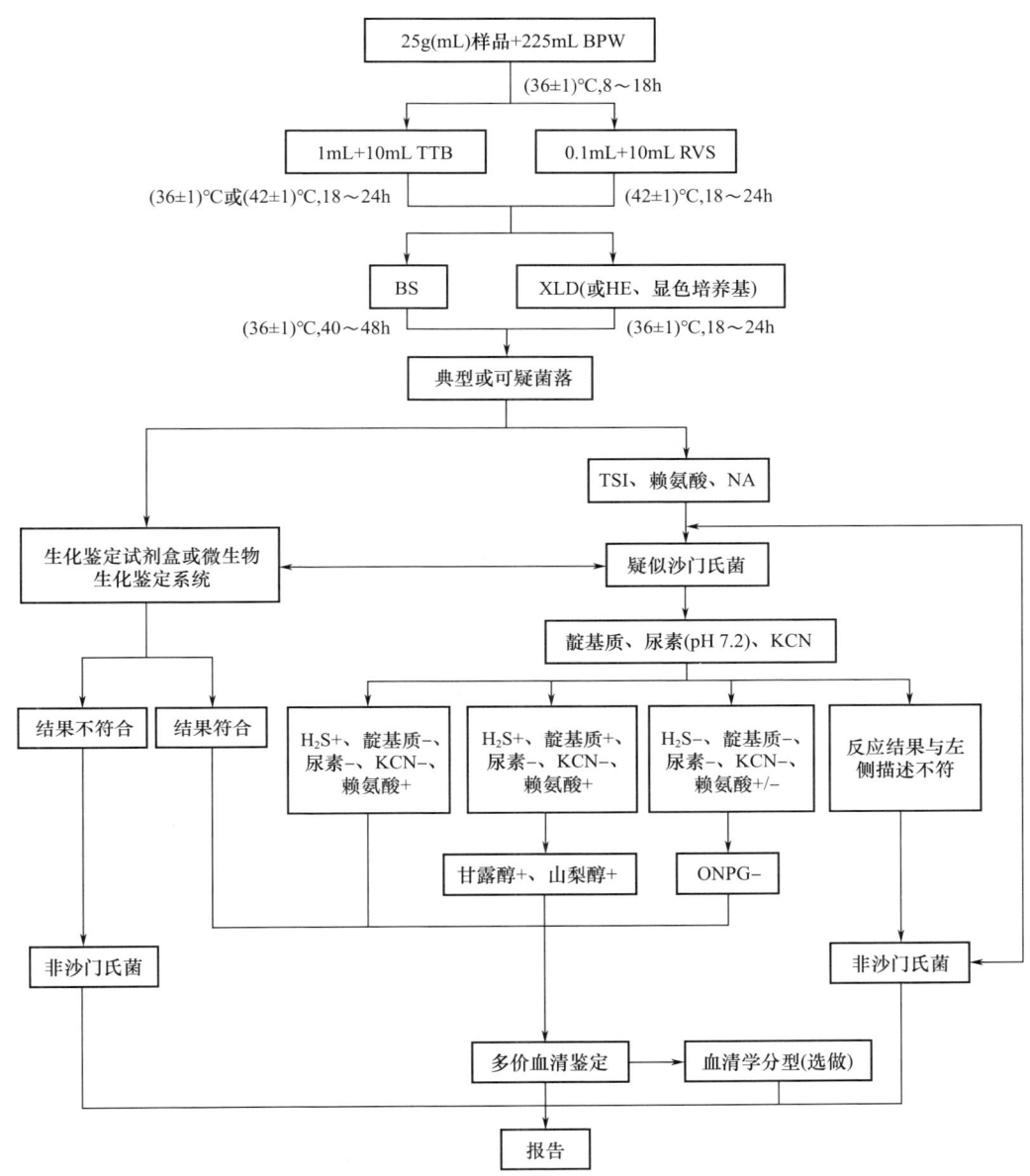

图 33.1 沙门氏菌的检测实验流程

鲜禽肉等），置于(42±1)℃培养 18~24h。

5.3 分离 将选择性增菌的培养物振荡混匀后，用接种环各取 1 环，分别划线接种于一个 BS 琼脂平板和一个 XLD 琼脂平板（也可使用 HE 琼脂平板、沙门氏菌显色培养基平板），于(36±1)℃分别培养 40~48h（BS 琼脂平板）或 18~24h（XLD 琼脂平板、HE 琼脂平板、沙门氏菌显色培养基平板），观察各个平板上生长的菌落。不同分离琼脂平板上沙门氏菌的菌落特征见表 33.1 和图 33.2。

表 33.1　　不同分离琼脂平板上沙门氏菌的菌落特征

选择性琼脂平板	沙门氏菌的菌落特征
BS 琼脂	菌落为黑色有金属光泽、棕褐色或灰色,菌落周围培养基可呈黑色或棕色,有些菌株形成灰绿色的菌落,周围培养基不变
HE 琼脂	菌落呈蓝绿色或蓝色,多数菌落中心黑色或几乎全黑色;有些菌株为黄色,中心黑色或几乎全黑色
XLD 琼脂	菌落呈粉红色,带或不带黑色中心;有些菌株可呈现大的带光泽的黑色中心,或呈现全部黑色的菌落;有些菌株为黄色菌落,带或不带黑色中心
沙门氏菌显色培养基	沙门氏菌呈水紫色-紫红色菌落;大肠菌群呈蓝绿色菌落;奇异变形杆菌、弗氏志贺氏菌呈无色菌落;G^+菌,如金黄色葡萄球菌,生长被抑制

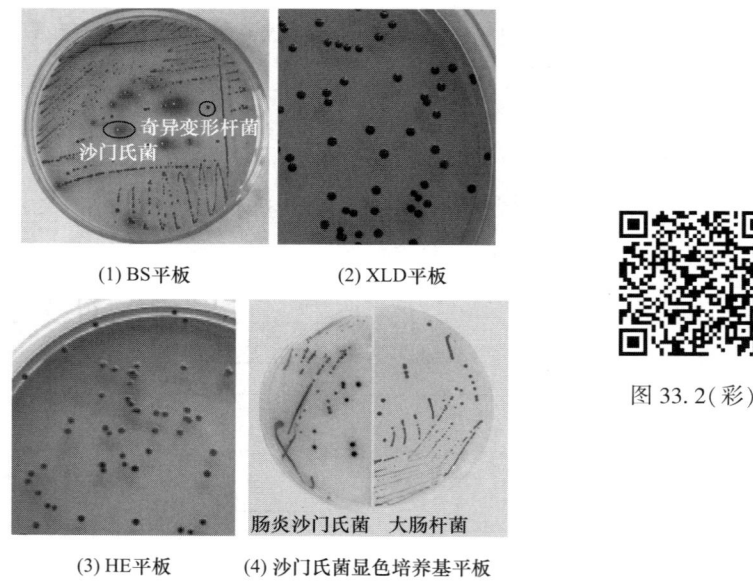

(1) BS平板　　(2) XLD平板

(3) HE平板　　(4) 沙门氏菌显色培养基平板

图 33.2　沙门氏菌在 BS、XLD、HE 及沙门氏菌显色培养基平板上的典型菌落特征

5.4　生化试验

5.4.1　三糖铁和赖氨酸脱羧酶生化试验　自选择性琼脂平板上挑取 4 个以上典型或可疑菌落接种于三糖铁(TSI)琼脂,先在斜面划线,再于底层穿刺;同时接种赖氨酸脱羧酶试验培养基和营养琼脂(NA)斜面,于(36±1)℃温箱培养 18~24h。三糖铁和赖氨酸脱羧酶试验结果及初步判断见表 33.2。注意:挑取典型或可疑菌落宜分别来自不同选择性增菌液的不同分离琼脂;也可先选择其中一个典型或可疑菌落进行生化试验,若鉴定为非沙门氏菌,再取余下菌落进行鉴定。

表 33.2　　　　　　　三糖铁和赖氨酸脱羧酶试验结果及初步判断

三糖铁琼脂				赖氨酸脱羧酶试验结果	初步判断
斜面	底层	产气	硫化氢		
K	A	+(-)	+(-)	+	可疑沙门氏菌
K	A	+(-)	+(-)	-	可疑沙门氏菌
A	A	+(-)	+(-)	+	可疑沙门氏菌
A	A	+/-	+/-	-	非沙门氏菌
K	K	+/-	+/-	+/-	非沙门氏菌

注：K—产碱；A—产酸；+—阳性；-—阴性；+(-)—多数阳性，少数阴性；+/-—阳性或阴性。

5.4.2　靛基质、尿素和氰化钾等生化试验　表33.2中初步判断为非沙门氏菌者，直接报告未检出。对于表33.2中可疑沙门氏菌者，从营养琼脂（NA）斜面上挑取其纯培养物接种蛋白胨水（供做靛基质试验）、尿素琼脂（pH 7.2）、氰化钾（KCN）培养基。也可在接种三糖铁琼脂和赖氨酸脱羧酶试验培养基的同时，接种以上3种生化试验培养基，于(36±1)℃温箱培养18～24h。其生化试验结果鉴别表（一）见表33.3。若表33.3序号1中的尿素、氰化钾、赖氨酸脱羧酶中有1项不符合，则按表33.4生化试验结果鉴别表（二）进行结果判断。

将典型或可疑沙门氏菌的菌落用营养琼脂（NA）斜面培养基纯化之后再做生化反应试验，否则易染杂菌，造成生化反应结果不准确。

表 33.3　　　　　　　　　　　生化试验结果鉴别表（一）

序号	硫化氢	靛基质	尿素	氰化钾	赖氨酸脱羧酶	初步判断
1	+	-	-	-	+	①符合5项，判断为典型沙门氏菌（要求血清学鉴定结果）；②尿素、氰化钾、赖氨酸脱羧酶中有2项不符合，判断为非沙门氏菌；③尿素、氰化钾、赖氨酸脱羧酶中有1项不符合，按表33.4进行结果判断
2	+	+	-	-	+	符合5项，补做甘露醇和山梨醇试验，沙门氏菌（靛基质阳性变体）此两个试验结果均为阳性（要求血清学鉴定结果）
3	-	-	-	-	+/-	符合5项，补做ONPG试验，沙门氏菌的ONPG试验结果为阴性，且赖氨酸脱羧酶试验结果为阳性，但甲型副伤寒沙门氏菌为阴性（要求血清学鉴定结果）

注：+—阳性；-—阴性；+/-—阳性或阴性。

表 33.4　　　　　　　　　　　生化试验结果鉴别表（二）

尿素	氰化钾	赖氨酸脱羧酶	判断结果
-	-	-	甲型副伤寒沙门氏菌（要求血清学鉴定结果）
-	+	+	沙门氏菌Ⅳ或沙门氏菌Ⅴ（符合该亚种生化特性并要求血清学鉴定结果）
+	-	+	沙门氏菌个别变体（要求血清学鉴定结果）

注：+—阳性；-—阴性。

生化试验说明：

(1) 靛基质产生试验、pH 7.2 尿素分解试验及甘露醇和山梨醇发酵试验　操作方法参见实验 13。接种后一般采用 (36±1)℃ 培养 24h，必要时可延长至 48h。操作方法参见实验 13。

(2) KCN 试验方法　将 NA 斜面培养物用生理盐水配成 0.5 麦氏浊度的菌悬液，滴加 2~3 滴菌悬液于 KCN 培养基中，混匀后滴加一层无菌液体石蜡进行密封；另滴加 2~3 滴菌悬液于对照培养基 (不含 KCN)。在 (36±1)℃ 培养 24~48h，观察结果。KCN 培养基内有细菌生长者为阳性 (不抑制)，培养 48h 无细菌生长者为阴性 (抑制)。

(3) ONPG 试验方法　自 NA 斜面培养物挑取 1 环接种于 ONPG 培养基中，于 (36±1)℃ 培养 3h 观察结果，培养基变为黄色者，β-半乳糖苷酶阳性。若培养基不变色，继续培养至 24h，培养基变黄者，为 β-半乳糖苷酶阳性，否则为阴性。

5.4.3　生化鉴定试剂盒或微生物生化鉴定系统　根据表 33.2 初步判断可疑沙门氏菌的结果，取其 NA 斜面纯培养物或直接挑取分离平板上典型或可疑菌落的 NA 斜面纯培养物，用生理盐水制成适当浊度的菌悬液，按生化鉴定试剂盒或微生物生化鉴定系统的操作说明进行鉴定。

5.5　血清学鉴定试验　沙门氏菌具有复杂的抗原结构，主要有菌体 (O) 抗原和鞭毛 (H) 抗原，少数沙门氏菌还有表面 (Vi) 抗原。

5.5.1　培养物自凝性检查　在洁净载玻片上滴加一滴生理盐水，从琼脂含量为 12~15g/L 的 NA 斜面上挑取少量纯培养物与生理盐水混匀，成为均一性的浑浊悬液，将玻片轻轻摇动 30~60s，在黑色背景下观察 (必要时用放大镜观察)，若有菌体凝集即认为有自凝性。应对无自凝的培养物做血清学鉴定试验。

5.5.2　多价菌体 (O) 抗原鉴定　在洁净载玻片上划出两个区域，各滴加一滴沙门氏菌多价菌体 (O) 血清和生理盐水，用接种环挑取待测菌 NA 斜面培养物，分别与菌体 (O) 血清和生理盐水研成乳状液，将玻片倾斜摇动混合 1min，在黑色背景下观察，与生理盐水对照相比，出现可见的菌体凝集者为阳性反应。

多价菌体 (O) 抗原鉴定实验说明：

(1) 菌株 O 血清不凝集时，将其接种于琼脂含量为 20~30g/L 的 NA 斜面上，培养后再鉴定。

(2) 菌株有 Vi 抗原时，挑取待测菌培养物，用 1mL 无菌生理盐水制成浓菌液，于沸水浴加热 20~30min，冷却后再鉴定。当有 Vi 抗原存在时，会阻止 O 血清与 O 抗原的凝集反应。

5.5.3　多价鞭毛 (H) 抗原鉴定　按 5.5.2 步骤操作，用多价鞭毛 (H) 血清进行多价鞭毛 (H) 抗原鉴定。当鞭毛生长不良时，将菌株接种于半固体琼脂平板的中央，待菌落蔓延生长时，从其边缘部分取菌鉴定。

5.6　血清学分型试验 (选做项目)

5.6.1　O 抗原的鉴定

(1) 将分离菌株的 NA 斜面培养物与沙门氏菌 A~F 多价 O 血清做玻片凝集试验，同时用生理盐水作对照，若不出现凝集，可确定为阴性。在生理盐水中自凝者为粗糙型菌株，不能做血清学分型试验。

(2) 用 A~F 多价血清做玻片凝集试验，若发生凝集，再依次用沙门氏菌 O 单因子血清

(如 O4、O3、10、O7、O8、O9、O2 和 O11)分别做凝集试验,根据试验结果判定 O 群(A、B、C、D、E、F 群);被 O3、10 单因子血清凝集的菌株,再用 O10、O15、O34、O19 单因子血清做凝集试验,判定 E1 和 E4 各亚群。根据 O 单因子血清凝集试验的鉴定结果,确定菌株每种 O 抗原成分。

(3)用 A~F 多价血清做玻片凝集试验,若不发生凝集者,先用 9 种多价 O 血清鉴定。如有其中一种多价 O 血清凝集,则再用这一种 O 多价血清所包括的 O 群血清(如 O 多价血清 1 包括 A、B、C、D、E、F 群在内的 O 群血清;O 多价血清 4 包括 40、41、42、43 群在内的 O 群血清)逐一做玻片凝集试验进行鉴定,以确定 O 群。

5.6.2 H 抗原的鉴定

(1)若已确定了 O 群后,属于 A~F 各 O 群的常见菌型,再依次按表 33.5 所列 H 因子血清进一步鉴定第 1 相和第 2 相的 H 抗原。先选用第 1 相 H 因子血清做玻片凝集试验,检查第 1 相 H 抗原;若发生凝集,再选用第 2 相 H 因子血清检查第 2 相 H 抗原。

表 33.5　　　　　　　　　A~F 各 O 群常见菌型 H 抗原表

O 群	第 1 相	第 2 相
A	a	无
B	g, f, s	无
B	i, b, d	2
C1	k, v, r, c	5, z_{15}
C2	b, d, r	2, 5
D(不产气的)	d	无
D(产气的)	g, m, p, q	无
E1	b, v	5, w, x
E4	g, s, t	无
E4	i	无

(2)若已确定了 O 群后,属于 A~F 各 O 群的不常见菌型,先用 8 种多价 H 血清鉴定。如有其中一种或两种多价 H 血清凝集,则再用这一种或两种 H 多价血清所包括的各种 H 单因子血清(如 H 多价血清 1 包括 a、b、c、a、i 在内的 H 单因子血清;H 多价血清 4 包括 1, 2、1, 5、1, 6、1, 7、z_6 在内的 H 单因子血清)逐一做玻片凝集试验进行鉴定,以确定第 1 相和第 2 相的 H 抗原。根据 H 单因子血清凝集试验的鉴定结果,确定菌株每种 H 抗原成分。

5.6.3　Vi 抗原的鉴定　用 Vi 因子血清做玻片凝集试验,根据鉴定结果,已知具有 Vi 抗原的菌型有:伤寒沙门氏菌、丙型副伤寒沙门氏菌和都柏林沙门氏菌。

5.6.4　血清型的判定　根据血清学分型鉴定的结果,按照 GB 4789.4—2024《食品安全国家标准　食品微生物学检验　沙门氏菌检验》中附录 B 常见沙门氏菌抗原表,判定血清型。

6 示范

某一未知沙门氏菌,根据 O 单因子血清凝集试验的阳性反应结果,确定其含有 O1、O4、O5、O12 抗原成分;根据 H 单因子血清凝集试验的阳性反应结果,确定其含有第 1 相 H 抗原为 i,第 2 相 H 抗原为 1、2;那么该沙门氏菌血清型的抗原结构式为 1、4、5、12∶i∶1、2,据此查 GB 4789.4—2024《食品安全国家标准　食品微生物学检验　沙门氏菌检验》中附录 B 常见沙门氏菌抗原表,鉴定定其菌种名称为鼠伤寒沙门氏菌。

7 实验结果与报告

综合以上生化试验和血清学鉴定试验结果,报告 25g(mL)样品中检出或未检出沙门氏菌。

8 思考题

(1) 引起人类食物中毒的沙门氏菌,最常见的有哪些血清型菌株?
(2) 为什么 BS 琼脂平板能分离检出沙门氏菌?
(3) TSI 培养基鉴别沙门氏菌、志贺氏菌和大肠杆菌的原理是什么?

实验 34　食品中志贺氏菌的检验

1　目的和要求

（1）掌握志贺氏菌的检验方法。
（2）了解志贺氏菌各检验步骤的依据及原理。

2　基本原理

志贺氏菌属（$Shigella$）的细菌是 G^- 无芽孢短杆菌，无鞭毛，无荚膜，个别有菌毛，需氧或兼性厌氧，但厌氧时生长旺盛；其最适生长温度为 37℃，生长最适 pH 7.2。该属由痢疾志贺氏菌（A 群）、福氏志贺氏菌（B 群）、鲍氏志贺氏菌（C 群）和宋内志贺氏菌（D 群）4 个血清群（种）组成。其中痢疾志贺氏菌是导致典型细菌性痢疾的病原菌，而其他 3 种菌是导致食物中毒的病原菌。志贺氏菌的主要致病因素是侵袭力和内毒素，个别菌株（如痢疾志贺氏菌 1 型、福氏志贺氏菌和宋内志贺氏菌）能产生志贺毒素，具有致死毒、细胞毒和肠毒素的作用。

本实验中志贺氏菌的检验方法依据现行的 GB 4789.5—2012《食品安全国家标准　食品微生物学检验　志贺氏菌检验》。在分离志贺氏菌时，可同时采用两种选择性培养基，如 XLD 平板和 MAC 平板或志贺氏菌显色培养基，以提高其检出率。由于志贺氏菌不发酵乳糖不产酸，酸碱指示剂颜色不变化，因此在上述选择性培养基上呈无色、半透明或粉红色、浅粉红色的菌落。

选择性平板分离检出志贺氏菌后，主要以生化反应试验（包括生化试验、生化鉴定试剂盒、微生物生化鉴定系统）、血清学鉴定和血清学分型试验（选做）鉴定到属种和血清型别。

3　实验材料

3.1　检样　凉拌食品。

3.2　培养基　志贺氏菌增菌肉汤-新生霉素、麦康凯（MAC）琼脂、木糖赖氨酸脱氧胆酸盐（XLD）琼脂、志贺氏菌显色培养基（专售干粉复合培养基）、三糖铁（TSI）琼脂、葡萄糖半固体琼脂、葡萄糖铵培养基、尿素琼脂、邻硝基苯 β-D-半乳糖苷（ONPG）培养基、赖氨酸和鸟氨酸脱羧酶试验培养基、糖发酵管（七叶苷、水杨苷、甘露醇、棉籽糖）、甘油复红肉汤培养基、西蒙氏柠檬酸盐培养基、黏液酸盐培养基（测试肉汤和质控肉汤）、营养琼脂（NA）斜面，制法均见附录Ⅱ。

3.3　其他试剂　志贺氏菌属诊断血清、无菌生理盐水、蛋白胨水（附录Ⅱ）、靛基质试剂（附录Ⅳ）、生化鉴定试剂盒。

3.4　仪器与其他用具　无菌吸管（10mL、1mL）或微量移液器及吸头、无菌培养皿、无菌试管、无菌三角瓶（500mL、250mL）、无菌量筒、无菌广口瓶（500mL）、接种环、接种针、载玻片、拍击式均质器及无菌均质袋、漩涡混合器、振荡器、全自动微生物生化鉴定系统、pH 计或精密 pH 试纸、培养箱、冰箱、电子天平(感量 0.1g)、厌氧培养装置、膜过滤系统等。

4 实验流程

志贺氏菌的检验实验流程如图 34.1 所示。

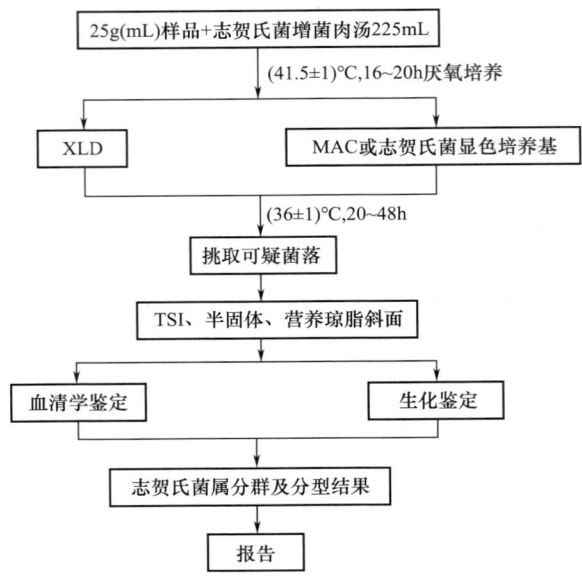

图 34.1 志贺氏菌的检验实验流程

5 操作步骤

5.1 增菌 以无菌操作取检样 25g(mL),加入装有 225mL 志贺氏菌增菌肉汤的均质袋中,用拍击式均质器连续均质 1~2min,液体样品振荡混匀即可。于(41.5±1)℃厌氧培养 16~20h。

5.2 分离培养 取增菌后的志贺氏菌增菌液分别划线接种于 XLD 琼脂平板和 MAC 琼脂平板或志贺氏菌显色培养基平板上,于(36±1)℃培养 20~24h,观察各个平板上生长的菌落形态。宋内志贺氏菌的单个菌落直径大于其他志贺氏菌。若出现的菌落不典型或菌落较小不易观察,则继续培养至 48h 再进行观察。志贺氏菌在不同选择性琼脂平板上的菌落特征见表 34.1 和图 34.2。

表 34.1 志贺氏菌在不同选择性琼脂平板上的菌落特征

选择性琼脂平板	志贺氏菌的菌落特征
MAC 琼脂	无色至浅粉红色,半透明、光滑、湿润、圆形、边缘整齐或不齐
XLD 琼脂	粉红色至无色,半透明、光滑、湿润、圆形、边缘整齐或不齐
志贺氏菌显色培养基	志贺氏菌呈无色或白色菌落;G^+菌生长被抑制

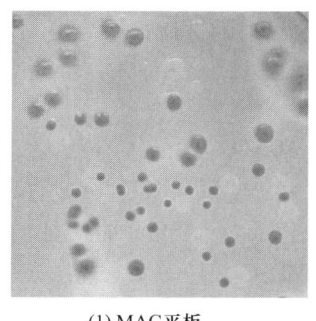
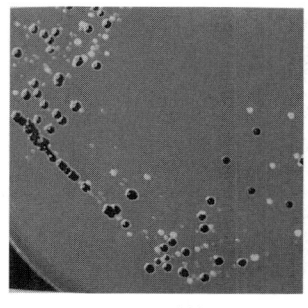

(1) MAC平板　　　　　　(2) XLD平板　　　　　(3) 志贺氏菌显色培养基

图 34.2(彩)

图 34.2　志贺氏菌在 MAC、XLD 平板及志贺氏菌显色培养基上的典型菌落特征

5.3　生化试验

5.3.1　三糖铁生化试验和动力试验　自选择性琼脂平板上挑取 4 个以上典型或可疑菌落(无色半透明、不发酵乳糖的中等大小的光滑型菌落),分别接种三糖铁(TSI)琼脂(划线与穿刺接种)、葡萄糖半固体琼脂(穿刺接种)、营养琼脂(NA)斜面(划线接种)各一管,于 (36 ± 1) ℃培养 20~24h,分别观察结果。三糖铁生化试验和动力试验结果及初步判断见表 34.2。凡是在表 34.2 中初步判断为可疑志贺氏菌的菌株,挑取 5.3.1 中已培养的营养琼脂(NA)斜面上生长的菌苔,进一步做生化试验和血清学鉴定试验。

表 34.2　三糖铁生化试验和动力试验结果及初步判断

三糖铁琼脂			动力试验结果	初步判断
培养基变化情况	产气情况	产 H_2S 情况		
斜面产碱变红 底层发酵葡萄糖产酸变黄 不发酵乳糖和蔗糖	发酵葡萄糖不产气 (福氏志贺氏菌 6 型产少量气体)	不产 H_2S	半固体管中沿穿刺线生长,无动力	全部符合 可疑志贺氏菌
①不分解葡萄糖 ②发酵乳糖和/或蔗糖产大量酸使整个培养基变黄 ③在 TSI 斜面上蔓延生长	发酵葡萄糖产气	产 H_2S	①半固体管中沿穿刺线向外扩散生长,有动力 ②只生长在半固体表面	符合任意 1 条 非志贺氏菌属

5.3.2　ONPG、赖氨酸和鸟氨酸脱羧酶、尿素、糖发酵(水杨苷、七叶苷)等生化试验

(1)ONPG 试验　自 NA 斜面培养物挑取 1 环接种于 ONPG 培养基中,于 (36 ± 1) ℃培养 1~3h 观察结果,培养基变为黄色者为 β-半乳糖苷酶阳性。若培养基不变色,继续培养至 24h,培养基变黄者为 β-半乳糖苷酶阳性,否则为阴性。除宋内志贺氏菌、痢疾志贺氏菌 1 型和鲍氏志贺氏菌 13 型为阳性结果外,其余志贺氏菌均为阴性结果(表 34.3)。

(2)赖氨酸和鸟氨酸脱羧酶试验　操作方法参见实验13,除鲍氏志贺氏菌 13 型为鸟氨酸试验阳性结果外,其余志贺氏菌均为赖氨酸和鸟氨酸脱羧酶试验阴性结果(表 34.3)。

(3)尿素、糖发酵(七叶苷和水杨苷)试验　操作方法参见实验 13,志贺氏菌均为尿素、七叶苷和水杨苷试验阴性结果(表34.3)。

(4) 其他生化试验　由于福氏志贺氏菌6型的生化反应特征与痢疾志贺氏菌或鲍氏志贺氏菌相似,必要时还需加做靛基质、糖发酵(甘露醇、棉籽糖)、氧化酶试验和甘油复红试验,其操作方法参见实验13,生化试验结果见表34.3。

甘油试验方法:自NA斜面培养物挑取1环接种于甘油肉汤培养基中,(36±1)℃培养,观察2~8d。同时以不接种做阴性对照。培养后,若待测菌能以甘油为碳源生长,培养基呈浑浊者为阳性结果,与对照管相同者为阴性结果。将适宜浓度的无色品红(复红)加入甘油肉汤培养基中,当待测菌分解甘油生成丙酮酸并脱羧生成乙醛时,乙醛与无色品红发生反应生成醌式化合物,使培养基呈深紫红色,以此判断待测菌是否具有分解甘油产生乙醛的能力。

表34.3　　　　　　　　　志贺氏菌属四个群的生化特征

生化项目	痢疾志贺氏菌(A群)	福氏志贺氏菌(B群)	鲍氏志贺氏菌(C群)	宋内志贺氏菌(D群)
ONPG试验	−①	−	−①	+
赖氨酸脱羧酶	−	−	−	−
鸟氨酸脱羧酶	−	−	−②	−
尿素	−	−	−	−
七叶苷	−	−	−	−
水杨苷	−	−	−	−
靛基质	−/+	(+)	−/+	−
甘露醇	−	+③	+	+
棉籽糖	−	+	−	+
氧化酶试验	−	−	−	−
甘油试验	(+)	−	(+)	d

注:+表示阳性;−表示阴性;−/+表示多数阴性;+/−表示多数阳性;(+)表示迟缓阳性;d表示有不同生化型。①痢疾志贺氏菌1型和鲍氏志贺氏菌13型为ONPG试验阳性;②鲍氏志贺氏菌13型为鸟氨酸试验阳性;③福氏志贺氏菌4型和6型常见甘露醇试验阴性变种。

5.3.3　附加生化试验　由于某些不活泼的大肠埃希氏菌(Anaerogenic *Escherichia coli*)和A-D(Alkalescens-D isparbiotypes,碱性−异型)菌的部分生化反应特征与志贺氏菌相似,并能与某种志贺氏菌分型血清发生凝集,因此在上述生化试验结果符合志贺氏菌属生化特征的基础上,还需加做葡萄糖铵、西蒙氏柠檬酸盐和黏液酸盐试验,志贺氏菌一般均为阴性结果,而不活泼的大肠埃希氏菌、A-D菌至少有一项生化反应为阳性结果。志贺氏菌与不活泼的大肠埃希氏菌、A-D菌的生化特征区别见表34.4。

表 34.4　　志贺氏菌与不活泼的大肠埃希氏菌、A-D 菌的生化特征区别

生化项目	痢疾志贺氏菌(A 群)	福氏志贺氏菌(B 群)	鲍氏志贺氏菌(C 群)	宋内志贺氏菌(D 群)	大肠埃希氏菌	A-D 菌
葡萄糖胺	-	-	-	-	+	+
西蒙氏柠檬酸盐	-	-	-	-	d	d
黏液酸盐	-	-	-	d	+	d

注：+表示阳性；-表示阴性；d 表示有不同生化型。

（1）葡萄糖胺试验　用接种针轻轻触及培养物的表面，在生理盐水管内做成极稀的菌悬液，肉眼观察不见浑浊，以每一接种环内含菌数 20~100 为宜。将接种环灭菌后挑取菌液接种，同时再以同法接种 NA 琼脂斜面一支作为对照，于(36±1)℃培养 24h。阳性者葡萄糖胺斜面上有正常大小的菌落生长；阴性者不生长，但在对照培养基上生长良好。如在葡萄糖胺斜面生长极微小的菌落可视为阴性结果。

（2）西蒙氏柠檬酸盐利用试验　挑取少量 NA 斜面培养物，划线接种于西蒙氏柠檬酸盐培养基斜面，于(36±1)℃培养 4d，每天观察结果，阳性者斜面长有菌苔，培养基由绿色转为蓝色。

（3）黏液酸盐试验　将待测新鲜培养物接种测试肉汤和质控肉汤，于(36±1)℃培养 48h 观察结果，肉汤颜色蓝色不变为阴性结果，黄色或稻草黄色为阳性结果。

5.3.4　生化鉴定试剂盒或微生物生化鉴定系统　根据表 34.2 初步判断疑似志贺氏菌的结果，取其 NA 斜面纯培养物或直接挑取分离平板上典型或可疑菌落的 NA 斜面纯培养物，用生理盐水制成适当浊度的菌悬液，按生化鉴定试剂盒或微生物生化鉴定系统的操作说明进行鉴定。

5.4　血清学鉴定试验　由于志贺氏菌没有鞭毛，故主要有菌体(O)抗原，而无鞭毛抗原，一些志贺氏菌还有表面(K)抗原。O 抗原又可分型和群的特异性抗原。

多价菌体(O)抗原鉴定：在洁净载玻片上划出两个区域，各滴加一滴志贺氏菌多价菌体(O)血清和生理盐水，从琼脂含量为 12~15g/L 的 NA 斜面培养基上，用接种环挑取少量待测菌纯培养物，分别与菌体(O)血清和生理盐水研成乳状液，将玻片倾斜摇动混合 1min，在黑色背景下观察，与生理盐水对照相比，出现可见的菌体凝集者为阳性反应。

多价菌体(O)抗原鉴定实验说明：

（1）如果生理盐水中出现凝集，则视为有自凝性。应对无自凝的培养物做血清学鉴定试验，此时应挑取培养基上的其他菌苔或菌落继续做凝集试验。

（2）如果待测菌的生化试验结果符合志贺氏菌的生化特征，而血清学反应试验为阴性，则是因为其有 K 抗原，阻止 O 血清与 O 抗原的凝集反应。此时可挑取 NA 斜面菌苔，用 1mL 生理盐水制成浓菌液，于沸水浴加热 20~30min，以去除 K 抗原，冷却后再做凝集试验。

6　实验结果与报告

综合以上生化试验和血清学鉴定试验结果，报告 25g(mL)样品中检出或未检出志贺氏菌。

7　思考题

（1）XLD 培养基和 MAC 平板分离检出志贺氏菌的原理是什么？

（2）在志贺氏菌检验中使用三糖铁琼脂的目的是什么？

实验 35　食品中致泻大肠埃希氏菌的检验

1　目的和要求

（1）学习并掌握检验食品中致泻大肠埃希氏菌的基本原理和方法。

（2）学习利用特征毒力基因，采用聚合酶链反应（PCR）扩增技术确认五种致泻大肠埃希氏菌的方法。

（3）查阅 GB 29921—2021《食品安全国家标准　预包装食品中致病菌限量》中需要检验致泻大肠埃希氏菌的预包装食品，从了解限量标准中认知控制食品微生物安全的重要性。

2　基本原理

致泻大肠埃希氏菌（Diarrheogenic *Escherichia coli*，DEC）是大肠埃希氏菌中一类能引起人体以腹泻为主要症状的肠道致病菌，通常通过污染牛肉制品、即食生肉制品、发酵肉制品类，以及鲜切果蔬类等预包装食品引起人类发病。常见的致泻大肠埃希氏菌主要包括肠道致病性大肠埃希氏菌（EPEC）、肠道侵袭性大肠埃希氏菌（EIEC）、产肠毒素大肠埃希氏菌（ETEC）、产志贺毒素大肠埃希氏菌（EHEC，如 *Escherichiacoli* O157∶H7）和肠道集聚性大肠埃希氏菌（EAEC）。

食品中致泻大肠埃希氏菌的检验方法主要依据现行的 GB 4789.6—2016《食品安全国家标准　食品微生物学检验　致泻大肠埃希氏菌检验》。在分离大肠埃希氏菌时，可同时采用麦康凯（MAC）和伊红亚甲蓝（EMB）两种培养基，以提高其检出率。在含有胆盐、结晶紫、乳糖和中性红的麦康凯（MAC）选择培养基上，胆盐和结晶紫有抑制 G^+ 菌的作用，能使分解乳糖的 G^- 大肠埃希氏菌的典型菌落呈砖红色至桃红色，不分解乳糖的菌落为无色或淡粉色；沙门氏菌和志贺菌因不能分解乳糖，在 MAC 平板上呈无色至浅粉色菌落。在含有乳糖、伊红 Y 和亚甲蓝的伊红亚甲蓝（EMB）鉴别培养基上，由于大肠埃希氏菌能分解乳糖产生有机酸，使菌体表面带 H^+，容易染上酸性染料伊红而呈红色，伊红再与碱性染料亚甲蓝结合，形成中心紫黑色、带或不带金属光泽的典型菌落；而不分解乳糖不产酸的菌落为无色或淡粉色。产气肠杆菌产酸较弱在 EMB 平板上则呈棕色菌落，很少有金属光泽。

选择性平板分离检出大肠埃希氏菌之后，主要以生化反应试验（包括常规生化试验、生化鉴定试剂盒、微生物生化鉴定系统）加以鉴定到属种。一般大肠埃希氏菌能发酵乳糖/葡萄糖产酸又产气。但是，如果三糖铁试验不发酵乳糖或发酵乳糖/葡萄糖只产酸不产气，同时靛基质阳性，硫化氢、尿素和氰化钾均为阴性，则可初步判定为可疑致泻大肠埃希氏菌，再利用 PCR 特异检测技术确认致泻大肠埃希氏菌。致泻大肠埃希氏菌引起腹泻是由于其具有毒力因子，且不同种致泻大肠埃希氏菌的致病机制不同。包括由菌体特征组成成分引起宿主肠黏膜上皮细胞黏附及擦拭性损伤；侵入肠道上皮细胞，产生肠毒素引起肠黏膜损伤；产生志贺毒素引起肠道出血；菌体特征结构黏附肠道 Hep-2 细胞引起肠道体液蓄积等。这是由于不同类别的致泻大肠埃希氏菌的特征毒力基因有所不同（表 35.1、表 35.2），故需要利用毒力因子编码基因的特异性引物,通过 PCR 技术对毒力因子存在与否进行鉴别,以达到确认致泻大肠埃希氏菌类别的目的。

将 PCR 试验确认为致泻大肠埃希氏菌的菌株,再用大肠埃希氏菌单价和多价 OK 血清做血清学鉴定试验(玻片凝集试验和单管凝集试验),以确定该菌株的血清型别(选做项目)。

表 35.1　　　　　　　　五种致泻大肠埃希氏菌特征毒力基因

致泻大肠埃希氏菌类别	特征毒力基因
EPEC	$uidA$ $escV$ 或 eae、$bfpB$
STEC/EHEC	$uidA$ scV 或 eae、$stx1$、$stx2$
EHEC	$uidA$ scV 或 eae、$stx1$、$stx2$
EIEC	$uidA$ $invE$ 或 $ipaH$
ETEC	$uidA$ lt、stp、sth
EAEC	$uidA$ $astA$、$aggR$、pic

表 35.2　　　　　　　　五种致泻大肠埃希氏菌特征毒力基因功能注释

基因名称	基因功能注释	基因名称	基因功能注释
$escV$	蛋白分泌物调节基因	$invE$	侵袭性质粒调节基因
eae	黏附紧密素基因	$ipaH$	侵袭性质粒抗原 H 基因
$bfpB$	束状菌毛 B 基因	$aggR$	集聚黏附菌毛调节基因
$stx1$	志贺毒素 I 基因	$uidA$	β-葡萄糖苷酶基因
$stx2$	志贺毒素 II 基因	$astA$	集聚热稳定性毒素 A 基因
lt	热不稳定性肠毒素基因	pic	肠定植因子基因
$stp(stIa)$	猪源热稳定性肠毒素基因	LEE	肠细胞损伤基因座
$sth(stIb)$	人源热稳定性肠毒素基因	EAF	肠道致病性大肠埃希氏菌 EPEC 黏附因子

3　实验材料

3.1　食品检样　各类食品和食物中毒样品。

3.2　培养基　营养肉汤、肠道菌增菌肉汤、麦康凯琼脂(MAC)、伊红亚甲蓝琼脂(EMB)、三糖铁(TSI)琼脂、营养琼脂(NA)斜面、蛋白胨水、牛肉膏蛋白胨半固体琼脂、尿素琼脂(pH 7.2)、氰化钾(KCN)培养基、BHI 肉汤,制法均见附录 II。

3.3　试剂与染色液　靛基质试剂、氧化酶试剂、革兰染色液、福尔马林(含体积分数为 38%~40%的甲醛)、生化鉴定试剂盒、大肠埃希氏菌诊断血清、致泻大肠埃希氏菌 PCR 试剂盒、灭菌去离子水、灭菌生理盐水、25mmol/L $MgCl_2$、脱氧核糖核苷三磷酸 dNTPs[脱氧腺苷三磷酸(dATP)、脱氧胸苷三磷酸(dTTP)、脱氧鸟苷三磷酸(dGTP)、脱氧胞苷三磷酸

（dCTP）每种浓度为 2.5mmol/L、5U/L Taq 酶、引物干粉、琼脂糖、溴化乙锭（EB）或其他核酸染料；DNA 分子质量标准（Marker），其分子质量包含 100bp、200bp、300bp、400bp、500bp、600bp、700bp、800bp、900bp、1000bp、1500bp 条带］。

（1）TE（pH 8.0）　将 1mol/L Tris-HCl 缓冲液（pH 8.0）10mL 和 0.5mol/L EDTA 溶液（pH 8.0）2mL 加入约 800mL 灭菌去离子水中，混匀，再定容至 1000mL，0.1MPa 灭菌 15min，4℃保存。

（2）10×PCR 反应缓冲液　称取氯化钾 37.25g 溶解于 840mL 的 1mol/L Tris-HCl（pH 8.5）中，用灭菌去离子水定容至 1000mL，0.1MPa 灭菌 15min，分装后于-20℃保存。

（3）50×TAE 电泳缓冲液　称取 Tris 242g 和乙二胺四乙酸二钠（EDTA-2Na，$Na_2EDTA \cdot 2H_2O$）37.2g 溶于 800mL 灭菌去离子水中，充分搅拌均匀，加入冰乙酸 57.1mL，充分溶解，用 1mol/L NaOH 调 pH 8.3，定容至 1000mL，室温保存。使用时稀释 50 倍即为 1×TAE 电泳缓冲液。

（4）6×上样缓冲液　将 0.06mL 的 0.5mol/L 乙二胺四乙酸（EDTA，pH 8.0）溶于 500mL 灭菌去离子水中，加入 0.5g 溴酚蓝和 0.5g 二甲苯青 FF 溶解，与 360mL 甘油混合，定容至 1000mL，分装后 4℃保存。

3.4　仪器与其他用具　培养箱、冰箱、水浴箱或适配 1.5mL 或 2.0mL 金属浴、电子天平（感量 0.1g 和 0.01g）、显微镜、拍击式均质器、振荡器、无菌吸管（1mL、10mL）或微量移液器及吸头、无菌均质袋（容量 500mL）、无菌培养皿、pH 计或精密 pH 试纸、微量离心管（1.5mL 或 2.0mL）、低温高速离心机（转速≥13000r/min，控温 4~8℃）、微生物鉴定系统、PCR 仪、微量移液器及吸头（0.5~2μL、2~20μL、20~200μL、200~1000μL）、水平电泳仪（包括电源、电泳槽、长度>10cm 的制胶槽、梳子）、8 联排管和 8 联排盖（平盖/凸盖）、凝胶成像仪等。

4　实验流程

致泻大肠埃希氏菌检验实验流程如图 35.1 所示。

5　操作步骤

5.1　样品制备

5.1.1　固态或半固态样品　以无菌操作称取检样 25g，加入装有 225mL 营养肉汤的均质袋中，用拍击式均质器均质 1~2min。

5.1.2　液态样品　以无菌操作量取检样 25mL，加入装有 225mL 营养肉汤的无菌三角瓶中（含适量玻璃珠），振荡混匀。

5.2　增菌　将 5.1 制备的样品匀液于（36±1）℃培养 6h，取 10μL 接种于 30mL 肠道菌增菌肉汤管内，于（42±1）℃培养 18h。

5.3　分离　将 5.2 增菌液划线接种 MAC 和 EMB 琼脂平板，于（36±1）℃培养 18~24h，观察菌落特征。大肠埃希氏菌的典型菌落特征如图 35.2 所示，在 MAC 琼脂平板上，分解乳糖的典型菌落为砖红色至桃红色，不分解乳糖的菌落为无色或淡粉色；在 EMB 琼脂平板上，分解乳糖的典型菌落为中心紫黑色带或不带金属光泽，不分解乳糖的菌落为无色或淡粉色。

实验 35　食品中致泻大肠埃希氏菌的检验

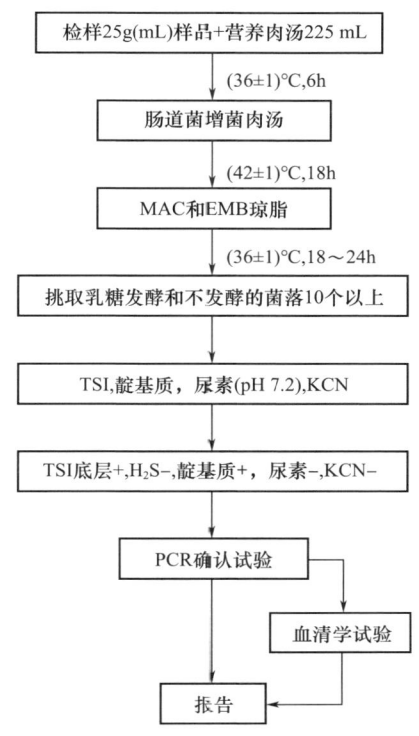

图 35.1　致泻大肠埃希氏菌检验实验流程

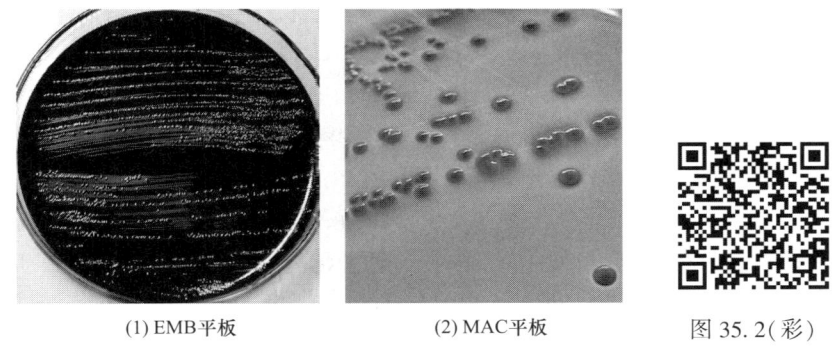

(1) EMB 平板　　　(2) MAC 平板　　　图 35.2(彩)

图 35.2　大肠埃希氏菌在 EMB、MAC 平板上典型菌落特征

5.4　生化试验

5.4.1　三糖铁(TSI)、靛基质、尿素和氰化钾生化试验　选取 5.3 平板上可疑菌落 10~20 个(10 个以下全选),应挑取乳糖发酵的典型菌落,以及乳糖不发酵和迟缓发酵的可疑菌落,分别接种于 TSI 斜面和营养琼脂(NA)斜面,同时将这些培养物分别接种于蛋白胨水、尿素琼脂(pH 7.2)斜面和氰化钾(KCN)液体培养基中,于 (36±1)℃ 培养 18~24h,具体操作方法参见实验 33 5.4.2。必要时做革兰染色和氧化酶试验。大肠埃希氏菌为 G^- 短杆菌,氧化酶阴性。三糖铁、靛基质、尿素和氰化钾试验结果及初步判断见表 35.3。

表 35.3 三糖铁、靛基质、尿素和氰化钾试验结果及初步判断

三糖铁琼脂		靛基质	尿素	氰化钾	初步判断
产酸情况	硫化氢				
发酵乳糖产大量酸,斜面变黄;或不发酵乳糖不产酸,发酵葡萄糖底层产酸变黄	−	+	−	−	大肠埃希氏菌 可疑致泻大肠埃希氏菌
不发酵乳糖和葡萄糖,斜面底层不产酸不变黄	+	−	+	+	符合斜面底层不产酸或阳性任意1条者为非大肠埃希氏菌

注:+表示阳性;-表示阴性。

5.4.2 生化鉴定试剂盒或微生物生化鉴定系统 挑取5.4.1步骤营养琼脂(NA)斜面纯培养物,用无菌生理盐水制成适当浊度的菌悬液,按生化鉴定试剂盒或微生物生化鉴定系统的操作说明进行鉴定。

凡是在表35.3中初步判断为可疑致泻大肠埃希氏菌的菌株,挑取5.4.1步骤中已培养的营养琼脂(NA)斜面上生长的菌苔进一步做PCR确认试验。

5.5 PCR确认试验

5.5.1 提取细菌DNA 用1μL接种环挑取5.4.1步骤中营养琼脂(NA)斜面上培养18~24h的菌苔,悬浮于200μL灭菌生理盐水中,充分打散制成菌悬液,于13000r/min离心3min,弃掉上清液。加入1mL灭菌去离子水充分混匀菌体,于100℃水浴或者金属浴维持10min;冰浴冷却后,13000r/min离心3min,收集上清液;按1:10的比例用灭菌去离子水稀释上清液,取2μL作为PCR检测的模板;所有处理后的DNA模板直接用于PCR反应或暂存于4℃并当天进行PCR反应;否则应在−20℃以下保存备用(1周内)。也可用细菌基因组提取试剂盒提取细菌DNA,操作方法按照细菌基因组提取试剂盒说明书进行。

5.5.2 设置阳性和阴性对照 每次PCR反应使用EPEC、EIEC、ETEC、STEC/EHEC、EAEC标准菌株作为阳性对照。同时用大肠埃希氏菌ATCC25922或等效标准菌株作为阴性对照,以灭菌去离子水作为空白对照,控制PCR体系污染。

5.5.3 PCR反应体系配制 每个样品初筛需配制12个PCR扩增反应体系,对应检测12个目标基因,具体操作如下:使用TE溶液(pH 8.0)将合成的引物干粉稀释成100μmol/L储存液。根据表35.4中每种目标基因对应PCR体系内引物的终浓度,用灭菌去离子水配制12种目标基因扩增所需的10×引物工作液(以 uidA 基因为例,见表35.5)。将10×引物工作液、10×PCR反应缓冲液、25mmol/L MgCl$_2$、2.5mmol/L dNTPs和灭菌去离子水从−20℃冰箱中取出,融化并平衡至室温,使用前混匀;5 U/μL Taq 酶在加样前从−20℃冰箱中取出。每个样品按照表35.6的加液量配制12个25μL PCR反应体系,分别使用12种目标基因对应的10×引物工作液。

表35.4 五种致泻大肠埃希氏菌目标基因引物序列及每个PCR体系内的终浓度

引物名称	引物序列[③]	菌株编号及对应Genbank编码	引物所在位置	终浓度/n (μmol/L)	PCR产物长度/bp
uidA-F	5′-ATG CCA GTC CAG CGT TTT TGC-3′	Escherichia coli DH1Ec169 (accession no. CP012127.1)	1673870~1673890	0.2	1487

实验 35 食品中致泻大肠埃希氏菌的检验

续表

引物名称	引物序列③	菌株编号及对应 Genbank 编码	引物所在位置	终浓度/n (μmol/L)	PCR 产物长度/bp
$uidA$-R	5'-AAA GTG TGG GTC AAT AAT CAG GAA GTG-3'		1675356~1675330	0.2	
$escV$-F	5'-ATT CTG GCT CTC TTC TTC TTT ATG GCT G-3'	Escherichia coli E2348/69 (accession no. FM180568.1)	4122765~4122738	0.4	544
$escV$-R	5'-CGT CCC CTT TTA CAA ACT TCATCGC-3'		4122222~4122246	0.4	
eae-F①	5'-ATT ACC ATC CAC ACA GAC GGT-3'	EHEC (accession no. Z11541.1)	2651~2671	0.2	397
eae-R①	5'-ACA GCG TGG TTG GAT CAA CCT-3'		3047~3027	0.2	
$bfpB$-F	5'-GAC ACC TCA TTG CTG AAG TCG-3'	Escherichia coli E2348/69 (accession no. FM180569.1)	3796~3816	0.1	910
$bfpB$-R	5'-CCA GAA CAC CTC CGT TAT GC-3'		4702~4683	0.1	
$stx1$-F	5'-CGA TGT TAC GGT TTG TTA CTG TGA CAG C-3'	Escherichia coli EDL933 (accession no. AE005174.2)	2996445~2996418	0.2	244
$stx1$-R	5'-AAT GCC ACG CTT CCC AGA ATT G-3'		2996202~2996223	0.2	
$stx2$-F	5'-GTT TTG ACC ATC TTC GTC TGA TTA TTG AG-3'	Escherichia coli EDL933 (accession no. AE005174.2)	1352543~1352571	0.4	324
$stx2$-R	5'-AGC GTA AGG CTT CTG CTG TGA C-3'		1352866~1352845	0.4	
lt-F	5'-GAA CAG GAG GTT TCT GCG TTA GGT G-3'	Escherichia coli E24377A (accession no. CP000795.1)	17030~17054	0.1	655
lt-R	5'-CTT TCA ATG GCT TTT TTT TGG GAG TC-3'		17684~17659	0.1	
stp-F	5'-CCT CTT TTA GYC AGA CAR CTG AAT CAS TTG-3'	Escherichia coli EC2173 (accession no. AJ555214.1) ///	1979~1950/// 14~43	0.4	157
stp-R	5'-CAG GCA GGA TTA CAA CAA AGT TCA CAG-3'	Escherichia coli F7682 (accession no. AY342057.1)	1823~1849/// 170~144	0.4	
sth-F	5'-TGT CTT TTT CAC CTT TCG CTC-3'	Escherichia coli E24377A (accession no. CP000795.1)	11389~11409	0.2	171

续表

引物名称	引物序列③	菌株编号及对应Genbank编码	引物所在位置	终浓度/n (μmol/L)	PCR产物长度/bp
sth-R	5′-CGG TAC AAG CAG GAT TAC AAC AC-3′		11559~11537	0.2	
invE-F	5′-CGA TAG ATG GCG AGA AAT TAT ATC CCG-3′	Escherichia coli serotype O164 (accession no. AF283289.1)	921~895	0.2	766
invE-R	5′-CGA TCA AGA ATC CCT AAC AGA AGA ATC AC-3′		156~184	0.2	
ipaH-F②	5′-TTG ACC GCC TTT CCG ATA CC-3′	Escherichia coli 53638 (accession no. CP001064.1)	11471~11490	0.1	647
ipaH-R②	5′-ATC CGC ATC ACC GCT CAG AC-3′		12117~12098	0.1	
aggR-F	5′-ACG CAG AGT TGC CTG ATA AAG-3′	Escherichia coli enteroaggregative17-2 (accession no. Z18751.1)	59~79	0.2	400
aggR-R	5′-AAT ACA GAA TCG TCA GCA TCA GC-3′		458~436	0.2	
pic-F	5′-AGC CGT TTC CGC AGA AGC C-3′	Escherichia coli 042 (accession no. AF097644.1)	3700~3682	0.2	1111
pic-R	5′-AAA TGT CAG TGA ACC GAC GAT TGG-3′		2590~2613	0.2	
astA-F	5′-TGC CAT CAA CAC AGT ATA TCC G-3′	Escherichia coli ECOR33 (accession no. AF161001.1)	2~23	0.4	102
astA-R	5′-ACG GCT TTG TAG TCC TTC CAT-3′		103~83	0.4	
16S rDNA-F	5′-GGA GGC AGC AGT GGG AAT A-3′	Escherichia coli strain ST2747 (accession no. CP007394.1)	149585~149603	0.25	1062
16S rDNA-R	5′-TGA CGG GCG GTG TGT ACA AG-3′		150645~150626	0.25	

注:①escV 和 eae 基因选做其中一个;②invE 和 ipaH 基因选做其中一个;③表中不同基因的引物序列可采用可靠性验证的其他序列代替。

表35.5 每种目标基因扩增所需10×引物工作液配制表

引物名称	体积/μL
100μmol/L uidA-F	10×n

续表

引物名称	体积/μL
100μmol/L *uidA*-R	10×n
灭菌去离子水	100−2×(10×n)
总体积	100

注：n—每条引物在反应体系内的终浓度(详见表35.4)。

5.5.4 PCR循环条件 预变性94℃、5min，变性94℃、30s，复性63℃、30s，延伸72℃ 1.5min，30个循环；72℃延伸5min。将配制完成的PCR反应管放入PCR仪中，核查PCR反应条件正确后，启动反应程序。

表35.6 五种致泻大肠埃希氏菌目标基因扩增体系配制表

试剂名称	加样体积/μL
灭菌去离子水	12.1
10×PCR反应缓冲液	2.5
25mmol/L $MgCl_2$	2.5
2.5mmol/L dNTPs	3.0
10×引物工作液	2.5
5 U/μL Taq酶	0.4
DNA模板	2.0
总体积	25

5.5.5 琼脂糖凝胶电泳 称量4.0g琼脂糖粉，加入200mL的1×TAE电泳缓冲液中，充分混匀。使用微波炉反复加热至沸腾，直到琼脂糖粉完全溶化形成清亮透明的溶液。待琼脂糖溶液冷却至60℃左右时，加入溴化乙锭(EB)至终浓度为0.5μg/mL，充分混匀后，轻轻倒入已放置好梳子的模具中，凝胶长度要大于10cm，厚度宜为3~5mm。检查梳齿下或梳齿间有无气泡，用一次性吸头小心排掉琼脂糖凝胶中的气泡。当琼脂糖凝胶完全凝结硬化后，轻轻拔出梳子，小心将胶块和胶床放入电泳槽中，样品孔放置在阴极端。向电泳槽中加入1×TAE电泳缓冲液，液面高于胶面1~2mm。将5μL PCR产物与1μL 6×上样缓冲液混匀后，用微量移液器吸取混合液垂直伸入液面下胶孔，小心上样于孔中；阳性对照PCR反应产物加入最后一个泳道；第一个泳道中加入2μL分子质量Marker。接通电泳仪电源，根据式(35.1)计算并设定电泳仪电压数值。

$$电压 = 电泳槽正负极间的距离(cm) \times 5V/cm \tag{35.1}$$

启动电压开关，电泳开始以正负极铂金丝出现气泡为准。电泳30~45min后，切断电源，取出凝胶放入凝胶成像仪中观察结果，拍照并记录数据。

5.5.6 结果判定 电泳结果中空白对照应无条带出现，阴性对照仅有 *uidA* 条带扩增，阳性对照中出现所有目标条带，PCR试验结果成立。根据电泳图中目标条带大小，判断目标条带的种类,记录每个泳道中目标条带的种类,在表 35.7 中查找不同目标条带种类及组合所对应的致泻大肠埃希氏菌类别。

表 35.7　　五种致泻大肠埃希氏菌目标条带与型别对照表

致泻大肠埃希氏菌类别	目标条带的种类组合
EAEC	$uidA^{③}(+/-)$, $aggR$、$astA$、pic 中一条或一条以上阳性
EPEC	$uidA^{③}(+/-)$, $bfpB(+/-)$, $escV^{①}(+)$, $stx1(-)$, $stx2(-)$
STEC/EHEC	$uidA^{③}(+/-)$, $escV^{①}(+/-)$, $stx1(+)$, $stx2(-)$, $bfpB(-)$
	$uidA^{③}(+/-)$, $escV^{①}(+/-)$, $stx1(-)$, $stx2(+)$, $bfpB(-)$
	$uidA^{③}(+/-)$, $escV^{①}(+/-)$, $stx1(+)$, $stx2(+)$, $bfpB(-)$
ETEC	$uidA^{③}(+/-)$, lt、stp、sth 中一条或一条以上阳性
EIEC	$uidA^{③}(+/-)$, $invE^{②}(+)$

注:①在判定 EPEC 或 SETC/EHEC 时,$escV$ 与 eae 基因等效;②在判定 EIEC 时,$invE$ 与 $ipaH$ 基因等效;③97%以上大肠埃希氏菌为 $uidA$ 阳性。

5.6　血清学鉴定试验(选做项目)　取 PCR 试验确认为致泻大肠埃希氏菌的菌株进行血清学鉴定试验。应按照生产商提供的使用说明进行 O 抗原和 H 抗原的鉴定。当生产商的使用说明与下面的描述可能有偏差时,按生产商提供的使用说明进行鉴定。

5.6.1　O 抗原鉴定

(1)假定试验　挑取经生化试验和 PCR 试验证实为致泻大肠埃希氏菌的营养琼脂(NA)斜面上的菌苔,根据致泻大肠埃希氏菌的类别,选用大肠埃希氏菌单价或多价 OK 血清做玻片凝集试验。当与某一种多价 OK 血清凝集时,再与该多价血清所包含的单价 OK 血清做凝集试验。致泻大肠埃希氏菌所包括的 O 抗原群见表 35.8。如与某一单价 OK 血清呈现凝集反应,即假定试验阳性。

(2)证实试验　用灭菌生理盐水制备 O 抗原悬液,稀释至与 Mac Farland 3 号比浊管相当的浓度。原效价为 1:(160~320)的 O 血清,用 5g/L 盐水稀释至 1:40。将稀释血清与抗原悬液于 10mm×75mm 试管内等量混合,做单管凝集试验。混匀后放入(50±1)℃水浴箱内,经 16h 后观察结果。如出现凝集,可证实为 O 抗原。

表 35.8　　致泻大肠埃希氏菌主要的 O 抗原

DEC 类别	致泻大肠埃希氏菌主要的 O 抗原
EPEC	O26、O55、O86、O111ab、O114、O119、O125ac、O127、O128ab、O142、O158 等
STEC/EHEC	O4、O26、O45、O91、O103、O104、O111、O113、O121、O128、O157 等
EIEC	O28ac、O29、O112ac、O115、O124、O135、O136、O143、O144、O152、O164、O167 等
ETEC	O6、O11、O15、O20、O25、O26、O27、O63、O78、O85、O114、O115、O128ac、O148、O149、O159、O166、O167 等
EAEC	O9、O62、O73、O101、O134 等

5.6.2 H抗原鉴定

（1）取致泻大肠埃希氏菌的营养琼脂（NA）斜面上的菌苔穿刺接种于牛肉膏蛋白胨半固体琼脂管中，于(36±1)℃培养18~24h，取顶部培养物1环接种于BHI液体培养基中，于(36±1)℃培养18~24h。加入福尔马林至终浓度为0.5%（体积分数），做玻片凝集或试管凝集试验。

（2）若待测抗原与血清均无明显凝集，应从首次穿刺培养管中挑取培养物，再进行2~3次牛肉膏蛋白胨半固体管穿刺培养，按照5.6.2(1)进行试验。

6 实验结果与报告

（1）根据生化试验、PCR确认试验结果，报告25g(mL)样品中检出或未检出某类致泻大肠埃希氏菌。

（2）根据血清学试验结果，报告25g(mL)样品中检出的某类致泻大肠埃希氏菌血清型别。

7 思考题

（1）在MAC与EMB平板上分离检出典型或可疑大肠埃希氏菌的原理是什么？

（2）三糖铁、靛基质等生化试验鉴别可疑致泻大肠埃希氏菌的原理是什么？

（3）检验过程中PCR确认试验的目的是什么？

实验36　食品中金黄色葡萄球菌的检验与计数

1　目的和要求

（1）掌握检验金黄色葡萄球菌各步骤的依据及检验方法。

（2）掌握金黄色葡萄球菌的 Baird-Parker 平板活菌计数方法。

（3）查阅 GB 29921—2021《食品安全国家标准　预包装食品中致病菌限量》需要检验金黄色葡萄球菌的预包装食品,从了解标准限量中认知控制食品微生物安全的重要性。

2　基本原理

金黄色葡萄球菌(*Staphylococcus aureus*)属于微球菌科的葡萄球菌属,细胞呈球形,直径为 0.5~1.0μm,呈葡萄串状(固体培养基)或成对/短链状排列(液体培养基),无芽孢,无鞭毛,一般无荚膜(致病性金黄色葡萄球菌某些菌株有荚膜),属兼性厌氧的 G^+ 菌。其最适生长温度为37℃,最适 pH 7.4,在氧气充足、温度适宜、营养丰富的条件下能产生金黄色脂溶性色素,使平板菌落呈金黄色。金黄色葡萄球菌可产生多种毒素和酶,污染食品大量生长繁殖产生肠毒素,人误食即可引起急性胃肠炎的食物中毒。

食品中金黄色葡萄球菌的检验方法主要依据现行的 GB 4789.10—2016《食品安全国家标准　食品微生物学检验　金黄色葡萄球菌检验》,包括金黄色葡萄球菌定性检验(第一法,适用于食品中金黄色葡萄球菌的定性检验)、金黄色葡萄球菌平板计数法(第二法,适用于金黄色葡萄球菌含量较高的食品中金黄色葡萄球菌的计数)和金黄色葡萄球菌 MPN 计数(第三法,适用于金黄色葡萄球菌含量较低的食品中金黄色葡萄球菌的计数)。本实验介绍第一法和第二法。致病性金黄色葡萄球菌在肉汤中生长时能产生血浆凝固酶,使血浆中的纤维蛋白原转变为纤维蛋白,使含有抗凝剂的兔血浆凝固,此为鉴别葡萄球菌有无致病性的重要指标;多数致病性菌株能产生溶血毒素,使血琼脂平板菌落周围呈现大而透明的 β-溶血环(非致病性葡萄球菌不溶血或微溶血)。分离金黄色葡萄球菌采用选择性较强的 Baird-Parker 培养基,其中含有的氯化锂、甘氨酸、亚碲酸钾有抑制其他种类细菌的作用,而丙酮酸钠、卵黄、亚碲酸钾能促进金黄色葡萄球菌的生长。在 Baird-Parker 平板上,因该菌将亚碲酸钾还原为非金属碲使菌落呈灰黑色,又因其产生卵磷脂酶,能分解卵黄中的卵磷脂生成甘油脂和磷酸胆碱,使菌落周围有一浑浊带,而在其外层因其产生蛋白酶使蛋白质分解又有一透明带。这些均是鉴定金黄色葡萄球菌的重要指标。

3　实验材料

3.1　检样　消毒乳、乳粉、蛋粉、香肠、火腿、肉、腊肉、罐头食品、鱼制品和饮料等。

3.2　菌种　金黄色葡萄球菌(*Staphylococcus aureus*)、藤黄八叠球菌(*Sarcina lutea*)斜面培养物。

3.3　培养基　75g/L 氯化钠肉汤、脑心浸出液肉汤(BHI)、血琼脂平板、Baird-Parker

（BP）琼脂培养基、营养琼脂（NA）小斜面，制法均见附录Ⅱ。

3.4　试剂与染色液　磷酸盐缓冲液或生理盐水、革兰染色液、冻干兔血浆（附录Ⅳ）。

3.5　仪器与其他用具　无菌吸管（1mL、5mL、10mL）、无菌试管、载玻片、接种环、涂布棒、酒精灯、显微镜、均质器、漩涡混合器、恒温箱等。

4　实验流程

金黄色葡萄球菌检验实验流程如图36.1所示。

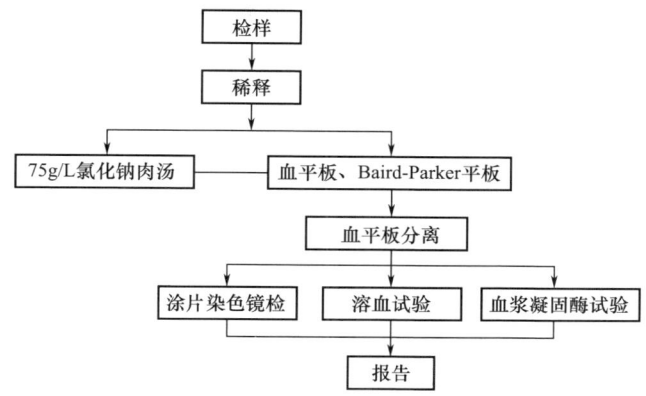

图36.1　金黄色葡萄球菌检验实验流程

5　操作步骤

5.1　样品的处理与增菌　固体检样称取25g，置于盛有225mL 75g/L氯化钠肉汤的无菌均质袋中，用拍击式均质器拍打1~2min；液体检样吸取25mL置于盛有225mL 75g/L氯化钠肉汤的无菌三角瓶（瓶内预置适当数量无菌玻璃珠）中，以漩涡混合器充分混匀（0.5~1.0min）。将上述样品匀液于（36±1）℃培养18~24h。金黄色葡萄球在75g/L氯化钠肉汤中呈浑浊生长。

5.2　分离　将增菌后的培养物分别划线接种于BP平板和血平板，BP平板于（36±1）℃培养24~48h，血平板于（36±1）℃培养18~24h。同时将对照菌种于上述两种平板上做划线分离接种。

5.3　初步鉴定　先观察对照菌种的菌落特征，再观察被检样品平板上的菌落。金黄色葡萄球菌典型的菌落特征如图36.2所示。在BP培养基上菌落为圆形、表面光滑、凸起、湿润、直径为2~3mm，颜色呈灰色至黑色，有光泽，常有浅色（非白色）的边缘，周围有双层晕圈。其内层为菌株水解脂肪的浑浊不透明圈（沉淀），外层为菌株水解蛋白的透明圈。当用接种针触及菌落时具有黄油样黏稠感。有时可见到不分解脂肪的菌株，除没有不透明圈和清晰带外，其他外观基本相同。从长期贮存的冷冻或脱水食品中分离的菌落，其黑色常较典型菌落浅些，且外观可能较粗糙，质地较干燥。在血平板上，形成菌落较大、圆形、表面光滑、湿润、凸起、金黄色（有时为白色），菌落周围可见完全透明的溶血圈。挑取上述可疑菌落及对照菌种进行革兰染色与血浆凝固酶试验。

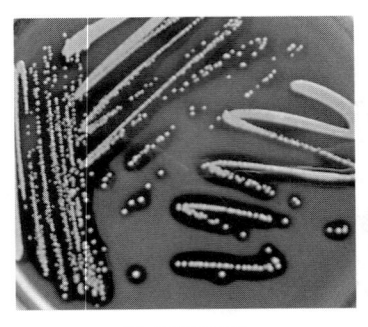 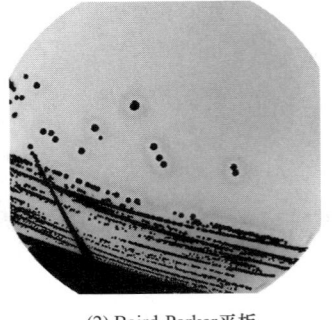 

图 36.2(彩)

(1) 血琼脂平板　　　　(2) Baird-Parker 平板

图 36.2　金黄色葡萄球菌在血琼脂平板、Baird-Parker 培养基上的典型菌落特征

5.4　确定鉴定

5.4.1　染色镜检　致病性金黄色葡萄球菌为革兰阳性球菌,无芽孢、无荚膜,排列呈不规则的葡萄串状,直径为 0.5~1.0μm。

5.4.2　血浆凝固酶试验　挑取 BP 平板或血平板上至少 5 个可疑菌落(小于 5 个全选),分别接种于 5mL BHI 肉汤和营养琼脂小斜面,同时将金黄色葡萄球菌和藤黄八叠球菌分别接种于 5mL BHI 肉汤和营养琼脂小斜面,于(36±1)℃培养 18~24h 后进行血浆凝固酶试验。取 4 支小试管,各加入新鲜配制的兔血浆或复溶的冻干兔血浆 0.5mL 和试验菌的 BHI 肉汤培养液 0.2~0.3mL。1 号管内加入可疑菌,2 号管、3 号管分别加入对照菌,4 号管加入无菌 BHI 肉汤,振荡混匀。将 4 支试管共同置于(36±1)℃恒温箱或水浴箱中,每 30min 观察一次,连续观察 6h,如试管倾斜或倒置时出现凝块,或凝固体积大于原体积的一半,即判定为阳性结果。

6　金黄色葡萄球菌平板计数方法

6.1　样品的稀释

6.1.1　固体和半固体样品　称取 25g 样品置于盛有 225mL 磷酸盐缓冲液或生理盐水的无菌均质杯内,8000~10000r/min 均质 1~2min,或置于盛有 225mL 稀释液的无菌均质袋中,用拍击式均质器拍打 1~2min,制成 1:10 的样品匀液。

6.1.2　液体样品　以无菌吸管吸取 25mL 样品置于盛有 225mL 磷酸盐缓冲液或生理盐水的无菌三角瓶(瓶内预置适当数量无菌玻璃珠)中,充分混匀,制成 1:10 的样品匀液。用 1mL 无菌吸管或微量移液器吸取 1:10 样品匀液 1mL,沿管壁缓慢注于盛有 9mL 磷酸盐缓冲液或生理盐水的无菌试管中(注意吸管或吸头尖端不要触及稀释液面),以漩涡混合器充分混匀(0.5~1.0min),制成 1:100 的样品匀液。

按上述操作程序,制备 10 倍系列稀释样品匀液,每递增稀释一次,换用 1 次 1mL 无菌吸管或吸头。

6.2　样品的接种　根据对样品污染状况的估计,选择 2~3 个适宜稀释度的样品匀液(液体样品可包括原液),在进行 10 倍递增稀释时,每个稀释度分别吸取 1mL 样品匀液以 0.3mL、0.3mL、0.4mL 接种量分别加入 3 个 BP 平板,而后用无菌涂布棒涂布整个平板(注意不要触及平板边缘)。使用前如 BP 平板表面有水珠,可置于 37~50℃ 的培养箱中干燥,直至平板表面的水珠消失。

6.3 培养 涂布后,将平板静置 10min,如样液不易吸收,可将平板置于培养箱(36±1)℃培养 1h,待样品匀液吸收后于(36±1)℃倒置培养 45~48h。

6.4 典型菌落计数和确认

6.4.1 按 5.3 步骤观察金黄色葡萄球菌在 BP 平板上典型的菌落特征。选择有典型的金黄色葡萄球菌菌落的平板,且同一稀释度 3 个平板所有菌落数合计在 20~200CFU 的平板,计数典型菌落数。

6.4.2 从典型菌落中至少选 5 个可疑菌落(小于 5 个全选),分别按 5.4 做染色镜检和血浆凝固酶试验;同时划线接种至血平板于(36±1)℃培养 18~24h 后,按 5.3 观察金黄色葡萄球菌在血平板上典型的菌落特征。

6.5 结果计算

(1)若只有一个稀释度平板的典型菌落数在 20~200CFU,计数该稀释度平板上的典型菌落,按式(36.1)计算。

(2)若最低稀释度平板的典型菌落数小于 20CFU,计数该稀释度平板上的典型菌落,按式(36.1)计算。

(3)若某一稀释度平板的典型菌落数大于 200CFU,但下一稀释度平板上没有典型菌落,计数该稀释度平板上的典型菌落,按式(36.1)计算。

(4)若某一稀释度平板的典型菌落数大于 200CFU,而下一稀释度平板上虽有典型菌落,但不在 20~200CFU,应计数该稀释度平板上的典型菌落,按式(36.1)计算。

(5)若 2 个连续稀释度的平板菌落数均在 20~200CFU,按式(36.2)计算。

$$T = \frac{AB}{Cd} \tag{36.1}$$

式中 T——样品中金黄色葡萄球菌菌落数;
A——某一稀释度典型菌落的总数;
B——某一稀释度鉴定为阳性的菌落数;
C——某一稀释度用于鉴定试验的菌落数;
d——稀释因子。

$$T = \frac{A_1 B_1 / C_1 + A_2 B_2 / C_2}{1.1 d} \tag{36.2}$$

式中 T——样品中金黄色葡萄球菌菌落数;
A_1——第一稀释度(低稀释倍数)典型菌落的总数;
B_1——第一稀释度(低稀释倍数)鉴定为阳性的菌落数;
C_1——第一稀释度(低稀释倍数)用于鉴定试验的菌落数;
A_2——第二稀释度(高稀释倍数)典型菌落的总数;
B_2——第二稀释度(高稀释倍数)鉴定为阳性的菌落数;
C_2——第二稀释度(高稀释倍数)用于鉴定试验的菌落数;
1.1——计算系数;
d——稀释因子(第一稀释度)。

7 实验结果与报告

7.1 结果判定

(1) 形态和染色反应符合葡萄球菌特征,血浆凝固酶阳性,报告"发现致病性葡萄球菌"。

(2) 形态和染色反应符合葡萄球菌特征,血浆凝固酶阴性,报告"发现非致病性葡萄球菌"。

7.2 计数结果

根据 BP 平板上金黄色葡萄球菌的典型菌落数,按 6.5 中公式计算,报告每克(毫升)样品中金黄色葡萄球菌数量,报告单位以 CFU/g(mL)表示;如 T 为 0,则以小于 1 乘以最低稀释倍数报告。

8 思考题

(1) 为什么 Baird-Parker 培养基能分离检出金黄色葡萄球菌?

(2) 为什么采用血浆凝固酶试验来判定葡萄球菌的致病和非致病性?

实验37 食品中肉毒梭菌及肉毒毒素的检验

1 目的和要求

(1)掌握肉毒梭菌的检验方法。
(2)了解肉毒梭菌各检验步骤的依据及原理。

2 基本原理

肉毒梭菌(*Clostridium botulinum*)属于芽孢杆菌科的梭状芽孢杆菌属,细胞呈梭状(有芽孢时)、有鞭毛,无荚膜,有芽孢(呈卵圆或椭圆形,位于菌体近端),是专性厌氧的G^+短粗杆菌。该菌最适生长和产生肉毒毒素条件为温度 25~37℃、pH 6~8。肉毒毒素是引起人或动物肉毒中毒,导致神经麻痹的致病因素。根据肉毒毒素的抗原性,将肉毒梭菌分为 A、B、C、D、E、F、G 等 7 个型,其中 A、B、E、F 四型毒素可引起人的食物中毒。各种类型的肉毒毒素煮沸 4~10min 均可被破坏毒性,并且需要胰蛋白酶激活才呈现较强毒性。因肉毒毒素在明胶磷酸盐缓冲液中稳定,故用此种缓冲液制备毒素检样。

食品中肉毒梭菌及肉毒毒素的检验方法主要依据现行的 GB 4789.12—2016《食品安全国家标准 食品微生物学检验 肉毒梭菌及肉毒毒素检验》。肉毒梭菌检验的目标主要是肉毒毒素,以毒素的检测及定型试验为判定的主要依据。肉毒梭菌在疱肉培养基中,呈均匀浑浊生长,产气、产生腐败恶臭味,A、B、F、G 型菌能消化肉渣成烂泥状。在乳糖卵黄平板上,菌落下的培养基为乳浊,菌落表面及周围形成彩虹薄层,不分解乳糖;分解蛋白质的菌株常在菌落周围出现透明环。

3 实验材料

3.1 检样 火腿、腊肠、罐头制品、臭豆腐、豆瓣酱、豆豉等发酵食品。

3.2 培养基 疱肉培养基、胰蛋白胨葡萄糖酵母膏肉汤(TPGY)、胰蛋白酶胰蛋白胨葡萄糖酵母膏肉汤(TPGYT)、卵黄琼脂培养基(附录Ⅱ)。

3.3 试剂与染色液 多型混合肉毒毒素诊断血清、100g/L 胰蛋白酶溶液(活力 1:250)、明胶磷酸盐缓冲液、无菌生理盐水、无水乙醇、革兰染色液、1mol/L NaOH 溶液、1mol/L HCl 溶液;实验动物为 15~20g 小白鼠。

明胶磷酸盐缓冲液的制备:明胶 2g、磷酸氢二钠 4g、蒸馏水 1000mL,加热溶解后,校正 pH 6.2,0.10MPa 灭菌 15~20min。

3.4 仪器与其他用具 无菌平皿、无菌移液管、无菌试管、无菌毛细吸管及橡胶头、载玻片、接种针、玻璃棒和酒精灯、拍击式均质器、离心机、厌氧培养装置、恒温箱等。

4 实验流程

肉毒梭菌及其肉毒毒素检验实验流程如图 37.1 所示。

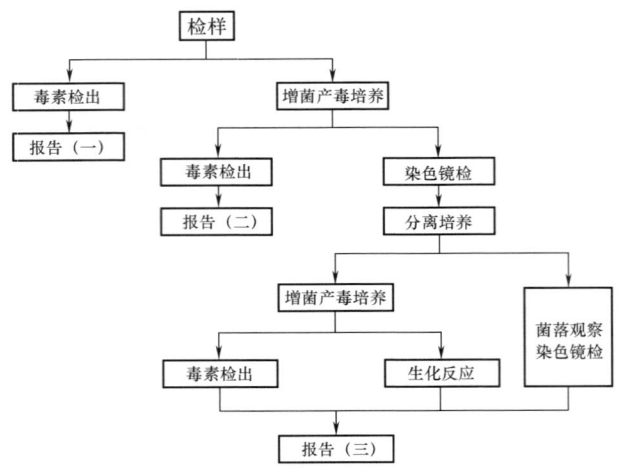

图 37.1 肉毒梭菌及其肉毒毒素检验实验流程

5 操作步骤

5.1 肉毒毒素的检测

5.1.1 制备检样 以无菌操作称取 25g 固体或半固体检样,置于盛有 25mL(含水量较高的固态食品)或 50mL(含水量较低的固态食品,如乳粉、牛肉干等)明胶磷酸盐缓冲液的无菌均质袋中,浸泡 30min,用拍击式均质器拍打 2min,制成样品匀液;取样品匀液约 40mL 或均匀液体样品 25mL,以 3000r/min 离心 10~20min,收集上清液并分成两份放入无菌试管中,1 份直接用于毒素检测,另 1 份用胰酶处理后进行毒素检测。液体样品保留底部沉淀及液体约 12mL,离心重悬,制备沉淀悬浮液备用。

胰酶处理方法:用 1mol/L NaOH 或 1mol/L HCl 溶液调上清液 pH 6.2,按 9 份上清液加 1 份 100g/L 胰酶(活力 1:250)水溶液,混匀,于 37℃ 孵育 60min,期间间隔轻轻摇动反应液几次。

5.1.2 毒素检出试验 用 5 号针头注射器分别取上述离心上清液和胰酶处理上清液,腹腔注射小白鼠 3 只,每只 0.5mL,观察和记录小鼠 48h 内的中毒症状。典型肉毒毒素中毒症状多在 24h 内出现,通常在 6h 内发病和死亡。其主要症状为竖毛、四肢瘫软、呼吸困难,呈现风箱式呼吸,腰腹部凹陷,宛如蜂腰,多因呼吸衰竭而死亡。如小鼠在 24h 后发病或死亡,应仔细观察中毒症状,必要时浓缩上清液做重复试验;如小鼠猝死(30min 内死亡)导致症状不明显时,应将上清液适当稀释,做重复试验。

5.1.3 确证试验 将毒素检出试验阳性的上清液或(和)胰酶处理上清液分成 3 份,每份 0.5mL,其中第一份加等量多型混合肉毒毒素诊断血清,混匀,37℃ 孵育 30min;第二份加等量明胶磷酸盐缓冲液,混匀,煮沸 10min;第三份加等量明胶磷酸盐缓冲液,混匀即可。将三份混合液分别注射小鼠各 2 只,每只 0.5mL,观察 96h 内小鼠的中毒和死亡现象。

结果判定:若注射第一份和第二份混合液的小鼠未死亡,而注射第三份混合液的小鼠死亡,并出现肉毒毒素中毒的特有症状,则判定为检测样品中检出肉毒毒素。

5.2 肉毒梭菌的检验

5.2.1 增菌培养与检出试验

(1)取疱肉培养基试管 4 支和 TPGY 肉汤管 2 支,隔水煮沸 10~15min,以排除溶解氧,迅速冷却,切勿摇动。在TPGY肉汤管中缓慢加入胰酶液至液体石蜡液面以下的肉汤中,每支1mL,制备成TPGYT肉汤管。

(2)吸取样品匀液或毒素制备过程中的离心沉淀悬浮液2mL接种至疱肉培养基中,每份样品接种4支(注意:接种时用无菌吸管轻取样品匀液或离心沉淀悬浮液,并将吸管口小心插入肉汤管底部,缓慢放出样液至肉汤管中,切勿搅动或吹气),其中2支置于35℃厌氧培养5d,另2支于80℃保温10min后再置于35℃厌氧培养5d。同样方法接种2支TPGYT肉汤管,28℃厌氧培养5d。观察和记录增菌培养物的生长情况(浊度、产气、肉渣颗粒消化情况、气味),肉毒梭菌培养物为产气、肉汤浑浊(疱肉培养基中A型和B型肉毒梭菌肉汤变黑)、消化或不消化肉粒、有异臭味。若增菌培养物5d无生长现象,应延长培养时间至10d。

(3)取增菌培养物进行革兰染色镜检,观察肉毒梭菌的菌体形态为革兰阳性粗大杆菌、芽孢卵圆形、大于菌体宽度、位于次端,菌体呈网球拍状。

(4)取增菌培养物阳性管的上清液按5.1方法进行毒素检出和确证试验,阳性结果可证明检样中有肉毒梭菌存在。

5.2.2 平板分离与纯化培养

(1)增菌液的前处理 吸取上述1mL增菌液至无菌带螺旋帽的试管中,加入等体积过滤除菌的无水乙醇,混匀,室温放置1h。

(2)接种平板与培养 吸取增菌培养物和经乙醇处理的增菌液分别划线接种至卵黄琼脂平板,于35℃厌氧培养48h,观察平板菌落特征。肉毒梭菌在卵黄琼脂平板上菌落呈隆起或扁平、光滑或粗糙,易成蔓延生长,边缘不规则,在菌落周围形成乳白色沉淀晕圈(E型菌较宽,A型菌和B型菌较窄),在斜视光下观察,菌落表面呈现珍珠样彩虹。

(3)菌株纯化培养 在分离培养基平板上选择5个肉毒梭菌可疑菌落,分别接种至卵黄琼脂平板,于35℃厌氧培养48h,观察菌落形态及其纯度。

5.2.3 鉴定试验

(1)染色镜检 挑取卵黄琼脂平板上可疑菌落进行革兰染色镜检,观察肉毒梭菌的菌体形态。

(2)毒素基因检测 挑取平板可疑菌落或待鉴定菌株,接种于TPGY肉汤中,于35℃厌氧培养24h,进行肉毒梭菌毒素基因PCR检测,具体方法参见GB 4789.12—2016《食品安全国家标准 食品微生物学检验 肉毒梭菌及肉毒毒素检验》。

(3)菌株产毒试验 将PCR阳性菌株或可疑肉毒梭菌菌株接种于疱肉培养基或TPGYT肉汤(用于E型肉毒梭菌),按5.2.1(2)条件厌氧培养5d,并按5.1方法进行肉毒毒素的检测,毒素确证试验阳性者判定为肉毒梭菌。

6 实验结果与报告

(1)根据5.1.2和5.1.3试验结果,报告25g(mL)样品中检出或未检出肉毒毒素。

(2)根据5.2各项试验结果,报告25g(mL)样品中检出或未检出肉毒梭菌。

7 思考题

为什么做检样稀释液要用明胶磷酸盐缓冲液?

实验 38 食品中产气荚膜梭菌的检验

1 目的和要求

(1)学习并掌握食品中产气荚膜梭菌的检测方法。
(2)明确检测食品中产气荚膜梭菌的卫生学意义。

2 基本原理

产气荚膜梭菌(*Clostridium perfringens*)又称魏氏梭菌,属于芽孢杆菌科梭状芽孢杆菌属,细胞呈梭状(有芽孢时),单个或成双排列,偶见链状,有芽孢(呈卵圆或椭圆形,位于菌体中央或近极端),无鞭毛,有荚膜(机体内产生),专性厌氧,G^+ 粗短大肠杆菌。该菌适宜生长温度为 37~47℃,能分解肌肉和结缔组织中的糖,产生大量气体,导致组织严重气肿、坏死,是人类气性坏疽的主要病原菌。该菌能产生多种肠毒素,根据产生肠毒素种类不同,将该菌分为 A、B、C、D、E、F、G 共 7 个型。引起食物中毒的菌株主要为 A 型产气荚膜梭菌。

食品中产气荚膜梭菌的检验方法主要依据现行的 GB 4789.13—2012《食品安全国家标准 食品微生物学检验 产气荚膜梭菌检验》。分离产气荚膜梭菌常采用选择性的胰胨-亚硫酸盐-环丝氨酸(TSC)琼脂培养基,其成分中的环丝氨酸可以抑制非梭菌的生长。产气荚膜梭菌能将 TSC 琼脂中的亚硫酸盐还原为硫化物,后者与培养基中的铁盐作用生成黑色的硫化亚铁,使菌落呈黑色。任选 5 个黑色菌落,分别接种于硫乙醇酸盐液体培养基(FTG)中培养,硫乙醇酸盐为还原剂,吸收培养基内部的氧气造成厌氧环境,利于产气荚膜梭菌的生长。培养后进行生化确证试验,根据 TSC 琼脂平板上产气荚膜梭菌的典型菌落数和生化确证试验结果,计算样品中产气荚膜梭菌的数量。

3 实验材料

3.1 食品检样 各类食品。

3.2 培养基 胰胨-亚硫酸盐-环丝氨酸(TSC)琼脂、硫乙醇酸盐液体培养基(FTG)、缓冲动力-硝酸盐培养基、乳糖-明胶培养基、含铁牛乳培养基,制法均见附录Ⅱ。

3.3 试剂与染色液 1g/L 蛋白胨水、缓冲甘油-氯化钠溶液、双料缓冲甘油溶液、革兰染色液、硝酸盐还原试剂,见附录Ⅳ。

3.4 仪器与其他用具 厌氧培养装置,其他用具同实验 27。

4 实验流程

产气荚膜梭菌检验实验流程如图 38.1 所示。

5 操作步骤

5.1 样品的处理 样品采集后应尽快检验,若不能及时检验,可在 2~5℃保存;如 8h

实验38 食品中产气荚膜梭菌的检验

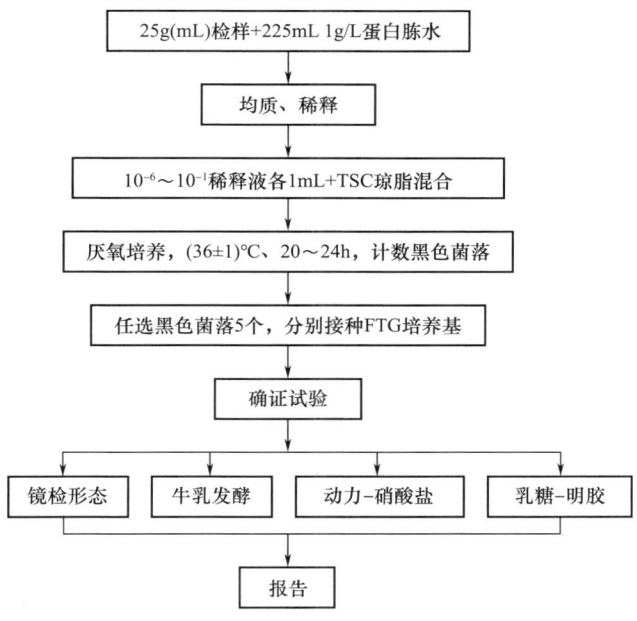

图38.1 产气荚膜梭菌检验实验流程

内不能进行检验,应以无菌操作称取25g(mL)样品加入等量缓冲甘油-氯化钠溶液(液体样品应加入双料缓冲甘油溶液),并尽快置于-60℃低温冰箱中冷冻保存或加干冰保存。

5.2 样品的稀释 以无菌操作称取25g(mL)样品放入含有225mL 1g/L蛋白胨水(如为5.1中冷冻保存样品,室温解冻后,加入200mL 1g/L蛋白胨水)的均质袋中,在拍击式均质器上连续均质1~2min;或置于盛有225mL 1g/L蛋白胨水的均质杯中,8000~10000r/min均质1~2min,作为1∶10稀释液。以上述1∶10稀释液按1mL加1g/L蛋白胨水9mL制备$10^{-6} \sim 10^{-2}$的系列稀释液。

5.3 分离培养 吸取各稀释液1mL加入无菌平皿内,每个稀释度做两个平行。每个平皿倾注冷却至50℃的TSC琼脂(置于50℃水浴中保温)15mL,缓慢旋转平皿,使稀释液和琼脂充分混匀,平板凝固后,再加入10mL冷却至50℃的TSC琼脂,均匀覆盖平板表层。待琼脂凝固后,正置于厌氧培养装置内,于(36±1)℃培养20~24h。典型的产气荚膜梭菌在TSC琼脂平板上为黑色菌落(图38.2)。

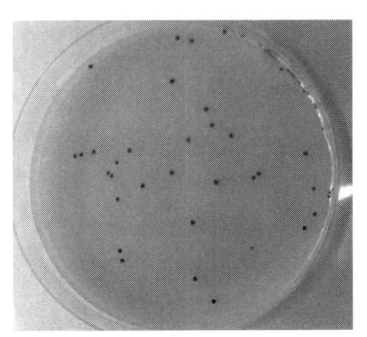

图38.2 产气荚膜梭菌在TSC平板上的典型菌落特征

图38.2(彩)

5.4 确证试验

5.4.1 从单个平板上任选5个(小于5个全选)黑色菌落,分别接种于FTG培养基中,于(36±1)℃培养18~24h。

5.4.2 用上述培养液涂片,革兰染色镜检并观察其纯度。产气荚膜梭菌为革兰阳性粗短的杆菌,有时可见芽孢体。如果培养液不纯,应划线接种TSC琼脂平板进行分纯,于(36±1)℃厌氧培养20~24h,挑取单个典型黑色菌落接种到FTG培养基,于(36±1)℃培养18~24h,用于后续的确证试验。

5.4.3 取生长旺盛的FTG培养液1mL接种于含铁牛乳培养基中,于(46±0.5)℃水浴中培养2h后,每小时观察一次有无"暴烈发酵"现象。该现象的特点是乳凝结物破碎后快速形成海绵样物质,通常会上升到培养基表面。5h内不发酵者为阴性。产气荚膜梭菌发酵乳糖,凝固酪蛋白并大量产气,呈"暴烈发酵"现象,但培养基不变黑。

5.4.4 用接种环(针)取FTG培养液穿刺接种于缓冲动力-硝酸盐培养基中,于(36±1)℃培养24h。在透射光下检查细菌沿穿刺线的生长情况,判定有无动力。有动力的菌株沿穿刺线呈扩散生长,无动力的菌株只沿穿刺线生长。然后滴加0.5mL硝酸盐还原试剂A和0.2mL试剂B以检查亚硝酸盐的存在。15min内出现红色者,表明硝酸盐被还原为亚硝酸盐;如果不出现颜色变化,则加少许锌粉,放置10min,出现红色者,表明该菌株不能还原硝酸盐。产气荚膜梭菌无动力,能将硝酸盐还原为亚硝酸盐。

5.4.5 用接种环(针)取FTG培养液穿刺接种于乳糖-明胶培养基中,于(36±1)℃培养24h,观察结果。如发现产气和培养基由红变黄,表明乳糖被发酵并产酸。将试管于5℃左右放置1h,检查明胶液化情况。如果培养基是固态,于(36±1)℃再培养24h,重复检查明胶是否液化。产气荚膜梭菌能发酵乳糖,并使明胶液化。

6 实验结果与报告

6.1 典型菌落计数 选取典型菌落数在20~200CFU的平板,计数典型菌落数。

(1)若只有一个稀释度平板的典型菌落数在20~200CFU,计数该稀释度平板上的典型菌落。

(2)若最低稀释度平板的典型菌落数均小于20CFU,计数该稀释度平板上的典型菌落。

(3)若某一稀释度平板的典型菌落数均大于200CFU,但下一稀释度平板上没有典型菌落,计数该稀释度平板上的典型菌落。

(4)若某一稀释度平板的典型菌落数均大于200CFU,且下一稀释度平板上有典型菌落,但其平板上的典型菌落数不在20~200CFU,应计数该稀释度平板上的典型菌落。

(5)若两个连续稀释度平板的典型菌落数均在20~200CFU,分别计数两个稀释度平板上的典型菌落。

6.2 结果计算 计数结果按式(38.1)计算。

$$T = [\sum(A \times B/C)]/(n_1 + 0.1n_2)d \tag{38.1}$$

式中 T——样品中产气荚膜梭菌的菌落数;

A——单个平板上的典型菌落数;

B——单个平板上经确证试验为产气荚膜梭菌的菌落数;

C——单个平板上用于确证试验的菌落数;

n_1——第一稀释度(低稀释倍数)经确证试验有产气荚膜梭菌的平板个数;

n_2——第二稀释度(高稀释倍数)经确证试验有产气荚膜梭菌的平板个数;

0.1——稀释系数;

d——稀释因子(第一稀释度)。

6.3 报告 根据 TSC 琼脂平板上产气荚膜梭菌的典型菌落数,按照式(38.1)计算,报告每克(毫升)样品中产气荚膜梭菌的数量,报告单位以 CFU/g(mL)表示;如 T 为 0,则以小于 1 乘以最低稀释倍数报告。

7 思考题

(1)产气荚膜梭菌检验的原理是什么?

(2)请分析影响产气荚膜梭菌计数准确性的因素。

实验39 食品中克罗诺杆菌属(阪崎肠杆菌)的检验

1 目的和要求

(1)学习并掌握食品中克罗诺杆菌属(阪崎肠杆菌)的检测原理与方法。

(2)查阅GB 29921—2021《食品安全国家标准 预包装食品中致病菌限量》,明确在婴儿(0~6月龄)配方食品、特殊医学用途婴儿配方食品中检验克罗诺杆菌属(阪崎肠杆菌)的重要性。

2 基本原理

克罗诺杆菌属(*Cronobacter*)原名阪崎肠杆菌(*Enterobacter sakazakii*),属于肠杆菌科,细胞呈短杆状,多数单生,有周生菌毛,无芽孢,有运动能力,为兼性厌氧的G^-小杆菌。该菌对热抵抗力较强,72℃仍能存活。由于该菌细胞内能累积大量的海藻糖,可保护细胞耐受干燥和渗透压,并具有耐寒冷、耐酸碱、嗜热和耐热特性。这就是该菌在原料乳喷雾干燥成乳粉过程中不易被杀死的主要原因。该菌属于条件致病菌,对一般健康成年人没有危害,但对免疫力低下者和婴幼儿、新生儿可致病,可以婴幼儿配方乳粉等食品为媒介,引起新生儿小肠结肠炎、脑膜炎、败血症,死亡率高达80%,已被世界卫生组织确定为引起婴幼儿死亡的致病菌之一。

食品中克罗诺杆菌属(阪崎肠杆菌)的检验方法主要依据现行的GB 4789.40—2024《食品安全国家标准 食品微生物学检验 克罗诺杆菌属(阪崎肠杆菌)检验》。包括克罗诺杆菌属定性检验(第一法,适用于食品中克罗诺杆菌属的定性检验)和克罗诺杆菌属MPN计数(第二法,适用于食品中含量较低的克罗诺杆菌属的计数)。本实验介绍第一法。利用在胰蛋白胨大豆琼脂(TSA)中加入5-溴-4-氯-3-吲哚基-α-D-吡喃葡萄糖苷(XαGLC)组成的选择性显色培养基(DFI琼脂),快速筛检克罗诺杆菌属的原理:克罗诺杆菌属产生的α-葡萄糖苷酶可水解显色培养基中的底物(XαGLC),释放糖配基5-溴-4-氯-3-吲哚,该糖配基在有氧条件下形成蓝绿色的色素(溴-氯-吲哚),从而使克罗诺杆菌属的菌落呈现特异性蓝绿色。

在检验该菌时,先用缓冲蛋白胨水进行前增菌,再用改良月桂基硫酸盐胰蛋白胨肉汤-万古霉素培养基(内含月桂基硫酸钠和万古霉素可抑制G^+菌的生长)进行选择性增菌,利用克罗诺杆菌具有嗜热特性,于45℃培养,可抑制其他杂菌生长。在选择性增菌后划线接种于DFI琼脂平板上,克罗诺杆菌属呈蓝绿色菌落,大肠埃希氏菌呈无色菌落,沙门氏菌呈黑色菌落,金黄色葡萄球菌等G^+菌生长被抑制。挑取蓝绿色的可疑菌落划线接种于TSA平板上,再挑取黄色可疑菌落进行生化反应鉴定。

3 实验材料

3.1 **食品检样** 乳粉等乳与乳制品及其原料,婴幼儿配方食品。

3.2 培养基 缓冲蛋白胨水(BPW)、改良月桂基硫酸盐胰蛋白胨肉汤-万古霉素(mLST-Vm)、阪崎肠杆菌显色培养基(简称 DFI 琼脂,为专售干粉复合培养基)、胰蛋白胨大豆琼脂(TSA)、L-赖氨酸脱羧酶培养基、L-鸟氨酸脱羧酶培养基、L-精氨酸双水解酶培养基、糖类发酵培养基、西蒙氏柠檬酸盐培养基,制法均见附录Ⅱ。

3.3 试剂 生化鉴定试剂盒、氧化酶试剂(附录Ⅳ)。

3.4 仪器与其他用具 全自动微生物生化鉴定系统,其他同实验 27。

4 实验流程

克罗诺杆菌属(阪崎肠杆菌)的检验实验流程如图 39.1 所示。

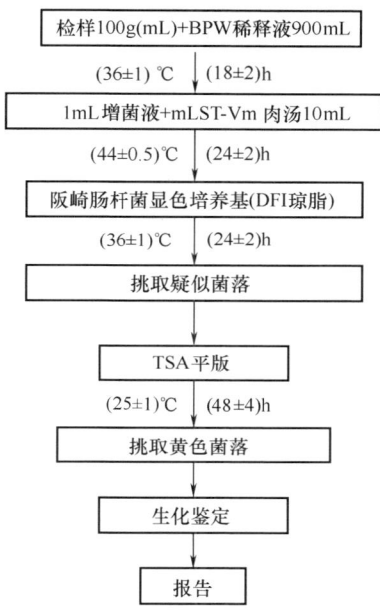

图 39.1 克罗诺杆菌属(阪崎肠杆菌)的检验实验流程

5 操作步骤

5.1 前增菌和增菌 取检样 100g(mL)加入已预热至 44℃装有 900mL 缓冲蛋白胨水(BPW)的三角瓶中,用手缓慢摇动至充分溶解,于(36±1)℃培养(18±2)h。移取 1mL 增菌液转种于 10mL mLST-Vm 肉汤中,于(44±0.5)℃培养(24±2)h。

5.2 分离培养 轻轻混匀 mLST-Vm 肉汤培养物,各取增菌培养物 1 环,分别划线接种于两个阪崎肠杆菌显色培养基(DFI 琼脂)平板,于(36±1)℃培养(24±2)h。挑取 DFI 琼脂平板上至少 5 个蓝绿色可疑菌落(图 39.2),不足 5 个时挑取全部可疑菌落,划线接种于 TSA 平板,于(25±1)℃培养(48±4)h。

5.3 鉴定 自 TSA 平板上直接挑取黄色可疑菌落,采用生化鉴定试剂盒或全自动微生物生化鉴定系统进行生化鉴定。氧化酶试验、L-赖氨酸脱羧酶试验、柠檬酸盐利用试验及糖类发酵试验操作方法参见实验 13。柠檬酸盐利用试验采用(36±1)℃培养(24±2)h 观察结果，其他生化试验采用(30±1)℃培养(24±2)h观察结果。克罗诺杆菌属的主要生化反应特征见表39.1。

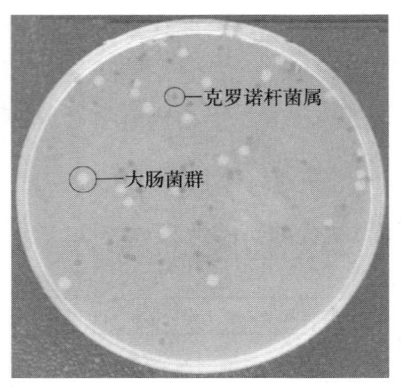

图 39.2(彩)

图 39.2 克罗诺杆菌属在 DFI 平板上典型菌落特征

表 39.1　　克罗诺杆菌属的主要生化反应特征

生化试验	反应特征	生化试验	反应特征
TSA 平板产生黄色素	+	D-山梨醇发酵试验	(-)
氧化酶试验	-	L-鼠李糖发酵试验	+
L-赖氨酸脱羧酶试验	-	D-蔗糖发酵试验	+
L-鸟氨酸脱羧酶试验	(+)	D-蜜二糖发酵试验	+
L-精氨酸双水解酶试验	+	苦杏仁苷发酵试验	+
柠檬酸盐利用试验	(+)		

注：+表示>99%阳性；-表示>99%阴性；(+)表示90%~99%阳性；(-)表示90%~99%阴性。

6　实验结果与报告

综合菌落特征和生化特征，报告每 100g(mL)样品中检出或未检出克罗诺杆菌属。

7　思考题

(1)检验克罗诺杆菌属时为什么用 mLST-Vm 肉汤增菌培养？
(2)阪崎肠杆菌显色培养基(DFI 琼脂)筛检克罗诺杆菌属的原理是什么？

实验 40 食品中黄曲霉毒素 B_1 的检测

1 目的和要求

（1）了解酶联免疫吸附筛查法检测黄曲霉毒素的原理。
（2）掌握酶联免疫吸附筛查法检测食品中黄曲霉毒素 B_1 的方法。
（3）查阅食品中黄曲霉毒素中毒的相关事件，明确检测食品中黄曲霉毒素的重要意义。

2 基本原理

黄曲霉毒素 B_1（Aflatoxin B_1，简写为 AFB_1）是二氢呋喃氧杂萘邻酮的衍生物，含有一个二呋喃环和一个氧杂萘邻酮（香豆素）。AFB_1 是已知化学物质中致癌性最强的一种毒物，对人和动物具有强烈的毒性，主要造成肝脏损害并诱发肝癌。

食品中黄曲霉毒素 B_1 的检测方法主要依据现行的 GB 5009.22—2016《食品安全国家标准 食品中黄曲霉毒素 B 族和 G 族的测定》，包括同位素稀释液相色谱-串联质谱法（第一法）、高效液相色谱-柱前衍生法（第二法）、高效液相色谱-柱后衍生法（第三法）、酶联免疫吸附筛查法（第四法）和薄层色谱法（第五法）。本实验介绍第四法，酶联免疫吸附筛查法。其原理为：试样中的 AFB_1 用甲醇水溶液提取，经过均质、涡旋混匀、离心（过滤）等处理获取上清液。试样上清液或标准品中的 AFB_1（待测抗原）与固定在酶标板上反应孔中的被辣根过氧化物酶标记的 AFB_1（酶标抗原）同时竞争性地与特异性抗体结合。经孵育洗涤后，加入相应显色剂（酶的相应底物）显色，经无机酸终止反应，以酶标仪在 450nm 或 630nm 波长下测定吸光度。样品中的 AFB_1 含量与吸光度在一定浓度范围内呈反比。即样品中的 AFB_1 含量越少，则被酶标记的 AFB_1 与特异性抗体结合越多，底物显色后，用酶标仪测定的吸光度就越大。反之，样品中的 AFB_1 含量越多，测得的吸光度就越小。

酶联免疫吸附筛查法适用于谷物及其制品、豆类及其制品、坚果及籽类、油脂及其制品、调味品、婴幼儿配方食品和婴幼儿辅助食品中 AFB_1 的测定。用此法筛查出的 AFB_1 阳性样品还需用第一法、第二法或第三法做进一步的确认试验。

3 实验材料

3.1 检样 谷物、坚果和特殊膳食用食品，油脂和调味品等。

3.2 试剂与药品 按照酶联免疫试剂盒说明书所述，配制所需溶液；AFB_1 标准品。

本实验要求配制试剂所需药品均为分析纯，水为符合 GB/T 6682—2008《分析实验室用水规格和试验方法》分析实验室用水规定的二级水，可用多次蒸馏或离子交换等方法制取。

3.3 仪器与其他用具 酶联免疫试剂盒（市售）、微孔酶标板、微孔板酶标仪（带 450nm 与 630nm 滤光片，可选用）、研磨机、振荡器、电子天平（感量为 0.01g）、离心机（转速≥6000r/min）、筛网（1~2mm 孔径）、快速定性滤纸（孔径 11μm）、50mL 离心管等，以及试剂盒所要求的仪器。

本实验所用商品化的试剂盒需按照酶联免疫试剂盒的质量判定方法验证合格后方可使用。酶联免疫试剂盒的质量判定方法：选取小麦粉或其他阴性样品，根据所购酶联免疫试剂盒的检出限，在阴性样品基础中添加3个浓度水平的AFB_1标准溶液（2μg/kg、5μg/kg、10μg/kg）。按照说明书操作方法，用酶标仪检测吸光度，做三次平行实验。根据每个阴性样品确定加AFB_1标准品的浓度，若回收率在50%~120%容许范围内，则该批次试剂盒的产品方可使用。当试剂盒用于特殊膳食用食品基质检测时，需根据其检出限量，考察添加AFB_1标准溶液为0.2μg/kg浓度水平的回收率。

4 实验流程

样品→样品前处理→样品检测→绘制标准工作曲线→待测样液浓度计算→结果算计

5 操作步骤

5.1 样品前处理

5.1.1 液态样品（油脂和调味品） 取100g待测样品摇匀，称取5.0g样品于50mL离心管中，加入试剂盒所要求的提取液，按照试剂盒说明书所述方法进行检测。

5.1.2 固态样品（谷物、坚果和特殊膳食用食品） 取至少100g待测样品，用研磨机进行粉碎，将粉碎后的样品通过孔径为1~2mm的试验筛。称取5.0g样品于50mL离心管中，加入试剂盒所要求的提取液，按照试剂盒说明书所述方法进行检测。

当称取谷物、坚果、油质、调味品等样品5.0g时，方法检出限为1μg/kg，定量限为3μg/kg；当称取特殊膳食用食品样品5.0g时，方法检出限为0.1μg/kg，定量限为0.3μg/kg。

5.2 样品检测

按照酶联免疫试剂盒所述操作步骤对待测样液进行AFB_1的定量检测。

5.3 绘制标准工作曲线

按照酶联免疫试剂盒说明书提供的计算方法或计算机软件，根据AFB_1标准品浓度与吸光度变化关系绘制标准工作曲线，获得标准曲线公式。

5.4 待测样液浓度计算

按照酶联免疫试剂盒说明书提供的计算方法或计算机软件，将待测样液的吸光度代入5.3所获得的标准曲线公式，计算待测样液中AFB_1的浓度ρ。

5.5 结果计算

将待测样液中AFB_1的浓度ρ代入式（40.1）进行计算，即得试样中AFB_1的含量。

$$X=(\rho \times V \times f)/m \tag{40.1}$$

式中 X——试样中AFB_1的含量，μg/kg；

ρ——待测样液中AFB_1的浓度，μg/L；

V——提取液体积（固态样品为加入提取液体积，液态样品为样品与提取液总体积），L；

f——在前处理过程中的稀释倍数；

m——试样的称量质量，kg。

每个试样称取两份进行平行测定，以其算术平均值作为分析结果，且分析结果的相对相差值应不大于20%。

6 实验结果与报告

计算并报告所检测食品中 AFB_1 的含量(计算结果保留小数点后两位),并进行误差分析。

7 思考题

本实验中用酶联免疫吸附法检测 AFB_1 的原理是什么?

实验41 食品中副溶血性弧菌的 PCR 检测

1 目的和要求

(1) 了解副溶血性弧菌常规检验原理,掌握先进的分子生物学 PCR 检测方法。
(2) 明确在即食生制动物性水产品和水产调味品中检验副溶血性弧菌的重要意义。

2 基本原理

副溶血性弧菌(*Vibrio parahaemolyticus*)属于弧菌科弧菌属,细胞呈杆状、弧状、球杆状或丝状等多种形态,无荚膜,有端生单鞭毛(液体培养)和周生鞭毛(固体培养),无芽孢,为兼性厌氧的嗜盐性 G^- 菌。该菌在含 20~40g/L NaCl 的培养中生长良好,在无盐培养基中不生长,广泛分布于海洋等盐浓度相对较高的环境中,各种海产品及水产品是其感染的主要对象,人们误食了含有副溶血性弧菌感染的食物会引起急性肠胃炎,出现腹泻、呕吐、腹部痉挛等症状,甚至死亡。

食品中副溶血性弧菌的检验方法主要依据 GB 4789.7—2013《食品安全国家标准 食品微生物学检验 副溶血性弧菌检验》。本实验参照该国家标准中的方法对副溶血性弧菌进行分离和纯化,再结合 PCR 方法进行分子生物学检验。分离副溶血性弧菌采用选择性硫代硫酸盐-柠檬酸盐-胆盐-蔗糖(TCBS)琼脂或科玛嘉弧菌显色培养基。由于该菌不分解蔗糖产酸,培养基中的指示剂未发生颜色变化,因而在 TCBS 平板上呈半透明、圆形、绿色菌落(分解蔗糖产酸的霍乱弧菌的菌落呈黄色)。然而,创伤弧菌、拟态弧菌与副溶血性弧菌在 TCBS 平板上的菌落特征完全相同,容易混淆,故需采用 PCR 方法进一步鉴定。此外,副溶血性弧菌在科玛嘉弧菌显色培养基上呈粉紫色-紫红色菌落;其他弧菌呈蓝绿色(如霍乱弧菌、创伤弧菌、拟态弧菌)或白色(如溶藻弧菌);G^+ 菌生长被抑制。

随着分子生物学技术的发展,目前可用 PCR、DNA 杂交等技术对各种病原菌进行检测。与传统检验方法相比,分子生物学方法具有特异性强、灵敏和快速的特点。耐热直接溶血素(TDH)和相对耐热直接溶血素(TRH)是副溶血性弧菌两个主要致病因子,分别由 *tdh* 和 *trh* 基因编码,并能够作为区分致病性与非致病性副溶血性弧菌的标志。副溶血性弧菌除了产生 TDH 和 TRH 溶血素外,还可产生另一种非致病性溶血素,即不耐热溶血素(TLH),由 *tlh* 基因编码。本方法根据副溶血性弧菌的 *tdh*、*trh*、*tlh* 基因设计合成了特异的寡聚核苷酸引物,建立了一种快速检测食品中副溶血性弧菌的常规 PCR 方法。通过此方法还可进行致病性及毒力的分析。

3 实验材料

3.1 检样 鱼类、贝类等海产品。

3.2 培养基 30g/L NaCl 碱性蛋白胨水、硫代硫酸盐-柠檬酸盐-胆盐-蔗糖(TCBS)琼脂、科玛嘉弧菌显色培养基(专售干粉复合培养基)、30g/L NaCl 胰蛋白胨大豆培养基(液体),制法见附录Ⅱ。

3.3 试剂与药品 市售 Taq DNA 聚合酶、dNTP 混合液、溴酚蓝上样缓冲液(6×DNA Loading Buffe)、DNA Marker。

(1)DNA 提取液 20mmoL/L Tris-HCl、2mmol/L EDTA、1.2%(体积分数)Triton X-100(细胞裂解剂),用 1moL/L NaOH 调节 pH 至 8.0。

(2)RNA 酶 A 贮存液(10mg/mL) 100mg RNase A 溶于 10mL 含 10mmol/L Tris-HCl (pH 7.5)和 15mmol/L NaCl 的溶液中,于 100℃煮沸 15min,分装后-20℃冻存备用。

(3)10×PCR 缓冲液 200mmol/L Tris-HCl(pH 8.4)、200mmol/L KCl、15mmol/L $MgCl_2$。

(4)50×TAE 缓冲液 Tris-base(三羟甲基氨基甲烷)242g、$Na_2EDTA \cdot 2H_2O$ 37.2g、冰乙酸 57.1mL,去离子水定容至 1000mL。使用时,将 50×TAE 缓冲液稀释至 1×工作液,通常是将 4900mL 去离子水与 100mL 50×TAE 缓冲液混合均匀即可。

3.4 仪器与其他用具 PCR 仪、电泳仪、凝胶成像仪、电泳槽、匀浆器、高速台式冷冻离心机、拍击式均质器、冰箱、恒温培养箱、离心管、EP 管(1.5mL)、PCR 管、微量移液器、移液器吸头、一次性手套和口罩、无菌均质袋、无菌平皿、接种环、酒精灯等。

4 实验流程

样品→增菌→分离培养→纯培养→基因组 DNA 提取→PCR 扩增→琼脂糖电泳检测

5 操作步骤

5.1 样品制备 取待检样品 25g(mL),置于盛有 225mL 30g/L NaCl 碱性蛋白胨水的无菌均质袋中,以拍击式均质器拍打 1~2min,制成 1∶10 的样品匀液。

5.2 增菌 将制备的 1∶10 的样品匀液,于 37℃增菌培养 8~18h。

5.3 分离培养 用接种环在距离液面以下 1cm 内蘸取一环显示生长的增菌液,划线接种于 TCBS 平板或科玛嘉弧菌显色培养基平板上,37℃培养 18~24h。副溶血性弧菌典型的菌落特征如图 41.1 所示,在 TCBS 平板上呈圆形、半透明、表面光滑的绿色菌落,直径 2~3mm,用接种环轻触菌落有口香糖的质感。该菌在科玛嘉弧菌显色培养基上呈粉紫色-紫红色菌落。

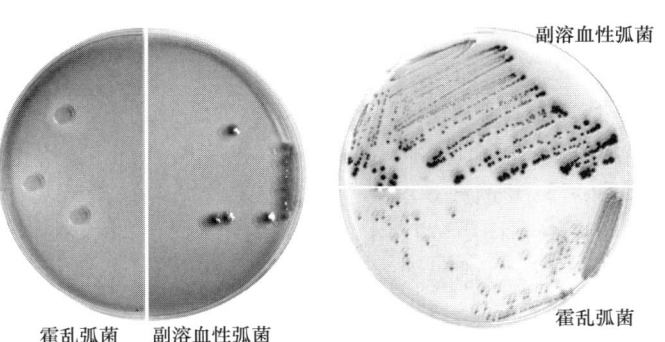

(1) TCBS平板　　(2) 科玛嘉弧菌显色培养基

图 41.1（彩）

图 41.1 副溶血性弧菌在 TCBS 平板及科玛嘉弧菌显色培养基上的典型菌落特征

5.4 纯培养 挑取 3 个或以上典型或可疑菌落(从培养箱取出 TCBS 平板,应在 1h 内挑取菌落完毕),接种于盛有 30g/L NaCl 胰蛋白胨大豆培养基的试管中,37℃培养 18~24h。纯培养菌液用于后续的分子生物学检测。

5.5 分子生物学方法检测 根据 tdh、trh、tlh 基因设计的引物,进行目的基因的 PCR 扩增,通过检验典型或可疑菌落是否为副溶血性弧菌而达到快检的目的。

5.5.1 细菌基因组 DNA 提取

(1)取 1mL 细菌纯培养液到 1.5mL EP 管中,8000r/min 离心 2min,弃去上清液。

(2)将 600μL DNA 提取液加入到 EP 管中重悬菌体,70℃孵育 15min,充分溶解菌体,冷却至室温。

(3)加 3μL RNA 酶 A 溶液到菌体中,颠倒 2~5 次混匀,37℃孵育 60min,冷却至室温。

(4)加入 600μL 酚∶氯仿∶异戊醇(25∶24∶1)溶液,剧烈振荡混匀,14000r/min 离心 3min。

(5)将含有 DNA 的上层溶液 600μL 移入另一干净的 1.5mL EP 管中,加入等体积的异丙醇,轻轻混匀,14000r/min 离心 10min。

(6)小心弃去上清液,在干净的吸水纸上晾干,加入 600μL 的 70%(体积分数)乙醇,轻轻颠倒几次,洗涤基因组 DNA,14000r/min 离心 10min。

(7)小心吸去乙醇,在干净吸水纸上晾干,室温干燥 15min。

(8)加入 50μL 去离子水重悬液溶解 DNA,蛋白质核酸分析仪测量其吸光度 OD_{260nm}/OD_{280nm},并将 DNA 置于-20℃待用。

5.5.2 PCR 扩增检测副溶血性弧菌

(1)副溶血性弧菌目的基因的 PCR 引物

tdh 上游引物:5′-GGT ACT AAA TGG CTG ACA TC-3′

tdh 下游引物:5′-CCA CTA CCA CTC TCA TAT GC-3′

trh 上游引物:5′- GGC TCA AAA TGG TTA AGC G-3′

trh 下游引物:5′- CAT TTC CCT CTC TCA TAT GC-3′

tlh 上游引物:5′-AAG CGG ATT ATG CAG AAG CAC TG-3′

tlh 下游引物:5′-GCT ACT TTC TAG CAT TTT CTC TGC -3′

(2)PCR 体系 在 PCR 管中分别加入同一基因的上下游引物(10μmol/L)各 0.5μL、0.2μL 细菌基因组 DNA、2.0μL 10×PCR 缓冲液、1.0μL dNTP(10mmol/L)、1.0μL Taq DNA 聚合酶(2.5u/μL),并用去离子水定容至 20μL,用微量移液器吸头反复吸取、吹打混匀。

(3)PCR 扩增条件 将上述 PCR 管置于 PCR 仪中,针对检测副溶血性弧菌的 tdh、trh、tlh 基因,分别采用 PCR 扩增 tdh、trh、tlh 基因条件是:94℃预变性 5min;按以下程序进行 36 个循环 PCR 扩增:94℃变性 30s,55℃退火 60s,72℃延伸 1min;循环结束后 72℃延伸 5min。

(4)阳性对照和空白对照设置 检测过程中分别设置阳性对照和空白对照。阳性对照采用含有靶基因序列的 DNA(或质粒)作为 PCR 反应的模板,空白对照用无菌水作为 PCR 反应的模板。

5.5.3 琼脂糖电泳检测

(1)制胶 准确称取 1.5g 琼脂糖,加入 100mL 1×TAE 缓冲液,混匀后置于微波炉加热至完全溶解。在琼脂糖溶液中加入 10g/L 溴化乙锭 1.0μL,混匀后倒入制胶板中至室温缓慢凝固,备用。

(2)点样　向每个PCR反应管中加入3.0μL溴酚蓝上样缓冲液(6×DNA Loading Buffer),混匀后用微量移液器吸头将PCR产物注入琼脂糖凝胶的点样孔中,同时在旁边的点样孔中注入DNA Marker作为参照。

(3)电泳　点样结束后,将琼脂糖凝胶在1×TAE缓冲液中电泳30min(电压180V)。电泳结束后取出琼脂糖凝胶置于凝胶成像仪中观察电泳结果。

5.5.4　结果与判定　凝胶成像仪中,在空白对照未出现条带,*tdh*引物阳性对照出现预期251bp大小的扩增条带,*trh*引物阳性对照出现预期250bp大小的扩增条带,*tlh*引物阳性对照出现预期450bp大小的扩增条带的条件下,如待测样品与阳性对照出现同样大小的扩增条带,则可报告该样品检验结果为阳性;如待测样品未出现预期大小的条带或者无扩增条带,则可报告该样品检验结果为阴性。

注意事项:

(1)副溶血性弧菌为致病菌,溴化乙锭是致癌物质,实验须戴手套和口罩操作。

(2)PCR扩增之前,如果PCR管中溶液存留在管壁上,需1000r/min短暂离心5s,以免PCR扩增体系不准确而对实验结果造成影响。

(3)基因组DNA提取和PCR扩增实验部分,除本方法描述的试剂成分及提取步骤和扩增体系,也可采用等效的商品化DNA提取试剂盒与PCR扩增试剂盒,按其说明制备模板DNA及进行PCR扩增。

6　示范

示范PCR仪的使用,琼脂糖凝胶的制备,电泳仪和凝胶成像仪的使用。

7　实验结果与报告

综合以上平板分离试验、分子生物学试验报告副溶血性弧菌的检验结果。

8　思考题

(1)TCBS平板和科玛嘉弧菌显色培养基分离检出副溶血性弧菌的原理是什么?

(2)用PCR方法检测食品中副溶血性弧菌的目的和原理是什么?

实验42　食品中单核细胞增生李斯特氏菌的PCR检测

1　目的和要求

（1）学习用PCR扩增技术快速检测食品中单核细胞增生李斯特氏菌的方法。

（2）了解单核细胞增生李斯特菌各检验步骤的依据及原理。

（3）查阅GB 29921—2021《食品安全国家标准　预包装食品中致病菌限量》中需要检测单核细胞增生李斯特氏菌的预包装食品，从标准限量中认知控制食品微生物安全的重要性。

2　基本原理

单核细胞增生李斯特氏菌（*Listeria monocytogenes*）简称单增李斯特氏菌，属于李斯特氏菌属，细胞呈直的或稍弯曲的短杆状，单生或呈V字形成对排列，一般不产荚膜（在含血清的葡萄糖蛋白胨水中形成荚膜），产生鞭毛（25℃时）或鞭毛发育不良（37℃时）而无运动性，无芽孢，为好氧或兼性厌氧的G^+菌。该菌生长温度为0.5~45℃，最适温度为30~37℃，故该菌在4℃环境中仍可生长繁殖，是冷藏乳、肉、蛋食品危害人类健康的主要病原菌之一。人感染该菌后引起食物中毒，主要症状为脑膜炎、败血症与单核细胞增多，病死率甚高。

食品中单增李斯特氏菌的检验方法主要依据现行的GB 4789.30—2016《食品安全国家标准　食品微生物学检验　单核细胞增生李斯特氏菌检验》，包括单增李斯特氏菌定性检验（第一法，适用于食品中单增李斯特氏菌的定性检验）、单增李斯特氏菌平板计数法（第二法，适用于食品中含量较高的单增李斯特氏菌的计数）和单增李斯特氏菌MPN计数[第三法，适用于单增李斯特氏菌含量较低（<100CFU/g）而杂菌含量较高的食品中单增李斯特氏菌的计数]。本实验参照该国家标准中的第一法对单增李斯特氏菌进行分离和纯化，再结合PCR方法进行分子生物学检验。分离单增李斯特氏菌采用选择性的PALCAM琼脂和李斯特氏菌显色培养基。该菌不发酵培养基中的甘露醇，能水解七叶苷，与铁离子反应生成黑色的6,7-二羟基香豆素，故在PALCAM平板上菌落呈灰绿色，周围有棕黑色水解圈。然而，李斯特氏菌属中的所有种在PALCAM平板上的菌落特征都一致，很难区分出单增李斯特氏菌，故尚需采用PCR方法进一步鉴定。此外，该菌在ALOA李斯特氏菌显色培养基上菌落呈蓝绿色，菌落周围有白色不透明晕浊圈；伊氏李斯特氏菌/英诺克李斯特氏菌菌落也呈蓝绿色，但菌落周围无晕浊圈；其他细菌的菌落无色或呈黄色（如金黄色葡萄球菌）或生长被抑制（如大肠埃希氏菌）。

PrfA蛋白质是单增李斯特氏菌特有的一种转录激活因子，多个基因由PrfA的转录激活物协同调节。本实验根据单增李斯特氏菌PrfA蛋白的编码基因序列，设计合成了特异的寡聚核苷酸引物，建立了一种快速检测食品中单增李斯特氏菌的常规PCR方法。

3　实验材料

3.1　**样品**　待检测的乳、肉、蛋等食品。

实验 42 食品中单核细胞增生李斯特氏菌的 PCR 检测

3.2 培养基 李氏增菌肉汤(LB_1、LB_2 增菌液)、PALCAM 琼脂、ALOA 李斯特氏菌显色培养基(专售干粉复合培养基)、TSB-YE 肉汤,制法均见附录Ⅱ。

3.3 试剂与药品 市售 Taq DNA 聚合酶、dNTP 混合液、溴酚蓝上样缓冲液(6×DNA Loading Buffe)、DNA Marker。

(1) DNA 提取液 50mmol/L Tris-HCl、10mmol/L EDTA、0.5mg/L 的蛋白酶 K、10g/L SDS、20mg/L 溶菌酶,用 1mol/L NaOH 调节 pH 至 8.0。

(2) RNA 酶 A 贮存液(10mg/mL) 100mg RNase A 溶于 10mL 含 10mmol/L Tris-HCl(pH 7.5) 和 15mmol/L NaCl 的溶液中,于 100℃ 煮沸 15min,分装后 -20℃ 冻存备用。

(3) 10×PCR 缓冲液 200mmol/L Tris-HCl(pH 8.4)、200mmol/L KCl、15mmol/L $MgCl_2$。

(4) 50×TAE 缓冲液 Tris-base(三羟甲基氨基甲烷) 242g、$Na_2EDTA \cdot 2H_2O$ 37.2g、冰乙酸 57.1mL,去离子水定容至 1000mL。使用时将 50×TAE 缓冲液稀释至 1× 工作液,通常是将 4900mL 去离子水与 100mL 的 50×TAE 缓冲液混合均匀即可。

3.4 仪器及其他用具 PCR 仪、电泳仪、凝胶成像仪、电泳槽、匀浆器、高速台式冷冻离心机、拍击式均质器、冰箱、恒温培养箱、离心管、EP 管(1.5mL)、PCR 管、微量移液器、移液器吸头、一次性手套和口罩、无菌均质袋、无菌平皿、接种环、酒精灯等。

4 实验流程

样品→ 增菌 → 分离培养 → 纯培养 → 基因组 DNA 提取 → PCR 扩增 → 琼脂糖电泳检测

5 操作步骤

5.1 增菌 以无菌操作取待检样品 25g(mL),置于盛有 225mL LB_1 增菌液的无菌均质袋中,以拍击式均质器拍打 1~2min,于 30℃ 培养 24h。移取培养好的 0.1mL LB_1 增菌液转接于 10mL LB_2 增菌液中,于 30℃ 培养 24h。

5.2 分离培养 取 LB_2 二次增菌液划线接种于 PALCAM 琼脂平板和 ALOA 李斯特氏菌显色培养基平板上,37℃ 培养 24~48h,观察各个平板上生长的菌落。单增李斯特氏菌典型的菌落特征如图 42.1 所示,在 PALCAM 琼脂平板上为小的圆形灰绿色菌落,周围有棕黑色水解圈,有些菌落有黑色凹陷。该菌在 ALOA 李斯特氏菌显色培养基上呈蓝绿色菌落,菌落周围有白色不透明晕浊圈。

5.3 纯培养 自选择性培养基平板上分别挑取 3~5 个典型或可疑单菌落,接种于盛有 TSA-YE 肉汤的试管中,于 37℃ 培养 18~24h。纯培养菌液用于后续的分子生物学检测。

5.4 分子生物学方法检测 根据单增李斯特氏菌特有的 prfA 基因序列设计一对特异性引物,进行目的基因的 PCR 扩增,通过检验典型菌落是否为单增李斯特氏菌而达到快检的目的。

5.4.1 细菌基因组 DNA 提取

(1) 取 1mL 细菌纯培养液到 1.5mL EP 管中,8000r/min 离心 2min,弃上清液。

(2) 将 600μL DNA 提取液加入 EP 管中重悬菌体,70℃ 孵育 15min,充分溶解菌体,冷却至室温。

(3) 加 3μL RNA 酶 A 溶液到菌体中,颠倒 2~5 次混匀,37℃ 孵育 60min,冷却至室温。

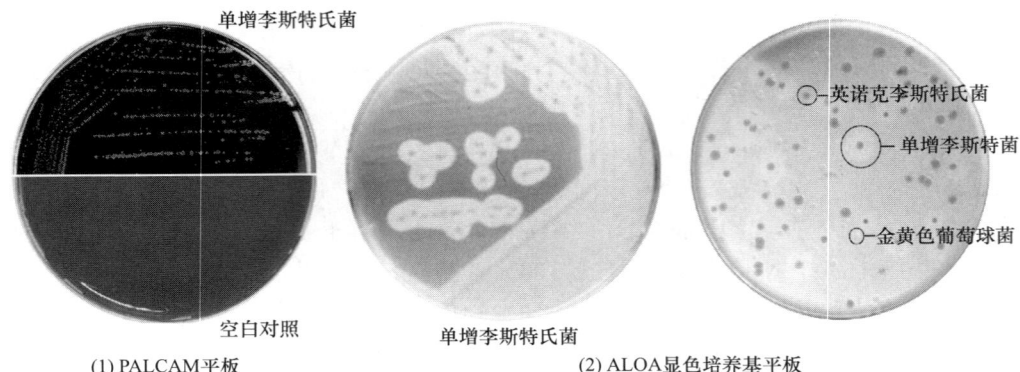

图42.1　单增李斯特氏菌在 PALCAM 平板及 ALOA 显色培养基平板上的典型菌落特征

(4) 加入 600μL 酚∶氯仿∶异戊醇(25∶24∶1)溶液,剧烈振荡混匀,14000r/min 离心 3min。

(5) 将含有 DNA 的上层溶液 600μL 移入另一干净的 1.5mL EP 管中,加入等体积的异丙醇,轻轻混匀,14000r/min 离心 10min。

图 42.1(彩)

(6) 小心弃去上清液,在干净的吸水纸上晾干,加入 600μL 的 70%(体积分数)乙醇,轻轻颠倒几次,洗涤基因组 DNA,14000r/min 离心 10min。

(7) 小心吸去乙醇,在干净吸水纸上晾干,室温干燥 15min。

(8) 加入 50μL 去离子水重悬液溶解 DNA,蛋白质核酸分析仪测量其吸光度 OD_{260nm}/OD_{280nm},并将 DNA 置于 −20℃待用。

5.4.2　PCR 扩增检测单增李斯特氏菌

(1) 单增李斯特氏菌目的基因的 PCR 引物

上游引物序列:5′-GAT ACA GAA ACA TCG GTT GGC-3′

下游引物序列:5′-GTG TAA TCT TGA TGC CAT CAG -3′

(2) PCR 体系　在 PCR 管中分别加入上下游引物(10μmol/L)各 0.5μL、0.2μL 细菌基因组 DNA、2.0μL 10×PCR 缓冲液、1.0μL dNTP(10mmol/L)、1.0μL Taq DNA 聚合酶(2.5U/μL),并用去离子水定容至 20μL,用移液器吸头反复吸取、吹打混匀。

(3) PCR 扩增条件　将上述 PCR 管置于 PCR 仪中,设置 PCR 扩增条件为:94℃预变性 5min;按以下程序进行 36 个循环 PCR 扩增:94℃变性 30s,55℃退火 30s,72℃延伸 30s;循环结束后 72℃延伸 5min。

(4) 阳性对照和空白对照设置　检测过程中分别设阳性对照和空白对照。阳性对照采用含有 prfA 基因序列的 DNA(或质粒)作为 PCR 反应的模板,空白对照用无菌水作为 PCR 反应的模板。

5.4.3　琼脂糖电泳检测

(1) 制胶　准确称取 1.5g 琼脂糖,加入 100mL 1×TAE 缓冲液,混匀后置于微波炉加热至完全溶解。在琼脂糖溶液中加入 10g/L 溴化乙锭 1.0μL,混匀后倒入制胶板中至室温缓慢凝固,备用。

(2)点样　向每个 PCR 反应管中加入 3.0μL 溴酚蓝上样缓冲液(6×DNA Loading Buffer),混匀后用微量移液器吸头将 PCR 产物注入琼脂糖凝胶的点样孔中,同时在旁边的点样孔中注入 DNA Marker 作为参照。

(3)电泳　点样结束后,将琼脂糖凝胶在 1×TAE 缓冲液中电泳 30min(电压 180V)。电泳结束后取出琼脂糖凝胶置于凝胶成像仪中观察电泳结果。

5.4.4　结果与判定　凝胶成像仪中,在空白对照未出现条带,阳性对照出现预期 274bp 大小的扩增条带的条件下,如待测样品同样出现 274bp 大小的扩增条带,则报告该样品检验结果为阳性;如待测样品未出现预期大小的条带或者无扩增条带,则报告该样品检验结果为阴性。

注意事项:

(1)单增李斯特氏菌为人畜共患致病菌,溴化乙锭是致癌物质,实验须戴手套和口罩操作。

(2)PCR 扩增之前,如果 PCR 管中溶液存留在管壁上,需 1000r/min 短暂离心 5s,以免 PCR 扩增体系不准确而对实验结果造成影响。

(3)基因组 DNA 提取和 PCR 扩增实验部分,除本方法描述的试剂成分及提取步骤和扩增体系外,也可采用等效的商品化 DNA 提取试剂盒与 PCR 扩增试剂盒,按其说明制备模板 DNA 及进行 PCR 扩增。

6　示范

PCR 仪的使用、琼脂糖凝胶的制备、电泳仪和凝胶成像仪的使用。

7　实验结果与报告

详细记录实验步骤,并将电泳照片贴在实验结果处(或在实验结果处画出电泳的 DNA 条带的位置)。

8　思考题

(1)PALCAM 平板和李斯特氏菌显色培养基分离检出单增李斯特氏菌的原理是什么?
(2)用 PCR 方法检测食品中单增李斯特氏菌的目的和原理是什么?
(3)PCR 方法可能出现假阳性的原因是什么?

实验43　食品中耐热菌和嗜冷菌数量的检测

一、食品中耐热菌数量的检测

1　目的和要求

学习微球菌等耐热菌的检验计数方法。

2　基本原理

凡是在巴氏杀菌的温度下(63℃,30min)尚能残存,但不能在此温度下正常生长的微生物,称为耐热微生物。食品中的耐热菌主要有芽孢杆菌属、梭菌属、链球菌属(唾液链球菌嗜热亚种)、肠球菌属(粪肠球菌)、微球菌属、葡萄球菌属、微杆菌属(乳微杆菌)、节杆菌属等属的一些种,它们在巴氏杀菌后的食品中残留并生长繁殖导致食品贮藏期缩短。为了及时采取栅栏技术控制耐热菌的生长,有必要检测食品原料、半成品及成品中的耐热菌数量。

采用标准平板活菌计数法(SPC法),计数前先将少量样品经63℃处理30min或72℃处理15min后,用PCA或酪蛋白大豆蛋白胨琼脂培养基于30~32℃培养2d计数。选取菌落数在30~300CFU的培养皿进行计数,根据稀释倍数换算出每克(毫升)样品中耐热菌的数量(CFU)。

3　实验材料

3.1　样品　巴氏杀菌乳或其他加热杀菌的食品。

3.2　培养基　平板计数琼脂(PCA)或酪蛋白大豆蛋白胨琼脂(附录Ⅱ)。

3.3　试剂　无菌生理盐水(9mL/管,225mL/250mL三角瓶,带若干玻璃珠)。

3.4　仪器与其他用具　数字式电热恒温水浴箱、冰水浴箱、培养箱、插入试管的温度计(要求有0.1℃的分刻度并经过校正)、一次性无菌平皿、无菌吸管(1mL、5mL、10mL)或微量移液器及吸头、无菌试管(20mm×125mm,带有螺帽,内衬18mm橡皮或塑料垫)、试管架等,其他仪器与用具同实验27。

4　实验流程

样品处理 → 制成1∶10的样品匀液 → 巴氏杀菌 → 冷却 → 平板计数(倾注法) → 计算菌落总数

5　操作步骤

5.1　样品的处理　对于液体检样(如巴氏杀菌乳)必须充分混匀,杀菌之前不用稀释;对于固体或半固体检样,称取25g放入盛有225mL无菌生理盐水的无菌均质袋中,用拍击式均质器拍打1~2min,制成1∶10的样品匀液。

5.2 巴氏杀菌和冷却 以无菌操作吸取原始液体检样或 1∶10 的样品匀液 5mL 于灭菌试管内,用螺帽盖紧。注意操作时要防止检样污染试管的上部,因试管上部附着的检样与下部检样受热温度不同,导致杀菌效果不同,结果误差较大。在其中 1 支装有检样的试管中插入温度计作为温度指示管,以监测整个加热过程中的温度。将原始液体检样或 1∶10 的样品匀液试管置于试管架上,先在冰水浴中放置 30min,使全部试管的温度一致,再放入 $(63±0.5)$℃水浴箱内。注意:试管要全部浸入水中,或水的高度要高出试管内检样约 4cm。当温度指示管内检样温度达到 63℃时,开始计时,要求温度误差为 ±0.5℃。其间不断摇动试管架,使检样受热均匀。待 30min 后迅速将检样试管浸于冰水浴中,使其冷却到 10℃以下。

5.3 平板计数 操作方法与实验 27 中标准平板活菌计数法相同。以无菌操作将经过巴氏杀菌的原始液体检样或 1∶10 的样品匀液用无菌生理盐水做 10 倍递增稀释,选择其中 3 个适当稀释度的菌悬液各 1mL,对号放入编好号的无菌平皿中(每个编号设 3 个重复),倒入溶化并冷却至 46~50℃的 PCA 或酪蛋白大豆蛋白胨琼脂培养基约 15mL,置水平位置迅速轻轻旋动平皿,使培养基与菌液充分混匀,而又不使培养基荡出平皿或溅到平皿盖上。待培养基凝固后,倒置于 30~32℃培养 2d,至菌落长出后即可计数。取菌落数在 30~300 的培养皿进行计数,根据稀释倍数换算出每克(毫升)食品中耐热菌的数量(CFU)。菌落总数的计算方法与报告方式及实验注意事项同实验 27。

6 实验结果与报告

将耐热菌的菌落计数结果填入下表中,并对结果进行误差分析。

项目	10^{-2} 稀释度				10^{-3} 稀释度				10^{-4} 稀释度			
	1	2	3	平均	1	2	3	平均	1	2	3	平均
菌落数(CFU)/平板												
每 g(mL)样品中的数量(CFU)												

7 思考题

(1)对样品进行巴氏杀菌操作时应注意哪些问题?
(2)分析耐热菌在加热杀菌食品中的危害。

二、食品中嗜冷菌数量的检测

1 目的和要求

学习假单胞菌等嗜冷菌的检验计数方法。

2 基本原理

食品中的嗜冷菌是指在 0~7℃ 下生长良好,于此温度下用固体培养基培养 7~10d,出现可见菌落的微生物。它主要包括:①G^-无芽孢杆菌,假单胞菌属、产碱杆菌属、黄杆菌属、变形杆菌属、肠杆菌属、莫拉氏菌属、不动杆菌属、气单胞菌属等一部分细菌;②G^+菌,微球菌属、节杆菌属、肠球菌属(粪肠球菌)、芽孢杆菌属、梭菌属等一部分细菌。它们在冷藏条件下生长引起乳、肉、蛋等食品的变质。尤其是嗜冷菌中的假单胞菌属(如荧光假单胞菌)在冷藏巴氏杀菌乳中占主要优势,能产生非常耐热的蛋白酶和脂肪酶,即使经过超高温处理(140℃,2min)其活性仍有 10% 残存,在 0℃ 时两种酶的活性又最高,故可在低温下分解蛋白质和脂肪而引起巴氏杀菌乳和超高温灭菌乳的变质(苦味、结块、分层等)。因此生牛乳(原料乳)中的嗜冷菌的数量最好控制在 $1.0×10^3$CFU/mL 以内。一般食品中的嗜冷菌数量达到 $10^6~10^7$CFU/mL 即可见明显蛋白质和脂肪分解导致的变质现象(蛋白质腐败、脂肪酸败)。

在标准平皿活菌计数法(SPC 法)基础上,采用非选择性培养基和选择性培养基检测。用非选择性培养基(如普通营养琼脂或酪蛋白大豆蛋白胨琼脂)于 7℃ 培养 10d 出现肉眼可见的菌落。如用结晶紫红四氮唑选择性培养基(结晶紫可抑制 G^+ 菌生长)于 30℃ 培养 2d 计数平板上红色菌落即为 G^- 嗜冷菌检验结果。如用假单胞菌 CFC 选择性培养基(CFC 抗菌剂能抑制除假单胞菌之外的其他杂菌生长)可使所有产色素、荧光色素和不产色素的假单胞菌生长,于 25℃ 培养 1~2d,计数平板上生长的菌落即为假单胞菌检验结果。选取菌落数在 30~300 的培养皿进行计数,并根据稀释倍数换算出每克(毫升)检样中嗜冷菌的数量(CFU)。如果食品中的嗜冷菌主要为 G^+ 菌,则此法不适用。

倾注平板培养法:每 g(mL)样品中菌落形成单位(CFU) = 同一稀释度三次重复的平均菌落数×稀释倍数

涂布平板培养法:每 g(mL)样品中菌落形成单位(CFU) = 同一稀释度三次重复的平均菌落数×稀释倍数×10

3 实验材料

3.1 样品　冷藏的生牛乳(原料乳)、鲜肉。

3.2 培养基　MPC 琼脂或酪蛋白大豆蛋白胨琼脂、结晶紫红四氮唑琼脂、CFC 琼脂,制法均见附录Ⅱ。

3.3 试剂　无菌蛋白胨水(1g/L 蛋白胨-8.5g/L 氯化钠溶液),分装于 9mL/管及带若干玻璃珠的 225mL/250mL 三角瓶,制法见附录Ⅳ。

3.4 仪器与其他用具　培养箱、三角型玻璃涂棒、一次性无菌平皿、无菌 1mL 吸管或微量移液器及吸头、无菌试管等,其他仪器与用具同实验 27。

4 实验流程

非选择性培养基平板计数法:样品处理 → 制成 1:10 的样品匀液 → 10 倍递增稀释 → 选 3 个适当稀释度的菌悬液 → 用 MPC 琼脂或酪蛋白大豆蛋白胨琼脂平板计数(倾注法或涂布法) → 15℃ 培养 3d → 计算菌落总数

选择性培养基平板计数法：样品处理 → 制成 1∶10 的样品匀液 → 10 倍递增稀释 → 选 3 个适当稀释度的菌悬液 → 用 CFC 琼脂或结晶紫红四氮唑琼脂平板计数(倾注法或涂布法) → 25℃或 30℃培养 2d → 计算菌落总数

5 操作步骤

5.1 检样采集与处理　操作方法与实验 27 中标准平板活菌计数法相同。采样之后立即进行稀释处理和培养。尽量减少在此条件下嗜冷菌的生长繁殖，以保证结果反映采样时的菌数。在无菌条件下直接取生牛乳 25mL 加入 225mL 的无菌蛋白胨水中，摇匀即为 10^{-1} 的样品稀释液。若为冷藏肉样品，称取表面肉 25g 放入盛有 225mL 无菌蛋白胨水的无菌均质袋中，用拍击式均质器拍打 1~2min，制成 1∶10 的样品匀液。

5.2 非选择性培养基平板计数法

5.2.1 倾注平板培养法　操作方法与实验 27 中标准平板活菌计数法相同。将检样做 10 倍递增稀释后，选择其中 3 个适当稀释度的菌悬液各 1mL，对号放入编好号的无菌平皿中(每个编号设 3 个重复)，倒入溶化并冷却至 46℃(不要超过 46℃)的 MPC 琼脂或酪蛋白大豆蛋白胨琼脂约 15mL，充分混匀，待培养基凝固后，倒置于(6.5±0.5)℃的培养箱中培养 10d(或 21℃培养 2d，或 15℃培养 3d，或 15℃培养 1d 再于 7℃培养 2d)，至菌落长出后计数。

5.2.2 涂布平板培养法　在倾注平板培养法中，由于样品中的嗜冷菌在倾注 50℃左右的培养基时易受到损伤或被杀死，故可采用涂布平板培养方法进行菌落计数。

(1) 倒平板　将溶化的 MPC 琼脂或酪蛋白大豆蛋白胨琼脂培养基倒于无菌平皿约 15mL，待冷凝后置于 50℃温箱中，使琼脂表面干燥，便于加检样后均匀涂布。

(2) 加样品稀释液和涂布　用灭菌吸管取 3 个适当稀释度的菌悬液各 0.1mL，分别接种于不同稀释度编号的含培养基的平板上(每个编号设 3 个重复)，再用三角型无菌玻璃涂棒(用酒精棉球擦拭并灼烧灭菌)将平板上的菌液涂布均匀，平放于实验台上 20~30min，使菌液渗入培养基内。注意：每个稀释度用一个灭菌玻璃涂棒，在由低向高浓度涂布时，也可不更换玻璃涂棒。用玻璃涂棒在培养基平面上先前后 3 次、左右 3 次涂布，再按顺时针方向和/或逆时针方向旋转涂布。

(3) 培养　将平板倒置于 15℃培养箱中培养 3d，至菌落长出后即可计数。或于 15℃培养 1d，再于 7℃继续培养 2d 计数。

5.3 选择性培养基平板计数法

5.3.1 检样的稀释和适当稀释度的选择　操作方法与实验 27 中标准平板活菌计数法相同。

5.3.2 平板的制备与接种　采用倾注法或涂布法制备结晶紫红四氮唑琼脂平板与 CFC 琼脂平板，并接种样品稀释液。

5.3.3 培养　将结晶紫红四氮唑琼脂平板于 30℃培养 2d 或 22℃培养 5d，计数红色菌落即为嗜冷菌检验结果。将 CFC 琼脂平板于 25℃培养 1~2d，紫外灯下检查平板菌落有荧光色素，计数平板生长菌落即为假单胞菌检验结果。

5.4 质量保持试验

"质量保持试验"是将新鲜食品检样和在冷藏温度下保存 5~7d 后的同一食品检样，先后两次分别做琼脂平板菌落计数。方法同上所述，平板在 30℃培养 2d，或在 22℃培养 5d，比较两次结果的差别,以此提供该食品在冷藏条件下嗜冷菌可能生长繁殖的重要数据。

6 实验结果与报告

将嗜冷菌的菌落计数结果填入下表中,并对结果进行误差分析。

项目	10^{-2} 稀释度				10^{-3} 稀释度				10^{-4} 稀释度			
	1	2	3	平均	1	2	3	平均	1	2	3	平均
菌落数(CFU)/平板												
每 g(mL)样品中的数量(CFU)												

7 思考题

(1)常规方法检测嗜冷菌于7℃有氧条件下培养10d出现肉眼可见的菌落,所得结果只有"历史借鉴"意义。如何改进检测方法以便较快得到结果?

(2)多数假单胞菌含有蛋白酶和脂肪酶,如何通过间接测定蛋白酶或脂肪酶的活性(活力)并与嗜冷菌数量建立一定关系,以快速预测原料乳中嗜冷菌的数量?

(3)为什么检测嗜冷菌倒平板时培养基的温度不能超过46℃?

实验44　蛋白质、脂肪、纤维素分解菌和淀粉水解菌的检验

一、蛋白质分解菌的检验

1　目的和要求

学会检验乳、肉、蛋类食品中的蛋白质分解菌的一般方法及其原理。

2　基本原理

蛋白质分解菌可利用其分泌的蛋白酶(胞外酶),将乳、肉、蛋及其制品中的蛋白质分解为小分子物质。如果检验样品中有蛋白质分解菌,则在含有蛋白质的不透明培养基平板上的菌落周围出现分解蛋白质的透明圈,据此可知该菌为蛋白质分解菌。

3　实验材料

3.1　样品　原料乳或干酪、发酵风干香肠或牛肉等,几株待检蛋白质分解菌斜面或液体培养物。

3.2　培养基　脱脂乳粉琼脂培养基、酪蛋白琼脂培养基、蛋白质琼脂培养基(附录Ⅱ)。

3.3　试剂　无菌生理盐水(9mL/管,225mL/250mL三角瓶,带若干玻璃珠)。

3.4　仪器与其他用具　培养箱、拍击式均质器、漩涡混合器、无菌均质袋、1mL无菌吸管或微量移液器及吸头、接种环(针)、玻璃涂布棒等。

4　实验流程

样品处理 → 检样的稀释和适当稀释度的选择 → 用脱脂乳粉琼脂、酪蛋白琼脂、蛋白质琼脂培养基平板计数(涂布法) → 培养 → 计数产生透明圈的菌落

待检蛋白质分解菌斜面或液体培养物 → 接种针或移液吸头点接种至琼脂平板 → 培养 → 测量透明圈直径

5　操作步骤

5.1　检样采集与处理　与标准平板活菌计数法基本相同,参见实验27。

5.2　检样的稀释和适当稀释度的选择　与标准平板活菌计数法相同,参见实验27。

5.3　透明圈实验

5.3.1　将样品均质、稀释、涂布于脱脂乳粉琼脂、酪蛋白琼脂、蛋白质琼脂培养基平皿中,37℃倒置培养3d,计数产生透明圈的菌落。选择30~300个菌落的平皿进行计算,并报告每克(毫升)样品中蛋白质分解菌的数量(CFU)。其菌落计数方法、菌落总数的计算方法及菌落总数报告方式参见实验27中5.6~5.8。

5.3.2 将待检蛋白质分解菌斜面或液体培养物以接种针或移液吸头点接种于上述琼脂培养基平皿中,37℃培养 3d 后,测量菌落周围透明圈的直径,比较各菌株透明圈的大小,挑选透明圈较大的菌落划线接种至相同的斜面培养基上,培养后保存备用。

6 实验结果与报告

(1)报告所检测样品中蛋白质分解菌的活菌数量,并对结果进行误差分析。
(2)列表记录所测定蛋白质分解菌的菌落周围透明圈的直径,并求出平均值。

7 思考题

除采用透明圈实验外,还有哪些方法可以检验蛋白质分解菌?

二、脂肪分解菌的检验

1 目的和要求

学习脂肪分解菌的检验方法及其原理,了解具体操作程序。

2 基本原理

某些微生物能分泌脂肪酶(胞外酶),可分解培养基中大分子的脂肪为小分子的甘油和脂肪酸,使培养基 pH 降低,会使培养基内的中性红指示剂(中性时呈黄色,酸性时呈红色)由淡红色变为深红色。如果检验样品中有脂肪分解菌,则在含有脂肪/油脂的培养基平板上的菌落周围出现分解脂肪的深红色透明圈,据此可知该菌为脂肪分解菌。

3 实验材料

3.1 样品 原料乳或干酪、发酵风干香肠或牛肉等,几株待检脂肪分解菌斜面或液体培养物。
3.2 培养基 中性红油脂分解琼脂培养基(附录Ⅱ)。
3.3 试剂 无菌生理盐水(9mL/管,225mL/250mL 三角瓶,带若干玻璃珠)。
3.4 仪器与其他用具 同蛋白质分解菌的检验。

4 实验流程

样品处理 → 检样的稀释和适当稀释度的选择 → 用油脂分解琼脂培养基平板计数(涂布法) → 培养 → 计数产生深红色透明圈的菌落

待检脂肪分解菌斜面或液体培养物 → 接种针或移液吸头点接种至琼脂平板 → 培养 → 测量透明圈直径

5 操作步骤

5.1 检样采集与处理 与标准平板活菌计数法基本相同,参见实验 27。
5.2 检样的稀释和适当稀释度的选择 与标准平板活菌计数法相同,参见实验 27。

5.3 透明圈实验

5.3.1 将样品均质、稀释、涂布于油脂分解琼脂培养基平皿中,37℃倒置培养3d,计数产生深红色透明圈的菌落。选择30~300个菌落的平皿进行计算,并报告每克(毫升)样品中脂肪分解菌的数量(CFU)。其菌落计数方法、菌落总数的计算方法及菌落总数报告方式参见实验27中5.6~5.8。

5.3.2 将待检脂肪分解菌斜面或液体培养物以接种针或移液吸头点接种于油脂分解琼脂培养基平皿中,37℃培养3d后,测量菌落周围透明圈的直径,比较各菌株透明圈的大小,挑选透明圈较大的菌落划线接种至相同的斜面培养基上,培养之后保藏备用。

6 实验结果与报告

(1)报告所检测样品中脂肪分解菌的活菌数量,并对结果进行误差分析。
(2)列表记录所测定脂肪分解菌的菌落周围透明圈直径结果,并求出平均值。

7 思考题

(1)除透明圈实验外,还有哪些方法可以检验脂肪分解菌?
(2)脂肪和油脂的区别,检验脂肪和油脂分解菌的方法是否相同?

三、淀粉水解菌的检验

1 目的和要求

了解淀粉水解菌的检验方法及其原理。

2 基本原理

某些微生物能分泌淀粉酶(胞外酶),将培养基中的淀粉水解为小分子的糊精、双糖和单糖。培养基中的淀粉遇碘液会产生蓝色,但细菌水解淀粉的区域用碘测定不再变蓝色,表明细菌分泌淀粉酶。如果在平板上菌落周围出现灰白色、半透明的透明圈至无色透明圈,则说明淀粉已被水解。其透明圈的大小与该菌淀粉酶活力的高低成正比。

3 实验材料

3.1 样品 变质面包或馒头、糯米甜酒酿等,几株待检淀粉水解菌斜面或液体培养物。
3.2 培养基 淀粉琼脂培养基(附录Ⅱ)。
3.3 试剂 无菌生理盐水(9mL/管,225mL/250mL 三角瓶,带若干玻璃珠),水解淀粉用碘液——鲁格尔氏碘液(附录Ⅳ)。
3.4 仪器与其他用具 同蛋白质分解菌的检验。

4 实验流程

样品处理 → 检样的稀释和适当稀释度的选择 → 用淀粉琼脂培养基平板计数(涂布法) → 培养 →

计数产生透明圈的菌落

待检淀粉水解菌斜面或液体培养物 → 接种针或移液吸头点接种至琼脂平板 → 培养 → 加少量鲁格尔碘液至平板内 → 旋转平皿 → 碘液分布均匀 → 测量透明圈直径

5 操作步骤

5.1 检样采集与处理　与标准平板活菌计数法基本相同，参见实验 27。

5.2 检样的稀释和适当稀释度的选择　与标准平板活菌计数法相同，参见实验 27。

5.3 透明圈实验

5.3.1 将样品均质、稀释、涂布于淀粉琼脂培养基平皿中，37℃倒置培养 1d，滴入少量鲁格尔氏碘液于培养基表面，计数产生透明圈的菌落。选择 30~300 个菌落的平皿进行计算，并报告每克(毫升)样品中淀粉水解菌的数量(CFU)。其菌落计数方法、菌落总数的计算方法及菌落总数报告方式参见实验 27 中 5.6~5.8。

5.3.2 将待检淀粉水解菌斜面或液体培养物以接种针或移液吸头点接种于淀粉琼脂培养基平皿中，37℃培养 1d 后，将平皿盖打开，滴入少量鲁格尔氏碘液于培养基表面，轻轻旋转平皿，使碘液均匀分布整个平板。观察并测量菌落周围透明圈的直径，比较各菌株透明圈的大小，挑选透明圈较大的菌落划线接种至相同的斜面培养基上，培养之后保藏备用。

6 实验结果与报告

(1) 报告所检测样品中淀粉水解菌的活菌数量，并对结果进行误差分析。

(2) 列表记录所测定淀粉水解菌的菌落周围透明圈直径结果，并求出平均值。

7 思考题

(1) 除透明圈实验外，还有哪些方法可以检定淀粉水解菌？

(2) 平板培养之后，如果不用碘液反应，如何证明淀粉已被水解？

四、纤维素分解菌的检验

1 目的和要求

了解纤维素分解菌的检验方法及其原理。

2 基本原理

某些微生物能分泌纤维素酶，包括 β-1,4-葡聚糖酶和纤维二糖酶(又称 β-葡萄糖苷酶)。前者作用于纤维素的 β-1,4 糖苷键，水解培养基中的可溶性非结晶纤维素为纤维三糖、纤维二糖、纤维寡糖、葡萄糖，后者继续分解纤维三糖、纤维二糖、纤维寡糖生成葡萄糖。刚果红与纤维素结构中含有 β-1,4-D-吡喃型葡萄糖的多糖有强烈的相互作用，由此以刚果红作为检验多糖水解物的指示剂，利用纤维素-刚果红培养基分离、筛选或检验纤维素分解菌。如果平板上菌落周围出现无色透明圈，则说明纤维素已被微生物分泌的纤维素酶水解。

其透明圈的大小与该菌纤维素酶活力的高低成正比。

3 实验材料

3.1 样品　土壤、废甘蔗渣/甜菜渣等,几株待检纤维素分解菌斜面或液体培养物。

3.2 培养基　刚果红纤维素琼脂培养基(附录Ⅱ)。

3.3 试剂　无菌生理盐水(9mL/管,225mL/250mL 三角瓶,带若干玻璃珠)。

3.4 仪器与其他用具　同蛋白质分解菌的检验。

4 实验流程

样品处理 → 检样的稀释和适当稀释度的选择 → 用 CMC-Na-刚果红琼脂培养基平板计数(涂布法) → 培养 → 计数产生透明圈的菌落

待检纤维素分解菌斜面或液体培养物 → 接种针或移液吸头点接种至琼脂平板 → 培养 → 测量透明圈直径

5 操作步骤

5.1 检样采集与处理　与标准平板活菌计数法基本相同,参见实验27。

5.2 检样的稀释和适当稀释度的选择　与标准平板活菌计数法相同,参见实验27。

5.3 透明圈实验

5.3.1 将样品均质、稀释、涂布于 CMC-Na-刚果红琼脂培养基平皿中,37℃倒置培养 3d,计数产生透明圈的菌落。选择 30~300 个菌落的平皿进行计算,并报告每克(毫升)样品中纤维素分解菌的数量(CFU)。其菌落计数方法、菌落总数的计算方法及菌落总数报告方式参见实验 27 中 5.6~5.8。

5.3.2 将待检纤维素分解菌斜面或液体培养物以接种针或移液吸头点接种于 CMC-Na-刚果红琼脂培养基平皿中,37℃培养 3d 后,观察并测量菌落周围透明圈的直径,比较各菌株透明圈的大小,挑选透明圈较大的菌落划线接种至相同的斜面培养基上,培养之后保存。

6 实验结果与报告

(1)报告所检测样品中纤维素分解菌的活菌数量,并对结果进行误差分析。

(2)列表记录所测定纤维素分解菌的菌落周围透明圈直径结果,并求出平均值。

7 思考题

除透明圈实验外,还有哪些方法可以检验纤维素分解菌?

实验 45 Ames 法对化学诱变剂与致癌剂的检测

1 目的和要求

（1）明确 Ames 法检测诱变剂和致癌剂的基本原理。
（2）学习 Ames 法检测诱变剂和致癌剂的方法。

2 基本原理

Ames 试验又称鼠伤寒沙门氏菌（*Salmonella typhimurium*）回复突变试验，用于检测授试物能否引起鼠伤寒沙门氏菌基因组发生碱基置换或移码突变。其基本原理是：利用一系列鼠伤寒沙门氏菌的组氨酸营养缺陷型（his^-）菌株发生回复突变性能来检测物质的诱变及致癌性能，这些菌株在不含组氨酸的基本培养基上不能生长，如遇具有诱变性能的物质后可发生回复突变，his^- 变为 his^+，因而在基本培养基上也能生长，形成肉眼可见的菌落。故可根据在无组氨酸的基本培养基上形成菌落的数量，鉴定受试物是否为致突变、致癌物。对于间接致突变物，需要哺乳动物肝细胞中的羟化酶系统激活后方能显示致突变物的活性，故在进行实验时还需加入哺乳动物肝细胞内微粒体的酶，作为体外代谢活化系统（S-9 混合液），以提高阳性物的测出率。如果不加入 S-9 混合液也能获得阳性结果，说明受试物是直接致突变物。本实验所使用的鼠伤寒沙门氏菌测试菌株具有的遗传性状如表 45.1 所示。

表 45.1 四种鼠伤寒沙门氏菌测试菌株的遗传性状

菌株	组氨酸缺陷 his^-	脂多糖屏障丢失突变 *rfa*	UV 修复系统缺失 △*uvrB*	生物素缺陷 bio^-	抗药因子 R	检测的突变型
TA1535	his^-	*rfa*	△*uvrB*	Bio^-	—	碱基置换
TA100	his^-	*rfa*	△*uvrB*	Bio^-	R	碱基置换
TA1537	his^-	*rfa*	△*uvrB*	bio^-	—	碱基移码
TA98	his^-	*rfa*	△*uvrB*	bio^-	R	碱基移码
S-CK 野生型	his^-	未突变	不缺失	Bio^+	—	—

四种鼠伤寒沙门氏菌测试菌株含有下列突变：

（1）组氨酸基因突变（his^-） 根据选择性培养基上出现的 his^- 转为 his^+ 的回复突变率可检测出诱变剂或致癌物的诱变频率。

（2）脂多糖屏障丢失突变（*rfa*） 该菌株的细胞壁基因有缺陷，形成细胞表面粗糙突变体，使待测物容易进入细胞内。

（3）紫外线切除修复系统缺失突变（△*uvrB*） 该菌株对紫外线照射后损伤的 DNA 不能进行暗修复作用（又叫切除修复），对致癌物引起的 DNA 损伤的修复作用也降低至最低程度。

(4) 抗药性标记 R 某些菌株具有抗氨苄青霉素(ampicillin)的质粒,从而提高了检出的灵敏性。

3 实验材料

3.1 检测样品 选用有致癌可能的食品或化工厂排放液进行检测。将待测物溶于蒸馏水中配制成每待测液含百分之几至千分之几(质量分数,最高不能超过该物的抑菌浓度)4~5 个不同浓度。若样品不溶于水,则用二甲基亚砜(DMSO)溶解,再不能溶时则选用 95%(体积分数)乙醇、丙酮、甲酰胺、乙腈、四氢呋喃等作为配制待测样品的溶剂。

3.2 测试菌种 实验菌株为鼠伤寒沙门氏菌组氨酸缺陷型为 TA1535、TA100、TA1537 及 TA98 的四个菌株,对照菌株为 S-CK 野生型。各菌株的遗传特性如表 45.1 所示。TA1535 及 TA100 能检测引起碱基置换的诱变剂,而 TA1537 及 TA98 则用来检测引起碱基移码的诱变剂。本实验推荐用 TA100 作为测试菌株,S-CK 作为对照菌株。

3.3 培养基 氯化钠琼脂、上层培养基、下层培养基、固体营养培养基、液体营养培养基,制法均见附录Ⅱ。

3.4 试剂 亚硝基胍(NTG)溶液($50\mu g/mL$、$250\mu g/mL$、$500\mu g/mL$,用甲酰胺 0.05mL 助溶后,以 pH 6.0 的 0.1mol/L 磷酸盐缓冲溶液配制,制法见附录Ⅳ)、黄曲霉毒素 B_1 溶液($5\mu g/mL$、$50\mu g/mL$)、氨苄青霉素液(8mg/mL,用 0.02mol/L 的 NaOH 配制)、结晶紫溶液(1mg/mL)、生理盐水(150mL)、0.15mol/L KCl 溶液(500mL)、组氨酸-生物素混合液。

(1) 鼠肝匀浆 S-9 上清液的制备 选取成年健壮大白鼠 3 只(每只体重约 200g),按 500mg/kg 一次腹腔注射 5-氯联苯玉米油配制成的溶液(浓度为 200mg/mL 的 5-氯联苯溶液)2.5mL,以诱导提高酶的活性。注射后第 5d 断头杀鼠,杀前 12h 应禁食。取 3 只大白鼠的肝脏合并称重,用冷的 0.15mol/L 的 KCl 溶液先洗涤 3 次,剪碎,按 1g 肝脏(湿重)加 3mL 0.15mol/L 的 KCl 溶液在匀浆器中制成匀浆,经高速冷冻离心机(9000r/min)离心 10min,取上清液备用,即 S-9 上清液。分装安瓿管,每管 1~2mL,液氮速冻,-20℃冷冻保藏备用。使用前取出,在室温下融化并置于冰中冷却,再按下法配制 S-9 混合液。以上操作均应在低温(0~4℃)无菌条件下进行。

(2) 鼠肝匀浆 S-9 混合液的制备

① 0.2mol/L pH 7.4 磷酸缓冲液制备:$Na_2HPO_4 \cdot 12H_2O$ 7.16g、KH_2PO_4 2.72g,加水至 100mL,0.1MPa 灭菌 20min 后备用。

② Mg-K 盐溶液制备:称取 $MgCl_2$ 8.1g、KCl 12.3g,加蒸馏水溶解定容至 100mL,灭菌后备用。

③ NADP(辅酶Ⅱ)和 G-6-P(葡萄糖-6-磷酸)溶液。每 100mL 溶液含 NADP 297mg、G-6-P 152mg、0.2mol/L pH 7.4 的磷酸缓冲液 50mL、Mg-K 盐溶液 2mL,加无菌蒸馏水至 100mL。细菌过滤器过滤除菌,无菌检验后,分装小瓶,每瓶 10mL,-20℃贮存备用。

④ S-9 混合液。取 2mL S-9 上清液加入 10mL NADP 和 G-6-P 溶液(将低温储存 S-9 上清液、NADP 和 G-6-P 溶液室温下融化后现配现用),混合液置于冰浴中,用后多余部分弃去。

3.5 仪器与其他用具 培养皿(9cm)、移液管(0.1mL、1mL、5mL、10mL)或微量移液器及吸头、试管、紫外灯(15W 或 20W)、直径 6mm 厚圆滤纸片、黑纸、匀浆器、水浴锅、安瓿瓶、剪刀、镊子、解剖刀、5mL 注射器、高速冷冻离心机、电子天平(感量为 0.01g)。

4 实验流程

4.1 测试菌株的鉴定流程如图 45.1 所示。

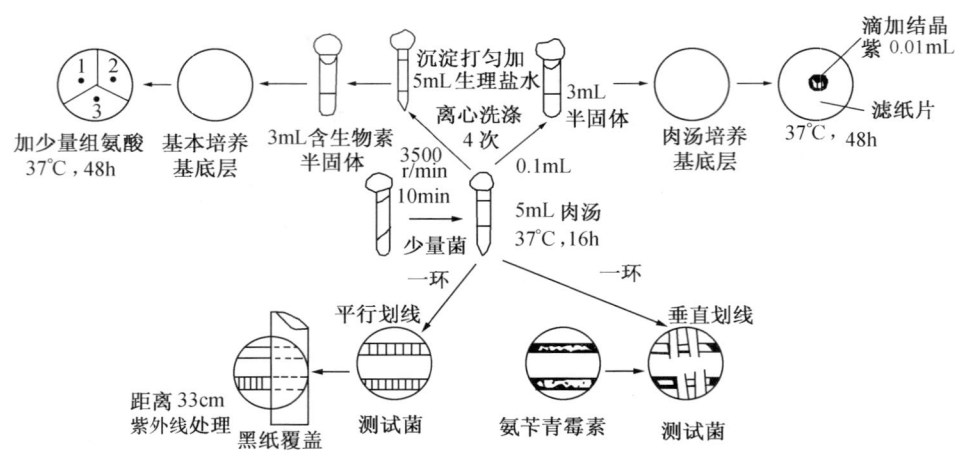

图 45.1 Ames 试验测试菌种鉴定操作程序

4.2 NTG 和黄曲霉素 B_1 诱变作用的检测流程

细菌培养 → 纸片点样检测 → 培养皿掺入检测 → 加 S-9 检测 → 阳性对照和 S-9 活性鉴定 → 诱变性的定性鉴定 → 诱变性的定量鉴定 → 数据记录和分析

5 操作步骤

5.1 测试菌株遗传性状的鉴定 凡用于检测的菌株必须先对其属种主要遗传性状加以鉴定,符合要求后方可正式使用。

5.1.1 组氨酸营养缺陷型(his^-)鉴定 基于 his^- 菌株只能在含组氨酸的培养基上生长,将下层培养基熔化,冷却至 50℃左右,倒入 4 个培养皿内,冷凝后倒置过夜制成底层平板。将测试菌株及对照菌株斜面各取 1 环分别接入液体营养培养基中,37℃培养 16~24h 后离心。取菌体并用生理盐水洗涤 3 次,然后制成菌悬液[浓度(1~2)×10^9 个/mL]。取 4 管氯化钠琼脂,溶化并冷却至 45℃左右,保温,各管加 0.1mL 菌悬液,每个菌株做 2 管,迅速摇匀并倾注到底层平板上铺匀。在各培养皿背面用记号笔标出 1、2、3 三点。翻转平皿,打开皿盖,在 1 处加组氨酸颗粒(加量约为芝麻粒的 1/2),2 处加组氨酸-生物素混合液 1 小滴,3 处不加作为对照,37℃培养 2d 观察结果,要求除对照菌株外,其余检测菌株均为组氨酸-生物素缺陷型。

5.1.2 脂多糖屏障丢失(rfa)的鉴定 rfa 突变株的菌体表面脂多糖屏障已遭破坏,一些大分子可穿过细胞壁和细胞膜进入菌体并抑制其生长,而野生型不受影响。溶化固体营养培养基,制成 4 个底层培养基平板,取 4 管氯化钠琼脂,按 5.1.1 操作方法将带菌的氯化钠琼脂倾注到底层培养基平板上,每个菌株做2皿。待室温干燥后,在中央放一直径6mm的无菌厚滤纸片,在其上滴加结晶紫0.02mL。37℃培养2d后观察结果。若滤纸片周围出现抑菌圈,直径>14mm说明 rfa 突变。

5.1.3 抗药性因子(R)鉴定　取固体营养培养基在4个平皿内制成平板。冷凝后在平板的两侧分别加氨苄青霉素液0.01mL,并用接种环将青霉素液涂开成两条带,置温箱或室温下待干。分别取TA100及S-CK两株菌各1环,按与氨苄青霉素带垂直的方向划线,每皿间隔划两条菌线,做两皿重复,37℃培养16~24h观察结果。含R因子者在划线部分可生长。R因子的性状易丢失,故应经常鉴定。

5.1.4 UV修复缺失(uvrB)鉴定　取固体营养培养基溶化后,倒入4个培养皿制成平板,冷凝后用记号笔作好标记。分别取TA100及S-CK两个菌株在平板上平行划线成两条菌带(图45.1),做两个重复;将平皿置于紫外灯(15W或20W,30~40cm)下,打开皿盖,用无菌黑纸遮盖半个平皿,将划线处露出一半,打开紫外灯,照射10~20s。在暗室内红灯下操作,照射完毕,盖上皿盖,用黑纸包好,37℃培养16~24h观察结果。UV修复系统缺失的菌株经紫外线照射后不能生长,但有黑纸遮盖部分可生长。

5.2 待测样品致突变性检测　检测可用点滴法或掺入法,每次实验均应同时设置对照。

5.2.1 点滴法　将下层培养基溶化后倒入平皿,制成底层平板。将上层培养基(加组氨酸-生物素的NaCl琼脂)溶化并冷却至45℃左右放入水浴保温,加入0.1mL(浓度为$1×10^9$ 个/mL)的TA100悬液、0.5mL S-9混合液,混匀后倒在平板上铺平。待上层凝固后,取直径为6mm的无菌圆形厚滤纸片,各蘸取不等浓度的待测样品液约10μL轻轻放在上层平板上,每皿可放滤纸片1~5张,同一菌株做两皿重复,37℃培养48h观察结果(致突变性迟缓或有抑菌作用的试样,培养时间延长至72h)。凡在滤纸片周围长出一圈菌落者,可认为该样品具有突变性。菌落数为>10(+)、>100(++)、>500(+++)。若仅有>10菌落出现,则该样品不具突变性(-)。此法比较简单,但结果不够精确,可作为样品测定的定性试验,适用于快速筛查大量样品的致突变性。

5.2.2 掺入法　用上述同样方法制备下层平板,上层培养基溶化并冷却后,除加0.1mL测试菌悬液、0.5mL S-9混合液外,尚需加0.1mL已知浓度的待测样品液,经充分混合后迅速铺于底层平板上,37℃培养48h观察结果。操作应在20s内完成并注意避光。平板上出现的菌落是经回复突变后产生的,精确记录各皿上出现的回复突变菌落数并算出同组两皿的平均菌落数,即诱变菌落平均数/皿,以 R_t 表示,留待以后计算致突变比(MR)。此法比点滴法敏感性高,获致突变性结果所需的样品浓度相对较低。

在观察结果时,不论是掺入法还是点滴法,一定要在琼脂表面长出的回复突变菌落的下面衬有一层菌苔时,确认为 his^+ 回复突变菌落。这是由于下面的菌苔是菌株利用了上层的培养基内所含微量组氨酸和生物素生长的菌,经数次分裂后,其中一部分菌可自发回复突变,并继续增殖形成的菌落。

5.3 对照设计及结果评估　每次试验均应设有自发回复突变、阳性及阴性三项对照。

5.3.1 自发回复突变对照　操作方法基本与掺入法相同。但在上层琼脂管内只加0.1mL菌悬液、0.5mL S-9混合液,不加待测样品液,经37℃培养48h后观察。在下层平板上长出的菌落表示该菌自发回复突变后生成。记录并算出每组平皿菌落平均数/皿,以 R_c 表示。致突变比计算如式(45.1)。

致突变比(MR)= 每皿诱变菌落平均数(R_t)/每皿自发回复突变菌落菌数(R_c) (45.1)

若 MR≥2,且有剂量-反应关系,即 MR 随试验样品浓度增加而上升,则认为样品属于 Ames 实验阳性。当试验样品浓度达 500μg/皿仍未出现阳性结果时,便可报告该待测样品属于 Ames 实验阴性。

对于阳性结果的样品,其试验结果尚要经统计分析,若计算与回复突变菌落之间有可重复的相关系数,经相关显著性检验,最后才能判为致突变阳性。

5.3.2 阴性对照 为了说明样品本身确为 Ames 实验阳性而与配制样品液使用的溶剂无关,阴性对照物采用配制样品时的溶剂,如水、二甲基亚砜、乙醇等。

5.3.3 阳性对照 进行样品测定的同时,可同时选用一种已知化学药品代替样品做平行试验,将其结果与样品进行对照,由此看出实验的敏感度和可靠性。本实验以亚硝基胍和黄曲霉毒素作为阳性诱变剂为例说明实验方法。亚硝基胍是常用的诱变剂,常引起 DNA 碱基的置换。黄曲霉毒素 B_1 的诱变性能须经过细胞微粒体酶系的激活。这两种诱变剂的毒性很强,工作时应特别小心。

(1) 亚硝基胍致突变效应的检测 取测试菌株一管接入液体营养培养基中,37℃培养活化 16h 后离心,将菌体用 pH 6.0 的 0.1mol/L 磷酸盐缓冲液洗涤三次,最后配制成浓度(1~2)×10^9 个/mL 的菌悬液备用。溶化下层培养基并倒入 6 套培养皿制成平板。用记号笔作好标记,做 1μg、5μg、10μg 三种浓度,每浓度每菌种重复两皿。取上层培养基试管溶化并冷至 45℃左右,标记各管号。每管加一定量的测试菌的菌悬液,迅速摇匀后,倒在底层平板上,待凝固后在每个平皿中央放置 1 片无菌圆滤纸片。在 1、2 各皿滤纸片上滴加浓度为 50μg/mL 的 NTG 0.02mL,同样在 3、4 各皿滤纸片上滴加浓度为 250μg/mL 的 NTG 0.02mL,在 5、6 各皿滤纸片上滴加 500μg/mL 的 NTG 0.02mL,即终浓度为 1μg、5μg 和 10μg,37℃培养 48h 观察结果。其评估结果与点滴法测试样品的要求相同。

(2) 黄曲霉毒素 B_1 致突变效应的检测 同样取 TA100 菌株经活化并制成浓度为(1~2)×10^9 个/mL 的菌悬液备用。溶化下层培养基,制 4 个平板,作标记 1~4 号。将上层培养基 4 管溶化,冷至 45℃左右,每管加 0.1mL 测试菌悬液,在 1、2 各管加浓度 5μg/mL 的黄曲霉毒素 B_1 液 0.2mL(最终浓度为 1μg/皿),最后用现配好的 S-9 混合液于 1、3 各管内加 0.5mL,2、4 各管内不加 S-9 混合液。将以上各成分迅速摇匀,倒在底层培养基上,37℃培养 48h 后,观察结果。

6 实验结果与报告

将实验结果填入下表中,计算所测样品的突变率,此样品是否有致癌的可能?

试验内容	培养皿上长出的菌落数(CFU)/皿		
	1	2	平均
待检样品			
自发回复突变对照			
阳性对照			
阴性对照			

7 思考题

（1）Ames 试验中待检样品加入鼠肝匀浆 S-9 混合液有何检测意义？

（2）Ames 试验中检测待检样品是否为致突变物时为何要设计对照？

实验 46　高产乙醇酿酒酵母的筛选与酒精发酵试验

一、高产乙醇酿酒酵母的筛选

1　目的和要求

（1）了解 2,3,5-氯化三苯基四氮唑（TTC）筛选酿酒酵母的原理。
（2）掌握筛选高产乙醇酿酒酵母的方法。

2　基本原理

酿酒酵母（*Saccharomyces cerevisiae*）是发酵工业生产乙醇和饮料酒的重要菌株，能发酵葡萄糖、麦芽糖、蔗糖等糖类产生乙醇和 CO_2。通过对野生型酿酒酵母菌株的分离、筛选和鉴定，获得高产乙醇且耐受乙醇能力强的酿酒酵母，对提升发酵企业生产效益具有重要意义。

2,3,5-氯化三苯基四氮唑（TTC）在氧化态时为无色化合物，可以作为 $NADH_2$ 的氢受体，在脱氢酶的作用下被还原成红色化合物。脱氢酶的产量多少及活力高低直接影响氧化态的 TTC 被还原成红色的深浅或有无。在给予充足葡萄糖、无氧及酸性条件下（pH 3.5~4.5），酿酒酵母脱氢酶的产量和活性与乙醇产率存在正比关系。一般产乙醇能力越强的菌株，其脱氢酶的产量和活性越高，TTC 接受 $NADH_2$ 也越多，红色也越深，呈紫红到深紫红色；反之越浅。因此，在含有 0.5g/L TTC 的培养基平板上挑选颜色呈深紫红色且菌落较大的单菌落，即可初筛获得高产乙醇的酿酒酵母。

酿酒酵母在发酵过程中随着产乙醇浓度的增加，高浓度的乙醇会抑制酵母菌的生长繁殖，从而影响其发酵活性。酿酒酵母的发酵性能在很大程度上取决于其自身耐受乙醇能力的大小。一般能耐受 10%（体积分数）以上乙醇的酿酒酵母能够产生高浓度的乙醇。因此，通过不同乙醇浓度梯度的耐受性试验，即可复筛获得耐受高浓度乙醇的酿酒酵母。

3　实验材料

3.1　分离样品　小曲（或大曲）、果园土壤。

3.2　培养基　YEPD（又称 YPD）培养基（液体 10mL/管、斜面 10mL/管、固体 200mL/250mL 三角瓶）、分离培养基、初筛培养基（TTC 上层培养基）、复筛培养基，制法见附录Ⅱ。

3.3　试剂　含 1g/L 吐温-80 的无菌生理盐水（9mL/管，90mL/三角瓶）。

3.4　仪器与其他用具　1mL 灭菌吸管或吸头、量筒、三角瓶、试管、杜氏小管、一次性无菌平皿、接种环、无菌三角形玻璃涂棒、酒精灯、微量移液器、高压灭菌锅、超净工作台、拍击式均质器、漩涡混合器、电子天平、培养箱等。

4 实验流程

样品 → 梯度稀释 → 涂布平板分离培养 → 斜面及液体试管纯化培养 → 分子生物学鉴定 → 高产乙醇的酿酒酵母初筛 → 耐受乙醇的酿酒酵母复筛

5 操作步骤

5.1 酿酒酵母的分离、纯化　称取样品 10g,加入装有 90mL 含 1g/L 吐温-80(有分散菌体作用)的无菌生理盐水的均质袋中,以拍击式均质器充分混匀 1~2min,制成 10^{-1} 的均匀样品稀释液。用无菌吸管(或吸头)取 1mL 样品稀释液加入 9mL 无菌生理盐水中,以漩涡混合器混匀,经 10 倍梯度系列稀释至一定稀释度后,取其中 3~4 个稀释度的稀释液 0.1mL 注入分离培养基平板上,用无菌涂棒迅速将稀释液涂匀(参见实验 7 微生物的分离与纯化 5.2.2),每个稀释度涂 2 个平皿,静置 10min 后,于 28~30℃培养 48h 观察菌落特征。挑取平板上菌落形态有差异的单菌落进行划线接种于 YEPD 斜面培养基,同时接种于 YEPD 液体培养基中(接种操作参见实验 8),于 28~30℃培养 24h,获得的纯化菌株进行编号后,记录分纯菌株的菌落特征,并以生理盐水浸片法观察其细胞形态和出芽繁殖方式(细胞形态和菌落特征观察方法参见实验 9)。斜面培养菌株保藏于 4℃冰箱,液体培养菌株进行甘油-80℃冰箱保藏(甘油保藏方法参见实验 26),备用。

5.2 酿酒酵母的鉴定　将 5.1 步骤纯化后的酵母菌甘油保藏菌株,以 2%(体积分数)接种于 10mL YEPD 液体培养基中,于 28~30℃培养 24h,如此再活化培养 16h 后,于 4℃以 7000r/min 离心 2min,弃上清液,取菌泥,根据酵母菌基因组 DNA 提取试剂盒方法提取 DNA,然后进行 PCR 扩增。

25μL 的 PCR 反应体系:10×PCR buffer 2.5μL、$MgCl_2$(25mmol/L) 1.5μL、dNTPs (10mmol/L) 2μL、稀释后的基因组 DNA(10ng/μL) 1μL、上游引物(10μmol/L) 1μL、下游引物(10μmol/L) 1μL、Ex Taq DNA 聚合酶 0.25μL,无菌重蒸水补足至 25μL。

26S rDNA D1/D2 区域通用引物为:上游引物:NL1(5′-GCA TAT CAA TAA GCG GAG GAA AAG-3′);下游引物:NL4(5′-GGT CCG TGT TTC AAG ACG G-3′)。

PCR 扩增程序:95℃预变性 5min →(95℃变性 1min,52℃退火 45s,72℃延伸 1min)×30 个循环 → 72℃延伸 7min。

将 PCR 产物纯化并送测序公司测序,将得到的基因序列于美国国家生物信息中心(NCBI)数据库进行 BLAST 同源性序列比对分析,确定菌株的种属地位。

5.3 高产乙醇的酿酒酵母初筛　将分离、纯化与鉴定得到的酿酒酵母菌株 YEPD 斜面培养物,取 1~2 环于 9mL 无菌吐温-生理盐水中,以漩涡混合器混匀后,分别划线或涂布接种于 YEPD 培养基平板,28~30℃培养 24h 后,倾入冷却至 45℃的 TTC 上层培养基约 12mL,覆盖 YEPD 平板上的原有菌落,28~30℃下避光保温 2~3h。比较各菌株菌落的颜色,颜色呈深紫红色者,即具有较高的产乙醇能力,每株菌重复三次。挑取深紫红色的菌落,接种于 10mL YEPD 液体培养基中,28~30℃培养 16h 后,备用。

5.4 耐受乙醇的酿酒酵母复筛　将 5.3 步骤初筛得到高产乙醇的酿酒酵母 YEPD 培养液,以 2%(体积分数)分别接入装有杜氏小管的不同乙醇浓度梯度(体积分数为 10%~

20%)的 10mL 复筛培养基中,28~30℃培养 72h,分别于 24h、48h、72h 观察杜氏小管中的产气情况,每株菌重复三次。

杜氏小管产气量可用以下方法记录:"+"表示产气量为杜氏小管的 1/4,"++"表示产气量为杜氏小管的 2/4,"+++"表示产气量为杜氏小管的 3/4,"++++"表示产气量充满整个杜氏小管。

6 实验结果与报告

(1)观察记录酿酒酵母分离纯化过程中菌株的细胞形态和菌落特征,并进行编号。
(2)观察 TTC 培养基上菌落颜色的变化情况,记录高产乙醇的酿酒酵母的初筛实验结果。
(3)观察杜氏小管中产气变化情况,记录耐受高浓度乙醇的酿酒酵母的复筛实验结果。

7 思考题

(1)生产饮料酒采用何种微生物？发酵过程中有哪些酶参与？发生哪些生化反应？
(2)TTC 琼脂培养基初筛高产乙醇酿酒酵母的原理是什么？
(3)分离培养基中乙醇的作用是什么？乙醇含量过高或过低对酵母菌产生什么影响？

二、酿酒酵母的酒精发酵试验

1 目的和要求

(1)了解酒精发酵的主要类型,理解酵母菌在无氧培养条件下的糖酵解途径。
(2)掌握酒精发酵的操作方法及测定酒精含量的方法。

2 基本原理

在厌氧条件下,己糖分解为乙醇并放出二氧化碳的作用称为酒精发酵作用。酒精发酵的类型有三种:即通过糖酵解途径(EMP 途径)的酵母菌酒精发酵、通过磷酸戊糖解酮酶途径(PK 途径)的细菌酒精发酵(即异型乳酸发酵)和通过 ED 途径的细菌酒精发酵。在工业酒精和各种酒类的生产中,酒精发酵作用主要由酵母菌完成,因此酵母菌的酒精发酵是酿酒和生产酒精的工艺基础。

酵母菌通过 EMP 途径分解己糖(如葡萄糖)生成丙酮酸,在厌氧条件和酸性条件下,丙酮酸继续分解为乙醇和 CO_2。但是,如果在碱性条件下或在培养基中加有亚硫酸盐时,产物主要是甘油,这是工业上的甘油发酵。因此,如果酵母菌要进行酒精发酵,就必须控制发酵液的酸性条件。

在酿酒工业中,由于酵母的种类不同,对碳源的利用各有差异。通过测定发酵过程中生成二氧化碳的量和最终产物酒精的含量,即可确定酵母菌的发酵能力。

3 实验材料

3.1 菌种 酿酒酵母(*Saccharomyces cerevisiae*)1308 麦芽汁斜面试管菌种。
3.2 培养基 10°Bx 或 12°Bx 麦芽汁培养基(斜面 10mL/试管,液体 10mL/试管)、种子培养基(麦芽汁加入3g/L酵母浸粉,调节pH至5.5,150mL三角瓶装入75mL)、红糖发酵培养基(附录Ⅱ)。

3.3 发酵培养基原料和酶 山芋粉(或马铃薯粉、甘薯干粉)、枯草芽孢杆菌BF7658淀粉酶、麸曲糖化酶。将淀粉经液化和糖化后所得的糖化醪也可用红糖发酵培养基替代。

3.4 试剂 100g/L H_2SO_4溶液、10g/L $K_2Cr_2O_7$溶液、100g/L NaOH溶液、100g/L纯碱(Na_2CO_3)溶液、碘液、无水$CaCl_2$、无水乙醇。

3.5 仪器与其他用具 圆底蒸馏烧瓶、冷凝管、乳胶管、100mL磨口三角瓶、100mL量筒、电子调温电热套、酒精密度计(体积分数为0%~12%)、水银温度计(0~50℃)、附温密度瓶、Φ18mm×180mm试管(内装1支倒置的杜氏小管)、灭菌吸管及吸头、滴管、载玻片、盖玻片、培养箱、显微镜、微量移液器、电子天平(感量0.01g和0.0001g)、铁架台、冷凝管夹等。

4 实验流程

淀粉→液化→液化醪→糖化→糖化醪→发酵(加酒母)→成熟发酵醪→检测CO_2和酒精度

5 操作步骤

5.1 液体种子(酒母)的制备

5.1.1 活化菌种 挑取经28~30℃活化培养18~24h的酿酒酵母斜面新鲜菌种一环,接种于10mL麦芽汁试管中,28~30℃培养24h。

5.1.2 种子(酒母)的制备 将上述液体酵母培养物按2%~3%(体积分数)接种量移入三角瓶种子培养基中,于28~30℃静置培养24h或在转速100r/min的摇床振荡培养18~20h。

5.1.3 酒母质量检查 用滴管取上述酒母1滴制成水浸片后,于高倍镜下观察酿酒酵母的形态。要求形态整齐,细胞内原生质稠密,无空泡,无杂菌,细胞数为$(0.8~1.0)\times10^7$个/mL,出芽率17%~20%,死亡率小于2%。

5.2 淀粉的液化与糖化

5.2.1 淀粉的液化 以1:3.5的山芋粉和水的比例,用70~80℃的温水调粉浆1000mL,用纯碱溶液调整pH 6.2~6.4,加入10g/L的BF7658淀粉酶(调匀后浆液温度应高于65℃)和3g/L的$CaCl_2$,于水浴锅中加热至88~90℃,保温20~60min,用碘液检查液化终点后(液化液与碘液显棕色反应),即为液化醪。再100℃煮沸5~10min,使酶失活。

5.2.2 淀粉的糖化 将上述液化醪冷却至60~62℃,调整pH至4.5~4.8,加入100g/L麸曲糖化酶,于58~60℃水浴保温30min,用无水酒精检查糖化终点后(糖化液遇无水酒精无白色沉淀出现),即为糖化醪。分装500mL的三角瓶300mL,0.07MPa灭菌20min。要求糖化醪的糖度16~17°Bx。

5.3 发酵 将培养成熟的酒母以无菌操作按5%(体积分数)接种量移入盛有300mL糖化醪或150mL红糖发酵培养基的三角瓶中,同时接种于带杜氏小倒管的10mL发酵培养基试管中,置于28~30℃温箱中培养68~72h后观察结果。

5.4 CO_2生成的检验

5.4.1 定性检验 先观察三角瓶中的发酵液有无泡沫上涌或气泡逸出,再察看发酵试管里的杜氏小倒管中有无气体聚集。如有气体产生时,即可确定发酵培养基中的糖类已被发酵。取 100g/L NaOH 溶液 1mL 注入发酵试管内,轻轻搓动发酵管,观察液面是否上升,如气体逐渐消失,则证明其中气体为发酵过程中生成的 CO_2,其化学反应为 $CO_2+NaOH\rightarrow NaHCO_3$。

5.4.2 定量检验 测定 CO_2 产生量(即失质量)的装置如图 46.1 所示。发酵前,擦干三角瓶外壁,置于电子天平(感量 0.01g)上称重,记下质量为 m_1。发酵完毕,取出三角瓶轻轻摇动,使 CO_2 尽量逸出。在同一台电子天平(0.01g)上再次称重,记下质量为 m_2。则 CO_2 质量 $=m_1-m_2$。

5.5 酒精生成的检验

5.5.1 定性检验 打开成熟发酵液的三角瓶硅胶塞,嗅闻有无酒精气味,取出 5mL 发酵液注入空试管中,再加 10%(体积分数)H_2SO_4 溶液 2mL。向试管中滴加 10g/L $K_2Cr_2O_7$ 溶液 10~20 滴,如管内由橙黄色变为黄绿色,则证明有酒精生成,此变化反应为 $2K_2Cr_2O_7+8H_2SO_4+3CH_3CH_2OH\rightarrow 3CH_3COOH+2K_2SO_4+2Cr_2(SO_4)_3+11H_2O$(绿色)。

5.5.2 酒精发酵液的蒸馏与酒精度的测定

(1)粗略测定(酒精密度计法) 按图 46.2 所示装好酒精发酵液蒸馏装置。准确量取 100mL 发酵液于 500mL 圆底蒸馏瓶中,再加入 100mL 蒸馏水。馏出液收集于 100mL 容量瓶中。待馏出液达到刻度时,立即取出摇匀,进行酒精度的测定。注意:在蒸馏瓶中加入沸石或玻璃珠以防止液体爆沸,连接好冷凝器,勿使其漏气。如用电炉加热,沸腾后即用文火微沸(可将烧瓶适当离开电炉),勿使液体爆沸溢出。如采用磁力搅拌恒温加热套,沸腾后可降低加热温度保持微沸。

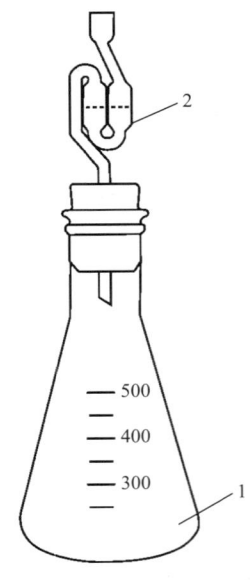

图 46.1 酒精发酵测 CO_2 产生量的装置示意图
1—发酵液装于三角瓶内;
2—CO_2 从 U 型水封处逸出。

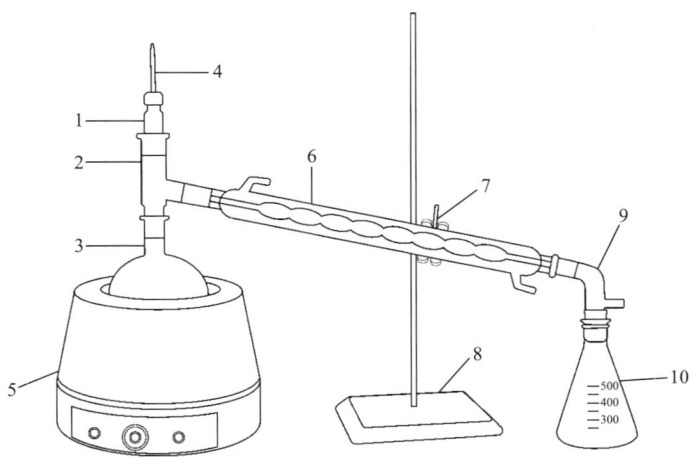

图 46.2 酒精发酵液蒸馏装置示意图
1—螺口温度计套管;2—蒸馏头;3—圆底烧瓶;4—水银温度计;5—电子调温电热套;6—球形冷凝管;7—冷凝管夹;8—铁架台;9—真空接收管;10—磨口三角瓶。

将蒸馏液 100mL 倒入 100mL 量筒中,选择合适的酒精密度计(即将酒精密度计放入量筒后不沉底又可以读出数值)和温度计同时插入量筒中,记录酒精密度计的数值和蒸馏液的温度,根据测得的酒精度和温度,查酒精度与温度校正表,换算成在 20℃时用体积百分数表示的发酵液的酒精浓度。

(2)精确测定(附温密度瓶法)　用已知质量的 500mL 蒸馏烧瓶,在电子天平(感量 0.01g)上称取发酵液 100g,加 50mL 蒸馏水,安好冷凝器,冷凝器下端用一已知质量的 100mL 容量瓶接收馏出液。若室温较高,为防止酒精挥发,可将容量瓶浸于冷水或冰水中。蒸馏至馏出液接近 100mL 时停止蒸馏,在电子天平上,用蒸馏水将容量瓶内蒸馏液的质量调整至(100±0.1)g,混合均匀后,用附温密度瓶准确测定蒸馏液在 20℃时的相对密度。具体测定方法为:先在已知质量的绝干附温密度瓶内装满被测样品(预先冷却至 13~15℃),插上温度计,置于(20±0.1)℃恒温水浴中,待温度平衡至 20℃后继续保持 15~20min,取出密度瓶,用干绸布擦干瓶外壁水分,用滤纸吸去毛细管上端析出的多余水分,盖上瓶帽,至此被测样品的容积已确定。用电子天平(感量 0.0001g)准确称量密度瓶与被测样品质量之和 2~3 次,两次之差应小于 1mg,取其平均值。再用同样操作测得密度瓶与蒸馏水(预先煮沸后冷却至 15~17℃)质量之和,按式(46.1)计算被测样品的相对密度。根据式(46.1)计算出的相对密度,查 20℃时密度和酒精含量对照表,得到用质量百分数表示的发酵液的酒精浓度。

$$相对密度\ d_{20}^{20} = \frac{比重瓶与被测样品质量 - 比重瓶质量}{比重瓶与蒸馏水质量 - 比重瓶质量} = \frac{被测样品质量}{蒸馏水质量} \tag{46.1}$$

6　实验结果与报告

(1)观察并绘制高倍镜下酒母中酿酒酵母的形态图。

(2)成熟发酵液有无 CO_2 产生? 以 CO_2 的生成量为纵坐标,发酵时间为横坐标,绘制发酵速率曲线。

(3)成熟发酵液有无酒精产生? 报告酒精度的测定结果并进行误差分析。

7　思考题

(1)能在有氧情况下进行酒精发酵吗? 其产物是什么?

(2)当酒精发酵终了时,发酵液的 pH 有何变化? 说明原因。

实验 47　甜酒曲中根霉的分离与甜酒酿的制作

一、甜酒曲中根霉的分离

1　目的和要求

（1）学会用平板划线（涂布）法从甜酒曲中分离纯化优良根霉糖化菌株。
（2）了解甜酒曲中主要微生物及其在发酵过程中的作用。

2　基本原理

甜酒曲是以籼米粉、米糠为原料，加入少量中草药，主要繁殖根霉、毛霉和酵母菌，其次还有少量细菌等多种微生物，作为制备甜酒酿、淋饭酒母或以淋饭法酿制甜黄酒的糖化发酵剂。根霉产生糖化型淀粉酶，可将淀粉水解为葡萄糖，还产生乳酸、琥珀酸、延胡索酸等有机酸的酶系，降低基质 pH 而抑制杂菌生长，并使酒体醇厚、口味丰满。甜酒药中的米根霉（*Rhizopus oryzae*）是优良的糖化菌种，有时也见华根霉（*Rhizopus chinensis*）。本实验采用平板划线（或涂布）法从甜酒曲中分离纯化优良的根霉糖化菌株，为纯种制备甜酒曲提供优良的生产菌种。优良根霉菌株的分离采用透明圈法，即先用含淀粉的琼脂培养基培养样品，由于分泌糖化酶的作用，长出菌落周围的淀粉被水解，遇碘后呈无色透明圈，而平板的其他处呈蓝色。一般来讲，透明圈的直径越大，该菌的糖化力越高。可根据透明圈的大小筛选出糖化力高的菌株。

3　实验材料

3.1　酒曲　苏州甜酒药（蜜蜂牌酒曲）或浓缩甜酒曲（酒药）。

3.2　分离培养基　马铃薯琼脂培养基或 20g/L 淀粉察氏琼脂培养基（附录Ⅱ）、250mL 三角瓶内装糯米 10g（用 8 层纱布封口后灭菌）。

3.3　试剂与染色液　灭菌生理盐水（5mL/试管，9mL/试管，10mL/100mL 三角瓶，内带玻璃珠）、乳酸石炭酸棉蓝染色液（附录Ⅲ）、水解淀粉用碘液-鲁格尔氏碘液（附录Ⅳ）。

3.4　仪器与其他用具　灭菌平皿及试管、灭菌吸管及吸头、研钵、玻璃涂棒、接种环、载玻片、盖玻片、显微镜、微量移液器等。

4　实验流程

溶化培养基 → 倒平板 → 制备孢子悬液 → 梯度稀释 → 划线或涂布平板分离培养 → 观察形态特征 → 滴加碘液 → 挑菌落 → 划线斜面纯培养 → 性能鉴定 → 菌种保存

5 操作步骤

5.1 倒平板 溶化马铃薯琼脂培养基或20g/L淀粉察氏琼脂培养基(可自行设计选择),稍冷后倒平板与无菌分装斜面数个。

5.2 制备孢子悬液 取甜酒曲少许,先在研钵中磨细,再加入盛有10mL带玻璃珠的无菌生理盐水的三角瓶中,用力振荡打散孢子团粒,使其形成均匀的孢子悬浮液,而后将其用无菌纱布过滤于无菌试管中。

5.3 稀释涂布平板或划线分离培养 以10倍稀释法稀释上述孢子悬浮液,取其中2~3个适当稀释度(可自行设计选择)的孢子悬液0.2mL,依次用无菌玻璃涂棒涂布于平板或用接种环划线平板2~3个,倒置于28~30℃温箱中培养2d后观察形态特征。

5.4 观察形态特征

5.4.1 菌落特征 根霉为扩散性生长菌落。其组织状态为蜘蛛网状,菌丝发达为白色,而孢子为黑色。

5.4.2 个体形态 用无菌镊子取菌丝少许,经乳酸石炭酸棉蓝染色后制成水浸片,或小室载片培养法镜检观察根霉的假根、孢子囊、孢子囊孢子等形态特征。市售甜酒药中常见的根霉为米根霉,有时也见华根霉,若分离的单菌落大多为非根霉类的丝状真菌,则该酒药质量欠佳,不宜使用。

5.5 纯培养 待菌落刚形成而孢子囊孢子未生成时,在菌落周围滴加碘液数滴,测量菌落周围出现透明圈的直径。最后选择分离效果好、透明圈较大的根霉单菌落点植接种于新鲜马铃薯琼脂斜面上,于28~30℃培养2~3d。

5.6 性能鉴定

5.6.1 糖化试验 分离后的各根霉斜面菌种进行糖化试验,以确定其糖化速度和测定糖化率。

(1)蒸煮米饭 每只250mL三角瓶内装糯米10g,经淘洗干净并让其吸足水分后,在加高蒸汽灭菌锅内蒸煮灭菌成熟米饭,灭菌后趁热拍松,冷却至32~35℃后接种。

(2)接种根霉 分别将各单菌落斜面根霉菌种用5mL无菌生理盐水制成菌悬液,接入相应的三角瓶米饭中。每支斜面各接3只重复三角瓶,并将接种后的培养物拍匀。

(3)保温糖化 将各三角瓶培养物用8层无菌纱布制成的"通气塞"包扎,置于28~30℃温箱中培养至24h后,将各三角瓶培养物再次拍匀,继续培养直至糖化彻底为止。

5.6.2 确定糖化速度 在培养过程中,用肉眼观察根霉的生长特征,初步判断其糖化速度(即视其米饭黏度下降,出糖液时间和品尝米粒糖化的甜度等情况),并做适当记录。

5.7 菌种保存 选择上述糖化速度较快的根霉菌株,点植接种于新鲜马铃薯琼脂斜面上,于28~30℃培养2~3d后,于4℃冰箱保存。

6 实验结果与报告

(1)描述所分离的根霉菌落形态特征,并绘出其个体形态图。
(2)列表比较各分离根霉菌落用碘液初步鉴定的透明圈大小及糖化试验的糖化速度。

7 思考题

(1)说明透明圈直径与菌株糖化型淀粉酶产量有何关系?

(2) 请设计一个从甜酒曲中分离纯化酿酒酵母的简明实验方案。

二、甜酒酿的制作

1 目的和要求

(1) 了解有益微生物用于甜酒酿制作的基本原理。
(2) 掌握甜酒酿的制作方法。

2 基本原理

甜酒酿是以糯米(或大米)为原料,经过漂洗、浸泡、蒸制、摊凉,加入甜酒曲和水,均匀搅拌,糖化和发酵、灌装、杀菌、成品包装而制成,是我国传统发酵食品。其制作方法是我国酿酒工业制备黄酒的淋饭酒母或以淋饭法酿制甜黄酒和半固态发酵法生产小曲酒的基础。

糯米经过蒸煮糊化,使原料中的淀粉颗粒破裂处于可溶性状态,便于发酵过程中糖化酶作用。利用甜酒曲中的根霉分泌的糖化型淀粉酶和毛霉分泌的液化型淀粉酶将糊化后的淀粉糖化,转化为小分子糊精和葡萄糖。然后甜酒曲中的酵母菌利用糖化产物——可发酵性糖大量生长繁殖,其中部分葡萄糖经过糖酵解途径生成乙醇。米饭中的蛋白质也可在毛霉分泌的蛋白水解酶的作用下生成小分子的多肽和氨基酸,从而赋予甜酒酿特有的香气、风味和丰富的营养成分。此外,甜酒曲中存在的其他微生物的活动可将一部分醇转化为酸等成分,所生成的这些小分子成分进一步通过酯化反应、美拉德反应使成品的色泽、风味进一步优化。由此可见,经过微生物的发酵作用,糯米饭转化为香、甜、醇、绵、鲜的风味和营养俱佳的发酵食品。

随着发酵时间延长,甜酒酿中的糖分逐渐转化成酒精,因而糖度下降,酒精度提高,故适时结束发酵是保持甜酒酿口味的关键。

3 实验材料

3.1 原料 选择品质好、米质新鲜的糯米。

3.2 酒曲 苏州甜酒药(蜜蜂牌酒曲,30g/包)或浓缩甜酒曲(酒药)。

3.3 仪器与其他用具 不锈钢蒸锅、不锈钢漏勺、不锈钢铲、两层纱布、不锈钢罐或玻璃烧杯、搅拌玻璃棒、锅帘子、电磁炉或电炉、报纸或保鲜膜、线绳、研钵、恒温培养箱。

4 实验流程

糯米 → 洗米、浸米 → 蒸饭 → 摊饭或淋饭冷却 → 接入酒曲 → 落缸搭窝 → 糖化与主发酵 → 甜酒酿

5 操作步骤

5.1 洗米、浸米 将糯米淘洗干净,置于盆中用自来水浸泡12~24h。使米粒充分吸水,以利于蒸煮时米粒分散和均匀熟透。

5.2 蒸饭 将浸泡过的糯米捞起沥干后,倒入不锈钢蒸锅内,置于垫有两层纱布的锅

帘上摊开,隔水蒸煮约 30min 或置于有滤布的钢丝碗中,置于高压锅内 0.1MPa、9min,至米饭完全熟透时为止。

5.3 米饭降温 将蒸熟的米饭从锅内取出,在室温下摊开冷却至 32~35℃,或用清洁冷水淋洗蒸熟的糯米饭,使其降温,同时使饭粒松散。这样有利于接种后的霉菌孢子能在疏松通气的条件下良好地生长繁殖,使淀粉充分糖化。

5.4 落缸搭窝 将蒸熟米饭置于不锈钢罐或烧杯中(容器使用前需清洗并用沸水杀菌),装饭量为容器的 1/3~2/3,而后将在研钵中捣碎的甜酒曲粉末拌入米饭中(按干糯米质量换算接种量,每包市售苏州甜酒曲 30g 能酿制 3.0~3.5kg 糯米),并加入少量冷却开水(注意勿加多,以容器底部见水为宜),轻轻搅拌均匀,然后将其搭成 U 字形窝,以利于散热和增加糖化菌种与氧气的接触面积。最后用报纸或保鲜膜封口(注意膜上扎几个小孔),置于培养箱中糖化与发酵。

5.5 糖化与主发酵 温度控制在 28~30℃ 进行糖化与发酵。发酵初期可见米饭表面产生大量纵横交错的菌丝体,同时糯米饭的黏度逐渐下降,糖化液渐渐溢出和增多。待发酵 36~48h 后,当窝内糖液达饭堆 2/3 高度时,进行搅拌,再发酵 24h 左右即可品尝食用。

5.6 后熟发酵 酿制 2d 后的甜酒酿已初步成熟,但往往略带酸味。如在 8~10℃ 条件下放置 2~3d 或更长一段时间进行后发酵,则酸味消失。

5.7 品尝鉴定 酿成的甜酒外观应为固液混合状,醪液充沛、清澈、半透明,呈米白色或淡黄色,米粒呈白色,大小均匀,不夹生,不黏糊,整体松软;口感香甜,酯香与醇香浓郁,甜度适中,甜味多而酸味少,有酒香,无异味,无杂质。

注意事项:

(1)制作甜酒酿的用具一定要杀菌,否则杂菌污染会使产品风味变劣和酸度升高。

(2)糯米饭必须放凉至 35℃ 以下再添加甜酒曲。

(3)加水拌曲后要保持饭粒松散,加水量和搅拌次数不宜过多,否则会使米粒粘连。糖化过程可造成厌氧环境而影响根霉、毛霉的生长和分泌糖化酶,淀粉未及时水解成糖而使产品酸度升高。

6 实验结果与报告

(1)发酵期间每天观察,记录发酵现象。
(2)对产品进行感官评定,写出品尝体会。

7 思考题

(1)甜酒曲中主要有哪些微生物菌群?其生化作用是什么?

(2)刚酿制成的甜酒酿往往带有酸味,经低温存放(或称后熟)后则酸味消失,并获得甘甜醇香的口味,其中的原因是什么?

(3)制作甜酒酿的关键操作是什么?甜酒曲拌入米饭时不能加多量水的原因是什么?

(4)如何在制作甜酒酿的工艺基础上制得糯米酒?

实验 48　毛霉的分离与豆腐乳的制作

1　目的和要求

(1) 学习毛霉的分离和纯化方法。
(2) 熟悉豆腐乳发酵的工艺过程,学会纯种发酵法制作豆腐乳的原理和方法。
(3) 观察豆腐乳发酵过程中的变化。

2　基本原理

豆腐乳是以大豆制成的豆腐坯为主要原料,添加辅料(红曲米、面曲、黄酒或白酒、甜酒酿、玫瑰等),采用传统自然发酵法或纯种发酵法经过毛霉前期发酵及盐腌后期发酵而制成。民间老法生产豆腐乳均为自然发酵,现代酿造厂多采用蛋白酶活性高的五通桥毛霉(*Mucor wutungkiao* As3.25)、雅致放射毛霉(*Actinomucor elegans* As3.2778)或根霉(*Rhizopus sp.*)等优良菌种发酵。豆腐坯上接种毛霉,经过前期培养繁殖,使菌丝生长旺盛,洁白的菌丝包裹豆腐坯使其不易破碎,同时分泌蛋白酶、脂肪酶、淀粉酶等水解酶系,对豆腐坯中的大分子成分进行初步降解。经前期发酵后的豆腐毛坯在长时间厌氧后发酵中,利用霉菌、酵母菌、细菌等分泌的各种酶类的协同作用,使腐乳坯蛋白质缓慢水解,生成肽类(如降血压肽和抗氧化活性肽)和各种氨基酸;大豆脂肪降解产生的脂肪酸及由微生物有机酸发酵产生的各种有机酸,与酒精发酵产生的乙醇及酒类中的醇类化合生成各种芳香酯;淀粉糖化生成低聚糖和单糖。通过上述同时交错进行的生化反应,使豆腐乳成为组织细腻、柔糯、滋味鲜香、风味独特、营养丰富的特色发酵产品。

3　实验材料

3.1　菌种　五通桥毛霉 As3.25(*Mucor wutungkiao* As3.25) PDA 斜面试管菌种。

3.2　培养基　马铃薯葡萄糖琼脂培养基(PDA,见附录Ⅱ)。

3.3　原料　豆腐坯(含水量控制在 680~700g/kg)、红曲米、面曲、甜酒酿、酒精体积分数为 50% 的白酒、黄酒、食盐、白砂糖、面酱、蚕豆酱等。

3.4　试剂与染色液　无菌生理盐水、石炭酸棉蓝染色液(附录Ⅲ)。

3.5　仪器与其他用具　培养皿、500mL 三角瓶、镊子、接种针、无菌纱布、竹质笼格或笼屉、喷枪或喷壶、小刀、带盖广口玻璃瓶或缸、腐乳瓶子或坛子、显微镜、恒温培养箱。

4　实验流程

毛霉的分离:配制培养基→毛霉分离培养→观察菌落→显微镜检查

菌种的扩大培养和孢子悬浮液的制备:毛霉斜面菌种→新鲜 PDA 试管斜面培养→豆腐坯三角瓶培养→生理盐水洗涤孢子→两层无菌纱布过滤→滤液→血球计数板计数→孢子悬浮液

豆腐乳制备工艺流程：豆腐坯→ 接种孢子悬浮液 → 培养与晾花 → 搓毛腌坯(加盐) → 调配辅料 → 装坛后发酵(后熟) →腐乳成品→ 感官鉴定

5 操作步骤

5.1 毛霉的分离

5.1.1 配制培养基 配制马铃薯葡萄糖琼脂培养基(PDA)，经灭菌后倒平板备用。

5.1.2 毛霉的分离 用镊子从长满毛霉菌丝的豆腐坯上取小块于 5mL 无菌生理盐水中振荡，制成孢子悬液，用接种环取该孢子悬液划线接种于 PDA 平板，倒置于 20~25℃ 温箱培养 1~2d，以获取单菌落。

5.1.3 初步鉴定

(1) 菌落观察 毛霉为扩散性生长菌落。其组织状态为棉絮状、菌丝和孢子均为白色。

(2) 显微镜检查 于载玻片上加 1 滴石炭酸棉蓝染色液，用解剖针从菌落边缘挑取少量菌丝于载玻片上，轻轻将菌丝体分开，加盖玻片，于显微镜下观察孢子囊、梗的着生情况。若无假根和匍匐菌丝或菌丝不发达，孢囊梗直接由菌丝长出，单生或分枝，则可初步确定为毛霉。

5.2 豆腐乳的制备

5.2.1 菌种的扩大培养和孢子悬浮液的制备

(1) 毛霉菌种的扩大培养 将五通桥毛霉原斜面菌种接入新鲜 PDA 试管斜面培养基，于 25℃ 培养 2~3d 以活化菌种；将豆腐坯切成 5cm×2cm×0.5cm 的条状，装 3~8 条于 500mL 三角瓶中，高压灭菌后冷却接种。先将斜面菌种用生理盐水制成菌悬液，而后均匀接种于三角瓶中，使每块豆腐坯均能与菌液接触。每支试管菌液可接种 5~6 瓶。接种后于 25℃ 培养 2~3d 至菌丝和孢子生长旺盛，冷藏备用。要求菌丝粗壮、白色无斑点、无倒毛现象。

(2) 孢子悬液制备 将每只三角瓶加入无菌生理盐水 100mL，充分摇荡后，以两层无菌纱布过滤，滤渣倒回三角瓶，再加 100mL 无菌生理盐水洗涤 1 次，合并滤液，以血球计数板对孢子计数，通常种子液的孢子数应为 10^5~10^6 个/mL。将制好的孢子悬液装入喷枪贮液瓶中备用。

5.2.2 接种孢子 用刀将豆腐坯划成 4.1cm×4.1cm×1.6cm 的小块，将笼格经蒸汽消毒后冷却，用孢子悬液喷洒笼格内壁，然后将划块的豆腐坯均匀竖放在笼格内，块与块之间的间隔为 2cm。再用喷枪向豆腐块上喷洒孢子悬液，使每块豆腐周身沾上孢子悬液。

5.2.3 培养与晾花 将放有接种豆腐坯的笼格放入培养箱或恒温培养室中，于 23~25℃ 培养 60~72h 或于 26~28℃ 培养 40~48h。注意在培养 20h 后每隔 6h 上下层调换一次，以更换新鲜空气，调整温度、湿度，并观察毛霉生长情况。当菌丝顶端已长出孢子囊，腐乳坯上毛霉呈棉花絮状，白色菌丝已包围住豆腐坯时，将笼格取出，放置阴凉处晾花 2~4h，使热量和水分散失，坯迅速冷却。其目的是使菌丝老熟，增加酶的分泌，并使霉味散发。

5.2.4 搓毛腌坯 将晾花后的每块毛坯表面用手指轻轻揩抹一遍(搓毛)，使豆腐坯上形成一层"皮衣"，以保持腐乳的块形，然后装入圆形玻璃瓶或缸中，沿壁以同心圆方式一圈一圈向内侧放置，码一层坯撒一层盐，每层加盐量逐渐增大，装满后再撒一层封顶盐。腌制中盐分渗入毛坯，水分析出，为使上下层含盐均匀，腌坯 3~4d 时需加盐水淹没坯面。腌坯周期 5~7d,加盐量为每 100 块豆腐坯用盐约 400g,使平均含盐量约为 160g/kg。注意:毛坯装入圆形玻璃瓶或缸中腌制时,毛坯刀口,即未长菌丝的一面靠边,不能朝下,以防成品变形。

5.2.5 配料与装坛发酵

(1)红方制法一　按每 100 块坯用红曲米 32g、面曲 28g、甜酒酿 1kg 的比例配制染坯红曲卤。先用 200g 甜酒酿浸泡红曲米和面曲 2d,研磨成浆,再加 200g 甜酒酿调匀即为染坯红曲卤。将上述缸内盐坯每块搓开后,取出沥干,待坯块稍有收缩后,用红曲卤将每块六面染红,分层装入经预先消毒的坛内或玻璃瓶中,直至装满。再将剩余的红曲卤用剩余的 600g 甜酒酿兑稀,灌入坛内或玻璃瓶中,并加适量面盐和酒精体积分数为 50% 的白酒,加盖密封,在常温下贮藏 6 个月成熟。或于 25℃ 恒温发酵,一个月即可成熟。

(2)红方制法二　①将红曲米、面酱、黄酒按 1∶0.4∶4 的比例混合均匀浸泡 2d 后,研磨成浆,并加入适量砂糖水或其他香辛料。②将蚕豆酱加入适量冷却开水,研磨成浆,再加入红曲卤进行勾兑调色,加入量视消费者的口味而调整。③将腌坯每块搓开,分层装入坛内直至装满。④将红曲酱卤加入坛内以浸没腌胚为宜,再加适量豆酱,封面铺薄层食盐,并加酒精体积分数为 50% 的白酒少许,加盖密封。

(3)白方制法　将腌坯沥干,待坯块稍有收缩后,将按甜酒酿 0.5kg、黄酒 1kg、白酒 0.75kg、盐 0.25kg 的配方配制的汤料注入瓶中,淹没腐乳,加盖密封,在常温下贮藏 2~4 个月成熟。

5.2.6 质量鉴定　将成熟的腐乳开瓶,进行感官鉴定。

6 实验结果与报告

从腐乳的表面及断面色泽、组织形态(块形、质地)、滋味及气味、有无杂质等方面对制作的腐乳质量进行品尝鉴定。

7 思考题

(1)腐乳生产主要采用何种微生物?配料中加入红曲霉(红曲米)、酵母菌(甜酒酿)、米曲霉(面曲)等,是利用它们所分泌的酶发生的哪些生物化学作用?

(2)腐乳生产发酵原理是什么?

(3)请设计五香方、玫瑰方装坛的汤料配方。

(4)食盐在腐乳制作中的作用是什么?食盐含量过高和过低会产生什么影响?

实验 49　固体糖化曲的制备及其酶活力的测定

1　目的和要求

（1）掌握固体糖化曲（麸曲）的制备方法。
（2）学习糖化酶活力的测定原理和方法。

2　基本原理

2.1　固体糖化曲的制备原理　固体糖化曲是发酵工业中普遍使用的糖化剂。其种类很多，如大曲、小曲和麸曲等。曲中微生物种类复杂，主要有曲霉、根霉、毛霉、酵母菌及少量细菌。曲霉中的黑曲霉、米曲霉、红曲霉等能分泌多种淀粉酶，可迅速将原料中的淀粉转变成可发酵性糖，是酒精、白酒、黄酒、食醋、酱油、味精等生产中常用的糖化菌种。其中黑曲霉As3.4309的糖化酶活力高，是酒精和白酒生产中应用最广的糖化曲菌种。由于黑曲霉是好氧微生物，因此在制备固体曲时，除供给其生长繁殖必需的营养成分、温度和湿度外，还必须进行适当通风，以供给曲霉呼吸用的氧气。

2.2　固体曲糖化酶活力的测定原理　糖化酶的活力单位通常规定为在一定反应条件下（如温度60℃、pH 4.6），1g绝干固体曲糖化酶制剂水解可溶性淀粉所生成的葡萄糖毫克数。葡萄糖的生成量采用斐林试剂热滴定法测定。其测定原理是：淀粉水解所生成的葡萄糖等还原性糖，可在加热及碱性条件下与斐林试剂中的二价铜离子（酒石酸钾钠铜络合物）发生氧化还原反应，还原糖中的半缩醛羟基被氧化，而二价铜离子还原成一价铜离子，生成氧化亚铜的砖红色沉淀。

反应终点以亚甲蓝指示剂显示。亚甲蓝的氧化型为蓝色，还原型为无色。当以还原糖滴定斐林试剂时，由于亚甲蓝氧化能力较二价铜离子弱，还原糖先与二价铜离子反应，待二价铜离子全部被还原后，过量1滴还原糖将亚甲蓝还原，溶液蓝色消失以示终点。

3　实验材料

3.1　菌种　黑曲霉As3.4309（*Aspergillus niger* As3.4309）PDA斜面试管菌种。

3.2　培养基及其原料　PDA斜面培养基或察氏斜面培养基、麸曲培养基、麸皮、稻壳等。

（1）麸曲培养基制法一　新鲜小麦麸皮1kg，加水1.1~1.3L。将新鲜麸皮过60目筛，筛去细粉，然后加入与麸皮等质量的水，拌匀，分装入三角瓶中，1000mL三角瓶装50g，分装后用8层纱布封扎瓶口，于0.1MPa灭菌40min。

（2）麸曲培养基制法二　称取一定量的麸皮，加入700~800g/L水，搅拌均匀，润料1h，装瓶，料厚1.0~1.5cm，包扎，于0.1MPa灭菌40min。

3.3　试剂　斐林试剂甲液和乙液、1g/L标准葡萄糖溶液、pH 4.6的乙酸-乙酸钠缓冲液、20g/L可溶性淀粉溶液、0.1mol/L的NaOH溶液，制法均见附录Ⅳ。

3.4 仪器与其他用具　瓷盘、试管、三角瓶、50mL 比色管或容量瓶、酸式滴定管、恒温水浴箱、恒温培养箱、高压灭菌锅、电磁炉等。

4 实验流程

固体糖化曲的制备：试管原菌 → 试管斜面培养 → 三角瓶种曲培养 → 浅盘麸曲培养 → 麸曲 → 感官鉴定

固体曲糖化酶活力的测定：酶液抽提 → 糖化液的制备 → 葡萄糖含量的测定(空白液测定、糖化液测定) → 计算

5 操作步骤

5.1 糖化曲的制备(以浅盘麸曲为例)

5.1.1 试管斜面培养(菌种的活化)　无菌操作取原试管菌 1 环接入 PDA 培养基斜面或察氏培养基斜面，或用无菌水稀释法接种黑曲霉孢子悬液 0.1mL，31~32℃保温培养 4~7d，备用。

5.1.2 三角瓶种曲培养

(1)方法一　将孢子悬浮液接入麸曲培养基，培养温度为 30~32℃，当培养至 14~16h 后，白色菌丝已盖满曲层表面，瓶内麸皮已结成饼时，进行扣瓶，继续培养 3~4d，当瓶内长满丰盛孢子即结束。要求成熟种曲孢子稠密、整齐。

(2)方法二　250mL 三角瓶装 40~50mL PDA 琼脂培养基，灭菌后摆成斜面，进行无菌检验(将斜面置于37℃培养 24h，确认无杂菌污染即可使用)。接种后，于 32℃，培养 6~7d，备用。

5.1.3 浅盘麸曲培养

(1)配料　称取一定量的麸皮，加入 50g/kg 稻壳，加入原料量 700g/kg 的水，搅拌均匀。

(2)蒸料　圆气后蒸煮 40~60min。时间过短，料蒸不透影响麸曲质量；时间过长，麸皮易发黏。

(3)接种　将蒸料冷却，打散结块，当料冷至 40℃时，接入 2.5~3.5g/kg(按干料计)三角瓶种曲，搅拌均匀，将其平摊在灭过菌的瓷盘中，料厚为 1~2cm。

(4)前期管理　将接种好的料放入培养箱中培养，为防止水分蒸发过快，可在料面上覆盖灭菌纱布。这段时间为孢子膨胀发芽期，料醅不发热，控制温度 30℃左右，8~10h，孢子已发芽，开始蔓延菌丝，控制品温 32~35℃。若温度过高，则水分蒸发过快，影响菌丝生长。

(5)中期管理　此阶段菌丝生长旺盛，呼吸作用较强，放热量大，品温迅速上升。应控制品温 35~37℃。

(6)后期管理　此阶段菌丝生长缓慢，故放出热量少，品温开始下降，应降低湿度，提高培养温度，将品温提高到 37~38℃，以利于排除水分。这是制曲重要的排潮阶段，对酶的生成和成品曲的保存都很重要。出曲水分应控制在 25% 以下。总培养时间 24h 左右。

(7)糖化曲感官鉴定　要求菌丝粗壮浓密，无干皮或"夹心"，无怪味或酸味，曲呈米黄色，孢子尚未形成，有曲清香味，曲块结实。

5.2 固体曲糖化酶活力测定

5.2.1 酶液抽提　称取 5.0g 固体曲(干重)，置入 250mL 烧杯中，加 90mL 水和 10mL

pH 4.6 的乙酸-乙酸钠缓冲液,摇匀,于 30℃水浴中保温 1h,每隔 15min 搅拌 1 次。用脱脂棉过滤,滤液为 50g/L 固体曲浸出液。

5.2.2 糖化液的制备 吸取 20g/L 可溶性淀粉溶液 25mL,置入 50mL 比色管或容量瓶中,于 30℃水浴预热 10min,准确加入 5mL 酶液,摇匀,立即记下时间,于 60℃水浴中准确保温糖化 1h,而后迅速加入 0.1mol/L 氢氧化钠溶液 15mL 以终止酶解反应。冷却至室温,用水定容至刻度。

空白液制备:吸取 20g/L 可溶性淀粉 25mL,置入 50mL 比色管中,先加入 0.1mol/L 氢氧化钠溶液 15mL,然后准确加入酶液 5mL,30℃水浴中准确保温 1h 后,用水定容至刻度。

5.2.3 葡萄糖含量的测定

(1)空白液测定 吸取斐林试剂甲、乙液各 5mL,置入 150mL 三角瓶中,准确加入空白液 5mL,并用滴定管预先加入适量的(由预备实验确定)1g/L 标准葡萄糖溶液,使随后的滴定所消耗的 1g/L 标准葡萄糖溶液在 1mL 以内,加热至沸,立即用 1g/L 标准葡萄糖溶液滴定至蓝色消失为终点。注意:此滴定操作应在 1min 内完成。

(2)糖化液测定 准确吸取 5mL 糖化液代替 5mL 空白液,其余操作同上。

5.2.4 计算 固体曲糖化酶活力定义:1g 干重固体曲在 60℃、pH 4.6 的条件下 1h 水解可溶性淀粉所生成的葡萄糖毫克数,即为 1 个酶活力单位,以 U/g(mL) 表示。糖化酶活力按式(49.1)计算。

$$糖化酶活力/(U/g) = (V_0 - V_1) \times c \times (50/5) \times (100/5) \times (1/m) \times 1000$$

式中 V_0——5mL 空白液消耗 1g/L 标准葡萄糖溶液的体积,mL;

V_1——5mL 糖化液消耗 1g/L 标准葡萄糖溶液的体积,mL;

c——标准葡萄糖溶液的质量浓度,g/mL;

50/5——5mL 酶液换算成 50mL 酶液中的糖量,g;

100/5——5mL 酶液换算成 100mL 酶液中的糖量,g;

m——干曲称取量,g;

1000——g 换算成 mg。

注意事项:

(1)在进行斐林试剂测定糖含量时,由于空气中的氧也可与亚甲蓝发生氧化还原反应,因此滴定应在加热(微沸腾)的状态下 1min 内完成,即滴定速度按每 4~5s 1 滴进行。

(2)温度对糖化酶活力影响很大,故糖化温度一定要严格控制。反应时温度需一致,待温度恒定后才加热,并控制在 2min 内沸腾。

(3)反应是在强碱性溶液沸腾的情况下进行,产物极为复杂,为使结果正确,必须严格按操作规程操作。反应液的酸碱度要一致,要严格控制反应液的体积。

(4)反应产物中氧化亚铜极不稳定,易被空气氧化而增加耗糖量。故滴定时不能随意摇动三角瓶,更不能从电磁炉上取下后再进行滴定。

6 实验结果与报告

(1)记录制曲过程中观察到的现象。

(2)记录糖化酶活力测定数据,并计算酶活力。

7 思考题

(1) 固体曲和液体曲各有何优缺点?
(2) 影响固体曲糖化酶活力的因素有哪些?
(3) 固体糖化曲制备过程中,有哪些关键步骤?
(4) 测定糖化酶活力的操作过程中应注意哪些问题?

实验50 酱油种曲中米曲霉孢子数及发芽率的测定

一、孢子数的测定

1 目的和要求

熟练掌握利用血球计数板测定孢子数的方法。

2 基本原理

种曲是成曲的曲种,是保证成曲的关键,也是酿制优质酱油的基础。酱油种曲质量要求是孢子数必须达到 $6×10^9$ 个/g(干基计)以上,孢子旺盛、活力强,发芽率达85%以上,故孢子数及其发芽率的测定是控制种曲质量的重要手段。测定孢子数的方法有多种,本实验采用血球计数板在显微镜下直接计数。此法是将孢子悬浮液放在血球计数板与盖玻片之间的计数室中,在显微镜下进行计数。由于计数室中的容积是一定的,故可根据在显微镜下观察到的孢子数计算单位体积的孢子总数。

3 实验材料

3.1 样品 酱油种曲。
3.2 试剂 95%(体积分数)乙醇、稀硫酸(1:10)、无菌水。
3.3 仪器与其他用具 盖玻片、血球计数板、无菌滴管、电子天平、漩涡混合器、显微镜等。

4 实验流程

样品稀释(包括称量、稀释、过滤、定容) → 取样制计数板 → 静置5min → 镜检 → 计数 → 计算

5 操作步骤

5.1 样品稀释 精确称取种曲1g(称准至0.002g),倒入带有玻璃珠的250mL三角瓶内,加入95%(体积分数)乙醇5mL、无菌水20mL及稀硫酸(1:10)10mL,在漩涡混合器上充分振荡1~2min,使孢子各个分散,用3层无菌纱布过滤后,以无菌水反复冲洗,使滤渣不含孢子,最后稀释至500mL。

5.2 取样制计数板 取洁净干燥的血球计数板,盖上盖玻片,用无菌滴管取1小滴孢子稀释液滴于盖玻片的边缘处(不宜过多),让滴液自行渗入计数室中,注意不可有气泡产生。若有多余液滴,可用吸水纸吸干,静置5min,待孢子沉降。

5.3 镜检与计数 用低倍镜头或高倍镜头观察。每个样品重复观察计数不少于2次,然后取其平均值,即该样品种曲的孢子数。

5.3.1 观察　先用低倍镜头找到计数室,再用高倍镜头找到中方格观察,由于稀释液中的孢子在血球计数板上处于不同的空间位置,要在不同的焦距下才能看到,因而计数时必须逐格调动微调螺旋,才能不使之遗漏,如孢子位于格的线上,数上线不数下线,数左线不数右线。

5.3.2 计数　使用16×25规格的计数板时,只计板上4个角上的4个中格(即100个小格),如果使用25×16规格的计数板,除计4个角上的4个中格外,还需要计中央一个中格的数目(即80个小格)。每个样品重复观察计数不少于2次,然后取其平均值。

5.3.3 计算　16×25规格的计数板按式(50.1)计算。

$$孢子数/(个/g) = (N_1/100) \times 400 \times 10000 \times (V/m) = 4 \times 10^4 \times N_1 V/m \tag{50.1}$$

式中　N_1——100小格内孢子总数,个;
　　　V——孢子稀释液体积,mL;
　　　m——样品质量,g。

25×16规格的计数板按式(50.2)计算。

$$孢子数/(个/g) = (N_2/80) \times 400 \times 10000 \times (V/m) = 5 \times 10^4 \times N_2 V/m \tag{50.2}$$

式中　N_2——80小格内孢子总数,个;
　　　V——孢子稀释液体积,mL;
　　　m——样品质量,g。

注意事项:
(1)称样时,尽量防止孢子飞扬。
(2)测定时,如果发现有许多孢子集结成团或成堆,说明样品稀释未能符合操作要求,因此必须重新称重、振摇、稀释。
(3)样品稀释至每个小格所含孢子数在10个以内较适宜,过多不易计数,应进行稀释调整。

6　实验结果与报告

将实验结果填入下表中,并计算米曲霉孢子数量,进行误差分析。

计算次数	5个中方格的孢子数/个					5个中方格的总孢子数/个	稀释倍数	样品孢子数/(个/g)
	左上角	右上角	右下角	左下角	中间			
1								
2								
3								
平均值								

7　思考题

用血球计数板测定孢子数有何优缺点?

二、孢子发芽率的测定

1 目的和要求

学会采用玻片培养法和液体培养法制片对孢子的发芽率进行测定。

2 基本原理

测定孢子发芽率的方法常用玻片培养法和液体培养法,SB/T 10316—1999《孢子发芽率测定法》采用玻片培养法。本实验分别介绍这两种制片方法在显微镜下直接观察测定孢子发芽率。

孢子发芽率除受孢子本身活力影响外,培养基种类、培养温度、通气状况等因素也会直接影响测定结果,故测定孢子发芽率时,要求选用固定的培养基和培养条件,才能准确反映其真实活力。由于孢子发芽快慢与温度密切相关,故要严格控制培养温度。为了加速发芽,可提高培养温度至35℃,但必须与30~32℃进行对照。

3 实验材料

3.1 样品　酱油种曲孢子粉(米曲霉孢子)。

3.2 培养基　察氏液体培养基、察氏琼脂培养基(附录Ⅱ)。

3.3 试剂　无菌生理盐水(25mL/100mL 三角瓶,内带玻璃珠)、无菌水、凡士林。

3.4 仪器与其他用具　凹玻片、载玻片、盖玻片、玻璃棒、接种环、无菌滴管、酒精灯、恒温摇床、恒温培养箱、显微镜、漩涡混合器等。

4 实验流程

玻片培养法:种曲孢子粉→ 制备孢子悬浮液 → 制标本片(用固体培养基、凹玻片接种) → 镜检与计数 → 计算

液体培养法:种曲孢子粉→ 接种(用液体培养基) → 恒温培养 → 制标本片 → 镜检与计数 → 计算

5 操作步骤

5.1 玻片培养法

5.1.1 制备孢子悬浮液　取种曲少许加入盛有 25mL 灭菌生理盐水和带玻璃珠的三角瓶中,在漩涡混合器上充分振荡 1~2min,使孢子各个分散,制成孢子悬浮液。

5.1.2 制作标本片　先在凹玻片的凹窝内滴入无菌水 1 滴,再将察氏琼脂培养基溶化并冷却至 46~50℃后,接入孢子悬浮液数滴。充分摇匀后,用玻璃棒薄层涂布在盖玻片上,然后反盖于凹玻片的窝上,四周涂凡士林封固,放置于垫有两层湿滤纸的平皿内,于 30~32℃培养 3~5h。

5.1.3 镜检与计数　取出标本在高倍镜下观察孢子发芽情况,逐个数出发芽孢子数和未发芽孢子数。为使结果准确,要同时制作两张以上标本片镜检,取其平均值。每次镜检要

在不同视野中连续观察 100~200 个孢子的发芽情况。

5.1.4　计算　孢子发芽率按式(50.3)计算。

$$发芽率/\% = [A/(A+B)] \times 100\% \tag{50.3}$$

式中　A——发芽孢子数,个;
　　　B——未发芽孢子数,个。

注意事项:

(1)悬浮液制备后要立即制作标本培养,不宜长时间旋转。

(2)培养基中接入孢子悬浮液的数量,以每个视野含孢子数 10~20 个为宜。

(3)正确区分孢子的发芽和不发芽状态。

5.2　液体培养法

5.2.1　接种　用接种环挑取种曲少许接入含察氏液体培养基的三角瓶中,置于 30℃ 下摇床振荡恒温培养 3~5h。注意:培养前要检查调整孢子接入量,以每个视野含孢子数 10~20 个为宜。

5.2.2　制标本片　用无菌滴管取上述培养液于载玻片上滴 1 滴,盖上盖玻片。注意:加盖玻片时,勿产生气泡。

5.2.3　镜检与计数　将标本片直接置于高倍镜下观察发芽情况。计数方法与玻片培养法相同。

5.2.4　计算　计算方法与玻片培养法相同。

6　实验结果与报告

将实验结果填入下表中,并计算米曲霉孢子发芽率。

计算次数	孢子发芽数(A)/个	发芽和未发芽孢子数($A+B$)/个	样品孢子发芽率/%
1			
2			
3			
平均值			

7　思考题

影响孢子发芽率的因素有哪些?分析哪些实验步骤容易造成结果误差?

实验 51　发酵乳品中常用乳酸菌的培养与性状观察

1　目的和要求

（1）掌握乳酸菌的脱脂乳试管培养方法,熟悉染色的基本技术,识别个体形态特征。
（2）掌握乳酸菌的平板培养方法,识别菌落特征。

2　基本原理

乳酸菌(lactic acid bacteria)是一类能利用可发酵糖类产生大量乳酸的细菌统称。人们利用它产生乳酸的特点发酵某些食品,如酸乳、干酪、泡菜等,以提高产品的适口性或延长保质期。本实验介绍乳品中常用乳酸菌的培养方法和观察其形态特征的方法。学会识别乳酸菌的形态特征,对菌种的分离与纯化、活化与复壮,以及分类鉴定具有重要意义。

由于牛乳是多数乳酸菌的良好培养基,因而常用脱脂乳培养基活化和保藏试管菌种。乳酸菌的平板培养常采用乳清、番茄汁、改良 MRS、M17 琼脂培养基。通常乳清培养基适合于多数乳酸杆菌和乳酸球菌生长;改良 MRS 培养基适合于多数乳酸杆菌生长;而番茄汁和M17 琼脂培养基适合于多数乳酸球菌生长。由于乳酸菌在平板培养基上长势较弱,因此接种平板之前要用脱脂乳或 MRS 液体培养基进行活化,采用活力较高的菌种作平板培养。

观察乳酸菌的个体形态常采用革兰染色法和甲苯胺蓝染色法。后者是近年来的改进方法,特别适合于对脱脂乳试管培养物的观察。由于菌体呈蓝色,背景牛乳基质呈无色,可以避免牛乳成分对染色的干扰。但缺点是冰醋酸脱色稍有过度,菌体的蓝色变浅而影响观察。

3　实验材料

3.1　菌种　德氏乳杆菌保加利亚亚种(*Lactobacillus delbrueckii* subsp. *bulgaricus*)、唾液链球菌嗜热亚种(*Streptococcus salivarius* subsp. *thermophilus*)、乳酸乳球菌(*Lactococcus lactis*)、嗜酸乳杆菌(*Lactobacillus acidophilus*)、乳酸乳球菌乳脂亚种(*Lactococcus lactis* subsp. *cremoris*)37℃,培养 8~12h 的脱脂乳试管培养物。分别以代号为 3 号菌、9 号菌、1 号菌、2 号菌、5 号菌简称。

3.2　培养基　脱脂乳培养基(5mL/管或 10mL/管)或 MRS 液体培养基、乳清琼脂培养基、改良 MRS 琼脂培养基、番茄汁琼脂培养基、M17 琼脂培养基(附录Ⅱ)。

3.3　试剂与染色液　20g/L 冰醋酸、5mL 无菌生理盐水、革兰染色液、10g/L 甲苯胺蓝染色液、30g/L H_2O_2 溶液。

3.4　仪器与其他用具　无菌平皿、特制蜗卷铂耳环、接种环、载玻片、酒精灯、普通光学显微镜、体视显微镜、放大镜、高压灭菌锅、冰箱等。

4　实验流程

个体形态观察:乳酸菌的原菌种→ 菌种活化 → 革兰染色或甲苯胺蓝染色 → 用油镜观察个体形态

菌落形态观察：制备平板 → 制备菌悬液 → 划线接种平板培养（制备单菌落） → 用肉眼和低倍镜或体式显微镜观察菌落特征 → 取平板单菌落 → 过氧化氢酶试验 → 判断反应结果

5 操作步骤

5.1 乳酸菌的个体形态观察

5.1.1 脱脂乳试管培养（菌种活化） 用灭菌蜗卷铂耳环取1~2环（尽量由试管底部取菌）脱脂乳试管原菌种（3号菌、9号菌、2号菌、1号菌、5号菌）移植于新鲜5mL脱脂乳试管中，轻轻振荡后，于37℃培养过夜，待乳凝固时取出备用。若不立即使用，应置于4℃冰箱中保存。

5.1.2 革兰染色与镜检 挑取1~2环乳酸菌脱脂乳试管培养物于载玻片上直接均匀涂片一薄层（也可先滴1小滴生理盐水于载玻片，再涂片），火焰固定后，用草酸铵结晶紫初染1min，水洗后用碘液媒染1min，水洗后用体积分数为95%乙醇脱色60s（为加速脱色要轻轻摇摆载玻片），水洗后用沙黄复染1min，水洗和滤纸吸干后用油镜观察。菌体呈蓝紫色，背景牛乳基质呈红色。观察乳酸菌的革兰染色特性，判断是阳性菌还是阴性菌。注意观察乳酸杆菌的菌体长短、粗细、排列方式，乳酸球菌的球形大小及成对的链状排列方式。注意：由于牛乳成分中的蛋白质、脂肪等也被染色，故造成较杂乱的背景，使带颜色的菌体很难区分。因此在革兰染色操作中，若乙醇脱色时间不足或涂片过厚，可造成菌体与背景牛乳基质均呈蓝紫色，不易分辨菌体形态；若脱色恰当（一般以载玻片上的蓝紫色刚好脱掉为宜），牛乳基质呈红色，而菌体仍呈蓝紫色，如此操作容易分辨菌体形态。

另一方法：钓取乳酸菌平板培养的单菌落，生理盐水涂片、革兰染色，镜检观察个体形态，可以避免牛乳成分对染色的干扰。

5.1.3 甲苯胺蓝染色与镜检 钓取1~2环乳酸菌脱脂乳试管培养物直接涂片，火焰固定后，用10g/L甲苯胺蓝染色1min，水洗后再用20g/L冰醋酸脱色1~2s（脱色不宜过度，否则菌体蓝色变浅），水洗后用油镜观察。菌体呈蓝色，背景牛乳基质呈无色。此法与革兰染色法相比，避免了较杂乱的牛乳基质背景对染色的干扰，油镜下清晰可见不同层次的菌体形态。

5.2 乳酸菌的菌落形态观察

5.2.1 制备平板 将已溶化的无菌培养基冷却至50℃左右，倒入无菌平皿中，分别制备乳清、番茄汁、改良MRS、M17琼脂培养基平板各5套。

5.2.2 制备菌悬液 取5.1.1步骤中活化好的脱脂乳试管培养物3~5环移入5mL无菌生理盐水试管中，或向脱脂乳试管培养物中加入5mL无菌生理盐水，充分振荡，制成菌悬液后备用。

5.2.3 平板培养（制备单菌落） 分别取上述已制备好的3号菌、9号菌、2号菌、1号菌、5号菌的菌悬液1环，采用平板划线法［具体操作参见实验7图7.3(1)］分别接种于乳清、番茄汁、改良MRS、M17琼脂培养基平板上，倒置于37℃温箱中培养2~3d后，观察菌落特征。

5.2.4 菌落特征观察 由于乳酸菌的菌落微小和近于透明，必要时将平皿直接倒置于体视显微镜或低倍镜下观察，同时降低视野亮度至菌落清晰为止。从菌落的大小、形状、表面与边缘情况、隆起程度、透明度、颜色,有无光泽及光滑湿润或粗糙干燥等几方面,观察 3 号、9 号、2 号、1 号、5 号菌的菌落特征。

3 号菌在乳清平板和 MRS 平板上,用低倍镜观察菌落时,表面呈卷发样或菜花样构造,边缘呈不规则状,有的边缘呈假根样;灰白色,半透明至较透明,微隆起,大小为直径 1～3mm 的菌落;老龄菌的菌落边缘整齐呈圆形,表面光滑。

2 号菌在乳清平板和 MRS 平板上,用低倍镜观察菌落时,表面呈凸凹不平的玻璃霜花样,边缘呈不规则状,有的边缘呈丝状或卷发样;灰白色,半透明至较透明,微隆起的微小菌落。

9 号、1 号、5 号菌在乳清平板和 MRS 平板上,用低倍镜观察菌落时,表面呈光滑湿润,边缘为整齐的圆形;灰白色、半透明至较透明、隆起的微小菌落。

9 号菌在 M17 平板上为表面光滑、凸起、灰白色、较大的圆形菌落;而 3 号菌在 M17 平板上为表面羊毛状或较粗糙、扁平、灰白色、较小的不规则状菌落。

5.2.5　过氧化氢酶试验　用无菌一次性塑料接种环挑取平板菌落 1 环,涂抹于已滴有 30g/L H_2O_2 的干净载玻片上,如有气泡产生即为 H_2O_2 酶阳性反应。乳酸菌应为 H_2O_2 酶阴性。注意:H_2O_2 遇铁会产生假阳性反应,勿用铁金属接种环操作。

6　示范

(1) 在光学显微镜下观察德氏乳杆菌保加利亚亚种、唾液链球菌嗜热亚种、嗜酸乳杆菌的形态及排列方式(图 51.1)。

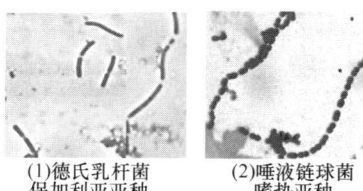
(1) 德氏乳杆菌保加利亚亚种　(2) 唾液链球菌嗜热亚种　(3) 嗜酸乳杆菌

图 51.1(彩)

图 51.1　不同乳酸菌在光学显微镜下的形态(1000×)

(2) 肉眼观察德氏乳杆菌保加利亚亚种、唾液链球菌嗜热亚种、嗜酸乳杆菌在 MRS 琼脂平板上的菌落特征,菌落较小时用体视显微镜或放大镜观察。注意观察菌落的大小、菌落形状、表面状态、边缘情况、隆起情况、颜色、透明度、是否光滑而湿润、有无光泽等(图 51.2)。

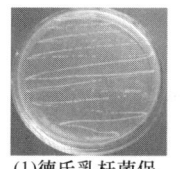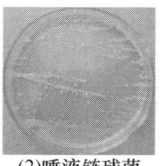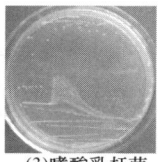
(1) 德氏乳杆菌保加利亚亚种　(2) 唾液链球菌嗜热亚种　(3) 嗜酸乳杆菌

图 51.2(彩)

图 51.2　不同乳酸菌在 MRS 琼脂平板上的菌落特征

7 实验结果与报告

（1）根据观察结果，按比例大小绘出 10~20 个典型乳酸菌的形态图，并标明染色反应结果。

（2）按照乳酸菌的菌落特征内容列表描述所观察到的德氏乳杆菌保加利亚亚种、嗜酸乳杆菌、唾液链球菌嗜热亚种、乳酸乳球菌、乳酸乳球菌乳脂亚种的菌落特征，并识别和区别它们之间的不同之处。

8 思考题

培养乳酸菌常用哪几种培养基？本实验为何对乳酸菌做过氧化氢酶试验？

实验52　食品中乳酸菌的检验

1　目的和要求

（1）学习从酸乳和发酵剂中选择性地分离计数乳酸菌的原理。
（2）掌握酸乳和发酵剂中乳酸菌数量的检测方法。

2　基本原理

活性酸乳需要控制各种乳酸菌的比例和数量，有些国家将乳酸菌的活菌数量作为区分产品品种和质量的依据。此外，乳酸菌的活菌数量也是鉴定乳品发酵剂和酸乳品质优劣的指标之一。因此需要对活性酸乳及其发酵剂的乳酸菌数量进行有选择性的准确计数。采用稀释倾注平板菌落计数法，检测活性酸乳及其发酵剂中的各种乳酸菌，可以获得令人满意的结果。

食品中乳酸菌的检验方法主要依据 GB 4789.35—2023《食品安全国家标准　食品微生物学检验　乳酸菌检验》。该标准中所述的乳酸菌主要为乳杆菌属（*Lactobacillus*）、链球菌属中的唾液链球菌嗜热亚种（*Streptococcus salivarius* subsp. *thermophilus*）和双歧杆菌属（*Bifidobacterium*）。由于乳酸菌对营养有复杂的要求，生长需要碳水化合物、氨基酸、肽类、脂肪酸、酯类、核酸衍生物、维生素和矿物质等，一般的牛肉膏蛋白胨培养基难以满足其生长要求。因此，测定乳酸菌时必须尽量将样品中所有活的乳酸菌检测出来。要提高检出率，关键是选用特定良好的选择性培养基。目前我国 GB 4789.35—2023《食品安全国家标准　食品微生物学检验　乳酸菌检验》中，仍在沿用 MRS 培养基活菌计数乳酸菌，而国外自20世纪80年代即利用先进的改良 CHALMERS 培养基，用于发酵乳和乳酸菌饮料中的乳酸菌计数。据有关文献报道，改良 CHALMERS 培养基的乳酸菌检出率（或选择率）达100%，可以选择性地快速、准确检测乳酸菌的数量，多数 G^+ 菌、酵母菌和霉菌形成的菌落与乳酸菌典型菌落容易辨别。而 MRS 培养基检出率达82.6%。这是因为 MRS 培养基较适合于乳酸杆菌的生长，而对于乳酸球菌则长势较弱。MC 培养基和 M17 培养基较适合于乳酸球菌的培养，在检测时可同时使用多个培养基作比较。

改良 CHALMERS 培养基成分中牛肉浸粉、酵母浸粉含量较高，具有丰富的氨基酸、维生素、核酸等，并用国产大豆蛋白胨替代鱼肉蛋白胨，能刺激所有乳酸菌的生长；培养基中 $CaCO_3$ 的使用量也很大，有利于显示乳酸菌产生的高酸，通过菌落周围乳酸溶解 $CaCO_3$ 形成的透明圈识别乳酸菌。此外，在此种培养培中还加入硫酸多黏菌素 B，以抑制食品中发酵葡萄糖或乳糖的肠杆菌科的细菌，避免与乳酸菌的菌落发生混淆，但对乳酸菌的生长并无抑制作用。因此，改良 CHALMERS 培养基，可用于快速检测活性酸乳及其发酵剂中的各种乳酸菌的数量，尤其适用于发酵乳制品被杂菌污染情况下的乳酸菌计数。

GB 4789.35—2023《食品安全国家标准　食品微生物学检验　乳酸菌检验》中，为了选择性培养和计数检样中的双歧杆菌，在改良 MRS 培养基中加入了莫匹罗星锂盐（Li-Mupirocin），它是一种能抑制除双歧杆菌以外的多数乳酸菌的抗生素，检样中的双歧杆菌被选择性生长，从而达到从益生菌酸乳中计数双歧杆菌的目的。如果食品检样中仅含有双歧杆菌属，则按 GB 4789.34—2016《食品安全国家标准　食品微生物学检验　双歧杆菌检验》计数双歧杆菌。

3　实验材料

3.1　样品　市售普通活性酸乳或普通酸乳发酵剂（要求于 0~4℃冰箱保藏 1 周之内）、市售复合益生菌粉/片。

3.2　乳酸菌计数培养基　MRS 琼脂培养基、MC 琼脂培养基、莫匹罗星锂盐和半胱氨酸盐酸盐改良 MRS 琼脂培养基、改良 CHALMERS 琼脂培养基，制法均见附录Ⅱ。

3.3　试剂与染色液　无菌生理盐水（9mL/试管，225mL/250mL 三角瓶，内含适当数量玻璃珠）、革兰染色液。

3.4　仪器与其他用具　无菌吸管（25mL、1mL）、无菌移液吸头 1mL、无菌培养皿、75%（体积分数）酒精棉球、金属勺、厌氧产气袋（日本）、落扣式厌氧培养盒、平皿专用封口膜（进口）、漩涡混合器、拍击式均质器及无菌均质袋、微量移液器、电子天平（感量 0.001g）、冰箱、恒温培养箱、二氧化碳培养箱、无菌超净工作台、酒精灯等。

4　实验流程

酸乳或发酵剂（或复合益生菌粉/片）→ 样品制备 → 稀释 → 倾注法接种平板 → 培养 → 检查计数 → 观察乳酸菌的个体形态特征

5　操作步骤

5.1　样品制备和稀释

5.1.1　固体和半固体样品　以无菌操作称取 25g 样品，加入盛有 225mL 无菌生理盐水的无菌均质袋中，用拍击式均质器拍打 1~2min，制成 1∶10 的样品匀液。

5.1.2　液体样品　在无菌超净工作台内，先将样品容器开口周围用 75%（体积分数）酒精棉球擦拭消毒，打开容器，用灭菌金属勺搅拌均匀（或打开容器前摇匀）样品后，以无菌吸管取 25mL 样品加入盛有 225mL 无菌生理盐水的三角瓶（内含适当数量玻璃珠）或均质袋中，在漩涡混合器上充分振摇或拍击式均质器拍打 1~2min，务必使样品分散均匀，制成 1∶10 的样品匀液。

5.1.3　稀释　用 1mL 无菌吸管或微量移液器吸头吸取 1∶10 的样品匀液 1mL，沿管壁缓慢注入装有 9mL 生理盐水的试管中（勿将吸管或微量移液器吸头尖端勿触及稀释液），以漩涡混合器充分混匀 0.5~1.0min，制成 1∶100 的样品匀液。另取 1mL 无菌吸管或微量移液器吸头，按上述操作顺序，做 10 倍递增样品匀液，每递增稀释一次即换用 1mL 无菌吸管或吸头。

注意事项：

（1）样品的全部制备过程均应遵循无菌操作程序。

（2）稀释液在使用前应在（36±1）℃条件下充分预热 15~30min。

(3) 冷冻样品预先在 2~5℃ 条件下解冻,时间不超过 18h;也可在 45℃ 条件下解冻,时间不超过 15min。

(4) 经特殊技术(如包埋技术)处理的含乳酸菌食品样品应按照相应技术/工艺要求进行有效破囊处理和稀释。

5.2 倾注法接种平板　根据对待检样品含菌量的估计,分别针对双歧杆菌、唾液链球菌嗜热亚种、乳杆菌选用 2~3 个连续的适宜稀释度,每个稀释度吸取 1mL 样品匀液注入无菌平皿内,每个稀释度做 2 个重复。然后倒入溶化并冷却至 46~50℃ 的乳酸菌计数培养基(莫匹罗星锂盐和半胱氨酸盐酸盐改良 MRS 琼脂、MC 琼脂、MRS 琼脂或改良 CHALMERS 琼脂,前三种为 GB 4789.35—2023《食品安全国家标准　食品微生物学检验　乳酸菌检验》标准中规定使用的培养基)约 15mL,迅速转动平皿使其混合均匀(先前后 3 次、左右 3 次,再按顺时针和/或逆时针旋转),同时做空白对照。注意:从样品稀释到平板倾注接种要求在 15min 内完成。

5.3 培养和计数

5.3.1 双歧杆菌计数　将接种后的莫匹罗星锂盐和半胱氨酸盐酸盐改良 MRS 琼脂平板,放入带有厌氧产气袋的落扣式厌氧培养盒内,再将厌氧盒置于恒温培养箱中,也可直接将平皿倒置于二氧化碳培养箱中,于 (36±1)℃ 厌氧培养 48h,若无菌落生长或生长较小可延长至 72h,培养后计数平板上的所有菌落数。

5.3.2 唾液链球菌嗜热亚种计数　将接种后的 MC 琼脂平板,于 (36±1)℃ 有氧培养 48h,若无菌落生长或生长较小可延长至 72h,培养后计数平板上红色菌落。注意:由于有氧培养数天,平皿内的水分容易蒸发而影响乳酸菌的生长,为此采用专用封口膜将平皿的缝隙封住。

5.3.3 乳杆菌计数　将接种后的 MRS 琼脂平板,于 (36±1)℃ 厌氧培养 48h,若无菌落生长或生长较小可延长至 72h,培养后计数平板上的所有菌落数。

5.3.4 乳酸菌总数计数　将接种后的改良 CHALMERS 琼脂平板于 (36±1)℃ 厌氧培养 72h,培养后计数。

培养后观察乳酸菌的菌落特征,计数平板上所有菌落数,选择 30~300 个菌落的平皿进行计算,并报告每克(毫升)样品中乳酸菌的数量(CFU)。其菌落计数方法、菌落总数的计算方法及菌落总数报告方式参见实验 27 中 5.6~5.8。

实验操作说明:

(1) 如果检样中仅包括双歧杆菌属,则按照 GB 4789.34—2016《食品安全国家标准　食品微生物学检验　双歧杆菌检验》的规定执行。

(2) 如果检样中仅包括唾液链球菌嗜热亚种,则按照 5.3.2 操作。

(3) 如果检样中仅包括乳杆菌属,则按照 5.3.3 操作。

(4) 如果检样中同时包括双歧杆菌属和乳杆菌属,则按照 5.3.3 操作,结果即为乳酸菌总数;如需单独计数双歧杆菌数量,按照 5.3.1 操作。

(5) 如果检样中同时包括双歧杆菌属和唾液链球菌嗜热亚种,则分别按照 5.3.1 和 5.3.2 操作,两者结果之和即为乳酸菌总数;如需单独计数双歧杆菌数量,按照 5.3.1 操作。

(6) 如果检样中同时包括唾液链球菌嗜热亚种和乳杆菌属,则分别按照 5.3.2 和 5.3.3 操作,两者结果之和即为乳酸菌总数。

（7）如果检样中同时包括双歧杆菌属、唾液链球菌嗜热亚种和乳杆菌属，则分别按照上述 5.3.2 和 5.3.3 步骤操作，两者结果之和即为乳酸菌总数；如需单独计数双歧杆菌属数量，则按照 5.3.1 操作。

5.4 观察乳酸菌的形态特征

5.4.1 观察菌落特征

（1）在莫匹罗星锂盐改良 MRS 培养基平板上，双歧杆菌为表面光滑、扁平、灰白色、圆形或不规则状、不透明或半透明、中等偏小（1~2mm）的菌落。

（2）在 MC 琼脂平板上，唾液链球菌嗜热亚种为圆形、边缘整齐、表面光滑、凸起、中等偏小（1~2mm）的红色菌落，菌落背面为粉红色。

（3）在 MRS 琼脂平板上，用低倍镜观察菌落时，德氏乳杆菌保加利亚亚种表面呈卷发样或菜花样构造，边缘呈不规则状，有的边缘呈假根样；菌落呈灰白色，半透明至较透明，微隆起，大小为 1~3mm；老龄菌的菌落边缘整齐呈圆形，表面光滑。

（4）在含有 10g/L 中性红指示剂和 20g/L $CaCO_3$ 的改良 CHALMERS 培养基平板上，唾液链球菌嗜热亚种的菌落大小为 1~2mm，呈圆形，隆起，表面光滑，形成较小的带淡晕的红色菌落；而德氏乳杆菌保加利亚亚种的菌落大小为 1~3mm，呈不规则状，微隆起，表面稍粗糙，产生较多的乳酸使菌落周围有溶解 $CaCO_3$ 的透明圈。中性红指示剂呈酸性显色反应（由红变黄），形成较大的带晕的淡橙色菌落。

5.4.2 镜检形态
必要时，可挑取不同形态菌落进行涂片、革兰染色、油镜检查，确定是唾液链球菌嗜热亚种或德氏乳杆菌保加利亚亚种。唾液链球菌嗜热亚种呈球状，成对地呈链状排列；德氏乳杆菌保加利亚亚种呈长的细杆状，还有的呈长短不等的丝状、单杆或短链状排列。

6 实验结果与报告

（1）将活性酸乳或发酵剂中乳酸菌的菌落计数结果填入下表中，并对结果进行误差分析。

稀释度	10^{-5}				10^{-6}				10^{-7}			
	1	2	3	平均	1	2	3	平均	1	2	3	平均
菌落数（CFU）/平板												
乳酸菌的数量/（CFU/mL）												

（2）分析采用改良 CHALMERS 和 MRS 培养基的计数结果，比较哪一种方法菌数高。

（3）分析乳杆菌在 MRS 培养基上分别进行厌氧和有氧培养的计数结果，比较哪一种方法菌数高。

7 思考题

（1）有一种藏灵菇发酵乳，是由多种乳酸菌和酵母菌发酵制成。请设计适宜的实验方案检测藏灵菇发酵乳中乳酸菌的活菌数量（写出培养基的设计、操作流程和操作要点）。

（2）为什么乳酸菌检测的关键是选用特定良好的选择性培养基？

（3）GB 4789.35—2023《食品安全国家标准 食品微生物学检验 乳酸菌检验》中，为什么计数双歧杆菌采用莫匹罗星锂盐和半胱氨酸盐酸盐改良MRS琼脂培养基？

实验 53　发酵乳制品生产菌种的复壮技术与菌种活力的测定

一、发酵乳制品生产菌种的复壮技术

1　目的和要求

（1）了解食品微生物菌种复壮技术。
（2）掌握发酵乳制品生产菌种的复壮方法。

2　基本原理

生产菌种在长期保藏过程中要发生衰退现象。衰退是指由于自发突变使某种微生物原有的一系列生物学性状发生由量变到质变的现象。菌种衰退的原因是有关基因发生了负突变。菌种衰退表现为以下几方面：①菌落和细胞形态的改变；②生长速度变慢或产生的孢子变少；③对生长环境的适应能力减弱；④生产性能下降。由于基因发生负突变，导致生产菌种对代谢产物的生产能力下降。例如，黑曲霉的糖化力、抗生素生产的发酵单位、各种发酵代谢产物的产量降低，以及酸乳菌种乳酸菌的活力或产乳酸能力下降等，都是明显的菌种衰退现象，可直接影响有关产品的产量和质量。因此，在使用保藏菌种之前需对菌种进行复壮。

狭义的复壮是指在菌种已发生衰退的情况下，通过纯种分离和测定典型性状、生产性能等指标，从已衰退的群体中筛选出少数尚未退化的个体，以达到恢复原菌株固有性状的措施。广义的复壮是在菌种典型特征或生产性状尚未衰退前，就经常有意识地进行纯种分离和生产性能的测定工作，以期从中筛选到自发的正突变个体，保证其生产性能的稳定或逐步提高。

菌种的复壮技术就是采用分离纯化方法，从衰退菌种的群体细胞中设法挑选出仍保持原有性状和生产性能的优良菌株。分离纯化方法有以下两种。①菌落纯：采用稀释倾注平板、稀释涂布平板和平板划线等分离培养方法获得纯粹单菌落。即从种的水平上来说是纯的。②细胞纯：借助显微操纵器直接挑取单细胞或单孢子移种到培养基上培养，从而可达到细胞纯的目的。

3　实验材料

3.1　待复壮菌种　德氏乳杆菌保加利亚亚种（*Lactobacillus delbrueckii* subsp. *bulgaricus*）、唾液链球菌嗜热亚种（*Streptococcus salivarius* subsp. *thermophilus*）脱脂乳试管培养物（要求在冰箱中保藏至少 2 周）。分别以代号 3 号菌和 9 号菌简称。

3.2　培养基　改良 MRS 琼脂培养基、番茄汁琼脂培养基、MRS 液体培养基（5mL/试管）、脱脂乳培养基（5mL/试管、100mL/250mL 三角瓶），制法见附录Ⅱ。

3.3 试剂和染色液　无菌生理盐水(9mL/试管,45mL/100mL三角瓶,内带玻璃珠)、革兰染色液。

3.4 仪器与其他用具　无菌吸管(1mL、5mL)、无菌培养皿、接种环、蜗卷铂耳环、载玻片、超净工作台、漩涡混合器、拍击式均质器及无菌均质袋、微量移液器及无菌吸头、恒温培养箱、高压蒸汽灭菌锅、冰箱、显微镜、放大镜等。

4 实验流程

3号或9号菌脱脂乳试管培养物 → 稀释 → 平板分离 → 观察菌落特征 → 纯化培养 → 观察个体形态特征 → 菌种扩大培养 → 测定菌种的活力

5 操作步骤

5.1 样品稀释　将待复壮菌种培养液在漩涡混合器上混合均匀,用无菌吸管(或吸头)吸取样品5mL,移入盛有45mL无菌生理盐水带玻璃珠的三角瓶中,充分振荡混匀(必要时用拍击式均质器拍打混匀),即为10^{-1}的样品稀释液。然后另取一支吸管(或吸头)自10^{-1}三角瓶内吸取1mL,沿管壁缓慢注入装有9mL无菌生理盐水的试管内,在漩涡混合器上充分振摇0.5~1.0min,即为10^{-2}的样品稀释液。依此方法进行系列稀释至10^{-6}。

5.2 倾注平板法分离培养　用3支1mL无菌吸管(或吸头)分别精确吸取10^{-4}、10^{-5}、10^{-6}的稀释液各0.1mL对号注入已编号的无菌培养皿中,倒入溶化并冷却至46~50℃的改良MRS琼脂培养基(或番茄汁琼脂培养基)约15mL,迅速转动平皿使其混合均匀(先前后3次、左右3次,再按顺时针和/或逆时针旋转)。凝固后倒置于37℃温箱中培养48h,可延长至72h。

5.3 观察菌落特征　根据实验51叙述的观察3号菌或9号菌的菌落特征内容,对上述平板长出的菌落进行肉眼观察,必要时用放大镜观察(勿打开皿盖,以防污染)。

5.4 纯化培养　从上述不同培养基平板中分别挑取10个典型的3号菌和9号菌单菌落接种于5mL液体MRS培养基中,于37℃培养至液体浑浊(可能需要24~48h);也可以挑取单菌落接种于5mL脱脂乳培养基中,于37℃培养至乳凝固(可能需要24~48h)。采用上述方法将第一代培养物进行传代活化,如果培养12~16h使MRS培养基浑浊,而培养8~12h使脱脂乳凝固,则可进一步制作发酵剂。

5.5 镜检形态　挑取上述试管培养物1环,进行涂片、革兰染色、油镜观察3号菌或9号菌的个体形态,确定菌种健壮,无杂菌污染后,进行菌种扩大培养。

5.6 菌种扩大培养　按1%(体积分数)的接种量,将上述液体试管纯粹培养物接种于盛100mL灭菌脱脂乳的三角瓶中,另以同样方法分别接种具有较高活力的3号菌或9号菌作为对照,于37℃培养至乳凝固。一般37℃培养过夜至脱脂乳凝固后即可进行菌种活力测定。

5.7 测定菌种活力　以凝乳时间、产酸能力、还原刃天青能力、活菌数量判定复壮后的菌种活力,具体测定方法参见实验53菌种活力的测定5.3内容。

6 实验结果与报告

描述德氏乳杆菌保加利亚亚种(3号菌)、唾液链球菌嗜热亚种(9号菌)的菌落形态,并绘图说明它们的个体形态。根据凝乳时间最短、酸度最高、还原刃天青时间最短、活菌数最高的特性,挑选出优良菌株。

7 思考题

某乳品企业生产酸乳的菌种活力下降了(出现产酸慢),请设计简明实验方案解决问题。

二、菌种活力的测定

1 目的和要求

(1)学习测定酸乳及其发酵剂菌种活力的原理。
(2)初步掌握乳酸菌菌种活力测定的一般方法。

2 基本原理

乳酸菌的细胞形态为杆状或球状,接触酶阴性,革兰染色阳性,耐氧或微需氧、厌氧或兼性厌氧,有复杂的营养需要,代谢方式为同型乳酸发酵或异型乳酸发酵,都能发酵葡萄糖产生乳酸,适宜在微氧或无氧条件下生长,一般在固体培养基平板上有氧条件也能生长。酸乳风味的形成与乳酸菌发酵过程中代谢产生多种物质有关,而这些物质的产生与发酵糖类产生乳酸的速度、产酸的量(能力)、还原刃天青能力等活力指标有密切关系。目前较简便的乳酸菌活力测定项目包括凝乳时间(酸度达到 70°T 的凝乳时间)、滴定酸度、还原刃天青的时间和活菌数量等。菌种产酸速率越快,酸度变化越大,则达到酸度 70°T 的凝乳时间越短,表明菌种活力越高;菌种还原刃天青的时间越短(在 35min 内),表明发酵剂菌种的活力越强。食品酸度的测定方法依据 GB 5009.239—2016《食品安全国家标准 食品酸度的测定》,包括酚酞指示剂法(第一法,适用于生乳及乳制品、淀粉及其衍生物、粮食及制品酸度的测定)、pH 计法(第二法,适用于乳粉酸度的测定)和电位滴定仪法(第三法,适用于乳及其他乳制品酸度的测定)。本实验采用第一法测定酸乳发酵剂的酸度。

由于通常市售酸乳和复合菌种发酵剂中含有两种或两种以上的乳酸菌菌种,因此测定乳酸菌活力之前,需先进行平板分离和纯化培养得到纯粹培养物,再以制备的单一菌种扩大培养物测定其活力。如果是单一菌种发酵剂可直接测定乳酸菌活力,则无须平板分离和纯化培养。

3 实验材料

3.1 样品 市售普通活性酸乳或普通酸乳发酵剂(要求于 0~4℃冰箱保藏 1 周之内)。

3.2 培养基 乳清琼脂培养基、改良 MRS 琼脂培养基、番茄汁琼脂培养基、MRS 液体培养基(5mL/试管)、脱脂乳培养基(5mL/试管、9mL/试管、100mL/三角瓶),制法见附录Ⅱ。

3.3 试剂与染色液 无菌生理盐水(9mL/试管、90mL/250mL 三角瓶,内带玻璃珠)、革兰染色液、0.1mol/L NaOH 标准溶液、30g/L 七水硫酸钴参比溶液、5g/L 酚酞指示剂、不含 CO_2 的蒸馏水、0.05g/L 刃天青标准溶液,制法见附录Ⅳ。

3.4 仪器与其他用具 三角瓶(250mL、150mL)、带橡皮塞的无菌大试管、无菌吸管

（1mL、5mL、10mL）、无菌培养皿、碱式滴定管、量筒、温度计、酒精灯、接种环、蜗卷铂耳环、载玻片、超净工作台、漩涡混合器、拍击式均质器及无菌均质袋、微量移液器及无菌吸头、恒温培养箱、恒温水浴槽、温度计、高压灭菌锅、冰箱、电子天平（感量0.001）、显微镜、放大镜等。

4 实验流程

酸乳或复合菌种发酵剂 → 梯度稀释 → 平板分离 → 观察乳酸菌的菌落特征 → 纯化培养 → 观察个体形态特征 → 菌种扩大培养 → 测定菌种的活力

5 操作步骤

5.1 乳酸菌的分离

5.1.1 样品稀释 在无菌超净工作台内，将酸乳或发酵剂样品搅拌均匀，用无菌吸管或吸头吸取样品10mL，移入盛有90mL无菌生理盐水带玻璃珠的三角瓶中，在漩涡混合器上振摇充分混匀（必要时用拍击式均质器拍打混匀），即获得10^{-1}的样品稀释液。然后根据对样品含菌量的估计，将样品再稀释至$10^{-2} \sim 10^{-7}$稀释度。

5.1.2 倾注法培养（平板分离） 用吸管（或吸头）分别吸取10^{-6}、10^{-7}两个稀释度的稀释液1mL各注入平皿内，倒入溶化并冷却至46~50℃的改良MRS琼脂培养基（或乳清琼脂培养基、番茄汁琼脂培养基）15mL，迅速转动平皿使其混合均匀（先前后3次、左右3次，再按顺时针和/或逆时针旋转），凝固后倒置于37℃温箱中培养48h，可延长至72h。

5.1.3 观察菌落特征 根据实验51的叙述观察乳酸菌的菌落特征内容，对上述平板长出的菌落进行肉眼观察，必要时用放大镜观察（勿打开皿盖，以防污染）。

5.1.4 纯化培养 从上述不同培养基平板中分别挑取4~6个典型乳酸菌的单菌落接种于5mL液体MRS培养基中，于37℃培养至液体浑浊（可能需要24~48h）；也可以挑取单菌落接种于5mL脱脂乳培养基中，于37℃培养至乳凝固（可能需要24~48h）。采用上述方法将第一代培养物进行传代活化，如果培养12~16h使MRS培养基浑浊，而培养8~12h使脱脂乳凝固，则可进一步制作发酵剂。

5.1.5 镜检形态 挑取上述试管培养物1环，进行涂片、革兰染色，油镜检查菌种纯度，是否为唾液链球菌嗜热亚种或德氏乳杆菌保加利亚亚种。唾液链球菌嗜热亚种呈球状，成对链状排列；德氏乳杆菌保加利亚亚种呈长的细杆状，有的呈长短不等的丝状，单杆或短链状排列。

5.2 菌种扩大培养

按1%（体积分数）的接种量，将上述试管纯粹培养物或预制备单一菌种发酵剂的脱脂乳试管培养物接种于盛100mL灭菌脱脂乳的三角瓶中，另以同样方法分别接种具有较高活力的德氏乳杆菌保加利亚亚种和唾液链球菌嗜热亚种作为对照，于37℃培养至乳凝固。一般37℃培养过夜至乳凝固后进行菌种活力测定。

5.3 测定菌种的活力

5.3.1 凝乳时间 确定凝乳时间有两种方法：①肉眼观察。记录用脱脂乳扩大培养菌种的凝乳时间；②测定滴定酸度。发酵过程中每隔1h测定酸度1次，记录酸度达到70°T的凝乳时间。

5.3.2 酸度测定

试样经过处理后,以酚酞作为指示剂,用 0.1mol/L NaOH 标准溶液滴定至中性,记录消耗 NaOH 标准溶液的体积,经计算确定样品(乳品发酵剂或酸乳)的酸度,即中和 100g 样品中的总酸所消耗 0.1mol/L NaOH 标准溶液的毫升数。单位以度(°T)表示,即单位为毫升每百克(mL/100g)。

(1)样品的测定　测定时,称取已混匀的样品 10g(精确到 0.001g),置于 150mL 三角瓶中,用 20mL 不含 CO_2 的蒸馏水(蒸馏水煮沸 15min 后冷却至室温,密闭;最好临用时现煮沸)稀释,混匀,加入 5g/L 的酚酞指示剂 2mL,混匀后用 NaOH 标准溶液滴定(注意标定后才可使用),边滴加边按顺时针方向旋转三角瓶,直到颜色与参比溶液的颜色相似,且 5s 内不消褪。整个滴定过程应在 45s 内完成。记录消耗 NaOH 标准溶液毫升数(V_2),带入式(53.1)中进行计算。

(2)制备参比溶液　将上述 5g/L 的酚酞指示剂 2mL 替换成 30g/L 的七水硫酸钴参比溶液 2mL,其他样品的称取和稀释操作同上。

(3)空白实验　用 20mL 不含 CO_2 的蒸馏水做空白实验,读取消耗 NaOH 标准溶液毫升数(V_0),操作方法同上。

$$酸度/°T = [c_2 \times (V_2 - V_0) \times 100] / m_2 \times 0.1 \tag{53.1}$$

式中　c_2——标定后,氢氧化钠标准溶液的浓度,mol/L;
　　　V_2——测定样品,消耗氢氧化钠标准溶液体积,mL;
　　　V_0——空白实验,消耗氢氧化钠标准溶液体积,mL;
　　　100——100g 样品;
　　　m_2——测试样品的质量,g;
　　　0.1——酸度理论定义中标准 NaOH 的浓度,mol/L。

5.3.3 还原刃天青能力的测定
用刃天青还原试验测定发酵剂的菌种还原刃天青所需的时间。其原理参见实验 31。测定流程如下。

灭菌脱脂乳 9mL → 加入 1mL 单一菌种发酵剂 → 加入 1mL 刃天青标准溶液 → 混匀 → 37℃水浴 → 观察褪色所需时间 → 推知发酵剂的菌种活力

(1)取 1mL 发酵剂加入 9mL 的灭菌脱脂乳中,并加入刃天青标准溶液 1mL,共置带橡皮塞的无菌大试管中,同时做不加发酵剂的对照管。

(2)将试管置于 37℃水浴保温,30min 后开始检查,其后每 5min 观察一次结果。淡粉红色为还原终点,以终点出现的时间作为评价发酵剂菌种活力的指标。

①在 35min 内还原刃天青的发酵剂活力很强。
②在 50min 内还原刃天青的发酵剂活力较差,但可以使用。
③50~60min 还原刃天青的发酵剂活力很弱,不宜使用。

5.3.4 活菌计数
采用稀释倾注平板培养法测定乳酸菌的活菌数量,具体操作参见实验 52 食品中乳酸菌的检验。

6　实验结果与报告

列表记录凝乳时间、酸度、刃天青还原时间、活菌数,分析比较发酵剂或酸乳菌种的活力。

实验 53　发酵乳制品生产菌种的复壮技术与菌种活力的测定

测定项目	待测菌种活力	对照菌种活力
肉眼观察的凝乳时间/h		
酸度达到 70°T 的凝乳时间/h		
凝乳时的酸度/ °T		
刃天青还原时间/min		
活菌数量/(CFU/mL)		

7　思考题

（1）分析比较国内外乳品发酵剂菌种活力的评价指标及其实验方法的异同。

（2）如何测定酸乳及菌种发酵剂的酸度？

实验 54　乳酸菌的菌种保藏、活化及其乳品发酵剂的制作

1　目的和要求

(1) 学会乳酸菌的菌种保藏与活化方法。
(2) 掌握乳品发酵剂一般制作程序及其品质鉴定方法。

2　基本原理

乳品发酵剂是用于乳发酵的微生物纯培养物。发酵剂最初应用的菌种称为原培养物。原培养物的菌数远不够发酵原料乳所需要的量,需将其扩大培养成为母发酵剂,再扩大培养至生产发酵剂或工作发酵剂,才可用于原料乳的发酵。仅用一株发酵乳糖能力强的乳酸菌制备的发酵剂,称为单一菌种发酵剂;而采用两种或两种以上的乳酸菌制作,称为复合菌种发酵剂。

牛乳经发酵可产生令人满意的芳香味或使产品质地发生改变而提高适口性。制作乳品发酵剂是生产酸乳、干酪、乳酒和酸奶油等发酵产品的关键步骤,其品质优劣直接影响产品的感官质量与风味适口性。例如,在制作普通酸乳发酵剂的过程中,常出现污染杂菌、乳凝固不结实、乳清析出过多并出现鼓盖和异常味的现象;或者德氏乳杆菌保加利亚亚种和唾液链球菌嗜热亚种发酵活力较弱,导致发酵时间延长,出现产酸不足、乳凝固性状差、缺乏诱人的芳香味、口感差等现象。因此在实际生产中必须掌握发酵剂的调制、保存,以及乳酸菌种的保藏与活化技术。本实验以普通酸乳发酵剂为例,介绍其一般制作程序和方法,指出制备过程中应注意的问题,以及发酵剂品质的鉴定方法。

3　实验材料

3.1　菌种　德氏乳杆菌保加利亚亚种(*Lactobacillus delbrueckii* subsp. *bulgaricus*)、唾液链球菌嗜热亚种(*Streptococcus salivarius* subsp. *thermophilus*)脱脂乳试管培养物,分别以代号 3 号菌和 9 号菌简称。

3.2　培养基　脱脂乳培养基(5mL 或 10mL/试管,100mL/250mL 三角瓶),制法见附录Ⅱ。

3.3　试剂与染色液　无菌生理盐水或无菌水、革兰染色液。

3.4　仪器与其他用具　特制蜗卷铂耳环、接种环、镊子、75%(体积分数)酒精消毒棉球、载玻片、酒精灯、显微镜、高压灭菌锅、冰箱、温箱、无菌超净工作台、无菌试管、无菌吸管(1mL 或 2mL)、微量移液器及 1mL 无菌吸头等。

4　实验流程

脱脂乳试管菌种的活化:脱脂乳试管原菌种→ 蜗卷铂耳环取 1~2 环至新鲜脱脂乳试管 → 摇匀 →

实验54　乳酸菌的菌种保藏、活化及其乳品发酵剂的制作

37℃培养8~12h至牛乳凝固 → 菌种活力恢复 → 革兰染色镜检 → 无杂菌污染 → 制作发酵剂

甘油保藏菌种的活化：冻结甘油菌种 → 手心温度(或室温)融化 → 无菌吸头吸取1.0~0.5mL转接入5~10mL MRS液体培养基 → 37℃培养12~16h至培养液浑浊 → 菌种活力恢复 → 镜检纯度 → 制作发酵剂

冻干菌种活化：冻干菌种安瓿管 → 75%(体积分数)酒精棉球消毒外壁 → 火焰烧热安瓿管上部 → 滴无菌水或生理盐水 → 玻璃管炸裂 → 镊子掰掉管的上部 → 铂耳环捣碎干燥物 → 烧烤管口 → 冷却 → 冻干物转至灭菌脱脂乳试管 → 摇匀 → 37℃培养至牛乳凝固 → 移植到新的灭菌脱脂乳试管中培养 → 37℃培养8~12h牛乳发生凝固 → 菌种活力恢复 → 革兰染色镜检 → 无杂菌污染 → 制作发酵剂

乳品发酵剂的制作：

菌种培养物(试管) $\xrightarrow{1\%}$ 母发酵剂(小三角瓶) $\xrightarrow{1\%\sim2\%}$ 生产发酵剂(大三角瓶) $\xrightarrow{2\%\sim3\%}$ 待发酵乳
5mL脱脂乳　　　　　　　　100mL脱脂乳　　　　　　　　5L原料乳　　　　　　　　600L原料乳

5　操作步骤

5.1　乳酸菌的菌种保藏

在制作酸乳、干酪、酸奶油和微生态制剂时，需用不同的乳酸菌预先制备各种发酵剂，而所用的乳酸菌常以菌种形式保藏。目前常用的保藏方法有脱脂乳试管法、甘油保种法和低温冷冻真空干燥法。

5.1.1　脱脂乳试管保藏法　以无菌操作用灭菌蜗卷铂耳环取1~2环(尽量自试管底部取菌)脱脂乳试管原菌种(3号菌、9号菌)移植于新鲜5mL脱脂乳试管中，轻轻振荡后，于37℃温箱中培养8~12h至牛乳凝固。观察其凝固性状，应该乳凝固结实、致密，允许有极少量乳清析出或最好不析出。同时进行涂片、革兰染色镜检，确定无杂菌污染，尤其是无酵母菌和芽孢杆菌污染，而后置于4℃冰箱中保存。每隔2~3周同法传代一次，以维持菌种活力。

5.1.2　甘油保藏法　具体方法参见实验26常用简易保藏菌种的方法中5.5内容。于菌种管内经-80~-70℃超低温冰箱冻藏的乳酸菌，一般可存活1~2年或至10年。

5.1.3　冷冻真空干燥保藏法　具体方法参见实验26，乳品发酵剂菌种的冷冻干燥技术。于安瓿菌种管内经冻干的乳酸菌，置于4℃冰箱一般可存活1~2年或至15年。注意：对保藏的菌种应标明各种菌的名称或用其他标记表示，如阿拉伯数字、英文字母等。

5.2　乳酸菌的菌种选择与活化

5.2.1　乳酸菌的菌种选择　在发酵乳制品生产中常用的乳酸菌有十几种，应用时要根据发酵产品的种类进行有目的的选择。乳品发酵剂常用乳酸菌的种类与菌种特性见表54.1。

表54.1　乳品发酵剂常用乳酸菌的种类与菌种特性

菌种	发酵性能	生长最适温度/℃	最适温度下凝乳时间/h	极限酸度/°T	应用
德氏乳杆菌保加利亚亚种	产酸生香	44~45	8~12	300~400	普通酸乳、益生菌酸乳、牛乳酒、马奶酒

续表

菌种	发酵性能	生长最适温度/℃	最适温度下凝乳时间/h	极限酸度/°T	应用
瑞士乳杆菌	产酸生香	40~42	8~12	300~400	普通酸乳、益生菌酸乳、牛乳酒、马奶酒
嗜酸乳酪杆菌	产酸	37	16~18	300~400	嗜酸酸乳、微生态制剂、乳酸菌素片、益生菌酸乳
副干酪乳酪杆菌	产酸生香	34~37	8~12	300~400	干酪、益生菌酸乳
唾液链球菌嗜热亚种	产酸	40~45	8~12	120	酸乳、微生态制剂、益生菌酸乳、干酪
乳酸乳球菌	产酸	30	12	120	干酪、酸稀奶油、乳酸链球菌素
乳酸乳球菌乳脂亚种	产酸	30	12~14	110~115	酸乳、干酪
乳酸乳球菌丁二酮乳酸亚种	产酸生香	30	12~14	100~105	酸乳、干酪
肠膜明串珠菌乳脂亚种	生香	18~25	—	—	干酪、酸稀奶油
开菲尔假丝酵母	产乙醇和CO_2	20~25	15~18	—	牛乳酒、马奶酒、开菲尔、藏灵菇发酵乳
脆壁克鲁维酵母	产乙醇和CO_2	20~25	15~18	—	
马克斯克鲁维酵母	产乙醇和CO_2	20~25	15~18	—	

5.2.2 乳酸菌的菌种活化　保藏菌种的活力均不旺盛,处于维持生命的休眠状态。特别是冻干菌种在冻干过程中受到激烈的物理刺激,大部分已死亡,仅有百分之几的存活率。因而菌种在生产使用之前要进行活化,使其活力恢复正常。具体操作如下。

（1）脱脂乳试管保藏菌种的活化　可直接用灭菌蜗卷铂耳环取1~2环原培养物,转接入灭菌新鲜脱脂乳试管中,若于37℃培养8~12h牛乳发生凝固,则视为菌种活力已经恢复。

（2）甘油保藏菌种的活化　将冻结菌种于手心温度（或室温）中迅速融化,用无菌吸头吸取1.0~0.5mL转接入5~10mL MRS液体培养基中,若于37℃培养12~16h至培养液浑浊（有的试管底部沉淀有如拇指盖大小的菌泥）,则视为菌种活力已经恢复。否则继续活化至菌种活力恢复为止。

（3）冻干菌种的活化　在无菌超净工作台内,先用75%（体积分数）酒精棉球擦拭消毒安瓿瓶（管）外壁,而后将安瓿管上部用酒精灯火焰烧热,再滴几滴无菌水或生理盐水于加热部分,使玻璃管炸裂后,用灭菌镊子轻轻掰掉管的上部,以灭菌铂耳环捣碎干燥物,烧烤管口待冷却后,将少量或全部粉末状菌种转入灭菌脱脂乳试管1~2支,摇匀后,置于37℃温箱中培养至凝固（凝乳时间可能为24h或更长）,再移植到新的灭菌脱脂乳试管中培养,传代活化几次,直至37℃培养8~12h牛乳发生凝固,则表明其活力已经恢复,即可用于制作发酵剂。

注意事项：

(1) 全部活化过程要求严格无菌操作,否则污染杂菌给实验或生产造成麻烦或损失。应该在无菌超净工作台内酒精灯火焰旁进行无菌操作。

(2) 注意培养活化时间切勿过长,培养至乳凝固即可。否则因产生乳酸过高,导致乳清析出过多,菌种容易衰老,其活力反而下降。一般活力高的菌种经37℃培养过夜牛乳即凝固,此时不需要继续传代活化,可将菌种管放入冰箱中保藏或制作发酵剂使用。如果凝固时间超过12h,说明菌种活力尚未恢复,需每日传代移植一次,反复传代几次至菌种活力恢复为止。

(3) 活化冻干菌种时,传代用的脱脂乳可添加5g/L葡萄糖与5g/L酵母浸粉可加快活化速度。

(4) 注意在每次活化之后,均要进行革兰染色镜检,如果菌种纯粹,无杂菌污染,且菌种活力已恢复,方可作为发酵剂菌种;如果菌种不纯,则必须做分离培养(具体方法参见实验55),分纯菌种后,才可继续活化使用。

5.3 发酵剂制作方法

5.3.1 单一菌种母发酵剂的制备　将冻干菌种或脱脂乳试管保藏菌种活化2~3次,37℃培养过夜至乳凝固良好且无杂菌污染。用无菌吸管分别取3号菌和9号菌试管培养物1mL转接入盛100mL脱脂乳的三角瓶中[按制备母发酵剂所用脱脂乳量的1%(体积分数)接种量移种],充分混匀后,置于37℃温箱中培养过夜,待乳凝固结实后,供制备生产发酵剂使用。

5.3.2 单一菌种生产发酵剂的制备　将母发酵剂经过染色镜检为纯一的培养物后,按生产发酵剂所用原料乳量的1%~2%(体积分数)取母发酵剂,接种于盛有5L灭菌原料乳的大三角瓶中,充分混匀后,置于37℃温箱中培养过夜至凝固后,冰箱中保藏备用。

注意事项：

(1) 应选择新鲜、品质好的牛乳制作脱脂乳培养基。鲜乳中菌数不能太高,一般低于10^4CFU/mL,不含抗生素和消毒剂,不宜选用乳房炎乳制作发酵剂。脱脂乳培养基灭菌要确实,一般0.07MPa灭菌15~20min。灭菌结束后,应尽快人工放汽降压,将培养基立即取出,否则牛乳受热时间过长发生褐变(美拉德反应),破坏牛乳营养成分而影响乳酸菌生长。

(2) 如果采用德氏乳杆菌保加利亚亚种和唾液链球菌嗜热亚种制作普通酸乳,为保证球、杆菌数量在发酵过程中维持1:1比例,最好先分别制备单一菌种发酵剂,使用时再分别以1.5%(体积分数)接种到原料乳中,总接种量为3%(体积分数),发酵温度为43℃,培养3~5h至乳凝固,酸度达到70°T时,即可终止发酵,于4℃条件下进行酸乳的后熟和贮藏。

(3) 如果采用嗜酸乳杆菌与乳酸乳球菌乳脂亚种生产益生菌酸乳,为保证球菌、杆菌数量在发酵过程中维持2:1的比例,宜分别制备单一菌种发酵剂,方法同上。使用时再分别以2%(体积分数)和4%(体积分数)接种到原料乳中,总接种量为6%(体积分数),41℃培养3~4h,或37℃培养5~7h。

(4) 盛装发酵剂的容器最好用玻璃,以便观察牛乳发酵情况。容器应严密,口要小,盖或塞要紧密,以防微生物污染。三角瓶口小,容量大,用硅胶塞塞紧瓶口较严密,适合制备发酵剂。当然也可采用金属容器。

(5) 接种时要严格无菌操作,防止杂菌污染。最好在无菌室内调制发酵剂,可减少空气污染,特别要注意酵母菌、霉菌与噬菌体的污染。操作台要用消毒水消毒。接种时尽量不要直接倾倒,而用灭菌吸管转移。

(6) 发酵剂培养凝固后应立即冷却。发酵剂量少时可置于4℃冰箱中保存。量多时可在冷水中保存，直至使用。发酵剂在保存过程中不要振荡，否则破坏凝乳性状，不利于品质鉴定。

(7) 母发酵剂除第一次由原培养物(菌种)制作外，在一般生产过程中，均由前代发酵剂制作。出现污染或活力降低时才可使用试管菌种制备母发酵剂。

5.4 发酵剂品质鉴定　乳品发酵剂在投产使用前要进行品质鉴定，质量合格后才可使用，其主要鉴定项目如下。

5.4.1 感官检查　观察发酵剂的质地，组织状态，凝固性状与乳清析出情况，口味与色泽。品质优良的发酵剂应乳凝固结实，质地均匀细腻，组织状态致密、无块状物。用手轻击容器壁时，凝乳仍保持原状，有一定弹性。具有诱人的芳香酸味，如有苦味或其他异味、气泡(杂菌产气会使凝乳有裂纹)和色泽变化，主要是因为污染杂菌。无乳清析出或析出较少。乳清析出多的原因：①乳中干物质含量较低(低于11.5%)；②培养时间超过了刚好凝固的时间，或培养温度超过菌种适宜生长温度，使产酸急剧增加，乳清大量析出；③有杂菌污染，产生大量其他酸类物质等。

5.4.2 化学检查　主要检查酸度(或pH)和挥发酸，含生香菌的发酵剂需检查丁二酮。检查方法参见乳品化学分析相关书籍。

丁二酮检查方法：取发酵剂5~10mL置于试管中，加入等体积400g/L KOH溶液和微量肌酐或肌氨酸，振荡混匀，静置于48~50℃水浴中2h(或37℃温箱中4h)，观察结果。如有丁二酮存在，试管的上部呈红色。

5.4.3 细菌学检查　主要检查发酵剂内的乳酸菌数量及有无杂菌污染情况。品质好的发酵剂菌数不应低于10^8CFU/mL。乳酸菌计数方法有两种。

(1) 显微镜直接计数　将发酵剂经1:10稀释后，取5μL涂片、固定、甲苯胺蓝染色、冰醋酸脱色、镜检查数，同时观察有无杂菌污染。显微镜直接计数法具体操作参见实验11，甲苯胺蓝染色法具体操作参见实验51。

(2) 平板菌落计数法　利用改良CHALMERS培养基或改良MRS乳酸菌计数培养基，采用稀释倾注平板培养法检查发酵剂的活菌数。具体操作参见实验52食品中乳酸菌的检验。

前种计数方法快速简便，但误差较大，死活菌都计数在内。后者计算活菌数，采用改良CHALMERS培养基可以选择性地快速检测乳酸菌的数量。

5.4.4 活力测定　以凝乳时间、产酸能力、还原刃天青能力、活菌数量判定发酵剂菌种的活力，具体操作参见实验53。

6 示范

示范脱脂乳试管保藏菌种的活化和冻干菌种的活化接种操作手法。

7 实验结果与报告

鉴定所做的普通酸乳发酵剂的品质，并分析乳清析出较多的原因。

8 思考题

(1) 如何进行乳酸菌的菌种保藏与活化？
(2) 制作乳品发酵剂应注意哪些问题？

实验 55　发酵乳制品及藏灵菇和泡菜中乳酸菌的分离与鉴定

1　目的和要求

(1) 掌握从发酵乳中分离纯化乳酸杆菌和乳酸球菌的方法。
(2) 学会从藏灵菇中分离筛选产酸能力强并耐受胆盐的乳杆菌的原理和方法。
(3) 掌握从泡菜中分离纯化植物乳植杆菌(曾称植物乳杆菌)的方法。
(4) 学习乳酸杆菌和乳酸球菌的初步鉴定方法。

2　基本原理

乳酸菌能利用可发酵性糖产生乳酸,人们利用其产酸特点发酵生产某些食品,提高食品适口性或延长贮藏期。例如,利用乳酸菌发酵生产乳制品(如酸乳、干酪、开菲尔等)和植物食品(如泡菜、酸菜等)。因此,从自然界中有目的地分离纯化和鉴定某些有益乳酸菌,对于开发新产品、提高发酵食品质量具有实际应用价值。

要从自然界混杂的微生物中分离出一种微生物,不仅要考虑分离样品应含有数量较多的目的菌,还要在分离操作中使其与其他菌种相互分开。从混杂群体中分离特定微生物的常用方法有:控制分离培养基的营养成分、控制培养基的 pH、添加抑制剂、控制培养温度、控制氧气条件、对样品进行特殊处理等。常用的纯种分离方法有平板划线分离法、稀释涂布平板分离法、稀释倾注平板分离法、毛细管分离法、显微操作单细胞分离法等。

分离乳酸杆菌和乳酸球菌的关键是采用合适的选择性培养基。常用的有:乳清培养基和溴甲酚绿(BCG)牛乳培养基适用于分离乳酸杆菌与乳酸球菌;番茄汁培养基和 M17 培养基适用于分离乳酸球菌;酸化 MRS 培养基适用于分离乳酸杆菌。因此在选择分离培养基时,尽量使用多种培养基,以免某些乳酸菌在个别培养基上不长,造成分离失败。

在含有 $CaCO_3$ 的酸化 MRS 培养基上,乳酸杆菌产生的乳酸将培养基中的碳酸钙溶解,菌落周围产生透明圈。但是,出现 $CaCO_3$ 溶解圈仅能说明该菌产酸,不能证明就是乳酸菌,要确定还必须做有机酸测定。最简便且最常用的方法是纸层析法。酸乳中的德氏乳杆菌保加利亚亚种最适生长温度为 40~43℃,而泡菜中的植物乳植杆菌最适生长温度为 30℃ 左右。又因乳酸杆菌的耐酸性较强,故采用酸化 MRS 固体培养基对其进行分离。此外,根据乳酸球菌是兼性厌氧菌,而乳酸杆菌是耐氧的厌氧菌或微好氧菌或兼性厌氧菌的特点,通过控制空气和 CO_2 的培养条件,在含有 CO_2 厌氧环境中,有利于分离得到乳酸菌,特别是有利于乳酸杆菌的生长。利用这些特点可对它们做初步分离与鉴定。

向 BCG 牛乳培养基和乳清培养基中加入溴甲酚绿指示剂(酸性呈黄色,碱性呈蓝色),以及向 MRS 培养基和番茄汁培养基中加入溴甲酚紫指示剂(酸性呈黄色,碱性呈紫色),分离培养时乳酸菌产生的乳酸(可用纸上层析法鉴别)可使菌落呈土黄色,其周围的培养基也变为土黄色。根据观察的典型乳酸菌的菌落特征与个体形态,以及 H_2O_2 酶阴性试验结果,即可初步鉴别乳酸杆菌和乳酸球菌,再采用细菌 16S rDNA 的 PCR 技术快速鉴定到属种。

从藏灵菇(又称开菲尔粒)中分离筛选产酸能力强且耐受胆盐的益生乳杆菌的原理：①选择适合乳酸菌生长的培养基。例如 MRS 培养基或改良 MRS 培养基等。②根据微生物对某种化学物质的敏感性，设计选择培养基。例如，在 MRS 培养基(或改良 MRS 培养基)中加入 5g/L 山梨酸钾或 1.5g/L 纳他霉素，以抑制藏灵菇中酵母菌(或霉菌)的生长;为了筛选耐受胆盐的益生乳杆菌(如副干酪乳酪杆菌、植物乳植杆菌、鼠李糖乳酪杆菌、嗜酸乳杆菌等菌种的个别菌株)，在上述培养基中再加入 2~3g/L 胆盐，可以抑制不耐受胆盐的乳酸菌(如唾液链球菌嗜热亚种、德氏乳杆菌保加利亚亚种)的生长。③根据乳酸菌发酵糖类产酸特点，设计鉴别培养基。例如，在上述培养基中再加入 16g/L 溴甲酚紫指示剂，在培养过程中乳酸菌产生的乳酸可使菌落周围由紫色变为土黄色，挑选土黄色圈较大的菌落，即产酸能力较强的乳酸菌。实践证明在 MRS 培养基中添加溴甲酚紫指示剂，培养基的变色效果较明显。

3 实验材料

3.1 分离样品　市售普通酸乳(要求有活性)、益生菌酸乳(含有耐胆盐的乳杆菌)、藏灵菇滤液(要求新活化好的)、泡菜汁。

3.2 培养基　酸化 MRS 琼脂、溴甲酚紫改良 MRS 琼脂(或乳清琼脂)、溴甲酚绿(BCG)牛乳琼脂培养基、番茄汁琼脂、溴甲酚紫胆盐改良 MRS 琼脂培养基、MRS 液体培养基(5mL 或 10mL/试管)、脱脂乳培养基(5mL 或 10mL/试管,200mL/250mL 三角瓶)，制法见附录Ⅱ。

3.3 试剂与染色液　含 1g/L 吐温-80 的无菌生理盐水(9mL/试管,90mL/三角瓶,内带玻璃珠)、$CaCO_3$ 粉末(用硫酸纸包好，高压灭菌)、3%(体积分数)H_2O_2 溶液、乳酸标准样品、革兰染色液。

3.4 仪器与其他用具　无菌吸管(1mL、10mL)、微量移液器及 1mL 无菌吸头、无菌培养皿、接种环、特制蜗卷铂耳环、玻璃涂布棒、培养箱、CO_2 培养箱或落扣式厌氧培养盒、厌氧产气袋(吸收氧气同时产生 CO_2)、显微镜、漩涡混合器、拍击式均质器及无菌均质袋等

4 实验流程

待分离样品 → 梯度稀释 → 平板分离培养(稀释倾注法、稀释涂布法或平板划线法) → 观察菌落特征 → 挑单菌落 → 纯化培养 → 镜检个体形态、纯度 → H_2O_2 酶试验 → 传代培养 → 挑选凝乳管 → 乳酸测定 → 菌种保存

5 操作步骤

5.1 酸乳和泡菜汁中乳酸杆菌和乳酸球菌的分离与纯化

5.1.1 样品稀释　用无菌吸管吸取待分离样品 10mL，移入盛有 90mL 含吐温-80(有分散菌体作用)的无菌生理盐水带玻璃珠的三角瓶中，以漩涡混合器充分混匀 0.5~1min(必要时用拍击式均质器拍打混匀 0.5~1min)，即为 10^{-1} 的样品稀释液。另取一支吸管(或吸头)自 10^{-1} 三角瓶内吸取 1mL 移入 10^{-2} 无菌生理盐水试管内，以漩涡混合器充分混匀，再按 10 倍梯度稀释至 10^{-7} 稀释度。

5.1.2 平板分离培养

(1) 稀释倾注法 用1mL吸管(或吸头)取上述10^{-6}、10^{-7}稀释度的稀释液1mL注入无菌培养皿中,倒入溶化并冷却至46~50℃的含$CaCO_3$酸化MRS琼脂培养基约15mL(以液流刚刚合拢为宜),置于桌面迅速摇匀(先前后3次、左右3次,再按顺时针和/或逆时针旋转),待培养基凝固后,倒置于30℃(酸泡菜汁样品)和37~40℃(酸乳样品)CO_2温箱中培养48~72h。每个稀释度作2~3个重复。也可以将平皿倒置于带厌氧产气袋的落扣式厌氧培养盒中,置于温箱中培养。

注意事项:

(1) 若分离酸乳中的乳酸球菌,则将平皿倒置于温箱中好氧培养即可;若分离乳酸杆菌,最好厌氧培养。

(2) 乳酸菌在固体培养基上生长的菌落大小受培养基含水量的影响,培养时应将整摞平皿用保鲜膜包裹,以免水分减少而导致菌落较小或不长。

酸化MRS琼脂加入$CaCO_3$的方法:以无菌操作按20g/L的量将灭菌的$CaCO_3$加入溶化了的酸化MRS琼脂培养基中,于自来水中迅速冷却培养基至50℃左右(稍烫手,但能长时间握住),边冷却边摇晃将瓶内$CaCO_3$摇匀(勿产生气泡)的同时,立刻倒入培养皿内摇匀($CaCO_3$不能沉淀于平皿底部),使样品稀释液和$CaCO_3$均匀分布于培养基中。

(2) 稀释涂布法 将溶化并冷却至50℃左右的溴甲酚紫改良MRS琼脂(或乳清琼脂或番茄汁琼脂)、BCG牛乳琼脂培养基,以无菌操作倒入平皿约15mL,静置待凝固;用1mL吸管(或吸头)取上述10^{-5}、10^{-6}稀释度的稀释液0.1mL注入上述倒好培养基的平皿中,用灭菌涂布棒在培养基表面迅速将稀释液涂匀(参见实验7 微生物的分离与纯化5.2.2操作),静置10min后,倒置于30℃(酸泡菜汁样品)和37~40℃(酸乳样品)CO_2温箱中培养48~72h。

(3) 平板划线法 培养基倒平板方法同稀释涂布法。用接种环以无菌操作蘸取10^{-1}、10^{-2}稀释度的稀释液一环,分别划线接种于上述倒好培养基的平皿中[参见实验7 微生物的分离与纯化5.2.3步骤,按图7.3(1)操作],而后将平皿倒置于带厌氧产气袋的落扣式厌氧培养盒中,再置于30℃(酸泡菜汁样品)和37~40℃(酸乳样品)温箱中培养48~72h。

5.1.3 观察菌落特征

在含有$CaCO_3$的酸化MRS培养基平板上,乳酸菌的菌落周围均产生溶解$CaCO_3$的透明圈。酸乳中的德氏乳杆菌保加利亚亚种为边缘不规则、表面较粗糙、扁平、呈白色至灰白色、大小为1~3mm的菌落;酸乳中的唾液链球菌嗜热亚种为表面光滑、凸起、灰白色、较小的圆形菌落。酸泡菜汁中的植物乳植杆菌为乳白色,偶有浓或暗黄色,直径为1~3mm的圆形菌落。

在溴甲酚紫改良MRS琼脂和BCG牛乳琼脂平板上如出现圆形或不规则状、隆起或稍扁平、表面光滑或较粗糙的土黄色(溴甲酚紫)或黄绿色(溴甲酚绿)的菌落,以及其周围培养基也有黄色或土黄色产酸圈者初步认定为乳酸菌。

5.1.4 纯化培养

酸泡菜汁样品:根据上述菌落特征挑取典型单菌落5~6个分别接种于5mL灭菌MRS液体培养基试管中,置于30℃温箱中培养至培养液浑浊。采用上述方法将第一代培养物转接至MRS液体培养基试管中,进行连续传代2~3次,挑选出培养12~16h使培养液浑浊者,保存备用。

酸乳样品:根据上述菌落特征挑取典型单菌落 5~6 个分别接种于 5mL 灭菌脱脂乳试管中,于 37~40℃温箱中培养至脱脂乳凝固。采用上述方法将第一代培养物转接至脱脂乳试管中,进行连续传代 2~3 次,挑选出培养 8~12h 使脱脂乳凝固者,保存备用。

5.1.5 镜检形态　取上述试管液体培养物及凝固培养物各 1 环,分别进行涂片、革兰染色、油镜观察个体形态和纯度。酸乳中的德氏乳杆菌保加利亚亚种为 G^+ 菌,细胞呈长的细杆状,有的呈长短不等的丝状,单生或短链状排列;唾液链球菌嗜热亚种为 G^+ 菌,细胞呈圆形或卵圆形,成对的链状排列。酸泡菜汁中的植物乳植杆菌为 G^+ 菌,细胞呈杆状,以单生、成对或短链状排列。同时挑取 1 环培养液与载玻片上的 3%(体积分数)H_2O_2 混匀,不产气泡、接触酶阴性者视为乳酸菌。

5.1.6 乳酸测定　乳酸的鉴定及生成量的测定。取其发酵上清液用纸层析法检测乳酸的产生情况。

5.1.7 分子生物学鉴定　采用 16S rDNA 的 PCR 技术快速鉴定到属种。

5.2 藏灵菇中产酸能力强并耐受胆盐的乳杆菌的分离与纯化。

5.2.1 藏灵菇的活化　将用无菌水清洗过的藏灵菇按 5%(g/100mL)的比例接种至灭菌脱脂乳中,于 25~28℃培养 16~20h 至牛乳凝固。如此连续活化几代直至藏灵菇滤液的 pH 达 3.7 左右,备用。

5.2.2 样品稀释　用无菌吸管(或吸头)吸取藏灵菇滤液 10mL,移入盛有 90mL 含吐温-80 的无菌生理盐水带玻璃珠的三角瓶中,以漩涡混合器充分混匀 1~2min(必要时用拍击式均质器拍打混匀 1~2min),即为 10^{-1} 的样品稀释液。另取一支吸管(或吸头)自 10^{-1} 三角瓶内吸取 1mL 移入 10^{-2} 无菌生理盐水试管内,用漩涡混合器充分混匀,以充分散开菌体细胞。重复以上操作,制备 10^{-6}、10^{-7} 样品稀释菌液。

5.2.3 平板分离培养　用 1mL 无菌吸管(或吸头)吸取上述 10^{-6}、10^{-7} 稀释度的稀释液 1mL 注入无菌培养皿中,倒入溶化并冷却至 46~50℃的含有 5g/L 山梨酸钾的溴甲酚紫胆盐改良 MRS 培养基约 15mL,其用量恰好覆盖平皿底部一薄层,迅速摇匀,使培养基与稀释菌液混匀,待凝固。或吸取上述 10^{-5}、10^{-6} 稀释度的稀释液 0.1mL 注入相应培养基的培养皿中,迅速涂布,分散均匀;或直接用接种环蘸取 10^{-1}、10^{-2} 的样品稀释液 1 环作平板划线分离。将培养皿倒置于 37℃温箱中(分离乳酸杆菌最好倒置于含有 5%CO_2+95%空气的 CO_2 培养箱中)培养 36~48h(分离筛选耐胆盐的乳酸菌,则需厌氧培养 72~96h)后,观察菌落特征。

实验说明:上述三种平板分离方法的分离培养效果均较好。涂布法在平板表面长出的单菌落容易挑取;倾注法平板中的单菌落嵌入培养基内部而不易挑取;平板划线法,因操作手法不熟练或样品稀释度不够,长出的菌落密集成线,很少长出单菌落。

5.2.4 观察菌落特征　在溴甲酚紫胆盐改良 MRS 培养基平板上,乳酸杆菌的菌落大小为 1~2mm,表面较粗糙如雪花状,边缘不规则、扁平、半透明的土黄色菌落。用接种环挑动单菌落,如有较黏稠或拉丝状,则初步确认该菌落为产胞外多糖的菌株。挑选菌落周围培养基土黄色产酸圈较大、且又较黏稠的单菌落,进行纯化培养。

5.2.5 纯化培养　挑取上述典型单菌落 10 个分别接种于灭菌脱脂乳试管中,置于 37℃温箱中培养至脱脂乳凝固。采用上述方法将第一代培养物转接至脱脂乳试管中,进行连续传代 2~3 次，挑选出培养 8~12h 使脱脂乳凝固者，保存备用。也可以采用液体 MRS 培养基纯化培养，方法同 5.1.4。

5.2.6 镜检形态　取上述试管培养物 1 环，进行涂片、革兰染色、油镜观察个体形态和纯度。乳杆菌为 G^+ 菌，细胞形态多样，有粗长杆、细长杆、弯曲杆、短杆和棒杆等，单在或呈长短不一的链杆状排列。例如，副干酪乳酪杆菌呈长短不等的杆状，单生或短链状排列。同时取 1 环培养物与载玻片上的 3%（体积分数）H_2O_2 混匀，不产气泡者，则将液体培养物转接入 5mL 灭菌脱脂乳试管中连续传代 2~3 次，37℃培养，观察其凝乳性状，挑选出 8~12h 能凝乳的试管，保存备用。

5.2.7 乳酸测定　同 5.1.6。

5.2.8 分子生物学鉴定　同 5.1.7。

5.2.9 体外模拟胃肠道耐受性试验　筛选出耐受胃酸（pH 2~3）和 3g/L 胆盐的乳杆菌。

5.2.10 发酵性能鉴定　将上述保存的脱脂乳试管培养物活化 2~3 代后，以 1%~2%（体积分数）接种量移入盛 200mL 灭菌脱脂乳的三角瓶中，37℃培养至乳凝固，测定其酸度、活菌数、凝乳时间、还原刃天青的时间，同时进行感官品质评定（具体操作参见实验 53 菌种活力的测定；实验 54 发酵剂的品质鉴定），从中筛选出产酸能力较强，发酵活力较高，且能耐受胃酸和胆汁的益生乳杆菌。

6　实验结果与报告

描述乳酸球菌和乳酸杆菌在不同培养基平板上的菌落特征，记录 H_2O_2 酶试验结果和镜检纯化培养物的纯度（菌种纯粹），并绘制所分离的乳酸菌个体形态图。

7　思考题

（1）试设计一个从市售鲜酸乳中分离纯化乳酸菌的程序。

（2）请设计一个实验方案，筛选高产胞外多糖的益生乳杆菌。

（3）某乳品企业生产酸乳的菌种污染了酵母菌或芽孢杆菌，请设计简明实验方案解决。

（4）分离乳酸菌的培养基，为什么要加入 $CaCO_3$？$CaCO_3$ 加入溶化的琼脂培养基后，为什么要立即用冷水冷却？

实验 56　发酵风干香肠中葡萄球菌和微球菌的分离计数与鉴定

1　目的和要求

(1) 掌握发酵风干香肠中葡萄球菌和微球菌的分离、计数方法。
(2) 学习葡萄球菌和微球菌初步鉴定的原理和方法。
(3) 学习非致病性的葡萄球菌的检定原理和方法。

2　基本原理

葡萄球菌和微球菌被认为是发酵风干香肠生产中的"风味菌",对发酵香肠优良色泽和风味的形成具有非常重要的作用。葡萄球菌属(*Staphylococcus*)和微球菌属(*Micrococcus*)中的许多种,如血浆凝固酶阴性的木糖葡萄球菌、肉葡萄球菌等,以及非致病性的变异微球菌、藤黄微球菌等,因它们能分泌蛋白酶和脂肪酶,分解蛋白质和脂肪能力较强,产生游离氨基酸和脂肪酸,酮、酸、酯类、乙偶姻等风味物质,而被作为风干香肠的发酵剂,以提高产品风味品质。

葡萄球菌和微球菌为微球菌科下的两个属,均为 G^+、H_2O_2 酶阳性的球菌,最适生长温度为 37℃,都有较高耐盐特性。因此,可利用高盐甘露醇琼脂培养基(MSA)对发酵风干香肠中的葡萄球菌和微球菌进行分离和计数。葡萄球菌对红霉素和溶菌酶不敏感,但对溶葡萄球菌素敏感;而微球菌在含红霉素的培养基上不能生长,但对溶葡萄球菌素不敏感。因此,可以利用含红霉素的牛肉膏蛋白胨琼脂培养基(营养琼脂)将二者鉴别开来。也可分别在含有溶葡萄球菌素和含有溶菌酶的 A 琼脂培养基上将二者区分。

一般情况下,多数产血浆凝固酶的葡萄球菌都能产生肠毒素,因此血浆凝固酶是鉴别葡萄球菌有无致病性的重要指标之一,即血浆凝固酶阴性的葡萄球菌对人无害。

3　实验材料

3.1　样品　发酵风干香肠。

3.2　培养基　高盐甘露醇(MSA)琼脂培养基、牛肉膏蛋白胨琼脂、A 琼脂培养基,制法见附录Ⅱ。

3.3　试剂与染色液　无菌生理盐水(9mL/试管,225mL/250mL 三角瓶,内带玻璃珠)、3%(体积分数)H_2O_2 溶液、革兰染色液、95%(体积分数)乙醇、红霉素、灭菌甘油、溶葡萄球菌素、溶菌酶。

3.4　仪器与其他用具　1mL 无菌吸管(或吸头)、无菌平皿、载玻片、酒精灯、接种环、拍击式均质器及无菌均质袋、灭菌剪刀、电子天平(感量为 0.01g)、培养箱、显微镜、微量移液器、漩涡混合器、无菌过滤器等。

4 实验流程

样品稀释 → 倾注法接种平板 → 培养和计数 → 观察菌落特征 → 镜检形态 → 初步鉴定

5 操作步骤

5.1 发酵香肠中葡萄球菌和微球菌的分离与计数

5.1.1 样品稀释 无菌条件下准确称量25g样品,用灭菌剪刀剪成碎块,加入盛有225mL无菌生理盐水的无菌均质袋中,以拍击式均质器充分混匀1~2min,制成10^{-1}的均匀样品稀释液。用无菌吸管(或吸头)吸取10^{-1}稀释液1mL至9mL的无菌生理盐水中,以漩涡混合器充分振摇混匀,即成10^{-2}的样品稀释液。然后根据对样品含菌量的估计,将样品按10倍稀释法再稀释至不同的稀释度。

5.1.2 倾注法接种平板 用无菌吸管(或吸头)吸取其中2~3个适宜稀释度的稀释液1mL于无菌平皿中,每个稀释度重复2次,倒入溶化并冷却至46~50℃的MSA培养基约15mL,迅速摇匀,待凝固。

5.1.3 培养和计数 将平皿倒置于37℃温箱中培养48h。培养后观察长出的圆形小菌落,计数平板上所有菌落数,选择30~300个菌落的平皿进行计算,并报告每克(毫升)样品中葡萄球菌和微球菌的数量(CFU)。其菌落计数方法、菌落总数的计算方法及菌落总数报告方式参见实验27中5.6~5.8。

5.2 葡萄球菌和微球菌的初步鉴定

5.2.1 观察菌落特征 微球菌在MSA平板上形成圆形、凸起、有光泽、不透明、光滑湿润的小菌落,有的菌落产黄色至微黄色的色素。葡萄球菌在MSA平板上形成圆形、光滑湿润、不透明、隆起的小菌落,有的菌落不产色素者为乳白色至灰白色。

5.2.2 镜检形态 从平皿上挑取典型单菌落少量进行革兰染色和H_2O_2酶试验。微球菌为G^+菌,细胞呈球形,直径为0.5~2.5μm,单个、成对或四联排列;葡萄球菌为G^+菌,细胞呈球形,直径0.8~1.5μm,单个、成对、葡萄串状。对在MSA平板上G^+菌及H_2O_2酶(+)的球菌的菌落进行下一步的初步鉴定。

5.2.3 红霉素敏感性试验 取90mL牛肉膏蛋白胨琼脂培养基于有螺纹盖的瓶中,0.1MPa灭菌15min。另取4mg红霉素溶于0.5mL 95%(体积分数)的乙醇中,用蒸馏水定容至100mL,以无菌过滤器过滤除菌。将90mL牛肉膏蛋白胨琼脂培养基化,冷却至46~50℃,加入10%(体积分数)的灭菌甘油溶液10mL及1mL上述准备好的红霉素溶液,倒平板约15mL,冷却凝固后划线接种,每个平皿可接种6个分离的菌落,37℃培养48h后观察结果。

5.2.4 溶葡萄球菌素和溶菌酶敏感性试验 取1瓶溶化并冷却至46~48℃的A琼脂培养基,加入溶葡萄球菌素至200μg/mL(事先用无菌过滤器过滤除菌)。再取1瓶溶化并冷却至46~48℃的A琼脂培养基,加入溶菌酶至25μg/mL(事先用无菌过滤器过滤除菌),分别倒平板约15mL,冷却凝固后划线接种,每个平皿可接种6个分离的菌落,37℃培养48h后观察结果。

5.2.5 血浆凝固酶试验 参见实验36食品中金黄色葡萄球菌的检验与计数5.4.2

步骤。

6　实验结果与报告

(1) 将葡萄球菌和微球菌的菌落计数结果填入下表中,并对结果进行误差分析。

稀释度	10^{-4}				10^{-5}				10^{-6}			
	1	2	3	平均	1	2	3	平均	1	2	3	平均
菌落数(CFU)/平板												
每克样品中的数量(CFU)												

(2) 根据下表中葡萄球菌和微球菌初步鉴定结果,对所做试验结果给予判定。

菌名	鉴定项目		
	含红霉素培养基上生长	溶葡萄球菌素敏感性	溶菌酶敏感性
葡萄球菌	+	+	-
微球菌	-	-	可变

7　思考题

(1) 平板分离之后,为什么只对 G^+ 菌及 H_2O_2 酶(+)的球菌的菌落进行初步鉴定?

(2) 为什么血浆凝固酶阴性的葡萄球菌为非致病性的微生物?

实验57 食品中双歧杆菌的检验、分离与培养

一、食品中双歧杆菌的检验

1 目的和要求

(1)学习从纯菌菌种和市售仅含双歧杆菌的益生菌类食品中计数双歧杆菌的原理。
(2)掌握食品中仅含有双歧杆菌属的活菌计数程序和方法。

2 基本原理

双歧杆菌是目前公认的一类对机体健康有促进作用的益生菌。它可定植于人的小肠下段与大肠管壁上,为吃母乳婴儿肠道中的优势菌(占肠道总菌数的90%以上),其数量的多少与人体健康密切相关。在健康的幼儿、青少年、成年人和长寿老人肠道中也是优势菌,且随着年龄增长该菌在肠道中的数量逐渐减少。因此,将双歧杆菌作为营养补充剂添加到食品中,以满足人们对各种益生菌类产品的需求。

食品中双歧杆菌的检验方法主要依据 GB 4789.34—2016《食品安全国家标准 食品微生物学检验 双歧杆菌检验》。该标准中适于食品中仅含有双歧杆菌属的计数,即食品中可包含一个或不同的双歧杆菌菌种。由于检样中仅含有双歧杆菌属,故平板活菌计数不需要设计选择性培养基,而采用双歧杆菌培养基或 MRS 培养基进行菌落计数即可。

3 实验材料

3.1 样品 纯菌菌种或市售仅含双歧杆菌的益生菌类食品。
3.2 培养基 双歧杆菌琼脂培养基、MRS 琼脂培养基,制法见附录Ⅱ。
3.3 试剂 无菌生理盐水(9mL/试管,198mL/250mL 三角瓶和 225mL/250mL 三角瓶)。
3.4 仪器与其他用具 无菌吸管(25mL、1mL)、无菌移液吸头 1mL、无菌培养皿、75%(体积分数)酒精棉球、金属勺、厌氧产气袋(日本)、落扣式厌氧培养盒、平皿专用封口膜(进口)、漩涡混合器、拍击式均质器及无菌均质袋、微量移液器、恒温培养箱、二氧化碳培养箱、无菌超净工作台、冰箱、天平(感量为 0.01g)等。

4 实验流程

纯菌菌种或含双歧杆菌的益生菌类食品 → 样品制备 → 稀释 → 倾注法接种平板 → 培养 → 检查计数 → 观察乳酸菌的个体形态特征

5 操作步骤

5.1 样品制备和稀释

5.1.1 纯菌菌种

(1) 固体和半固体样品 以无菌操作称取 2g 样品,加入盛有 198mL 无菌生理盐水的无菌均质袋中,用拍击式均质器拍打 1~2min,制成 1:100 的样品匀液。

(2) 液体样品 以无菌操作用无菌吸管(或吸头)吸取 1mL 样品,加入 9mL 无菌生理盐水中,用漩涡混合器混匀 0.5~1.0min,制成 1:10 的样品匀液。

5.1.2 食品样品
以无菌操作称取 25g(吸取 25mL)样品,加入盛有 225mL 无菌生理盐水的无菌均质袋中,用拍击式均质器拍打 1~2min,制成 1:10 的样品匀液。冷冻样品可先于 2~5℃条件下解冻,时间不超过 18h;也可在不高于 45℃的条件下解冻,时间不超过 15min。

5.1.3 稀释
根据对样品含菌量的估计,将样品按 10 倍梯度稀释至适宜稀释度。具体稀释方法参见实验 27 中 5.3。

5.2 倾注法接种平板
选择 2~3 个连续的适宜稀释度,在培养皿上用标签或记号笔相应编号,分别吸取不同稀释度的稀释液 1mL 注入平皿内,每个稀释度做 2 个重复。同时,吸取 1mL 空白稀释液加入两个无菌平皿内做空白对照。然后及时注入溶化并冷却至 46℃的双歧杆菌琼脂培养基或 MRS 培养基约 15mL,迅速转动平皿使其混合均匀(先前后 3 次、左右 3 次,再按顺时针和/或逆时针旋转)。注意:从样品稀释到平板倾注接种要求在 15min 内完成。

5.3 培养和计数
将接种后的双歧杆菌培养基或 MRS 琼脂平板,放入带有厌氧产气袋的落扣式厌氧培养盒内,再将厌氧盒置于恒温培养箱中,也可直接将平皿倒置于二氧化碳培养箱中,于 (36±1)℃ 厌氧培养 (48±2)h,可延长至 (72±2)h,培养后计数平板上的所有菌落数。

培养后观察双歧杆菌的菌落特征,计数平板上所有菌落数,选择 30~300 个菌落的平皿进行计算,并报告每克(毫升)样品中双歧杆菌的数量(CFU)。其菌落计数方法、菌落总数的计算方法及菌落总数报告方式参见实验 27 中 5.6~5.8。

6 实验结果与报告

(1) 将双歧杆菌的菌落计数结果填入下表中,并对结果进行误差分析。

稀释度	10^{-5}				10^{-6}				10^{-7}			
	1	2	3	平均	1	2	3	平均	1	2	3	平均
菌落数(CFU)/平板												
每毫升样品中的数量(CFU)												

(2) 分析采用双歧杆菌培养基和 MRS 培养基的计数结果,比较哪一种方法菌数更高。

7 思考题

(1) GB 4789.34—2016《食品安全国家标准 食品微生物学检验 双歧杆菌检验》中,为什么计数双歧杆菌采用双歧杆菌琼脂培养基,而不采用莫匹罗星锂盐和半胱氨酸盐酸盐改良 MRS 琼脂培养基?

(2) 为什么计数双歧杆菌时从样品稀释到平板倾注接种要求在 15min 内完成?

二、食品中双歧杆菌的分离与培养

1 目的和要求

(1) 了解双歧杆菌的生长特性,观察双歧杆菌的形态特征。
(2) 掌握厌氧菌的分离、培养及其活菌计数的方法。

2 基本原理

双歧杆菌细胞呈现多样形态,有短杆较规则形、纤细杆状具有尖细末端形、球形、长杆弯曲形、分枝或分叉形、棍棒状或匙形,为不形成芽孢,不运动,革兰阳性专性严格厌氧菌(但目前生产菌株经过驯化,有不同程度耐氧性,有的可在有氧环境下培养)。其营养要求非常复杂,需要多种增殖因子。双歧杆菌的最适生长温度为 37~41℃,初始最适 pH 为 6.5~7.0,在 pH 4.5~5.0 时不生长。由于双歧杆菌对氧气非常敏感,因此对其分离、培养及活菌计数的关键是提供无氧和低氧化还原电势的培养环境。采用厌氧箱法、厌氧袋法和厌氧罐法培养双歧杆菌都需要特定的除氧措施,步骤繁琐。本实验介绍一种简便的试管培养法——亨盖特厌氧滚管技术。

亨盖特厌氧滚管技术是美国微生物学家亨盖特(Hungate)于 1950 年首次提出并应用于瘤胃厌氧微生物研究的一种厌氧培养技术。这项技术经过几十年的不断改进,逐渐发展成为研究厌氧微生物的一套完整技术,而且经过多年实践证明,它是研究严格、专性厌氧菌的非常有效的技术。该技术的优点为:预还原培养基制好后,可随时取用进行试验;任何时间观察或检查试管内的菌体都不会干扰厌氧条件。本实验利用亨盖特厌氧滚管技术,采用莫匹罗星锂盐和半胱氨酸盐酸盐改良 MRS 培养基分离计数双歧杆菌,并采用 PTYG 培养基纯化培养被分离的双歧杆菌。

目前,国内外将双歧杆菌较多应用于各种益生菌制剂、酸乳、干酪、乳粉及固体饮料等食品的生产中。常用的生产菌种有:动物双歧杆菌乳亚种(曾称乳双歧杆菌)、长双歧杆菌长亚种(曾称长双歧杆菌)、长双歧杆菌婴儿亚种(曾称婴儿双歧杆菌)、两歧双歧杆菌、短双歧杆菌和青春双歧杆菌。

3 实验材料

3.1 样品 市售含双歧杆菌的益生菌酸乳(包含有乳酸杆菌等)、市售仅含动物双歧杆菌乳亚种(*Bifidobacterium animalis* subsp. *lactis*)或两歧双歧杆菌(*Bifidobacterium bifidum*)、长双歧杆菌长亚种(*Bifidobacterium longum* subsp. *longum*)等的益生菌类食品或双歧杆菌纯种培养物。

3.2 培养基 无氧的莫匹罗星锂盐和半胱氨酸盐酸盐改良 MRS 培养基(固体)、无氧的 PTYG 琼脂培养基(液体),制法见附录Ⅱ。

3.3 试剂与染色液 氮气、冰块、无氧的无菌生理盐水(9mL/试管)、革兰染色液。

3.4 仪器与其他用具 有螺口的丁烯胶塞和螺盖的厌氧试管、定量加样器、无菌注射器(使用前须经 0.1MPa 灭菌 20min)、弯头毛细管、镊子、记号笔、75%(体积分数)酒精棉球、瓷盘、铜柱除氧系统、注射器长针头(长约 15cm)、培养箱、水浴锅、漩涡混合器、氮气钢瓶等。

4 实验流程

铜柱系统除氧 → 制备预还原培养基 → 制备无氧稀释液 → 样品稀释 → 厌氧滚管分离培养 → 纯化培养 → 厌氧滚管活菌计数

5 操作步骤

5.1 铜柱系统除氧 铜柱是一个内部装有铜丝或铜屑的硬质玻璃管。此管的大小为 $\Phi 40mm \times 400mm$,两端被加工成漏斗状,外壁绕有加热带,并与变压器相连来控制电压和稳定铜柱的温度。铜柱两端连接乳胶管,一端连接气钢瓶,另一端连接出气管口。由于从气钢瓶出来的气体如 N_2、CO_2 和 H_2 等都含有微量 O_2,故当这些气体通过温度约 360℃ 的铜柱时,铜和气体中的微量 O_2 化合生成 CuO,铜柱则由明亮的黄色变为黑色。当向氧化状的铜柱通入 H_2 时,H_2 与 CuO 中的氧结合形成 H_2O,而 CuO 又被还原成了铜,铜柱则又呈现明亮的黄色。此铜柱可以反复使用,并不断起到除氧的作用。当然 H_2 源也可以由氢气发生器产生。如果 N_2 纯度为 99.999% 可省略除氧步骤,并在 N_2 钢瓶的减压阀出气口上直接连接乳胶管,将注射器长针头的尾部插入乳胶管内,以备排 O_2 之需。

5.2 预还原培养基及稀释液的制备 制作预还原培养基及稀释液时,先将配制好的培养基和稀释液煮沸驱氧,而后用定量加样器趁热分装到螺口厌氧试管中,一般琼脂培养基装 4.5~5.0mL,稀释液装 9mL,并插入通 N_2 的长针头以排除 O_2,然后盖上有螺口的丁烯胶塞和螺盖,灭菌备用。

5.3 分离与纯化

5.3.1 样品稀释 将待分离的液体样品(含双歧杆菌的益生菌酸乳)在漩涡混合器上混合均匀,在无菌条件下,用无菌注射器吸取 1mL 混合均匀的液体样品,加入装有 9mL 预还原生理盐水的厌氧试管中,用漩涡混合器混匀,制成 10^{-1} 稀释液。用无菌注射器吸取 10^{-1} 稀释液 1mL 至另一装有 9mL 生理盐水的厌氧试管中,制成 10^{-2} 稀释液。依此进行 10 倍梯度递增系列稀释。通常选取 10^{-5}、10^{-6}、10^{-7} 三个稀释度做下一步的滚管分离。

5.3.2 厌氧滚管分离培养 将无氧无菌莫匹罗星锂盐和半胱氨酸盐酸盐改良 MRS 琼脂培养基试管于沸水浴中溶化,置于 46~50℃ 恒温水浴锅中待用。用无菌注射器吸取 10^{-5}、10^{-6}、10^{-7} 三个稀释度各 0.1mL 分别注入待用的莫匹罗星锂盐和半胱氨酸盐酸盐改良 MRS 琼脂培养基试管中,然后将其平放于盛有冰水的瓷盘中迅速滚动,带菌的溶化琼脂在试管内壁会即刻形成凝固层。每个稀释度做 3 个重复,而后置于 37℃ 温箱中培养 48~72h,即可在厌氧试管的琼脂层内或表面长出肉眼可见的菌落。

5.3.3 纯化培养 待挑取的典型双歧杆菌单菌落预先在放大镜下观察确定,做好标记,然后将培养基试管固定于适当支架上,打开试管胶塞,迅速将气流适当、用火焰灭菌的氮气长针头插入管内,同时将另一装有液体 PTYG 培养基的厌氧管去掉胶塞插入另一灭过菌的通氮气针头。将准备好的无菌弯头毛细管(用玻璃滴管的细端在火焰上拉细,并弯成 120°)小心插入固体培养基内,找准待挑菌落,轻轻吸取,转移至装有液体 PTYG 培养基的厌氧管内,加塞,置于 37℃ 培养,待培养液浑浊后检查分离培养物的纯度。挑取少量 PTYG 培养液,涂片,革兰染色,镜检双歧杆菌形态和纯度。如尚未获得纯培养物,需再次滚管分离培养,并再次挑取单菌落,直至获得纯培养物为止。

5.3.4 厌氧滚管活菌计数 按实验 57 食品中双歧杆菌的检验 5.1 步骤操作,将上述液体 PTYG 纯种培养物或仅含双歧杆菌的益生菌类食品经 10 倍梯度递增系列稀释至 10^{-6} 稀释度后,取 10^{-4}、10^{-5}、10^{-6} 三个稀释度,按上述 5.3.2 步骤厌氧滚管法操作,并采用双歧杆菌琼脂培养基或 MRS 琼脂培养基进行培养,然后对滚管中长出的菌落计数,计算每毫升样品中含有的双歧杆菌数量(CFU),如式(57.1)。

$$样品中双歧杆菌数量/(CFU/mL) = 0.1mL 滚管计数的实际平均值 \times 10 \times 稀释倍数 \quad (57.1)$$

注意事项:

(1)注意无菌操作,保持手和培养管的清洁。每次接种前需用酒精棉球将厌氧管盖子消毒。

(2)用注射器吸取菌悬液注入固体培养基后,如需再次吸取,应快速将注射器插入厌氧管中,以防止针头污染。

6 实验结果与报告

(1)将双歧杆菌计数结果填入下表中,并进行误差分析。

稀释度	10^{-4}				10^{-5}				10^{-6}			
	1	2	3	平均	1	2	3	平均	1	2	3	平均
菌落数(CFU)/滚管												
每毫升样品中的数量(CFU)												

(2)描述所分离的双歧杆菌的菌落形态特征,并绘图说明其个体形态。

7 思考题

(1)比较双歧杆菌用平板活菌计数法和滚管活菌计数法计数的异同。采用双歧杆菌培养基计数时,哪一种方法计数结果高些?

(2)要使滚管计数准确需要掌握哪几个关键步骤?

(3)实验中采用哪些措施和方法使专性厌氧细菌的生长环境保持厌氧状态?

(4)请设计一个实验方案,从吃母乳的婴儿粪便中分离筛选耐受胃酸和胆盐的双歧杆菌。

实验58 乳酸菌的微胶囊化技术

1 目的和要求

(1)学习微胶囊化包被技术的原理与方法。
(2)了解微胶囊化的细胞包埋率测定方法。

2 基本原理

微胶囊化技术是利用特殊手段将固体颗粒、液滴或气体等物质(芯材)用高分子材料(壁材)包被于一个微小而封闭的胶囊内的技术。该技术最早应用于医药工业,现广泛应用于发酵工业(如微生物细胞、酶)、食品工业(如食品添加剂)、农业(如农药)、畜牧业(生物饲料添加剂)、工业(如黏合剂)等。微胶囊是采用天然(或合成、半合成)聚合物将微粒或微滴包被所形成的微型容器或包装体。其大小一般为$5\sim 200\mu m$,囊壁厚度一般在$0.2\mu m$至几微米,在特定条件下,囊壁所包被的组分可以通过扩散及膜层破裂或降解被释放出来。目前在食品工业中常用的壁材有海藻酸钠、低甲氧基果胶、卡拉胶、黄原胶、琼脂、阿拉伯胶、魔芋葡甘聚糖、壳聚糖等,其次是淀粉及其衍生物(如麦芽糊精、环糊精、玉米淀粉糖浆、变性淀粉等)。此外,还有蛋白质类(如明胶、乳清蛋白、大豆蛋白等)、油脂类(如卵磷脂)等。如果芯材是亲油性物质,一般宜选用亲水性聚合物作为壁材,反之则选用非水溶性物质。

常用的用于包被乳酸菌的微胶囊化技术有物理法(如喷雾干燥法、喷雾冷冻干燥法、空气悬浮法等)和化学法(如凝固浴法)。喷雾干燥法是将芯材均匀分散于壁材溶液中,以雾化器喷雾成小液滴,利用热空气使壁材中的水分迅速蒸发干燥成微胶囊。它具有干燥速率快、操作简便、处理量大等优点,适宜工业化生产,但由于进风温度较高($170\sim 180$℃),不适用于热敏性芯材干燥。喷雾冷冻干燥法是将芯材均匀分散于壁材溶液中,以雾化器喷雾成小液滴,在冷气流中凝成固体,于真空冷冻条件下干燥成微胶囊。该法解决了因温度过高而引起的芯材挥发、变质、失活等问题,特别适用于较敏感芯材(如乳酸菌)的干燥。

目前实验室包被乳酸菌的微胶囊化技术常采用凝固浴法。该法又细分为挤压法、乳化法和分散法三种。挤压法是将芯材(如乳酸菌)均匀混合于壁材(如海藻酸钠或低甲氧基果胶)溶液中,将混合液用锐孔装置加入一定浓度的固化剂(如氯化钙)中,形成海藻酸钙或果胶钙凝胶颗粒。其特点是操作简单,不用有机溶剂,不用高速搅拌,囊壁机械强度较大,但因其粒径分布较大($1\sim 5mm$),不易形成微胶囊。乳化法是将乳酸菌加入海藻酸钠溶液中,再加入一定量的植物油(如大豆油或玉米油)混合乳化,边高速搅拌边加入氯化钙溶液中(搅拌速度越快,微胶囊粒径越小),使微胶囊析出。其特点是粒径分布小(约$10\mu m$),容易形成微胶囊,但因壁材和固化剂浓度过高会出现拖尾现象,而且含有植物油的微胶囊不易干燥成粉末。分散法是将乳酸菌均匀混合于海藻酸钠溶液中,混合液以一定流速快速加入搅拌"沸腾"的氯化钙溶液中,使固化的微粒在高度分散状态下迅速析出微胶囊。其特点是粒径分布小($20\sim 30\mu m$),容易形成微胶囊,并克服了挤压法和乳化法的缺点,经过微胶囊包被的乳酸菌与外界隔离,可以免受不良环境(氧气、温度、水分、紫外线等)的影响,从而保持其生物活性物质的稳定,延长其在室温贮藏条件下的活菌保质期。本实验以海藻酸钠为壁材,介绍分散法包被乳酸菌的微胶囊化技术;另以低甲氧基果胶为壁材,介绍挤压法包被乳酸菌的微胶囊化技术。

3 实验材料

3.1 菌种　副干酪乳酪杆菌(*Lacticaseibacillus paracasei*)、植物乳植杆菌(*Lactiplantibacillus plantarum*)等乳酸菌改良MRS斜面试管菌种或甘油保藏菌种。

3.2 培养基　改良MRS培养基(斜面10mL/试管、液体10mL/试管、固体200mL/三角瓶、液体200mL/三角瓶),制法见附录Ⅱ。

3.3 试剂与包被材料

(1) 2.5g/L 海藻酸钠溶液(壁材)　精确称取海藻酸钠0.25g,用少量去离子水调成糊状,再加水至100mL,适当加热溶化,分装试管20mL,0.1MPa灭菌15min后冷却至37℃备用。注意配制海藻酸钠溶液的浓度不宜过高。虽然使用壁材的浓度越高,囊壁机械强度越大,但浓度高,黏度增加,不便于微胶囊化操作。

(2) 25g/L 低甲氧基果胶溶液(壁材)　精确称量低甲氧基果胶2.5g,用少量去离子水搅拌均匀,再加水至100mL,分装试管10mL,0.1MPa灭菌15min后冷却至37℃备用。

(3) 10g/L $CaCl_2$ 溶液(固化剂)　称取无水$CaCl_2$ 1g,用100mL去离子水溶解,分装三角瓶100mL,0.1MPa灭菌15min后,冷却备用。

(4) 300mmol/L $CaCl_2$ 溶液(固化剂)　精确称取无水$CaCl_2$ 16.65g,加入500mL去离子水中,磁力搅拌溶化,分装三角瓶100mL,0.1MPa灭菌15min后,冷却备用。

(5) 50mmol/L EDTA二钠溶液:准确称量EDTA二钠1.861g,溶解于80mL的去离子水中,用1mol/L NaOH溶液调节pH 8.0,定容至100mL,0.1MPa灭菌15min后冷却备用。

(6) 无菌去离子水、无菌生理盐水(9mL/试管、99mL/三角瓶)。

3.4 仪器与其他用具　烧杯、无菌平皿、试管、无菌吸管及吸头(1mL)、无菌三角瓶(250mL、500mL)、无菌离心管(50mL)、无菌离心瓶(200mL)、镜台测微尺、目镜测微尺、游标卡尺、漩涡混合器、可调高速分散器、-40℃低温冰箱、立式高速冷冻离心机、布氏漏斗、循环水真空泵、蠕动泵、磁力搅拌器、pH计、电子天平、显微镜、数码显微摄像系统等。

4 实验流程

活化菌种 → 种子的制备 → 乳酸菌的微胶囊化 → 包埋前乳酸菌活菌数的测定 → 破囊后乳酸菌活菌数的测定 → 计算微胶囊化的细胞包埋率 → 微胶囊直径的测定

5 操作步骤

5.1 分散法包被乳酸菌的微胶囊化技术

5.1.1 活化菌种　挑取经37℃活化培养24h的乳酸菌斜面新鲜菌种1环或吸取-80℃冰箱保藏的甘油菌种0.3mL,接种于10mL改良MRS培养基中,37℃培养12~16h至培养液浑浊。

5.1.2 种子的制备　将上述液体培养物按 2%~3%(体积分数)接种量移入装有 200mL 改良 MRS 培养基的三角瓶中,于 37℃培养 12~16h。而后于 4℃下,以 4000~8000r/min 离心 20~10min,收集乳酸菌菌泥备用。

5.1.3 乳酸菌的微胶囊化　在冷却至 37℃的 20mL、2.5g/L 海藻酸钠溶液中,加入上述乳酸菌菌泥,以漩涡混合器振荡均匀,将混合液沿玻璃棒快速导流加入搅拌"沸腾"的 100mL 10g/L 氯化钙溶液中,加入完毕立即停止高速分散器的搅拌(此固化过程操作要快,分散器开至中档速度,切勿延长搅拌时间)。而后在 $CaCl_2$ 溶液中静置固化 40min,即可制得直径约 $25\mu m$、有一定硬度的微胶囊。固化完毕,在无菌条件下以布氏漏斗真空抽滤,弃滤液,再用无菌去离子水冲洗截留的微胶囊 3 次,以去除微胶囊表面的 $CaCl_2$ 溶液(此过程若无布氏漏斗抽滤、洗涤,也可用离心洗涤替代),而后将洗净的微胶囊转移至 50mL 离心管中,低温贮存备用。

5.1.4 测定微胶囊包埋率

(1) 包埋前乳酸菌活菌数的测定　吸取包埋(固化)前乳酸菌与海藻酸钠的混合液 1mL,于 9mL 的无菌生理盐水试管中,以漩涡混合器混匀,将其标为 10^{-1},如此按 10 倍梯度稀释至 10^{-9} 稀释度。分别吸取 $10^{-9}\sim10^{-7}$ 稀释度的稀释液 1mL 注入平皿内,每个稀释度做 2 个重复。同时,吸取 1mL 空白稀释液加入两个无菌平皿内做空白对照。然后及时倒入溶化并冷却至 46~50℃的改良 MRS 培养基约 15mL,迅速转动平皿使其混合均匀(先前后 3 次、左右 3 次,再按顺时针和/或逆时针旋转),待凝固后,于 37℃培养 48h 后计数菌落,获得混合液的乳酸菌活菌数。

(2) 破囊后乳酸菌活菌数的测定　取 1mL 混合液包埋后产生的微胶囊,于 99mL 带玻璃珠无菌生理盐的三角瓶中,将其标记为 10^{-2},置于 37℃摇床上,轻轻振荡 1h,使微胶囊破裂释放菌体细胞,再取 1mL 菌液于 9mL 的无菌生理盐水试管中,制成 $10^{-9}\sim10^{-7}$ 梯度稀释菌液,按照 5.1.4(1)操作方法进行菌落计数,获得微胶囊的乳酸菌活菌数。每个样品做三个重复。

(3) 计算包埋率　将 5.1.4(1) 和 5.1.4(2) 操作步骤中测得菌落计数结果代入式(58.1)计算,即得微胶囊化的细胞包埋率。

$$包埋率/\% = (微胶囊的乳酸菌活菌数/混合液的乳酸菌活菌数)\times 100\% \tag{58.1}$$

5.1.5 微胶囊直径的测定　无菌操作条件下取出经过固化的微胶囊 10 粒,在显微镜下以测微尺测量微胶囊的直径并计算平均值(参见实验 10)。此外,还可用数码显微摄像系统中的软件自动测定。

5.2 挤压法包被乳酸菌的微胶囊化技术

5.2.1 菌种的活化与扩大培养　同 5.1.1 和 5.1.2 方法。

5.2.2 乳酸菌的微胶囊化　取 5.2.1 步骤 100mL 扩大培养液加入离心瓶中,按照 5.1.2 所述离心条件收集菌泥,加入 25g/L 低甲氧基果胶溶液 10mL,充分搅拌,直到菌泥完全混匀。以蠕动泵控制适当流速(流速视成囊不拖尾进行适当调整),将混合液经直径 $0.5\mu m$ 的无菌注射器针头滴入 100mL 300mmol/L 氯化钙溶液中,边滴入边用磁力搅拌器缓慢搅拌(此固化过程调整搅拌转速要适当否则不易形成囊状及囊颗粒分散不均匀成囊状且分散进行适当调整),使之成囊状,4℃条件下固化 4h,即可制得直径为 1~2mm、有一定硬度的微胶囊。用去离子水清洗后滤纸过滤,转移至 50mL 离心管中,低温贮存备用。

5.2.3 测定微胶囊包埋率

（1）包埋前乳酸菌活菌数的测定　取包埋（固化）前 1mL 混合液按照 5.1.4（1）进行菌落计数，获得混合液的乳酸菌活菌数。

（2）破囊后乳酸菌活菌数的测定　取 1mL 混合液包埋后产生的微胶囊，加入 10mL EDTA 二钠溶液，37℃下以 180r/min 摇床振荡解囊处理 10min，待微胶囊完全溶解后按照 5.1.4（1）进行菌落计数，获得微胶囊的乳酸菌活菌数。

（3）计算包埋率　同 5.1.4（3）方法。

5.2.4 微胶囊直径的测定
经过固化处理的微胶囊随机选出 10 粒，用游标卡尺精确测量直径，取平均值。

6 实验结果与报告

（1）记录微胶囊直径的测定结果，并计算平均值。

编号	1	2	3	4	5	6	7	8	9	10	平均值
直径/μm											
直径/mm											

（2）记录包埋前、破囊后乳酸菌的活菌计数结果，并计算微胶囊化的细胞包埋率。

计数和计算结果	1	2	3
包埋前乳酸菌活菌数量/(CFU/mL)			
破囊后乳酸菌活菌数量/(CFU/mL)			
微胶囊化的细胞包埋率/%			

7 思考题

（1）包被乳酸菌的微胶囊化技术有哪些常用方法？各有何优缺点？

（2）请利用微胶囊化技术，设计一个实验方案，解决多数双歧杆菌不耐受胃酸的问题（提示：要求制备的微胶囊在胃中不被崩解，但在小肠中能够崩解释放菌体细胞）。

附录

附录 Ⅰ 微生物常用玻璃器皿清洁方法

清洁的玻璃器皿是获得正确实验结果的重要条件之一。清洗的目的是除去玻璃器皿上的污垢(灰尘、油垢、无机盐类等物质),使其不能干扰获得正确的实验结果。通常清洗方法有两种,一是机械清洗方法,即用铲、刮、刷等方法清洗;二是化学清洗方法,即用各种化学去污溶剂清洗。具体的清洗方法要依污垢附着表面的状况以及污垢的性质决定。下面介绍几种常用玻璃器皿和不同材料部件的清洗方法。

1 洗涤工作注意事项

(1) 任何洗涤法,都不应对玻璃器皿有所损伤,故不能使用对玻璃器皿有腐蚀作用的化学试剂,也不能使用比玻璃硬度大的制品来擦拭玻璃器皿。

(2) 用过的器皿必须立即洗刷,放置太久会增加洗刷的困难。

(3) 含有对人有传染性或非传染性致病菌的玻璃器皿,应先浸在 50g/L 石炭酸溶液内或蒸煮、高压灭菌后再行洗涤。

(4) 盛过有毒物品的器皿,不要与其他器皿放在一起。

(5) 难洗涤的器皿不要与易洗涤的器皿放在一起,以免增加洗涤的麻烦。有油的器皿不要与无油的器皿混在一起,否则使本来无油的器皿沾上了油垢,浪费药剂和时间。

(6) 强酸、强碱及其他氧化物和有挥发性的毒品,都不能倒在洗涤槽内,必须倒在废液缸中。

(7) 用过的升汞溶液,切勿装在铝锅等金属器皿中,以免引起金属腐蚀。

(8) 盛用液体培养物的器皿,应先将培养物倒在废液缸中,然后洗涤。切勿将培养液尤其琼脂培养物倒入洗涤槽中,否则会逐渐阻塞下水道。

(9) 使用洗涤液时,投入的玻璃器皿应尽量干燥,以避免稀释洗涤液。如要去污作用更强,可将其加热至 40~50℃ (稀铬酸洗液可以煮沸)。器皿上带有大量有机质时,不可直接加洗涤液,应尽可能先行清除,再用洗涤液,否则洗涤液会很快失效。用洗涤液洗过的器皿,应立即用水冲洗至无色为止。洗涤液有强腐蚀性,溅于桌椅上,应立即用水洗并用湿布擦去。皮肤及衣服上沾有洗涤液,应立即用水洗,然后用苏打(碳酸钠)水或氨液中和。

2 实验室常用洗涤剂的种类及其应用

(1) 肥皂 使用时多用湿刷子(试管刷、瓶刷)沾肥皂刷洗容器,再用水洗去肥皂。热的肥皂水(50g/L)去污力很强,洗去器皿上的油脂很有效。

(2) 去污粉 用时将一般玻璃器皿或搪瓷器皿润湿,将去污粉涂在污点上,用布或刷子擦拭,再用水洗去去污粉。

(3) 洗衣粉 常用 10g/L 的洗衣粉液洗涤载玻片和盖玻片,能达到良好的清洁效果。

(4) 洗涤液 通常用的洗涤液是重铬酸钾(或重铬酸钠)的硫酸溶液。重铬酸钾(或重铬酸钠)与硫酸作用后形成铬酸。铬酸为一种强氧化剂,去污能力很强,实验室常用其洗去玻璃和瓷质器皿上的有机质。切不可用其洗涤金属器皿。

洗涤液分为浓溶液与稀溶液两种,配方如下:

(1)浓配方　重铬酸钾(工业用)50g、蒸馏水150mL、浓硫酸(粗)800mL。

(2)稀配方　重铬酸钾(工业用)50g、蒸馏水850mL、浓硫酸(粗)100mL。

配法:将重铬酸钾溶解在温热蒸馏水中(可加热),待冷却后,再徐徐加入浓硫酸(相对密度为1.84左右),边加边拌动,配制好的溶液呈棕红色或橘红色。应始终贮存于有盖容器内,以防氧化变质。此液可用多次,每次用后倒回原瓶中储存,直至溶液变成青褐色或墨绿色时才失效。

3　各种玻璃器皿的洗涤方法

(1)新玻璃器皿的洗涤法　新购置的玻璃器皿(包括载玻片、盖玻片、试管、吸管、平皿、三角瓶等)含有游离碱,应用2%(体积分数)的盐酸溶液浸泡数小时,再用水充分冲洗干净。

(2)载玻片和盖玻片的洗涤法　用过的载玻片放入10g/L洗衣粉液中煮沸20~30min(注意煮沸液一定要浸没玻片,否则会使玻片钙化变质),待冷却后,逐个用自来水洗净,浸泡于95%(体积分数)的乙醇中备用。带有活菌的载玻片或盖玻片可先浸在50g/L石炭酸溶液中消毒,再按上述方法洗涤。使用时,可用干净纱布擦去酒精,并经火焰微热,使残余的酒精挥发,再用水滴检查,如水滴均匀散开,方可使用。盖玻片散入10g/L的洗衣粉液中,煮沸1min,待稍冷后再煮沸1min,如此2~3次(如煮沸时间过长会使玻片钙化变白且变脆易碎)。待冷后用自来水冲洗干净。洗净后于95%(体积分数)乙醇浸泡,擦干备用。

(3)一般玻璃器皿的洗涤法　三角瓶、培养皿、试管等可用毛刷蘸洗涤灵或去污粉或肥皂洗去灰尘、油垢、无机盐类等物质,然后用自来水冲洗干净。如果器皿要盛高纯度的化学药品或者做较精确的实验,可先在洗液中浸泡数十分钟,再用自来水冲洗,最后用蒸馏水洗2~3次,以水在内壁能均匀分布成一薄层而不出现水珠,为油垢除尽的标准。否则需用洗涤液再次清洗。洗刷干净的玻璃仪器烘干备用。

染菌的玻璃器皿,应先经0.1MPa高压蒸汽灭菌20~30min后取出。趁热倒出容器内的培养物,再用热的洗涤灵水洗刷干净,用水冲洗。带菌的移液管和毛细吸管,应立即放入50g/L的石炭酸溶液中浸泡数小时,先灭菌,然后再用水冲洗。有些实验还需要用蒸馏水进一步冲洗。

(4)含有琼脂培养基的玻璃器皿的洗涤法　先用小刀或镊子、玻璃棒将器皿中的琼脂培养基刮下。如果琼脂培养基已经干燥,可将器皿放在水中蒸煮,使琼脂溶化后趁热倒出,然后用水洗涤,并用刷子沾洗涤灵擦洗内壁,然后用自来水洗去。

(5)光学玻璃的清洗　光学玻璃用于仪器的镜头、镜片、棱镜、玻片等,在制造和使用中容易沾上油污,水湿性污物、指纹等,影响成像及透光率。清洗光学玻璃,应根据污垢的特点、不同结构选用不同的清洗剂、清洗工具及清洗方法。

清洗镀有增透膜的镜头,如照相机、幻灯机、显微镜的镜头,可用无水乙醇清洗。清洗时应用软毛刷或棉球沾少量清洗剂,从镜头中心向外作圆周运动,切忌将镜头浸泡在清洗剂中清洗。清洗镜头不得用力拭擦,否则会划伤增透膜,损坏镜头。清洗棱镜、平面镜的方法,可依照清洗镜头的方法进行。

光学玻璃表面生霉后,光线在其表面发生散射,使成像模糊不清,严重者将使仪器报废。

生霉原因是霉菌孢子在温湿度适宜和有营养物时生长形成霉斑。消除霉斑可用0.1%~0.5%(体积分数)的乙基含氢二氯硅烷与无水乙醇配制的清洗剂清洗,潮湿天气还需掺入少量的乙醚,或用环氧丙烷、稀氨水等清洗。使用上述清洗剂也能清洗光学玻璃上的油脂性雾、水湿性雾和油水混合性雾,其清洗方法与清洗镜头方法相似。

附录Ⅱ 常用培养基配方

一、细菌、放线菌常用培养基配方

1 牛肉膏蛋白胨(NB)液体培养基(又称营养肉汤,用于培养细菌)

成分:牛肉浸粉3g、蛋白胨10g、NaCl 5g、蒸馏水(或去离子水)1000mL,pH 7.4±0.2。

制法:将上述各成分加热溶解于蒸馏水中,于25℃下以1mol/L NaOH用pH计校正pH,分装三角瓶和试管,0.1MPa灭菌15min后备用。灭菌后的培养基在25℃的pH为7.4±0.2。

2 牛肉膏蛋白胨(NA)琼脂培养基(又称营养琼脂培养基,用于培养细菌)

成分:牛肉浸粉3g、蛋白胨10g、NaCl 5g、琼脂粉17g、蒸馏水1000mL,pH 7.4±0.2。

制法:将除琼脂以外的各成分溶解于蒸馏水中,搅匀后加热溶解,于25℃下以1mol/L NaOH用pH计校正pH,加入琼脂粉,煮沸溶化,分装三角瓶和试管,0.1MPa灭菌15min后,冷却至50℃左右倒平板和摆成斜面试管备用。灭菌后的培养基在25℃的pH为7.4±0.2。

3 牛肉膏蛋白胨半固体(NSA)琼脂(用于培养细菌,肠道致病菌检验)

成分:牛肉浸粉3g、蛋白胨10g、氯化钠5g、琼脂粉3~5g、蒸馏水1000mL,pH 7.4±0.2。

制法:将以上各成分加热溶解于蒸馏水中,于25℃下以1mol/L NaOH溶液用pH计校正pH,分装小试管或三角瓶,于0.1MPa灭菌15min,冷却至(48±2)℃倒平皿,小试管直立凝固备用。灭菌后的培养基在25℃的为7.4±0.2。

4 平板计数琼脂(PCA)培养基(用于培养细菌或细菌的菌落计数)

成分:胰蛋白胨5g、酵母浸粉2.5g、葡萄糖1g、琼脂粉17g、蒸馏水1000mL,pH 7.0±0.2。

制法:将上述成分加于蒸馏水中,加热溶解,冷却至20~25℃,调节pH,加入琼脂粉,煮沸溶化,分装试管或三角瓶,用0.1MPa灭菌15min后备用。

5 MPC琼脂培养基(用于培养细菌或细菌的菌落计数)

成分:胰蛋白胨5g、酵母浸粉2.5g、葡萄糖1g、脱脂乳粉(不含抗生素)1.0g、琼脂粉17g、蒸馏水1000mL,pH 7.0±0.2。

制法:将上述成分加于蒸馏水中,加热溶解,冷却至20~25℃,调节pH,加入琼脂粉,煮沸溶化,分装试管或三角瓶,用0.1MPa灭菌15min后备用。

6 无氮培养基(用于培养自生固氮菌)

成分:甘露醇(或葡萄糖)10g、KH_2PO_4 0.2g、$MgSO_4 \cdot 7H_2O$ 0.2g、NaCl 0.2g、$CaSO_4 \cdot 2H_2O$ 0.2g、$CaCO_3$ 5g、蒸馏水1000mL,pH 7.0~7.2。

制法:将上述成分于蒸馏水中煮沸溶解,用1mol/L NaOH调节pH,分装试管或三角瓶,0.07MPa灭菌20min。

7 高氏1号(淀粉硝酸钾)培养基(常用于培养、分离放线菌)

成分:可溶性淀粉20g、KNO_3 1g、NaCl 0.5g、$K_2HPO_4 \cdot 3H_2O$ 0.5g、$MgSO_4 \cdot 7H_2O$ 0.5g、$FeSO_4 \cdot 7H_2O$ 0.01g、琼脂粉15~17g、蒸馏水1000mL,pH 7.2~7.4。

制法:配制时,先用少量冷水将淀粉调成糊状,倒入煮沸的水中,电磁炉加热,边搅拌边加入其他成分,溶化后,补足水分至1000mL,分装三角瓶后,0.1MPa灭菌15~20min。

8 淀粉铵盐培养基(用于培养放线菌)

成分:可溶性淀粉 10g、$(NH_4)_2SO_4$ 2g、K_2HPO_4 1g、$MgSO_4 \cdot H_2O$ 1g、NaCl 1g、$CaCO_3$ 3g,蒸馏水 1000mL,pH 7.2~7.4。

制法:将各成分溶解后,校正 pH,分装三角瓶,0.1MPa 灭菌 15~20min。若加入 15~17g 琼脂粉即成固体培养基。

9 葡萄糖蛋白胨琼脂培养基(用于食品防腐剂抑菌试验)

成分:葡萄糖 5g、蛋白胨 6g、酵母浸粉 6g、牛肉浸粉 1.5g、吐温-80 1mL、琼脂粉 15~17g,蒸馏水 1000mL,pH 7.4。

制法:将各成分溶解后,校正 pH,分装试管与三角瓶,0.07MPa 灭菌 20min 备用。

10 胰化大豆肉汤培养基(用于食品防腐剂抑菌试验)

成分:胰蛋白胨 17g、大豆蛋白胨 3g、NaCl 5g、K_2HPO_4 2.5g、葡萄糖 2.5g,蒸馏水 1000mL。

制法:将各成分溶解后,用乳酸调 pH 4、5、6、7,分别分装试管 12 支,每种 pH 分装 3 支,9mL/支试管,0.07MPa 灭菌 20min 备用。

11 产枯草芽孢杆菌细菌素发酵培养基(用于食品防腐剂抑菌试验)

成分:葡萄糖 10g、蛋白胨 15g、酵母浸粉 15g、KH_2PO_4 1g、硫酸镁 1.5g、NaCl 5g,蒸馏水 1000mL pH 7.6。

制法:将各成分溶解后,校正 pH,分装三角瓶,0.07MPa 灭菌 20min 备用。

12 单增李斯特氏菌增菌培养基(用于食品防腐剂抑菌试验)

成分:胰蛋白胨 17g、大豆蛋白胨 3g、酵母浸粉 6g、葡萄糖 2.5g、NaCl 5g、K_2HPO_4 2.5g,蒸馏水 1000mL,pH 7.1~7.5。

制法:将各成分溶解后,校正 pH,分装试管,固体培养基加入琼脂 13g,分装三角瓶,0.07MPa 灭菌 20min 备用。

13 酪蛋白琼脂培养基(用于筛选蛋白酶活力高的菌株及检验蛋白质分解菌)

成分:酪蛋白 10g、牛肉浸粉 3g、无水磷酸氢二钠 2g、氯化钠 5g、琼脂粉 17g,蒸馏水 1000mL,4g/L 溴麝香草酚蓝溶液 12.5mL(或 0.05g),pH 7.4。

制法:将除指示剂外的各成分混合,加热溶解(但酪蛋白不溶解),校正 pH,加入指示剂,分装三角瓶,0.1MPa 灭菌 15~20min。临用时加热溶化琼脂,冷至 50℃,倾注平板。

注:将菌株划线接种于平板上,如沿菌落周围有透明圈形成,即为能水解酪蛋白。若无酪蛋白药品,可用酪蛋白的胰蛋白酶水解物或胰蛋白胨替代。

14 LB 液体培养基(用于培养细菌,常在分子生物学中应用)

成分:胰蛋白胨 10g、酵母浸粉 5g、NaCl 10g、琼脂 15~17g、双蒸馏水 1000mL,pH 7.0。

制法:将各成分溶于 1000mL 双蒸馏水中,用 1mol/L NaOH(约 1mL)调节 pH,分装后,0.1MPa 灭菌 15~20min。必要时也可在培养基中加入 1g/L 葡萄糖。半固体培养基加入 3~5g/L 琼脂。

15 营养试验培养基(用于营养元素对微生物生长影响实验)

成分	完全培养基	缺 C 培养基	缺 N 培养基	缺 P 培养基	缺 K 培养基	缺 Zn 培养基
蔗糖	50g	—	50g	50g	50g	50g

续表

成分	完全培养基	缺C培养基	缺N培养基	缺P培养基	缺K培养基	缺Zn培养基
硝酸铵	3g	3g	—	3g	3g	3g
磷酸二氢钾	2g	2g	2g	—	磷酸二氢钠2g	2g
硫酸镁	0.5g	0.5g	0.5g	0.5g	0.5g	0.5g
硫酸亚铁	0.1g	0.1g	0.1g	0.1g	0.1g	0.1g
10g/L 硫酸锌	5mL	5mL	5mL	5mL	5mL	—
氯化钠	—	5g	2g	氯化钾1g	—	—

注:1000mL 蒸馏水按上表配成不同种类的培养基,pH 自然。

制法:参见本书实验 21 中 5.1 内容。

二、乳酸菌常用培养基配方

16 脱脂乳培养基(用于培养、活化乳酸菌)

成分:鲜牛乳或脱脂乳粉。

制法:将鲜牛乳煮沸后,以 100℃水浴 20~30min,待冷后,装入三角瓶内,静置于冰箱中冷却过夜后,脂肪即可上浮。用虹吸法或吸管吸出底部脱脂乳,以除去上层脂肪。也可将牛乳以 3000r/min 离心 1h,除去表面脂肪。若制备 120g/L 或 150g/L 复原脱脂乳,将 12g 或 15g 脱脂乳粉溶于 100mL 水中即可。分装试管(加量为试管的 1/3 处)或三角瓶内。用 0.07MPa 灭菌 15min,置于 4℃冰箱保存备用。

17 乳清琼脂培养基(用于培养、分离乳酸球菌和乳酸杆菌)

成分:乳清 500mL、蒸馏水 500mL、乳酪蛋白水解物 5g、葡萄糖 1g、酵母浸粉 2.5g、琼脂粉 15~17g,pH 6.5。若分离、计数乳酸菌可在培养基中加入 16g/L 溴甲酚绿(BCG)或溴甲酚紫(BCP)乙醇溶液 1mL。

制法:将 500mL 乳清和 500mL 蒸馏水混合后,加入上述各成分溶解,调整 pH 6.5,加入琼脂粉,煮沸溶化后,补足所失水分,分装试管和三角瓶,0.07MPa 灭菌 20min。

乳清的制备:称取乳清粉 100g 加入 90℃的 1000mL 蒸馏水中溶解(先将水加热,而后加入乳清粉,以防糊底)。取 6~8mL 的 1mol/L HCl 溶液倒入上述 1000mL 乳清粉液中,调 pH 至 4.5 左右(最好一次调成),90℃保持 30min,使酪蛋白大量析出凝结成块。用脱脂棉和纱布过滤得到乳清,再用 1mol/L NaOH 溶液将乳清调回 pH 6.5,而后煮沸,再用滤纸过滤,分装于三角瓶中,0.07MPa 灭菌 20min 备用。

18 MRS 培养基(用于培养、分离、计数乳酸杆菌)

成分:葡萄糖 20g、蛋白胨 10g、牛肉浸粉 10g、酵母浸粉 5g、柠檬酸三铵 2g、$K_2HPO_4 \cdot 7H_2O$ 2g、乙酸钠·$3H_2O$ 5g、$MgSO_4 \cdot 7H_2O$ 0.1g、$MnSO_4 \cdot 4H_2O$ 0.05g、吐温-80 1mL、琼脂粉 15~17g、蒸馏水 1000mL,pH 6.2~6.5(培养乳杆菌)或 pH 6.8~7.0(培养乳球菌)。

制法:将 $MgSO_4$、$MnSO_4$、葡萄糖、吐温-80 以外的各成分溶解,冷却至 25℃,以醋酸或 1mol/L HCl 溶液调节 pH 6.2~6.5 或 pH 6.8~7.0,而后加入 $MgSO_4$ 与 $MnSO_4$,最后加入葡

萄糖和吐温-80,再按量加入琼脂粉,煮沸溶化,分装三角瓶,0.07MPa 灭菌 20min 备用。

19　改良 MRS 琼脂培养基(用于培养、分离、计数乳酸菌)

成分一:在 1000mL MRS 培养基中加入 5g 乳酪蛋白水解物和 5g 胰蛋白胨,替代 10g 蛋白胨。

成分二:在 1000mL MRS 培养基中加入 5g 乳酪蛋白水解物,蛋白胨减至 5g,其他成分不变。

成分三:在 1000mL MRS 培养基中加入 10g 胰蛋白胨,替代 10g 蛋白胨。

成分四:在 1000mL MRS 培养基中加入 4g 玉米浆,0.4g 半胱氨酸盐酸盐,其他成分不变。

制法:同 MRS 培养基。

注:若分离乳酸菌应在改良 MRS 琼脂培养基中,临用时加入 20~30g/L $CaCO_3$(事先用硫酸纸包好灭菌);若待分离样品污染真菌(如酵母菌或霉菌)还应加入 1.5g/L 纳他霉素(事先用 2mL 0.1mol/L NaOH 溶解)或加入 2g/L 山梨酸或 5g/L 山梨酸钾。若计数乳酸菌还应加入 80μg/mL 红四氮唑(TTC)指示剂。

20　溴甲酚紫改良 MRS 琼脂培养基(用于分离、计数高产乳酸的乳酸杆菌)

成分:在改良 MRS 琼脂培养基"成分一"中加入 16g/L 溴甲酚紫乙醇溶液 1mL,其他成分不变,调节 pH 6.5。

制法:同 MRS 培养基配法。

注:本培养基适用于分离、计数酸乳和泡菜等发酵食品中产酸能力较强的乳酸杆菌。

21　溴甲酚紫胆盐改良 MRS 琼脂培养基(用于分离、计数耐受胆盐的乳酸杆菌)

成分:在改良 MRS 琼脂培养基"成分一"中加入 2~3g/L 牛胆盐和 16g/L 溴甲酚紫乙醇溶液 1mL,其他成分不变,调节 pH 6.5。

制法:同 MRS 培养基配法。

注:本培养基适用于分离、计数藏灵菇、益生菌酸乳中耐受胆盐的益生乳酸杆菌,而普通酸乳菌种(如唾液链球菌嗜热亚种、德氏乳杆菌保加利亚种)因不耐受胆盐,生长被抑制。

22　酸化 MRS 琼脂培养基(用于分离、计数乳酸杆菌)

成分:同 MRS 培养基配方。

制法:将各成分按顺序加热溶解后,冷却至 25℃,用醋酸调节 pH 5.4,以酸度计检查 pH,加入琼脂粉,煮沸溶化后,补足所失水分,分装三角瓶,0.07MPa 灭菌 20min。

23　番茄汁琼脂培养基(用于培养、分离、计数乳酸球菌)

成分:番茄汁原液 30mL、蒸馏水 970mL、蛋白胨 5g、酵母浸粉 2.5g、葡萄糖 1g、乳酪蛋白水解物 5g、琼脂粉 15~17g,pH 6.5~6.8。若分离、计数乳酸菌可在培养基中加入 16g/L 溴甲酚紫乙醇溶液 1mL。若分离样品污染真菌还应加入 1.5g/L 纳他霉素(事先用 2mL 0.1mol/L NaOH 溶解)。

制法:将除琼脂以外的各成分溶于稀释的番茄汁中(番茄汁先调 pH 6.5~6.8),加入琼脂粉,煮沸溶化后,补足所失水分,分装三角瓶,0.07MPa 灭菌 20min 后倾注平板备用。

番茄汁制法:将番茄洗净,切块,放于锅内煮沸(不加水)至熟出汁,经纱布过滤后,用滤纸过滤,分装于三角瓶中,0.07MPa 灭菌 20min 备用。

24　M17 琼脂培养基(用于培养、分离、计数乳酸球菌)

成分:多聚蛋白胨(或胰蛋白胨)5g、大豆蛋白胨 5g、牛肉浸粉 5g、酵母浸粉 2.5g、β-磷酸甘油二钠 19g、抗坏血酸 0.5g、$MgSO_4 \cdot 7H_2O$ 0.25g、乳糖 5g、琼脂粉 15~17g，pH 7.1，蒸馏水 1000mL。若无大豆蛋白胨和胰蛋白胨，可用乳酪蛋白水解物代替。

制法：将各成分溶解于蒸馏水中，校正 pH，加入琼脂粉，煮沸溶化后，补足所失水分，分装三角瓶，于 0.07MPa 灭菌 20min。

25 改良 CHALMERS 培养基（用于计数乳酸菌）

成分：大豆蛋白胨 3g、肉浸浸粉 3g、酵母浸粉 3g、葡萄糖 20g、乳糖 20g、$CaCO_3$ 20g、10g/L 中性红溶液 5mL、琼脂粉 15~17g、硫酸多黏菌素 B 100 IU/mL、蒸馏水 1000mL，pH 6.0。

制法：将各成分溶解于蒸馏水中，校正 pH，加入 10g/L 中性红溶液，再加入琼脂粉，煮沸溶化后，补足所失水分，分装三角瓶，于 0.07MPa 灭菌 20min。临用时，于溶化并冷却至 50℃ 的培养基中加入无菌过滤的硫酸多黏菌素 B 溶液，趁热倒平板备用。

26 溴甲酚绿（BCG）牛乳琼脂培养基（用于培养、分离乳酸菌）

成分：A 液：脱脂乳粉 100g、蒸馏水 500mL，加入 16g/L 溴甲酚绿（BCG）乙醇溶液 1mL，0.07MPa 灭菌 20min。B 液：酵母粉 10g、蒸馏水 500mL，溶解后，调节 pH 6.8，加入琼脂粉 15~17g，煮沸溶化后，补足所失水分，0.07MPa 灭菌 20min。

制法：以无菌操作趁热将 A、B 溶液混合均匀后倒平板备用。

27 MC 琼脂培养基（用于分离、计数嗜热链球菌）

成分：大豆蛋白胨 5g、牛肉浸粉 5g、酵母浸粉 5g、葡萄糖 20g、乳糖 20g、碳酸钙 10g、琼脂粉 15~17g、蒸馏水 1000mL、10g/L 中性红溶液 5mL（0.05g），pH 6.0±0.2。

制法：将前面 7 种成分加入蒸馏水中，加热溶解，校正 pH，加入中性红溶液，分装后于 0.07MPa 灭菌 15~20min。

注：采用干粉复合培养基配制 MC 琼脂，称取 MC 琼脂 80g，加热煮沸溶解于 1000mL 蒸馏水中，分装后 0.07MPa 灭菌 15~20min 备用。

28 双歧杆菌琼脂培养基（用于计数双歧杆菌）

成分：蛋白胨 15g、酵母浸粉 2g、葡萄糖 20g、可溶性淀粉 0.5g、氯化钠 5g、番茄浸出液 400mL、吐温-80 1mL、肝粉 0.3g、琼脂粉 17g、半胱氨酸 0.5g（用 1mL 盐酸溶解），加蒸馏水至 1000mL，pH 6.8±0.1。

制法：将新鲜番茄洗净后称重切碎，加等量的蒸馏水，在 100℃ 水浴中加热搅拌 90min，用纱布过滤，调整 pH 7.0±0.1，将滤出液分装后，于 0.1MPa 灭菌 15~20min，备用。将除半胱氨酸以外的各成分加入蒸馏水中，加热溶解，而后加入半胱氨酸盐酸溶液，校正 pH，分装后于 0.07MPa 灭菌 20min。

29 莫匹罗星锂盐和半胱氨酸盐酸盐改良 MRS 培养基（用于分离、计数双歧杆菌）

成分：MRS 琼脂培养基 985mL、莫匹罗星锂盐 50mg、半胱氨酸盐酸盐 500mg，蒸馏水 15mL。

制法：①莫匹罗星锂盐储备液的制备，称取 50mg 莫匹罗星锂盐（Li-Mupirocin）加入 5mL 蒸馏水中，用 0.22μm 微孔滤膜过滤除菌，临用现配。②半胱氨酸盐酸盐储备液的制备，称取 500mg 半胱氨酸盐酸盐加入 10mL 蒸馏水中，用 0.22μm 微孔滤膜过滤除菌，临用现配。③临用时，加热、溶化 985mL MRS 琼脂培养基，冷却至 48~50℃，加入无菌莫匹罗星锂盐储备液和半胱氨酸盐酸盐储备液，使培养基中莫匹罗星锂盐和半胱氨酸盐酸盐的浓度分别为 50μg/mL 和 500μg/mL。

30　PTYG 琼脂培养基（用于培养、计数双歧杆菌）

成分：胰蛋白胨 5g、大豆蛋白胨 5g、酵母浸粉 10g、葡萄糖 10g、吐温-80 1mL、L-半胱氨酸盐酸盐 0.5g、盐溶液 4mL、1g/L 刃天青 1mL、琼脂 15~17g，加蒸馏水至 1000mL，pH 6.8~7.0。

制法：将以上成分加入蒸馏水中，加热溶解，校正 pH，分装后于 0.07MPa 灭菌 20min。

盐溶液制备：无水氯化钙 0.2g、K_2HPO_4 1g、KH_2PO_4 1g、$MgSO_4 \cdot 7H_2O$ 0.48g、Na_2CO_3 10g、NaCl 2g、蒸馏水 1000mL。先将氯化钙和 $MgSO_4$ 溶解于 300mL 蒸馏水中，加 500mL 蒸馏水后，边搅拌边缓慢加入其他盐类，继续搅拌直至溶解，加 200mL 蒸馏水，混合，于 4℃ 备用。

三、酵母菌、霉菌常用培养基配方

31　麦芽汁琼脂培养基（用于培养酵母菌）

成分：10°Bx 或 12°Bx 新鲜麦芽汁 1000mL、琼脂粉 15~17g，pH 5.5~6.0。若制备半固体培养基，在 10°Bx 或 12°Bx 麦芽汁中加入 4~5g 琼脂。

制法：将一定量的干麦芽粉碎，加 4 倍于麦芽质量的 60℃ 水，在 55~65℃ 水浴锅中保温糖化 3~4h，糖化时要不断搅拌，并每隔一定时间取样，加碘液 1~2 滴检查糖化程度，如显蓝色，说明糖化尚未彻底，直至碘液无蓝色反应为止。糖化完毕，用 4~6 层纱布过滤，除去残渣。如滤液浑浊不清，可用鸡蛋清澄清。其方法是：将一个鸡蛋清加水约 20mL，调匀至生泡沫，倒入糖化液中搅拌煮沸后再用纱布和脱脂棉过滤，即得澄清的麦芽汁。每 1000g 麦芽粉能制得 15~18°Bx 的麦芽汁 3500~4000mL，再加水稀释成 10°Bx 或 12°Bx 的麦芽汁，用糖度计检测糖化液浓度。调节 pH 5.5~6.0 用于培养酵母菌。分装试管或三角瓶，如制备固体培养基，加入琼脂，煮沸溶化，分装三角瓶后，0.07MPa 灭菌 20min。

麦芽制法：取新鲜大麦（或小麦）若干，用水洗净，浸水 6~12h 后，置于 15℃ 阴暗处发芽，上盖纱布一块，每日早、晚淋水各一次，麦根伸长至麦粒的两倍时，即停止发芽，摊开晒干或烘干，贮存备用。

32　红糖发酵培养基（用于啤酒酵母的酒精发酵试验）

成分：红糖 100g、$(NH_4)_2SO_4$ 2g、KH_2PO_4 1g、自来水 1000mL，pH 5.5。

制法：将各成分溶解于水中，校正 pH，用 250mL 三角瓶分装 150mL，以大试管（预先放入杜氏小倒管）分装 10mL，0.07MPa 灭菌 20min。

33　马铃薯-葡萄糖琼脂培养基（简称 PDA 培养基，用于培养、分离、计数酵母菌和霉菌）

成分：马铃薯 200g（或 300g）、葡萄糖 20g、氯霉素 0.1g、琼脂粉 15~17g、蒸馏水 1000mL，pH 自然。

制法：将马铃薯去皮切块，称取 200g 加入 1000mL 蒸馏水，煮沸 10~20min，用双层纱布过滤，补加蒸馏水至 1000mL。再加入葡萄糖和琼脂，加热溶化后分装，0.1MPa 灭菌 15~20min。如成分中有葡萄糖宜采用 0.07MPa 灭菌 20min。如果用于分离和计数酵母菌和霉菌，则在倾注平板前，用少量乙醇溶解 0.1g 氯霉素加入 1000mL 培养基中。若用于培养酵母菌和霉菌，则不必加氯霉素。

注：制备马铃薯-蔗糖琼脂培养基，可将蔗糖替代葡萄糖，其他成分不变。

34　酸化 PDA 培养基（用于培养、分离、计数酵母菌和霉菌）

成分：马铃薯 300g、葡萄糖 20g、琼脂粉 15~17g、蒸馏水 1000mL，pH 3.5。

制法:在 PDA 培养基高压灭菌后,用 100g/L 酒石酸无菌溶液调节 pH 3.5,倾注平板。注意为了保证培养基中琼脂的凝固性,加酒石酸后不可再加热培养基,因为琼脂在低 pH 条件下分解。

35 马铃薯琼脂培养基(用于培养、鉴定霉菌)

成分:马铃薯(去皮切块)200g、琼脂粉 15~17g、蒸馏水 1000mL,pH 自然。

制法:同马铃薯-葡萄糖琼脂。

36 玉米粉蔗糖琼脂培养基(用于培养假丝酵母及其形态观察)

成分:玉米粉 30g、蔗糖 20g、蛋白胨 20g、琼脂粉 17g、蒸馏水 1000mL,pH 5.5~6.0。

制法:将玉米粉、蔗糖、蛋白胨加入蒸馏水中,加热搅拌溶解(加热过程中要不断搅拌防止糊底),校正 pH。再加入琼脂粉,煮沸溶化后补足水分,分装三角瓶,0.07MPa 灭菌 20min。

37 豆芽汁液体培养基(用于培养酵母菌和霉菌及霉菌原生质体融合)

成分:豆芽汁 1000mL、磷酸氢二铵 1g、KCl 0.2g、$MgSO_4 \cdot 7H_2O$ 0.2g,pH 6.2~6.4。

制法:将固体成分于豆芽汁中加热溶解,校正 pH,如果配制固体培养基再加入琼脂粉 15~17g,分装三角瓶或试管,0.07MPa 灭菌 20min。

豆芽汁制备:将黄豆或绿豆用水浸泡一夜,置于室温(20℃左右)下,上覆盖湿布,每天冲洗 1~2 次,弃去腐烂不发芽者,待发芽至 1 寸(1 寸=3.33cm)左右即可。将黄豆芽或绿豆芽 200g 洗净,在 1000mL 水中煮沸 30min,纱布过滤得豆芽汁,补足水分至 1000mL,此即为 200g/L 的豆芽汁。

38 豆芽汁葡萄糖或蔗糖培养基(用于培养酵母菌和霉菌)

成分:100g/L 豆芽汁 200mL、葡萄糖(或蔗糖)50g、水 800mL,自然 pH。

制法:将固体成分溶于豆芽汁中,加水至 1000mL,分装三角瓶或试管,0.07MPa 灭菌 20min。

注:霉菌用蔗糖,酵母菌用葡萄糖。

39 米曲汁培养基(用于培养霉菌及酵母菌)

成分:米曲 1 份、大米 4 份。

制法:用 1 份米曲加入 4 份大米,于 55℃ 糖化 3~4h 后,煮沸过滤。米曲制备如下。

①蒸米:称取大米 20g,洗净后浸泡 24h,淋干,装入三角瓶,加硅胶塞,0.1MPa 灭菌 9min,至米饭完全熟透为止。

②接种培养:灭菌后,冷却至 28~30℃ 时,以无菌操作接入米曲霉孢子,充分摇匀,置于 28~30℃ 培养 24h 后摇动一次,再培养 5~6h 后,再摇动一次,2d 后米曲成熟。

40 孟加拉红培养基(用于分离、计数酵母菌和霉菌)

成分:蛋白胨 5g、葡萄糖 10g、磷酸二氢钾 1g、$MgSO_4$(无水)0.5g、琼脂粉 15~17g、孟加拉红 0.033g、氯霉素 0.1g、蒸馏水 1000mL。

制法:上述各成分加入蒸馏水中溶解后,再加入孟加拉红(又称虎红,学名是四氯四碘荧光素)。分装后 0.07MPa 灭菌 20min,避光保存备用。倒平板前,用少量乙醇溶解氯霉素,加入培养基中。

41 察(查)氏培养基(用于培养、鉴定曲霉和青霉及其他利用硝酸盐的真菌、放线菌)

成分:硝酸钠 2g、磷酸氢二钾 1g、$MgSO_4 \cdot 7H_2O$ 0.5g、氯化钾 0.5g、$FeSO_4 \cdot 7H_2O$ 0.01g、蔗糖 30g、琼脂粉 15~17g、蒸馏水 1000mL,pH 自然或 pH 7.0~7.2。

制法：加热溶解，分装后，0.1MPa 灭菌 15～20min。

注：察氏培养基又称蔗糖硝酸钠培养基，蔗糖可用葡萄糖代替而成葡萄糖硝酸盐培养基。

42　高盐（渗）察氏培养基（用于分离、计数霉菌）

成分：硝酸钠 2g、磷酸氢二钾 1g、$MgSO_4 \cdot 7H_2O$ 0.5g、氯化钾 0.5g、$FeSO_4 \cdot 7H_2O$ 0.01g、氯化钠 60g、蔗糖 30g、琼脂粉 15～17g、蒸馏水 1000mL，pH 自然。

制法：加热溶解，分装后，0.07MPa 灭菌 20min。必要时可酌量增加琼脂。

43　20g/L 淀粉察氏琼脂培养基（用于培养、分离霉菌）

成分：淀粉 20g、$NaNO_3$ 3g、KCl 0.5g、K_2HPO_4 1g、$FeSO_4$ 0.01g、$MgSO_4$ 5g、琼脂粉 15～17g、蒸馏水 1000mL，pH 6.7。

制法：按上述成分配制，加热溶解，校正 pH，分装三角瓶，0.1MPa 灭菌 15～20min。

四、微生物生化反应常用培养基配方

44　蛋白胨水培养基（用于靛基质试验/吲哚试验）

成分：蛋白胨 10g、NaCl 5g、DL-色氨酸 1g、蒸馏水 1000mL，pH 7.4±0.2。

制法：将上述各成分加入蒸馏水中，搅匀后加热溶解，必要时调节 pH。分装小试管，0.1MPa 灭菌 15min。灭菌后的培养基在 25℃ 的 pH 为 7.4±0.2。

45　细菌糖或醇发酵培养基（用于鉴定一般细菌糖或醇发酵试验）

成分：蛋白胨 10g、NaCl 5g、磷酸氢二钾（K_2HPO_4）0.2g、葡萄糖（或其他糖、醇）10g、16g/L 溴甲酚紫乙醇溶液（简称 BCP）1～2mL、蒸馏水 1000mL，pH 7.4。

制法：将蛋白胨、NaCl 和磷酸氢二钾溶于蒸馏水中，校正 pH，加入 16g/L 溴甲酚紫乙醇溶液，待呈紫色，再加入葡萄糖（或其他糖，乳糖和半乳糖加 15g），使其溶解，分装于试管中，最后将杜氏小倒管放入试管中，使管内充满培养液。如制备半固体培养基，需加琼脂粉 5～6g，分装试管高度 4～5cm，0.07MPa 灭菌 20min。常用的糖或醇有葡萄糖、麦芽糖、蔗糖、甘露糖、甘露醇、乳糖、半乳糖等（后两种糖的用量常加大至 15g）。注意试管必须清洗干净，避免结果混乱。

46　芽孢菌糖或醇发酵培养基（用于鉴定产芽孢细菌糖或醇发酵试验）

成分：$(NH_4)_2HPO_4$ 1g、KCl 0.2g、$MgSO_4 \cdot 7H_2O$ 0.2g、酵母浸粉 0.2g、琼脂粉 5～6g、糖或醇 10g、16g/L 溴甲酚紫乙醇溶液 1～2mL、蒸馏水 1000mL，pH 7.4。

制法：同 41，分装试管，培养基高度 4～5cm，0.07MPa 灭菌 20min。

47　乳酸菌糖或醇发酵培养基（用于鉴定乳酸菌糖或醇发酵试验）

基础成分：蛋白胨 5g、酵母浸粉 5g、乳酪蛋白水解物 5g、柠檬酸二铵 2g、乙酸钠 5g、磷酸氢二钾 2g、$MgSO_4 \cdot 7H_2O$ 0.2g、$MnSO_4 \cdot 4H_2O$ 0.2g、吐温-80 1mL、糖或醇 10g、16g/L 溴甲酚紫乙醇溶液 1.4mL、琼脂粉 5g、蒸馏水 1000mL，pH 6.2～6.8。

制法：同 MRS 培养基。对于乳酸杆菌可调 pH 偏低至 6.2～6.5，而乳酸球菌则调节为 6.8～7.0 为宜。供乳酸菌生化鉴定的糖类有近 20 余种，每种糖配成 100g/L 的糖液 10mL，经滤过（滤膜孔径 0.22μm）除菌后，加入 90mL 经 0.1MPa 灭菌 15min 的上述基础培养基中，而后趁热无菌分装于小试管中（约 5mL/管），冷藏备用。如制成液体培养基，每个试管分装 2mL 即可。

注：乳酸菌生化鉴定糖类有葡萄糖、乳糖、蔗糖、甘露醇、半乳糖、D-果糖、山梨糖、七叶苷、木糖、阿拉伯糖、葡萄糖酸钠、麦芽糖、甘露糖、松三糖、棉籽糖、鼠李糖、山梨醇、水杨苷等。

乳酸杆菌糖发酵管另一制法：蛋白胨 5g、牛肉膏 5g、酵母浸粉 5g、吐温-80 0.5mL、糖或醇 5g、琼脂粉 1.5g、蒸馏水 1000mL，加入 16g/L 溴甲酚紫乙醇溶液约 1.4mL，调整 pH 6.8~7.0，分装试管，0.07MPa 灭菌 20min。

48 葡萄糖蛋白胨水培养基（用于甲基红试验和 VP 试验）

成分：蛋白胨 7g、葡萄糖 5g、K_2HPO_4 5g、蒸馏水 1000mL，pH 7.0~7.2。

制法：将各成分溶于蒸馏水中，调 pH 7.0~7.2，过滤。分装试管 4~5mL，0.07MPa 灭菌 20min。

49 西蒙氏柠檬酸盐培养基（用于柠檬酸盐利用试验）

成分：$NH_4H_2PO_4$ 1g、K_2HPO_4 1g、NaCl 5g、$MgSO_4 \cdot 7H_2O$ 0.2g、柠檬酸钠 5g、琼脂粉 15~17g、蒸馏水 1000mL，10g/L 溴麝香草酚蓝乙醇溶液（BTB）10mL 或 2g/L 溴麝香草酚蓝水溶液 40mL，pH 6.8。

制法：先将盐类溶解于蒸馏水中，校正 pH，再加琼脂加热溶化，然后加入 BTB 指示剂，摇匀，分装试管，0.1MPa 灭菌 15~20min 后，制成斜面。培养基的 pH 不要偏高，制成后以浅绿色为宜。

50 克氏柠檬酸盐培养基（用于柠檬酸盐利用试验）

成分：柠檬酸钠 3g、葡萄糖 0.2g、酵母浸粉 0.5g、单盐酸半胱氨酸 0.1g、磷酸二氢钾 1g、氯化钠 5g、2g/L 酚红溶液 6mL、琼脂粉 15~17g、蒸馏水 1000mL，pH 6.8。

制法：加热溶解各成分，分装试管，0.1MPa 灭菌 15~20min，摆成斜面。

51 醋酸铅半固体培养基（用于硫化氢试验）

成分：pH 7.4 的牛肉膏蛋白胨半固体琼脂 100mL、硫代硫酸钠 0.25g、100g/L 醋酸铅水溶液 1mL。

制法：将牛肉膏蛋白胨半固体琼脂培养基 100mL 加热溶化，待冷至 60℃ 时加入硫代硫酸钠 0.25g，调 pH 7.2，分装于三角瓶中，0.07MPa 灭菌 20min 后，待冷至 55~60℃，加入 1mL 无菌的 100g/L 醋酸铅水溶液，混匀后，倒入灭菌试管中。

52 硫酸亚铁半固体培养基（用于硫化氢试验）

成分：牛肉膏 3g、酵母浸粉 3g、蛋白胨 10g、硫酸亚铁 0.2g、硫代硫酸钠 0.3g、氯化钠 5g、琼脂粉 6g、蒸馏水 1000mL，pH 7.4。

制法：将各成分加热溶解，校正 pH，分装试管，0.07MPa 高压灭菌 20min，取出直立，待其凝固。

注：肠杆菌科细菌测定硫化氢的产生，应采用三糖铁琼脂或本培养基。

53 好氧菌硝酸盐培养基（用于好氧菌硝酸盐还原试验）

成分：硝酸钾（分析纯）1~2g、蛋白胨 10g、氯化钠 5g、蒸馏水 1000mL，pH 7.4。

制法：将上述各成分溶解，校正 pH，分装试管 4~5 支，每管约 5mL，0.1MPa 灭菌 15~20min。

另一成分配方：硝酸钾 0.2g、蛋白胨 5g、蒸馏水 1000mL，pH 7.4。制法相同。

54 厌氧菌硝酸盐培养基（用于厌氧菌硝酸盐还原试验）

成分：硝酸钾 1g、磷酸氢二钠 2g、蛋白胨 20g、葡萄糖 1g、蒸馏水 1000mL，pH 7.4。

制法:同好氧菌硝酸盐培养基。

55 液体/斜面尿素培养基(用于尿素分解试验及肠道致病菌检验)

成分:蛋白胨 1g、葡萄糖 1g、氯化钠 5g、KH_2PO_4 2g、酚红 0.012g、琼脂粉 20g、200g/L 尿素溶液 100mL、蒸馏水 1000mL，pH 7.2±0.2。

制法:将除尿素以外的各成分加入 900mL 蒸馏水中，搅匀后加热溶解，必要时调节 pH，装于三角瓶内，0.1MPa 灭菌 15min 后，冷却至(48±2)℃，加入 100mL 经无菌过滤除菌的 200g/L 尿素溶液，分装于无菌试管内制成斜面备用。灭菌后的培养基在 25℃ 的 pH 为 7.2±0.2。

56 苯丙氨酸脱氨酶试验培养基(用于苯丙氨酸脱氨试验)

成分:DL-苯丙氨酸 2g(或 L-苯丙氨酸 1g)、酵母浸粉 3g、Na_2HPO_4 1g、氯化钠 5g、琼脂粉 15g、蒸馏水 1000mL，pH 7.4。

制法:将上述各成分加入蒸馏水中，搅匀后加热溶解，调节 pH 至 7.4，以纱布过滤分装试管，每管 3～4mL，0.07MPa 灭菌 20min 后制成斜面。

57 赖氨酸脱羧酶试验培养基(用于赖氨酸脱羧试验)

成分:蛋白胨 5g、酵母浸粉 3g、葡萄糖 1g、溴甲酚紫 0.02g、L-赖氨酸 5g(或 DL-赖氨酸 10g)、蒸馏水 1000mL，pH 6.8±0.2。

制法:将除赖氨酸以外的各成分加入蒸馏水中，搅匀后加热溶解，加入 L-赖氨酸或 DL-赖氨酸，对照培养基不加赖氨酸。必要时调节 pH。分装于小试管内，每管分装 5mL，上面滴加一层液体石蜡(也可实验时滴加一层无菌液体石蜡)，0.07MPa 灭菌 15min。灭菌后的培养基在 25℃ 的 pH 为 6.8±0.2。

注:上述成分中将 L-赖氨酸替换成 L-鸟氨酸，即为鸟氨酸脱羧酶试验培养基。上述成分中将 L-赖氨酸替换成 L-精氨酸盐酸盐，即为 L-精氨酸双水解酶试验培养基。

58 石蕊牛乳培养基(用于石蕊牛乳试验)

成分:脱脂牛乳 100mL、10～20g/L 石蕊乙醇溶液或 25g/L 石蕊水溶液，pH 7.0。

制法:脱脂牛乳 100mL(脱脂乳粉 10g 加入 100mL 水中稍加热，冷却后去上层油脂)，调 pH 7.0，用石蕊乙醇溶液或石蕊水溶液调牛乳至淡紫色偏蓝为止(呈紫丁香色)，0.07MPa 灭菌 20min。如用鲜牛乳，可反复加热三次，每次加热 20～30min，冷却后去除脂肪。最后一次冷却后，用吸管或虹吸法将底层乳吸出，弃上层脂肪，即为脱脂牛乳。也可煮沸置于冰箱中过夜脱脂。

59 OF 基础培养基(用于 O/F 试验)

成分:蛋白胨(胰蛋白胨)2g、氯化钠 5g、磷酸氢二钾 0.3g、葡萄糖(或其他碳水化合物水溶液)10g、2g/L 溴麝香草酚蓝水溶液 12mL、琼脂粉 3～4g、蒸馏水 1000mL，pH 7.1～7.2。

制法:将蛋白胨和盐类加水溶解后，校正 pH 7.2，加入葡萄糖和琼脂粉，煮沸溶化琼脂，然后加入指示剂，混匀后，分装试管，0.07MPa 灭菌 20min，直立凝固备用。

五、微生物生化反应微量诊断系统鉴定用培养基配方

60 标准 BUG 琼脂培养基(用于鉴定好氧细菌的基础培养基)

成分:成品 BUG 培养基 57g、纯净水 1000mL，pH 7.3±0.1。

制法:称取 57g BUG 培养基，于 1000mL 纯净水(蒸馏水或去离子水)中煮沸溶解，冷却

至 25℃ 调整 pH 7.3±0.1。0.1MPa 灭菌 15～20min 后,冷却至 46～50℃,倒平板。

注:BUG 全称 Biolog Universal Growth Agar,是一种通用的、高营养的用于培养好氧细菌的琼脂培养基。Biolog 好氧菌数据库建立时均采用 BUG 培养基进行纯培养,故一定要用 BUG 培养基进行接种前的纯化培养。

61 标准 BUG+B 琼脂培养基(用于鉴定好氧无芽孢的 G^+ 杆菌、G^+ 球菌和 G^- 肠道细菌)

成分:成品 BUG 培养基 57g,新鲜脱纤维羊血 50mL,纯净水 950mL,pH 7.3±0.1。

制法:称取 57g BUG 培养基,于 950mL 纯净水(蒸馏水或去离子水)中煮沸溶解,冷却至 25℃ 调整 pH 7.3±0.1。0.1MPa 灭菌 15～20min 后,冷却至 46～50℃,加入 50mL 新鲜脱纤维羊血,摇匀后,迅速倒平板。

62 标准 BUG+M 琼脂培养基(用于鉴定好氧 G^+ 芽孢杆菌)

成分:成品 BUG 培养基 57g、250g/L 麦芽糖溶液 10mL,纯净水 990mL,pH 7.3±0.1。

制法:称取 57g BUG 培养基,于 990mL 纯净水(蒸馏水或去离子水)中煮沸溶解,冷却至 25℃ 调整 pH 7.3±0.1。0.1MPa 灭菌 15～20min 后,冷却至 46～50℃,加入 10mL 已灭菌的 250g/L 麦芽糖溶液,摇匀后倒平板。

注:BUG+M 为 BUG 琼脂加 2.5g/L 麦芽糖,用于鉴定 G^+ 芽孢杆菌,麦芽糖提供特殊的营养物,并抑制芽孢的形成。

63 标准 BUA+B 琼脂培养基的制备(用于鉴定乳杆菌、乳球菌、双歧杆菌等厌氧细菌)

成分:成品 BUA 培养基 51.7g、新鲜脱纤维羊血 50mL,纯净水 950mL,pH 7.2±0.1。

制法:称取 51.7g BUA 培养基加入 950mL 纯净水(蒸馏水或去离子水),在无氧的氮气吹洗下,轻微煮沸,搅拌以溶解琼脂和其他组分。冷却至 25℃,调整 pH 7.2±0.1,0.1MPa 灭菌 15～20min。注意盖紧瓶盖,防止氧气进入。在无氧氮气保护下,冷却至 46～50℃,加入 50mL 新鲜脱纤维羊血,摇匀,在厌氧环境中倒平板。

64 标准 BUY 琼脂培养基的制备(用于鉴定酵母菌)

成分:成品 BUY 培养基 60g,纯净水 1000mL,pH 5.6±0.4。

制法:称取 BUY 培养基 60g,于 1000mL 纯净水(蒸馏水或去离子水)中煮沸溶解。冷却至 25℃,调整 pH 5.6±0.4。0.1MPa 灭菌 15～20min 后,冷却至 46～50℃,倒平板。

65 20g/L 麦芽汁琼脂培养基(用于鉴定真菌)

成分:成品 BUG 培养基 57g、牛津麦芽汁提取物(Sigma)20g,优质琼脂粉 18g,纯净水 1000mL,pH 5.5±0.2。

制法:称取 BUG 培养基 57g、牛津麦芽汁提取物 20g,优质琼脂粉 18g 于 1000mL 纯净水(蒸馏水或去离子水)中煮沸溶解。冷却至 25℃ 后调整 pH 5.5±0.2。0.1MPa 灭菌 15～20min,冷却至 46～50℃,倒平板。

注:此培养基可用国产的麦芽汁琼脂培养基替代。

66 胰蛋白胨大豆(TSA)琼脂培养基(用于鉴定 G^- 肠道细菌的基础培养基)

成分:胰蛋白胨 15g、大豆蛋白胨 5g、NaCl 5g、琼脂粉 13g、蒸馏水 1000mL,pH 7.1～7.5。

制法:将各成分加热溶解于水中,校正 pH,0.1MPa 灭菌 10min 备用。

注:鉴定 G^- 肠道细菌时,可用 TSA 替代 BUG 琼脂。即 TSA+B 代替 BUG+B。其中的蛋白胨是经胰酶处理的大豆蛋白和酪蛋白。TSA 培养基中含 5%(体积分数)的脱纤维绵羊血(B),提供额外的营养物。

六、筛选细菌营养缺陷型试验用培养基配方

67　细菌完全培养基（用于筛选细菌营养缺陷型试验活菌计数）

成分：葡萄糖 5g、蛋白胨 10g、牛肉浸粉 3g、$MgSO_4 \cdot 7H_2O$ 2g、酵母浸粉 3g、琼脂粉 15～17g、蒸馏水 1000mL，pH 7.2。

制法：同牛肉膏蛋白胨琼脂培养基配法。

68　细菌基本培养基（用于细菌营养缺陷型的检出）

成分：葡萄糖 5g、$(NH_4)_2SO_4$ 2g、柠檬酸钠 1g、K_2HPO_4 4g、KH_2PO_4 6g、$MgSO_4 \cdot 7H_2O$ 0.2g、琼脂 15～17g（经纯化处理）、重蒸水 1000mL，pH 7.2。

制法：同牛肉膏蛋白胨琼脂培养基。

琼脂处理方法：先将琼脂用低于 45℃ 的温水浸泡 2～3 次，除去可溶性杂质、无机盐、生长因素和色素，然后放于流动自来水中冲洗 2～3d 至颜色变白为止。再用蒸馏水冲洗，以除去自来水中的铁锈，拧干，用两层纱布包好，于 95%（体积分数）乙醇中浸泡过夜，次日取出拧干乙醇，将洗净的琼脂置于两层纱布间，铺成薄层，自然晾干或置于 60℃ 干燥箱干燥后备用。注意处理过程中勿接触铁器。

69　细菌补充（限制）培养基（用于筛选细菌营养缺陷型试验）

制法：在基本培养基中加入 1%（体积分数）的完全培养基即可。

70　无氮基本培养基（用于筛选细菌营养缺陷型试验）

制法：在基本培养基中不加 $(NH_4)_2SO_4$ 和琼脂。

71　氮源加富培养基（用于筛选细菌营养缺陷型试验）

制法：在基本培养基中加入 2 倍 $(NH_4)_2SO_4$，不加琼脂。

七、酵母菌和霉菌原生质体融合试验及酿酒酵母筛选用培养基配方

72　YEPD（又称 YPD）完全培养基（用于酵母菌原生质体融合及酿酒酵母的筛选）

成分：酵母浸粉 10g、蛋白胨 20g、葡萄糖 20g、琼脂粉 17g、蒸馏水 1000mL，pH 6.0～6.2。

制法：将上述各成分溶解于蒸馏水中，调节 pH 后，分装三角瓶和试管，0.07MPa 灭菌 20min 后，倒平板和制成斜面。不加琼脂即为 YEPD 液体培养基。

73　YNB 基本培养基（用于酵母菌原生质体融合）

成分：酵母氮碱基（Yeast Nitrogen Base，简称 YNB，不含氨基酸）6.7g、葡萄糖 20g、琼脂（经纯化处理）17g、重蒸水 1000mL，pH 6.2。

制法：同牛肉膏蛋白胨培养基配法，于 0.07MPa 灭菌 20min。

74　YEPD 高渗再生完全培养基（用于酵母菌原生质体融合）

在 YEPD 完全培养基中加入 1mol/L 山梨醇。琼脂用量：底层培养 17g/L，上层培养基为 10g/L。

75　YNB 高渗再生基本培养基（用于酵母原生质体融合）

在 YNB 培养基中加入 1mol/L 山梨醇。琼脂用量：底层培养基为 17g/L，上层培养基为 10g/L。

76　MM+His 补充培养基（用于酵母菌原生质体融合）

在 YNB 培养基中加入 His（组氨酸）3.5mg/100mL、琼脂 17g/L。

77　MM+Ade 补充培养基(用于酵母菌原生质体融合)

在 YNB 培养基中加入 Ade(腺嘌呤)0.026%(体积分数)、琼脂 17g/L。

78　基本培养基(MM)(用于霉菌原生质体融合)

成分:葡萄糖 30g、Na_2NO_3 2g、$FeSO_4$ 1g、K_2HPO_4 1g、KCl 5g、$MgSO_4 \cdot 7H_2O$ 5g、琼脂(经纯化处理)15~17g,蒸馏水 1000mL,pH 6.6。

制法:将上述各成分溶解于蒸馏水中,最后放入 $MgSO_4 \cdot 7H_2O$,分装三角瓶和试管,0.1MPa 灭菌 15~20min 后,倒平板和制成斜面试管。

79　MM+Met 补充培养基(用于霉菌原生质体融合)

在 1000mL MM 基本培养基中加入酵母浸粉 5g、蛋白胨 5g、吐温-80 5mL、甲硫氨酸(Met)70μg/mL。

80　豆芽汁高渗固体培养基(CM,用于霉菌原生质体融合)

在豆芽汁培养基中加入 NaCl 0.6mol/L、琼脂粉 17g。豆芽汁培养基配法见培养基 37。

81　酪素培养基(用于霉菌原生质体融合)

成分:K_2HPO_4 4g、$MgSO_4 \cdot 7H_2O$ 5g、$ZnCl_2$ 1.4g、$Na_2HPO_4 \cdot 7H_2O$ 1g、NaCl 1.6g、$CaCl_2$ 0.2g、$FeSO_4$ 0.2g、酪素 4g、胰蛋白胨 0.5g、琼脂粉 15~17g,蒸馏水 1000mL,pH 6.5~7.0。

制法:将上述各成分溶解于蒸馏水中,调节 pH,0.1MPa 灭菌 15~20min 后,倒平板和制成斜面试管。

82　分离培养基(用于高产乙醇酿酒酵母的筛选)

成分:酵母浸粉 10g、蛋白胨 20g、葡萄糖 20g、无水乙醇 100mL、琼脂粉 17g,加蒸馏水至 1000mL,pH 6.0~6.2。

制法:将上述各成分溶解于 900mL 蒸馏水中,调节 pH 后,分装三角瓶,0.07MPa 灭菌 20min 后,冷却至 50℃左右,以无菌操作加入体积分数为 10%的乙醇,混匀后立即倒平板。

83　初筛培养基(TTC 上层培养基,用于高产乙醇酿酒酵母的筛选)

成分:红四氮唑(TTC)0.5g、葡萄糖 5g、琼脂粉 15g,蒸馏水 1000mL。

制法:将上述各成分溶解于蒸馏水中,分装三角瓶,0.07MPa 灭菌 20min。

84　复筛培养基(用于高产乙醇酿酒酵母的筛选)

成分:酵母浸粉 10g、蛋白胨 20g、葡萄糖 20g、无水乙醇 100~200mL,加蒸馏水至 1000mL,pH 6.0~6.2。

制法:将上述各成分溶解于 900mL 蒸馏水中,调节 pH 后,分装三角瓶,0.07MPa 灭菌 20min。临用时,以无菌操作加入体积分数为 10%的乙醇,混匀后分装于装有杜氏小管的试管中,10mL/管。制备含有体积分数为 12%、14%、16%、18%、20%乙醇的复筛培养基,制法相同。

注:为防止装入试管中的杜氏小管内有气泡,先用微量移液器及吸头吸取适量培养基注满杜氏小管,再将其沿壁倒置放入试管中,最后将剩余培养基沿壁注入试管中,10mL/管。

八、食品中微生物检测用培养基配方

85　月桂基硫酸盐胰蛋白胨(LST)肉汤(用于测定食品中的大肠菌群、粪大肠菌群)

成分:胰蛋白胨或胰酪胨 20g、氯化钠 5g、乳糖 5g、磷酸氢二钾(K_2HPO_4)2.75g、磷酸二氢钾(KH_2PO_4)2.75g、月桂基硫酸钠 0.1g,蒸馏水 1000mL,pH 6.8±0.2。

制法:将上述成分溶解于蒸馏水中,调节 pH,分装到有杜氏小倒管的试管中,每管 10mL。0.07MPa 灭菌 20min 后备用。

注:双料 LST 肉汤除蒸馏水外,其他成分按 2 倍用量配制。灭菌后,若杜氏小倒管内有气泡,则趁热置于凉水中,以便排出小倒管内的气泡。

86 煌绿乳糖胆盐(BGLB)肉汤(用于测定食品中的大肠菌群)

成分:蛋白胨 10g、乳糖 10g、牛胆粉(oxgall 或 oxbile)溶液 200mL、1g/L 煌绿水溶液 13.3mL,蒸馏水 800mL,pH 7.2±0.1。

制法:将蛋白胨、乳糖溶于约 500mL 蒸馏水中,加入牛胆粉溶液 200mL(将 20g 脱水牛胆粉溶于 200mL 蒸馏水中,调节 pH 至 7.0~7.5),用蒸馏水稀释至 975mL,调节 pH,再加入 1g/L 煌绿水溶液 13.3mL,用蒸馏水补足至 1000mL,用脱脂棉过滤后,分装于有杜氏小倒管的试管中,每管 10mL,0.07MPa 灭菌 20min 后备用。

87 结晶紫中性红胆盐(VRBA)琼脂(用于测定食品中的大肠菌群)

成分:蛋白胨 7g、酵母浸粉 3g、乳糖 10g、氯化钠 5g、胆盐或 3 号胆盐 1.5g、中性红 0.03g、结晶紫 0.002g、琼脂粉 15~17g,蒸馏水 1000mL,pH 7.4±0.1。

制法:将上述成分溶于蒸馏水中,静置几分钟,充分搅拌,调节 pH。煮沸 2min,将培养基冷却至 46~50℃倒平板。使用前临时制备,不得超过 3h。

88 EC 肉汤(用于测定食品中的粪大肠菌群)

成分:胰蛋白胨或胰酪胨 20g、3 号胆盐或混合胆盐 1.5g、乳糖 5g、磷酸氢二钾(K_2HPO_4)4g、磷酸二氢钾(KH_2PO_4)1.5g、氯化钠 5g,蒸馏水 1000mL,pH 6.9±0.1。

制法:将成分溶解于蒸馏水中,校正 pH,分装于有杜氏小倒管的试管中,每管 8mL,0.1MPa 灭菌 15~20min。

89 酪蛋白大豆蛋白胨琼脂(用于检测食品中的耐热菌、嗜冷菌)

成分:酪蛋白的胰酶消化物或胰蛋白胨 15g、大豆蛋白胨 5g、氯化钠 5g、琼脂粉 15g,蒸馏水 1000mL,pH 7.3±0.2。

制法:将各成分加入 1000mL 蒸馏水中,加热并时常搅拌,煮沸约 1min 使各成分完全溶解,冷却至 25℃,校正 pH,0.1MPa 灭菌 15~20min。

90 结晶紫红四氮唑琼脂(选择性培养基用于检测食品中的 G^- 嗜冷菌)

成分:pH 7.4 营养琼脂 1000mL、1g/L 结晶紫乙醇溶液 1mL、10g/L 红四氮唑(TTC)溶液 5mL。

制法:溶化营养琼脂,加入 1g/L 结晶紫乙醇溶液 1mL,使其最终浓度为 1mg/L,于 0.1MPa 灭菌 15~20min。称取 0.1g TTC 溶于 10mL 蒸馏水中,过滤除菌。以无菌操作向溶化并冷却至 46~50℃的 1000mL 营养琼脂中加入 10g/L 无菌 TTC 溶液 5mL,使其最终浓度为 50mg/L,倒平板备用。

91 CFC 琼脂(选择性培养基用于检测食品中的假单胞菌)

成分:成品 CFC 琼脂(明胶蛋白胨 16g/L、酸水解酪蛋白 10g/L、硫酸钾 10g/L、氯化镁 1.4g/L、琼脂 12g/L)49.4g、成品 CFC 抑菌剂 5mL、甘油 10g,蒸馏水 1000mL。

制法:称取成品 CFC 琼脂 49.4g、甘油 10g,加热溶解于 1000mL 蒸馏水中,分装每三角瓶 200mL,0.1MPa 灭菌 15~20min,冷却至 46~50℃时,每瓶加入 1mL 成品 CFC 抑菌剂,混匀备用。

92 脱脂乳粉琼脂培养基(用于检验蛋白质分解菌及酪蛋白水解试验)

成分:A液,脱脂乳粉50g,蒸馏水500mL,或用脱脂牛乳500mL。B液,琼脂粉17g,蒸馏水500mL,pH 7.0~7.6。

制法:将A液中的脱脂乳粉加热溶解于500mL蒸馏水中,分装每三角瓶100mL,0.07MPa灭菌150min。将B液中的琼脂加热溶解于500mL蒸馏水中,校正pH 7.0~7.6,分装每三角瓶100mL,0.1MPa灭菌15~20min。临用时将冷却至45~50℃的A液、B液等量混匀,倒平板备用。

93 蛋白质琼脂培养基(用于检验蛋白质分解菌)

成分:A液,脱脂乳粉50g,蒸馏水500mL。B液,可溶性淀粉10g、酵母浸粉5g、KH_2PO_4 1g、$MgSO_4$ 0.2g、琼脂粉17g,蒸馏水500mL,pH 7.0~7.6。

制法:同脱脂乳粉琼脂培养基。

94 中性红油脂分解培养基(用于检验油脂分解菌)

成分:蛋白胨10g、牛肉浸粉5g、NaCl 5g、香油或花生油10g、16g/L中性红水溶液1mL、琼脂粉17g,蒸馏水1000mL,pH 7.2。

制法:将油和琼脂粉加热溶解于水中,于60℃加入少量乳化剂,用高速分散器均质、乳化油脂,而后加入其他固体成分,溶解后校正pH 7.2,再加入中性红溶液,使培养基稍呈红色为止。分装培养基时,需要不断摇匀,使油脂均匀分布于培养基中,0.07MPa灭菌20min。

95 淀粉琼脂培养基(用于淀粉水解试验及紫外线诱变筛选淀粉酶活力高的菌株)

成分:蛋白胨10g、牛肉浸粉5g、NaCl 5g、可溶性淀粉2g、琼脂粉17g,蒸馏水1000mL,pH 7.2。

制法:将蛋白胨、牛肉浸粉、NaCl溶解于蒸馏水中,加入事先用少量蒸馏水调成糊状的淀粉,校正pH,加入琼脂粉,煮沸溶化,分装三角瓶,0.1MPa灭菌15~20min,倒平板备用。

96 刚果红纤维素培养基(用于检验纤维素分解菌)

成分:K_2HPO_4 0.5g、$MgSO_4$ 0.25g、羧甲基纤维素钠(CMC-Na)1.88g、刚果红0.2g、明胶2g、琼脂粉17g,蒸馏水1000mL,pH 7.0。

制法:将以上各成分加热溶解于蒸馏水中,校正pH 7.0,加入琼脂粉,煮沸溶化,分装三角瓶,0.1MPa灭菌15~20min,倒平板备用。

97 氯化钠琼脂(用于Ames法对诱变剂与致癌剂的检测)

成分:氯化钠0.5g、优质琼脂粉0.6g,蒸馏水100mL。

制法:将各成分加热溶于蒸馏水中,分装小试管,3mL/管,0.1MPa灭菌15~20min。

98 上层培养基(用于Ames法对诱变剂与致癌剂的检测)

成分:氯化钠0.5g、优质琼脂粉0.6g,蒸馏水90mL,组氨酸-生物素混合液10mL。

制法:将氯化钠、琼脂粉加热溶于蒸馏水中,加入10mL组氨酸-生物素混合液,摇匀后分装小试管80支,3mL/管,0.07MPa灭菌15min。

组氨酸-生物素混合液配法:L-盐酸组氨酸31mg,生物素49mg,溶于40mL蒸馏水中,备用。

99 下层培养基(用于Ames法对诱变剂与致癌剂的检测)

成分:葡萄糖20g、柠檬酸2g、$K_2HPO_4 \cdot 3H_2O$ 3.5g、$MgSO_4 \cdot 7H_2O$ 0.2g、优质琼脂粉

12g、蒸馏水 1000mL,pH 7.0。

制法:将以上各成分溶于蒸馏水中,校正 pH,加入琼脂粉,煮沸溶化,分装三角瓶,0.07MPa 灭菌 20min。

100 高盐甘露醇(MSA)琼脂培养基(用于分离计数葡萄球菌和微球菌)

成分:牛肉浸粉 1g、胨 No.3(Difco)10g、D-甘露醇 10g、NaCl 75g、琼脂粉 15~17g、酚红 0.025g、蒸馏水 1000mL,pH 7.2~7.6。

制法:按量将各成分(酚红除外)加热溶解于 1000mL 蒸馏水,校正 pH,加 10g/L 的酚红溶液 2.5mL,混匀,0.1MPa 灭菌 15~20min。

101 A 琼脂培养基(用于细菌溶葡萄球菌素和溶菌酶敏感性试验)

成分:蛋白胨 10g、酵母浸粉 1g、葡萄糖 10g、NaCl 5g、琼脂粉 15~17g、蒸馏水 1000mL,pH 7.0~7.2。

制法:将以上各成分加入到蒸馏水中,加热溶解,校正 pH,加入琼脂粉,煮沸溶化,分装三角瓶,0.07MPa 灭菌 20min。

九、食品中致病菌检验用培养基配方

102 缓冲蛋白胨水(BPW,用于沙门氏菌检验和克罗诺杆菌属检验)

成分:蛋白胨 10g、氯化钠 5g、磷酸氢二钠(含 12 个结晶水)9g、磷酸二氢钾 1.5g、蒸馏水(或去离子水)1000mL,pH 7.2±0.2。

制法:将各成分加入蒸馏水(或去离子水)中,搅匀后加热溶解,必要时调节 pH,0.1MPa 灭菌 15min。灭菌后的培养基在 25℃的 pH 为 7.2±0.2。

注:配制 BPW 时,切勿使用自来水,否则产生沉淀,用去离子水配制更好。

103 四硫磺酸钠煌绿(TTB)增菌液(用于沙门氏菌检验)

成分:基础液 1000mL、碘溶液 20mL、煌绿水溶液 2mL。

制法:使用的当天,在冷却后的基础液中以无菌操作加入煌绿溶液摇匀,加入碘溶液,再摇匀,分装到无菌试管中。加入煌绿和碘液的培养基当天使用,且不能再次加热。

①基础液配法:蛋白胨 9g、牛肉浸粉 4.5g、氯化钠 2.7g、碳酸钙 40.5g、硫代硫酸钠(含 5 个结晶水)50g、牛胆盐 5g、蒸馏水 1000mL。将各成分加入蒸馏水中,搅匀后加热溶解。煮沸,无须高压灭菌。煮沸后的培养基在 25℃的 pH 为 7.6±0.2。

②碘溶液配法:碘 20g、碘化钾 25g、蒸馏水 100mL。将碘化钾溶解于少量的蒸馏水中,再加入碘,振摇至碘全部溶解,加蒸馏水至 100mL,贮存于棕色瓶内,塞紧瓶塞冷藏贮存。

③煌绿水溶液的配法:煌绿 0.5g、蒸馏水 100mL,溶解后,存放暗处,不少于 1d,使其自然灭菌。

104 氯化镁孔雀绿大豆胨(RVS)增菌液(用于沙门氏菌检验)

成分:大豆蛋白胨 4.5g、氯化钠 7.2g、磷酸二氢钾 1.26g、磷酸氢二钾 0.18g、氯化镁(含 6 个结晶水)28.6g、孔雀绿 0.036g、蒸馏水 1000mL,pH 为 5.2±0.2。

制法:将各成分加入蒸馏水中,搅匀后加热溶解,必要时调节 pH,定量分装于试管中,0.07MPa 高压灭菌 15min。灭菌后的培养基在 25℃的 pH 为 5.2±0.2。

105 亚硫酸铋(BS)琼脂(用于沙门氏菌检验)

成分:蛋白胨 10g、牛肉浸粉 5g、葡萄糖 5g、硫酸亚铁 0.3g、磷酸氢二钠 4g、煌绿 0.025g、柠檬酸铋铵 2g、亚硫酸钠 6g、琼脂粉 18g、蒸馏水 1000mL，pH 7.5±0.2。

制法：将各成分加入蒸馏水中，搅匀后加热溶解，必要时调节 pH。煮沸（应加热煮沸后即移开热源，如此煮沸 2~3 次），勿过度加热，勿高压灭菌，冷却至（48±2）℃立即倒平皿备用。煮沸后的培养基在 25℃的 pH 为 7.5±0.2。

注：本培养基应于临用前一天制备并倒平皿，在室温暗处保存（一般置于无菌超净台内，并避光），第二天使用。制备完成的培养基保存时间超过 48h 会降低其选择性。

106　HE 琼脂（用于沙门氏菌检验）

成分：蛋白胨 12g、牛肉浸粉 3g、乳糖 12g、蔗糖 12g、水杨苷 2g、胆盐 20g、氯化钠 5g、硫代硫酸钠 6.8g、柠檬酸铁铵 0.8g、脱氧胆酸钠 2.0g、酸性品红 0.1g、溴麝香草酚蓝 0.064g、琼脂粉 18.0g、蒸馏水 1000mL，pH 7.5±0.2。

制法：将各成分加入蒸馏水中，搅匀后加热溶解，必要时调节 pH。煮沸，勿过度加热，勿高压灭菌。冷却至（48±2）℃立即倒平皿。煮沸后的培养基在 25℃的 pH 为 7.5±0.2。

注：本培养基在制备过程中不宜过分加热，避免降低其选择性。

107　木糖赖氨酸脱氧胆酸盐（XLD）琼脂（用于肠道致病菌检验）

成分：酵母浸粉 3g、L-赖氨酸 5g、木糖 3.75g、乳糖 7.5g、蔗糖 7.5g、脱氧胆酸钠 2.5g、柠檬酸铁铵 0.8g、硫代硫酸钠 6.8g、氯化钠 5g、酚红 0.08g、琼脂粉 15~17g、蒸馏水 1000mL，pH 7.4±0.2。

制法：将各成分加入蒸馏水中，搅匀后加热溶解，必要时调节 pH。煮沸，切勿过度加热，切勿高压灭菌。冷却至（48±2）℃立即倒平皿。煮沸后的培养基在 25℃的 pH 为 7.4±0.2。

注：此培养基在制备过程中不宜过分加热，避免降低其选择性，贮于室温暗处。当天制备，第二天使用。

108　三糖铁（TSI）琼脂（用于肠道致病菌检验）

成分：蛋白胨 20g、牛肉浸粉 5g、乳糖 10g、蔗糖 10g、葡萄糖 1g、酚红 0.025g、氯化钠 5g、硫酸亚铁铵（含 6 个结晶水）0.2g、硫代硫酸钠 0.2g、琼脂 12g、蒸馏水 1000mL，pH 7.4±0.2。

制法：将各成分加入蒸馏水中，搅匀后加热溶解，必要时调节 pH。定量分装于试管中，分装量宜多些，以便得到较高的底层。0.07MPa 灭菌 15min，灭菌后制成高层斜面，底层深度不小于 2.5cm，冷却后呈橘红色。灭菌后的培养基在 25℃的 pH 为 7.4±0.2。

109　氰化钾（KCN）培养基（用于肠道致病菌检验）

成分：蛋白胨 10g、氯化钠 5g、磷酸二氢钾 0.225g、磷酸氢二钠 5.64g，蒸馏水 1000mL，5g/L 氰化钾溶液 20mL。

制法：将除氰化钾以外的成分，加入蒸馏水中，搅匀后加热溶解，分装三角瓶，0.1MPa 灭菌 15min。放在冰箱内使其充分冷却。每 100mL 培养基加入 5g/L 氰化钾溶液 2mL（终浓度为 1：10000），分装于 12mm×100mm 灭菌试管，每管约 4mL，立刻用灭菌橡皮塞塞紧。同时，将不加氰化钾的培养基作为对照培养基，分装试管备用。置于 4℃冰箱中，至少可以保存两个月。

注：氰化钾是剧毒物，使用时应小心，切勿沾染，以免中毒。夏天分装培养基应在冰箱内进行。试验失败的主要原因是封口不严，氰化钾逐渐分解，产生氢氰酸气体逸出，以致药物浓度降低，细菌生长，因而造成假阳性反应。

110　糖发酵管培养基（用于肠道致病菌检验）

成分：牛肉浸粉 5g、蛋白胨 10g、氯化钠 3g、磷酸氢二钠（含 12 个结晶水）2g、溴麝香草酚蓝 0.025g,蒸馏水 1000mL,pH 7.4±0.2。

制法:将各成分加入蒸馏水中,搅匀后加热溶解,必要时调节 pH,0.1MPa 灭菌 15min。冷却后加入终浓度为 5~10g/L 的无菌葡萄糖溶液,分装于有一个杜氏小倒管的小试管内。灭菌后的培养基在 25℃ 的 pH 为 7.4±0.2。

其他各种糖(或醇、苷)发酵管培养基可按上述成分配好后,分装每瓶 100mL,0.1MPa 灭菌 15min。另将各种糖类分别配成 100g/L 溶液,同时高压灭菌。将 5mL 糖溶液加入 100mL 培养基中,以无菌操作分装于有一个倒置杜氏小管的小试管中。

注:①上述培养基成分中的葡萄糖替换成七叶苷或水杨苷、甘露醇、棉籽糖,即为相应糖发酵培养基。
②蔗糖发酵管培养基,如蔗糖不纯,加热后会自行水解,应采用过滤法除菌。

111 邻硝基酚 β-D-半乳糖苷(ONPG)培养基(用于肠道致病菌检验)

成分:邻硝基酚 β-D-半乳糖苷(ONPG)60mg、0.01mol/L 磷酸钠缓冲液(pH 7.5±0.2)10mL、10g/L 蛋白胨水(pH 7.5±0.2)30mL。

制法:将 ONPG 溶于缓冲液内,加入蛋白胨水,以过滤法除菌,分装于无菌小试管中,塞紧管塞。

112 丙二酸钠培养基(用于肠道致病菌检验)

成分:酵母浸粉 1g、硫酸铵 2g、磷酸氢二钾 0.6g、磷酸二氢钾 0.4g、氯化钠 2g、丙二酸钠 3g、溴麝香草酚蓝溶液 0.025g、蒸馏水 1000mL,pH 6.8±0.2。

制法:将各成分加入蒸馏水中,搅匀后加热溶解,必要时调节 pH,分装试管,0.1MPa 灭菌 15min。灭菌后的培养基在 25℃ 的 pH 为 6.8±0.2。

注:用新鲜的琼脂培养物接种和培养后,阳性者由绿色变为蓝色。

113 志贺氏菌增菌肉汤-新生霉素(Shigella broth,用于志贺氏菌检验)

成分:胰蛋白胨 20g、葡萄糖 1g、磷酸氢二钾 2g、磷酸二氢钾 2g、氯化钠 5g、吐温-80 1.5mL、蒸馏水 1000mL,pH 7.0±0.2。

志贺氏菌增菌肉汤制法:将以上成分混合加热溶解,冷却至 25℃ 校正 pH,分装 500mL 三角瓶,0.1MPa 灭菌 15min 后,冷却至 46~50℃,加入除菌过滤的新生霉素溶液(终浓度为 0.5μg/mL),分装 225mL 备用。如不立即使用,于 2~8℃ 条件下可储存 1 个月。

新生霉素溶液制法:将新生霉素 25mg 溶解于 1000mL 蒸馏水中,用 0.22μm 过滤膜除菌,如不立即使用,于 2~8℃ 条件下可储存 1 个月。临用时每 225mL 志贺氏菌增菌肉汤加入 5mL 新生霉素溶液。

114 麦康凯(MAC)琼脂(用于志贺氏菌、致泻大肠埃希氏菌检验)

成分:蛋白胨 20g、乳糖 10g、3 号胆盐 1.5g、氯化钠 5g、中性红 0.03g、结晶紫 0.001g、琼脂粉 15~17g、蒸馏水 1000mL,pH 7.2±0.2。

制法:将所有成分溶解于蒸馏水中,加热煮沸,冷却至 25℃ 校正 pH,分装三角瓶中,于 0.07MPa 灭菌 20min,冷却至 50℃ 左右时倒平皿。如不立即使用,在 2~8℃ 条件下可储存两周。

115 葡萄糖半固体琼脂(用于志贺氏菌检验)

成分:蛋白胨 10g、牛肉浸粉 3g、氯化钠 5g、16g/L 溴甲酚紫乙醇溶液 1mL、葡萄糖 1g、琼脂粉 3~5g、蒸馏水 1000mL,pH 7.4。

制法:将蛋白胨、牛肉浸粉和氯化钠溶解于蒸馏水中,校正 pH 后加入琼脂煮沸溶化,再加入指示剂和葡萄糖,分装小试管,0.070MPa灭菌15~20min。

116 葡萄糖铵培养基(用于志贺氏菌检验)

成分:氯化钠5g、硫酸镁($MgSO_4 \cdot 7H_2O$)0.2g、磷酸二氢铵1g、磷酸氢二钾1g、葡萄糖2g、琼脂粉17g、蒸馏水1000mL、2g/L溴麝香草酚蓝溶液40mL,pH 6.8。

制法:先将盐类和糖溶解于蒸馏水中,校正pH后加琼脂,加热溶化后加指示剂,混匀分装试管,0.07MPa灭菌20min,放成斜面。

注:容器使用前应用清洁液浸泡,再用清水、蒸馏水冲洗干净,并用新的试管硅胶塞,干热灭菌后使用。如果操作时不注意,有杂质污染时,易造成假阳性的结果。

117 黏液酸盐培养基(用于志贺氏菌检验)

测试肉汤成分:酪蛋白胨10g、溴麝香草酚蓝0.024g、黏液酸10g、蒸馏水1000mL,pH 7.4±0.2。

制法:缓慢加入5mol/L氢氧化钠以溶解黏液酸,混匀。其余成分加热溶解,加入上述黏液酸,冷却至25℃校正pH,分装试管,每管约5mL,0.1MPa灭菌10min。

质控肉汤成分:酪蛋白胨10g、溴麝香草酚蓝0.024g、蒸馏水1000mL,pH 7.4±0.2。

制法:所有成分加热溶解,冷却至25℃左右校正pH,分装试管,每管约5mL,于0.1MPa灭菌10min。

118 甘油肉汤培养基(用于志贺氏菌检验)

成分:蛋白胨20g、甘油10mL、氯化镁(无水)1.4g、硫酸钾(无水)10g、蒸馏水1000mL,pH 7.4±0.2。

制法:将蛋白胨、氯化镁和硫酸钾微温加热溶解于蒸馏水中,于25℃调节使灭菌后pH为7.3±0.1,加入甘油混匀,分装试管,0.1MPa灭菌15min。

119 肠道菌增菌肉汤(用于致泻大肠埃希氏菌检验)

成分:蛋白胨10g、葡萄糖5g、牛胆盐20g、磷酸氢二钠8g、磷酸二氢钾2g、煌绿0.015g、蒸馏水1000mL,pH 7.2±0.2。

制法:将以上成分混合加热溶解,冷却至25℃左右校正pH,分装每三角瓶30mL,0.07MPa灭菌20min。

120 伊红亚甲蓝(EMB)琼脂(用于致泻大肠埃希氏菌检验)

成分:蛋白胨10g、乳糖10g、磷酸氢二钾(K_2HPO_4)2g、琼脂粉15~17g、20g/L伊红Y水溶液20mL、5g/L亚甲蓝水溶液13mL、蒸馏水1000mL,pH 7.1±0.2。

制法:在1000mL蒸馏水中加热溶解蛋白胨、磷酸盐和乳糖,冷却至25℃左右校正pH,加入琼脂煮沸溶化,补足水分,分装三角瓶,0.07MPa灭菌20min。冷却至46~50℃,加入20g/L伊红Y水溶液和5g/L亚甲蓝水溶液,摇匀后倒平皿。

121 75g/L氯化钠肉汤(用于金黄色葡萄球菌检验)

成分:蛋白胨10g、牛肉浸粉5g、氯化钠75g、蒸馏水1000mL,pH 7.4。

制法:将上述成分加热溶解,校正pH,分装于三角瓶,每瓶225mL,0.10MPa灭菌15~20min。

122 营养琼脂小斜面(用于金黄色葡萄球菌检验)

成分:牛肉浸粉3g、蛋白胨10g、NaCl 5g、琼脂粉15~17g、蒸馏水(或去离子水)1000mL,pH 7.3±0.2。

制法:除将琼脂以外的各成分溶解于蒸馏水中,加入 150g/L 氢氧化钠溶液约 2mL,校正 pH,加入琼脂粉,煮沸溶化,分装 13mm×130mm 试管,0.1MPa 灭菌 15~20min。

123 脑心浸出液肉汤(BHI,用于金黄色葡萄球菌、致泻大肠埃希氏菌检验)

成分:胰蛋白质胨/蛋白胨 10g、氯化钠 5g、磷酸氢二钠($Na_2HPO_4 \cdot 12H_2O$)2.5g、葡萄糖 2g、小牛脑浸粉 12.5g、牛心浸粉 5g、蒸馏水 1000mL,pH 7.4±0.2。

制法:将上述各成分加热溶解,冷却至 25℃ 校正 pH,分装 161mm×60mm 试管,每管 5mL,0.1MPa 灭菌 15min。目前有专售干粉复合脑心浸出液肉汤。称取本品 36g,加入 1000mL 蒸馏水或去离子水,搅拌加热至完全溶解,调节 pH,分装试管,每管 5mL,0.1MPa 灭菌 15min。

124 豆粉琼脂(用于配制血琼脂培养基)

成分:牛心(或牛肉)胰蛋白酶消化汤(pH 7.5±0.2)1000mL、琼脂粉 17g、黄豆粉浸液 50mL。

制法:将琼脂粉加入牛心消化汤中,加热溶解,过滤,加入黄豆粉浸液,每三角瓶分装 100mL,0.1MPa 灭菌 15min。

黄豆液浸液制法:取黄豆粉 5g、氯化钠 10g,加入蒸馏水 100mL,置于 100℃ 水浴中加热 1h,置于冰箱内过夜,吸取上清液,即黄豆粉浸液。

125 血琼脂培养基(用于金黄色葡萄球菌检验)

成分:pH 7.5±0.2 豆粉琼脂 100mL、脱纤维羊血(或兔血)5~10mL。

制法:加热溶化豆粉琼脂,冷却至 50℃,以无菌操作加入脱纤维羊血,摇匀后倒平板。也可分装灭菌试管,摆成斜面。也可用其他营养丰富的基础培养基配制血琼脂培养基。

126 Baird-Parker 琼脂培养基(用于金黄色葡萄球菌检验)

成分:胰蛋白胨 10g、牛肉浸粉 5g、酵母浸粉 1g、丙酮酸钠 10g、甘氨酸 12g、氯化锂 ($LiCl \cdot 6H_2O$)5g、琼脂粉 15g~17g、蒸馏水 950mL,pH 7.0±0.2。

制法:将各成分加入蒸馏水中,加热煮沸至完全溶解,冷却至 25℃,调节 pH。分装每三角瓶 95mL,0.1MPa 灭菌 15~20min。临用时加热溶化琼脂培养基,冷却至 50℃,每 95mL 加入预热至 50℃ 的卵黄亚碲酸钾增菌剂 5mL,摇匀后倒平板。培养基应致密不透明,使用前于冰箱中储存不得超过 48h。

增菌剂的配法:300g/L 卵黄盐水 50mL 与通过 0.22μm 孔径滤膜进行过滤除菌的 10g/L 亚碲酸钾溶液 10mL 混合,于 4℃ 冰箱内保存。

127 疱肉培养基(用于肉毒梭菌检验)

成分:新鲜牛肉 500g、蛋白胨 30g、酵母浸粉 5g、磷酸二氢钠 5g、葡萄糖 3g、可溶性淀粉 2g、碎肉渣适量、蒸馏水 1000mL,pH 7.4±0.1。

制法:称取新鲜除去脂肪和筋膜的碎牛肉 500g,加蒸馏水 1000mL 和 1mol/L 氢氧化钠溶液 25mL,搅拌煮沸 15min,充分冷却,除去表层脂肪,纱布过滤并挤出肉渣余液,分别收集肉汤和碎肉渣。在肉汤中加入成分表中其他物质,并用蒸馏水补足至 1000mL,调节 pH,碎肉渣晾至半干。在 20mm×150mm 试管中先加入碎肉渣 1~2cm 高,每管加入还原铁粉 0.1~0.2g 或少许铁屑,再加入配制肉汤 15mL,最后加入液体石蜡覆盖培养基 0.3~0.4cm,0.1MPa 灭菌 20min。注意液体石蜡应事先用 0.1MPa 灭菌 20min,灭菌至少 2 次,以彻底杀死芽孢。

128　卵黄琼脂培养基(用于肉毒梭菌检验)

基础培养基成分:酵母浸粉5g、胰蛋白胨5g、胨胨20g、氯化钠5g、琼脂粉17g、蒸馏水1000mL,pH 7.0±0.2。

卵黄乳液:取鸡蛋2~3个,清洗和消毒表面,无菌打蛋,取内容物,弃去蛋白,用无菌注射器吸取蛋黄,放入无菌容器中,加入等量无菌生理盐水,充分混合调匀,4℃保存备用。

制法:将基础培养基各成分溶于蒸馏水中,调节pH,分装三角瓶,0.1MPa灭菌15~20min,冷至50℃,按每100mL基础培养基加入卵黄乳液15mL,充分混匀后倒平板,35℃培养24h进行无菌检查后,冷藏备用。

129　胰蛋白酶胰蛋白胨葡萄糖酵母膏(TPGYT)肉汤(用于肉毒梭菌检验)

基础培养基成分(TPGY肉汤):胰蛋白胨50g、蛋白胨5g、酵母浸粉20g、葡萄糖4g、硫乙醇酸钠1g、蒸馏水1000mL,pH 7.0±0.1。

胰酶液:称取胰蛋白酶(1:250)1.5g,加入100mL蒸馏水中溶解,以0.22μm微孔膜过滤除菌,4℃保存备用。

制法:将基础培养基成分溶于蒸馏水中,调节pH,分装20mm×150mm试管,每管15mL,加入液体石蜡覆盖培养基0.3~0.4cm,0.1MPa灭菌10min。冰箱冷藏,两周内使用。临用接种样品时,每管加入胰酶液1mL。注意液体石蜡应事先用0.1MPa灭菌20min,灭菌至少2次,以彻底杀死芽孢。

130　胰胨-亚硫酸盐-环丝氨酸(TSC)琼脂(用于产气荚膜梭菌检验)

成分:胰蛋白胨15g、大豆蛋白胨5g、酵母浸粉5g、焦亚硫酸钠1g、柠檬酸铁铵1g、琼脂粉15g、D-环丝氨酸溶液100mL、蒸馏水900mL,pH 7.6±0.2。

制法:将除环丝氨酸溶液以外的各成分加热煮沸至完全溶解,调节pH,分装于500mL三角瓶中,每瓶250mL,0.1MPa灭菌15~20min,于(50±1)℃保温备用。临用前每250mL基础溶液中加入20mL D-环丝氨酸溶液,混匀后倒平皿。

D-环丝氨酸溶液配法:取D-环丝氨酸1g溶于200mL蒸馏水,过滤除菌后,4℃冷藏保存备用。

131　硫乙醇酸盐液体培养基(FTG,用于产气荚膜梭菌检验)

成分:胰蛋白胨15g、L-胱氨酸0.5g、酵母浸粉5g、葡萄糖5g、氯化钠2.5g、硫乙醇酸钠0.5g、刃天青0.001g、琼脂0.75g、蒸馏水1000mL,pH 7.1±0.2。

制法:将以上成分加热煮沸至完全溶解,冷却后调节pH,分装试管,每管10mL,0.1MPa灭菌15~20min。临用前煮沸或流动蒸汽加热15min,迅速冷却至接种温度。

132　缓冲动力-硝酸盐培养基(用于产气荚膜梭菌检验)

成分:蛋白胨5g、牛肉浸粉3g、硝酸钾5g、磷酸氢二钠2.5g、半乳糖5g、甘油5mL、琼脂粉3g、蒸馏水1000mL,pH 7.3±0.2。

制法:将以上成分加热煮沸至完全溶解,调节pH,分装试管,每管10mL,0.1MPa灭菌15~20min。如当天不用,置于4℃左右冷藏保存。临用前煮沸或流动蒸汽加热15min,迅速冷却至接种温度。

133　乳糖-明胶培养基(用于产气荚膜梭菌检验)

成分:蛋白胨15g、酵母浸粉10g、乳糖10g、酚红0.05g、明胶120g、蒸馏水1000mL,pH 7.5±0.2。

制法:加热溶解蛋白胨、酵母粉和明胶于 1000mL 蒸馏水中,调节 pH,加入乳糖和酚红。分装试管,每管 10mL,0.1MPa 灭菌 15~20min。如当天不用,置于 4℃左右冷藏保存。临用前煮沸或流动蒸汽加热 15min,迅速冷却至接种温度。

134 含铁牛乳培养基(用于产气荚膜梭菌检验)

成分:新鲜全脂牛乳 1000mL、硫酸亚铁($FeSO_4 \cdot 7H_2O$)1g,蒸馏水 50mL。

制法:将硫酸亚铁溶于蒸馏水中,不断搅拌,缓慢加入 1000mL 牛乳中,混匀。分装于大试管,每管 10mL,0.07MPa 灭菌 15min。本培养基必须新鲜配制。

135 改良月桂基硫酸盐胰蛋白胨肉汤[mLST,用于克罗诺杆菌属(阪崎肠杆菌)检验]

成分:氯化钠 34g、胰蛋白胨 20g、乳糖 5g、磷酸二氢钾 2.75g、磷酸氢二钾 2.75g、十二烷基硫酸钠 0.1g,蒸馏水 1000mL,pH 6.8±0.2。

制法:将以上成分加热搅拌至溶解,调节 pH,分装每管 10mL,0.1MPa 灭菌 15~20min。该培养基必须在 24h 内使用完毕。

136 改良月桂基硫酸盐胰蛋白胨肉汤-万古霉素[mLST-Vm,用于克罗诺杆菌属(阪崎肠杆菌)检验]

成分:改良月桂基硫酸盐胰蛋白胨肉汤(mLST)990mL、1mg/mL 的万古霉素溶液 10mL。

制法:每 10mL mLST 中加入 1mg/mL 的万古霉素溶液 0.1mL,混合液中万古霉素的终浓度为 10μg/mL。

万古霉素溶液配法:称取 10mg 万古霉素溶解于 10mL 蒸馏水中,过滤除菌,于 0~5℃保存 15d。

137 胰蛋白胨大豆琼脂(TSA)[用于克罗诺杆菌属(阪崎肠杆菌检验)]

成分:胰蛋白胨 15g、大豆蛋白胨 5g、氯化钠 5g、琼脂粉 15g,蒸馏水 1000mL,pH 7.3±0.2。

制法:将以上成分加热搅拌至溶解,煮沸 1min,调节 pH,0.1MPa 灭菌 15~20min。

138 阪崎肠杆菌显色培养基[DFI 琼脂,用于克罗诺杆菌属(阪崎肠杆菌检验)]

成分:胰蛋白胨 15g、大豆蛋白胨 5g、氯化钠 5g、柠檬酸铁铵 1g、硫代硫酸钠 1g、脱氧胆酸钠 1g、5-溴-4-氯-3-吲哚基-α-D-吡喃葡萄糖苷 0.1g、琼脂粉 15~17g,蒸馏水 1000mL,pH 7.3±0.2。

制法:将以上成分加热搅拌至完全溶解,调节 pH,0.1MPa 灭菌 15min,冷却后倒平板。

139 糖类发酵培养基[用于克罗诺杆菌属(阪崎肠杆菌检验)]

基础培养基成分:酪蛋白(酶消化)10g、氯化钠 5g、酚红 0.02g,蒸馏水 1000mL,pH 6.8±0.2。

制法:将各成分加热溶解,调节 pH,分装三角瓶,0.1MPa 灭菌 15~20min。将 D-山梨醇、L-鼠李糖、D-蔗糖、D-蜜二糖、苦杏仁苷等糖类以蒸馏水配成 80g/L 的糖溶液,过滤除菌。临用时,以无菌操作,在 875mL 基础培养基中加入 125mL 过滤除菌的糖类溶液,混匀,分装到无菌试管中,每管 10mL。

140 30g/L 氯化钠碱性蛋白胨水(用于检验副溶血性弧菌)

成分:蛋白胨 10g、氯化钠 30g,蒸馏水 1000mL,pH 8.5。

制法:将各成分溶解于 1000mL 蒸馏水中,校正 pH,0.1MPa 灭菌 10min。

141 硫代硫酸盐-柠檬酸盐-胆盐-蔗糖（TCBS）琼脂（用于检验副溶血性弧菌）

成分：蛋白胨 10g、酵母浸粉 5g、二水柠檬酸钠 10g、五水硫代硫酸钠 10g、氯化钠 10g、牛胆汁粉 5g、柠檬酸铁 1g、胆酸钠 3g、蔗糖 20g、溴麝香草酚蓝 0.04g、麝香草酚蓝 0.04g、琼脂粉 15g、蒸馏水 1000mL，pH 8.6±0.2。

制法：将各成分溶解于蒸馏水中，校正 pH，加热煮沸至完全溶解，冷却后倒平板备用。

142 30g/L NaCl 胰蛋白胨大豆培养基（用于检验副溶血性弧菌）

成分：胰蛋白胨 15g、大豆蛋白胨 5g、氯化钠 30g，蒸馏水 1000mL，pH 7.3±0.2。

制法：将各成分溶解于 1000mL 蒸馏水中，校正 pH，0.1MPa 灭菌 15min。

143 李氏增菌肉汤（LB_1、LB_2，用于检测单增李斯特氏菌）

基础培养基成分：胰蛋白胨 5g、多价胨 5g、酵母浸粉 5g、氯化钠 20g、磷酸二氢钾 1.4g、磷酸氢二钠 12g、七叶苷 1g，蒸馏水 1000mL，pH 7.2~7.4。

基础培养基制法：将上述成分加热溶解，调节 pH，分装，0.1MPa 灭菌 15min，备用。

李氏 I 液（LB_1）制法：于 225mL 基础培养基中加入 10g/L 萘啶酮酸（用 0.05mol/L 氢氧化钠溶液配制）0.5mL，10g/L 吖啶黄（用无菌蒸馏水配制）0.3mL。

李氏 II 液（LB_2）制法：于 200mL 基础培养基中加入 10g/L 萘啶酮酸（用 0.05mol/L 氢氧化钠溶液配制）0.4mL，10g/L 吖啶黄（用无菌蒸馏水配制）0.5mL。

144 PALCAM 琼脂（用于检测单增李斯特氏菌）

成分：酵母浸粉 8g、葡萄糖 0.5g、七叶苷 0.8g、柠檬酸铁铵 0.5g、甘露醇 10g、酚红 0.1g、氯化锂 15g、酪蛋白胰酶消化物 10g、心胰酶消化物 3g、玉米淀粉 1g、肉胃酶消化物 5g、氯化钠 5g、琼脂粉 15g，蒸馏水 1000mL，pH 7.2~7.4。

制法：将上述各成分加热溶解，调节 pH，分装，0.1MPa 灭菌 15min，备用。将 PALCAM 基础培养基溶化后冷却到 50℃，加入 2mL PALCAM 选择性添加剂，混匀后倒平板，备用。

PALCAM 选择性添加剂制法：将多黏菌素 B 5mg、盐酸吖啶黄 2.5mg、头孢他啶 10mg，溶于无菌 500mL 蒸馏水中，备用。

145 含 6g/L 酵母浸粉的胰酪胨大豆肉汤（TSB-YE，用于检测单增李斯特氏菌）

成分：胰蛋白胨 17g、多价胨 3g、酵母浸粉 6g、氯化钠 5g、磷酸氢二钾 2.5g、葡萄糖 2.5g，蒸馏水 1000mL，pH 7.2~7.4。

制法：将上述各成分加热溶解，调节 pH，分装，0.1MPa 灭菌 15min，备用。

附录Ⅲ　常用染色液的配制

1　抗酸染色液

(1) 齐氏(Ziehl)石炭酸复红染色液

成分：A液：碱性复红0.3g、95%(体积分数)乙醇10mL。B液：石炭酸(苯酚)5g、蒸馏水95mL。

制法：将碱性复红在研钵中研细，逐渐加入95%(体积分数)乙醇，继续研磨使其溶解，配成A液。将石炭酸溶解于蒸馏水中，配成B液。混合A液和B液即成。通常可将此混合液稀释5~10倍使用。稀释液易变质失效，一次不宜多配。

(2) 吕氏碱性亚甲蓝(美蓝)染色液

成分：A液：亚甲蓝0.3g、95%(体积分数)乙醇30mL。B液：KOH 0.01g、蒸馏水100mL。

制法：分别配制A液和B液，配好后混匀即可。

(3) 3%(体积分数)盐酸乙醇脱色液　称量38%(体积分数)浓盐酸(相对密度1.19) 6.6mL于容量瓶中，以95%(体积分数)乙醇稀释定容至100mL，摇匀即可。

2　革兰(Gram)染色液

(1) 草酸铵结晶紫染色液

成分：结晶紫1g、95%(体积分数)乙醇20mL、10g/L草酸铵水溶液80mL。

制法：将结晶紫在研钵中研细，逐渐加入95%(体积分数)乙醇，继续研磨使其溶解，然后与草酸铵溶液混合，静置24~48h过滤备用。此液不易保存，如有沉淀，需重新配制。

(2) 鲁格尔氏(Lugol)碘液/革兰碘液

成分：碘1g、碘化钾2g、蒸馏水300mL。

制法：先将碘化钾溶解于3~5mL蒸馏水中，再将碘片溶解于碘化钾溶液中，待碘全溶后，加足水分即成。配成后贮于棕色瓶内备用，如变为浅黄色即不能使用。为了防止碘液挥发失效和增强媒染效果，更易分辨G^+菌和G^-菌，可在碘液中加少量的聚乙烯吡咯烷酮(PVP)。

(3) 脱色液　95%(体积分数)的乙醇溶液或丙酮-乙醇溶液[95%(体积分数)的乙醇70mL、丙酮30mL]

(4) 沙黄(番红)复染液

成分：沙黄(番红)0.25g、95%(体积分数)乙醇10mL、蒸馏水90mL。

制法：将沙黄溶解于乙醇中，用蒸馏水稀释至100mL，保存于密闭的棕色瓶中。

3　芽孢染色液

(1) 50g/L孔雀绿水溶液

成分：孔雀绿5g、蒸馏水100mL。

制法：将孔雀绿在研钵中研细，加入少许95%(体积分数)乙醇溶解，再加蒸馏水至100mL。

(2) 5g/L沙黄(番红)染色液

成分：沙黄0.5g、95%(体积分数)乙醇10mL、蒸馏水90mL。

制法：与革兰染色液中沙黄复染液相同。

4 荚膜染色液

(1) 黑色素水溶液(用于荚膜的背景染色)

成分:水溶性黑色素 5g(或 10g)、蒸馏水 100mL、甲醛(体积分数为 40%)0.5mL。

制法:将黑色素在蒸馏水中煮沸 5min,然后加入甲醛作防腐剂,用玻璃棉过滤。

(2) 墨汁染色液(用于荚膜的背景染色)

成分:国产绘图墨汁 40mL、甘油 2mL、液体石炭酸 2mL。

制法:选用上海墨水厂生产的"沪光绘图墨水"染色效果较好。先将墨汁用多层纱布过滤,加甘油混匀后,水浴加热,再加石炭酸搅匀,冷却后备用。

(3) 10g/L 甲基紫水溶液　称取甲基紫 1g 溶解于 100mL 蒸馏水中。

(4) 10g/L 结晶紫水溶液　称取结晶紫 1g 溶解于 100mL 蒸馏水中。

(5) 60g/L 葡萄糖水溶液　称取葡萄糖 6g 溶解于 100mL 蒸馏水中。

(6) 200g/L 硫酸铜水溶液　称取硫酸铜 20g 溶解于 100mL 蒸馏水中。

5 鞭毛染色液

(1) 硝酸银鞭毛染色液

成分:A 液,单宁酸(鞣酸)5g、$FeCl_3$ 1.5g、甲醛(体积分数为 15%)2mL、10g/L NaOH 1mL、蒸馏水 100mL;B 液,$AgNO_3$ 2g、蒸馏水 100mL。

制法:将 A 液中各成分溶于 100mL 蒸馏水中,冰箱内可保存 3~7d,延长保存期会产生沉淀,但用滤纸除去沉淀后,仍能使用。将 B 液中的 $AgNO_3$ 溶解后,取出 10mL 备用。向其余的 90mL $AgNO_3$ 中滴入浓 NH_4OH,使其成为浓厚的悬浮液,再继续滴加 NH_4OH,直到新形成的沉淀又重新刚刚溶解为止。再将备用的 10mL $AgNO_3$ 缓慢滴入,则出现薄雾,但轻轻摇动后,薄雾状沉淀又消失,再滴入 $AgNO_3$,直到摇动后仍呈现轻微而稳定的薄雾状沉淀为止。冰箱内保存通常 10d 内仍可使用。如薄雾重,说明银盐沉淀析出,不宜使用。通常在配制当天使用,次日效果欠佳,第 3d 则不能使用。

(2) 利夫森(Leifson)氏鞭毛染色液

成分:A 液,碱性复红 1.2g、95%(体积分数)乙醇 100mL;B 液,单宁酸(鞣酸)3g、蒸馏水 100mL;C 液,NaCl 1.5g、蒸馏水 100mL。

制法:临用前将 A、B、C 液等量混合均匀后使用。三种溶液分别置于室温可保存几周,若分别置于冰箱中可保存数月。混合液装于密封瓶内,置冰箱内几周仍可使用。

(3) 改良利夫森(Leifson)鞭毛染色液

成分:A 液,200g/L 单宁酸(鞣酸)2.0mL;B 液,200g/L 饱和钾明矾液 2.0mL;C 液,50g/L 石炭酸 2.0mL;D 液,碱性复红乙醇(体积分数为 95%)饱和液 1.5mL。

制法:将以上各液于染色前 1~3d,按 B 加到 A 中,C 加到 A、B 混合液中,D 加到 A、B、C 混合液中的顺序,混合均匀,立即过滤 15~20 次,2~3d 内使用效果较好。

6 酵母菌死活细胞的鉴别染色液

(1) 1g/L 亚甲蓝染色液　称取亚甲蓝 0.1g,溶解于 100mL 生理盐水中。

(2) 0.5g/L 亚甲蓝染色液　称取亚甲蓝 0.05g,溶解于 100mL 生理盐水中。

7 酵母菌液泡观察染色液

(1) 1g/L 中性红水溶液　称取中性红 0.1g,溶于蒸馏水中,定容至 100mL。

(2) 0.4g/L 中性红水溶液　称取中性红 0.04g,溶于蒸馏水中,定容至 100mL。

8　乳酸石炭酸棉蓝染色液(用于霉菌固定和染色)

成分:石炭酸(苯酚)10g、乳酸(相对密度 1.21) 10mL、甘油 20mL、棉蓝 0.2g、蒸馏水 10mL。

制法:将石炭酸加入蒸馏水中,加热溶解,加入乳酸和甘油,最后加棉蓝,使其溶解即成。

9　10g/L 甲苯胺蓝染色液

称取甲苯胺蓝 1g,溶解于 0.1mol/L 磷酸盐缓冲液中,定容至 100mL,过滤后装于密闭的棕色瓶中,置于室温避光保存。

附录Ⅳ 常用试剂和指示剂的配制

一、常规生化反应试验用试剂的配制

1 靛基质(吲哚)试剂(用于靛基质/吲哚试验)

柯凡克试剂成分:对二甲基氨基苯甲醛 5g、戊醇 75mL、浓盐酸 25mL。

欧-波试剂成分:对二甲基氨基苯甲醛 1g、95%(体积分数)乙醇 95mL、浓盐酸 20mL。

制法:将对二甲基氨基苯甲醛溶解于戊醇中,缓慢加入浓盐酸,溶液呈土黄色,即为柯凡克试剂。将对二甲基氨基苯甲醛溶解于乙醇中,而后缓慢加入盐酸,即欧-波试剂。

2 甲基红试剂(用于甲基红试验)

成分:甲基红 10mg、95%(体积分数)乙醇 30mL、蒸馏水 20mL。

制法:称取甲基红溶解于乙醇中,加入蒸馏水混匀即可。变色范围 pH 4.2~6.3,由红变黄。

3 50g/L α-萘酚无水乙醇溶液(用于 VP 试验)

称取 α-萘酚 5g,用无水乙醇定容至 100mL,保存于棕色瓶中。该试剂易氧化,临用时现配。

4 400g/L KOH 溶液(用于 VP 试验)

称取 40g KOH,用蒸馏水溶解定容至 100mL。

5 格里斯试剂/硝酸盐还原试剂(用于硝酸盐还原试验)

A 液(对氨基苯磺酸溶液):对氨基苯磺酸 0.8g,溶于 100mL 5mol/L 乙酸中,保存于棕色瓶中。

B 液(α-萘胺乙酸溶液):α-萘胺 0.5g,溶于 100mL 5mol/L 乙酸中,保存于棕色瓶中。

6 二苯胺试剂(用于硝酸盐还原试验)

称取二苯胺 0.5g 溶于 100mL 浓硫酸中,再将此溶液缓慢倒入 20mL 蒸馏水中,保存于棕色瓶中。

7 100g/L $FeCl_3$ 溶液(用于苯丙氨酸脱氨酶试验)

称取 $FeCl_3 \cdot 6H_2O$ 10g,溶于蒸馏水中,定容至 100mL。

8 过氧化氢酶试剂(用于过氧化氢酶试验)

3%(体积分数)过氧化氢溶液:取 3mL 过氧化氢,以蒸馏水定容至 100mL,临用时配制。

9 氧化酶试剂(用于氧化酶试验)

(1)10g/L 盐酸二甲基对苯二胺或盐酸四甲基对苯二胺试剂 称取盐酸二甲基对苯二胺或盐酸四甲基对苯二胺 0.5g,溶于 50mL 蒸馏水中即可。此试剂少量新鲜配制,于密闭棕色瓶内避光保存。如置于冰箱内冷藏,可在配制后 7d 内使用。原液无色,变色后不能使用。

(2)10g/L α-萘酚-无水乙醇溶液 称取 α-萘酚 1g,用无水乙醇定容至 100mL,保存于棕色瓶内,临用时现配。

二、微量生化反应试验用接种液的配制

10 GN/GP-IF 接种液(用于制备好氧 G^- 菌和 G^+ 菌的菌悬液)

成分:NaCl 4g、聚醚 F-68 0.3g、结冷胶 0.2g、纯净水 1000mL。

制法:称取结冷胶 0.2g 于 1000mL 纯净水中,煮沸并持续搅拌,直至完全溶解;停止加

热,继续搅拌;加 NaCl 4g,搅拌至完全溶解;加聚醚 F-68 0.3g,搅拌至完全溶解;分装于 20mm×150mm 试管中,每管装 19mL,0.1MPa 灭菌 30min,备用。

注:结冷胶为一种可食用胶,能增大液体黏度,使菌体均匀分散不易沉降,以保证接种液的均一性;聚醚 F-68 为一种非离子表面活性剂,可降低表面张力,使菌体在接种液中达到良好的乳化分散效果;NaCl 用于维持细胞正常生长的渗透压。以上各成分均为 Sigma 公司生产。

11　AN-IF 接种液(用于制备厌氧细菌的菌悬液)

成分:NaCl 4g、聚醚 F-68 0.3g、结冷胶 0.2g、$NaHCO_3$ 0.84g、1.5g/L 的亚甲基绿 0.5mL、10g/L 的巯基乙酸钠 1.5mL,纯净水 1000mL。

制法:将上述除亚甲绿以外的各成分溶解于 1000mL 纯净水中,加热至完全沸腾,使溶液澄清;冷却至常温后,加入 0.5mL 1.5g/L 的亚甲绿氧化还原指示剂,混合均匀,使溶液呈蓝绿色;用定量加样器或连续注射器分装到螺口厌氧试管(20mm×120mm)中,每管装 14mL;每管依次插入通 N_2 的长针头以排除 O_2,当溶液由蓝绿色还原成无色时,说明试管内已呈无氧状态,旋紧试管螺盖,于 0.1MPa 灭菌 30min,取出,保存于厌氧培养箱或厌氧罐中备用(切勿直接保存于有氧气环境中)。

注:以上各成分均为 Sigma 公司生产。

12　超纯净水(用于制备酵母菌的菌悬液)

制法:用美国 Millipore 公司生产的 Milli-QB 型超纯水制造器过滤娃哈哈纯净水,分装于 20mm×150mm 的试管中,每管装 18mL,0.1MPa 灭菌 30min,备用。

13　FF-IF 接种液(用于制备霉菌的菌悬液)

成分:吐温-40(Sigma) 0.3g、结冷胶(Sigma) 2.5g、纯净水 1000mL。

制法:将 1000mL 纯净水加热至沸腾,加入结冷胶 2.5g 和吐温-40 0.3g,搅拌;停止加热,继续搅拌至完全溶解,溶液呈透明状;分装 20mm×150mm 试管中,每管装 16mL,0.1MPa 灭菌 30min。

三、指示剂的配制

14　溴甲酚紫指示剂(用于配制培养基)

(1)16g/L 溴甲酚紫(BCP)乙醇溶液

成分:溴甲酚紫 1.6g、95%(体积分数)乙醇 50mL、蒸馏水 50mL。

制法:精确称取溴甲酚紫 1.6g,溶于 50mL 乙醇(体积分数为 95%)中,再加入蒸馏水 50mL,过滤后使用,溴甲酚紫变色范围 pH 6.8~5.2,由紫变黄。

按相同方法可以配制 16g/L 溴甲酚绿(BCG)乙醇溶液。

(2)0.4g/L 溴甲酚紫水溶液

成分:溴甲酚紫 0.04g、0.01mol/L NaOH 7.4mL、蒸馏水 92.6mL。

制法:精确称取溴甲酚紫 0.04g,溶于 7.4mL NaOH 中,然后加入蒸馏水 92.6mL,过滤。

15　溴麝香草酚蓝(BTB,又称溴百里酚蓝)指示剂(用于配制培养基)

(1)10g/L 溴麝香草酚蓝乙醇溶液

成分:溴麝香草酚蓝 1.0g、95%(体积分数)乙醇 50mL、蒸馏水 50mL。

制法:精确称取溴麝香草酚蓝 1.0g,溶于 50mL 乙醇(体积分数为 95%)中,再加入蒸馏水 50mL,过滤。

（2）2g/L 溴麝香草酚蓝水溶液

成分：溴麝香草酚蓝 0.2g、0.01mol/L NaOH 6.4mL、蒸馏水 93.6mL。

制法：精确称取溴麝香草酚蓝 0.2g，溶于 0.01mol/L NaOH 6.4mL 中，然后加入蒸馏水 93.6mL，过滤。溴麝香草酚蓝变色范围 pH 6.0~7.6，由绿变蓝。

16 石蕊指示剂（用于配制培养基）

（1）10~20g/L 石蕊乙醇溶液

成分：石蕊颗粒 8.0g、40%（体积分数）乙醇 300mL。

制法：先将石蕊颗粒研碎，倒入有一半体积的 40%（体积分数）乙醇溶液中，加热 1min，倒出上清液，再加入另一半体积的 40%（体积分数）乙醇溶液，再加热 1min，倒出上清液，将两部分溶液合并，过滤。如果总体积不足 300mL，可添加 40%（体积分数）乙醇，最后加入 0.1mol/L HCl 溶液，搅拌，使溶液呈紫红色。

（2）25g/L 石蕊水溶液 称取石蕊 2.5g，溶解于 100mL 蒸馏水中，过滤后使用。变色范围 pH 5.0~8.0，由红变蓝。

17 0.4g/L 中性红指示剂

称取中性红 0.1g，溶于 70mL 95%（体积分数）乙醇，蒸馏水定容至 250mL。变色范围 pH 6.8~8.0，由红变黄。

18 5g/L 酚酞指示剂（用于酸乳及其发酵剂酸度的测定）

称取 0.5g 酚酞溶解于 75mL 体积分数为 95% 的乙醇中，加入 20mL 蒸馏水，而后滴加标定后的 0.1mol/L 氢氧化钠标准溶液至微粉色，再转入容量瓶中定容至 100mL。变色范围 pH 8.2~10.0，由无色变为红色。

19 0.2g/L 酚红指示剂

称取酚红 0.1g，加 28.2mL 0.01mol/L 氢氧化钠，加蒸馏水定容至 500mL。变色范围 pH 6.8~8.4，由黄变红。

20 0.4g/L 甲基橙指示剂

称取 0.1g 甲基橙，加 3mL 0.1mol/L 氢氧化钠，加蒸馏水至 250mL。变色范围 pH 3.1~4.4，由红变橙。

21 亚甲蓝（美蓝）氧化还原指示剂

成分：0.006mol/L 氢氧化钠、0.15g/L 亚甲蓝溶液、60g/L 葡萄糖溶液。

制法：使用时将三种溶液等量混合，加热使亚甲蓝褪色，迅速置于厌气罐中。如溶液呈无色或淡蓝色，即为厌氧环境。

22 0.05g/L 刃天青标准溶液

称取刃天青 5mg，溶解于 100mL 无菌蒸馏水中，装于棕色磨口瓶内避光保存。

四、其他试剂的配制

23 3g/L 聚乙烯醇缩甲醛溶液（用于制备电子显微镜样品）

成分：聚乙烯醇缩甲醛 0.3g、氯仿 100mL。

制法：准确称取聚乙烯醇缩甲醛 0.3g，放入广口瓶内，加入氯仿 100mL，完全溶解后备用。

24 20g/L 火棉胶醋酸戊酯溶液(用于制备电子显微镜样品)

成分:火棉胶(纯净)1g、醋酸戊酯 50mL。

制法:取少量市售的用乙醇乙醚配成的火棉胶溶液,反复涂布于烧杯内壁,晾干,在真空条件下抽干残余的有机溶剂,制得较为纯净的固体火棉胶,再用醋酸戊酯配成 20g/L 火棉胶醋酸戊酯溶液。

25 2.5%~4.0%(体积分数)戊二醛溶液(用于制备电子显微镜样品)

(1)不同浓度戊二醛溶液的配制 其成分和配制方法见表Ⅳ.1。

表Ⅳ.1　　　　　　　　　　不同浓度戊二醛溶液配制表

戊二醛溶液终浓度/%	1.0	1.5	2.0	2.5	3.0	4.0	5.0
0.2mol/L PBS/mL	50	50	50	50	50	50	50
25%(体积分数)戊二醛水溶液/mL	4	6	8	10	12	16	20
双蒸水加至体积/mL	100	100	100	100	100	100	100

(2)0.2mol/L 磷酸盐缓冲液(PBS)的制备

A 液(0.2mol/L 磷酸氢二钠)贮备液:$Na_2HPO_4 \cdot 2H_2O$ 17.81g 或 $Na_2HPO_4 \cdot 7H_2O$ 26.83g 或 $Na_2HPO_4 \cdot 12H_2O$ 35.82g,加双蒸馏水至 500mL。

B 液(0.2mol/L 磷酸二氢钠)贮备液:$NaH_2PO_4 \cdot H_2O$ 13.8g 或 $NaH_2PO_4 \cdot 2H_2O$ 15.61g,加双蒸馏水至 500mL。

使用时,将 A 液 40.5mL 和 B 液 9.5mL 混合成 pH 7.4 的 0.2mol/L 磷酸盐缓冲液。如需要其他 pH 的磷酸盐缓冲液,可以参照表Ⅳ.2中按比例混合 A 液、B 液后,配成不同 pH 的 0.2mol/L 磷酸盐缓冲液。

表Ⅳ.2　　　　　　　　　不同 pH 的 0.2mol/L 磷酸盐缓冲液配制表

pH	5.8	6.0	6.2	6.4	6.6	6.8	7.0	7.2	7.4	7.6	7.8	8.0
A 液/mL	8.0	12.3	18.5	26.5	37.5	49.0	61.0	72.0	81.0	87.0	91.5	94.7
B 液/mL	92.0	87.7	81.6	73.5	62.5	51.0	39.0	28.0	19.0	13.0	8.50	5.30

注:在缓冲液中加入葡萄糖、蔗糖或氯化钠等均能改变渗透压。

26 20g/L 锇酸溶液的制备(用于制备电子显微镜样品)

成分:锇酸 1g、0.1mol/L 磷酸盐缓冲液(pH 7.4)50mL 或双蒸馏水。

制法:先在棕色试剂瓶中盛入 50mL 0.1mol/L 磷酸盐缓冲液,再将装有 1g 锇酸的安瓿瓶放入 PBS 中,以玻棒击碎安瓿瓶,摇荡使锇酸溶解,于 4℃冷藏备用。一般配成 20g/L 的锇酸水溶液不容易变质,临用时加等量蒸馏水稀释成 10g/L 浓度使用。

注:装锇酸的安瓿瓶必须洗净后用蒸馏水冲洗。因四氧化锇为剧毒化学药品,最好在通风橱内操作,必须佩戴相应的保护措施,否则会造成一定的人身损害。

27 20g/L 磷钨酸钠溶液(用于制备电子显微镜样品)

成分:磷钨酸钠 2g、0.1mol/L 磷酸缓冲液(pH 7.4)100mL 或双蒸馏水。

制法:准确称取磷钨酸钠 1g,放入棕色广口瓶内,加入 PBS 缓冲液 100mL,溶解后备用。

28 无菌 8.5g/L 生理盐水（用于制备菌悬液或孢子悬液、检样稀释液及稀释血清用）

成分：氯化钠 8.5g、蒸馏水 1000mL。

制法：称取 8.5g 氯化钠溶于 1000mL 蒸馏水中，分装三角瓶 225mL（内置适当数量玻璃珠）、试管 9mL，0.1MPa 高压灭菌 15min。

29 碘液（用于淀粉糖化试验）

成分：碘 2g、碘化钾 4g、蒸馏水 100mL。

制法：配制方法同鲁格尔氏碘液。

30 固体曲糖化酶活力测定用试剂

（1）斐林试剂

甲液：称取硫酸铜（$CuSO_4 \cdot 5H_2O$）15g、亚甲蓝 0.05g，用蒸馏水溶解并稀释至 1000mL。

乙液：称取酒石酸钾钠 50g、氢氧化钠 54g、亚铁氰化钾 4g，用蒸馏水溶解并稀释至 1000mL。

注：平时甲、乙两液分别贮存，测定时两者等体积混合。

（2）1g/L 标准葡萄糖溶液 准确称取预先于 100~105℃，3h 干燥至恒重的无水葡萄糖（AR）(1.000±0.002)g，用蒸馏水溶解后，加 5mL 浓盐酸，用蒸馏水定容至 1000mL。

（3）pH 4.6 的乙酸-乙酸钠缓冲液

2mol/L 乙酸溶液：量取 118mL 冰乙酸，加蒸馏水稀释至 1000mL。

2mol/L 乙酸钠溶液：称取 272g 乙酸钠（$CH_3COONa \cdot 3H_2O$），用蒸馏水溶解稀释至 1000mL。

将 2mol/L 乙酸溶液和 2mol/L 乙酸钠溶液等体积混合，即为 pH 4.6 的乙酸-乙酸钠缓冲液。

（4）20g/L 可溶性淀粉溶液 准确称取预先于 100~105℃ 干燥至恒重的可溶性淀粉 2g，加少量水调匀，倾入 80mL 沸水中，继续煮沸至透明，冷却后用蒸馏水定容至 100mL。

31 0.1mol/L 氢氧化钠标准溶液（用于糖化酶活力测定和酸乳及其发酵剂酸度的测定）

称取 4.0g 氢氧化钠，用不含 CO_2 的蒸馏水溶解定容至 1000mL，再用 0.1mol/L 邻苯二甲酸氢钾待标定。

标定：称取干燥（105~110℃，3h）至恒重的基准邻苯二甲酸氢钾 0.75g，准确至 0.0001g，置于 150mL 三角瓶内，加入 50mL 不含 CO_2 的水，小心摇动使其溶解。加入 2 滴 5g/L 酚酞指示剂，用待标定的 0.1mol/L 氢氧化钠溶液滴定至呈粉红色，保持 30s 内不变色，即为终点（取 80mL pH 8.5 的磷酸盐缓冲溶液，加 2 滴 5g/L 酚酞指示剂，作为终点颜色的标准）。记录耗用毫升数（V_1），同时用 50mL 的不含 CO_2 的水做空白试验，记录耗用毫升数（V_2）。将 V_1、V_2 代入式（Ⅳ.1）计算氢氧化钠标准溶液的浓度。

$$c = m / [(V_1 - V_2) \times 0.2042] \quad (Ⅳ.1)$$

式中 c——氢氧化钠标准溶液的浓度，mol/L；

m——邻苯二甲酸氢钾的称取质量，g；

V_1——耗用氢氧化钠溶液的体积，mL；

V_2——空白试验耗用氢氧化钠溶液的体积，mL；

0.2042——邻苯二甲酸氢钾的毫摩尔质量，g/mmol。

32 30g/L 七水硫酸钴参比溶液(用于酸乳及其发酵剂酸度的测定)

称取 3g 七水硫酸钴,先用少量蒸馏水溶解,转入容量瓶中定容至 100mL。

33 无菌 0.1mol/L pH 7.0 磷酸盐缓冲液(用于硫酸二乙酯化学诱变制备菌悬液)

K_2HPO_4 相对分子质量为 174.18,即 0.1mol/L 溶液质量浓度为 17.4g/L,称取 17.4g K_2HPO_4,溶解于蒸馏水中,定容至 1000mL。

KH_2PO_4 相对分子质量为 136.09,即 0.1mol/L 溶液质量浓度为 13.6g/L,称取 13.6g KH_2PO_4,溶解于蒸馏水中,定容至 1000mL。

将 0.1mol/L K_2HPO_4 61.5mL 与 0.1mol/L KH_2PO_4 质量浓度为 38.5mL 混合,即为 0.1mol/L pH 7.0 的磷酸盐缓冲液,分装于适宜容器中,0.1MPa 灭菌 15min。

34 无菌 pH 6.0 的 0.1mol/L 磷酸盐缓冲溶液(用于亚硝基胍致突变效应制备菌悬液)

$Na_2HPO_4 \cdot 2H_2O$ 相对分子质量为 178.05,即 0.1mol/L 溶液质量浓度为 17.8g/L,称取 17.8g $Na_2HPO_4 \cdot 2H_2O$,溶解于蒸馏水中,定容至 1000mL。

$NaH_2PO_4 \cdot H_2O$ 相对分子质量为 138.01,即 0.1mol/L 溶液质量浓度为 13.8g/L,称取 13.8g $NaH_2PO_4 \cdot H_2O$,溶解于蒸馏水中,定容至 1000mL。

将 0.1mol/L Na_2HPO_4 6mL 与 0.1mol/L NaH_2PO_4 94mL 混合,即为 0.1mol/L pH 6.0 的磷酸盐缓冲液,分装于适宜容器中,0.1MPa 灭菌 15min。

35 无菌 pH 7.2 磷酸盐缓冲液(用于制备检样稀释液,测定食品中菌落总数、霉菌和酵母菌计数、大肠菌群数、金黄色葡萄球菌平板计数等)

成分:磷酸二氢钾(KH_2PO_4)34.0g、蒸馏水 500mL,pH 7.2。

贮存液制法:称取 34.0g 的磷酸二氢钾溶于 500mL 蒸馏水中,用约 175mL 的 1mol/L 氢氧化钠溶液调节 pH,以蒸馏水稀释至 1000mL 后贮存于冰箱中。

稀释液制法:取贮存液 1.25mL,用蒸馏水稀释至 1000mL,分装于适宜容器中,0.1MPa 灭菌 15min。

36 无菌 1g/L 蛋白胨水(用于制备检样稀释液,测定食品中的产气荚膜梭菌)

成分:蛋白胨 1g、蒸馏水 1000mL,pH 7.0±0.2。

制法:溶解蛋白胨于蒸馏水中,校正 pH,分装试管和三角瓶,0.1MPa 灭菌 15~20min。

37 无菌缓冲甘油-氯化钠溶液(用于制备检样稀释液,测定食品中的产气荚膜梭菌)

成分:甘油 100mL、氯化钠 4.2g、磷酸氢二钾(无水)12.4g、磷酸二氢钾(无水)4g,蒸馏水 900mL,pH 7.2±0.1。

制法:将以上成分加热至完全溶解,调节 pH,0.1MPa 灭菌 15~20min。配制双料缓冲甘油溶液时,用甘油 200mL 和蒸馏水 800mL。

38 无菌 1g/L 蛋白胨-8.5g/L 氯化钠溶液(用于制备检样稀释液,测定食品中的嗜冷菌)

成分:蛋白胨 1g、氯化钠 8.5g、蒸馏水 1000mL,pH 7.0±0.2。

制法:蛋白胨、氯化钠溶解于蒸馏水中,校正 pH,分装试管和三角瓶,0.1MPa 灭菌 15~20min。

39 无菌 1g/L 吐温-80-8.5g/L 氯化钠溶液(用于制备分离纯化检样稀释液)

制法:吐温、氯化钠溶解于蒸馏水中,分装试管和三角瓶,0.1MPa 灭菌 15~20min。

40 0.1mol/L $CaCl_2$ 溶液

称取 0.736g 氯化钙($CaCl_2 \cdot 2H_2O$),加蒸馏水使其溶解,并定容至 50mL,0.1MPa 灭菌

15min,4℃冰箱保存。

41　1mol/L 盐酸溶液

量取38%(体积分数)的浓盐酸82.5mL(相对密度1.19,分析纯),或32%(体积分数)的浓盐酸98.3mL(相对密度1.16,分析纯)于容量瓶中,以蒸馏水定容至1000mL,小心摇匀即可。

42　0.1mol/L 盐酸标准溶液

量取38%(体积分数)的浓盐酸8.25mL(相对密度1.19,分析纯)于容量瓶中,以蒸馏水稀释定容至1000mL。此溶液约为0.1mol/L,需进一步标定(若用恒沸盐酸配制,可不用标定)。

标定:取3~5g无水碳酸钠(Na_2CO_3,分析纯),置于Φ5cm扁形称量瓶中,110℃干燥2h,置于干燥器中冷却至室温,称取2份干燥的碳酸钠(每份0.1300~0.1500g,精确至0.0001g),分别溶于50mL蒸馏水中,加甲基橙指示剂2滴,用待标定的盐酸溶液滴定至橙红色,记录耗用毫升数(V),代入式(Ⅳ.2)计算。

$$c = m/(V \times 0.053) \tag{Ⅳ.2}$$

式中　c——盐酸溶液的物质的量浓度,mol/L;

　　　m——Na_2CO_3的称取质量,g;

　　　V——消耗盐酸溶液的体积,mL;

　　0.053——碳酸钠的毫摩尔质量,g/mmol。

注:取两次滴定结果平均值作为盐酸溶液的物质的量浓度,若两次滴定结果误差超过0.2%,需重新滴定。

43　2%(体积分数)盐酸溶液或2%(体积分数)盐酸酒精溶液

相对密度1.19的浓盐酸溶液含38%(体积分数)的HCl,由此可算出2g HCl需多少体积的浓盐酸。100g浓盐酸溶液含有38g HCl。设x g浓盐酸溶液含有2g HCl,则$x = 100 \times 2/38 = 5.26$g;将5.26g浓盐酸质量折合为浓盐酸体积:$y = 5.26/1.19 \approx 4.42$mL。

用移液管取4.4mL的浓盐酸(相对密度1.19),以蒸馏水或95%(体积分数)乙醇稀释定容至100mL,摇匀即可。同理,若相对密度1.16的浓盐酸,可取5.4mL,以蒸馏水或95%(体积分数)乙醇稀释定容至100mL。

44　10%(体积分数)盐酸溶液

用移液管取22.1mL的浓盐酸(相对密度1.19),以蒸馏水定容至100mL,摇匀即可。

45　100g/L 氢氧化钠溶液

称取10g干燥的NaOH,逐渐加入蒸馏水中使其溶解,最后定容至100mL。

46　1mol/L 氢氧化钠溶液

称取4g干燥的NaOH溶解于100mL无菌蒸馏水中。

五、脱纤维全血、血浆和血清的配制

动物采血的方法有很多,可根据动物和所需血量来决定,一般羊以颈静脉采血,家兔以心脏采血,采血时所用的注射器需要灭菌(也可用一次性无菌注射器),采血部位均需用75%(体积分数)酒精棉球消毒。

采取家兔心血时,于第三肋间,距胸骨3mm、4mm处插入针头,将针向心脏跳动及胸廓中心线方向插入。若针正好插入心脏,即于针管内见到回血,此时即进行抽血。

当采取羊颈静脉血时,可用乳胶管将羊脖子扎紧,位于颈部气管两侧的颈静脉窦突起,即可采血。

47　脱纤维全血的制备(用于制备血琼脂培养基)

将针筒中的血立即以无菌操作注入已灭菌并加有适量玻璃珠的三角瓶中,用手摇摆,使血液中的纤维蛋白全部附着在玻璃珠上,置于冰箱中保存备用。

48　兔血浆的制备(用于血浆凝固酶试验)

柠檬酸钠溶液制备:取柠檬酸钠 3.8g,加蒸馏水 100mL,溶解后过滤,装瓶,0.1MPa 灭菌 15min。

兔血浆制备:取 38g/L 柠檬酸钠溶液 1 份,加兔全血 4 份,混合好后静置(或以 3000r/min 离心 30min),使血液细胞下沉,吸取上清液即为兔血浆。

注:另可用专售兔血浆冻干粉加入 0.5mL 生理盐水,混合复溶后即为兔血浆。

49　血清的制备(用于血清学试验)

将针筒中的血注入无菌小三角瓶中,待血液凝固后,析出来的上清液即为血清。或以 2000r/min 离心 10min,吸取上清液即为血清。

50　血液抗凝剂的制备(柠檬酸-柠檬酸钠-葡萄糖溶液)

成分:柠檬酸($C_6H_2O_7 \cdot H_2O$)0.5g、柠檬酸钠($Na_3C_6H_5O_7 \cdot 2H_2O$)1.35g、葡萄糖(无水纯)3g,蒸馏水 100mL。

制法:将各种成分混合溶解于蒸馏水中,以 0.1MPa 高压灭菌 15min 后备用。保存全血时,其用量为每毫升血中加 25mL 即可。

附录Ⅴ 常用消毒剂和杀菌剂的配制

1　0.5g/L 二氧化氯溶液

取二氧化氯(ClO_2)0.05g、蒸馏水100mL。先在容器中加入蒸馏水,再注入ClO_2原液,临用前配制。注意:盛装、活化、配制高浓度原液时均应选用塑料、陶瓷、玻璃等非金属容器;高浓度的ClO_2具有漂白性,操作时需戴手套,避免接触皮肤和衣物;高浓度原液会有ClO_2气体逸出,故配制时要注意通风和远离火源。污染严重的物品,必须清洗后再用本品消毒,以免影响消毒效果。

2　3%(体积分数)过氧化氢溶液

量取30%(体积分数)过氧化氢原液10mL加蒸馏水90mL。密闭、避光、低温保存,临用前配制。

3　1g/L 高锰酸钾溶液

称取0.1g高锰酸钾溶于100mL蒸馏水中,临用前配制。

4　100g/L 漂白粉溶液

称取10g漂白粉,加蒸馏水100mL,临用前配制。

5　碘酊溶液(俗称碘酒)

制法一:本药含碘20g/L、碘化钾15g/L。称取2g碘和1.5g碘化钾,置于100mL量杯中,加少量50%(体积分数)乙醇,搅拌待其溶解后,再用50%(体积分数)乙醇稀释至100mL,即得碘酊溶液。

制法二:碘10g、碘化钾10g、70%(体积分数)乙醇500mL。

6　70%或75%(体积分数)消毒乙醇

70%浓度:95%(体积分数)乙醇70mL加蒸馏水25mL;75%浓度:95%(体积分数)乙醇75mL加蒸馏水20mL。

7　0.2%或0.4%(体积分数)甲醛液

0.2%浓度:35%(体积分数)甲醛原液5mL加蒸馏水245mL;0.4%浓度:35%(体积分数)甲醛原液10mL加蒸馏水240mL。

8　50g/L 石炭酸液

取石炭酸(苯酚)5g、蒸馏水100mL,配制时先将石炭酸在水浴中加热溶解,称取5g,倒入100mL蒸馏水中。

9　1%或2%(体积分数)来苏儿(煤酚皂液)

1%浓度:50%(体积分数)来苏儿原液20mL加水980mL。2%浓度:50%(体积分数)来苏儿原液40mL加水960mL。

10　0.25%(体积分数)新洁尔灭

取5%(体积分数)新洁尔灭原液5mL加水95mL。

11　1g/L 升汞水溶液

称取升汞($HgCl_2$)0.1g,浓盐酸0.25mL,先将升汞溶于浓盐酸中,再加水99.75mL。

12　20g/L 龙胆紫溶液(俗称紫药水)

龙胆紫为紫绿色有金属光泽的碎片,能溶于水。取医用粉剂龙胆紫2g,溶解于100mL无菌蒸馏水中,即配成20g/L的水溶液。它对G^+菌作用较强,消毒皮肤和伤口浓度为20~40g/L。

附录Ⅵ 常用微生物的中文-拉丁文学名对照表

阿舒囊霉属	*Ashbya*
棉阿舒囊霉（又名棉病囊霉）	*Ashbya gossypii*
埃希氏菌属	*Escherichia*
大肠埃希氏菌	*Escherichia coli*
弗格森埃希氏菌	*Escherichia fergusonii*
蟑螂埃希氏菌	*Escherichia blattae*
爱德华氏菌属	*Edwardsiella*
迟钝爱德华氏菌	*Edwardsiella tarda*
八叠球菌属	*Sarcina*
尿素八叠球菌	*Sarcina ureae*
藤黄八叠球菌	*Sarcina lutea*
胃八叠球菌	*Sarcina ventriculi*
最大八叠球菌	*Sarcina maxima*
巴氏杆菌属	*Pasturella*
副溶血性巴斯德氏菌	*Pasturella parahaemolytica*
棒状杆菌属	*Corynebacterium*
白喉棒状杆菌	*Corynebacterium diphtheriae*
北京棒状杆菌	*Corynebacterium Pekinense*
产氨棒状杆菌（又名类短杆菌）	*Corynebacterium ammoniagenes* (Bre. like)
钝齿棒状杆菌	*Corynebacterium crenatum*
干燥棒状杆菌	*Corynebacterium xerosis*
谷氨酸棒状杆菌	*Corynebacterium glutamicum*
化脓棒状杆菌	*Corynebacterium pyogenes*
嗜醋酸棒状杆菌	*Corynebacterium acedophilum*
天津棒状杆菌	*Corynebacterium Tianjianense*
毕赤酵母属	*Pichia*
发酵毕赤酵母	*Pichia fermentans*
粉状毕赤酵母	*Pichia farinosa*
季氏毕赤酵母	*Pichia guilliermondii*
库德里阿兹威毕赤酵母（简称库德毕赤酵母）	*Pichia kudriavzevii*
膜醭毕赤酵母	*Pichia membranifaciens*
异常毕赤酵母	*Pichia anomala*

续表

变形杆菌属	*Proteus*
产黏变形杆菌	*Proteus myxofaciens*
摩根变形杆菌（又名摩氏摩根菌）	*Proteus morganiis*（*Morganella morganiis*）
潘氏变形杆菌（又名彭氏变形菌）	*Proteus penneri*
普通变形杆菌	*Proteus vulgaris*
奇异变形杆菌	*Proteus mirabilis*
丙酸杆菌属	*Propionibacterium*
费氏丙酸杆菌（又名傅氏丙酸杆菌）	*Propionibacterium freudenreichii*
费氏丙酸杆菌谢氏亚种	*Propionibacterium freudenreichii* subsp. *shermanii*
谢氏丙酸菌（又称薛氏丙酸杆菌）	*Propionibacterium shermanii*
丙酸菌属（曾称丙酸杆菌属）	*Acidipropionibacterium*（*Propionibacterium*）
产丙酸丙酸菌（曾称产丙酸丙酸杆菌）	*Acidipropionibacterium acidipropionici*（*Propionibacterium acidipropionici*）
不动杆菌属	*Acinetobacter*
鲍曼不动杆菌	*Acinetobacter baumannii*
布鲁氏杆菌属（简称布氏杆菌属）	*Brucella*
牛布鲁氏杆菌（又名流产布鲁氏杆菌）	*Brucella abortus*
羊布鲁氏杆菌（又名马耳他布鲁氏杆菌）	*Brucella melitensis*
猪布鲁氏杆菌	*Brucella suis*
伯克霍尔德氏菌属	*Burkholderia*
唐菖蒲伯克霍尔德氏菌（曾称椰毒假单胞菌酵米面亚种，简称椰酵假单胞菌）	*Burkholderia gladioli*（*Pseudomonas cocovenenans* subsp. *farimofermentans*）
侧孢霉属（曾称分枝孢霉属）	*Sporotrichum*
嗜热侧孢霉	*Sporotrichum thermophile*
肉色侧孢霉（曾称肉色分枝霉孢）	*Sporotrichum carnis*
产碱杆菌属	*Alcaligenes*
粪产碱杆菌	*Alcaligenes faecalis*
黏乳产碱杆菌（又名稠乳产碱杆菌）	*Alcaligenes viscolactis*
长喙壳菌属	*Ceratostomella*
毛缘长喙壳菌	*Ceratostomella fimbriata*
肠杆菌属	*Enterobacter*
产气肠杆菌	*Enterobacter aerogenes*
阴沟肠杆菌	*Enterobacter cloacae*

续表

中间肠杆菌	*Enterobacter intermedius*
肠球菌属	***Enterococcus***
病臭肠球菌（又名恶臭肠球菌）	*Enterococcus malodoratus*
鹑鸡肠球菌（又名鸡肠球菌、鸽肠球菌）	*Enterococcus gallinarum*
粪肠球菌（曾称粪链球菌）	*Enterococcus faecalis*
海氏肠球菌（又名肠道肠球菌，小肠肠球菌）	*Enterococcus hirae*
黄色肠球菌	*Enterococcus flavescens*
解糖肠球菌	*Enterococcus saccharolyticus*
盲肠肠球菌	*Enterococcus cecorum*
蒙氏肠球菌（芒特肠球菌）	*Enterococcus mundtii*
棉籽糖肠球菌	*Enterococcus raffinosus*
耐久肠球菌（又名坚韧肠球菌或坚强肠球菌）	*Enterococcus durans*
鸟肠球菌	*Enterococcus avium*
铅黄肠球菌	*Enterococcus casseliflavus*
屎肠球菌（曾称屎链球菌）	*Enterococcus faecium*
赤霉属	***Gibberella***
小麦赤霉菌	*Gibberella saubinetii*
玉米赤霉菌（为禾谷镰刀菌的有性阶段）	*Gibberella zeae*
串孢霉属	***Catenularia***
咖啡色串孢霉（又名烟煤色串孢霉）	*Catenularia fuliginea*
刺盘孢霉属（又名毛盘孢霉属）	***Colletotrichum***
菜豆刺盘孢霉	*Colletotrichum lindenuthianum*
咖啡刺盘孢霉	*Colletotrichum coffeanum*
可可刺盘孢霉	*Colletotrichum coccodes*
盘长孢状刺盘孢霉	*Colletotrichum gloeosporiodes*
洋葱炭疽病刺盘孢霉	*Colletotrichum circinans*
丛梗孢霉属（又名念珠霉属）	***Monilia***
变异丛梗孢霉	*Monilia variabilis*
好食丛梗孢霉（有性阶段为好食脉孢霉）	*Monilia sitophila*
黑丛梗孢霉	*Monilia nigra*
丛霉属	***Dematium***
醋酸杆菌属	***Acetobacter***
奥尔兰醋酸杆菌	*Acetobacter orleanense*

续表

巴氏醋酸杆菌	*Acetobacter pasteurianus*
白膜醋酸杆菌	*Acetobacter acetosum*
恶臭醋酸杆菌	*Acetobacter rancens*
黑醋酸杆菌	*Acetobacter melanogenum*
红醋酸杆菌	*Acetobacter roseum*
木醋酸杆菌(又名胶醋酸杆菌、胶膜醋酸杆菌)	*Acetobacter xylinum*
攀膜醋酸杆菌	*Acetobacter scendens*
弱氧化醋酸杆菌	*Acetobacter suboxydans*
纹膜醋酸杆菌(又名醋化醋杆菌)	*Acetobacter aceti*
许氏醋酸杆菌	*Acetobacter schutzenbachii*
氧化醋酸杆菌	*Acetobacter oxydans*
丹毒丝菌属	***Erysipelothrix***
红斑丹毒丝菌(又名猪丹毒丝菌)	*Erysipelothrix rhusiopathiae*(*Ery. porci*)
单端孢霉属	***Trichothecium***
粉红单端孢霉(又名玫瑰单端孢霉)	*Trichothecium roseum*
德巴利酵母属	***Debaryomyces***
汉逊德巴利酵母	*Debaryomyces hansenii*
地霉属	***Geotrichum***
白地霉(又名乳卵孢霉,俗称酵母状霉菌)	*Geotrichum candidum*(*Oospora lactis*)
淀粉丝菌属	***Amylomyces***
鲁氏淀粉丝菌	*Amylomyces rouxii*
丁酸杆菌属	***Eubacterium***
雷氏丁酸杆菌	*Eubacterium limosum*
动胶菌属	***Zoogloea***
动物球菌属	***Mammaliicoccus***
小牛动物球菌(曾称小牛葡萄球菌)	*Mammaliicoccus vitulinus*(*Staphylococcus vitulinus*)
短杆菌属	***Brevibacterium***
产氨短杆菌	*Brevibacterium ammoniagens*
二歧短杆菌(又名扩展短杆菌)	*Brevibacterium divaricatum*(*Bre. linens*)
黄色短杆菌	*Brevibacterium flavum*
乳酪短杆菌	*Brevibacterium casei*
乳糖发酵短杆菌	*Brevibacterium lactofermentum*
嗜氨短杆菌	*Brevibacterium ammoniaphium*

续表

微黄短杆菌	*Brevibacterium helvolum*
液化短杆菌	*Brevibacterium liquifaciens*
短梗霉属	***Aureobasidium***
出芽短梗霉（又名出芽茁霉，俗名黑酵母）	*Aureobasidium pullulans*
短芽孢杆菌属	***Brevibacillus***
波茨坦短芽孢杆菌	*Brevibacillus borstelensis*
发酵单胞菌属	***Zymomonas***
厌氧发酵单胞菌	*Zymomonas anaerobia*
运动发酵单胞菌	*Zymomonas mobilis*
放射毛霉属	***Actinomucor***
雅致放射毛霉	*Actinomucor elegans*
放线菌属	***Actinomyces***
牛型放线菌	*Actinomyces bovis*
嗜热放线菌	*Actinomyces thermophilus*
衣氏放线菌	*Actinomyces israelii*
分枝杆菌属	***Mycobacterium***
草分枝杆菌	*Mycobacterium phlei*
结核分枝杆菌	*Mycobacterium tuberculosis*
麻风分枝杆菌	*Mycobacterium leprae*
腐皮壳菌属	***Diaporthe***
柑橘褐色蒂腐皮壳菌	*Diaporthe citri*
复端孢霉属	***Cephlothecium***
粉红复端孢霉	*Cephlothecium roseum*
复膜酵母属	***Saccharomycopsis***
扣囊复膜酵母（又名扣囊拟内孢霉）	*Saccharomycopsis fibuligera*（*Endomycopsis fibuligera*）
广布乳杆菌属	***Latilactobacillus***
清酒广布乳杆菌（曾称清酒乳杆菌，又名米酒乳杆菌）	*Latilactobacillus sakei*（*Lactobacillus sake*）
弯曲广布乳杆菌（曾称弯曲乳杆菌）	*Latilactobacillus curvatus*（*Lactobacillus curvatus*）
杆菌属	***Bacterium***
甘露醇杆菌	*Bacterium mannitopoem*
琥珀酸杆菌	*Bacterium succinicum*
解酒石杆菌	*Bacterium tartarophorum*
灵杆菌（又名黏质沙雷氏菌）	*Bacterium prodigiosum*（*Serratia marcescens*）

续表

高温放线菌属	*Thermoactinomyces*
根毛霉属	***Rhizomucor***
米黑根毛霉	*Rhizomucor miehei*
根霉属	***Rhizopus***
白曲根霉	*Rhizopus peka*
代氏根霉	*Rhizopus delemar*
河内根霉	*Rhizopus tonkinensis*
黑根霉（又名匍枝根霉，俗称面包霉）	*Rhizopus nigricans*（*Rhizopus stolonifer*）
华根霉（又名中国根霉）	*Rhizopus chinensis*
米根霉	*Rhizopus oryzae*
少根根霉（又名无根根霉）	*Rhizopus arrhizus*
少孢根霉	*Rhizopus oligosporus*
有性根霉（又名性殖根霉）	*Rhizopus sexualis*
爪哇根霉	*Rhizopus javanicus*
固氮菌属	***Azotobacter***
褐色球形固氮菌（又名圆褐固氮菌）	*Azotobacter chroococcum*
棕色固氮菌	*Azotobacter vinelandii*
哈佛尼亚菌属	***Hafnia***
蜂房哈佛尼亚菌	*Hafnia alvei*
汉逊酵母属	***Hansenula***
碎囊汉逊酵母	*Hansenula capsulata*
土星汉逊酵母	*Hansenula saturnus*
西弗汉逊酵母	*Hansenula ciferrii*
亚膜汉逊酵母	*Hansenula subpelliculosa*
异常汉逊酵母	*Hansenula anomala*
核盘孢霉属（核盘菌属）	***Sclerotinia***
大豆核盘孢霉	*Sclerotinia libertiana*
苹果褐腐病核盘孢霉	*Sclerotinia fructigena*
横梗霉属	***Lichtheimia***
总状横梗霉	*Lichtheimia ramose*
红假单胞菌属	***Rhodopseudomonas***
胶质红假单胞菌	*Rhodopseudomonas gelatinosa*

续表

红酵母属	*Rhodotorula*
胶红酵母	*Rhodotorula mucilaginosa*
美丽红酵母	*Rhodotorula gracilis*
黏红酵母	*Rhodotorula glutinis*
深红酵母	*Rhodotorula rubra*
小红酵母	*Rhodotorula minuta*
红螺菌属	*Rhodospirillum*
红曲霉属	*Monascus*
安卡红曲霉	*Monascus anka*
巴克红曲霉	*Monascus barkeri*
变红红曲霉	*Monascus serorubosecens*
发白红曲霉	*Monascus albidus*
黄色红曲霉	*Monascus ruber*
锈红色红曲霉	*Monascus rubiginosus*
烟色红曲霉	*Monascus fulginosus*
紫色红曲霉（又名紫红曲霉）	*Monascus purpureus*
红微菌属	*Rhodomicrobium*
弧菌属	*Vibrio*
副霍乱弧菌	*Vibrio biotypeeltor*
副溶血性弧菌	*Vibrio parahaemolyticus*
霍乱弧菌	*Vibrio cholerae*
腌肉弧菌	*Vibrio costicolus*
黄单胞菌属	*Xanthomonas*
菜豆黄单胞菌	*Xanthomonas phaseoli*
常春藤叶斑黄单胞菌	*Xanthomonas hederae*
大豆斑疹黄单胞菌	*Xanthomonas phascoil*
甘蓝黑腐病黄单胞菌（又名野油菜黄单胞菌）	*Xanthomonas campestris*
胡萝卜黄单胞菌	*Xanthomonas carotae*
锦葵黄单胞菌	*Xanthomonas malvacearum*
棉花角斑黄单胞菌	*Xanthomonas malvaclarum*
透明黄单胞菌	*Xanthomonas transleucons*
黄杆菌属	*Flavobacterium*

续表

变形黄杆菌	*Flavobacterium proteus*
橙色黄杆菌	*Flavobacterium aurantiacum*
短黄杆菌（又名短稳杆菌）	*Flavobacterium brevis*(*Empedobacter brevis*)
甲基球菌属	***Methylococcus***
荚膜甲基球菌	*Methylococcus capsulatus*
甲烷单胞菌属	***Methanomonas***
嗜甲烷单胞菌	*Methanomonas methanica*
甲烷杆菌属	***Methanobacterium***
甲酸甲烷杆菌	*Methanobacterium formicicum*
假单胞菌属	***Pseudomonas***
边缘假单胞菌	*Pseudomonas marginalis*
菠萝软腐病假单胞菌	*Pseudomonas ananas*
草莓假单胞菌（又名莓实假单胞菌）	*Pseudomonas fragi*
产碱假单胞菌	*Pseudomonas alcaligenes*
肠炎假单胞菌	*Pseudomonas enteritidis*
臭味假单胞菌	*Pseudomonas mephitica*
稻草假单胞菌	*Pseudomonas straminea*
丁香假单胞菌	*Pseudomonas syringae*
恶臭假单胞菌	*Pseudomonas putida*
腐败假单胞菌（又名生红色腐败假单胞菌）	*Pseudomonas putrefaciens*
腐臭假单胞菌	*Pseudomonas taetrolens*
红皮假单胞菌	*Pseudomonas cutirubra*
黄褐假单胞菌	*Pseudomonas fulva*
甲烷假单胞菌	*Pseudomonas methanica*
类黄假单胞菌	*Pseudomonas synxantha*
类蓝假单胞菌（又名深蓝色假单胞菌）	*Pseudomonas syncyanea*
林氏假单胞菌	*Pseudomonas lindneri*
霉味假单胞菌	*Pseudomonas mucidolens*
黏假单胞菌	*Pseudomonas myxogenes*
浓味假单胞菌	*Pseudomonas graveolens*
栖菜豆假单胞菌	*Pseudomonas phaseoilcola*
芹假单胞菌	*Pseudomonas apii*

续表

萨氏假单胞菌	*Pseudomonas savastanoi*
生黑色腐败假单胞菌（简称黑腐假单胞菌）	*Pseudomonas nigrifaciens*
生孔假单胞菌	*Pseudomonas lacunogenes*
嗜糖假单胞菌	*Pseudomonas saccharophila*
斯氏假单胞菌	*Pseudomonas stutzeri*
条纹假单胞菌	*Pseudomonas striata*
铜绿假单胞菌（又名绿脓假单胞菌）	*Pseudomonas aeruginosa*
盐地假单胞菌	*Pseudomonas salinaria*
洋葱假单胞菌	*Pseudomonas cepacia*
荧光假单胞菌	*Pseudomonas fluorescens*
玉米假单胞菌	*Pseudomonas maidis*
假囊酵母属	***Eremothecium***
阿舒假囊酵母（又名阿氏假囊酵母）	*Eremothecium ashbyii*
假丝酵母属（曾称念珠菌属）	***Candida***
白假丝酵母（又名涎沫假丝酵母，曾称白念珠菌）	*Candida albicans*
产朊假丝酵母（又名产朊球拟酵母、产朊圆酵母）	*Candida utilis*（*Torulopsis utilis*）
恶臭假丝酵母	*Candida rancens*
法马塔假丝酵母	*Candida famata*
浮膜假丝酵母	*Candida mycoderma*
副热带假丝酵母	*Candida paratropicalis*
洪氏假丝酵母（又名洪氏球拟酵母）	*Candida holmii*（*Torulopsis holmii*）
解脂假丝酵母解脂变种（简称解脂假丝酵母）	*Candida lipolytica*
克鲁斯假丝酵母	*Candida krusei*
拟热带假丝酵母（又名类热带假丝酵母）	*Candida pseudotropicalis*
柠檬假丝酵母	*Candida citrica*
清酒假丝酵母	*Candida sake*
热带假丝酵母（曾称热带念珠菌）	*Candida tropicalis*
乳酒假丝酵母（又名高加索假丝酵母；异名乳酒球拟酵母或乳脂圆酵母）	*Candida kefir*（*Torulopsis kefir*）
纤细假丝酵母	*Candida tenuis*
泽普林假丝酵母	*Candida zemplinina*
交链孢霉属（又名链格孢霉属）	***Alternaria***
稻交链孢霉	*Alternaria oryzae*

续表

番茄交链孢霉	*Alternaria tomato*
互隔交链孢霉	*Alternaria alternata*
芸苔交链孢霉	*Alternaria brassicae*
酵母属	***Saccharomyces***
布拉迪酵母(又名布拉氏酵母)	*Saccharomyces boulardii*
巴氏酵母	*Saccharomyces pastorianus*
产酸酵母	*Saccharomyces acidifaciens*
脆壁酵母	*Saccharomyces fragilis*
德氏酵母(又名戴氏酵母,异名德氏球拟酵母)	*Saccharomyces delbrueckii*
发酵酵母	*Saccharomyces fermentati*
蜂蜜酵母	*Saccharomyces mellis*
活跃酵母	*Saccharomyces festinans*
开菲尔酵母	*Saccharomyces kefir*
鲁氏酵母	*Saccharomyces rouxii*
路氏酵母(又名路德类酵母菌)	*Saccharomyces ludwigii*
卵形酵母	*Saccharomyces oviformis*
罗氏酵母	*Saccharomyces rosei*
酿酒酵母(又名啤酒酵母,为上面发酵酵母)	*Saccharomyces cerevisiae*
葡萄酒酵母	*Saccharomyces ellipsoideus*
葡萄汁酵母(曾称卡尔斯伯酵母,为下面发酵酵母)	*Saccharomyces uvarum* (*Sac. carlsbergensis*)
乳酸酵母	*Saccharomyces lactis*
少孢酵母	*Saccharomyces exiguous*
绍兴酵母	*Saccharomyces shaoshing*
小椭圆酵母	*Saccharomyces microellipsoideus*
意大利酵母	*Saccharomyces italicus*
越南酵母	*Saccharomyces anamensis*
接合酵母属	***Zygosaccharomyces***
产酸接合酵母	*Zygosaccharomyces acidifaciens*
大豆接合酵母	*Zygosaccharomyces soyae*
酱醪接合酵母	*Zygosaccharomyces. major*
鲁氏接合酵母	*Zygosaccharomyces rouxii*
小椭圆接合酵母	*Zygosaccharomyces microellipsoides*
节杆菌属(曾称节细菌属)	***Arthrobacter***
氨基酸节杆菌	*Arthrobacter aminofvrmis*

续表

活泼节杆菌(曾称活泼微球菌或活跃微球菌)	*Arthrobacter vividus*(*Micrococcus vividus*)
酒球菌属	***Oenococcus***
酒酒球菌(又名酒类酒球菌)	*Oenococcus oeni*
北原酒球菌	*Oenococcus kitaharae*
酒香酵母属	***Brettanomyces***
克罗诺杆菌属(原名阪崎肠杆菌)	***Cronobacter*** (*Enterobacter sakazakii*)
阪崎克罗诺杆菌	*Cronobacter sakazakii*
丙二酸盐克罗诺杆菌	*Cronobacter malonaticus*
都柏林克罗诺杆菌	*Cronobacter dublinensis*
康帝蒙提克罗诺杆菌	*Cronobacter condimenti*
莫金斯克罗诺杆菌	*Cronobacter muytjensii*
苏黎世克罗诺杆菌	*Cronobacter turicensis*
尤尼沃斯克罗诺杆菌	*Cronobacter universalis*
克勒克氏酵母属	***Kloeckeria***
柠檬形克勒克氏酵母	*Kloeckeria apiculata*
克雷伯氏菌属(曾称克氏杆菌属)	***Klebsiella***
肺炎克雷伯氏菌	*Klebsiella pneumoniae*
克鲁维酵母属	***Kluyveromyces***
保加利亚克鲁维酵母	*Kluyveromyces bulgaricus*
脆壁克鲁维酵母(又名易脆克鲁维酵母)	*Kluyveromyces fragilis*
马克斯克鲁维酵母	*Kluyveromyces marxianus*
乳酸克鲁维酵母	*Kluyveromyces lactis*
拉乌尔菌属(从克雷伯氏菌属中划分出的新属)	***Raoultella***
解鸟氨酸拉乌尔菌(曾称解鸟氨酸克雷伯氏菌)	*Raoultella ornithinolytica*
犁头霉属	***Absidia***
蓝色犁头霉	*Absidia coerulea*
布氏犁头霉	*Absidia blakesleeana*
伞枝犁头霉	*Absidia corymbifera*
李斯特菌属	***Listeria***
单核细胞增生李斯特菌(简称单增李斯特氏菌)	*Listeria monocytogenes*
镰刀霉属(又名镰孢菌属)	***Fusarium***
半裸镰刀菌	*Fusarium selnitectum*
层出镰刀菌(又名层生镰刀菌、多育镰刀菌)	*Fusarium proliferatum*
串珠镰刀菌	*Fusarium moniliforme*

续表

大刀镰刀菌（又名黄色镰刀菌）	*Fusarium culmorum*
禾谷镰刀菌（曾称粉红镰刀菌，玫瑰色镰刀菌）	*Fusarium graminearum*（*Fusarium roseum*）
尖孢镰刀菌	*Fusarium oxysporum*
梨孢镰刀菌	*Fusarium poae*
轮状镰刀菌	*Fusarium nematophilum*
木贼镰刀菌	*Fusarium equiseti*
拟枝孢镰刀菌（又名拟顶镰刀菌）	*Fusarium sporotrichioides*
茄病镰刀菌	*Fusarium solani*
乳酸镰刀菌	*Fusarium lactis*
三线镰刀菌（又名三隔镰刀菌）	*Fusarium tricinctum*
雪腐镰刀菌	*Fusarium nivale*
亚麻镰刀菌	*Fusarium lini*
燕麦镰刀菌	*Fusarium avenaceum*
链孢囊菌属	***Streptosporangium***
粉红链孢囊菌	*Streptosporangium roseum*
绿灰链孢囊菌	*Streptosporangium viridogriseum*
链霉菌属	***Streptomyces***
淡紫灰链霉菌	*Streptomyces lavendulae*
弗氏链霉菌	*Streptomyces fradiae*
龟裂链霉菌	*Streptomyces rimosus*
红色链霉菌（又名红霉素链霉菌）	*Streptomyces erythreus*
灰色链霉菌	*Streptomyces griseus*
金色链霉菌	*Streptomyces aureus*
纳他链霉菌	*Streptomyces natalensis*
青色链霉菌	*Streptomyces glauca*
细黄链霉菌（又名泾阳链霉菌5406）	*Streptomyces microflavus*（*Str. jingyangensis*5406）
链球菌属	***Streptococcus***
变异链球菌（又名变型链球菌）	*Streptococcus mutans*
肺炎链球菌（曾称肺炎双球菌）	*Streptococcus pneumoniae*
口腔链球菌	*Streptococcus oralis*
马链球菌	*Streptococcus equi*
酿脓链球菌（又名化脓性链球菌）	*Streptococcus pyogenes*
牛链球菌	*Streptococcus bovis*
溶血链球菌	*Streptococcus haemolyticus*

续表

乳房链球菌	*Streptococcus uberis*
停乳链球菌	*Streptococcus dysgalactiae*
唾液链球菌	*Streptococcus salivarius*
唾液链球菌嗜热亚种(曾称嗜热链球菌)	*Streptococcus salivarius* subsp. *thermophilus* (*Streptococcus thermophilus*)
无乳链球菌(又名猩红热链球菌)	*Streptococcus agalactiae*
液化链球菌	*Streptococcus liquefaciens*
联合乳杆菌属	***Ligilactobacillus***
唾液联合乳杆菌(曾称唾液乳杆菌)	*Ligilactobacillus salivarius* (*Lactobacillus salivarius*)
唾液联合乳杆菌水杨苷亚种(曾称唾液乳杆菌水杨苷亚种)	*Ligilactobacillus salivarius* subsp. *salicinius* (*Lactobacillus salivarius* subsp. *salicinius*)
唾液联合乳杆菌唾液亚种(曾称唾液乳杆菌唾液亚种)	*Ligilactobacillus salivarius* subsp. *salivarius* (*Lactobacillus salivarius* subsp. *salivarius*)
裂殖酵母属	***Schizosaccharomyces***
八孢裂殖酵母	*Schizosaccharomyces octosporus*
粟酒裂殖酵母	*Schizosaccharomyces pombe*
瘤胃球菌属	***Ruminococcus***
白色瘤胃球菌	*Ruminococcus albus*
生黄瘤胃球菌	*Ruminococcus flavefaciens*
卵孢霉属	***Oospora***
乳酪卵孢霉	*Oospora casei*
乳卵孢霉(又名白地霉)	*Oospora lactis*
螺菌属	***Spirillum***
红色螺菌	*Spirillum rubrum*
迂回旋螺菌	*Spirillum volutans*
螺旋蓝细菌属(曾称螺旋藻)	***Spirulina***
盘状螺旋蓝细菌	*Spirulina platensis*
最大螺旋蓝细菌	*Spirulina maxima*
麦角属	***Claviceps***
麦角菌	*Claviceps purpurea*
脉孢霉属(又名链孢霉属)	***Neurospora***
粗糙脉孢霉	*Neurospora crassa*
好食脉孢霉(为好食丛梗孢霉的有性阶段)	*Neurospora sitophila*

续表

毛壳菌属	*Chaetomium*
高大毛壳菌	*Chaetomium elatum*
球毛壳菌	*Chaetomium globosum*
溶纤维毛壳菌	*Chaetomium cellulolyticum*
毛霉属	*Mucor*
刺囊毛霉	*Mucor spinosus*
腐乳毛属	*Mucor sufu*
高大毛霉	*Mucor mucedo*
解脂毛霉	*Mucor lipolyticus*
梨形毛霉	*Mucor piriformis*
鲁氏毛霉	*Mucor rouxianus*
凝乳毛霉	*Mucor reninus*
微小毛霉	*Mucor pusillus*
五通桥毛霉	*Mucor wutungkiao*
爪哇毛霉	*Mucor javanicus*
总状毛霉	*Mucor racemosus*
明串珠菌属	*Leuconostoc*
阿根廷明串珠菌	*Leuconostoc argentinum*
肠膜明串珠菌肠膜亚种（曾称肠膜样明串珠菌）	*Leuconostc mesenteroides* subsp. *mesenteroides*
肠膜明串珠菌葡聚糖亚种（曾称葡聚糖明串珠菌）	*Leuconostoc mesnteroides* subsp. *dextranicum*
肠膜明串珠菌乳脂亚种（曾称乳脂明串珠菌，又名蚀橙明串珠菌或蚀柠檬明串珠菌）	*Leuconostoc mesenteroides* subsp. *cremoris* (*Leu. cremoris*, *Leu. citrovorum*)
假肠膜明串珠菌	*Leuconostoc pseudomesenteroides*
冷明串珠菌	*Leuconostoc gelidum*
柠檬色明串珠菌	*Leuconostoc citreum*
欺诈明串珠菌	*Leuconostoc fallax*
肉明串珠菌	*Leuconostoc carnosum*
乳明串珠菌（又名酸乳酒明串珠菌）	*Leuconostoc lactis* (*Leuconostoc kefir*)
莫拉氏菌属（曾称摩氏杆菌属）	*Moraxella*
奥斯陆莫拉氏菌	*Moraxella osloensis*
卡他莫拉氏菌（又名黏膜炎莫拉氏菌）	*Moraxella catarrhalis*
木霉属	*Trichoderma*
康氏木霉	*Trichoderma koningii*

续表

里氏木霉	*Trichoderma reesei*
绿色木霉	*Trichoderma viride*
木素木霉	*Trichoderma lignorum*
梅奇酵母属	***Metschnikowia***
美极梅奇酵母	*Metschnikowia pulcherrima*
拿逊酵母属	***Nadsonia***
长形拿逊酵母	*Nadsonia elongata*
红棕色拿逊酵母	*Nadsonia fulvescens*
奈瑟菌属	***Neisseria***
淋病奈瑟菌	*Neisseria gonorrhoeae*
脑膜炎奈瑟菌（曾称脑膜炎双球菌）	*Neisseria meningitidis*
囊孢壳菌属	***Physalospora***
内孢霉属	***Endomyces***
产脂内孢霉	*Endomyces vernalis*
扣囊内孢霉	*Endomyces fibuliger*
拟杆菌属	***Bacteroides***
产黑素拟杆菌	*Bacteroides melaninogenicus*
脆弱拟杆菌	*Bacteroides fragilis*
粪便拟杆菌	*Bacteroides stercoris*
屎拟杆菌	*Bacteroides merdae*
嗜果胶拟杆菌	*Bacteroides pectinophilus*
拟内孢霉属	***Endomycopsella***
葡萄酒拟内孢霉	*Endomycopsella vivi*
拟青霉属	***Paecilomyces***
二歧拟青霉	*Paecilomyces divaricatum*
肉色拟青霉	*Paecilomyces carneus*
宛氏拟青霉	*Paecilomyces variotii*
柠檬酸杆菌属	***Citrobacter***
弗氏柠檬酸杆菌	*Citrobacter freundii*
柠檬酸霉属（又名桔霉属）	***Citromyces***
诺卡氏菌属（又名原放线菌属）	***Nocardia*（*Proactinomyces*）**
欧文氏菌属（曾称欧氏植病杆菌属）	***Erwinia***
草生欧文氏菌	*Erwinia herbicola*

续表

胡萝卜软腐病欧文氏菌	*Erwinia carotovora*
解淀粉欧文氏菌	*Erwinia amylovora*
软腐病欧文氏菌	*Erwinia aroideae*
盘梗孢霉属	***Bremia***
片球菌属(曾称足球菌属)	***Pediococcus***
乳酸片球菌	*Pediococcus acidilactici*
戊糖片球菌	*Pediococcus pentosaceus*
小片球菌	*Pediococcus parvulus*
有害片球菌(曾称啤酒片球菌)	*Pediococcus damnosus*(*Ped. cerevisiae*)
瓶霉属	***Phialophora***
尖顶瓶霉	*Phialophora fastigiata*
葡萄孢霉属	***Botrytis***
灰葡萄孢霉	*Botrytis cinerea*
葡萄球菌属	***Staphylococcus***
白色葡萄球菌	*Staphylococcus albus*
表皮葡萄球菌	*Staphylococcus epidermidis*
腐生葡萄球菌	*Staphylococcus saprophyticus*
金黄色葡萄球菌	*Staphylococcus aureus*
木糖葡萄球菌	*Staphylococcus xylosus*
柠檬色葡萄球菌	*Staphylococcus citreus*
肉葡萄球菌	*Staphylococcus carnosus*
松鼠葡萄球菌	*Staphylococcus sciuri*
松鼠葡萄球菌啮齿类亚种	*Staphylococcus sciuri* subsp. *rodentium*
葡萄穗霉属	***Stachybotrys***
黑色葡萄穗霉	*Stachybotrys atra*
葡萄糖酸杆菌属	***Gloconobacter***
生黑葡萄糖酸杆菌	*Gluconobacter melanogenes*
氧化葡萄糖酸杆菌	*Gloconobacter oxydans*
普罗威登斯菌属	***Providencia***
产碱普罗威登斯菌	*Providencia alcalifaciens*
气单胞菌属	***Aeromonas***
嗜水气单胞菌	*Aeromonas hydrophila*
气杆菌属	***Aerobacter***
产气气杆菌	*Aerobacter aerogenes*

续表

气球菌属	*Aerococcus*
脲气球菌	*Aerococcus urinae*
浅绿气球菌	*Aerococcus viridans*
青霉属	***Penicillium***
爱氏青霉	*Penicillium erhichii*
暗蓝青霉	*Penicillium lividum*
白边青霉(又名意大利青霉)	*Penicillium italicum*
白青霉	*Penicillium candidum*
变幻青霉(又名变异青霉)	*Penicillium variabile*
糙落青霉	*Penicillium asperulum*
草酸青霉	*Penicillium oxalicum*
产黄青霉	*Penicillium chrysogenum*
常现青霉	*Penicillium frequenrans*
纯绿青霉(又名鲜绿青霉)	*Penicillium viridicatum*
淡黄青霉	*Penicillium luteum*
岛青霉	*Penicillium islandicum*
点青霉	*Penicillium notatum*
顶青霉	*Penicillium corylophilus*
毒青霉	*Penicillium toxicarium*
杜邦青霉	*Penicillium duponti*
多毛青霉	*Penicillium hirsutum*
黑青霉	*Penicillium nigricans*
红色青霉	*Penicillium rubrum*
黄绿青霉(又名异青霉)	*Penicillium citreo-viride* (*Pen. toxicarum*)
灰绿青霉	*Penicillium glaucum*
灰棕黄青霉	*Penicillium griseofuvum*
局限青霉	*Penicillium restrictum*
桔青霉	*Penicillium citrinum*
扩展青霉(又名扩张青霉)	*Penicillium expansum*
酪生青霉	*Penicillium caseicolum*
娄地青霉	*Penicillium roqueforti*
绿青霉(又名指状青霉)	*Penicillium digitatum*
纳地青霉	*Penicillium nalgiovense*
柠檬酸青霉	*Penicillium citromyces*

续表

柠檬酸严密青霉	*Penicillium citromyces strictum*
皮壳青霉(简称壳青霉)	*Penicillium crostosum*
乳酪青霉	*Penicillium casei*
软毛青霉	*Penicillium puberulum*
沙门柏干酪青霉(又名卡门培尔青霉)	*Penicillium camemberti*
斜卧青霉	*Penicillium decumbens*
圆弧青霉	*Penicillium cyclopium*
展开青霉(又名荨麻青霉)	*Penicillium patulum*(*Pen. urticae*)
爪哇青霉	*Penicillium javanicum*
紫青霉	*Penicillium purpurogenum*
氢单胞菌属	***Hydrogenomonas***
球拟酵母属	***Torulopsis***
埃契氏球拟酵母(俗称球形酒香酵母)	*Torulopsis etchellsii*
白色球拟酵母	*Torulopsis candida*
杆状球拟酵母(俗称耐糖性酵母)	*Torulopsis bacillaris*
高加索乳酒球拟酵母(异名乳酒假丝酵母)	*Torulopsis kefir*
含脂球拟酵母	*Torulopsis lipofera*
洪氏球拟酵母(异名洪氏假丝酵母)	*Torulopsis holmii*
炼乳球拟酵母	*Torulopsis lactis-condensi*
蒙奇球拟酵母	*Torulopsis mogii*
木兰球拟酵母	*Torulopsis magnoliae*
易变球拟酵母(俗称易变酒香酵母)	*Torulopsis versatilis*
曲霉属	***Aspergillus***
白曲霉	*Aspergillus candidus*
棒曲霉	*Aspergillus clavatus*
赤曲霉	*Aspergillus ruber*
甘薯曲霉	*Aspergillus batatae*
构巢曲霉	*Aspergillus nidulans*
黑曲霉	*Aspergillus niger*
黄曲霉	*Aspergillus flavus*
灰绿曲霉	*Aspergillus glaucus*
寄生曲霉	*Aspergillus parasiticus*
假溜曲霉	*Aspergillus pseudotamarii*
酱油曲霉	*Aspergillus soyae*

续表

局限曲霉	*Aspergillus restrictus*
巨大曲霉	*Aspergillus giganteus*
溜曲霉	*Aspergillus tamarii*
米曲霉	*Aspergillus oryzae*
泡盛曲霉	*Aspergillus awamoti*
葡萄曲霉	*Aspergillus repens*
栖土曲霉	*Aspergillus terricola*
特曲霉	*Aspergillus nomius*
土曲霉	*Aspergillus terreus*
文氏曲霉(又名温特曲霉)	*Aspergillus wentii*
薛氏曲霉	*Aspergillus chevalieri*
雅致曲霉	*Aspergillus elegans*
烟曲霉	*Aspergillus fumigatus*
洋葱曲霉	*Aspergillus onion*
宇佐美曲霉	*Aspergillus usamii*
杂色曲霉	*Aspergillus versicolor*
赭曲霉(又名棕曲霉)	*Aspergillus ochraceus*
热网菌属	***Pyrodictium***
蠕孢霉属	***Helminthosporium***
乳杆菌属	***Lactobacillus***
阿拉伯糖乳杆菌	*Lactobacillus arabinosus*
巴氏乳杆菌	*Lactobacillus pastorianus*
棒状乳杆菌棒状亚种	*Lactobacillus coryniformis* subsp. *coryniformis*
棒状乳杆菌扭曲亚种	*Lactobacillus coryniformis* subsp. *torquens*
布氏乳杆菌	*Lactobacillus buchneri*
德氏乳杆菌	*Lactobacillus delbrueckii*
德氏乳杆菌保加利亚亚种(曾称保加利亚乳杆菌)	*Lactobacillus delbrueckii* subsp. *bulgaricus*
德氏乳杆菌德氏亚种	*Lactobacillus delbrueckii* subsp. *delbrueckii*
德氏乳杆菌乳亚种(曾称乳酸乳杆菌)	*Lactobacillus delbrueckii* subsp. *lactis*
短乳杆菌	*Lactobacillus brevis*
番茄乳杆菌	*Lactobacillus lycopersici*
甘露乳杆菌	*Lactobacillus manitopoeum*
高加索奶粒乳杆菌	*Lactobacillus kefirgranum*
高加索奶乳杆菌	*Lactobacillus kefin*

续表

格氏乳杆菌	*Lactobacillus gasseri*
果糖乳杆菌	*Lactobacillus fructosus*
哈氏乳杆菌	*Lactobacillus hamsteri*
海格乳杆菌	*Lactobacillus hilgardii*
旧金山乳杆菌	*Lactobacillus sanfranciscensis*
卷曲乳杆菌	*Lactobacillus crispatus*
莱氏乳杆菌	*Lactobacillus leichmanii*
类布氏乳杆菌	*Lactobacillus parabuchneri*
类高加索奶乳杆菌	*Lactobacillus parakefir*
链状乳杆菌	*Lactobacillus catenaformis*
马乳酒样乳杆菌	*Lactobacillus kefiranofaciens*
马乳酒样乳杆菌马乳酒样亚种	*Lactobacillus kefiranofaciens* subsp. *kefiranofaciens*
面包乳杆菌	*Lactobacillus panis*
耐酸乳杆菌	*Lactobacillus acetotolerans*
瑞士乳杆菌	*Lactobacillus helveticus*
食淀粉乳杆菌	*Lactobacillus amylovorus*
食果糖乳杆菌	*Lactobacillus fructivorans*
嗜淀粉乳杆菌	*Lactobacillus amylophilus*
嗜热乳杆菌	*Lactobacillus thermophilus*
嗜酸乳杆菌	*Lactobacillus acidophilus*
双发酵乳杆菌	*Lactobacillus bifermentans*
微小乳杆菌	*Lactobacillus minor*
戊糖乳杆菌	*Lactobacillus pentosus*
香肠乳杆菌	*Lactobacillus farciminis*
消化乳杆菌	*Lactobacillus alimentarius*
小鼠乳杆菌	*Lactobacillus murinus*
玉米乳杆菌	*Lactobacillus zeae*
约氏乳杆菌	*Lactobacillus johnsonii*
詹氏乳杆菌	*Lactobacillus jensenii*
乳植杆菌属	***Lactiplantibacillus***
植物乳植杆菌(曾称植物乳杆菌,又名胚芽乳杆菌)	*Lactiplantibacillus plantarum* (*Lactobacillus plantarum*)
乳酪杆菌属	***Lacticaseibacillus***
副干酪乳酪杆菌(曾称副干酪乳杆菌)	*Lacticaseibacillus paracasei* (*Lactobacillus paracasei*)

续表

副干酪乳酪杆菌副干酪亚种 (曾称副干酪乳杆菌副干酪亚种)	*Lacticaseibacillus paracasei* subsp. *paracasei* (*Lactobacillus paracasei* subsp. *paracasei*)
干酪乳酪杆菌(曾称干酪乳杆菌)	*Lacticaseibacillus casei* (*Lactobacillus casei*)
干酪乳酪杆菌干酪亚种 (曾称干酪乳杆菌干酪亚种)	*Lacticaseibacillus casei* subsp. *casei* (*Lactobacillus casei* subsp. *casei*)
干酪乳酪杆菌假植物亚种 (干酪乳杆菌假植物亚种)	*Lacticaseibacillus casei* subsp. *pseudoplantarum* (*Lactobacillus casei* subsp. *pseudoplantarum*)
干酪乳酪杆菌鼠李糖亚种 (干酪乳杆菌鼠李糖亚种)	*Lacticaseibacilluscasei* subsp. *rhamnosus* (*Lactobacillus casei* subsp. *rhamnosus*)
鼠李糖乳酪杆菌(曾称鼠李糖乳杆菌)	*Lacticaseibacillus rhamnosus* (*Lactobacillus rhamnosus*)
粘液乳杆菌属	***Limosilactobacillus***
发酵粘液乳杆菌(曾称发酵乳杆菌)	*Limosilactobacillus fermentum* (*Lactobacillus fermentum*)
罗伊氏粘液乳杆菌(曾称罗伊氏乳杆菌)	*Limosilactobacillus reuteri* (*Lactobacillus reuteri*)
乳球菌属	***Lactococcus***
格氏乳球菌	*Lactococcus garvieae*
棉籽糖乳球菌	*Lactococcus raffinolactis*
乳酸乳球菌(曾称乳链球菌)	*Lactococcus lactis* (*Streptococcus lactis*)
乳酸乳球菌乳亚种(曾称乳酸乳球菌乳酸亚种)	*Lactococcus lactis* subsp. *lactis*
乳酸乳球菌乳亚种(丁二酮型) (曾称乳酸乳球菌丁二酮亚种、丁二酮乳链球菌)	*Lactococcus lactis* subsp. *lactis* biovar diacetylactis (*Lactococcus lactis* subsp. *diacetilactis*)
乳酸乳球菌叶蝉亚种	*Lactococcus lactis* subsp. *hordniae*
乳脂乳球菌 (曾称乳酸乳球菌乳脂亚种、乳脂链球菌)	*Lactococcus cremoris* (*Lactococcus lactis* subsp. *cremoris*)
植物乳球菌	*Lactococcus plantarum*
散囊菌属	***Eurotium***
冠突散囊菌(俗称茯砖茶上的"金花")	*Eurotium cristatum*
色二孢霉属	***Diplodia***
色杆菌属	***Chromobacterium***
蓝黑色色杆菌	*Chromobacterium lividum*
紫色色杆菌	*Chromobacterium violaceum*
沙雷氏菌属(曾称赛氏杆菌属)	***Serratia***
液化沙雷氏菌	*Serratia liquefaciens*
黏质沙雷氏菌(曾称黏质赛氏杆菌,又名灵杆菌)	*Serratia marcescens* (*Bacterium prodigiosum*)
盐地沙雷氏菌(曾称盐地赛氏杆菌)	*Serratia salinaria*
深红沙雷氏菌	*Serratia rubidaea*

续表

沙门氏菌属	*Salmonella*
丙型副伤寒沙门氏菌	*Salmonella paratyphi-C*
肠炎沙门氏菌	*Salmonella enteritidis*
雏白痢沙门氏菌	*Salmonella pullorum*
德尔比沙门氏菌	*Salmonella derby*
都柏林沙门氏菌	*Salmonella dublin*
鸡-雏沙门氏菌	*Salmonella gallinarum*
甲型副伤寒沙门氏菌	*Salmonella paratyphi-A*
马流产沙门氏菌	*Salmonella abortusequi*
纽波特沙门氏菌	*Salmonella newport*
山夫顿堡沙门氏菌	*Salmonella senftenberg*
伤寒沙门氏菌	*Salmonella typhi*
鼠伤寒沙门氏菌	*Salmonella typhimurium*
猪霍乱沙门氏菌	*Salmonella choleraesuis*
汤普逊沙门氏菌	*Salmonella thompson*
鸭沙门氏菌	*Salmonella anatum*
乙型副伤寒沙门氏菌	*Salmonella paratyphi-B*
猪伤寒沙门氏菌	*Salmonella typhisuis*
生孢嗜纤维菌属	*Sporocytophaga*
嗜热丝孢菌属	*Thermomyces*
疏绵状嗜热丝孢菌	*Thermomyces lanuginosus*
嗜血杆菌属	*Haemophilus*
流感嗜血杆菌(简称嗜血杆菌,原称费佛氏杆菌)	*Haemophilus influenzae*
双歧杆菌属	*Bifidobacterium*
棒状双歧杆菌	*Bifidobacterium coryneforme*
长双歧杆菌长亚种(曾称长双歧杆菌)	*Bifidobacterium longum* subsp. *longum* (*Bifidobacterium longum*)
长双歧杆菌婴儿亚种(曾称婴儿双歧杆菌)	*Bifidobacterium longum* subsp. *infantis* (*Bifidobacterium infantis*)
齿双歧杆菌	*Bifidobacterium dentium*
大双歧杆菌	*Bifidobacterium magnum*
动物双歧杆菌动物亚种(曾称动物双歧杆菌,又名双歧杆菌)	*Bifidobacterium animalis* subsp. *animalis* (*Bifidobacterium animalis*, *Bifidobacterium lactis*)
动物双歧杆菌乳亚种(曾称动物双歧杆菌,又名乳双歧杆菌)	*Bifidobacterium animalis* subsp. *lactis* (*Bifidobacterium animalis*, *Bifidobacterium lactis*)

续表

短双歧杆菌	*Bifidobacterium breve*
假小链双歧杆菌	*Bifidobacterium pseudocatenulatum*
角双歧杆菌	*Bifidobacterium angulatum*
链状双歧杆菌（又名小链状双歧杆菌）	*Bifidobacterium catenulatum*
两歧双歧杆菌	*Bifidobacterium bifidum*
蜜蜂双歧杆菌	*Bifidobacterium indicum*
青春双歧杆菌	*Bifidobacterium adolescentis*
嗜热双歧杆菌	*Bifidobacterium thermophilum*
纤细双歧杆菌	*Bifidobacterium subtile*
星状双歧杆菌	*Bifidobacterium asteroides*
最小双歧杆菌	*Bifidobacterium minimum*
水生螺菌属	***Aquaspirillum***
磁性水生螺菌	*Aquaspirillum magnetotacticum*
丝孢酵母属	***Trichosporon***
贝雷丝孢酵母	*Trichosporon behrendii*
发酵性丝孢酵母	*Trichosporon fermentans*
丝光丝孢酵母	*Trichosporon sericeum*
帚状丝孢酵母	*Trichosporon penicillatum*
茁芽丝孢酵母	*Trichosporon pullulans*
丝衣霉属	***Byssochlamys***
纯黄丝衣霉	*Byssochlamys fulva*
雪白丝衣霉（又名纯白丝衣霉）	*Byssochlamys nivea*
四联球菌属	***Tetragenococcus***
嗜盐四联球菌（曾称嗜盐片球菌）	*Tetragenococcus halophilus*（*Ped. halophilus*）
盐水四联球菌（又名酱油四联球菌）	*Tetragenococcus muriaticus*（*Tet. soyae*）
梭状芽孢杆菌属（简称梭菌）	***Clostridium***
巴氏固氮梭状芽孢杆菌（简称巴氏梭菌）	*Clostridium pasteurianum*
拜氏梭状芽孢杆菌（简称拜氏梭菌）	*Clostridium beijerinckii*
丙酸梭状芽孢杆菌	*Clostridium propionicum*
丙酮丁醇梭状芽孢杆菌	*Clostridium acetobutylicum*
产气荚膜梭菌（又名魏氏梭菌）	*Clostridium perfringens*（*Clo. welchii*）
淀粉梭状芽孢杆菌	*Clostridium amylobacter*
丁酸梭状芽孢杆菌（又名酪酸梭菌）	*Clostridium butyricum*
多酶梭状芽孢杆菌	*Clostridium multifermentans*

续表

费地浸麻梭状芽孢杆菌（又名费新尼亚梭菌）	*Clostridium felsineum*
腐化梭状芽孢杆菌（简称腐化梭菌）	*Clostridium putrefaciens*
缓腐梭状芽孢杆菌	*Clostridium lentoputrescens*
己酸梭状芽孢杆菌（简称己酸菌）	*Clostridium caproicum*
解纤维梭状芽孢杆菌	*Clostridium cellulolyticum*
克氏梭状芽孢杆菌（简称克氏梭菌）	*Clostridium kluyveri*
破伤风梭状芽孢杆菌（简称破伤风梭菌）	*Clostridium tetani*
热解糖梭状芽孢杆菌（简称热解糖梭菌）	*Clostridium thermosacchrolyticum*
溶组织梭状芽孢杆菌	*Clostridium histolyticum*
肉毒梭状芽孢杆菌（简称肉毒菌）	*Clostridium botulinum*
生孢梭状芽孢杆菌（简称生孢梭菌）	*Clostridium sporogenes*
蚀果胶梭状芽孢杆菌（简称蚀果胶菌）	*Clostridium pectmovorum*
嗜热纤维梭状芽孢杆菌（简称热纤梭菌）	*Clostridium thermocellum*
双酶梭状芽孢杆菌	*Clostridium bifermentans*
水肿梭状芽孢杆菌	*Clostridium oedematiens*
致黑梭状芽孢杆菌（简称致黑梭菌）	*Clostridium nigrificans*
索丝菌属	***Brochothrix***
热杀索丝菌	*Brochothrix thermosphacta*
野油菜索丝菌	*Brochothrix campestris*
头孢霉属	***Cehalosporium***
产黄头孢霉	*Cehalosporium chrysogenum*
顶孢头孢霉	*Cehalosporium acremonium*
土壤杆菌属	***Agrobacterium***
发根土壤杆菌 （现归属于鞘氨醇单胞菌属，命名为玫瑰鞘氨醇单胞菌）	*Agrobacterium rhizogenes*
放射土壤杆菌（曾称根癌土壤杆菌）	*Agrobacterium tumefaciens*
脱硫弧菌属	***Desulfovibrio***
硫酸盐脱硫弧菌	*Desulfovibrio desulfuricans*
弯曲菌属	***Campylobacter***
空肠弯曲菌	*Campylobacter jejuni*
空肠弯曲菌空肠亚种	*Campylobacter jejuni* subsp. *jejuni*
微杆菌属	***Microbacterium***
产碱乳微杆菌	*Microbacterium alkaliscens*
乳微杆菌	*Microbacterium lacticum*
嗜氨乳微杆菌	*Microbacterium ammoniaphilum*

续表

液化微杆菌	*Microbacterium liquefaciens*
砖红色微杆菌	*Microbacterium testaceum*
微球菌属	***Micrococcus***
变异微球菌(又名易变微球菌)	*Micrococcus varians*
弗氏微球菌	*Micrococcus freudenreichii*
谷氨酸微球菌	*Micrococcus glutamicum*
红色微球菌	*Micrococcus rubens*
黄色微球菌	*Micrococcus flavus*
玫瑰色微球菌	*Micrococcus roseus*
尿素微球菌	*Micrococcus ureae*
凝聚微球菌	*Micrococcus conglomeratus*
四联微球菌	*Micrococcus tetragenus*
藤黄微球菌	*Micrococcus luteus*
盐脱氮微球菌	*Micrococcus halodenitricans*
魏茨曼氏菌属	***Weizmannia***
凝结魏茨曼氏菌 (曾称凝结芽孢杆菌,异名嗜酸热芽孢杆菌)	*Weizmannia coagulans* (*Bacillus coagulans*, *Bacillus thermoacidophilus*)
韦荣氏球菌属	***Veillonella***
魏斯氏菌属	***Weissella***
融合魏斯氏菌属	*Weissella confusa*
食窦魏斯氏菌	*Weissella cibaria*
无色杆菌属	***Achromobacter***
鱼皮无色杆菌	*Achromobacter ichthyodermis*
纤维单胞菌属	***Cellulomonas***
产黄纤维单胞菌	*Cellulomonas flavigena*
粪肥纤维单胞菌	*Cellulomonas fimi*
细胞纤维单胞菌	*Cellulomonas cellasea*
纤维杆菌属	***Cellulobacillus***
纤维弧菌属	***Cellvibrio***
纤维黏菌属	***Cytophaga***
发酵嗜纤维黏菌	*Cytophaga fermentans*
消化球菌属	***Peptococcus***
小丛壳属	***Glomerella***
小单孢菌属	***Micromonospora***
棘孢小单孢菌	*Micromonospora echinospora*

续表

绛红小单孢菌	*Micromonospora purpurea*
芽孢杆菌属	***Bacillus***
单纯芽孢杆菌	*Bacillus simplex*
地衣芽孢杆菌	*Bacillus licheniformis*
短小芽孢杆菌	*Bacillus pumilus*
短芽孢杆菌	*Bacillus brevis*
多黏芽孢杆菌	*Bacillus polymyxa*
环状芽孢杆菌	*Bacillus circulans*
几丁质芽孢杆菌	*Bacillus chitinovorus*
胶冻样芽孢杆菌(又名胶质芽孢杆菌,钾细菌)	*Bacillus mucilaginosus*
解淀粉芽孢杆菌	*Bacillus amyloliquefaciens*
浸麻芽孢杆菌	*Bacillus macerans*
巨大芽孢杆菌	*Bacillus megaterium*
枯草芽孢杆菌	*Bacillus subtilis*
枯草芽孢杆菌纳豆亚种 (又名纳豆枯草芽孢杆菌)	*Bacillus subtilis* subsp. *natto* (*Bacillus subtilis natto*)
苦味芽孢杆菌	*Bacillus amarus*
蜡样芽孢杆菌(又名蜡状芽孢杆菌)	*Bacillus cereus*
马铃薯芽孢杆菌(又名肠膜芽孢杆菌)	*Bacillus mesentericus*
面包芽孢杆菌	*Bacillus panis*
黏稠芽孢杆菌	*Bacillus viscosus*
潜水芽孢杆菌	*Bacillus submsrinus*
球形芽孢杆菌	*Bacillus sphaericus*
嗜碱芽孢杆菌	*Bacillus alcalophilus*
嗜热糖化芽孢杆菌	*Bacillus thermodiastaticus*
嗜热脂肪芽孢杆菌	*Bacillus stearothermophilus*
嗜乳芽孢杆菌	*Bacillus calidolactis*
苏云金芽孢杆菌	*Bacillus thruingiensis*
炭疽芽孢杆菌	*Bacillus anthracis*
消旋乳酸芽孢杆菌	*Bacillu racemilacticus*
蕈状芽孢杆菌	*Bacillus mycoides*
左旋乳酸芽孢杆菌	*Bacillus laevolacticus*
盐杆菌属	***Halobacterium***
盐生盐杆菌	*Halobacterium halobium*
盐沼盐杆菌	*Halobacterium salinarium*

续表

盐球菌属	*Halococcus*
玫瑰色盐球菌(曾称玫瑰色微球菌)	*Halococcus roseus*(*Micrococcus roseus*)
鲟鱼盐球菌	*Halococcus morrhuae*
耶尔森氏菌属	*Yersinia*
鼠疫耶尔森氏菌(又名鼠疫杆菌)	*Yersinia pestis*
小肠结肠炎耶尔森氏菌	*Yersinia enterocolitica*
伊萨酵母属	*Issatchenkia*
东方伊萨酵母	*Issatchenkia orientalis*
疫霉属	*Phytophthora*
蓖麻疫霉	*Phytophthora parasitica*
辣椒疫霉	*Phytophthora capsici*
马铃薯疫霉(又名致病疫霉)	*Phytophthora infestans*
茄棉疫霉	*Phytophthora melongenae*
隐球酵母属(曾称隐球菌属)	*Cryptococcus*
地生隐球酵母(又名土生隐球酵母)	*Cryptococcus terreus*
浅白隐球酵母	*Cryptococcus albidus*
新型隐球酵母(又名新生隐球酵母)	*Cryptococcus neoformans*
有孢汉逊酵母属	*Hanseniaspora*
葡萄汁有孢汉逊酵母	*Hanseniaspora uvarum*
圆酵母属	*Torula*
开菲尔圆酵母	*Torula kefir*
乳脂圆酵母	*Torula cremoris*
枝孢霉属(又名芽枝霉属)	*Cladosporium*
蜡叶枝孢霉	*Cladosporium herbarum*
枝霉属	*Thamnidium*
刺枝霉	*Thamnidium chaetocladiodes*
美丽枝霉(又名雅致枝霉)	*Thamnidium elegans*
志贺氏菌属	*Shigella*
鲍氏志贺氏菌	*Shigella boydii*
福氏志贺氏菌	*Shigella flexneri*
痢疾志贺氏菌	*Shigella dysenteriae*
宋内志贺氏菌	*Shigella sonnei*
掷孢酵母属	*Sporobolomyces*
玫瑰色掷孢酵母	*Sporobolomyces roseus*

参考文献

［1］李平兰，贺稚非．食品微生物学实验原理与技术［M］．3版．北京：中国农业出版社，2021．

［2］路福平，李玉．食品微生物学实验技术［M］．2版．北京：中国轻工业出版社，2020．

［3］秦翠丽．新编微生物学实验技术［M］．北京：化学工业出版社，2023．

［4］石若夫．微生物学实验技术［M］．2版．北京：北京航空航天大学出版社，2022．

［5］周长林．微生物学实验与指导［M］．4版．北京：中国医药科技出版社，2019．

［6］孟令波．应用微生物学原理与技术［M］．重庆：重庆大学出版社，2021．

［7］刘斌．食品微生物检验［M］．北京：中国轻工业出版社，2020．

［8］贺稚非，刘素纯，刘书亮．食品微生物学实验原理与方法［M］．北京：科学出版社，2016．

［9］何国庆，张伟．食品微生物检验技术［M］．北京：中国质检出版社-中国标准出版，2013．

［10］李殿鑫．食品微生物检验技术［M］．武汉：华中科技大学出版社，2013．

［11］周东霞，王哲慧，王春燕．食品微生物检验实训手册［M］．北京：中国轻工业出版社，2015．

［12］段鸿斌．食品微生物检验技术［M］．重庆：重庆大学出版社，2015．

［13］刘慧．现代食品微生物学［M］．3版．北京：中国轻工业出版社，2023．

［14］贺小贤．现代生物工程技术导论［M］．2版．北京：科学出版社，2023．

［15］徐岩．现代白酒酿造微生物学［M］．北京：科学出版社，2019．

［16］陈卫．乳酸菌科学与技术［M］．北京：科学出版社，2018．

［17］陈峥宏，王涛．微生物学实验教程［M］．3版．北京：科学出版社，2022．

［18］沈萍，陈向东．微生物学实验［M］．5版．北京：高等教育出版社，2018．

［19］周德庆．微生物实验教程［M］．4版．北京：高等教育出版社，2020．

［20］桑亚新，李秀婷．食品微生物学［M］．北京：中国轻工业出版社，2019．

［21］马翔．简明临床细菌-真菌鉴定图谱［M］．广州：广东科技出版社，2020．

［22］刘云国．食品卫生微生物学标准鉴定图谱［M］．北京：科学出版社，2010．

［23］何国庆，贾英民，等．食品微生物学［M］．3版．北京：中国农业大学出版社，2016．

［24］周庭银．临床微生物学诊断与图解［M］．3版．上海：上海科学技术出版社，2012．

［25］殷文正．食品微生物学［M］．北京：科学出版社，2015．

［26］侯红漫．食品微生物检验技术［M］．北京：中国农业出版社，2010.
［27］杨汝德．现代工业微生物学教程［M］．北京：高等教育出版社，2008.
［28］江汉湖．董明盛．食品微生物学［M］．3版．北京：中国农业出版社，2010.
［29］赵斌．微生物学实验［M］．2版．北京：科学出版社，2014.
［30］陈德富．现代分子生物学实验原理与技术［M］．北京：科学出版社，2010.